全国地层多重划分对比研究

（14）

山西省岩石地层

主　编：武铁山

编　者：武铁山　徐朝雷　吴洪飞
郭立卿　萧素珍　方立鹤
李瑞生　刘沛会

中国地质大学出版社

内容简介

本书是全国统一进行的《全国地层多重划分对比研究》成果之一。其内容主要是以现代地层概念和理论，对山西省百多年来、中外地质学者建立和使用过的，太古宙—第四纪400多个地层单位进行了清理，选择、整理、厘定并建议使用230个岩石地层单位，同时对上述230个岩石地层单位逐个介绍了创名、原始含义、沿革，阐述了现在定义，明确了层型，并在生物地层划分等基础上，指出了岩石地层单位的年代属性。同时也将建议停止使用的190个地层单位列于附录Ⅲ中。

本书资料真实、可靠、基础扎实，已建有相匹配的数据库，便于快速查询、检索，与省际、国际地层接轨。因按《国际地层指南》和《中国地层指南及中国地层指南说明书》的规范管理，故有很高的实用价值和重要意义。

本书是从事区域地质调查工作必备的工具书，也是广大地质工作者，科研、教学工作者的基础性参考书。

图书在版编目(CIP)数据

山西省岩石地层/武铁山主编.—武汉：中国地质大学出版社，1997.3（2015.7重印）
（全国地层多重划分对比研究；14）
ISBN 978-7-5625-1089-5

Ⅰ.山…
Ⅱ.武…
Ⅲ.地层学—山西省
Ⅳ.P535.225

中国版本图书馆CIP数据核字(2008)第062433号

山西省岩石地层　　武铁山　主　编

责任编辑：张晓红　　责任校对：胡义珍

出版发行：中国地质大学出版社(武汉市洪山区鲁磨路388号)　　邮编：430074
电话：(027)67883511　　传真：67883580　　**E-mail**：cbb @ cug. edu. cn
经　销：全国新华书店　　**http**：//www. cugp. cn

开本：787毫米×1092毫米　1/16　　字数：620千字　印张：22.875　插页3
版次：1997年3月第1版　　印次：2015年7月第3次印刷
印刷：武汉教文印刷厂　　印数：801—1300

ISBN 978-7-5625-1089-5　　定价：57.00元

序

100多年来，地层学始终是地质学的重要基础学科的支柱，甚至还可以说是基础中的基础，它为近代地质学的建立和发展发挥了十分重要的作用。随着板块构造学说的提出和发展，地质科学正经历着一场深刻的变革，古老的地层学和其他分支学科一样还面临着满足社会不断进步与发展的物质需要和解决人类的重大环境问题等双重任务的挑战。为了迎接这一挑战，依靠现代科技进步及各学科之间相互渗透，地层学的研究范围将不断扩大，研究途径更为宽广，研究方法日趋多样化，并萌发出许多新的思路和学术思想，产生出许多分支学科，如生态地层学、磁性地层学、地震地层学、化学地层学、定量地层学、事件地层学、气候地层学、构造地层学和月球地层学等等，它们的综合又导致了“综合地层学”和“全球地层学”概念的提出。所有这一切，标志着地层学研究向高度综合化方向发展。

我国的地层学和与其密切相关的古生物学早在本世纪前期的创立阶段，就涌现出一批杰出的地层古生物学家和先驱，他们的研究成果奠定了我国地层学的基础。但是大规模的进展，还是从1949年以后，尤其是随着全国中小比例尺区域地质调查的有计划开展，以及若干重大科学计划的执行而发展起来的。正像我国著名的地质学家尹赞勋先生在第一届全国地层会议上所讲：“区域地质调查成果的最大受益者就是地层古生物学。”1959年召开的中国第一届全国地层会议，总结了建国十年来所获的新资料，制定了中国第一份地层规范（草案），标志着我国地层学和地层工作进入了一个新的阶段。过了20年，地层学在国内的发展经历了几乎十年停滞以后，于1979年召开了中国第二届全国地层会议，会议在某种程度上吸收学习了国际地层学研究的新成果，还讨论制定了《中国地层指南及中国地层指南说明书》，为推动地层学在中国的发展，缩小同国际地层学研究水平的差距奠定了良好基础。这次会议以后所进行的一系列工作，包括应用地层单位的多重性概念所进行的地层划分对比研究、区域地层格架及地层模型的研究，现代地层学与沉积学相结合所进行的盆地分析以及1：5万区域地质填图方法的改进与完善等，都成为我国地层学进一步发展的强大推动力。为此，地质矿产部组织了一项“全国地层多重划分对比研究（清理）”的系统工程，在30个省、直辖市、自治区（含台湾省，不含上海市）范围内，自下而上由省（市、区）、大区和全国设立三个层次的课题，在现代地层学和沉积学理论指导下，对以往所建立的地层单位进行研究（清理），追溯地层单位创名的沿革，重新厘定单位含义、层型类型与特征、区域延伸与对比，消除同物异名，查清同名异物，在大范围内建立若干断代岩石地层单位的时空格架、编制符合现代地层学含义的新一代区域地层序列表，并与地层多重划分对比研究工作同步开展了省（市、区）和全国两级地层数据库的研建，对巩固地层多重划分对比研究（清理）成果，为地层学的科学化、系统化和现代化发展打下了良好基础。这项研究工作在部、省（市、区）各级领导的支持关怀下，全体研究人员经过5年的艰苦努力已圆满地完成了任务，高兴地看到许多成果已陆续要出版了。这项工作涉及的范围之广、参加的单位及人员之多、文件的时间跨度之长，以及现代科学理论与计算机技术的应用等各方面，都可以说是在我国地层学工作不断发展中具有里程碑意义的。这项研究中不同层次成果的出版问世，不仅对区域地质调查、地质图件的编测、区域矿产普查与勘查、地质科研和教学等方面都具有现实的指导作用和实用价值，而且对我国地层学的发展和科学化、系统化将起到积极的促进作用。

首次组织实施这样一项规模空前的全国性的研究工作，尽管全体参与人员付出了极大的辛勤劳动，全国项目办和各大区办进行了大量卓有成效和细致的组织协调工作，取得了巨大的成绩，但由于种种原因，难免会有疏漏甚至失误之处。即使这样，该系列研究是认识地层学真理长河中的一个相对真理的阶段，其成果仍不失其宝贵的科学意义和巨大的实用价值。我相信经过广大地质工作者的使用与检验，在修订再版时，其内容将会更加完美。在此祝贺这一系列地层研究成果的公开出版，它必将发挥出巨大社会经济效益，为地质科学的发展做出新的贡献。

程裕淇

前　言

地层学在地质科学中是一门奠基性的基础学科，是基础地质的基础。自从19世纪初由W史密斯奠定的基本原理和方法以来的一个半世纪中，地层学是地质科学中最活跃的一个分支学科，对现代地质学的建立和发展产生了深刻的影响，作出了不可磨灭的贡献，特别是在20世纪60年代由于板块构造学说兴起引发的一场“地学革命”，其表现更为显著。随着板块构造学的确立，沉积学和古生态学的发展，地球历史和生物演化中的灾变论思想的复兴和地质事件概念的建立，使地层学的分支学科，如时间地层学、生态地层学、地震地层学、同位素地层学、气候地层学、磁性地层学、定量地层学和构造地层学等像雨后春笋般地蓬勃发展，这种情况必然对地层学、生物地层和沉积地层等的传统理论认识和方法提出了严峻的挑战。经过20年的论战，充分体现当代国际地质科学先进思想的《国际地层指南》（英文版）于1976年见诸于世，之后在不到20年的时间里又于1979、1987、1993年连续三次进行了修改补充，陆续补充了《磁性地层极性单位》、《不整合界限地层单位》，以及把岩浆岩与变质岩等作为广义地层学范畴纳入地层指南而又补充编写了《火成岩和变质岩岩体的地层划分与命名》等内容。

国际地层学上述重大变革，对我国地学界产生了强烈冲击，十年动乱形成的政治禁锢被打开，迎来了科学的春天，先进的科学思潮像潮水般涌来，于是在1979年第二届全国地层会议上通过并于1981年公开出版了《中国地层指南及中国地层指南说明书》，其中阐述了地层多重划分概念。于1983年按地层多重划分概念和岩石地层单位填图在安徽区调队进行了首次试点。1985年《贵州省区域地质志》中地层部分吸取了地层多重划分概念进行撰写。1986年地质矿产部设立了“七五”重点科技攻关项目——“1：5万区调中填图方法研究项目”，把以岩石地层单位填图，多重地层划分对比，识别基本地层层序等现代地层学和现代沉积学相结合的内容列为沉积岩区区调填图方法研究课题，从此拉开了新一轮1：5万区调填图的序幕，由试点的贵州、安徽和陕西三省逐步推向全国。

1：5万区调填图方法研究试点中遇到的最大问题是如何按照现代地层学的理论和方法来对待与处理按传统理论和方法所建立的地层单位？如果维持长期沿用的按传统理论建立的地层单位，虽然很省事，但是又如何体现现代地层学和现代沉积学相结合的理论与方法呢？这样就谈不上紧跟世界潮流，迎接这一场由板块构造学说兴起所带来的“地学革命”。如果要坚持这一技术领域的革命性变革，就要下决心花费很大力气克服人力、财力和技术性等方面的重重困难，对长期沿用的不规范化的地层单位进行彻底的清理。经过反复研究比较，我们认识到科学技术的变革也和社会经济改革的潮流一样是不可逆转的，只有坚持改革才能前进，不进则退，否则就将被历史所淘汰，别无选择。在这一关键时刻，地质矿产部和原地矿部直管局领导作出了正确决策，从1991年开始，从地勘经费中设立一项重大基础地质研究项目——全国地层多重划分对比研究项目，简称全国地层清理项目，开始了一场地层学改革的系统工程，在全国范围内由下而上地按照现代地层学的理论和方法对原有的地层单位重新明确其定义、划分对比标准、延伸范围及各类地层单位的相互关系，与此同时研建全国地层数据库，巩固地层清理成果，推动我国地层学研究和地层单位管理的规范化和现代化，指导当前和今后一个时期1∶5万、1∶25万等区调填图等，提高我国地层学研究水平。1991年地质矿产部原直管局将地层清理作为部指令性任务以地直发(1991)005号文和1992年以地直发(1992)014号文下发了《地矿部全国地层多重划分对比（清理）研究项目第一次工作会议纪要》，明确了各省（市、自治区）地质矿产局（厅）清理研究任务，并于1993年2月补办了专项地勘科技项目合同（编号直科专92-1)，并明确这一任务分别设立部、大区和省（市、自治区）三级领导小组，实行三级管理。

部级成立全国项目领导小组

组长	李廷栋	地质矿产部副总工程师
副组长	叶天竺	地质矿产部原直管局副局长
	赵　逊	中国地质科学院副院长

成立全国地层清理项目办公室，受领导小组委托对全国地层清理工作进行技术业务指导和协调以及经常性业务组织管理工作，并设立在中国地质科学院区域地质调查处（简称区调处）。

项目办公室主任	陈克强	区调处处长，教授级高级工程师
副主任	高振家	区调处总工，教授级高级工程师
	简人初	区调处高级工程师
专家	张守信	中国科学院地质研究所研究员
	魏家庸	贵州省地质矿产局区调院教授级高级工程师
成员	姜　义	区调处工程师
	李　忠	会计师
	周统顺	中国地质科学院地质研究所研究员

大区一级成立大区领导小组，由大区内各省（市、自治区）局级领导成员和地科院沈阳、天津、西安、宜昌、成都、南京六个地质矿产研究所各推荐一名专家组成。领导小组对本大区地层清理工作进行组织、指导、协调、仲裁并承担研究的职责。下设大区办公室，负责大区地层清理的技术业务指导和经常性业务技术管理工作。在全国项目办直接领导下，成立全国地层数据库研建小组，由福建区调队和部区调处承担，负责全国和省（市、自治区）二级地层数据库软件开发研制。

各省（市、自治区）成立省级领导小组，以省（市、自治区）局总工或副总工为组长，有区调主管及有关处室负责人组成，在专业区调队（所、院）等单位成立地层清理小组，具体负责地层清理工作，同时成立省级地层数据库录入小组，按照全国地层数据库研建小组研制的软件及时将本省清理的成果进行数据录入，并检验软件运行情况，及时反馈意见，不断改进和优化软件。在全国地层清理的三个级次的项目中，省级项目是基础，因此要求各省（市、自治区）地层清理工作必须实行室内清理与野外核查相结合，清理工作与区调填图相结合，清理与研究相结合，地层清理与地层数据库建立相结合，“生产”单位与科研教学单位相结合，并强调地层清理人员要用现代地层学和现代沉积学的理论武装起来，彻底打破传统观点，统一标准内容，严格要求，高标准地完成这一历史使命。实践的结果，凡是按上述五个相结合去做的效果都比较好，不仅出了好成果，而且通过地层清理培养锻炼了一支科学技术队伍，从总体上把我国区调水平提高到一个新台阶。

三年多以来，参加全国地层清理工作的人员总数达400多人，总计查阅文献约24 000份，野外核查剖面约16 472.6 km，新测剖面70余条约300 km，清理原有地层单位有12 880个，通过清查保留的地层单位约4721个（还有省与省之间重复的），占总数36.6%，建议停止使用或废弃的单位有8159个（为同物异名或非岩石地层单位等），占总数63.4%，清查中通过实测剖面新建地层单位134个。与此同时研制了地层单位的查询、检索、命名和研究对比功能的数据库，通过各省（市、自治区）数据录入小组将12 880个地层单位（每个单位5张数据卡片）和10 000多条各类层型剖面全部录入，首次建立起全国30个（不含上海市）省（市、自治区）基础地层数据库，为全国地层数据库全面建成奠定了坚实的基础。从1994年7月—11月，分七个片对30个省（市、自治区）地层清理成果报告及数据库的数据录入进行了评审验收，到1994年底可以说基本上完成了省一级地层清理任务。1995—1996年将全面完成大区和总项目的清理研究任务。由此可见，这次全国地层清理工作无论是参加人数之多，涉及面之广，新方法新技术的应用以及理论指导的高度和研究的深度都可以堪称中国地层学研究的第三个里程碑。这一系统工程所完成的成果，不仅是这次直接参加清理的400多人的成果，而且亦应该归功于全国地层工作者、区域地质调查者、地层学科研与教学人员以及为地层工作做过贡献的普查勘探人员。全国地层清理成果的公开出版，必将对提高我国地层学研究水平，统一岩石地层划分和命名指导区调填图，加强地层单位的管理以及地质勘察和科研教学等方面发挥重要的作用。

鉴于本次地层清理工作和地层数据库的研建是过去从未进行过的一项研究性很强的系统工程，涉及的范围很广，时间跨度长达100多年，参加该项工作的人员多达300～400人，由于时间短，经费有限，人员水平不一，文献资料掌握程度等种种主客观原因，尽管所有人员都尽了最大努力，但是在本书中少数地层单位的名称、出处、命名人和命名时间等不可避免地存在一些问题。本书中地层单位名称出现的“岩群”、“岩组”等名词，是根据1990年公开出版的程裕淇主编的《中国地质图（1：500万）及说明书》所阐述的定义。为了考虑不同观点的读者使用，本书对有“岩群”、“岩组”的地层单位，均暂以（岩）群、（岩）组处理。如鞍山（岩）群、迁西（岩）群。总之，本书中存在的错漏及不足之处，衷心地欢迎广大读者提出宝贵意见，以便今后不断改正和补充。

在30个省（市、自治区）地层清理系统成果即将公开出版之际，我代表全国地层清理项目办公室向参加30个省（市、自治区）地层清理、数据库研建和数据录入的同志所付出的辛勤劳动表示衷心的感谢和亲切的慰问。在全国地层清理项目立项过程中，原直管局王新华、黄崇轲副局长给予了大力支持，原直管局局长兼财务司司长现地矿部副部长陈洲其在项目论证会上作了立项论证报告，在人、财、物方面给予过很大支持；全国地层委员会副主任程裕淇院士一直对地层清理工作给予极大的关心和支持，并在立项论证会上作了重要讲话；中国地质大学教授、全国地层委员会地层分类命名小组组长王鸿祯院士是本项目的顾问，在地层清理的指导思想、方法步骤及许多重大技术问题上给予了具体的指导和帮助；中国地质大学教授杨遵仪院士对这项工作热情关心并给以指导；中国地质科学院院长、部总工程师陈毓川研究员参加了第三次全国地层清理工作会议并作了重要指示与鼓励性讲话；部科技司姜作勤高工，计算中心邬宽廉、陈传霖，信息院赵精满，地科院刘心铸等专家对地层数据库设计进行评审，为研建地层数据库提出许多有意义的建议。中国科学院地质研究所，南京古生物研究所，中国地质科学院地质研究所，天津、沈阳、南京、宜昌、成都和西安地质矿产研究所，南京大学，西北大学，中国地质大学，长春地质学院，西安地质学院等单位的知名专家、教授和学者，各省（市、自治区）地矿局领导、总工程师、区调主管、质量检查员和区调队、地研所、综合大队等单位的区域地质学家共600余人次参加了各省（市、自治区）地层清理研究成果和六个大区区域地层成果报告的评审和鉴定验收，给予了友善的帮助；各省（市、自治区）地矿局（厅）、区调队（所、院）等各级领导给予地层清理工作在人、财、物方面的大力支持。可以肯定，没有以上各有关单位和部门的领导和众多的专家教授对地层清理工作多方面的关心和支持，这项工作是难以完成的。在30个省（市、自治区）地层清理成果评审过程中一直到成果出版之前，中国地质大学出版社，特别是以褚松和副社长和刘粤湘编辑为组长的全国地层多重划分对比研究报告编辑出版组为本套书编辑出版付出了极大的辛苦劳动，使这一套系统成果能够如此快地、规范化地出版了！在全国项目办设在区调处的几年中，除了参加项目办的成员外，区调处的陈兆棉、其和日格、田玉莹、魏书章、刘凤仁多次承担地层清理会议的会务工作，赵洪伟和于庆文同志除了承担会议事务还为会议打印文稿，于庆文同志还协助绘制地层区划图及文稿复印等工作。

在此，向上面提到的单位和所有同志一并表示我们最诚挚的谢意，并希望继续得到他们的关心和支持。

全国地层清理项目办公室（陈克强执笔）

凡　例

除“全国地层多重划分对比研究”项目统一规定外，本专著结合山西省实际，制订以下特殊规定和处理规定。

一、岩石地层单位及代号

1. 部分单一岩性的组，在组名中加入以括弧相括的岩性，表示通用。如霍山（砂岩）组，称霍山组或霍山砂岩均可；离石（黄土）组，称离石组或离石黄土均可。

2. 超群代号为：年代属性后加两个斜体大写字母。如五台超群，代号为 Ar_3WT；滹沱超群为 Pt_1HT。

3. 对年代属性有争议，不能肯定的岩石地层单位的代号中，年代代号以斜线上下表示，如板峪口（岩）组代号为 Pt_1/Ar_3b；店房台（岩）组为 Ar_3/Ar_2d；宋家山群为 Pt_1/Ar_3S。

二、地层研究、调查单位简称

在山西省进行、参与地层调查、研究、划分较多的地质调查、科研、地质院校等单位，在本专著岩石地层单位划分沿革一节中多用简称，常出现的简称及其全称如下：

1. ××区测队（1975年8月之前）、××区调队（1975年8月之后），即××省地质局区域地质测量队、××省地质矿产局区域地质调查队之简称。

2. 山西×××队，即山西省地质矿产局×××队简称。

3. 中科院地质所，为中国科学院地质研究所简称。

4. 地科院，为中国地质科学院简称；地科院地质所为中国地质科学院地质研究所简称。

5. 山西地研所，为山西省地矿局地质矿产研究所简称。

6. 山西煤勘公司，为山西煤田地质勘探公司简称。

7. 北京地院，为北京地质学院简称。

8. 河南地科所，为河南省地质科学研究所简称。

三、参考文献的几点说明

根据我国国情，列入专著后的参考文献，除公开发行的书、刊和1：20万区调成果外，还包括尚未正式出版的但可在全国地质图书馆“可查阅到”的文献，如：

1. 山西省1：20万区调断代地层总结、岩浆岩总结及专题研究成果（已印刷、复制进行了交流者）。

2. 单位间进行交流和全国地质图书馆可查阅到的地质刊物。

3. 全国性、或大区域性的地层会议论文汇编，或论文集。

4. 1：5万区调报告、普查勘探报告，在文中写明报告名称，参考文献中不列，也不在页下做脚注。

目　　录

第一章
绪 论

一、目的与任务

《全国地层多重划分对比研究》系地质矿产部“八五”期间重大基础地质研究项目。

根据《全国地层多重划分对比（清理）研究项目总体设计》，研究目的为：根据地层多重划分观点和新成果、新认识，重新明确现在地层单位划分、对比标准、定义、延伸范围及各类地层单位的相互关系，提高科学性，消除混乱，使大家在地层单位的划分、命名、理解以及应用上，具有共同的语言；通过数据库的建立，促进地层学研究和地层单位划分与管理的规范化、现代化；以及时指导大规模的1：5万区调、中小比例尺地质编图，提高我国区域地层研究程度和水平，使我国区域地质填图和地层学研究跨入国际先进行列。

根据《全国地层多重划分对比研究项目管理办法》及上述《全国地层多重划分对比（清理）研究项目总体设计》，整体研究工作遵循严格按第次关系，分阶段和交叉进行。省是项目研究的基础。其任务主要包括以下几项：

1. 清理研究本省各类地层单位名称，包括出处、原始定义、划分标准及其演化历史；单位的地质特征、分布范围与变化情况，各地层单位间的相互关系；经过多重划分对比后，提出同物异名、异物同名，并对停止使用的地层名称提出建议。

2. 在研究已有资料的基础上，尽可能通过各种途径，实地核查本省的各类原始命名的剖面、标准地点及其它代表性剖面，以及各地层单位的重要参考剖面（次层型），并阐明这些剖面所在的地质、地理概况；重新明确岩石地层单位的定义、划分及延伸标准，层型及主要参考剖面，以及这些剖面上的重要生物、年代及其它特征等。

3. 如层型及主要参考剖面的原始描述内容已陈旧或不准确时，应尽量补充野外描述，以满足现代地层沉积学的要求。

4. 研究省、跨省大区域各断代地层分区、综合地层分区方案；编制省内的地层多重划分对比表。

5. 编写省各断代地层划分对比研究专著。

6. 建立省的地层数据库。

7. 对《中国地层指南及中国地层指南说明书》提出修订建议。

二、区域地层区划及区域地层发育概况

山西省位处华北地层大区的中央部位，全部属于华北地层大区晋冀鲁豫地层区。按综合地层区划（图1-1），山西的主体部分属山西地层分区，东北部属燕辽地层分区，西南端属豫陕地层分区，西部边缘地带属鄂尔多斯地层分区，北部边缘地带属阴山地层分区。

地层分区影响着地层的分布、发育、变化以至某些断代地层的岩石地层单位命名；但一些断代地层并不受或不完全受上述综合地层分区的控制和影响，特别是前长城纪变质岩系和晚新生代松散堆积（物）层，它们有着各自的地层区划。

按综合地层分区，山西省地层发育情况如表1-1。

从表1-1中可以看出，山西省地层发育较齐全，除和全华北地层大区一样缺失志留纪、泥盆纪地层外，其它各时代地层均有分布。当然，一些时代的地层虽有分布，但不很发育，或仅局限分布于某些地层分区或地层小区。

山西省境内发育的地层往往以一些明显的区域性不整合面，自然分割成在地质时代发育、分布上有关联的若干个岩石地层单位的组合体——不整合界限地层单位。由于我国地层学界对不整合界限地层单位的性质、划分、命名、研究等问题上认识尚不一致，对不整合界限地层单位的划分、命名尚不够成熟，故暂未使用（但本专著实际上是按此分章的）。

从表1-1中还可看出山西省地层分区的地层发育特色。

山西主体部分——山西地层分区，发育着除志留纪、泥盆纪地层以外的各时代的地层，但其显著的地层特色是：中太古代主要发育具孔兹岩特征的界河口群；晚太古代主要发育绿片岩相-角闪岩相变质的含条带状磁铁石英岩的裂谷型以拉斑玄武岩和细碧岩为主的双峰式火山岩系列的石咀群、台怀群和浊积相的高繁群；早元古代发育完整（五台山区）和较完整（吕梁山区）的变质砾岩-碳酸盐岩旋回性明显的沉积组合；中元古代主要发育以白云岩为主的高于庄组和雾迷山组；早古生代发育了一套陆表海相的沉积地层，其中主要为馒头组、张夏组、三山子组，西部霍山-吕梁山区的馒头组之下发育有霍山（砂岩）组，三山子组之上的马家沟组保留最多；晚古生代—中生代三叠纪发育有近海三角洲平原海陆交互相的月门沟群、近海大型盆地河湖相的石盒子组、石千峰群、二马营组和延长组的几乎全部地层；中生代侏罗纪、白垩纪主要发育内陆河湖相含煤岩系的永定庄组、大同组、云岗组、天池河组；新生代主要发育了汾渭断陷盆地中的下土河组、小白组、大沟组、木瓜组和漳河盆地中的任家堖组、张村组、楼则峪组等，以及叠覆其上的匼河组、丁村组、峙峪组、选仁组、沱阳组等。

其它地层分区地层发育情况和山西主体部分相比，有明显的差别。

山西东北部——燕辽地层分区地层发育特色是：中太古代发育了由浅粒岩-片麻岩-斜长角闪岩-透闪透辉岩-大理岩组成的旋回性明显的阜平（岩）群；晚太古代发育着全属角闪岩相的石嘴群、台怀群；早元古代主要表现了向东超覆和组段发育不全的特征；中元古代主要发育高于庄组和雾迷山组；早古生代在馒头组、张夏组（中、上段夹大量灰绿色页岩、薄板状灰岩、竹叶状灰岩）之上，发育了齐全的崮山组、炒米店组、冶里组、亮甲山组以及不厚的三山子组和马家沟组；晚古生代—中生代三叠纪发育（或保留）不全，仅见月门沟群和石盒子组的下部；中生代侏罗纪、白垩纪主要发育以山间陆相火山-沉积盆地堆积的九龙山组、髫髫山组、土城子组、张家口组、大北沟组、义县组。

山西西南端——豫陕地层分区地层发育特色是：前长城系变质岩系的层序排列、地质时代归属争论较大；中元古代由安山岩为主的熊耳群、碎屑岩为主的汝阳群和层位较高的龙家

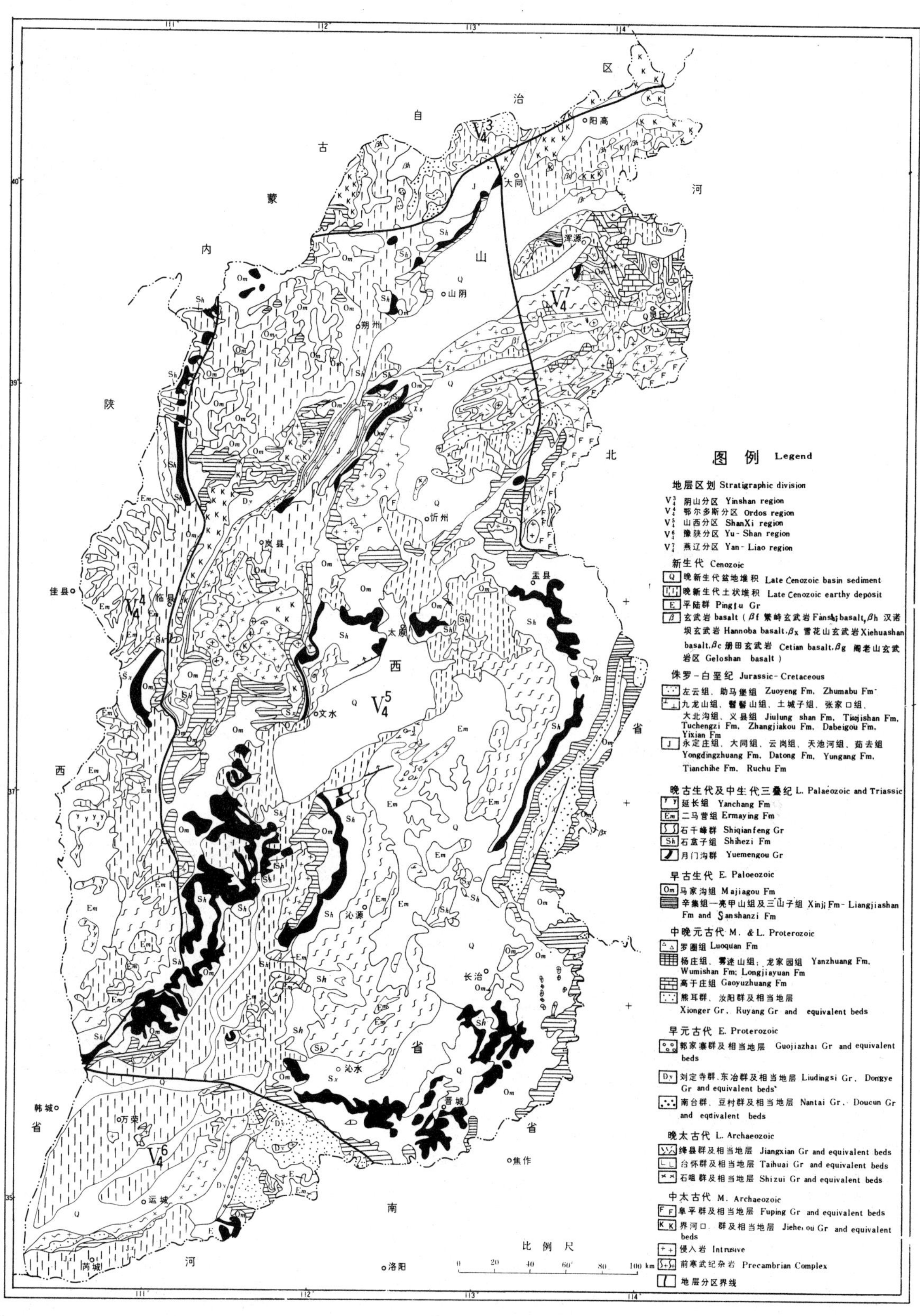

图 1-1　山西省岩石地层分布及地层区划图

表 1-1 山西省地层多重划分对比总表

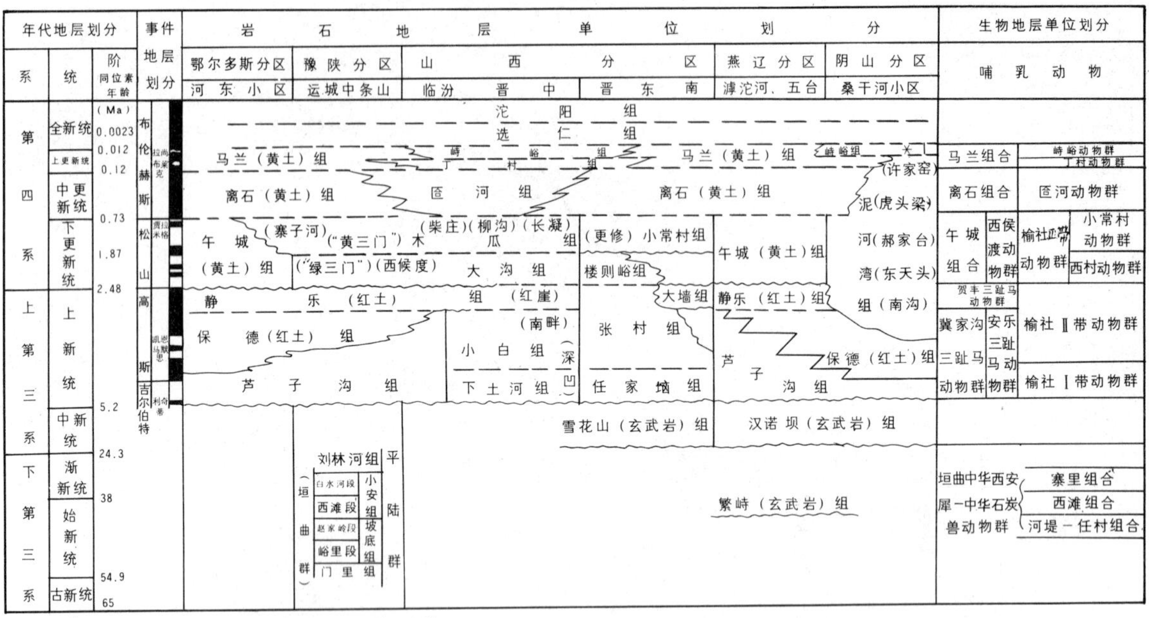

年代地层划分			事件地层划分	岩石地层单位划分							生物地层单位划分			
系	统	阶 同位素年龄 (Ma)		鄂尔多斯分区 河东小区	豫陕分区 运城中条山	山西分区 临汾	晋中	晋东南	燕辽分区 滹沱河、五台	阴山分区 桑干河小区	哺乳动物			
第四系	全新统	0.0023	布伦赫斯	沱阳组										
				选仁组										
	上更新统	0.012	拉尚布莱克	马兰（黄土）组		峙峪组 丁村组			马兰（黄土）组	峙峪组 ✳	马兰组合	峙峪动物群 丁村动物群		
	中更新统	0.12		离石（黄土）组		匼河组			离石（黄土）组	泥河湾组（许家窑）（虎头梁）	离石组合	匼河动物群		
	下更新统	0.73	松山 贾拉米格	午城（黄土）组	（寨子河）（"黄三门"）	木瓜组（柴庄）（柳沟）（长凝）		（更修）小常村组	午城（黄土）组	泥河湾组（郝家台）（东天头）（南沟）	午城组合	西侯渡动物群	榆社Ⅲ带动物群	小常村动物群
		1.87			（"绿三门"）（西候度）	大沟组		楼则峪组						西村动物群
上第三系	上新统	2.48	高斯	静乐（红土）组（红崖）				大墙组	静乐（红土）组		贺丰三趾马动物群			
			凯恩马默思	保德（红土）组		小白组（南畔）		张村组	芦子沟组	保德（红土）组	冀家沟三趾马动物群	安乐三趾马动物群	榆社Ⅱ带动物群	
			吉尔伯特 利奇蒂	芦子沟组		下土河组（深凹）		任家垴组					榆社Ⅰ带动物群	
	中新统	5.2						雪花山（玄武岩）组	汉诺坝（玄武岩）组					
下第三系	渐新统	24.3			平陆群（垣曲群）：刘林河组						垣曲中华西安犀—中华石炭兽动物群	寨里组合		
	始新统	38			小安组：白水河段、西滩段			繁峙（玄武岩）组				西滩组合		
					坡底组：赵家岭段、峪里段							河堤—任村组合		
	古新统	54.9			门里组									
		65												

注：（ ）括弧中地理名称，为相当而未采用的地层名称

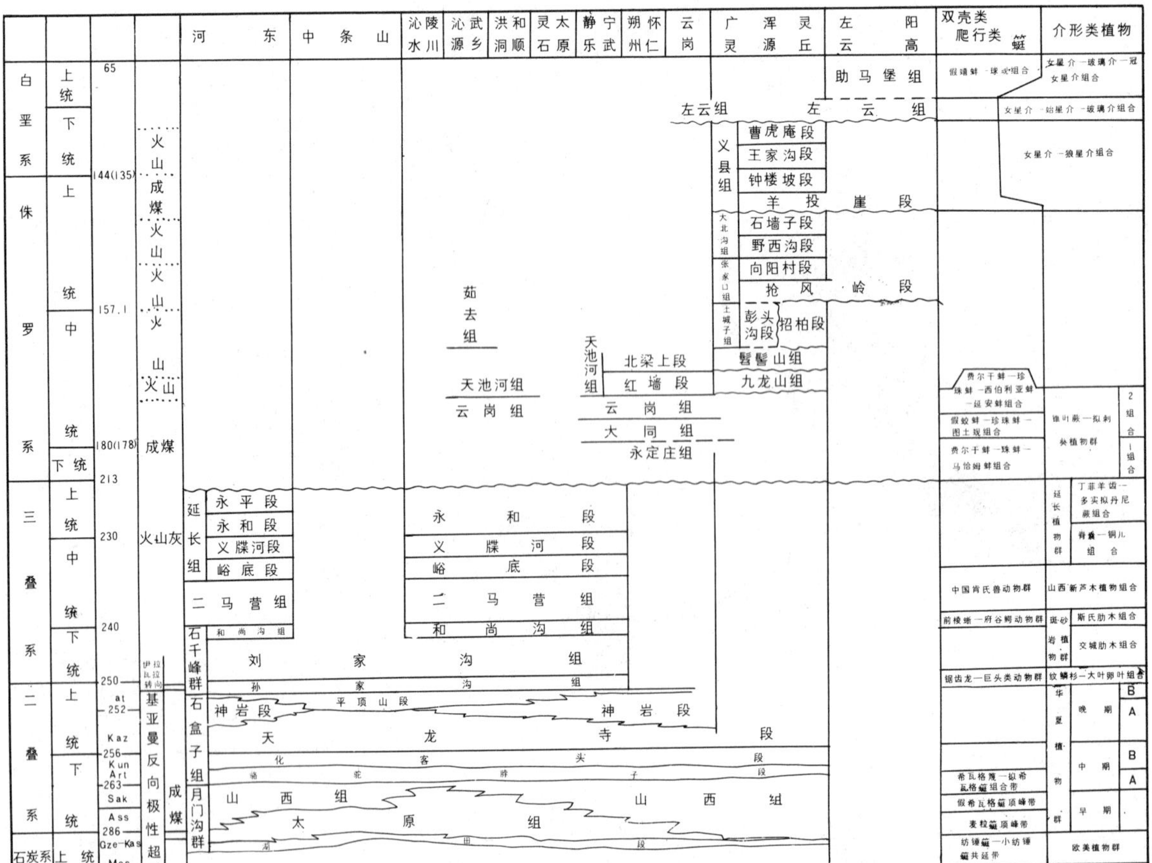

系	统	年龄	事件	河东	中条山	沁水 陵川	沁源 武乡	洪洞 和顺	灵石 太原	静乐 宁武	朔州 怀仁	云岗	广灵 浑源 灵丘	左云 阳高	双壳类 爬行类 䗴	介形类 植物
白垩系	上统	65												助马堡组	假嬉蚌—球蚬组合	女星介—玻璃介—冠女星介组合
	下统		火山									左云组		左云组		女星介—始星介—玻璃介组合
													义县组：曹虎庵段、王家沟段、钟楼坡段			女星介—狼星介组合
侏罗系	上统	144(135)	成煤										羊投崖段			
			火山										大北沟组：石墙子段、野西沟段			
			火山										张家口组：向阳村段、抢风岭段			
	中统	157.1	火山			茹去组					天池河组：北梁上段		土城子组：彭头沟段、招柏段			
			火山			天池河组					天池河组：红墙段		髻髻山组			
													九龙山组		费尔干蚌—珍珠蚌—西伯利亚蚌—延安蚌组合	锥叶蕨—拟刺葵植物群 2组合
						云岗组				云岗组					假蚌—珍珠蚌—图土规组合	
										大同组						
	下统	180(178)	成煤							永定庄组					费尔干蚌—珠蚌—马恰姆蚌组合	锥叶蕨—拟刺葵植物群 1组合
三叠系	上统	213	火山灰	延长组：永平段		永和段										延长植物群：丁菲羊齿—多实拟丹尼蕨组合
				延长组：永和段												
	中统	230		延长组：义牒河段		义牒河段										延长植物群：脊囊—铜川组合
				延长组：峪底段		峪底段										
				二马营组		二马营组									中国肯氏兽动物群	山西新芦木植物组合
	下统	240		石千峰群：和尚沟组		和尚沟组									前棱蜥—府谷鳄动物群	斑砂岩植物群：斯氏肋木组合
			伊拉瓦拉转向	石千峰群：刘家沟组												斑砂岩植物群：交城肋木组合
二叠系	上统	250		石千峰群：孙家沟组											锯齿龙—巨头类动物群	纹鳞杉—大叶卵叶组合
		at 252	基亚曼反向极性超时	石盒子组：神岩段		平顶山段					神岩段					华夏植物群 晚期 B
		Kaz		石盒子组：天龙寺段												华夏植物群 晚期 A
	下统	256 Kun Art		石盒子组：化客头段												华夏植物群 中期 B
		263 Sak		石盒子组：骆驼脖子段											希瓦格䗴—拟希瓦格䗴组合带	华夏植物群 中期 A
		Ass	成煤	月门沟群：山西组							山西组				假希瓦格䗴顶峰带	华夏植物群 早期
		286		月门沟群：太原组											麦粒䗴顶峰带	
石炭系	上统	Gze-Kas Mos		月门沟群：湖田段											纺锤䗴—小纺锤䗴共延带	欧美植物群

注：Mos 莫斯科阶；Kas卡西莫夫阶；Gze格热尔阶；Ass阿赛尔阶；Sak萨克马尔阶；Art阿丁斯克阶；Kun空谷阶；Kaz卡赞阶；Tat鞑靼阶；

✳ | 阁老山玄武岩／册田玄武岩　＊ 括号中地名为同物异名

续表 1-1

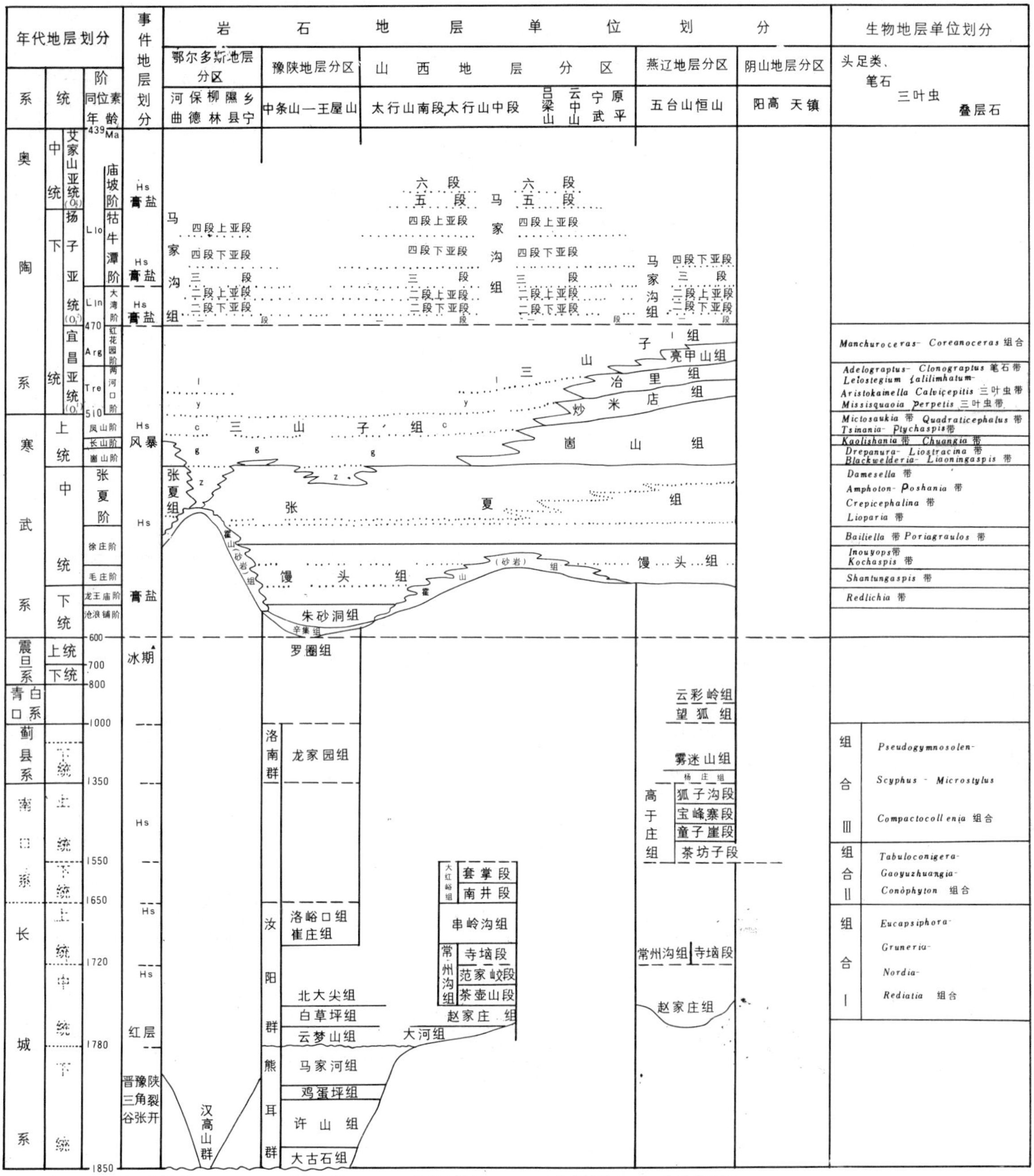

系	统	阶	同位素年龄(Ma)	事件地层划分	生物地层单位划分（头足类、笔石、三叶虫、叠层石）
奥陶系	中统 艾家山亚统(O_2^1)	庙坡阶	439	Hs 膏盐	
	下统 扬子亚统(O_1^2)	Llo 牯牛潭阶		Hs 膏盐	
		Lln 大湾阶	470	Hs 膏盐	
	下统 宜昌亚统(O_1^1)	Arg 红花园阶			Manchuroceras- Coreanoceras 组合
		Tre 两河口阶	510		Adelograptus- Clonograptus 笔石带；Leiostegium lalilimhatum- Aristokainella Calvicepitis 三叶虫带；Missisquaoia Perpetis 三叶虫带
寒武系	上统	凤山阶		Hs 风暴	Mictosaukia 带 Quadraticephalus 带 Tsinania- Ptychaspis带
		长山阶			Kaolishania 带 Chuangia 带
		崮山阶			Drepanura- Liostracina 带 Blackwelderia- Liaoningaspis 带
	中统	张夏阶		Hs	Damesella 带 Amphoton- Poshania 带 Crepicephalina 带 Lioparia 带
		徐庄阶			Bailiella 带 Poriagraulos 带
		毛庄阶			Inouyops带 Kochaspis 带
	下统	龙王庙阶		膏盐	Shantungaspis 带
		沧浪铺阶	600		Redlichia 带
震旦系	上统		700	冰期	
	下统		800		
青白口系			1000		
蓟县系	下统		1350	Hs	组合 Ⅲ Pseudogymnosolen- Scyphus - Microstylus Compactocollenia 组合
南口系	上统		1550		组合 Ⅱ Tabuloconigera- Gaoyuzhuangia- Conophyton 组合
	下统		1650	Hs	
长城系	上统		1720	Hs	组合 Ⅰ Eucapsiphora- Gruneria- Nordia- Rediatia 组合
	中统		1780	红层	
	下统		1850	晋豫陕三角裂谷张开	

岩石地层单位划分

鄂尔多斯地层分区（河曲 保德 柳林 隰县 乡宁）	豫陕地层分区（中条山—王屋山）	山西地层分区（太行山南段 太行山中段 吕梁山 云中山 宁武 原平）	燕辽地层分区（五台山 恒山）	阴山地层分区（阳高 天镇）
马家沟组：四段上亚段、四段下亚段、三段、二段上亚段、二段下亚段		马家沟组：六段、五段、四段上亚段、四段下亚段、三段、二段上亚段、二段下亚段	马家沟组：四段下亚段、三段、二段上亚段、二段下亚段	
		三山子组（冶里组、亮甲山组）	冶里组、亮甲山组	
三山子组		三山子组、炒米店组	炒米店组	
		崮山组	崮山组	
张夏组		张夏组	张夏组	
霍山（砂岩）组		馒头组、霍山（砂岩）组	馒头组	
	朱砂洞组、辛集组			
	罗圈组			
			云彩岭组、望狐组	
	洛南群：龙家园组		雾迷山组、杨庄组	
			高于庄组：狐子沟段、宝峰寨段、童子崖段、茶坊子段	
		大红峪组：套掌段、南井段		
	汝阳群：洛峪口组、崔庄组	串岭沟组		
		常州沟组：寺塆段、范家峧段、茶壶山段	常州沟组、寺塆段	
	汝阳群：北大尖组、白草坪组、云梦山组	赵家庄组、大河组	赵家庄组	
汉高山群	熊耳群：马家河组、鸡蛋坪组、许山组、大古石组			

注：Tre（特马豆克阶），Arg（阿伦尼克阶），Lln（兰维尔阶），Llo（兰代洛阶），Hs高水位沉积

续表 1-1

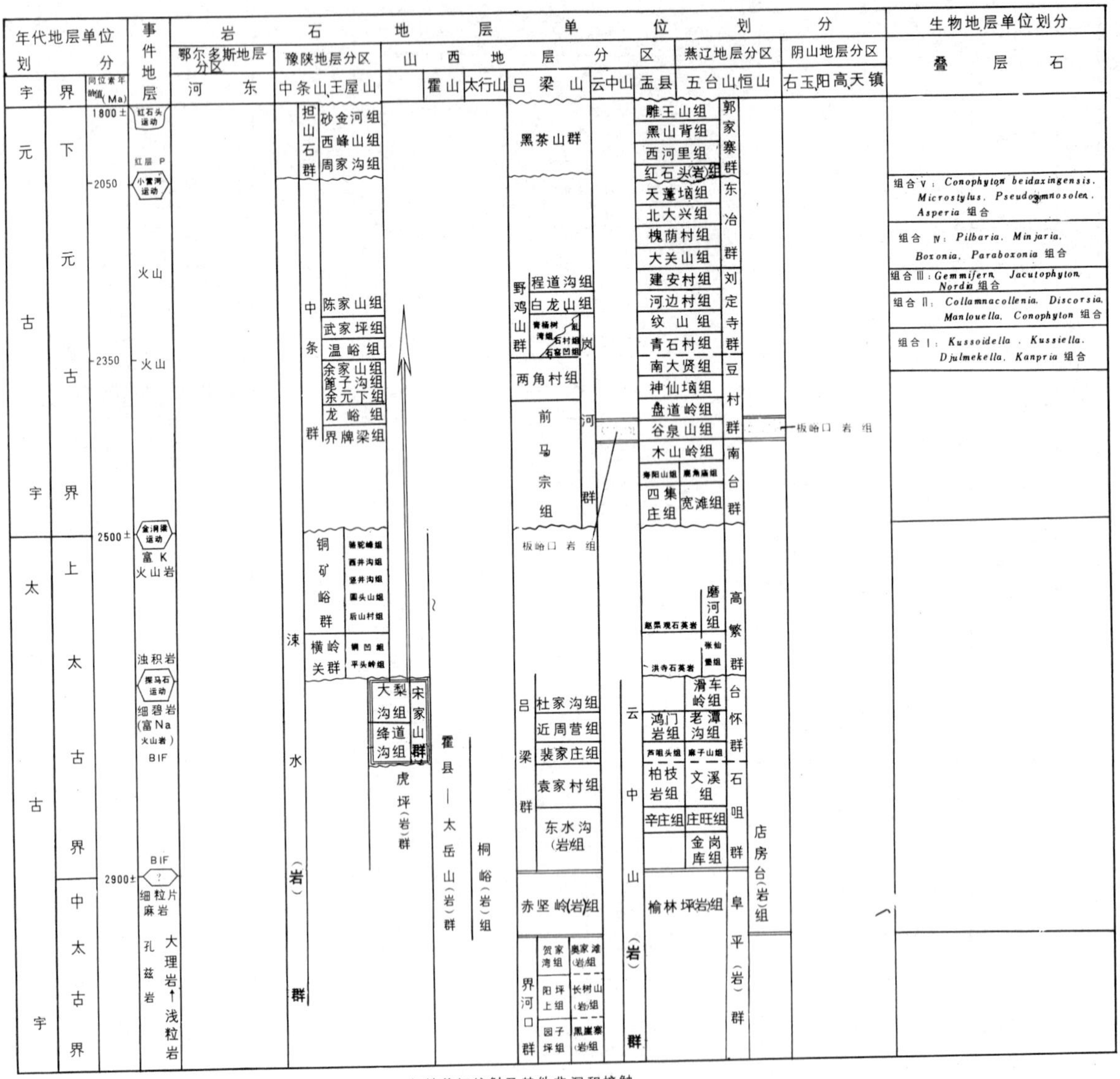

宇	界	同位素年龄值(Ma)	事件地层	岩石地层单位划分：鄂尔多斯地层分区 河东	豫陕地层分区 中条山、王屋山	山西地层分区	霍山	太行山	吕梁山	云中山	燕辽地层分区 盂县	五台山、恒山	阴山地层分区 右玉、阳高、天镇	生物地层单位划分 叠层石
元古宇	下元古界	1800± 2050 2350 2500±	红石头运动 红层 P 小蛮河运动 火山 火山 金涧梁运动		担山石群：砂金河组、西峰山组、周家沟组 中条群：陈家山组、武家坪组、温峪组、余家山组、篦子沟组、余元下组、龙峪组、界牌梁组				黑茶山群 野鸡山群：程道沟组、白龙山组、青杨树湾组、乱石村组、石窑凹组 两角村组 前马宗组 岚河群 板峪口岩组	板峪口岩组	郭家寨群：雕王山组、黑山背组、西河里组	红石头(岩)组 东冶群：天蓬垴组、北大兴组、槐荫村组、大关山组 刘定寺群：建安村组、河边村组、纹山组、青石村组 豆村群：南大贤组、神仙垴组、盘道岭组、谷泉山组 南台群：木山岭组、寿阳山组、磨角庙组、四集庄组、宽滩组	板峪口岩组	组合Ⅴ：*Conophyton beidaxingensis*. *Microstylus*. *Pseudogymnosolen*. *Asperia* 组合 组合Ⅳ：*Pilbaria*. *Minjaria*. *Boxonia*. *Paraboxonia* 组合 组合Ⅲ：*Gemmifern*. *Jacutophyton*. *Nordia* 组合 组合Ⅱ：*Collamnacollenia*. *Discorsia*. *Manlouella*. *Conophyton* 组合 组合Ⅰ：*Kussoidella*. *Kussiella*. *Djulmekella*. *Kanpria* 组合
太古宇	上太古界		富K火山岩 浊积岩 摆马石运动 细碧岩(富Na火山岩) BIF BIF		铜矿峪群：骆驼峰组、西井沟组、竖井沟组、圆头山组、后山村组 横岭关群：铜凹组、平头岭组 涑水(岩)群	大梨沟组、绛道沟组 宋家山群 虎坪(岩)群	霍县—太岳山(岩)群	桐峪(岩)组	吕梁群：杜家沟组、近周营组、裴家庄组、袁家村组、东水沟(岩)组 赤坚岭(岩)组	云中山(岩)群	赵果观石英岩、磨河组、洪寺石英岩、张仙堡组 鸿门岩组、芦咀头组 柏枝岩组 辛庄组 榆林坪(岩)组	高繁群：磨河组、张仙堡组 台怀群：滑车岭组、老潭沟组、庄子山组 石咀群：文溪组、庄旺组、金岗库组 阜平(岩)群	店房台(岩)组	
	中太古界	2900±	? 细粒片麻岩 孔兹岩 大理岩→浅粒岩		涑水(岩)群				界河口群：贺家湾组、奥家滩(岩)组、阳坪上组、长树山(岩)组、园子坪组、黑崖寨(岩)组	云中山(岩)群		阜平(岩)群		

注：BIF条带状磁铁石英岩

HS高水位沉积

══ 韧性剪切接触及其他非沉积接触

⇑ 可能排置的层位

园组组成；早古生代在完整的馒头组之下发育有朱砂洞组、辛集组、张夏组（本身已因白云岩化而不全）；之上发育了较厚的三山子（白云岩）组；晚古生代—中生代三叠纪仅见于断陷小盆地中，且只保留有月门沟群与石盒子组；缺失中生代侏罗纪、白垩纪地层，新生代发育有早期山间盆地河湖相堆积的平陆群和晚期比较完整的汾渭盆地堆积（包括特殊的盐湖堆积）与盆地边缘的河谷阶地堆积的匼河组、丁村组、峙峪组等。

山西西部边缘——鄂尔多斯地层分区地层发育特色是：前长城系几乎全部未出露，中元古代仅局限发育了层位最低的、河流沉积相为主的汉高山群；早古生代地层极为特殊，在不厚的霍山（砂岩）组之上即直接覆以三山子（白云岩）组；晚古生代—中生代三叠纪地层，基本上与山西主体部分一致；侏罗纪、白垩纪沉积已被侵蚀殆尽，未见保留；新生代发育了一套土状堆积的保德（红土）组、静乐（红土）组，午城（黄土）组，离石（黄土）组、马兰（黄土）组。

山西北部边缘——阴山地层分区地层发育特色是：前长城系仅发育了具孔兹岩特征的集宁（岩）群；之上大多直接覆以侏罗纪、白垩纪属大型内陆盆地相的左云组、助马堡组。

三、山西省地层清理工作遵循的原则、指导思想和一些具体作法

山西省地层清理中除遵循《全国地层多重划分对比（清理）研究项目总体设计》中规定的总原则外，结合山西的具体情况，在《山西省地层多重划分对比（清理）研究项目总体设计》中制定了（并在清理过程中得到贯彻的）一些具体原则和指导思想。本专著就是地层对比研究总原则与山西省具体情况相结合的体现和产物。

1. 岩石地层划分是在前人工作的基础上进行的，实质上是“清理”，不是“新划分”，也不是“全面的重新划分”。清理及研究时充分尊重利用已有的地层调查及研究成果，因前人对山西地层及其所反映的古地理、沉积环境及变迁等，已有相当的认识水平和研究深度。例如本专著在对沉积地层的岩石地层清理时，将1988年《山西省沉积地层的岩石地层单位划分》（武铁山等）作为基础，充分应用了1：20万区调及各断代地层总结成果、1：5万区调成果，以及包括煤田、石油系统在内的生产、科研、院校有关地层的研究成果。

2. 与正在进行的1：5万区调（包括综合队进行的1：5万区调）相结合。本专题组在进行清理研究时，就与区调队的1：5万区调分队，211队、212队、213队、214队的1：5万区调分队，就有关恒山、五台山、吕梁山、中条山前长城纪地层的划分、名称取舍，充分进行了协商讨论，并利用了1：5万区调有关地层方面的新成果。

3. 在地层清理中，对岩石地层的划分、命名，采取全局（华北大区）与局部（山西省）相结合的原则，在服从华北大区几次现场会议有关纪要前提下，考虑到山西实际情况予以灵活运用，不少情况是为了保持山西已有的地层划分填图精度，和已惯用的地层名称，在华北统一的组级岩石地层单位之下，将山西省原来的组降级为段。例如浑源、灵丘一带的中生代火山岩系，就是将原有的山西地方性的组降级为段，分别归属到华北统一的土城子组、张家口组、大北沟组、义县组。

4. 对一些新理论、新认识要辩证地对待，不要绝对化，不要一个倾向掩盖另一个倾向、一个极端走向另一个极端。例如，岩石地层的穿时，由于地层的沉积以侧向加积为主，所以认为岩石地层单位穿时是绝对的；但在一定的条件下，在一定的范围内，地层沉积可能是以垂向加积为主，那么，岩石地层单位在一定范围内就不一定是穿时的。又如，区域性变质地层中，韧性剪切作用无处不存在，但并不因此而得出变质地层不能进行岩石地层单位的划分。

又如第一代 1：20 万区调中强调了混合岩化作用的存在，现认为不少片麻岩体是变质的侵入体，属 T、T、G 系列；但也不能把所有的片麻岩都当作侵入体和 T、T、G 系列。要具体情况，具体对待，具体分析。

四、地层清理的范围及内容

根据《全国地层多重划分对比（清理）研究项目总体设计》，此次地层清理研究重点是中元古代至第三纪地层，以岩石地层单位划分对比研究为基础。对研究程度高、资料丰富的稳定地区，要选择部分地层间隔研究其地层格架，进行区域地层分析；在有详细生物地层研究的地区，可进行生物带的清理研究，重点是明确建立各生物带所依据的层型和参考剖面，及生物带在这些剖面的准确层型和地层标志等。结合山西的地层客观实际、以往的研究程度和现阶段 1：5 万区调的要求，山西地层清理的具体范围和内容为：

1. 岩石地层清理的范围是从早前寒武纪（太古代、元古代）开始，包括下元古代—第三纪在内，直到第四纪的全部地层。这是由于：

（1）早前寒武纪地层在山西较为发育，是全国前寒武纪变质地层划分、命名最早，对全国前寒武纪地层划分影响最大的地区。山西五台山区所划分、命名的“五台系”、“滹沱系”等影响我国早前寒武纪变质地层的划分、对比达数十年之久（1904—1959），而山西的新生代，特别是晚新生代地层的研究和划分几乎可与山西早前寒武纪地层相媲美。于山西命名的榆社群、保德红土、静乐红土、午城黄土、离石黄土；丁村组……等，对华北以至全国晚新生代的划分、研究有重要的影响。

（2）1：5 万区调，需要对山西的早前寒武纪变质岩系和第四系进行岩石地层划分。目前正在开展的 1：5 万区调，要求按岩石地层单位进行划分、填图，清理地层不应仅局限于中上元古界—第三系。特别是山西的上第三系与第四系下更新统地层多连续沉积，紧密相关，无法在不清理后者的情况下，只清理前者。

（3）清理早前寒武系和第四系也有一定的基础。山西区调队 1：20 万区调完成后，进行了断代地层总结；自 70 年代以来，区调、科研、院校等单位不断地在新理论的引导下，对山西的早前寒武纪地层进行专题研究；近十多年来在早前寒武纪变质岩系出露的五台山、恒山、中条山、吕梁山，开展大面积的 1：5 万区调，已完成和正在进行的 1：5 万图幅达 40 多幅。

2. 生物地层清理的重点是晚古生代的䗴、牙形石、古植物；其它断代的生物则只能根据现有资料，进行某些门类生物组合（带）的划分，或提供一些所含的生物分子；对前寒武纪，则只能提供所含叠层石组合。

3. 根据不同断代地层特点，年代地层划分，重点在下前寒武系和上古生界。前者主要依据同位素地质年龄（但由于问题的复杂性，带有一定的探讨性），后者主要依据生物；对于其它断代的地层，则着重在对岩石地层单位时代属性的确定，其依据主要是与生物地层的对比，少部分则参照同位素地质年龄；晚新生代地层时代确定的依据，古地磁极性时则是重要的一个方面。

4. 关于地层多重划分对比中“对比”的内涵，本专著编者是从下列两个方面进行的：一是共性要对得上，二是要比出差异来；对比包括多种含义的对比。比如作为基础的岩石地层单位划分时，岩性首先要“对”得上，当然又允许有一定的差异。岩石地层单位本身的对比，就要“比”出纵向、横向上的差异来（差异大到一定程度时，将成为另一个岩石地层单位）。又如岩石地层单位与年代地层划分间的对比：以年代为标准，可以对比出同时间内区域上的岩石地层单位的变化；而以岩石地层为标准，则可对比出岩石地层的穿时性。

五、参加工作人员、分工以及完成本项工作的起讫时间

山西省地层多重划分对比研究项目从1992年4月开始，1994年10月经华北大区评审验收通过。

该项目是在全国项目领导小组，华北大区研究领导小组和山西省项目领导小组领导下由山西区调队负责组成“山西省地层多重划分对比研究”项目专题组，具体完成的。

实际参加本项目工作的人员（分工及参与工作时间）如下：

项目负责、专题组长、本专著主编：

武铁山　教授级高级工程师（兼晚前寒武纪、晚古生代、中生代断代负责，1992—1995年）；

断代负责人：

徐朝雷　高级工程师　（早前寒武纪，1992—1995年），

徐有华　高级工程师　（早元古代，1992年），

吴洪飞　高级工程师　（早古生代，1992—1994年），

郭立卿　工　程　师　（新生代，1994年）；

晚古生代生物地层清理负责人：

萧素珍　高级工程师　（1993—1994年）；

其他参加工作人员：

李瑞生　工程师　（1993—1995年）；

郝锦华　工程师　（1993—1994年）；

刘永福　工程师　（1994年）；

刘沛会　工程师　（1994年）；

师宏贤　助理工程师　（1992—1993年）；

刘慧文　助理工程师　（1993年）；

王黎栋　助理工程师　（1993年）；

数据库成员：

方立鹤　工程师　（1994年）；

孙春娟　助理工程师　（1993—1994年）；

另聘请李桂琴高级工程师对野外检查采集的岩石进行薄片鉴定（1992—1993年）；

山西省地层清理项目领导组成员为：

组长：张铁林（山西省地矿局副总工程师，教授级高级工程师）

组员：李宜植（山西省地矿局地矿处处长，高级工程师）

王立新（山西省地矿局地矿处高级工程师）

周宝和（山西省地矿局区调科科长，高级工程师）

苗培森（山西省地矿局区调队总工程师、高级工程师）

武铁山（山西省地矿局区调队技术顾问，教授级高级工程师）

文稿在送中国地质大学出版社前，由山西省地层清理项目领导组张铁林、王立新、周宝和进行了部分修改和最后审定。

第二章
早前寒武纪（太古宙—早元古代）

山西省下前寒武系全属变质地层，北起雁北，南至运城，各个山区都有分布。主要出露于恒山、五台山、吕梁山、太行山、中条山和太岳山区。其中尤以五台山、吕梁山及中条山三个山区的下前寒武系出露面积广，地层发育全，变质程度低，地层间关系相对清楚，是这次清理研究的重点。其余山区出露零星，或者变质程度太高，或者以片麻岩为主，而未清理。

恒山-五台山区，主要发育了滹沱超群、五台超群两套地层，东侧尚有阜平（岩）群出露。吕梁山区的变质地层主要分布在吕梁山主峰区以北，由黑茶山群、岚河群、野鸡山群，吕梁群以及界河口（岩）群组成。中条山区的变质地层，包括担山石群、中条群、绛县群和宋家山群及涑水（岩）群。

第一节　岩石地层单位

一、恒山-五台山区（包括云中山、太行山北段的灵丘及盂县）

该区地质调查历史悠久，早在1871年德国人Richthofen穿越恒山、五台山，创立了桑干片麻岩、五台绿片岩、滹沱页岩等我省首批变质地层名称。1904年美国学者Willis等对五台山做路线地质调查，建立了五台系及所属的（自下而上）石嘴统、南台统、西台统，将滹沱系划分为下部窦村统和上部东冶统。1928年我国地质学家孙健初也在五台山东部做了一定的工作，本专著采纳的刘定寺群就是他当时建立的。1936年杨杰在五台山东部—太行山进行地质调查，将过去划入五台系内的南台群分离出来，归属滹沱系，并建立了（由老到新）阜平县层，龙泉关层，五台系石嘴层、台怀层，滹沱系南台层、白头庵层的地层层序。

1950年王曰伦率队对五台山东部做面积性的地质调查，识别出豆村以北滹沱群属倒转层序，自下而上建立了变质砾岩、石英岩、板岩、灰岩的四分方案（王曰伦，1951）。1956年马杏垣率北京地质学院师生对五台山进行1∶20万地质填图，为五台山提供了第一张既全面又客观的岩性分布地质图；将滹沱系四分为：变质砾岩、南台石英岩、豆村板岩和东冶白云岩（马杏垣等，1957）。

60年代初，山西区测队（武铁山、徐朝雷、张居星等）于五台山主体部分进行的1∶20

万平型关幅区调，确立了五台群中含铁岩系的标志层，从而查明五台群的基本构造格架，首次对五台群进行了全面的地层划分，确立 4 组 9 段的地层层序；与华北地质科学研究所白瑾等合作，建立了滹沱群 3 个亚群 12 个组的地层层序（山西省地质局区测队，1967）。

80 年代初由长春地质学院李树勋、山西地质研究所冀树楷、山西省 211 地质队田永清等人组建晋北铁矿队（李树勋等，1986），天津地质矿产研究所白瑾、山西省地矿局区调队徐朝雷组建的五台山专题组（白瑾，1986），同时对五台山早前寒武纪地质各领域做了深入、全面的研究。1981 年由山西省地矿局张铁林主持，在繁峙县砂河召开了由上述人员以及在伯强测区进行 1∶5 万地质填图的山西区调队雍永源等人参加的协调会议，根据新发现五台群内部两个不整合面，建立了五台群三分的方案，同时将大量侵入成因的片麻岩体从地层中清理出去。

70 年代末期以来开展的 1∶5 万区调工作，到 90 年代初全部完成了五台山区所有图幅的填图任务，该阶段变质地层研究基本上在砂河会议定下的框架内做详细的划分。80 年代末期山西区调队在岩头测区、211 队区调分队在大甘河测区两个方面取得重大突破，从而变更了五台山下前寒武系的格架：①否定了划分五台群台怀亚群与石嘴亚群之间的甘泉不整合，从而确定了五台群地层存在变质相变这一基本事实；②认为五台群底部的板峪口组是滹沱超群豆村群下部地层的构造叠体，从而使五台群与阜平（岩）群之间关系蒙上了阴影。

此次地层对比研究，集百多年来，特别是近 30 年来恒山-五台山区早前寒武纪研究之精华，首先肯定了该区早前寒武纪三大套地层序列，（自上而下为）滹沱超群、五台超群、阜平（岩）群（划分沿革见表 2－1)。滹沱超群岩石地层单位的进一步划分，基本采用 1∶20 万平型关幅的划分方案。当然也进行了若干变动，主要是将一些岩性段升为组，一些亚群升为群；恢复了刘定寺群（包括原东冶亚群下部的几个组）。五台超群的进一步划分，基本以 1∶5 万区调图幅和《山西省区域地质志》(1989) 的划分为基础。重要的变动是将不同变质相的地层分别建立了各自的岩石地层单位名称系列。为此恢复了老潭沟组（进行了含义的厘定）。阜平（岩）群则因主体不在山西境内，山西未做深入清理，仅恢复了榆林坪（岩）组。另外，在恒山地区还清理了牛还（岩）组和店房台（岩）组。

整个恒山-五台山区早前寒武纪群、组（岩组）的划分，见表 1－1。

阜平（岩）群　Ar_2F　(05－14－0220)

【创名及原始定义】　1936 年杨杰创名。创名时称阜平片麻岩、阜平县层，创名地点即河北省阜平县。原始定义是指“冀晋北部毗连区域前寒武纪太古界（泰山系）下部地层。由含长石甚多结晶完全之片麻岩夹少量之云母片岩、大理岩所组成，且多酸性岩脉，恒作米克马底（Migmatite）组织。上覆地层为常具眼球状组织（structure occillee）的龙泉关层。”

【沿革】　1959 年谭应佳将上述这套片麻岩系划分为：阜平系（包括段庄统、西黄村统），建屏系（包括蛟潭庄统、元氏统、滴流澄统)。1961 年太行山平山、正定、盂县地区前寒武系现场会议，否定了建屏系底砾岩（任富根，1961)。因此，之后开展的 1∶20 万区调，恢复了阜平县命名的地层单位的范围，并改称阜平群。最先完成的 1∶20 万石家庄幅，将阜平群二分为陈庄组、湾子组；之后完成的盂县幅、阜平幅、平型关幅，统一将阜平群按其显示的浅粒岩-斜长片麻岩-斜长角闪岩-透闪透辉岩-大理岩旋回性，划分为七个组。并为其后的《华北地区区域地层表·山西省分册》、《华北地区区域地层表·河北省分册》，直至《山西省区域地质志》、《河北省区域地质志》所采用。

自 80 年代开始，国外花岗绿岩带、灰色片麻岩、韧性剪切带等观点的传入，国内一些地质学家全面否认混合岩化作用，将阜平群中的浅粒岩、斜长片麻岩均当作花岗岩类侵入体。这样使原阜平群作为地层的部分，仅剩下了大理岩、磁铁石英岩等不多的内容。按此观点，组及原有的层序将不复存在，阜平群也只能称为阜平（岩）群。但由于原阜平群的主体在河北省境内，不是山西能够清理的，故也暂按阜平（岩）群称之。

【现在定义】 太行山北段大面积出露的以各种片麻岩为主，夹大理岩、浅粒岩、斜长角闪岩及少量磁铁石英岩的地层名称。这些变质地层在60—70年代，以浅粒岩、片麻岩、斜长角闪岩、透闪透辉岩、大理岩组成的旋回，划分为七个组；80年代以来一些地质学者认为浅粒岩、片麻岩为岩体，将阜平群改称阜平（岩）群。该（岩）群被五台超群或滹沱超群所不整合，部分地区与五台群之间隔以板峪口（岩）组。

【地质特征】 阜平（岩）群在山西境内主要分布和出露于盂县东北部，五台县东部，繁峙县东南部及灵丘县南部与河北省接壤的边缘地带。主要为各种片麻岩、斜长角闪岩。盂县榆林坪乡的南北河一带出现有大理岩、浅粒岩等。

榆林坪（岩）组 Ar_2y （05－14－0219）

【创名及原始定义】 原称榆林坪组。1964年山西区测队进行1∶20万盂县幅区调时，张瑞成、檀伊洛等创名于盂县东北部的榆林坪。原始定义：“不整合在阜平群之上，滹沱群之下的龙华河群底部第一个地层组。由底部含矽线石石英球的二长片麻岩，中部含黑云斜长片麻岩、角闪斜长片麻岩夹斜长角闪岩，顶部薄层斜长角闪岩夹含磁铁透闪石英岩三部分所组成，厚2 000～3 000 m。”

【沿革】 1979年《华北地区区域地层表·山西省分册》，将龙华河群的榆林坪组，对比为龙泉关群的榆树湾组。近几年一些前寒武纪地质学家认为龙泉关眼球状片麻岩为韧性剪切作用形成的糜棱岩；另作为龙泉关群建群依据的河北省平山县境内的桑园口不整合，经本专题组徐朝雷检查认为是顺韧性断层侵入的侵入体与下伏地层的接触界面，并非沉积不整合界面。这样，龙泉关群不能成立，故本专著恢复榆林坪组，以代表盂县北部榆林坪一带以细粒片麻岩为主的地层，并改称榆林坪（岩）组。

【现在定义】 榆林坪（岩）组指阜平（岩）群中，贴近五台群的各种侵入成因片麻岩体中残存的黑云变粒岩、细粒黑云斜长片麻岩夹条带状斜长角闪岩、磁铁石英岩组成的层序不清的地层。

【层型】 正层型为盂县榆林坪剖面（113°29′，38°19′），次层型为五台县侯家庄剖面。

【地质特征及区域变化】 榆林坪（岩）组以中细粒黑云斜长片麻岩为主，夹大量中细粒角闪斜长片麻岩，及少量斜长角闪岩及磁铁石英岩组成的沉积变质地层。这些片麻岩粒度均很细，长石、石英矿物粒度1～1.5 mm占多数，其中少数小于1 mm，近于黑云变粒岩。五台县侯家庄剖面上，出现较多的黑云变粒岩，并见含斜长角闪岩条带的黑云变粒岩，并见残留沉积构造（如韵律层），推测其原岩为粉砂质沉积岩或火山碎屑岩。榆林坪（岩）组在榆林坪一带与四周中粗粒黑云斜长片麻岩关系以渐变过渡为主，而在五台县侯家庄，则常见明显的侵入关系。

盂县幅榆林坪（岩）组上覆地层为灯花组，经检查，灯花组除成因不定的片麻岩以外还有大量变粒岩、浅粒岩，甚至大理岩夹层。这些变粒岩、浅粒岩与五台山区板峪口岩组的岩性基本一致，只是变质程度较深。故推测榆林坪（岩）组可能被板峪口（岩）组所不整合。

五台超群　Ar_3WT　（05－14－0182）

【创名及原始定义】　创名时称五台片岩。1882年德国人Richthofen创名。原始定义为："在五台山脚下，见到由绿色绿泥片岩为主和其它变质岩所组成。它们难以相互分开，比红色片麻岩新，比震旦系老。它可能代表美国休伦系的下部。"

【沿革】　1907年Willis等建立五台系。之后，孙健初（1928）、杨杰（1936、1937）、王曰伦（1951）、马杏垣等（1957）均称五台系。尽管对五台系的上、下界面及内涵的认识不尽一致，但都保留了绿片岩为主体的实质。马杏垣等（1957）也称五台系为绿色片岩系。1959年全国地层会议后五台系改称五台群。1989年《山西省区域地质志》进一步将五台群称为五台超群（表2－1）。

【现在定义】　指五台山区早前寒武纪变质地层下部超群级岩石地层单位。为一套经历了绿片岩相-角闪岩相多期次变形与变质作用的、复杂的、厚度巨大的火山-沉积岩系。以变基性火山岩（变质呈绿泥片岩或角闪片岩）为主，含磁铁石英岩为其特征。包括平行不整合与不整合面隔开的石咀群、台怀群与高繁群。其上被滹沱超群所不整合；其下以韧性断层或不整合与阜平（岩）群接触。

五台超群在五台山区发育最完整，总厚8 000 m；分布面积最广，达1 200 km²。向东延伸到太行山北段，灵丘县南山；向南延伸至盂县北部；北部在恒山作东西向展布。

石咀群　$Ar_3\hat{S}$　（05－14－0194）

【创名及原始定义】　1907年Willis创名，根据台山河剖面而建。原始含义为"石嘴统包含灰色片岩和片麻岩，夹有厚层的石英岩，它们占据着台山河剖面的东端。其底部可能不整合在其东的眼球状片麻岩之上。"

【沿革】　孙健初（1928）称石嘴系，杨杰（1936）称石嘴层。王曰伦（1951）、马杏垣等（1959）不使用石嘴系（层）。山西区测队，1967，1∶20万区调恢复使用，称为石咀组。1981年，砂河会议上建立石咀亚群。1989年，《山西省区域地质志》，将石咀亚群升格为石咀群。

【现在定义】　石咀群为五台山区五台超群下部群级岩石地层单位。主要由绿片岩相-角闪岩相的基性火山岩夹磁铁石英岩、变粒岩及富铝片岩所构成。包括角闪岩相的金岗库组、庄旺组、文溪组及绿片岩相的辛庄组、柏枝岩组。其上被台怀群以平行不整合所覆，其下以韧性断层隔板峪口（岩）组与阜平（岩）群相邻。

金岗库组　Ar_3j　（05－14－0199）

【创名及原始定义】　山西省区测队1967年1∶20万平型关幅区调时由武铁山、张居星创名。创名地点为五台县石咀乡北的金岗库村公路边。原称金岗库段，其原始含义为"主要由黑云变粒岩夹角闪片岩、二云石英片岩和三层不稳定的磁铁石英岩组成，可能属火山岩建造。石咀以南地段局部混合岩化较深，形成麻黄沟片麻岩体。磁铁石英岩多含黄铁矿，金岗库硫铁矿就属该层位。本段属石咀组，与其下板峪口段、其上庄旺组呈整合接触。"

【沿革】　当时作为石咀组之上部岩性段创名。1981年起将金岗库段升格为组，使用范围已扩大到五台山北麓、恒山、灵丘县南、北山，以及云中山。

【现在定义】　金岗库组为五台山区石咀群最下部组级岩石地层单位。以斜长角闪岩、角闪变粒岩和黑云变粒岩为主，夹较稳定的磁铁石英岩和二云石英片岩（矽线二云片岩、蓝晶白云片岩)。其上与庄旺组呈整合接触，本组以顶部斜长角闪岩顶面为上界。

【层型】 正层型为五台县石咀—金岗库剖面，次层型有灵丘县下关剖面、繁峙县东山底南山剖面及繁峙县黑山沟-安头剖面。

五台县石咀-金岗库金岗库组剖面：该剖面位于五台县石咀乡村西公路边(113°42′00″，38°52′00″)；1963年徐朝雷、王立新测制，1988年山西省211队靳永久等重测。

上覆地层：**豆村群谷泉山组** 长石石英岩

——————— 平行不整合 ———————

金岗库组	总厚度 1 014.92 m
15. 糜棱岩化磁铁石英岩	1.09 m
14. 含榴二云石英片岩（糜棱岩）	182.33 m
13. 黑云斜长片麻岩	45.67 m
12. 黑云变粒岩	30.04 m
11. 绿泥石英片岩夹花斑状斜长角闪岩	32.18 m
10. 花斑状斜长角闪岩夹糜棱岩化黑云变粒岩	153.09 m
9. 含榴黑云变粒岩夹黑云变粒岩	82.02 m
8. 黑云变粒岩	18.07 m
7. 含榴黑云变粒岩与花斑状黑云变粒岩互层	43.59 m
6. 糜棱岩化含榴黑云变粒岩夹斜长角闪岩、花斑状斜长角闪岩	81.24 m
5. 花斑状斜长角闪岩夹黑云变粒岩、斜长角闪岩	156.3 m
4. 花斑状斜长角闪岩夹两层磁铁石英岩	12.8 m
3. 磁铁石英岩夹花斑状斜长角闪岩	8.4 m
2. 灰色细粒花斑状斜长角闪岩夹斜长角闪岩	134.56 m
1. 深灰色细粒黑云斜长片麻岩夹斜长角闪岩、磁铁石英岩	33.54 m

下伏：黑云斜长片麻岩（? 侵入体）

【地质特征及区域变化】 金岗库组下部以斜长角闪岩为主夹多层磁铁石英岩，中部出现较多的黑云变粒岩，上部出现二云石英片岩。显示了下部富铁，上部富铝的特点。总厚1 000 m左右。金岗库组分布区可划成三个带：南带南起五台县石咀，向北经红安，到繁峙娘子城、神堂堡，过牛帮口大断层后出现在灵丘县下关一线；中带指五台山北麓，西起代县峨口，向东经繁峙县黑山沟、东山底、隔滹沱河进入平型关岩体，终止于灵丘县南山的北缘张家湾；北带，指恒山朱家坊、鹿沟、新河峪及雁门关一带。

南带金岗库组区域特征是：①东南缘以韧性断层与豆村群（?）板峪口（岩）组接触；②各种片麻岩侵入体频繁，地层以残体形式出现；③地层间韧性断层发育。地层特征是：①以斜长角闪岩夹磁铁石英岩最发育，变粒岩、二云石英片岩等出露较少；②所夹的磁铁石英岩黄铁矿含量高，多处构成小型工业矿床。

中带金岗库组区域特征是：①南北两侧以韧性断层与岩体接触；②自身重褶发育，但内部韧性断层较少；③地层中超镁铁岩成串珠状分布。其地层特点是：①斜长角闪岩-变粒岩常相间成层产出；②富铝的蓝晶石、矽线石云母片岩或变粒岩较发育，可构成小型矿床；③磁铁石英岩较厚，铁含量较高，常形成小型矿床。

北带金岗库组区域特征是：①变质温度较高，近高角闪岩相或已达到高角闪岩相，所以地层开始部分熔融，造成片麻岩体与地层成渐变过渡关系；②地层的褶皱不易认识，韧性剪切带不发育；③构造线方向以东西向为主。其地层特点是：①斜长角闪岩与黑云变粒岩常成大层（几十米到上百米厚）相间出现；②富铝岩层出露不均匀，有时很多层，有时一层不见；③磁铁石英岩薄而少，黄铁矿亦不常见。

庄旺组　$Ar_3\hat{z}$　（05－14－0198）

【创名及原始定义】　山西区测队 1967 年 1∶20 万平型关幅区调时由武铁山、张居星创名。创名地即位于五台山东段的繁峙县庄旺乡。原始定义："庄旺组由下部石佛段——黑云角闪斜长片麻岩；中部杨柏峪段——变质细碧角斑岩系为主；夹沉积变质岩薄层，向东变质加深，逐渐变成角闪变粒岩及黑云变粒岩；上部鸿门岩段为一套细碧角斑岩，东部变质较深以角闪片岩、角闪变粒岩为主，三部分岩性构成。"当时指的是包括三个岩性段的一个地层组。

【沿革】　1979 年编制《华北地区区域地层表·山西省分册》时用台怀组取代庄旺组（山西省地层表编写组，1979）。1981 年砂河会议决定恢复庄旺组之名，专指原庄旺组中杨柏峪段黑云变粒岩地层。

【现在定义】　五台山区石咀群中部组级岩石地层单位。以黑云变粒岩为主，夹角闪变粒岩和少量斜长角闪岩，含不稳定的磁铁石英岩及少量二云变粒岩。与下伏金岗库组和上覆文溪组均呈整合接触。下伏斜长角闪岩的顶面和上覆斜长角闪岩的底面是本组的下上界面。

【层型】　正层型为繁峙县庄旺乡口泉-宝石剖面。

繁峙县口泉-宝石剖面（113°50′00″，39°04′00″）：1964 年由武铁山、张居星测制；1986 年山西区调队 1∶5 万神堂堡测区填图中，由刘宝尧、张如心重测。

上覆：**五台期花岗闪长岩体**　（侵入接触）

庄旺组	总厚度 633.2 m
21. 斜长角闪岩夹黑云变粒岩	54.1 m
20. 含十字石榴黑云变粒岩	34.0 m
19. 黑云变粒岩，顶部为一层斜长角闪岩	28.8 m
18. 含角闪黑云变粒岩	38.1 m
17. 含十字石榴角闪黑云变粒岩	22.6 m
16. 含十字石榴黑云变粒岩	28.2 m
15. 含榴角闪黑云变粒岩	12.3 m
14. 黑云变粒岩，局部含石榴石	58.1 m
13. 黑云变粒岩与斜长角闪岩互层	32.9 m
12. 黑云变粒岩，局部含石榴石，上部夹斜长角闪岩	66.7 m
11. 含榴黑云变粒岩，上部含直闪石、十字石	48.6 m
10. 角闪黑云变粒岩，下部含十字石	95.2 m
9. 角闪黑云变粒岩夹黑云变粒岩及斜长角闪岩	113.6 m

——————　整　合　——————

下伏地层：**金岗库组**　角闪片岩

【地质特征及区域变化】　庄旺组几乎由单一的黑云变粒岩构成，夹少量斜长角闪岩。变粒岩中常出现富铝矿物石榴石、十字石。不少地方可见沉积分异的单向韵律，有的地方在变粒岩中还能见杏仁构造（繁峙县山塘湾），镜下见火山碎屑结构，泥砂质结构。由此推断其原岩为中酸性火山岩及泥砂质沉积岩。庄旺组岩性在横向上变化不大，偶有薄层磁铁石英岩产出。组厚一般变化在 1 000～2 000 m 之间。

文溪组　Ar$_3$*w*　（05－14－0197）

【创名及原始定义】　山西区测队（1967）在 1∶20 万平型关幅区调时，由武铁山、张居星等创名。创名地为五台山东段的繁峙县庄旺乡文溪村。创名时称文溪段，属铺上组。其原始定义为："以变质细碧岩、变质细碧质凝灰岩、变质细碧晶屑凝灰岩、变质层凝灰岩为主，夹变质石英角斑岩、变质角斑岩、绿泥石英片岩、大理岩及三层磁铁石英岩。东部及北部变质较深，变为角闪片岩及角闪斜长片麻岩，上下部磁铁石英岩常可作顶底界线。"

【沿革】　文溪段是首先从被认为无法细分的五台群绿片岩中，以每单层不稳定，但产出层位稳定的磁铁石英岩作标志层而划分和建立起来的、并经得起检验的岩石地层单位。山西地层表编写组，1979 年编写《华北地区区域地层表·山西省分册》时将文溪段改为文笔岩段。1981 年砂河会议上恢复使用，并改称文溪组。

【现在定义】　文溪组是指五台山区石咀群上部组级岩石地层单位。以斜长角闪岩、角闪片岩为主，夹厚层层位稳定的磁铁石英岩及角闪变粒岩、少量黑云变粒岩。与下伏庄旺组呈整合接触，以底部斜长角闪岩的底面划界；与上覆台怀群底部石英岩、长石石英岩、含砾石英岩（含砾黑云变粒岩、绢英片岩）呈平行不整合。本组磁铁石英岩可构成大中型工业铁矿床。

【层型】　正层型为繁峙县口泉-宝石文溪组剖面；次层型有灵丘县振华峪-磨石沟剖面，灵丘县黄峪村-浦里村剖面。

繁峙县口泉-宝石文溪组剖面：位于繁峙县庄旺乡宝石村东南 500 m 大沟中（113°45′00″，39°06′00″）；1964 年武铁山、张居星等测制；1986 年刘宝尧、张如心等重测。

上覆：**黑云斜长片麻岩**　（侵入接触）

文溪组	总厚度 633.30 m
9. 角闪变粒岩夹一层 25 m 厚的磁铁石英岩	77.5 m
8. 黑云角闪变粒岩	63.2 m
7. 磁铁石英岩	14.0 m
6. 斜长角闪岩	96.8 m
5. 条带状磁铁石英岩	10.1 m
4. 斜长角闪岩	62.8 m
3. 角闪片岩	120.0 m
2. 斜长角闪岩	15.9 m
1. 斜长角闪片岩	173.0 m

下伏：**黑云斜长片麻岩**　（侵入接触）

【地质特征及区域变化】　文溪组岩性较单调，几乎全为斜长角闪岩组成，近底部、近顶部夹磁铁石英岩；偶含角闪变粒岩或黑云变粒岩夹层。斜长角闪岩中常见杏仁构造。部分地段的磁铁石英岩，厚度大，品位较高，是五台山工业铁矿床的主要产出层位。

文溪组在五台山区东西两头出露。向东北被大寨口片麻岩和平型关岩体所侵吞，呈大小不等捕掳体形式出现。更向东进入灵丘县后分为南北中三支，南支在灵丘县南山振华峪一带出露，中支在灵丘县南山北缘狐便窑一带出露，北支在灵丘县北山蒲里一带出露。

文溪组厚度较稳定，一般变化在 700～1 700 m 之间。

辛庄组　Ar_3x　(05－14－0196)

【创名及原始定义】　1989 年由山西区调队胡学智、赵瑞根等在岩头测区 1∶5 万填图中创建。创名地位于五台山北坡的繁峙县茶铺乡辛庄村西沟中。原始定义："辛庄组主要为一套变质的泥砂质沉积岩夹少量中酸性火山碎屑岩及基性火山岩，即灰白色绢英片岩、绢云片岩、绿泥绢云片岩、绢云钠长片岩夹少量绿泥片岩。下部夹一层不稳定的磁铁石英岩。向北相变为庄旺组。"这套地层主要岩性是一套白色的绢云石英片岩，原生示顶构造指出它位于柏枝岩组含铁岩系之下，与庄旺组相当。

【现在定义】　五台山区石咀群中部组级岩石地层单位。是庄旺组绿片岩相的产物。由绢英片岩、绢英钠长片岩夹少量绿泥片岩、钙质绢英片岩所组成，偶含磁铁石英岩。与上覆柏枝岩组呈整合接触，以顶部绢英片岩顶面划界；下部由于韧性断层及岩体侵入，而出露不全。"

【层型】　正层型为繁峙县辛庄-塔儿坪-岩辛庄剖面（113°22′00″，38°59′00″）。1987 年为胡学智、赵瑞根等人测制。

上覆地层：**石咀群柏枝岩组**　绿泥片岩

——————　整　合　——————

辛庄组	总厚度＞982.2 m
6. 绢云石英片岩（变质泥质砂岩、长石砂岩），褐铁矿化绢云片岩夹钙质绿泥钠长片岩（变基性熔岩）	334.8 m
5. 千枚状绢云片岩（泥质粉砂岩）及绢云钠长片岩	70.4 m
4. 含菱铁矿绢云石英片岩（泥质沉积岩）、绢云钠长片岩与绿泥片岩互层夹厚约 9 m 的含砾绢云石英片岩	277.1 m
3. 含菱铁矿绿泥片岩夹绿泥绢云片岩	65.4 m
2. 绢云石英片岩（泥质粉砂岩）夹绿泥绢云片岩及一层厚约 30 m 的磁铁石英岩	151.0 m
1. 绿泥钠长片岩、褐铁矿化绿泥片岩（泥质粉砂岩）夹绢云石英片岩（未见底）	＞83.5 m

下伏：**绿泥斜长片麻岩**　（韧性剪切带接触）

【地质特征及区域变化】　辛庄组的绢英片岩，镜下可见到较多的原岩残留结构构造，证明是由泥砂质岩、长石砂岩、粉砂岩变来，夹变基性熔岩，原岩基本上与庄旺组一致。实际上由宽滩向西变质加深，到大包以西已变成黑云变粒岩，而称为庄旺组。

柏枝岩组　Ar_3b　(05－14－0195)

【创名及原始定义】　1980 年山西地研所晋北铁矿研究队李树勋、冀树楷等创名，1982 年发表（杨振升、李树勋、冀树楷，1982）。创名地即五台县台怀镇北柏枝岩村。原始定义："该组大致相当于原《华北地区区域地层表·山西省分册》中的铺上组文笔岩段，根据在柏枝岩、阳坡道实测地质剖面研究，认为它是一套在陆源碎屑沉积的基础上发育而成的基性、中基性火山沉积旋回。下部为中基性火山沉积，间有熔岩喷发，上部仍以中基性火山碎屑沉积为主，熔岩减少，粘土岩和碳酸盐岩增加。构成一个明显的火山沉积旋回。故将原文笔岩段包括原划入木格组车厂段的一部分碎屑岩，即台怀不整合界面以上的岩石地层，提升到组一级单位，……，另立柏枝岩组。"

【沿革】 1989年1∶5万（岩头测区）否定了台怀亚群与下伏石咀亚群之间的不整合，柏枝岩组与文溪组由上下关系变成（实际是恢复成）横向的变质相变关系（胡学智，1992）。

【现在定义】 五台山区石咀群上部组级岩石地层单位。是文溪组绿片岩相的产物。由绿泥片岩、绢云绿泥片岩、绿泥钠长片岩夹厚层稳定的磁铁石英岩、绢云片岩及绢英片岩所组成，是五台山主要工业铁矿床的含矿层位。与下伏辛庄组为整合接触，以其顶部绢英片岩顶面划界，与上覆芦咀头组为平行不整合，以其底部绢云片岩（含砾）底面划界。

【层型】 正层型为繁峙县太平沟村南剖面，次层型为五台县外西沟-李家庄剖面和繁峙县辛庄-塔儿坪-岩辛庄剖面。

繁峙县太平沟村南剖面：位于繁峙县伯强乡太平沟村南200 m公路边（113°39′00″，39°04′00″）；1979年由山西区调队雍永源、沈亦为等测制。

上覆地层：**台怀群芦咀头组** 长石石英岩

——————　平行不整合　——————

柏枝岩组	总厚度936.30 m
13. 上部灰红浅灰绿色钠长片岩（角斑质凝灰岩）夹绿泥钠长片岩（基性火山岩）；中部灰绿色含钙质条纹绿泥石英片岩夹薄层磁铁石英岩及绢云片岩；下部灰白色含菱铁绢云片岩夹白云石磁铁石英岩（碳酸盐铁质砂岩）及厚1 m灰白色绿泥方解石英岩	75.9 m
12. 灰绿色绢云钠长绿泥片岩（基性凝灰岩）夹五层含绿帘磁铁石英岩（含铁中性火山岩、铁质凝灰岩）	50.7 m
11. 灰绿色钠长绿泥片岩，上部灰绿色绿泥钠长绢云片岩夹灰白色大理岩凸镜体	73.2 m
10. 灰绿色绿泥片岩夹灰绿色黄铁矿化角闪绿帘岩（拉斑玄武岩）及多层磁铁石英岩	80.0 m
9. 灰绿色白云绿泥片岩、钠长绿泥片岩（超基性火山岩）夹条带状磁铁石英岩	192.2 m
8. 灰绿色绿帘绿泥片岩（基性火山岩）夹绿泥钠长片岩（中性火山岩）及黑云大理岩凸镜体；顶部灰绿色角闪片岩（碱性玄武岩）	100.0 m
7. 灰绿色含绿泥角闪片岩（凝灰质泥岩）、灰绿色含绿帘角闪片岩（基性火山岩）夹绿泥透闪片岩（基性火山岩）	80.8 m
6. 灰绿色黑云绿泥片岩（钙碱性玄武岩）、绢云绿泥片岩夹绿泥片岩	27.1 m
5. 灰绿色绢云绿泥片岩，中下部夹硬绿泥片岩	71.7 m
4. 灰绿色绿泥片岩夹灰绿色黑云变粒岩、黑云斜长片麻岩（中性火山岩）	23.0 m
3. 灰绿色绿帘角闪片岩（拉斑玄武岩）夹绿帘绿泥钠长片岩（拉斑玄武岩）及绿泥斜长片麻岩（凝灰岩）	74.0 m
2. 浅灰绿色（含黄铁矿化）白云石英片岩（中酸性凝灰岩、长石石英砂岩）夹斜长绿泥片岩（拉斑玄武岩）、绢云钠长片岩	72.4 m
1. 浅灰绿色绿泥绢云片岩夹磁铁石英岩（含凝灰质铁质砂岩）	15.3 m

下伏：**黑云斜长片麻岩** （韧性断层或侵入接触）

【地质特征及区域变化】 柏枝岩组只出露在五台山中部及西南部浅变质岩区之内，走向上与角闪岩相的文溪组成相变关系。柏枝岩组主要由绿泥片岩、钠长绿泥片岩、夹磁铁石英岩及少量绢英片岩组成。原岩为基性熔岩。杏仁构造保存完好。柏枝岩组所夹的磁铁石英岩，有时与菱铁白云岩成相变关系，有时为磁铁矿与菱铁矿组成的条带构造。在条带状磁铁石英岩中白色硅质与黑色铁质构成单向韵律，可指示地层顶底。组厚620～1 400 m。

台怀群 Ar_3T (05-14-0188)

【创名及原始定义】 1936年杨杰创名。当时称台怀层，也称台怀系。其原始含义是指："五台山区自东台附近起，经过台怀镇、金阁寺、茶铺，以至代县、崞县之东南，成为长而厚之大带的绿色杂（片）岩。包括维理士氏之Aw层及西台层。该层之上部……与南台石英岩呈连续层。"

【沿革】 杨杰创名后，很少被引用。1979年，山西省地层表编写组将平型关幅创名的庄旺组改称台怀组。1981年砂河会议上，将五台群中绿片岩相的地层（柏枝岩组、鸿门岩组）称为台怀亚群，角闪岩相的地层称石咀亚群或另建繁峙群。1989年岩头测区1∶5万区调，胡学智等在伯强测区1∶5万区调认识的基础上，以充足的证据否定了五台群内绿片岩相与角闪岩相地层间的平行不整合（胡学智，1992）；同时，在鸿门岩组绿片岩底部，1∶20万平型关幅芦咀头段，找到了标志着平行不整合的变质砾岩，从而重新确定了台怀亚群与石咀亚群的分界和各自的内涵。使文溪组、柏枝岩组两个含铁层位，变成一个含铁层位；一个亚群一个变质相的构造-地层格局，变成了同套地层可以有两个变质相相变的构造-地层格局；两个亚群之间的角度不整合关系转化为平行不整合关系，划分两个亚群的实质从两个变质相，变成两套不同化学特征的火山建造；石咀亚群为拉斑玄武岩-含铁建造，台怀亚群为细碧角斑岩-碎屑岩建造。

【现在定义】 本次对比研究采用1∶5万区调成果，并将台怀亚群升格为台怀群。台怀群是指五台山区五台超群中部群级岩石地层单位。主要由绿片岩相-低角闪岩相的、底部不厚的变碎屑岩、中部变基性-酸性的火山岩系及上部的变火山凝灰岩系组成。包括绿片岩相的芦咀头组、鸿门岩组和低角闪岩相的麻子山组、老潭沟组、滑车岭组。其上被高繁群不整合沉积覆盖，其下以平行不整合与石咀群接触。

芦咀头组 $Ar_3l\hat{z}$ (05-14-0190)

【创名及原始定义】 原称芦咀头段，山西区测队（1967）在1∶20万平型关幅区调时，由武铁山、张居星创名。创名地为五台县铺上乡芦咀头村。当时作为五台群铺上组下部的碎屑岩段，原始定义为："与下伏庄旺组为整合接触。岩性变化很大，可由变石英角斑岩偶夹变凝灰岩及副变质岩薄层，变为绢云石英片岩、石英岩、变质砾岩，以至迅速相变为片麻岩，并遭受混合岩化作用，与阜平幅的变质石英闪长岩相接。"

【沿革】 自创名后一直被沿用，但也有不单独划出，而作为鸿门岩组底部的碎屑岩（白瑾，1986；田永清，1991）。1989年岩头测区1∶5万区调，将段升格为组（胡学智，1992）。

【现在定义】 指五台山区台怀群底部组级岩石地层单位。以石英岩、长石石英岩为主，局部含砾；往往可相变成绢英片岩、绢英岩或含砾绢英片岩。与下伏石咀群为平行不整合，以本组碎屑岩底面划界；与上覆鸿门岩组呈整合接触，以本组碎屑岩顶面划界。

【层型】 正层型为五台县外西沟-李家庄芦咀头组剖面，次层型有繁峙县太平沟剖面，繁峙县辛庄-岩辛庄剖面。

五台县外西沟-李家庄芦咀头组剖面：位于五台县铺上乡李家庄村北300 m（芦咀头村西）山脊上（113°21′00″，38°55′00″）；1964年由武铁山、张居星等实测，1989年胡学智、赵瑞根重测。

芦咀头组（被掩盖、未见顶） 总厚度＞438.6 m

21. 绿泥绢云片岩，绢云石英片岩（英安流纹岩）互层 ＞73.3 m
20. 上部绢云石英片岩，下部含菱铁矿绢云片岩，绢云绿泥片岩 95.6 m
19. 含硬绿泥石绢云英片岩（泥质粉砂岩） 90.2 m
18. 含砾硬绿泥石绢云石英片岩（含砾长石石英砂岩） 60.7 m
17. 含硬绿泥石绢云石英片岩底部含菱铁矿（泥质砂岩） 118.8 m

——————— 平行不整合 ———————

下伏地层：**柏枝岩组** 绿泥绢云斜长片岩

【地质特征及区域变化】 正层型剖面上的芦咀头组，由下部碎屑岩和上部中酸性火山熔岩两种岩层组成，剖面之西500～1 000 m小山包上，有10～25 m厚的含砾绢英片岩，砾石由磁铁石英岩、石英岩、绢英片岩、菱铁绿泥片岩等组成；滚圆，砾径1～10 cm，主体为3～5 cm，含量10%～25%；扁平面顺片理定向，胶结物为绢云石英片岩，个别露头可见交错层。

芦咀头组是五台超群中厚度最薄的组，一般厚数十米，最厚达438.6 m，最薄仅4 m。它分布在鸿门岩向斜的两侧。岩性变化不大，从长石石英岩，钙质石英岩到绢英片岩、含砾绢云石英片岩，都是一套浅色碎屑岩系，向东到角闪岩相区则变成黑云变粒岩（而称麻子山组）。

鸿门岩组 Ar_3h （05-14-0189）

【创名及原始定义】 原称鸿门岩段。山西区测队（1967）在1∶20万平型关幅区调时由武铁山、张居星等创建，创名地为五台山北台与东台之间的垭口——鸿门岩。原始定义：“为一套变质细碧角斑岩。东部变质较深，以角闪片岩、角闪变粒岩和绿泥长英片岩为主。向西变质细碧角斑岩趋于明显，以细碧凝灰岩为主夹角斑质凝灰岩；台怀附近出现角斑岩和石英角斑岩，局部遭受轻度混合岩化，貌似片麻岩；向西仍以变凝灰岩为主。”

【沿革】 创名时属庄旺组，山西省地层表编写组（1979）改属台怀组；1981年砂河会议改段为组，层序倒置，归属台怀亚群。

【现在定义】 鸿门岩组是指五台山区台怀群中部组级岩石地层单位。以富钠的细碧岩为主夹酸性火山岩，变质成绿泥片岩、绢云绿泥片岩和绿泥钠长片岩夹绢英片岩、绢云片岩。偶含不稳定的磁铁石英岩。本组与下伏芦咀头组以其碎屑岩顶面划界，呈整合接触。五台山西部常处于向斜核部，未见顶。向东（至灵丘县南山）与老潭沟组呈变质相变。

【层型】 正层型为五台县东庄-阳坡道剖面，副层型为五台县李家庄剖面。

五台县东庄—阳坡道剖面：位于五台县台怀镇东庄村北大沟中（113°35′00″，39°01′00″）；1979年山西区调队雍永源等重测。

鸿门岩组（未见顶） 总厚度874.30 m

7. 灰白色绢英片岩夹长石石英岩及少许黑云片岩 95.40 m
6. 灰白色含绿泥绢英片岩（酸性火山岩）夹灰绿色绿泥片岩 19.60 m
5. 灰绿色绿泥片岩（泥岩）夹灰白色含绿泥绢英片岩 352.90 m
4. 灰绿色条带状菱铁绿泥片岩（砂质泥岩）与方解绿泥钠长片岩（基性凝灰岩）互层 67.60 m
3. 灰白色浅粒岩夹灰绿色绿帘绿泥石英片岩 70.40 m

2. 灰—灰绿色绿泥石英片岩（中性凝灰岩）。其中发育粒级序，交错层、小侵蚀面等原生构造　236.70 m

1. 灰白色条带状含榴绿帘绿泥片岩（拉斑玄武岩）　31.70 m

——————　整　合　——————

下伏地层：**芦咀头组**　白色绢云石英片岩

【地质特征及区域变化】　鸿门岩组是以绿泥片岩为主夹大量绢云石英片岩的火山岩系。绿片岩中可见杏仁构造及枕状构造，其原岩为富钠的细碧岩（$Na_2O>4\%$）。绢英片岩大部分属含凝灰质的砂、粉砂质沉积，可见粒级序，偶见波痕、交错层；一部分绢英片岩为中酸性火山碎屑岩及火山熔岩，可见晶屑结构和斑状结构（斑晶为天蓝色石英）。

鸿门岩组分布在五台山分水岭及两侧构成鸿门岩向斜的槽部。岩性变化不大，个别地段绿片岩中也偶尔出现厚度极薄的条带状磁铁石英岩夹层（如繁峙县岩头一带）；在繁峙县岩辛庄一代县花咀一线，鸿门岩组中有泥质千枚岩夹层。鸿门岩组厚度大于 900 m（一般未见顶）。

麻子山组　Ar_3m　（05－14－0193）

【创名及原始定义】　1989 年岩头测区 1：5 万区调时，由胡学智、赵瑞根创名。创名地为繁峙县庄旺乡西北的麻子山村。原始定义是指："台怀亚群底部碎屑岩延伸到角闪岩相区后形成的白云母石英片岩。"

【沿革】　按不同变质相的岩石地层单位给以不同名称的原则，本次对比研究采纳麻子山组，作为芦咀头组的角闪岩相相变。

【现在定义】　麻子山组为台怀群底部组级岩石地层单位。由黑云变粒岩夹石英岩构成，底部有不稳定砾岩。其下与石咀群文溪组以平行不整合相接触，其上与鸿门岩组或老潭沟组斜长角闪岩呈整合接触。当本组变质较浅为绿片岩相对称芦咀头组。

【层型】　麻子山不在岩头测区，所以创名时未指定层型，本专著推荐麻子山村东约 3 km 的繁峙县庄旺剖面作为选层型剖面。

【地质特征及区域变化】　麻子山组在选层型剖面上仅为一层厚 96.5 m 的黑云变粒岩夹石英片岩，底部 1 m 含砾石。砾石以石英岩、脉石英为主，尚有少量磁铁石英岩；砾径 3～15 mm，滚圆；含量 5%，砾石稀疏地散布于变粒岩中，不仔细寻找极易被忽略。变粒岩中所夹的石英片岩，常见沉积韵律。麻子山组的分布，从太平沟以东三十亩地起，直到灵丘县南山磨石沟一带，厚 5～100 m。

老潭沟组　Ar_3lt　（05－14－0192）

【创名及原始定义】　河北区测队（1966）在 1：20 万阜平幅区调时由王启超、陈伯延创名，创名地在山西省灵丘县南山三楼乡的老潭沟。原始定义为："老潭沟组由各种片岩和斜长角闪岩等组成，中上段均见有含电气石黑云英片岩。推测原岩为玄武质、安山玄武质喷出岩和少量含角砾凝灰质岩石。顶部以斜长角闪岩、角闪片岩与雷家湾组分界。按岩性特征可分为三段，但在东部龙家庄一带因相变而不划分。"

【沿革】　1986 年银厂测区的 1：5 万区调时，刘德佑等将阜平幅的老潭沟组一分为二。下部归文溪组，上部划为新命名的滑车岭组下段，并将它们均归属石咀亚群（见表 2－2）。本次研究对比查明：原老潭沟组上部、后被划入滑车岭组下段的、原岩为细碧质基性火山岩的角闪质岩层（斜长角闪岩、角闪片岩），按其层位及富钠特征，应对比为鸿门岩组，但由于变质程度属角闪岩相，应另命名。为了不增加更多的地层名称，特恢复老潭沟组一名，而将含义予以厘定。

【现在定义】 五台山以东，灵丘县南山台怀群中部组级岩石地层单位。是鸿门岩组的角闪岩相变质产物。以斜长角闪岩、角闪片岩为主，偶夹黑云变粒岩。其下与麻子山组呈整合接触，以斜长角闪岩的底面划界；其上与滑车岭组呈整合接触，以上覆滑车岭组黑云变粒岩的底面划界。

【层型】 正层型为灵丘县振华峪-磨石沟剖面。

灵丘县振华峪-磨石沟剖面：剖面自独峪乡振华峪村南大沟边，通过振华峪向北直达滑车岭（114°07′00″，39°12′00″）；1964 年由王启超、陈伯延等实测，1980 年山西区调队刘德佑等重测。

表 2-2 灵丘县南山五台超群划分沿革表

本书	1：20 万 阜平幅	1：20 万 平型关幅	山西省地层 表编表组	1：5 万 银厂测区	《山西省 五台系》	1：5 万大营 —神堂堡	《山西省 区域地质志》	田永清
	1966	1966	1979	1986	1986	1987	1989	1991
五台超群： 台怀群：滑车岭组 老潭沟组 麻子山组 石咀群：文溪组 庄旺组 金岗库组	五台群： 雷家湾组 老潭沟组：三段 二段 一段 振华峪段：Fe3 Fe2 Fe1 板峪口组	五台群： 台怀组：鸿门岩段 杨柏峪段	五台群： 下亚群： 台怀组：鸿门岩段 杨柏峪段 石咀组：金岗库段 板峪口段	五台群： 滑车岭组：二段 一段 文溪组 庄旺组 金岗库组 板峪口组	五台超群： 石咀群： 滑车岭组 文溪组 庄旺组 金岗库组 板峪口组	五台群： 台怀亚群：鸿门岩组 ～～～～ 石咀亚群：文溪组 庄旺组	五台超群： 石咀群： 滑车岭组 文溪组 庄旺组 金岗库组 板峪口组	五台群： 下亚群： 滑车岭组 文溪组 庄旺组 金岗库组 板峪口组

上覆地层：**滑车岭组** 黑云变粒岩

—————— **整 合** ——————

老潭沟组　　　　总厚度 969.71 m

49. 黑绿色致密状斜长角闪岩　　32.96 m
48. 斜长角闪岩　　68.36 m
47. 灰绿色绿泥片岩　　35.76 m
46. 角闪变粒岩　　177.62 m
45. 花斑状斜长角闪岩　　12.86 m
44. 绿泥片岩与斜长角闪岩互层　　43.61 m
43. 斜长角闪岩夹浅粒岩　　16.30 m
42. 角闪片岩　　9.78 m
41. 斜长角闪片岩　　17.29 m
40. 角闪变粒岩　　18.74 m
39. 粗粒斜长角闪岩　　111.65 m
38. 斜长角闪岩　　165.84 m
37. 浅粒岩　　11.95 m
36. 斜长角闪岩　　148.48 m
35. 含气孔角闪片岩　　92.76 m
34. 斜长角闪岩　　5.75 m

———— 整　合 ————

下伏地层：**麻子山组**　黑云变粒岩

【地质特征】　老潭沟组岩性较单一，主要为富钠（$Na_2O > 4\%$）的斜长角闪岩、角闪片岩，保留有杏仁构造，偶夹角闪变粒岩，厚逾 800 m。出露在灵丘县南山磨石沟向西到繁峙县三十亩地一线。在宝石一带，该组地层中夹较多的黑云变粒岩。

滑车岭组　Ar₃*hĉ*　（05－14－0191）

【创名及原始定义】　1980 年银厂测区 1∶5 万区调时，刘德佑创建。创名地点在灵丘县白崖台乡滑车岭村。原始定义：“该组主要为一套基-酸性的火山碎屑岩沉积建造，含钠较高，4%左右，少部分为砂页岩建造，火山旋回完整，并有喷发间断。从下到上由细碧岩到角斑岩到石英角斑岩，构成了细碧-角斑岩系列，与下伏的文溪组和上覆的黄崖涛组截然不同。”

【沿革】　1∶5 万银厂测区填图中创建的滑车岭组，实质上是将 1∶20 万阜平幅（河北区测大队，1966）的雷家湾组与老潭沟组上段合并而成。从岩石地层角度衡量显然欠妥。所以，《山西省区域地质志》(1989）将滑车岭组厘定，局限于上部变粒岩段。此次对比研究本应恢复阜平幅的雷家湾组，但雷家湾系来湾村之误称，不便再用，而来湾村又不在这套地层中，只好作罢，而仍用滑车岭组。

【现在定义】　五台山以东，灵丘县南山台怀群顶部组级岩石地层单位。以黑云变粒岩为主，夹少量斜长角闪岩、浅粒岩及绿泥黑云片岩，与下伏老潭沟组呈整合接触，以本组底部黑云变粒岩底面划界。由于处于向斜核部而未见上覆地层。

【层型】　正层型为灵丘县振华峪-磨石沟滑车岭组剖面。

灵丘县振华峪-磨石沟剖面：位于灵丘县独峪乡振华峪村南大沟边，磨石沟村北沟到北山脊上（114°07′，39°12′）；1964 年王启超、陈伯岩实测，1980 年刘德佑、吴洪飞重测。

滑车岭组（未见顶）　　　　总厚度 1 114.86 m

58. 灰色细粒黑云变粒岩　467.38 m
57. 青灰色细粒黑云变粒岩　64.96 m
56. 灰黑色角闪黑云片岩　7.41 m
55. 角闪变粒岩　19.38 m
54. 斜长角闪岩　30.32 m
53. 灰白色黑云变粒岩　182.67 m
52. 含榴黑云变粒岩　111.31 m
51. 青灰色细粒黑云变粒岩　43.75 m
50. 黑云变粒岩　187.68 m

——————　整　合　——————

下伏地层：**老潭沟组**　斜长角闪岩

【地质特征】　滑车岭组只出露在灵丘县南山磨石沟、陡岭沟十余平方公里范围内。岩性单调，主要为黑云变粒岩，夹少量斜长角闪岩与角闪变粒岩。露头上找不到沉积分异的韵律，也找不到火山岩的杏仁构造。推测它由火山凝灰岩、粉砂岩变质而成。

高繁群　Ar_3G　(05－14－0183)

【创名及原始定义】　1981 年砂河会议集体创名。创名地点位于五台山北坡，代县滩上乡的高繁村。创名时称高繁亚群。原始定义："分布在五台山西部的代县滩上-洪寺四周，面积约 130 km^2；其东、南界为滹沱群所不整合覆盖，在西、北部它又覆盖在其它老地层之上；由细粒石英岩、变粉砂岩、千枚岩等一套次绿片岩相变质沉积岩所组成，厚近 1 000 m。"（白瑾，1986）。

【沿革】　1957 年，马杏垣等当作滹沱群南台石英岩、豆村板岩。1∶20 万平型关幅（山西区测队，1967）当作芦咀头段-庄旺组的沉积相变地层。1978 年徐朝雷首先指出它是五台群最新层位而命名滩上组，1980 年他与天津地矿所的白瑾合作研究"五台山早前寒武纪地质"时，在代县探马石发现它与下伏绿片岩存在角度不整合而改名为上苑亚群（白瑾等，1982）。同年，山西地研所晋北铁矿研究队，则称之为洪寺组（李树勋、冀树楷，1982）。1981 年砂河会议上统一定名为高繁亚群。此次地层对比研究升格为群。

【现在定义】　高繁群为五台山区五台超群上部群级岩石地层单位。由一套绿片岩相具鲍马序列沉积特征的泥砂质沉积岩系所组成，以千枚岩、绢英片岩、变粉砂岩为主，夹石英岩、碳质片岩及少量凝灰岩。包括张仙堡组、磨河组。其下不整合在台怀群、石咀群之上，其上被滹沱超群的南台群不整合覆盖。

张仙堡组　$Ar_3\hat{z}$　(05－14－0185)

【创名及原始定义】　1984 年滩上测区 1∶5 万区调时，沈亦为等创建，指高繁亚群下部地层。创名地为代县张仙堡乡。原始定义为："张仙堡组由一套浅变质的碎屑沉积岩组成，主要岩性为石英岩、变细砂岩、变粉砂岩、千枚岩、碳质板岩所组成。进一步划分为：一段——洪寺石英岩段，二段——泥砂质互层出现的浊流建造，夹少量变基性凝灰岩。与下伏地层为角度不整合接触。"

【现在定义】　指五台山区高繁群下部组级岩石地层单位。由灰黑色千枚岩、绢片岩夹变粉砂岩、石英岩和少量碳质片岩组成。发育小韵律，常见鲍马序列沉积构造。本组底部以石英岩或不稳定的变质砾岩、含砾石英岩不整合在台怀群—石咀群之上；其上与磨河组呈整合接触，以其底部石英岩的底面划界。

【层型】 正层型为代县殷家会-高繁村剖面。副层型为代县洪寺-赵杲观剖面。

代县殷家会-高繁村剖面：剖面位于代县滩上乡殷家会村东100 m至高繁村北（113°08′，38°59′）。1981年徐朝雷、徐有华实测。

上覆地层：**南台群** 变质砾岩

~~~~~~~~~~ 不 整 合 ~~~~~~~~~~

高繁群	总厚度1 167.9 m
磨河组	厚304.2 m
23. 绢云片岩	28.6 m
22. 细粒石英岩	15.5 m
21. 粉砂质千枚岩	29.6 m
20. 细粒石英岩	66.5 m
19. 变粉砂岩	74.6 m
18. 石英岩夹钙质石英岩	87.4 m

———————— 整 合 ————————

张仙堡组	厚861.7 m
17. 钙质粉砂岩夹千枚岩	46.6 m
16. 条带状粉砂质千枚岩	33.4 m
15. 灰黑色千枚岩	18.6 m
14. 条带状千枚岩	40.6 m
13. 变粉砂岩	72.8 m
12. 粉砂质千枚岩夹粉砂岩、千枚岩	126.3 m
11. 细粒石英岩	18.3 m
10. 千枚状粉砂岩	80.8 m
9. 千枚岩、条带状千枚岩	39.8 m
8. 碳质千枚岩	57.2 m
7. 灰色千枚岩	28.7 m
6. 粉砂质千枚岩	31.5 m
5. 粉砂岩夹粉砂质千枚岩	37.4 m
4. 灰白色条带状千枚岩	60.0 m
3. 灰白色条带状千枚岩夹粉砂岩	60.1 m
2. 粉砂质千枚岩	20.9 m
1. 石英岩夹细粒石英岩	88.7 m

~~~~~~~~~~ 不 整 合 ~~~~~~~~~~

下伏地层：**柏枝岩组** 绿泥片岩

【地质特征】 张仙堡组以灰黑色千枚岩、碳质千枚岩为主，夹大量变粉砂岩和几层石英岩，厚861.7m。在千枚岩-变粉砂岩中，由粉砂质-泥质沉积小韵律构成的条带构造发育，常见波状层理、凸镜层理、小型斜层理、递变层理以及块状层理、水平层理，具有鲍马序列的组合特点，代表了深水沉积环境；而其中石英岩夹层，则常见波痕、双向交错层，又反映浅水滨海沙滩堆积。夹层石英岩相变迅速，可在数百米距离内消失。本组底部石英岩分布稳定，偶见小砾石条带，滩上测区将其命名为洪寺石英岩段。

磨河组 Ar_3m （05－14－0184）

【创名及原始定义】 1984年滩上测区1∶5万区调时，沈亦为等创建，指高繁亚群上部。其原始含义为“磨河组由一套低绿片岩相的碎屑沉积岩组成，主要为石英岩、变粉砂岩、千枚岩、碳质板岩、长石石英岩及少许变基性凝灰岩。一段为赵杲观石英岩段，二段为显示鲍马序列的变细碎屑岩组成。与下伏张仙堡组整合接触，其上被滹沱群不整合覆盖。”

【现在定义】 指五台山区高繁群上部组级岩石地层单位。由条带状千枚岩、绢英片岩、变粉砂岩夹石英岩构成。其下与张仙堡组呈整合接触，以石英岩底面划界；其上被南台群变质砾岩不整合覆盖。

【层型】 正层型为代县殷家会-高繁村剖面（见张仙堡组条目）。

【地质特征】 磨河组与张仙堡组岩性及组合基本相同，主要不同在于磨河组的粉砂岩、石英岩所占的比例较高，且不含碳质板岩。而野外更主要的是以底部的石英岩（滩上测区称赵杲观石英岩）作标志层，通过填图来区分。

滹沱超群 Pt_1HT （05－14－0126）

【创名及原始定义】 1874年Richthofen创名滹沱页岩，但含义不明确。给予明确而为后人所遵从的含义者为Willis，在其1907年出版的专著《Reaserch in China》中称：“在深度变质的五台系和未变质的震旦系地层之间，在山西北部我们发现了一个轻变质的泥质岩和燧石灰岩构成的地层剖面，因为它典型发育于忻口到东冶滹沱河附近的小山上，我们称之为滹沱系。”这就是滹沱（河）这一地理专名所代表的地层单位最原始、也是最本质的定义。

【沿革】 创名近百年来，尽管某部分地层的归属有不同认识或几经变更（如现称板峪口（岩）组、高繁群、某些变质砾岩层等），它所代表的地层单位级别上，有不同称呼（如系、群、超群），但滹沱这一地理专名所代表的基本含义未变。即代表五台（系、群）超群与未变质的地层——长城系之间的一套低级变质地层。

【现在定义】 为五台山区早前寒武纪变质地层最上部超群级岩石地层单位。是一个由各类沉积岩夹少量基性火山岩组成的多旋回、复杂的、厚度巨大的低级变质岩系。包括了被平行不整合或不整合面分割的五个群：南台群、豆村群、刘定寺群、东冶群和郭家寨群。与下伏的早前寒武纪五台超群和上覆的（未变质的）晚前寒武纪长城系均为不整合接触。

【地质特征】 滹沱超群的基本岩性由变质砾岩、长石石英岩、石英岩、结晶白云岩、板岩、千枚岩和变质基性火山岩所构成。碎屑岩、泥质岩与碳酸盐岩几乎各占三分之一。所划分的组一般以一种岩性为主，但常夹少量其它岩性。

滹沱超群主要出露在五台山南坡五台县境内。滹沱河以东的原平县东部、擎舟山以北的定襄县北部，也少量分布。总面积达1 700余km^2。在这范围内中间发育着一系列黄土小盆地，使地层失去连续，基岩面积仅800 km^2。除这一集中大面积分布区外，在五台山北坡代县滩上四周、繁峙县宽滩、中台一带，灵丘县南山黄崖涛山一带，盂县北部七东山一带，也有零星或少量分布。

南台群 Pt_1N （05－14－0146）

【创名及原始定义】 1904年Willis创名，创名时归属五台系，其原始定义：“在五台山剖面的南部有一套石英岩和硅质大理岩。石英岩呈暗灰或红色，局部地方呈页片状甚至片理化；大理岩颜色相似，含有薄的板岩和石英岩层，形成五台山的南峰——南台的下部，据此命名为南台群”。

【沿革】 1928年，孙健初将上述地层归属其所划分的白云寺统。1936年，杨杰称为南台层，归属滹沱系。1957年，马杏垣等，将含义局限于石英岩，而称为南台石英岩；实际上将滹沱系中不同层位的石英岩层，均当作南台石英岩。1967年1：20万平型关幅称为南台组，范围限于四集庄组之上，至大石岭组谷泉段石英岩之下，包括下段——寿阳山石英岩段，上段——木山岭板岩夹石英大理岩段。此次对比研究，将“南台”升格为群，代表滹沱超群下部整个碎屑岩层为主的地层。

【现在定义】 为五台山区滹沱超群的最下部的群级岩石地层单位。由下部的变质砾岩为主的四集庄组、中部以长石石英岩、石英岩为主的寿阳山组、上部以千枚岩（板岩）为主夹大理岩构成的木山岭组等三个组级岩石地层单位所构成。与下伏五台超群呈不整合，其上与豆村群呈平行不整合接触。

【地质特征及区域变化】 南台群主要出露在五台山南坡滹沱复向斜的北翼边部，西起原平县野庄、向东经五台县的四集庄、伏胜村、南台、镇海寺、直达五台县东缘的萝卜窖，作北东东向展布。五台山北坡代县滩上四周到原平县白石一带亦有成片出露；此外在繁峙县的宽滩、五台山的中台以东的三十亩地，灵丘县南部黄崖涛山一带有零星分布。西部忻州的金山北段，南部定襄县蒋村以西，及滹沱河边南庄村附近亦有少量出露。

南台群主体由变质粗碎屑岩组成，其顶部出现少量泥质与碳酸盐岩。按岩性组合将其分3个组。下部两个组在五台山北坡因强烈剪切而使岩石面貌与南坡的差异较大，而另创新名（称宽滩组和鹿角庙组）。

四集庄组 Pt_1s （05－14－0149）

【创名及原始定义】 山西区测队（1967）在1：20万平型关幅区调时，由武铁山、徐朝雷创建。创名地为五台县红表乡四集庄村。原始定义：“四集庄组包括马杏垣等的‘变质砾岩’组和‘南台组’的‘下部板岩’。本组以变质砾岩为主，并与其上不厚的石英岩及千枚岩构成一个沉积旋回；相变快、厚度变化大。砾石成分以石英岩为主，偶见花岗质岩石、片岩和磁铁石英岩等，泥砂质或砂质胶结。与上覆南台组连续沉积。”

【沿革】 四集庄组创建以来基本含义与范围一直无实质性更动，本次对比仍采用之。

【现在定义】 为五台山区南台群底部岩石地层单位。主要由变质砾岩（绿片岩胶结的片状砾岩、杂砂质石英岩胶结的砾岩）、含砾绿泥片岩、含砾石英岩等组成。上部还包括了厚度不大的变质杂砂岩和板岩（千枚岩）。下伏地层为五台超群的不同层位，以不整合面为界；上覆地层为寿阳山组，以顶部板岩顶面为界，整合接触。

【层型】 正层型为五台县娘娘垴-寿阳山剖面。副层型为五台县大石岭剖面，次层型尚有原平县龙王堂剖面、五台县镇海寺剖面、原平县野庄剖面。

五台县娘娘垴-寿阳山剖面：剖面位于五台县团城乡木山岭村北东1 500 m娘娘垴南山脊上（113°06′，38°48′）；1963年由武铁山、徐朝雷测制，1980年由白瑾、徐朝雷补充观察及采样。

上覆地层：**豆村群谷泉山组　厚层砖红色粗粒钙质长石石英岩夹灰色千枚岩**

——————— 平行不整合 ———————

南台群	总厚度 1 160 m
木山岭组	厚 279 m
24. 银灰色千枚岩夹厚层石英岩和砂质大理岩	124 m
23. 青灰色—深灰色千枚岩夹中厚层砂质大理岩	40 m
22. 灰红色、灰白色中厚层砂质大理岩夹黑色千枚岩	50 m
21. 青灰色千枚岩夹中—薄层条纹状砂质大理岩	40 m
20. 青灰色千枚岩	26 m

———————— 整　合 ————————

寿阳山组	厚 486 m
19. 灰红色含磁铁矿条纹，中粗粒含泥质长石石英岩和灰黑色千枚岩互层	50 m
18. 灰绿色厚层粗粒石英岩夹砾石条带	88 m
17. 灰绿色细粒石英岩夹千枚岩	25 m
16. 灰绿色厚层粗粒含砾长石石英岩夹 2 层砾岩。交错层发育	163 m
15. 灰绿色泥质细粒石英岩—砂质千枚岩，底部有一层砾岩	24 m
14. 灰黑色、灰紫色砂质千枚岩	12 m
13. 灰绿色含泥质石英岩	15 m
12. 灰红色中层钙质长石石英岩。波痕发育	40 m
11. 灰黄色砂质千枚岩，风化后具孔洞	2 m
10. 肉红色厚层中粗粒含钙质长石石英岩	34 m
9. 灰黄色中粒含泥质石英岩	31 m

———————— 整　合 ————————

四集庄组	厚 395 m
8. 灰黄色中层钙质长石石英岩夹灰绿色砂质千枚岩	40 m
7. 青灰色砂质千枚岩和灰绿色含泥质石英岩互层	19 m
6. 深红色中层粗粒含泥质石英岩，顶部一层变质砾岩	61 m
5. 泥质胶结的变质砾岩	80 m
4. 含砾石英岩夹灰黑色千枚岩	15 m
3. 泥质胶结的变质砂岩	70 m
2. 粗粒含砾石英岩	10 m
1. 泥质胶结变质砾岩	100 m

~~~~~~~~~ 不 整 合 ~~~~~~~~~

下伏地层：**五台超群**　绿泥绢云片岩

【地质特征及区域变化】　四集庄组变质砾岩按胶结（填积）物类型可分两类：泥砂质胶结与砂质胶结。泥砂质经变质成为绿泥石英片岩、绿泥片岩、绢云石英片岩，与下伏五台超群地层变成的绿泥片岩、绿泥石英片岩难以区分，只有观察片岩中有无砾石才能划分五台超群与四集庄组的界线。泥砂质胶结的变质砾岩的砾石成分通常是复杂的，有各色片岩砾石、磁铁石英岩砾石、石英岩砾石，尚有片麻岩砾石、花岗岩砾石。而砂质胶结的砾岩，砾石成分相对简单，总是以大而圆的石英岩砾石为主，夹少量花岗岩、磁铁石英岩砾石。

四集庄组砾岩的砾石含量变化极大。富集时可占岩石 90%，使砾岩成接触式胶结；少时不足 10%，需仔细寻找才能发现。当泥质胶结，砾石含量又低时，五台超群与四集庄组亦难区分，如原平县东部莲花山以西就有此类情况。
~~~~~~~~~

变质砾岩的砾石球度受砾石岩性控制。片麻岩、花岗岩与石英岩球度远远高于片岩、磁铁石英岩砾石。砾石的磨圆度与砾石成分也紧密相关，耐风化磨蚀的石英岩、磁铁石英岩，一般磨圆度都比片岩砾石好。

砾石的砾径变化很大，一般砾径 10～15 cm，最大的为花岗岩、片麻岩的砾石。原平县五峰山周围花岗岩砾石直径可达 1m，五台县伏胜村西片麻岩砾石长经常超过 50 cm。显示了它们半原地堆积的特点。小砾石一般由石英岩、脉石英、磁铁石英岩组成，砾径 0.5～1 cm 常见。原平县上庄周围，四集庄组含砾长石石英岩中，长石碎屑常超过 5 mm，且棱角分明，以至有人误将碎屑岩当作花岗岩。

四集庄组上部黑色板岩，林墨荫称之为“下板岩”（马杏垣等，1957），只在五台山豆村以西地区发育，厚度自西向东递减，原平县薄荷山厚度最大近 200 余米，其中还出现石英大理岩夹层。它是西部地区四集庄组与寿阳山组之间良好标志。

四集庄组因缺少标志层，加上本身层理很难识别。所以目前剖面中测制的厚度，大部分是没有排除小褶皱重复的视厚度。但其厚度变化的总趋势是西厚东薄，北厚南薄。原平县善护山—五台县天池沟—大石岭—曹四姊沟—线以南广大地区缺失四集庄组。

寿阳山组　$Pt_1\hat{s}$　（05－14－0148）

【创名及原始定义】　山西区测队（1967）在 1：20 万平型关幅区调时由武铁山、徐朝雷创建。当时称寿阳山段，属南台组下部岩性段。创名地点为五台县红表乡木山岭村东南一山峰。原始含义：“以各种石英岩为主，含泥质，各种层面构造发育，波痕、交错层最常见。有时还有水冲刷面，一般厚度为 300～400 m。”

【沿革】　1989 年，岩头测区 1：5 万区调时，升格为寿阳山组。

【现在定义】　为五台山区南台群第二个组级岩石地层单位。主要由变质杂砂岩、长石石英岩、含砾石英岩组成。上部含少量千枚岩（板岩）。下伏地层为四集庄组，以其顶部板岩顶面为界，呈整合接触；有时直接不整合在五台超群之上，则以不整合面为界。上覆地层为木山岭组，以石英岩顶面为界，呈整合接触。

【层型】　正层型为五台县娘娘垴-寿阳山剖面（见四集庄组条目）；副层型为五台县大石岭剖面；次层型有原平县龙王堂剖面、五台县镇海寺剖面。

【地质特征及区域变化】　寿阳山组几乎全由各种石英岩构成，仅在顶部出现少量板岩夹层，中下部偶夹变质砾岩，厚 300 m 左右。石英岩下部以灰红色为主，长石含量高，波痕发育；上部以灰绿色为主，泥质含量高，交错层较发育。波痕以浪成波痕为主，顶尖谷圆，直线状平行排列。

木山岭组　Pt_1m　（05－14－0147）

【创名及原始定义】　山西区测队（1967）在 1：20 万平型关幅区调时，由武铁山、徐朝雷创建。当时称木山岭段，属南台组上部岩性段。原始定义：分布在豆村以西，以千枚岩为主，夹砂质大理岩和少理钙质石英岩，最大厚度 400 m，平均 200 m 左右。

【沿革】　此次地层清理升格为木山岭组。

【现在定义】　为五台山区南台群第三个组级岩石地层单位。以银灰色、灰白色千枚岩（板岩）为主，上部夹砂质大理岩、大理岩及少量钙质长石石英岩。与下伏寿阳山组以石英岩顶面为界，整合接触；与上覆豆村群以其底部钙质长石石英岩或变质砾岩的底面为界，呈平行不整合或整合接触。

【层型】 木山岭组的正层型、副层型，均见寿阳山组条目。

【地质特征及区域变化】 木山岭组以青灰色、银灰色千枚岩、板岩为主，上部夹较多的砂质大理岩，下部含石英岩薄层。与下伏寿阳山组呈过渡关系。

木山岭组分布范围狭小。只在滹沱复向斜北翼的木山岭—七图村次级向斜槽部出露。向东到豆村北山，因剥蚀而缺失。该地可见寿阳山组之上，直接为豆村群变质砾岩所叠覆，砾石中有木山岭组特有的砂质大理岩的砾石。

宽滩组 Pt_1k (05－14－0151)

【创名及原始定义】 1989年山西区调队胡学智等于岩头测区1∶5万区调时创建。创名地点为繁峙县宽滩乡娘娘会村。其原始定义为："在五台山北坡（四集庄组）砾岩变质强烈，形成片状砾岩，称宽滩组"。

【沿革】 1∶20万平型关幅当作五台群中假砾岩；白瑾（1989）则认为是台怀亚群的底砾岩；本专著采纳创名者意见，一是与四集庄组有一定差别，二是认识上留有余地。

【现在定义】 为五台山区北坡南台群第一个组级岩石地层单位。是四集庄组的强变形产物。不论泥质、砂质胶结物及砾石全部强片理化，而呈荚状砾岩。其上覆地层为鹿角庙组（糜棱岩化的石英岩）。本组有时独立地夹持在五台超群绿片岩中，呈断续凸镜状产出。

【层型】 正层型繁峙县娘娘会剖面。

繁峙县娘娘会宽滩组、鹿角庙组剖面：位于繁峙县宽滩乡娘娘会村北500 m的公路西侧；（113°25′，39°04′）；1987年由胡学智、赵瑞根等在1∶5万岩头测区填图时测制。

鹿角庙组（未见顶） 厚>299.6 m

5. 灰色长石石英岩，偶见石英岩、花岗岩砾石 >47.0 m

4. 灰色片状石英岩，近顶部夹厚约20～30 cm绿泥片岩凸镜体 252.6 m

———— 整　合 ————

宽滩组

3. 灰色含砾石英岩，顶部夹有两层厚约1.0 m的黑云绢云千枚岩 169.2 m

2. 灰、灰绿色片状含砾石英岩 72.4 m

1. 灰绿色变质砾岩。片理发育，糜棱岩化强烈 104.8 m

～～～～～ 不整合 ～～～～～

下伏地层：**石咀群柏枝岩组** 条带状绿泥片岩

【地质特征】 宽滩组主要出露在繁峙县宽滩四周，北侧向西到甘泉一线，南侧向西到辛庄一线；在其东部于西台、中台，到三十亩地村南有零星分布。宽滩组这套强变形砾岩的砾石绝大部分已成片状、条带状，但尚能看出它圈闭的边界。砾石成分以扁平的石英岩、磁铁石英岩为主，含较多的绿泥片岩、绢英片岩砾石，偶尔可见扁凸镜状的的花岗岩砾石。它与强糜棱岩化含磁铁石英岩夹层的绿片岩、以及强糜棱岩化绿泥片岩夹绢英片岩这些五台超群中地层有时很难区分，只有从砾石成分复杂程度、砾石两端有无拔丝构造上可以鉴别（变质砾岩砾石成分起码要有3种以上不同成分构成，砾石两端不应出现拔丝构造）。

鹿角庙组 Pt_1l (05－14－0150)

【创名及原始定义】 1989年胡学智等于岩头测区1∶5万区调时创名。创名地为繁峙县宽滩乡鹿角庙村。原始定义："五台山北坡（南台组）石英岩强烈变形，构成片状石英岩，称鹿角庙组。"

【现在定义】 五台山区北坡南台群第二个组级岩石地层单位。是寿阳山组强变形的产物。通常由强变形的片状石英岩、绢云石英片岩夹弱变形的石英岩构成。其下伏地层为宽滩组夹片状砾岩。鹿角庙组常在向斜核部出现，或以韧性断层与五台超群呈构造接触。

【层型】 正层型为繁峙县娘娘会剖面（见宽滩组层型条目）。

【地质特征】 鹿角庙组主要分布在繁峙县宽滩—甘泉一线，滹沱向斜的槽部地带。而宽滩—辛庄一线则以单斜断片形式直接与五台超群不同岩层以韧性断层相接触。此外在中台顶、三十亩地还见分布。鹿角庙组的石英岩经强烈剪切大部分已成石英片岩、片状石英岩以至绢云石英片岩。在弱变形部位，石英岩原貌尚保留，并可见交错层。因它总是与宽滩组片状砾岩紧密共生，即使变成绢云石英片岩，仍可与五台超群的绢英片岩相区分。

豆村群 Pt_1DC （05－14－0141）

【创名及原始定义】 1907 年 Willis 等创名于五台县城与豆村镇之间 的 NW－SE 向山脊，原称豆村统。原始定义："根据滹沱群可能的构造关系分成两组岩石：下面一组主要由板岩和厚层泥板岩组成，次要由石英岩和结晶白云岩的互层组成，因为地层发育在该村（豆村）之山上而命名为豆村统"。

【沿革】 1936 年，杨杰认为 Willis 的豆村统或豆村板岩层与其所称的南台层为同一层位。1957 年，马杏垣等将滹沱群中不同层位厚度较大的板岩都当作豆村板岩。1964 年白瑾等将它限定在 Willis 创名剖面上，作为组一级岩石地层单位。1966 年平型关幅按 Willis 对"滹沱"的二分，把白瑾的豆村组改为大石岭组，而把大石岭组及其下的南台组、四集庄组合称豆村亚群。这一认识被地质界所普遍接受，一直沿用到 1993 年。此次地层对比研究按 Willis 创名时所依据的层型剖面实际包含的地层，重新把大石岭组改为豆村群，将其下 4 个岩性段升格为组。

【现在定义】 为五台山区滹沱超群第二个群。由变质钙质砂岩、石英砂岩、长石石英岩、板岩、结晶白云岩等低级变质岩层组成。包括谷泉山组、盘道岭组、神仙垴组、南大贤组。与下伏南台群呈平行不整合接触，南部常直接不整合于五台超群或更老的地层之上；上覆地层为刘定寺群，呈平行不整合接触。

【区域变化】 豆村群是以千枚岩、板岩为主体，下部有 200～300 m 厚的石英岩，上部有 50～500 m 厚的白云岩。三分性十分清晰。考虑到中部板岩常因褶皱而出露十分宽阔，故进一步按板岩自身特点与夹层特点把它分成二个组。总厚千余米的豆村群，分布在滹沱复向斜的北翼，西起原平县龙王堂，向东经五台县的神仙垴、大石岭、豆村到灵境。东部再次出现则在五台县东部的白头庵、大甘河、大插箭一带。

谷泉山组 Pt_1g （05－14－0145）

【创名及原始定义】 山西区测队（1967）在 1∶20 万平型关幅区调时，由武铁山、徐朝雷创建。当时作为大石岭组底部岩性段，称谷泉山段。其原始定义为："以钙质胶结的长石石英岩为主，夹少量千枚岩，底部常有 10～30 m 厚变质砾岩。石英岩中波痕发育，有时有交错层，总厚 300～400 m 左右。本段钙质石英岩在西部地区稳定，到东部变成硅质胶结，两者外貌差异较大。"谷泉山为五台县三角村西山峰。

【沿革】 此次对比研究将谷泉山段升格为谷泉山组。

【现在定义】 为五台山区豆村群底部组级岩石地层单位。由长石石英岩、钙质石英岩、石英岩等组成。与下伏木山岭组以底部长石石英岩底面为界，呈平行不整合接触，东部以底砾岩底面为界，超覆在寿阳山组之上，南部多直接不整合在五台超群之上。本组顶部石英岩与上覆盘道岭组千枚岩呈整合关系，以大量千枚岩出现划界。

【层型】 正层型为五台县谷泉山-神仙垴剖面。副层型为五台县大石岭剖面。次层型为原平县龙王堂剖面、五台县镇海寺剖面等。

五台县谷泉山-神仙垴剖面（113°09′，38°45′），1963年由武铁山、徐朝雷测制。1980年由白瑾、徐朝雷做进一步分层及采样。

上覆地层：**南大贤组** 灰白色硅质结晶白云岩

——————— 整 合 ———————

神仙垴组	厚423 m
25. 灰紫色千枚岩，下部夹厚层紫红色石英岩	83 m
24. 肉红色厚层白云质石英岩和灰紫色千枚岩互层	50 m
23. 灰紫色条纹状千枚岩夹厚层含叠层石结晶白云岩	70 m
22. 变质砾岩	2 m
21. 灰紫色条纹状千枚岩夹厚层结晶白云岩及角砾岩	118 m
——————— 整 合 ———————	
盘道岭组	厚402 m
20. 灰色含黄铁矿千枚岩	103 m
19. 灰红色千枚岩夹中—厚层结晶白云岩	36 m
18. 灰色斑点状千枚岩夹砖红色粉砂质结晶白云岩	86 m
17. 深灰色千枚岩夹中—厚层结晶白云岩	37 m
16. 深灰色千枚岩	35 m
15. 深灰色条带状千枚岩夹薄层粗粒钙质石英岩	105 m
——————— 整 合 ———————	
谷泉山组	厚540 m
14. 肉红色中薄层钙质石英岩夹灰绿色厚层钙质石英岩	43 m
13. 灰红色中层钙质长石石英岩夹薄层硅质石英岩	33 m
12. 灰红色条带状石英岩	40 m
11. 肉红色薄层细粒石英岩和灰黑色千枚岩互层	15 m
10. 肉红色中层细粒钙质石英岩夹灰褐色钙质石英岩	45 m
9. 肉红色中层钙质石英岩和灰褐色硅质石英岩互层	69 m
8. 青灰色条带状千枚岩	18 m
7. 肉红色中层中粒钙质石英岩	21 m
6. 肉红色粗粒含砾钙质石英岩	61 m
5. 灰红色中层中粒钙质石英岩	17 m
4. 肉红色中层中粗粒钙质石英岩夹深灰色千枚岩	67 m
3. 肉红色中层中—粗粒钙质石英岩夹青灰色泥质、钙质石英岩	94 m
2. 肉红色粗粒含砾钙质石英岩	11 m
1. 变质砾岩	6 m

~~~~~~~~~~ 不整合（或韧性剪切断层） ~~~~~~~~~~
~~~~~~~~~~

下伏地层：**五台超群石咀群** 绿泥片岩

【地质特征及区域变化】 谷泉山组是豆村群底部碎屑岩组。在正层型剖面及附近，以钙质石英岩为主，只在上部夹硅质石英岩；向东，则钙质石英岩减少，至豆村以东逐渐变为长石石英岩、较纯的硅质石英岩为主。谷泉山组底部多有变质砾岩层出现。在豆村以东地区（下伏南台群木山岭组剥蚀缺失）该层变质砾岩是上下两套石英岩划分的良好标志。谷泉山组石英岩波痕、交错层十分发育，常见双向倾斜的潮汐形成的交错层。上部石英岩成分较纯，SiO_2含量可达90%，是滹沱超群沉积以来，首次出现高成熟度的石英岩。谷泉山组厚度160～540 m之间，变化规律性不明显。

盘道岭组 Pt_1p （05－14－0144）

【创名及原始定义】 原称盘道岭段，山西区测队（1967）在1∶20万平型关幅区调时，由武铁山、徐朝雷等所创名。其原始定义是："以千枚岩为主，条纹构造发育，色青灰。夹中层白云大理岩。千枚岩泥裂发育"。盘道岭为五台县阳白乡通往三角村的石砌盘山道。

【沿革】 此次地层对比研究，将盘道岭段升格为盘道岭组。

【现在定义】 为五台山区豆村群第二个组级岩石地层单位。以深灰色千枚岩、含肉红色钙质条纹的青灰色千枚岩为主夹褐黄色中层结晶灰岩。与下伏谷泉山组石英岩呈整合关系，以大量千枚岩出现划界；与上覆神仙垴组灰紫色千枚岩整合接触，以灰紫色千枚岩底面划界。

【层型】 见谷泉山组条目。

【地质特征及区域变化】 盘道岭组以青灰色千枚岩为主，夹中—厚层褐黄色结晶灰岩，组厚300～400 m。青灰色千枚岩中含有肉红色、灰白色钙质、粉砂质沉积条纹，构成密集的小韵律，千枚岩中常见泥裂。在千枚岩下部常有石英岩夹层，夹层石英岩上波痕、交错层发育。结晶灰岩以夹层形式出现，单层厚度很少超过1 m；一般夹4～5层，多则达6～7层，少者仅1～2层，变化规律不清。结晶灰岩块状，很少见条带构造。在五台县东部金岗库村北，本组下部所夹结晶灰岩凸镜体中，见墙状无壁叠层石，它是五台山产叠层石的最低层位。盘道岭组向东变质加深，在五台县刘定寺以东为含黑云母斑晶的绢云石英片岩，到大插箭一带为二云石英片岩，局部出现石榴子石。

神仙垴组 $Pt_1\hat{s}x$ （05－14－0143）

【创名及原始定义】 山西区测队（1967）在1∶20万平型关幅区调时，由武铁山、徐朝雷等创名。创名时称神仙垴段，神仙垴位于五台县阳白乡与三角村之间。原始定义为："以千枚岩为主，条纹构造不发育，色灰紫，夹单层巨厚的白云大理岩，泥裂发育，偶见石盐假晶"。

【沿革】 此次对比研究将神仙垴段升格为组。

【现在定义】 为五台山区豆村群第三个组级岩石地层单位。以灰紫色千枚岩、含肉红色钙质条纹的灰紫色千枚岩为主，夹厚层白云岩及少量钙质石英岩。千枚岩中含石盐假晶。与下伏盘道岭组整合接触，界线划在灰紫色千枚岩底界；与上覆南大贤组整合接触，以其底部白云岩底面作顶界。

【层型】 见谷泉山组条目。

【地质特征及区域变化】 神仙垴组亦以千枚岩为主（夹白云岩）。与盘道岭组的主要差别在于：千枚岩色调以紫灰色为特征，条带构造不明显；所夹的碳酸盐岩为白云岩，单层厚度可超过1m，风化面上常见凸出的硅质波浪状花纹，有时出现叠层石。

盘道岭组上部到神仙垴组地层中常出现角砾岩，角砾由两组的板岩及所夹白云岩破碎而成，有时角砾中夹有具磨圆度的板岩、白云岩砾石。角砾岩宽数米到数百米，延伸几公里到几十公里，似有一定层位，不见两侧地层错位。角砾小者数厘米，大者数米甚至数十米。有的角砾之间还依稀可拼接复原成整体。角砾中石英脉、镜铁矿经常可见。对这套角砾岩成因有：断层说，边沉积边断裂说，碰撞说以及拆离断层说。

南大贤组　Pt_1n　(05-14-0142)

【创名及原始定义】　山西区测队（1967）在1：20万区调平型关幅时，由武铁山、徐朝雷创名。当时称南大贤段，其原始含义为："以硅质白云大理岩为主，局部夹千枚岩，在白云岩中硅质条纹及燧石条带发育。西部狼山一带底部白云岩常含铜。本段厚400 m左右"。创名地南大贤村属五台县茹村乡。

【沿革】　此次地层对比研究将南大贤段升格为组。

【现在定义】　为五台山区豆村群顶部组级岩石地层单位。由米黄色、浅灰色、白色白云岩、含燧石条带白云岩组成。与下伏神仙垴组呈整合接触，以本组白云岩底面为界；与上覆东冶群呈平行不整合接触，以本组白云岩顶面为界。

【层型】　正层型为五台县阳白乡狼山剖面。

五台县阳白乡狼山剖面：剖面位于五台县阳白乡郭家寨村东北近南北向的狼山山脊上（113°09′，38°45′）。1963年武铁山、徐朝雷等测制。

南大贤组（未见顶）　　总厚度＞548 m

36. 深灰色厚层结晶白云岩	＞105 m
35. 青灰色中—薄层结晶白云岩	101 m
34. 灰白色中厚层结晶白云岩	28 m
33. 青灰色厚层结晶白云岩	37 m
32. 灰白色中层结晶白云岩	71 m
31. 紫红色厚层结晶白云岩	56 m
30. 浅灰色条带结晶白云岩	34 m
29. 浅红色薄层结晶白云岩	22 m
28. 灰白色中—薄层结晶白云岩	40 m
27. 紫红色薄层结晶白云岩	28 m
26. 灰白色薄层硅质结晶白云岩	26 m

———— 整　合 ————

下伏地层：**神仙垴组**　灰紫色千枚岩

【地质特征及区域变化】　南大贤组是滹沱超群中首次出现的单一碳酸盐岩组。常由厚层、巨厚层的白云岩构成。硅质高，SiO_2平均含量可达12%；色调以白色、淡灰色为主，少量淡黄色、紫灰色；含燧石条带。叠层石较丰富，尤其以直径数毫米、高1～2 cm的微柱状叠层石最发育，可作填图的辅助标志。狼山剖面上本组底部与神仙垴组交界处，出现长径达4 m，短径2 m的巨型核形石。本组底部常有铜矿化显示。

南大贤组厚度常因缺失上覆青石村组地层，而难以求全。总体看，西厚而东薄，西部一般厚达 548 m 以上，东部仅 200 m 左右。

刘定寺群 Pt_1L （05－14－0186）

【创名及原始定义】 1928 年由孙健初所创建，当时称刘定寺系，时代属五台纪。其原始定义是："位于白云寺系之上，由黑灰色板岩、粉红色或黑色结晶灰岩、绿色千枚岩或片岩及红棕色石英岩组成。它与下伏白云寺系呈整合或不整合接触，二者分界处以白云寺系顶部的绿片岩（含有黑棕色石英岩及白色大理岩）之上为准，厚度 1 400 m"。

【沿革】 孙健初创名后，很少人引用。杨杰（1936）认为刘定寺系相当其白头庵层的一部分。白瑾等（1964）将孙氏 1928 年剖面上所描述的刘定寺系，划分为纹山组、河边村组及建安村组。而平型关幅（山西区测队，1967）又将刘定寺一名局限用于青石村组顶部的变基性火山岩。此次地层对比研究，考虑到 Willis1907 年创名"东冶石灰岩"时，所指剖面上，并不包括孙氏 1928 年所创刘定寺系的这一事实，而恢复刘定寺这一地层名称，称为刘定寺群。

【现在定义】 为五台山区滹沱超群的第三群，主要由板岩（千枚岩）夹白云岩、石英岩、变基性火山岩所组成。包括青石村组、纹山组、河边村组、建安村组。与下伏豆村群呈平行不整合接触，与上覆东冶群为整合接触。

【地质特征】 刘定寺群总厚 2 000 余米。主要分布在滹沱复向斜南翼的南缘，基本上沿系舟山北麓的北侧分布，西从定襄县与五台县交界处纹山起，向东到五台县山底、南山垴、许家庄，作北东向展布。东部殊宫寺—白龙池一线以东大面积分布；此外定襄县复兴村北、盂县北部七东山以北亦见少量分布。刘定寺群以岩石组合面貌复杂区别于滹沱超群的其它几个群。其下部以千枚岩、石英岩为主，夹白云岩、基性火山岩；中部包括两个石英岩-千枚岩-白云岩构成的数百米厚的沉积旋回；上部又是以千枚岩为主夹白云岩、石英岩。全群泥质岩、白云岩、碎屑岩、火山岩之比为 50∶35∶12∶3。

青石村组 Pt_1q （05－14－0140）

【创名及原始定义】 1964 年白瑾等创名于五台县—定襄县间的纹山剖面（白瑾、武铁山等，1964）。创名地位于纹山之南的定襄县蒋村乡青石村。原始定义："底部浅灰绿色中粗粒长石石英岩、深灰色板岩和浅绿灰色、浅红色厚层白云岩，中部灰绿色板岩夹变基性火山岩，中上部灰紫色板岩与灰红色白云岩，上部石英岩板岩韵律层，并有巨厚变安山岩。与下伏豆村组白云岩整合接触，与上覆纹山组地层呈整合接触"。

【沿革】 五台山东部刘定寺一带的青石村组，1928 年孙健初是划归白云寺系的上部。西部青石村一带的青石村组，马杏垣等（1957）曾当作绿色片岩，划归五台系。

【现在定义】 为五台山区刘定寺群底部组级岩石地层单位。由灰紫色、灰绿色、灰黑色千枚岩（板岩）夹厚层白云岩、石英岩所组成，顶部为变基性火山岩。与下伏豆村群呈平行不整合接触，以其顶部白云岩顶面划界；与上覆纹山组亦呈平行不整合，以变火山岩顶面划界。

【层型】 正层型为定襄县纹山剖面。次层型为五台县刘定寺剖面。

定襄县纹山剖面：位于定襄县与五台县之间河边村乡东面纹山南坡（113°07′，38°35′），年由白瑾、苏泳军等测制。1980 年白瑾、徐朝雷等进行补充描述、叠层石采样。

上覆地层：**纹山组** 灰紫色砂质板岩

——————— 平行不整合 ———————

青石村组	总厚度＞994 m
24. 变古风化壳，系变玄武岩风化的产物，长石等矿物均风化成绢云母，并残留有原矿物的晶形	3 m
23. 暗绿色、灰绿色变玄武岩	110 m
22. 灰绿色板岩	6 m
21. 变玄武岩	90 m
20. 暗灰绿色细粒石英岩夹砂质板岩	5 m
19. 紫灰色板岩夹砂质板岩，底部有 2 m 绿色板岩	29 m
18. 灰绿色变玄武岩，具石英及绿泥石杏仁体	153 m
17. 暗绿色夹褐色板岩	9 m
16. 变玄武岩夹一层 3 m 厚肉红色细粒石英岩	63 m
15. 肉红色中粒石英岩	4 m
14. 肉红色细粒石英岩与灰紫色砂质板岩互层	21 m
13. 肉红色细粒石英岩	39 m
12. 紫灰色、灰绿色板岩	17 m
11. 肉红色石英岩和灰紫色板岩互层	122 m
10. 灰绿色、灰紫色和绿灰色、浅红色泥晶白云岩互层，夹薄层石英岩	78 m
9. 变玄武岩	21 m
8. 灰紫色板岩	11 m
7. 浅灰绿色含绿泥白云大理岩，中部夹有薄层绿泥板岩	35 m
6. 深灰色、灰绿色砂质板岩夹中厚层白云大理岩	15 m
5. 灰褐色石英岩和砂质板岩互层	5 m
4. 灰色千枚岩、板岩夹泥晶白云岩	66 m
3. 黄绿色、灰绿色千枚状板岩	14 m
2. 深灰色千枚状板岩	43 m
1. 灰绿色板岩（未见底）	＞35 m

【地质特征及区域变化】 青石村组以深灰、灰绿、灰紫、紫红色的板岩或千枚岩为主，夹多层 0.5～2 m 厚的灰绿色、灰红色石英岩、长石石英岩；中部有一层厚 20～30 m 的厚层白云岩；顶部火山岩在全区分布稳定，一般厚 30～40 m，纹山剖面上呈多层出现，总厚达 400 m。火山岩顶面有 2～4 m 厚的古风化壳，反映了它与纹山组之间为平行不整合接触。青石村组在东部变质程度明显增高，白头庵一带可出现石榴-十字黑云片岩。

纹山组 Pt_1w (05－14－0139)

【创名及原始定义】 1964 年白瑾等创名于五台县、定襄县间的纹山（白瑾、武铁山等，1964）。其原始定义："底部灰紫色中—粗粒石英岩夹薄层灰紫色板岩，每层石英岩底部含板岩碎屑；石英岩交错层发育。石英岩向上过渡为紫色板岩，再往上则与白云岩互层，并逐渐过渡为红色厚层白云岩，含藻类化石；中上部为细晶白云岩。与下伏青石村组整合接触，与上覆河边村组为沉积间断"。

【沿革】 刘定寺一带的纹山组，1928 年孙健初是划归刘定寺系的下部。纹山一带的纹山组，马杏垣等（1957）曾分别当作南台石英岩、豆村板岩、东冶白云岩。

【现在定义】 为五台山区刘定寺群第二个组级岩石地层单位。以白云岩为主，下部包括较厚的石英岩、板岩（千枚岩）。白云岩含叠层石，板岩细腻均匀是砚台、石碑优质原料。与下伏青石村组呈平行不整合接触，以其火山岩顶面划界；与上覆河边村组呈整合或平行不整合接触（东部、西部），以本组顶部白云岩顶面划界。

【层型】 正层型为定襄县纹山剖面，次层型为五台县刘定寺剖面。

定襄县纹山剖面：位于定襄-五台县间纹山主峰北坡（113°07′，38°35′）；1963年由华北地质科学研究所白瑾、苏泳军测制。1982年由白瑾、徐朝雷补充描述及做原生构造测量。

上覆地层：**河边村组** 石英岩

——————— 平行不整合 ———————

纹山组	总厚度 368 m
46. 灰紫色板岩夹泥晶白云岩	23 m
45. 燧石角砾岩	2 m
44. 灰紫色板岩与泥晶白云岩互层	10 m
43. 灰紫色含燧石条纹及叠层石泥晶白云岩	45 m
42. 浅红、枣红色含燧石条带及团块泥晶白云岩，夹紫灰色板岩	21 m
41. 红色厚层泥晶白云岩夹燧石角砾岩和板岩	7 m
40. 红色含叠层石泥晶白云岩	27 m
39. 绿色板岩与泥晶白云岩互层，底部为细砾岩、石英岩	29 m
38. 紫色板岩夹泥晶白云岩凸镜体，底部薄层石英岩	16 m
37. 紫色板岩	34 m
36. 浅棕色、暗紫色中—粗粒含长石石英岩	4 m
35. 紫色板岩	8 m
34. 浅棕色石英岩与紫色板岩互层	9 m
33. 肉红色、灰白色长石石英岩、含长石石英岩，底部有含砾石英岩	43 m
32. 浅肉红色中—粗粒长石石英岩	19 m
31. 浅棕色厚层粗粒长石石英岩。向上颗粒变细	15 m
30. 紫灰色含砾长石石英岩夹砾岩	9 m
29. 浅红色薄层石英岩，紫灰色砂质板岩，浅灰色板岩	5 m
28. 浅灰色夹灰紫色厚层长石石英岩	9 m
27. 灰紫色厚层长石石英岩夹薄层砂岩	9 m
26. 灰紫色砂质板岩和灰色长石石英岩互层	16 m
25. 灰紫色砂质板岩	8 m

——————— 平行不整合 ———————

下伏地层：**青石村组** 变火山岩

【地质特征及区域变化】 纹山组是滹沱超群中唯一的不是以一种岩石为主的岩石地层单位。它由下部石英岩，中部板岩和上部白云岩三者构成。厚度几乎各占三分之一。平均组厚300 m左右。下部石英岩质纯，SiO_2含量常超过90%，双向交错层发育，标志潮坪环境。中部板岩只有水平纹层发育，一般成块状层理。上部白云岩燧石条带及水平纹层发育，并见大型柱状叠层石产出。

河边村组 Pt_2h (05-14-0138)

【创名及原始定义】 1964年由白瑾、苏泳军等创名于五台县、定襄县间的纹山剖面（白瑾、武铁山等，1964）。其原始定义："底部以石英岩为主夹板岩，逐渐过渡到与白云岩呈互层，至顶部则为灰白色、青灰色厚—巨厚层、具硅质条纹及燧石条带的白云岩，并夹变质安山岩；最底部有棕红色角砾岩。与下伏纹山组顶部白云岩间为一沉积间断，与上覆建安村组有一沉积间断"。

【现在定义】 为五台山区刘定寺群第三个组级岩石地层单位。以白云岩、含燧石条带白云岩为主，富含叠层石；底部夹石英岩及少量板岩（千枚岩），近顶部夹一层变基性火山岩。与下伏纹山组整合接触（西部为平行不整合），以其顶部白云岩顶面划界；与上覆建安村组为整合接触，以本组白云岩顶面划界。

【层型】 正层型为定襄县纹山剖面。

定襄县纹山剖面：位于定襄县-五台县之间纹山北麓（113°07′，38°35′）；1963年由白瑾、苏泳军等人实测。次层型为五台县刘定寺剖面。

上覆地层：**建安村组** 灰绿色板岩

—————— 整 合 ——————

河边村组	总厚度 653 m
62. 青灰色厚层白云大理岩。含燧石条纹及团块	30 m
61. 暗绿色变质玄武岩。中上部杏仁和管状构造发育，在区域对比中此层可作标志层，命名为"马头口变火山岩层"	75 m
60. 灰白、褐色结晶白云岩	11 m
59. 青灰色厚层、巨厚层含燧石条带、团块结晶灰岩	92 m
58. 灰紫色巨厚层泥晶白云岩，夹薄层石英岩及板岩	111 m
57. 砖红色厚层泥晶白云岩和板岩互层，底部有暗紫色变质粉砂岩，砂砾岩	25 m
56. 浅红色、紫红色厚层结晶白云岩	26 m
55. 紫灰色板岩与巨厚层结晶白云岩互层	37 m
54. 浅红色粗粒石英岩，紫红色薄层状板岩，浅红色厚层状泥晶白云岩互层	49 m
53. 浅红色巨厚层泥晶白云岩	28 m
52. 浅红色厚层石英岩、浅红色结晶白云岩、紫灰色板岩互层	11 m
51. 肉红色细—粗粒石英岩和紫色板岩、白云岩互层	20 m
50. 灰紫色薄层中粗粒石英岩和紫色板岩互层	36 m
49. 灰白色巨厚层石英岩	46 m
48. 浅红色巨厚层石英岩夹薄层板岩	18 m
47. 石英岩、板岩、泥晶白云岩组成韵律层	38 m

—————— 平行不整合 ——————

下伏地层：**纹山组** 灰紫色板岩夹泥晶白云岩

【地质特征及区域变化】 河边村组是刘定寺群中唯一以白云岩为主的地层。组平均厚约800 m，白云岩占600～700 m。只在底部有近百米的碎屑岩，近顶部夹有40～70 m厚的变基性火山岩一层（平型关幅创名为马头口变火山岩），是填图中稳定的标志层。下部白云岩中常有石英岩夹层，它以白云岩中砂质递增演变而成。所夹的石英岩波痕发育，下部白云岩自身竹叶状构造明显，并有沉积滑动构造，薄层白云岩条带常发生弯曲、褶皱，而上下条带仍呈水平状态。中上部白云岩叠层石发育，是滹沱超群中首次出现的叠层石高峰，层位多、群形多，以大型燧石质喇叭状叠层石最特征。

河边河组厚 300～653 m，由西向东呈递减趋势。

建安村组　Pt_1j　（05－14－0137）

【创名及原始定义】　1964 年由白瑾、苏泳军等创名于五台县、定襄县间的纹山剖面（白瑾、武铁山等，1964）。建安村属于五台县东冶镇，位于纹山东北方向。其原始定义："底部为灰绿、灰紫、黄绿色板岩，白云岩及含铁石英岩；中部为青灰、灰黑色、厚层大理岩、顶部含藻类化石，其底部有一层白色纯石英岩，层位稳定可作标志层；上部为青灰、灰白色中—厚层大理岩，夹灰绿色板岩，其底部为大理岩与板岩互层。本组与下伏河边村组有一沉积间断，与上覆大关洞组整合接触"。

【沿革】　1∶20 万平型关幅按野外验收决议，将建安村组与其上的大关山组、槐荫村组合为一组，称瑶池村组。其下又分为三个岩性段，建安村组相当瑶池村组一段和二段下部。其后的《华北地区区域地层表·山西省分册》(1979)、《山西省区域地质志》(1989) 从之。而《五台山早前寒武纪地质》（白瑾，1986）仍沿用建安村组、大关洞组、槐荫村组。但将建安村组顶界下移至白色纯石英岩（平型关幅所称的殊宫寺石英岩）顶界。此次对比研究恢复顶界下移后的建安村组。

【现在定义】　为五台山区刘定寺群第四个组级岩石地层单位。由灰绿色千枚岩、条带状千枚岩夹含叠层石的白云岩及薄层铁质石英岩组成，顶部为厚层石英岩。与下伏河边村组为整合接触，以其顶部白云岩顶面划界；与上覆大关山组为整合接触，以顶部石英岩顶面划界。

【层型】　正层型为定襄县纹山剖面，次层型为五台县殊宫寺剖面。

定襄县纹山剖面：位于定襄县-五台县纹山北延小山岭上（113°07′，38°35′）。1963 年白瑾、苏泳军等人实测。1981 年白瑾、徐朝雷等人补充描述，采集叠层石。

上覆地层：**大关山组**　棕红色白云岩夹灰绿色千枚岩，下部有一层鲕粒泥晶白云岩

——————　整　合　——————

建安村组	总厚度 598 m
9. 灰白色石英岩（标志层，定名为"殊宫寺石英岩"）	11 m
8. 灰白色中—粗粒白云岩	33 m
7. 灰绿色板岩夹泥晶白云岩	90 m
6. 黄绿色、灰绿色板岩，顶部为一层 5.5 m 厚的棕红色厚层状铁质石英岩	119m
5. 灰紫色板岩，底部为一层灰白色石英岩	25 m
4. 灰绿色、灰紫色板岩与厚层状灰绿色板岩互层	107 m
3. 浅绿色、灰白色中—细粒石英岩与灰绿色板岩互层	26 m
2. 黄绿色板岩夹灰绿色板岩	46 m
1. 灰绿色板岩与灰褐色、灰白色泥晶白云岩互层	143 m

——————　整　合　——————

下伏地层：**河边村组**　青灰色厚层大理岩

【地质特征及区域变化】　建安村组以灰绿色、黄绿色千枚状板岩为主，夹白云岩透镜体

及白云岩层，近顶部出现1—2层紫黑色变质铁质砂岩（厚40～200 cm），顶部为10 m左右的白色石英岩（殊宫寺石英岩）。板岩条带构造发育，常以粉砂质-泥质小韵律构成，有时以泥质-白云质韵律构成，常可见凸镜层理，有微冲刷面。板岩中夹凸镜体状叠层石礁体，直径20～50 cm，高10～25 cm，平底圆顶，稀散分布。白云岩中叠层石发育，有时可见叠层石被波浪冲倒，常见叠层石顶部被侵蚀。另东部变质程度增高，板岩变质相变为二云母片岩。建安村组也表现为西厚东薄，800～300 m。

东冶群　Pt_1DY　（05－14－0132）

【创名及原始定义】　1907年Willis．创名于五台县东冶镇以东与县城之间近南北向的基岩分水岭。北起雕王山，南至狐峪口。其原始定义："我们把滹沱系根据可能的构造关系分成两组岩石：下面一组主要由板岩组成……命名为豆村群，上面一组是夹有泥质岩和石英岩薄层的块状燧石灰岩组成，因为典型出露于村东山脊中，我们称东冶统或东冶灰岩"。

【沿革】　自创名以来以东冶这一地理专名创名的地层单位的级别、内涵，几经变更。马杏垣等（1957）曾把滹沱超群所有厚层白云岩称为东冶白云岩。1∶20万平型关幅（山西区测队，1967）把从青石村组到天蓬垴组所有地层，合称东冶亚群，而白瑾等（1986）一直坚持东冶亚群包括纹山组到天蓬垴组，而不包括青石村组。此次地层对比研究查阅Willis（1907）原著中的东冶群创名剖面的实际所指，将东冶群的范围缩小到大关山组—天蓬垴组。

【现在定义】　为五台山区滹沱超群的第四个群。主要由白云岩夹少量板岩组成。包括大关山组、槐荫村组、北大兴组和天蓬垴组。与下伏刘定寺群呈整合接触，与上覆郭家寨群为不整合接触，或直接被长城系或寒武系不整合覆盖。

【地质特征】　东冶群是滹沱超群中唯一的以白云岩为主体的群。中间夹多层千枚岩，顶部出现较厚的千枚岩。总厚3000余米。东冶群主要分布在滹沱复向斜的南翼，靠复向斜的槽部，地层依南老北新的顺序排列，西南起自定襄县虎山，向东过东冶，经五台城南，茹村盆地，结束在红石头—九垴一带。出露面积比其下的三个群的出露面积小。

东冶群是滹沱超群中叠层石最为发育的地层，层位多，类型多，横向分布面积广。

大关山组　Pt_1d　（05－14－0136）

【创名及原始定义】　1964年由白瑾、苏泳军等创建（白瑾、武铁山等，1964）于五台县、定襄县之间的纹山-大关山剖面。创名时称大关硐组。原始定义：底部以灰紫、蓝灰、紫灰色板岩为主，夹棕红色厚层白云岩；中部青灰、灰白色中厚层状白云岩，含丰富的藻类化石；上部以白色、灰白色白云岩为主间夹灰绿、灰紫色薄层板岩。与下伏建安村组整合接触；与上覆槐荫村组有一沉积间断"。

【沿革】　1∶20万平型关幅（山西区测队，1967）按野外验收决议，将大关山组与其之下的建安村组、之上的槐荫村组合并称为瑶池村组。此次地层对比研究，恢复大关山组及下伏建安村组、上覆槐荫村组。但大关山组与建安村组分界下移至白色石英岩——殊宫寺石英岩之顶面。

【现在定义】　为五台山区东冶群第一个组级岩石地层单位。厚层白云岩为主，夹多层灰红色、灰黄色板岩（千枚岩）。白云岩含叠层石，镁质高，是优质冶金辅料。以下伏建安村组顶部石英岩顶面和上覆槐荫村组底部千枚岩的底面为本组上下界面。均为整合接触。

【层型】　正层型为定襄县纹山-大关山剖面；次层型为五台县殊宫寺剖面。

定襄县纹山-大关山剖面：位于定襄县—五台县间纹山北段，从大关砀南山过大关砀到大关山顶，向北隔滹沱河在济胜桥（滹沱河大桥）以北山丘向东（113°07′，38°35′）；1963年由白瑾、苏泳军等人实测，1981年白瑾、徐朝雷补充描述并采集叠层石。

上覆地层：**槐荫村组**　底部紫红色板岩

——————　整　合　——————

大关山组	总厚度 113.3 m
29. 青灰色、灰白色中厚层泥晶白云岩	50 m
28. 紫红色厚层鲕粒亮晶白云岩	4 m
27. 中层泥晶白云岩夹钙质板岩	30 m
26. 灰白色中厚层泥晶白云岩	80 m
25. 黄褐色中厚层泥晶白云岩夹纸片状板岩	45 m
24. 青灰色含叠层石结晶灰岩	68 m
23. 棕红色泥晶白云岩	43 m
22. 青灰色厚层状含叠层石结晶灰岩	99 m
21. 紫红色浅灰色泥晶白云岩	39 m
20. 灰—灰黑色、紫色泥晶白云岩	56 m
19. 棕红色泥晶白云岩	126 m
18. 灰紫色板岩夹棕红色泥晶白云岩	39 m
17. 棕红色泥晶白云岩	33 m
16. 灰绿色板岩与微薄层结晶白云岩互层	18 m
15. 青灰色、灰紫色板岩，上部夹泥晶白云岩	102 m
14. 青灰色带棕红色泥晶白云岩	96 m
13. 灰绿色板岩带泥晶白云岩凸镜体	47 m
12. 青灰色巨厚层结晶灰岩，含燧石条带	49 m
11. 青灰色巨厚层中—粗粒大理岩	29 m
10. 棕红色白云岩夹灰绿色千枚岩，下部有一层鲕粒泥晶白云岩	80 m

——————　整　合　——————

下伏地层：**建安村组**　灰白色石英岩（标志层“殊宫寺石英岩”）

【地质特征】　大关山组以白云岩为主，夹五层紫红色板岩，厚600～1 133 m。白云岩以中层为主，层间常含泥质薄膜，色调以蛋青色、灰白色、米黄色为主，下部系不同色调白云岩构成的条纹构造。下部靠上层位多次出现鲕粒-豆粒构造。近顶部出现两层紫红色厚层白云岩，其中有米黄色小斑点（假鲕状构造）白云岩，是五台山西部地区填图的辅助标志。大关山组白云岩MgO含量高，SiO_2含量低，构成优质冶金辅料，为太原钢铁公司开采。

大关山组下部叠层石十分丰富，类型不多但绵延生长，厚几十米到上百米地层中连续出现；中部叠层石较少；上部基本上不含叠层石。

槐荫村组　Pt_1hy　(05－14－0135)

【创名及原始定义】　1964年白瑾、苏泳军等创建（白瑾、武铁山，1964）于五台县槐荫村北山。原始定义为：“本组大部分为灰、深灰、灰白色厚层块状白云岩，具明显的条带状层理构造，风化表面灰黑色。最底部为角砾岩状白云岩，顶部白云岩含藻类化石。与下伏大关硐组顶部白云岩间有一沉积间断；与上覆北大兴组呈整合接触”。

【沿革】 1∶20万平型关幅（山西区测队，1967）按野外验收决议，将槐荫村组与其下的大关山组、建安村组合并，称瑶池村组。瑶池村组三段实际即槐荫村组。此次地层对比研究停用瑶池村组，恢复槐荫村组等三个组。

【现在定义】 为五台山区东冶群第二个组级岩石地层单位。除底部少量千枚岩外，均为厚层青灰色白云岩，西部地区顶部含两层紫红色具米黄色假鲕的白云岩，顶部白云岩富含叠层石。以下伏大关山组顶部白云岩顶面和上覆北大兴组底部板岩（千枚岩）底面为本组上下界面，均属整合接触，西部与大关山组之间为平行不整合。

【层型】 正层型为五台县槐荫村北山剖面；次层型为五台县殊宫寺剖面。

五台县槐荫村北山剖面：位于五台县东冶镇槐荫村北山（113°07′，38°35′）；1963年白瑾、苏泳军等实测，1981年白瑾、徐朝雷补充描述并采集叠层石。

上覆地层：**北大兴组** 紫红色板岩

——————— 整 合 ———————

槐荫村组	总厚度 469 m
39. 灰白色厚层白云大理岩	18 m
38. 灰黑色厚层白云大理岩	65 m
37. 灰色厚层白云大理岩	60 m
36. 灰黑色厚层白云大理岩	35 m
35. 紫红色厚层白云大理岩	40 m
34. 浅绿色、浅黄色厚层白云大理岩	33 m
33. 粉红色厚层白云大理岩	40 m
32. 下部粉红色，上部灰白色、浅黄色厚层白云大理岩	44 m
31. 灰黑色厚层白云大理岩	66 m
30. 浅黄色厚层白云大理岩，底部夹紫红色板岩	68 m

——————— 平行不整合 ———————

下伏地层：**大关山组** 青灰色、灰白色中厚层泥晶白云岩

【地质特征及区域变化】 槐荫村组除底部数米厚紫红色板岩外，均为厚层白云岩。槐荫剖面上板岩底部铁质富集，下伏白云岩凸凹不平，略呈平行不整合。其余地区板岩为灰绿色、灰白色、间断现象消失。厚层白云岩深灰色为主，硅低镁高，亦为优质冶金辅料。近顶部厚层白云岩中出现大型柱状叠层石，柱体最高达1.5 m。顶部白云岩单层厚度变薄（20～30 cm)，同时出现泥质薄层，白云岩中出现指状粗细的叠层石。以厚层板岩出现作为北大兴组底界。

槐荫村组厚度出现东厚西薄的反向趋势。东部插箭梁剖面，厚442 m；位于西部的正层型剖面，厚469 m。

北大兴组 Pt_1b （05-14-0134）

【创名及原始定义】 1964年白瑾、武铁山创名于五台县北大兴村东狐峪口-雕王山剖面。原始定义：“底部灰绿、黄绿色板岩，小韵律发育，夹乳黄色白云岩，含藻类化石；中上部则为灰黑色、灰白色厚层白云岩，硅质条带极丰富，有时竟成燧石岩层，有时为大小不等的燧

石岩透镜体，顺层断续分布。本组与下伏地层呈整合接触。其上被郭家寨群角度不整合沉积”。

【现在定义】 为五台山区东冶群第三个组级岩石地层单位。主要由白云岩、含燧石条带白云岩组成，底部夹两大层紫红色—灰绿色板岩。白云岩富含叠层石。以下伏槐荫村组顶部白云岩顶面和上覆天蓬垴组底部板岩的底面作本组上下界面，均呈整合接触。

【层型】 正层型为五台县狐峪口剖面，但未见顶。次层型为五台县罗家垴剖面，更有代表性。

五台县罗家垴北大兴组剖面：位于五台县刘家庄乡刘建村西南北向山脊上（113°18′，38°44′）；1963 年白瑾、苏泳军测制，1981 年白瑾、徐朝雷补充北大兴组底部 90 m 板岩夹白云岩，并采集叠层石。

上覆地层：**天蓬垴组** 灰绿色板岩

——————— 整 合 ———————

北大兴组	总厚度 1 484 m
20. 黄色、乳白色薄层泥晶白云大理岩	28 m
19. 暗灰色巨厚层泥晶白云大理岩	87 m
18. 具硅质条纹巨厚泥晶白云大理岩	163 m
17. 灰色、浅紫色厚层、巨厚层泥晶白云大理岩	221 m
16. 灰色厚层含燧石条带或团块泥晶白云大理岩	97 m
15. 灰色、粉红色厚层硅质条带泥晶白云大理岩	62 m
14. 灰色条纹泥晶白云大理岩	73 m
13. 暗灰色厚层含燧石条带泥晶白云大理岩	100 m
12. 灰色巨厚层含燧石条纹的泥晶白云大理岩	172 m
11. 暗灰色巨厚层燧石条带泥晶白云大理岩	81 m
10. 灰色、浅红色巨厚层条纹状泥晶白云大理岩	117 m
9. 灰色巨厚层泥晶白云大理岩	8 m
8. 暗灰、灰白色中薄层硅质条纹泥晶白云大理岩	59 m
7. 灰色中薄层泥晶白云大理岩	12 m
6. 灰色中薄层泥晶白云大理岩和灰色板岩互层	55 m
5. 紫红色厚层泥晶白云大理岩	19 m
4. 灰白色纹层状泥晶白云大理岩夹绿色板岩	40 m
3. 乳黄、乳灰色纹层状泥晶白云岩	30 m
2. 玫瑰红色鲕粒亮晶白云岩夹灰绿色板岩	40 m
1. 暗红色、青灰色薄层泥晶白云岩夹灰绿色板岩	20 m

——————— 整 合 ———————

下伏地层：**槐荫村组** 中厚层泥晶白云岩

【地质特征及区域变化】 北大兴组可分为下部板岩夹白云岩段和中上部白云岩段两部分。

下段：板岩呈青灰、灰绿色，风化后呈紫红色，块状构造；板岩中常夹厚 0.5～2 m 的白云岩，白云岩中指状粗细无壁分叉叠层石发育。段厚 150～330 m。

中上部白云岩段：巨厚—厚层白云岩为主，色调深灰—浅灰色，常有灰白—灰黑色密集条纹和燧石条带发育（这是与下伏两组的主要区别）。白云岩含丰富的叠层石，超过40层。其中笔状粗细燧石作中轴的叠层石（*Conophyton beidaxingensis*）是北大兴组特有的，产出层数可达10余层。段厚865～1 100 m。

北大兴组及下属两个段的厚度，均呈现西厚东薄。

天蓬垴组　Pt_1t　（05-14-0133）

【创名及原始定义】 1967年徐朝雷、武铁山创名于五台县城东阁子岭之南的天蓬垴。原始定义是："与其它各组相比较，碳酸盐岩特少，只占地层五分之一左右，以灰绿色千枚岩为主，下部夹有薄层粉砂岩；在上部紫红色富钙质千枚岩中发育了由碳酸盐岩条带在成岩中收缩而成的'串珠状砾岩'；这是本组最大特征，总厚800 m"。

【现在定义】 为五台山区东冶群顶部（也即第四个）组级岩石地层单位。以灰绿色板岩、黄绿色粉砂质板岩为主，夹白云岩；顶部为紫红色板岩和"枣状"、"串珠状"大理岩。与下伏北大兴组呈整合接触，以其白云岩顶面为界；其上被郭家寨群不整合叠覆。

【层型】 正层型为五台县天蓬垴剖面，位于五台县茹村乡与刘家庄乡分水岭上（113°18′，38°44′）。1963年白瑾、苏泳军等测制。

天蓬垴组	总厚度＞971 m
43. 紫色"串珠状"大理岩（未见顶）	＞23 m
42. 紫色薄层大理岩与紫色"串珠状"大理岩互层，夹紫色板岩	136 m
41. 绿色、紫色"串珠状"大理岩	85 m
40. 草绿色"串珠状"大理岩，绿色板岩夹土黄色泥质大理岩	40 m
39. 绿色薄层板岩夹薄层紫色大理岩	71 m
38. 紫色薄层大理岩夹紫色板岩	42 m
37. 紫色中厚—薄层白云岩	44 m
36. 紫色板岩、紫色大理岩互层	31 m
35. 灰紫色板岩、浅紫色白云岩互层	13 m
34. 黄白色厚层白云岩	41 m
33. 灰绿色板岩	22 m
32. 灰色砂质板岩，顶部夹白云岩	51 m
31. 灰绿色板岩、砂质板岩，顶部夹中厚层白云岩	31 m
30. 灰色厚层板岩，底部夹白云岩凸镜体	14 m
29. 灰绿色板岩，上部为粉砂质板岩	80 m
28. 中层白云岩与板岩互层	5 m
27. 灰绿色粉砂质板岩	30 m
26. 灰绿色板岩	23 m
25. 蓝灰色板岩夹两层白云岩、一层石英岩	59 m
24. 土黄色中厚层泥晶白云岩	4 m
23. 灰绿色板岩	56 m
22. 黄绿色巨厚层板岩	55 m
21. 灰色白云质大理岩与灰褐色板岩互层	15 m

——————　整　合　——————

下伏地层：**北大兴组**　黄色、乳白色薄层泥晶白云大理岩

【地质特征】 天蓬垴组由下部灰绿色、黄绿色、灰黑色板岩、板状千枚岩、粉砂质板岩夹少量白云岩，中部板岩、白云岩互层，顶部串珠状大理岩三部分构成，厚近千米。板岩条带构造发育，由粉砂质-泥质小韵律组成，条带平直少冲刷面，常出现块状层理。白云岩以中层为主，下部白云岩夹层中有少量叠层石产出。本组最特征的是顶部的串珠状大理岩（密集的 1 cm×3 cm 大小，白色、粉红色、绿色结晶灰岩“砾”，其间为紫红色、灰绿色泥质“胶结物”充填，形成串珠状、枣状）。

郭家寨群　Pt_1G　(05－14－0127)

【创名及原始定义】 1964 年白瑾、武铁山创名。原始定义：“由下而上为板岩，石英岩和砾岩组成的一个反旋回。这套地层以往当作南台石英岩组。由于发现了雕王山组，砾岩中砾石大部分来自东冶白云岩组，并含藻类化石；同时发现西山村组与下伏地层为明显的高角度不整合，因此肯定它是较滹沱群为新的地层单位，并符合建群条件，故单独建群”。郭家寨位于五台县东冶镇以北，属阳白乡。

【沿革】 1：20 万平型关幅、《华北地区区域地层表·山西省分册》(1979)、《山西省区域地质志》(1989) 均称为郭家寨亚群。此次地层对比研究时恢复群级。

【现在定义】 为五台山区滹沱超群最上部的群。由下部以板岩为主的西河里组，中部以长石石英岩、含砾石英岩为主的黑山背组和上部以白云质胶结的变质砾岩为主的雕王山组构成。与下伏东冶群、上覆长城系或寒武系均呈不整合接触。在东冶群古风化溶蚀面上，西河里组之下常有燧石角砾岩组成的红石头岩组残存。

【地质特征】 郭家寨群明显显示反旋回特征，总厚近千米。其主体分布在滹沱复向斜的槽部。其南侧不整合在褶皱了的东冶群之上，其北侧与豆村群呈断层接触，自身形成不完整的轴面向北倾的向斜。西起五台县的尧岩山，向东过雕王山、五台城北的文昌山，到城东的阁子岭。另外，在北大兴村东山、茹村盆地南山、五台县东部红石头—九垴等地也有零星分布，但主要为硅质角砾岩。

西河里组　Pt_1x　(05－14－0130)

【创名及原始定义】 山西区测队 (1967) 进行 1：20 万平型关幅区测时，由武铁山、徐朝雷创名。原始定义是：“郭家寨群最下部的一个组，下部为粉红色砾岩，近底部为粗砾岩，往上以细砾岩为主，并夹薄层紫灰色砂质板岩；上部为灰紫、紫红色砂质板岩，夹黄绿色砂质板岩。底砾岩中砾石以燧石和白云岩为主，磨圆好，分选差，泥砂质基底式胶结。本组角度不整合在东冶群之上，与上覆黑山背组整合接触”。西河里为阳白乡郭家寨以西的一个小山村。

【沿革】 大致在西河里组创名的同年，白瑾等创名西山村组。两者相比，西河里剖面地层发育齐全，不整合关系清楚，所以山西区测队一直使用西河里之组名。之后，白瑾 (1984) 也使用西河里组。

【现在定义】 为五台山区郭家寨群下部的组级岩石地层单位。以灰紫色、紫红色板岩、砂质板岩及泥质砂岩为主。底部含不稳定的底砾岩。西部板岩中见雨雹痕。与下伏东冶群呈不整合接触，以不整合面为底；其上与黑山背组白色石英岩呈连续沉积，以其底部白色石英岩底面为界。

【层型】 正层型为五台县西河里村剖面。该剖面位于五台县阳白乡郭家寨村西河里村以西（113°11′，38°42′）；1963 年徐朝雷等测制。

上覆地层：**黑山背组**　含砾变质长石石英砂岩

——————　整　合　——————

西河里组　总厚度 239 m

9. 灰紫色千枚岩夹石英岩　12 m

8. 灰黄色长石石英砂岩，夹灰紫色千枚岩　23 m

7. 灰白色粗粒石英岩　34 m

6. 灰紫色砂质千枚岩　21 m

5. 石英岩夹灰紫色千枚岩　29 m

4. 紫红色厚层中粗粒石英岩　57 m

3. 灰紫色砂质千枚岩，夹灰紫色中层细粒石英岩　12 m

2. 灰紫色砂质千枚岩，下部含砾石　46 m

1. 变质砾岩。砾石主要为灰色白云岩及含叠层石白云岩，砾径一般为 0.2～5 cm，其次是紫色石英岩和紫色白云岩；砾径约 0.2～0.4 cm。胶结物为泥砂质，基底式胶结。砾石磨圆度中等或较差，球度不等。　5 m

~~~~~~　不　整　合　~~~~~~

下伏地层：**东冶群天蓬垴组**　灰绿色千枚岩

【地质特征】　西河里组底部具不稳定的底砾岩，最厚可达 6 m，薄处仅 30～40 cm，有时缺失。底砾岩以白云岩为主，白云岩砾石中可见到含叠层石者，砾径以 10 cm 左右为主，最大可达 30～40 cm，小者仅 1～2 cm。含量 70%～90%，白云质-泥质胶结。砾石磨圆度较好，但球度较差，定向性更差，既看不出沉积作用造成的定向组构，也没有后期明显的构造组构，所以给人以杂乱的印象。西河里组不整合面之下，可见天蓬垴组灰绿色的板岩因古风化作用而发红，垂向上紫红色层厚达 4 m，顺片理向下才渐渐变绿。

西河里组下部灰紫色板岩向上渐变成灰紫色砂质板岩，最后为灰紫色泥质砂岩，也呈现由细变粗的反旋回特点。在郭家寨西尧岩山，于西河里板岩层面上发现雨雹痕，这可能是我国最古老的雨雹记录。中上部泥质砂岩交错层发育，层面常有泥裂。

在正层型剖面以东 4 km 黑山背剖面上，底砾岩消失，西河里组板岩的颜色变成以紫红色为主，砂质成分明显下降，夹层中交错层亦不发育。这些变化反映西河里组沉积环境变化较快。

黑山背组　Pt_1h　(05－14－0129)

【创名及原始定义】　1964 年由白瑾、武铁山创名。原始定义："底部为肉红色厚层粗粒长石石英岩，中部为肉红色、灰白色中粒石英岩，顶部为肉红色厚层细—粗粒石英岩。中部和顶部石英岩交错层、波痕发育，韵律清楚。底部石英岩含砾。与下伏西山村组和上覆雕王山组呈连续沉积接触"。黑山背位于阳白乡郭家寨村东雕王山主峰南坡，为一由石英岩构成的山脊。

【沿革】　马杏垣等（1957）曾误为南台石英岩。

【现在定义】　为五台山区郭家寨群中部组级岩石地层单位。由长石石英岩、石英岩、含砾石英岩所组成。与下伏西河里组呈整合接触，以其板岩顶面为界；与上覆雕王山组呈整合
~~~~~~

接触，以其底部砾岩底面为界”。

【层型】 正层型为五台县雕王山剖面。该剖面位于五台县阳白乡郭家寨村东雕王山主峰南坡（113°11′，38°42′）。1963 年白瑾、徐朝雷先后测制。1981 年两人又对该剖面做了沉积作用方面补充观察及采样。

雕王山组（未见顶） 厚>200 m

16. 灰白色、粉红色厚层变质砾岩，有灰白色及粉红色两种，风化后土黄色、紫色。以接触式胶结为主。砾石约占岩石总量的 80%，成分为灰白色白云岩（时有叠层石出现）、紫红色白云岩、紫红色石英岩、石英、燧石等，砾石直径 20～40 cm

———— 整　合 ————

黑山背组 厚 493 m

15. 变质石英砂岩 39 m

14. 粗粒变质石英砂岩夹砾岩 85 m

13. 含砾变质长石砂岩 13 m

12. 肉红色厚层粗粒变质石英砂岩，夹中薄层中细粒变质长石砂岩 114 m

11. 灰红色厚层中粗粒变质长石砂岩夹砾岩 90 m

10. 灰白色厚层粗粒含砾变质长石石英砂岩 152 m

———— 整　合 ————

下伏地层：**西河里组** 灰紫色千枚岩

【地质特征】 黑山背组为一套巨厚的长石石英岩、含砾石英岩和石英岩，厚 493 m。下部石英岩以白色为主，中上部转变成红色、肉红色。与下伏西河里组灰紫色、紫红色板岩、砂质板岩或泥质石英岩，色调反差明显，填图易掌握。黑山背组石英岩中波痕、交错层发育，局部交错层系厚可达 3～4 m，巨大的斜层理被上覆层系切割，形同不整合关系。石英岩中常出现砾石层，砾石成分为石英岩，与黑山背组石英岩岩性一致，反映它上游剥蚀、下游沉积的环境，砾石 10～20 cm，滚圆度良好，不定向排列。

雕王山组 Pt_1d （05－14－0128）

【创名及原始定义】 1964 年由武铁山、白瑾创名于郭家寨村东的雕王山。原始定义：“本组为灰白色、粉红色厚层粗砾岩。砾岩具明显的韵律，砾径底部大，顶部小；砾石成分以灰白、紫红色白云岩和石英岩为主，尚有少量紫色板岩、燧石及脉石英；一般砾径 6～7 cm，大者 40 cm；砾石磨圆好，球度与分选中等；砂质、泥砂质胶结。与下伏黑山背组连续沉积”。

【现在定义】 为五台山区郭家寨群上部组级岩石地层单位。由白云质胶结的变质砾岩所组成。砾石以各种白云岩（包括含叠层石的白云岩）为主，层理不显；下部具含砂质胶结的变质砾岩。与下伏黑山背组整合接触，以变质砾岩的底面划界。因断层或剥蚀作用，未能直接见到与长城系或寒武系之间的不整合关系。

【层型】 见黑山背组层型条目。

【地质特征】 雕王山组只在雕王山及其东 3 km 的紫罗山两地保存。是一套巨厚的不显层理的变质砾岩，只在其底部有 1～2 层石英岩夹层。雕王山组砾石以白云岩为主，尚有 30%～40%为石英岩。砾石直径一般 15 cm，最大可达 50～60 cm。磨圆度好，球度较差，砾石含量 70%～80%。胶结物为白云质。大砾石之间充填有小砾石。

红石头（岩）组　$Pt_1h\hat{s}$　（05－14－0131）

【创名及原始定义】　1993年由徐朝雷和靳永久创建，创名地点为五台县耿镇乡红石头村。其含义是："五台山区郭家寨群最底部的岩石地层单位。它由不显层理的燧石角砾岩组成，分布在东冶群白云岩的古风化溶蚀面上，有的就充填在古喀斯特溶洞中。其上被西河里组或长城系所不整合沉积覆盖。本岩组与周围白云岩接触边部常有磷灰石富集，燧石角砾岩二氧化硅含量极高，可构成冶金辅料硅石矿床"。

【层型】　这套燧石角砾岩，因为它不显层理，缺乏沉积分选特征，所以长期以来无实测剖面。

【沿革】　马杏垣（1957）、山西区测队（1967）均做过较详细的描述，部分被当作构造角砾岩。

【地质特征】　红石头（岩）组由于无层理、无沉积分选而不能算正常的沉积地层，故以（岩）组创名。在五台县东部红石头一带，发育成厚近300 m、宽500 m、长6～7 km的巨大的带状体。燧石角砾岩，角砾是燧石，胶结物也是燧石，SiO_2含量高达98%以上，可形成高硅耐火砖的优质原料。在与围岩白云岩接触边界上常有铁、磷富集，构成地方小矿点。

板峪口（岩）组　Pt_1/Ar_3b　（05－14－0217）

【创名及原始定义】　原称板峪口组，河北区测大队（1966）进行1∶20万阜平幅区调时，王启超、陈伯延等创建。创名地点板峪口村靠近山西省界附近的河北省阜平县北部，属上堡乡。原始定义为："五台群底部由下段长石石英岩和上段白色肉红色大理岩同黑云石英片岩互层夹矽线石榴云母石英片岩和斜长角闪岩组成，其下不整合于阜平群之上，其上与五台群振华峪组黑云斜长片麻岩呈整合接触"。

【沿革】　1965年平型关幅将板峪口组引入五台山区，首先将五台群娘子城剖面上南端那套石英岩夹大理岩系以板峪口组命名。在随后的填图中，发现由东向西南而来的板峪口组居然与石咀一带大石岭组（马杏垣等，1957年即当作滹沱系南台石英岩、豆村板岩）相接，于是将石咀一带原归大石岭组的地层亦改为板峪口段；铁堡村附近见到的与下伏地层的不整合，被当作五台群与前五台群—龙泉关群的不整合关系的典型地点。上述认识得到绝大多数地质学家的认可，并在很多论著中引用。但到80年代，袁国屏（1986）再次对板峪口组（1981年砂河会议，升格为组）的归属问题提出质疑，认为可能归属滹沱群。1987—1993年1∶5万大甘河测区填图中，通过追索，认为板峪口组上下石英岩和大理岩，可与大石岭组相应地层，逐一相连，进而认为五台山区五台群底界板峪口组是豆村群地层的构造褶叠体，并取消了板峪口组。本专著考虑到板峪口组变形变质程度都显著地不同于豆村群相应的地层，且地质界至今对它认识分歧很大，因此仍保留板峪口组，但因它可能是同斜向斜叠合体，两侧边界常因推覆构造而呈显切层性，故将它当作（岩）组处理。

【现在定义】　为五台-太行山区阜平（岩）群与五台超群之间的一套由石英岩、长石石英岩、黑云变粒岩、片岩夹大理岩组成的岩层组合。其与下伏阜平（岩）群呈不整合接触，其上与五台超群石咀群金岗库组呈整合或韧性推覆断层接触。对该（岩）组的层位、时代归属及与上、下相邻地层的接触关系，一直存在不同的认识，几经反复。

【层型】　正层型为河北阜平县大川剖面。五台县石咀剖面（山西省地层表编表组，1979）、繁峙县口泉剖面（山西省地矿局，1989）可作为山西境内板峪口（岩）组的次层型剖面。

正层型剖面位于河北阜平县上堡乡，板峪口村北东 1 200 m 山沟中（114°06′00″，39°02′00″）。1964 年河北区测大队 1∶20 万阜平幅填图时，由王启超、陈伯延测制。1994 年本专题组修正。

上覆岩层：**黑云斜长片麻岩**

断层接触？

板峪口（岩）组	总厚度 1 107 m
19. 浅粒岩	178 m
18. 黑云石英片岩	83 m
17. 含矽线石榴黑云片岩	29 m
16. 斜长角闪岩	41 m
15. 大理岩顶部夹黑云石英片岩	31 m
14. 二云片岩	40 m
13. 肉红色大理岩，顶部夹少量黑云石英片岩	67 m
12. 含矽线石榴黑云石英片岩	65 m
11. 斜长角闪岩	10 m
10. 黑云片岩，底部为含榴黑云片岩	55 m
9. 大理岩	93 m
8. 矽线石榴黑云片岩	64 m
7. 大理岩与黑云变粒岩互层	91 m
6. 大理岩与含榴黑云片岩、斜长角闪岩互层	44 m
5. 黑云变粒岩	54 m
4. 条带状黑云石英片岩	43 m
3. 黑云石英片岩	35 m
2. 白云母长石石英岩	84 m

~~~~~~~~ 不 整 合 ~~~~~~~~

下伏岩层：**阜平（岩）群** 黑云斜长片麻岩

【地质特征】 板峪口（岩）组是一套变质较深的角闪岩相沉积变质岩组合，以上下长石石英岩夹大理岩为特征。由于定名的不同，常将长石石英岩定为浅粒岩。在正层型剖面之北上川黄铁矿区、五台县石咀剖面之南化桥村北，均见指示上部石英岩为倒转地层的交错层示顶构造。因此它是构造褶叠所造成的岩层组合体。其翻转翼即上层石英岩常因推覆构造而切薄，甚至缺失。板峪口（岩）组的石英岩和与其紧紧相邻的谷泉山组相比，除了变质深之外，下部出现数十米到上百米厚的含交错层的肉红—砖红色长石石英岩；板峪口（岩）组的泥质岩已变成条带状、条纹状黑云变粒岩，尚见泥裂构造保存。板峪口（岩）组的大理岩与豆村群变质加深时所含的大理岩岩性一致，均以透闪大理岩、白云母大理岩出现，五台县东部大插箭—贺家湾一带出现的角砾状白云岩，同样在石咀一带板峪口（岩）组中出现。

店房台（岩）组 Ar*d* （05－14－0220）

【创名及原始定义】 1991 年山西区调队恒山地区 1∶5 万填图中，由赵祯祥、赵华等人于灵丘县赵北乡栽蒜沟村北创建。原始定义：“店房台（岩）组是指庄旺组地层在角闪岩相-麻
~~~~~~~~

粒岩相地区，由于大量部分熔融而难以进一步划分层序，称店房台片麻岩组。”

【沿革】 1：20万区调图幅中均归属五台群，分别称为木格组黑豆崖段第三亚段（1971，浑源幅），台子底组、东湾组（1967，平型关幅），老潭沟组（1969，广灵幅）；山西217队（1967）进行的灵丘测区1：5万区调，归属于驮石沟组；晋北铁矿研究队（李树勋等，1986），划归其所称的恒山群官儿组；王任民等（1991）笼统称为恒山杂岩中表壳岩，认为属五台群绿岩带的基底。李江海、钱祥麟（1994）称前庄旺表壳岩，认为其分布于基底杂岩中，与灰色片麻岩构造叠置，或呈残留体分布于花岗片麻岩内。本专著考虑到现存的不同观点和不同认识，称为店房台（岩）组（由于“前庄旺”一词易误解为庄旺组之前，故不宜采用）。

【现在定义】 指恒山山区紧靠五台超群石咀群金岗库组的一套具长英质条带的细粒黑云母片麻岩、粗粒黑云母变粒岩，夹少量斜长角闪岩，并偶夹磁铁石英岩的岩层组合。由于与金岗库组的接触关系性质、新老关系及自身层序的不确定性（或认识的不同），其成因和层位有三种认识：①前五台群变质地层（与五台—太行山区的榆林坪组相当）；②五台超群石咀群庄旺组的深变质（或局部重熔产物）；③变质的深层次的构造岩——近水平剪切作用形成的再造片麻岩。远离金岗库组的一侧，店房台（岩）组与具条带状构造的局部重熔的片麻岩体及侵入成因的各类片麻岩体往往呈渐变过渡关系。

【层型】 正层型为灵丘县店房台剖面，位于灵丘县赵北乡栽蒜沟村北（113°58′，39°28′），1990年由赵祯祥、赵华等人测制。

上覆（?）地层：**金岗库组** 斜长角闪岩

~~~~~~~~~~ 不整合（?） ~~~~~~~~~~

店房台（岩）组

	总厚度＞987 m
8. 含角闪黑云变粒岩夹斜长角闪岩	44 m
7. 黑云变粒岩偶夹薄层斜长角闪岩	220 m
6. 下部角闪变粒岩，上部含透辉斜长角闪岩	80 m
5. 黑云变粒岩夹斜长角闪岩	70 m
4. 细粒角闪黑云斜长片麻岩	280 m
3. 透辉角闪变粒岩	120 m
2. 下部斜长角闪岩，偏上部夹磁铁石英岩；上部黑云变粒岩	33 m
1. 黑云变粒岩（未见底）	140 m

═══════ 断　层 ═══════

【地质特征】 店房台（岩）组除分布于恒山东段店房台一带外，还分布于恒山中段的前庄旺、凌云口—官儿村一带和西段的台子底—梨树坪一带、太和岭口—黄土滩一带。主要组成为黑云变粒岩、角闪变粒岩、黑云片麻岩、浅粒岩及少量斜长角闪岩。常见变粒岩浅，暗色矿物渐变形成韵律构造，地层剖面恢复表明，浅粒岩向黑云变粒岩、角闪变粒岩渐变过渡、具旋回特征。镜下可见变粒岩、浅粒岩具砂状结构、粒状结构，变粒岩、浅粒岩粒度细小，成分变化明显，以上特征指示沉积成因（王仁民等，1989）。

牛还（岩）组 Ar*n* (05-14-0218)

【创名及原始定义】 原称牛还段，1967年山西区测队1：20万浑源幅填图中由王柏林、王立新等人创建于浑源县王庄堡乡牛环村。原始定义：“指恒山地区五台群地层，台子底组上
~~~~~~~~~~

部岩性段。以角闪黑云斜长片麻岩为主，夹斜长角闪岩、透辉麻粒岩及磁铁石英岩”。

【沿革】 1979年山西省地层表编写组编表时，撤销台子底组两个岩性段，将它划归黑豆崖段；1983年晋北铁矿队田永清等人将它划入前五台群恒山杂岩中。1989年1∶5万王庄堡测区填图中，赵祯祥、赵华等认为它是金岗库组部分熔融的产物，应归属无序岩层系列，为金岗库组同期异相的地层。

【现在定义】 指恒山早前寒武纪杂岩体中，有大量长英质条带、以斜长角闪岩为主夹磁铁石英岩和细粒黑云斜长片麻岩（或变粒岩）的岩层组合。该（岩）组往往与店房台（岩）组相伴出现，一般认为是五台超群石咀群金岗库组的深变质、局部重熔或受韧性剪切作用强变形的产物。

【层型】 正层型为繁峙县团城口-浑源县西河口剖面，该剖面位于繁峙县大营乡团城口村西头向北西的山脊上（113°54′，39°21′）。1966年由王柏林、王立新、吕恩茂等人实测。本专著按野外实际对其做了删节，将属侵入成因的片麻岩体从中扣除。

牛还（岩）组	总厚度＞580 m
4. 灰白色、浅灰黄色含角闪黑云斜长片麻岩，中部夹有透辉斜长角闪岩及透镜状含榴堇青黑云片岩（未见顶）	＞400 m
3. 斜长角闪岩夹两层分别厚10 m和1 m的磁铁石英岩	40 m
2. 条带状混合岩化灰白色二长浅粒岩	33 m
1. 灰黑色厚层状含榴透辉麻粒岩-含榴斜长角闪岩，夹一层厚约3 m的磁铁石英岩	107 m

下伏岩层：灰色厚层状含榴黑云角闪斜长片麻岩（侵入成因）

【地质特征及区域变化】 牛还（岩）组见于繁峙县、浑源县交界地带的团城口—西河口一带。正层型剖面所见牛还（岩）组，主要是角闪黑云斜长片麻岩，夹较多的斜长角闪岩及磁铁石英岩，其中大部分斜长角闪岩已变质成暗色麻粒岩。填图发现这些地层残留体，成大小不同的透镜体，断续成带分布，大体还维持熔融前成层性。

恒山西段、雁门关测区靠近恒山南麓边缘的牛还（岩）组，变质程度较低，尚未达高角闪岩相；片麻岩体占的份额更高，地层残体（大部分为斜长角闪岩、磁铁石英岩）比东段出露得更少。

二、吕梁山区

吕梁山区的早前寒武纪地层研究开展较晚，二三十年代王竹泉、孙健初等曾进行过调查，但未做系统地划分。

1955年华北地质局225队对静乐县西马坊一带进行锰矿普查时，将含锰地层与五台山区的滹沱系对比。1958年岚县袁家村铁矿发现后，地质科学院沈其韩等人1959年在吕梁山北段做路线地质调查，提出了以太古界赤坚岭片麻岩为核的大型背斜的认识；两侧元古界大致对称分布，共建立四个组。同年北京地质学院山西实习大队对吕梁山开展全面的1∶20万填图。将该区下前寒武系自下而上划分为界河口群、吕梁山群、野鸡山群、岔上群、黑茶山群五个群。野鸡山群及所划分的三个组一直被沿用；其它群所划分的一些组，虽在层序正倒、层位归属上，有所变更，或有争议，但组的划分，还是较客观的。

1967—1972年山西区测队武铁山、张居星、徐朝雷等人对1∶20万离石、静乐两个图幅的变质岩区做全面补课，判别出层序是倒转的不整合在东侧吕梁群之上岚河群（新建）地层的存在，认识到浅变质的娄烦县西川河之北的吕梁群与其南角闪岩相的吕梁群是同一套地层；并对界河口群、吕梁群、岚河群做了进一步的组级划分，同时将汉高山群与黑茶山群正式划归两个断代。经过这次调整，使吕梁山区下前寒武系的层序得到进一步的澄清，更接近客观实际。

70年代进行的富铁矿会战，吸引了南京大学、合肥工学院、天津冶金地质研究所、华北地质科学研究所等教学、科研单位纷纷进入吕梁山，围绕吕梁山北段沉积变质铁矿对吕梁群的层序正倒问题开展争论。南京大学张富生（1981）指出吕梁群和岚河群一样也是东老西新的倒转层序；天津冶金地质调查所石连汉则维持1∶20万静乐幅的观点，认为西老东新的正常层序。此时期山西省地层表编写组（武铁山、徐朝雷等，1979）仍维持山西区测队（1967）意见。

80年代山西区调队徐朝雷、徐有华进行《山西的五台系》1∶20万地层断代总结。对吕梁群与界河口群关系及两群地层重做野外厘定，基本上接受山西地研所田永清对袁家村铁矿专题研究结论，并更全面地提出新的划分方案。

80年代末到90年代初，1∶5万盖家庄幅、马坊幅先后开展填图，山西地研所的吕梁山专题组与山西区调队地层清理组同时开展野外工作，围绕吕梁群杜家沟组是喷出还是侵入开展争论，以填图分队苗培森、张建中为代表，认为它全是浅成侵入，构造推覆而来的；山西地研所的袁国屏、张如新则认为有喷发的、有侵入的，他们各有所据，本专题组采用山西地研所意见。

这阶段袁国屏等发现吕梁群青杨沟组的大理岩含叠层石，与西侧吕梁群地层为韧性断层接触，从而提出解体青杨沟组的意见。其依据经本专题组野外检查认可。

此次地层清理，吕梁山区下前寒武系仍保持自下而上由界河口群、吕梁群、岚河群、野鸡山群及黑茶山群五套群级地层组成。野鸡山群、黑茶山群及岚河群各与下伏地层有不整合关系；但这三群彼此之间，吕梁群与界河口群之间都没有正常沉积关系。因此它们孰新孰老，只能根据地质特征进行推断。根据与五台山区对比：岚河群、野鸡山群、黑茶山群相当滹沱超群，时代属早元古代；吕梁群相当五台超群，时代属晚太古代；界河口群相当阜平（岩）群，时代属中太古代。

群以下组、（岩）组的划分及序列见表1-1，划分沿革见表2-3。

界河口群　Ar_2J　（05-14-0222）

【创名及原始定义】　1960年由北京地质学院山西实习大队创建于岚县界河口一带。原始定义："界河口群为本区最古老之地层，在兴县界河口一带出露最全，地层由此得名。主要由黑云钾长片麻岩、云母片岩、石墨大理岩、含石墨细粒斜长片麻岩组成。东部以大逆断层与野鸡山群接触，其余均为下古生界所角度不整合"。当时按片岩、片麻岩两类岩性分成两组，下部称碾子沟（片麻组）组，上部称奥家滩（片岩）组。同年将吕梁山东侧交城县西榆皮一南沟之间变粒岩、矽线片岩与大理岩全部划入界河口群。

【沿革】　1967年山西区测队武铁山等对静乐、离石幅两个图幅补课中，以片麻岩-片岩作为粗碎屑岩-泥质岩的沉积旋回，将界河口群划分5个组13个岩性段。对西榆皮一带界河口群根据六套大理岩的出现划分出3个大理岩段。1984年徐朝雷在《山西的五台系》总结中，将吕梁山主峰地带原当作吕梁群顶部地层的长树山组（大理岩）划归界河口群。同时提出界河口群三分方案：将吕梁山西北界河口群的奥家滩组分成3个岩性组，而奥家滩岩组上升为下亚群；该处原上部4个组，删除当作侵入体的片麻岩中，分成2个组置于上亚群；吕梁山东侧界河口群属中亚群分3组。1992年马坊幅填图中，将该区界河口群分成两个组，经本专题组检查后改成3组，图幅以北界河口群分成2个（岩）组，加上长树山大理岩，共3组、3（岩）组。

【现在定义】 吕梁山中北段早前寒武纪变质地层下部的群级岩石地层单位。由矽线二云片岩、白云片岩、变粒岩夹石墨大理岩及少量石英岩、斜长角闪岩所组成的组合复杂、厚度较大的中高级变质岩系。包括园子坪组、阳坪上组和贺家湾组，奥家滩（岩）组、黑崖寨（岩）组、长树山（岩）组。其上被野鸡山群和黑茶山群所不整合沉积覆盖；其下未见底。

成层有序的园子坪组（Ar_2y，05-14-0225）、阳坪上组（Ar_2yp，05-14-0224）、贺家湾组（Ar_2h，05-14-0223）

【创名及原始定义】 园子坪组和贺家湾组为徐朝雷、徐有华于1985年进行《山西的五台系》断代总结时创名；阳坪上组由山西区调队张振福、米广尧等于1992年1∶5万马坊幅区调中创建，均创名于兴县园子坪—岚县张家圪台剖面。园子坪组原始定义为："界河口群的下亚群第二组，以不纯大理岩及钙硅酸盐岩如透闪岩、透闪蛇纹岩、薄层大理岩组成，夹浅粒岩、石英岩。其下为店子上组含石墨变粒岩，其上为贺家湾组矽线二云片岩"。贺家湾组的原始定义为："界河口群的下亚群上部第三组，以小韵律颇发育的矽线石片岩为主，夹斜长角闪岩、薄层大理岩。其下为园子坪组大理岩，其上为上亚群南沟大理岩"。阳坪上组原始定义为："以发育中厚层大理岩为特征。下部为一套变质陆源碎屑岩建造，主要岩性为长石石英岩夹斜长角闪岩及透闪片岩；上部为一套变质碳酸盐建造，主要为灰白—杂色石墨大理岩、透闪大理岩夹条带状透辉变粒岩及石英岩等"。

【沿革】 1984年徐朝雷对兴县园子坪-岚县张家圪台剖面做了西老东新两分方案，将东部以片岩为主的地层称贺家湾组，西部以大理岩为主的地层称园子坪组。1991年张振福等重测该剖面，亦做了同样两分方案，而以阳坪上组和贺家湾组做了命名，却不知前人已做过同样划分。1993年徐朝雷重新检查此剖面，根据残留的原生示顶构造，发现最西段尚有一套斜长角闪岩地层，应从下部地层中再分出来，给以园子坪组的命名。

【现在定义】 园子坪组为吕梁山西侧界河口群第一个组级岩石地层单位，主要由斜长角闪岩夹石英岩构成；其下因片麻岩侵入而未见底，其上与阳坪上组呈整合接触，以阳坪上组底部长石石英岩的底面为界。阳坪上组为吕梁山西侧界河口群第二个组级岩石地层单位，主要由石墨大理岩、透闪大理岩夹透辉变粒岩及少量石英岩构成；与下伏园子坪组呈整合接触，以底部长石石英岩底面划界；与上覆贺家湾组呈整合接触，以上覆矽线二云片岩底面为界"。贺家湾组为吕梁山西侧界河口群的上部组级岩石地层单位，主要由矽线二云片岩夹黑云变粒岩构成，偶夹薄层大理岩，小韵律十分发育；其下与阳坪上组整合接触，以本组底部矽线二云片岩的底面为界，其上被野鸡山群所不整合覆盖。

【层型】 正层型兴县阳坪上-贺家湾剖面。剖面西起兴县东会乡，园子坪村，向东过阳坪上、贺家湾，到岚县张家圪台（111°15′，38°09′）。1959年北京地院向贻远、徐朝雷实测，1984年徐朝雷、徐有华补充观察并分组，1991年张振福、米广尧重测。

上覆地层：黑云斜长片麻岩

表 2-3 吕梁山区早前寒武纪

沈其韩 1959

界	系/岩系	岩组
上元古界	震旦系	黑茶山石英岩组 9
下元古界	岔上村石英岩变火山岩	千枚岩 4
		中基性火山岩 3
		石英岩 2
下元古界	岔上村石英岩变火山岩 2—4	
	两角村千枚岩大理岩 5	
(磨地湾岩体)		
中元古界	袁家村含铁岩	角闪片岩 6
		含铁片岩、千枚岩 7
		片岩 8
(未予研究或论述)		
太古界	赤坚岭片麻岩 1	
下元古界	两角村千枚岩大理岩 5	
中元古界	袁家村含铁岩 6	
(未予研究或论述)		

北京地质学院山西实习大队 1961

界	系/群	岩组
上元古界	震旦系	黑茶山石英岩 12；汉高山砂岩 12
太古界	野鸡山群	程道沟片岩组 6
		白龙山变火山岩组 5
		青杨树湾石英岩组 4
下元古界	岔上群	变质砾岩组 7
		乱石村石英岩组 8
		两角村大理岩组 9
		(磨地湾岩体)
		近周峪变火山岩组 10
		袁家村含铁岩组 11
太古界	吕梁山群	未分 3
	界河口群	奥家滩片岩组 2
		碾子沟片麻岩组 1
		占梁群未分 3
		奥家滩片岩组 2

静乐、离石幅 1972

界	系/群	组	段
上元古界	震旦系	汉高山群 20	
下元古界		黑茶山群 19	
	野鸡山群	程道沟组 18	
		白龙山组 17	
		青杨树湾组 16	
	岚河群	乱石村组 15	
		石窑凹组 14	
		前马宗组 13	
上太古界	吕梁群	杜家沟组 6	
		近周峪组 7	
		裴家庄组 8	
		袁家村组 9	
		宁家湾组 10	
		青杨沟组 11	
		赤坚岭组 5	
中太古界	界河口群	奥家滩组	三段 3
			二段 2
			一段 1
		黑崖寨组 4	
		吕梁群长树山组 12	
		奥家滩组 3	

山西省地层表编写组 1979

界	系/群	亚群	组	段
	长城系		汉高山群 22	
下元古界			黑茶山群 21	
	野鸡山群		程道沟组 20	
			白龙山组 19	
			青杨树湾组 18	
	岚河群		乱石村组 17	
			石窑凹组 16	
			后马宗组 15	
			前马宗组 14	
			凤子山组 13	
	吕梁群	下亚群	杜家沟组 6	
			近周峪组 7	
		中亚群	裴家庄组 8	
			袁家村组 9	
			宁家湾组 10	
		上亚群	青杨沟组 11	
		下亚群	赤坚岭组 5	
	界河口群	下亚群	奥家滩组	中上段 3
				中下段 2
				下段 1
		上亚群	黑崖寨组 4	
			吕梁群长树山组 12	
		下亚群	奥家滩组 3	

张富生 1981

宙/界	群	组
(未予研究或论述)		
早元古宙	岚河群	
	吕梁群	杜家沟组 4
		近周峪组 3
		裴家庄组 2
		袁家村组 1
		宁家湾组
		青杨沟组
(未予研究或论述)		
太古界	界河口群	
(未予研究或论述)		

注：表中 1、2、3、4 代表原作者自下而上的层序认识；═══ 表示未见接触或为非正常沉积接触（如断层、韧性剪切带、侵入接触等）；

* 青杨沟（岩）组归属的不同认识；| | | | 表示作者未予研究或论著中未予论述。

岩石地层划分沿革表

徐朝雷 1985	田永清 1986	《山西省区域地质志》 1989	（1:5 万）马坊幅盖家庄幅 1991—1993	本　书
		长城系 下统 汉高山群	长城系 汉高山群	中元古界 长城系 汉高山群
		下元古界 黑茶山群	下元古界 黑茶山群	下元古界 黑茶山群
		野鸡山群 程道沟组	野鸡山群 程道沟组	野鸡山群 程道沟组
		白龙山组	白龙山组	白龙山组
		青杨树湾组	青杨树湾组 / 新舍窠组	青杨树湾组
		岚河群 乱石村组	岚河群 乱石村组	岚河群 乱石村组
		石窑凹组	石窑凹组	石窑凹组
		后马宗组	两角村组	两角村组；青杨沟(岩)组*
		前马宗组	前马宗组	前马宗组
岚河群	岚　河　群	凤子山组		
吕梁群 上亚群 杜家沟组 14	下元古界 吕梁群 杜家沟组	吕梁超群 上吕梁群 杜家沟组	（杜家沟岩体）	上太古界 吕梁群 杜家沟组
近周峪组 13	近周峪组	近周峪组	吕梁群 近周营组	近周营组
裴家庄组 12	裴家庄组	裴家庄组	裴家庄组	裴家庄组
中亚群 袁家村组 11	袁家村组	中吕梁群 袁家村组	袁家村组	袁家村组
宁家湾组 10	宁家湾杂岩	宁家湾组	（宁家湾岩体）	（宁家湾岩体）
下亚群 周家沟组 9		下吕梁群 周家沟组	袁家村组	东水沟(岩)组
青杨沟组 8		青杨沟组		青杨沟(岩)组
赤坚岭杂岩 7	（赤坚岭杂岩）	赤坚岭杂岩	（赤坚岭岩体）	赤坚岭组
界河口群 下亚群 贺家湾组 3	太古界界河口群	界河口群 奥家滩组 第三段	太古界 界河口群 贺家湾组	中太古界 界河口群 贺家湾组；奥家滩(岩)组
园子坪组 2		第二段	阳坪上组	阳坪上组；长树山(岩)组
店子上组 1		第一段		
上亚群杂砂沟组 6		黑崖寨组四段		园子坪组；黑崖寨(岩)组
中亚群 野猪沟组 5		界河口群未分		
榆皮寺组 4		奥家滩组		

—————— 整　合 ——————

贺家湾组　厚 505.0 m

10. 含榴矽线二云片岩夹黑云变粒岩　16.8 m

9. 黑云变粒岩夹含榴矽线二云片岩　371.9 m

8. 含榴矽线二云片岩夹含榴透辉符山石石英岩，部分地段为含榴二云石英片岩及绿泥白云石片岩　116.3 m

—————— 整　合 ——————

阳坪上组　厚 844.3 m

7. 黑云变粒岩夹灰白色大理岩　165.8 m

6. 灰白色大理岩夹薄层透闪大理岩　44.6 m

5. 条带状黑云透辉变粒岩夹白色含石墨大理岩　156.9 m

4. 灰白色—杂色含石墨大理岩夹条带状透闪辉变粒岩及石英岩　410.8 m

3. 薄板状长石石英岩　66.2 m

—————— 整　合 ——————

园子坪组　厚 119.8 m

2. 含榴透闪片麻岩　24.5 m

1. 含榴斜长角闪岩夹灰白色石英片岩　95.3 m

—————— 整　合 ——————

下伏：条带状黑云斜长片麻岩

【地质特征及区域变化】　园子坪组主要由含榴斜长角闪岩夹石英片岩、含榴透闪片麻岩构成，厚 120 m，原岩相当泥灰岩。其上阳坪上组以灰白色粗晶大理岩为主，夹透辉变粒岩与石英岩，厚 800 m，原岩相当石灰岩、钙质石英岩、石英砂岩。上部贺家湾组是一套富铝的片岩，以含榴矽线二云片岩为主，夹黑云变粒岩、黑云石英片岩及少量石英岩，厚度大于 500 m。这套片岩条带构造发育，条带主要由粉砂质-泥质小韵律组成，常有小冲刷面，经变质而成浅粒岩-变粒岩-矽线二云片岩，常以 1～3 cm 构成一组。

界河口群大理岩-矽线石片岩的组合，相当印度的孔兹岩套。密集排列的泥-砂质小韵律构成巨厚的较单调的沉积，有可能是浊流成因的。界河口群的三个组，主要出露在兴县奥家滩到临县汉高山一带，走向 NNE，由西向东由老变新。在店子上以北，三个组转为近东西走向。阳坪上组之下出现较多的石墨变粒岩，它可能是园子坪组更下部的地层。

奥家滩（岩）组　Ar_2a　（05－14－0228）

【创名及原始定义】　北京地院 1960 年创名，原始定义是："奥家滩片岩组为一套巨厚的云母片岩、石英片岩等组成，有少量黑云斜长片麻岩、石英岩等夹层。本组在奥家滩一带最发育，地层由此得名。与下伏碾子沟片麻岩组为整合过渡关系，上未见顶"。

【沿革】　静乐幅（山西区测队，1972）将北京地院"奥家滩片岩"层序倒置于"碾子沟片麻岩"之下，并称为奥家滩组，划分为四个段。1984 年徐朝雷等、1991 年张振富等，分解奥家滩组，将其二、三段建立了园子坪组、阳坪上组、贺家湾组。此次地层对比研究，恢复奥家滩片岩原始含义，称为奥家滩（岩）组，以代表界河口群内所有层位不确定的片岩层。

【现在定义】　是吕梁山区界河口群内层位不确定的，主要由矽线白云石英片岩、二云片岩、黑云变粒岩组成，夹少量大理岩、石英岩的（岩）组级岩石地层单位。常产出于各类片麻岩体之间，与界河口群其它地层关系不清。

【层型】 正层型为兴县奥家滩剖面，剖面位于兴县交楼申乡奥家滩村（111°22′，38°31′）。1960 年由北京地院测制，1967 年武铁山、周宝和等重测。

岩体：（黑云斜长片麻岩）

—————— 侵入（?）接触 ——————

奥家滩（岩）组	总厚度 598 m
30. 矽线片岩局部含方解石	366 m
29. 含黑云变粒岩夹斜长角闪岩	64 m
28. 矽线片岩夹黑云石英片岩及一层透闪大理岩	96 m
27. 条带状斜长角闪岩	72 m

—————— 侵入接触 ——————

岩体：（黑云斜长片麻岩）

【地质特征】 奥家滩（岩）组地层特征与贺家湾组基本一致，其差别仅在于奥家滩（岩）组是“无根”的（岩）组。它出露于兴县奥家滩村以北地段（静乐幅划归黑崖寨组二段、马国寨组二段均系奥家滩（岩）组。此外在吕梁山北端，岢岚县—五寨县以东、宁武县西部的芦芽山南部。离石县城西北枣林到柳林县上白霜一带、交城县榆皮寺—西榆皮一带。奥家滩片岩以数十米到数百米、甚至更大的、大小不等的残体存在于片麻岩体之中。基本岩性仍为矽线二云片岩、黑云变粒岩夹大理岩。

黑崖寨（岩）组　Ar_2hy　（05－14－0227）

【创名及原始定义】 1967 年由武铁山、徐朝雷创名于界河口之南的黑崖寨山峰。原始含义：“黑崖寨岩组分布于郭家圪埚、牛家坪、条子沟至铁青一带。第一段长英片岩、混合岩化变粒岩与角闪斜长片麻岩，第二段黑云片岩、黑云石英片岩，第三段黑云斜长片麻岩，第四段主要为斜长角闪岩，顶部夹两薄层石英岩，向东并夹有大理岩薄层”。

【沿革】 此次地层对比研究认为第一、三段为片麻岩体，第二段按岩性应归属奥家滩（岩）组；这样，黑崖寨组仅剩第四段，并因与其它地层间没有直接关系，而改称黑崖寨（岩）组。

【现在定义】 为吕梁山区界河口群内层位不确定的、以斜长角闪岩为主，夹石英岩、长石石英岩和大理岩的（岩）组级岩石地层单位。常产出于片麻岩体之间，与界河口群其它地层关系不清。

【层型】 正层型为兴县界河口剖面。位于岚县界河口-小蛇头（111°25′，38°00′），1967 年武铁山等测制。

【地层特征】 黑崖寨（岩）组以条带状斜长角闪岩为主，夹多层石英岩与大理岩，一类条带由斜长角闪岩-角闪变粒岩组成；另一类条带由浅粒岩-角闪变粒岩-斜长角闪岩组成。反映砂质-泥灰质的沉积韵律变化。所夹的石英岩厚一般 1～2 m，最厚达 4 m；大理岩厚数十厘米到 1～2 m。黑崖寨（岩）组除原黑崖寨组外，原马国寨组、小蛇头组中，也有分布。另外在芦芽山南部，岢岚县宁家岔等地亦有黑崖寨（岩）组出露。在吕梁山主峰一带，原吕梁群横尖组，刁窝里一带青杨沟组中均有斜长角闪岩夹大理岩的组合，它们亦应属黑崖寨（岩）组。

长树山（岩）组　$Ar_2\hat{c}$　（05－14－0226）

【创名及原始定义】 1967 年由武铁山、徐朝雷创建于交城县横尖乡东南的长树山。原始定义："是吕梁群最上部地层，位于向斜核部，由各种镁质和硅质大理岩组成，主要有条纹状蛇纹大理岩、白云母大理岩、透闪透辉大理岩、厚层粗粒大理岩，几乎不见其它变质岩夹层。其下为社堂村组片麻岩"。

【沿革】 创名时长树山组大理岩划归吕梁群（顶部地层）。1984 年，徐朝雷等将它纳入界河口群。此次地层对比研究考虑到长树山大理岩四周全为片麻岩、花岗岩所包围，它的地层位置难以判断，故将它当作（岩）组处理。

【现在定义】 为吕梁山区界河口群中层位不确定的，主要由含石墨粗晶大理岩、蛇纹大理岩及橄榄大理岩构成，偶夹变粒岩、斜长角闪岩或矽线片岩的（岩）组级岩石地层单位。由于产出于片麻岩中，与界河口群其它地层关系不清。本（岩）组赋存石棉矿床。

【层型】 正层型为交城县长树山剖面（111°36′，37°46′）。1967 年徐朝雷等测制。

【地质特征】 长树山（岩）组全部由厚层大理岩构成，有蛇纹大理岩、橄榄大理岩、金云大理岩及石墨大理岩。大理岩均呈粗晶结构，常含硅质条带和石棉条带，风化后突出岩石表面。局部露头上可见大理岩中具小褶皱，由于缺乏标志而难以查明它的构造。剖面标出的 1 200 m 厚度实际上是视厚度，未扣除褶皱重复因素。

长树山大理岩以富含蛇纹石为特征，而不同于岚河群大理岩以透闪石为特征。因此即使在关帝山花岗岩中，也能根据这一特点而予区分。除长树山外，离石县新民、上王营，中阳县禅房、交城县南沟等地，均有长树山大理岩残存于黑云斜长片麻岩之中。

吕梁群 Ar_3L （05－14－0200）

【创名及始定义】 北京地院山西实习大队 1961 年创名，称为吕梁山群。原始定义："吕梁山群主要由各种钾长片麻岩、斜长片麻岩及少量石英片岩和斜长角闪岩组成，厚达 4 760 m。构成吕梁复背斜主要部分。东边给岔上群和大面积黄土覆盖，西部野鸡山群不整合其上。由于它构成吕梁山脉的主要部分，故称吕梁山群"。

【沿革】 1961 年创名时的吕梁山群仅指娄烦县西川河以南角闪岩相地区片麻岩与其中沉积变质岩的集合体。1967 年山西区测队（武铁山、徐朝雷等）从岔上群解体出岚河群的同时，认定东部"岔上群"所剩部分——浅变质的沉积岩系与西川河以南吕梁山群两者为变质程度不同的同一套地层，应统称吕梁群（从而也就彻底废弃了岔上群）。

据 1967 年上扩大后的吕梁群，以西老东新、北老南新的层序为基础，共划分出 10 个组。

1984 年徐朝雷重新厘定吕梁群层序，承认南京大学东老西新的层序，并将它扩大到南老北新上去。青杨沟组成为吕梁群底部地层，吕梁群上部 3 个组划入界河口群中，使吕梁群地层由 10 个组减成 6 个组，赤坚岭组改成杂岩。

1989 年山西区调队（苗培森、张建中等）完成的 1：5 万盖家庄幅认为顶部杜家沟组为酸性浅成侵入体，宁家湾组亦为侵入成因片麻岩，同时将当时的周家沟组与袁家村组等同，使吕梁群只保留了 4 个地层组。

本专题组经过 1992—1993 年野外观察，参考了山西地研所的意见，确定了吕梁群应包括袁家村组到杜家沟组四个连续的地层组，加上层位不定和层序不清的东水沟（岩）组、赤坚岭（岩）组。

【现在定义】 为吕梁山北段早前寒武纪变质地层下部的群级岩石地层单位。由绿片岩相-角闪岩相的中酸性-基性火山岩和泥砂质沉积岩组成的厚度巨大的火山-沉积岩系，以含磁铁石英岩为特征。包括袁家村组、裴家庄组、近周营组、杜家沟组和层位偏下的赤坚岭岩组和东水沟岩组。其上被岚河群和野鸡山群不整合；其下因深溶作用或岩体侵入而未见底。

【地质特征】 吕梁群的主体是上中—低级变质沉积-火山岩系构成，自下而上为袁家村组（含铁岩系）、裴家庄组（千枚岩夹石英岩）、近周营组（变基性火山岩），以及杜家沟组（变流纹岩），总厚近 4 000 m。还包括东水沟含铁（岩）组、赤坚岭变粒岩-细粒片麻岩组。吕梁群主要分布在娄烦县西部、岚县南部及方山县东北部这三县交汇处的大山上。北端在岚城镇以北凤子山一带亦有零星出露。沿北川河—普明以西则分布着赤坚岭岩组。

袁家村组　Ar_3y　（05－14－0204）

【创名及原始定义】 1959 年沈其韩等于吕梁山进行路线地质调查时创名，当时称袁家村含铁岩组。创名地点是岚县袁家湾村。原始定义："袁家村含铁岩组由下而上可分三个岩段：下部近周峪变质中基性火山岩段，中部簸箕山板岩含铁岩段，上部宁家湾角闪片岩及绢云片岩段。袁家村含铁岩组之上，在寨上村一带直接被石英岩（黑茶山群）所不整合，下部为两角村大理岩千枚岩组"。

【沿革】 沈其韩创建的袁家村含铁岩组，是建立在赤坚岭背斜两翼基本对称的认识基础上，其涵义较广。1960 年北京地院将涵义限定于东翼的板岩及含铁岩段。1967 年山西区调队（武铁山等）又将板岩、千枚岩部分，另建裴家庄组，袁家村组限定于铁矿层及其围岩。

【现在定义】 主要由绿泥千枚岩、铁质千枚岩、碳质千枚岩夹磁铁石英岩及少量石英岩所组成。其下被片麻岩体所侵入而未见底；其上与裴家庄组呈整合接触，以其底部石英岩的底面为界。该组是吕梁山主要工业铁矿床的赋存层位。

【层型】 正层型为岚县宁家湾剖面。剖面位于岚县梁家庄乡宁家湾村的北山脊上（111°34′，38°07′）。1960 年由北京地院测制，1967 年武铁山、周宝和重测，1990 年苗培森、张建中再重测。

上覆地层　**裴家庄组**　石英岩

——————整　合——————

袁家村组	总厚度 664 m
9. 绿泥石英片岩、绢英片岩夹含铁石英岩	59 m
8. 含菱铁矿绢云绿泥片岩夹碳质千枚岩及绢英片岩	46 m
7. 磁铁石英岩、豆状赤铁矿	15 m
6. 上部绢云绿泥片岩夹碳质板岩，下部碳质绿泥片岩	162 m
5. 碳质板岩夹绢英片岩	76 m
4. 绢云绿泥片岩夹碳质板岩及绢英片岩	110 m
3. 绢英片岩	17 m
2. 以碳质板岩为主夹含碳质绿泥片岩及数层绿泥片岩	155 m
1. 绢英片岩。可见浑圆状石英砂粒	24 m

（岩体侵入）

【地质特征及区域变化】 袁家村组主要由碳质千枚岩和凝灰质石英片岩组成，夹绢英片岩和条带状磁铁石英岩。在铁矿的上盘，夹 2～3 层 1～2 m 厚的基性熔岩（含杏仁构造）。条带状磁铁石英岩厚度较大，一般 3～5 m，褶叠后可达 50～60 m，构成巨大的工业铁矿床。磁铁石英岩中磁铁矿在变质后古风化条件下（寒武纪剥蚀面）一部分已氧化成赤铁矿，甚至变成镜铁矿。

袁家村组分布在南起娄烦县寺头南的尖山，向北过岚县的宁家湾、袁家村，更北没入岚县第四系盆地之下，形成25 km长南北向矿带。向南过尖山后与大片侵入成因的片麻岩相遇，而不再出露地表，但磁异常一直通到第四系中的罗家岔村。

从袁家村向南，地层变质程度渐高，到尖山顶上变质已达角闪岩相。

裴家庄组　Ar_3p　(05-14-0203)

【创名及原始定义】　1967年由武铁山、徐朝雷等创建于娄烦县盖家庄乡裴家庄。原始定义："裴家庄组是吕梁群中较纯的沉积岩组，由一套泥质岩变质后为各种片岩和千枚岩所组成。底部以石英岩与下伏近周营组分界。靠下部夹3～5层白色石英岩"。

【沿革】　创建后基本含义未做重大更改，只是到1984年徐朝雷等将其层序作了颠倒，改成东老西新。

【现在定义】　主要由灰黑色绢千枚岩夹石英岩和粉砂岩组成，局部夹含碳质千枚岩。与下伏袁家村组呈整合接触，以底部石英岩底面划界；其上与近周营组为平行不整合接触，以上覆基性火山岩底部变质砂砾岩的底面为界。

【层型】　正层型为岚县宁家湾剖面（111°34′，38°07′）；测制时间、测制人等均同袁家村组剖面。

上覆地层：**近周营组**　变质含砾中—粗粒砂岩

——————— 平行不整合 ———————

裴家庄组	总厚度2 080 m
25. 石英岩。层面具直线状波痕	23 m
24. 变质粉砂岩夹千枚岩。层系厚0.4～0.6 cm（含黄铁矿）	108 m
23. 变质含砾长石石英岩	24 m
22. 变质粉砂岩及千枚岩（含黄铁矿）	196 m
21. 石英岩	15 m
20. 变质粉砂岩夹变质细砂岩及千枚岩	103 m
19. 绢云千枚岩，下部为暗灰色千枚岩	344 m
18. 变质粉砂岩夹千枚岩，有一层厚0.2 m的硅质岩	404 m
17. 千枚岩	122 m
16. 中—厚层状变质粉砂岩夹细砂岩	178 m
15. 含黄铁矿变质粉砂岩及千枚岩，有细砂岩凸镜体	262 m
14. 变质粉砂岩	62 m
13. 灰黑色含黄铁矿绢云千枚岩	162 m
12. 变长石石英砂岩	22 m
11. 变质含砾砂岩	24 m
10. 石英岩。偶见砾石	31 m

——————— 整　合 ———————

下伏地层：**袁家村组**　绿泥石英片岩，绢英片岩夹含铁石英岩

【地质特征】　裴家庄组由巨厚的条带状千枚岩夹石英岩构成。千枚岩条带构造发育，条带由粉砂—泥质组成，呈0.5～2 cm宽的小韵律，其上常见小冲刷面。千枚岩中夹少量碳质

千枚岩和变粉砂岩。裴家庄组顶部均有厚层石英岩产出，底部石英岩厚 20 m，向上渐变为含砾石英岩-变长石石英砂岩。顶部有 3～4 层、每层厚 4～10 m 的石英岩，常因褶皱而加厚到 15～25 m。裴家庄组石英岩普遍有交错层发育，交错层的原始倾角较陡，常常大于 30°，不见反向交错层，有时有流水波痕。裴家庄组上述特征反映其为深水浊流成因。

裴家庄组分布在袁家村组西侧，仍呈南北向展布；南部到柳林寺北山，地层成膝状折向东，同时变质加深，到柳林寺以南，千枚岩已成黑云变粒岩，但条带构造依然保存。向北与袁家村组一齐没入第四系之下，然后在岚城镇附近于第四系边缘再次出露。

近周营组　Ar_3j　（05－14－0202）

【创名及原始定义】　北京地院山西实习大队 1959 年创名，称为近周峪变基性火山岩组。创名地点为岚县梁家庄乡近周营（误为近周峪）。原始定义："近周峪变基性火山岩组，为一套地槽相海底基性火山喷发岩，变质后成角闪岩、角闪片岩，同时夹千枚岩、绢云片岩、石英岩等。与下伏两角村千枚岩、大理岩有短暂间断，与上覆袁家村组局部地方呈角度不整合接触"。创名时属岔上群。

【沿革】　创名后，除沈其韩（1960）将其称为段，置于袁家村组下部外；近周峪（变基性火山岩）组，得到广泛承认和使用。1∶20 万静乐幅地质图（山西区测队，1972），解体岔上群将近周峪组归属吕梁群。徐朝雷（1984）正式将其层序倒置为东老西新，并按标准地名，正名为近周营组。

【现在定义】　主要由块状变玄武岩（变质基性火山岩）夹绿泥钠长片岩和透闪片岩所组成。底部以不稳定的变质砂砾岩底面或火山岩底面划界；其上与杜家沟组呈整合接触，以基性火山岩顶面为界。

【层型】　正层型为岚县近周营剖面。但 1∶20 万静乐幅完成以来，该剖面一直以娄烦县京家岔北山剖面为代表。

娄烦县盖家庄乡京家岔北山剖面（111°34′，38°07′），测制人、时间同袁家村组正层型剖面。

近周营组（未见顶）	总厚度＞2 092.4 m
32. 含气孔、杏仁变质基性熔岩	＞638 m
31. 碳质千枚岩	＜8 m
30. 含气孔、杏仁变质基性熔岩	＞400 m
29. 变质酸性火山岩	1.4 m
28. 含气孔杏仁变质基性熔岩	1 002 m
27. 变质含砾长石石英砂岩	19
26. 变质含砾中—粗粒砂岩	24 m

——————　平行不整合　——————

下伏地层：**裴家庄组**　石英岩，层面具直线状波痕

【地质特征】　近周营组底部有一层不稳定的变质砂砾岩，砾石成分除大量石英岩外，尚有千枚岩、碳质千枚岩、磁铁石英岩，砾石一般较小，1～3 cm，含量稀疏不定，最高达 30%，砂质胶结，厚 5～25 m。它反映了裴家庄组之后，曾有过短暂的上升剥蚀。

近周营组火山岩变质程度低，杏仁构造发育，未见枕状构造和角砾构造。在中部有碳质

千枚岩和酸性火山岩的夹层。

近周营组分布在裴家庄组之西侧，向北没入第四系之下，向南变质程度增高，到柳林寺以南，基性火山岩变质成斜长角闪岩。

杜家沟组　Ar_3d　（05－14－0201）

【创名及原始定义】　1967 年武铁山、徐朝雷等对 1∶20 万静乐幅进行重测时创建，创名地点为方山县开府乡杜家沟村。原始定义："杜家沟组为一套巨厚的、变质的、以熔岩为主的酸性喷出岩-流纹（斑）岩。在北部仅夹薄层角闪片岩——可能为变基性喷出岩。南部变质程度增高夹较多变粒岩或黑云斜长片麻岩夹层。与下伏赤坚岭组所见接触关系不太截然，吸百里以南以一层石英岩分界"。

【沿革】　杜家沟组创名前，其北端出露部分，北京地院称为"磨地湾花岗岩"。1967 年武铁山等根据岩层中（包括磨地湾岩体）所具有的流纹构造和石英残斑，认定原岩为酸性火山岩，而创建杜家沟组，并得到广泛承认和沿用。1990 年 1∶5 万盖家幅（苗培森等）认为"流纹构造"系韧性剪切作用形成的"拔丝构造"，而将杜家沟组作为异地侵入、构造拼接起来的岩体。随后的 1∶5 万马坊幅区调（1992），划分出花岗细晶岩、变石英斑岩、变花岗斑岩及变长石斑岩 4 种岩体，统称杜家沟岩套。本专题组通过两次野外检查后，承认杜家沟组中确有一些细晶岩、变花岗斑岩小侵入体，但大部分石英斑岩，长石斑岩等仍属酸性火山岩。其依据是：①石英纹丝构造不全是糜棱作用引起，有些石英纹丝与石英斑晶共生；②有些石英斑晶在倾向上有逐渐变粗或变细现象，相当熔岩的层状构造、冷凝结构；③山西地研所镜下见到凝灰结构及晶屑；④在杜家沟组与近周营组边界上，杜家沟组酸性岩中有近周营组的包体，其实火山岩中也可以出现围岩的包体。本来超浅成侵入体与火山岩即使没有变质也很难区别，经过区域变质、动力变质两者当然更难辨认。杜家沟组与近周营组接触关系基本上是整合的，两组之间的糜棱现象不能说明杜家沟组一定是外来拼贴在一起的。因为变质岩区由于岩石物理性质不同，经常可以看到界面上的韧性剪切现象。

【现在定义】　主要由变质酸性火山岩组成，以变石英斑岩、变长石斑岩、变流纹岩为主夹多层黑云片岩，并有不少浅成酸性侵入体穿插。与下伏近周营组为整合接触，其上被岚河群所不整合覆盖；向南变质加深发生熔融，而与花岗片麻岩呈渐变过渡。

【层型】　正层型为方山县高明村剖面，位于方山县高明村东山脊（111°24′，38°02′）。

【地质特征及区域变化】　杜家沟组分布和出露于方山县磨地湾、杜家沟、高明、开府村一带。主要由变流纹岩、流斑岩、凝灰流纹岩、流纹质凝灰岩等组成。宏观肉眼观察，呈块状，具明显片理、变余流纹构造、变余斑状构造，可见到石英与长石斑晶。开府村以南，多渐变为花岗质片麻岩、细粒黑云斜长片麻岩。

东水沟（岩）组　$Ar_3d\hat{s}$　（05－14－0205）

【创名及原始定义】　1984 年徐朝雷创名周家沟组，创名地位于方山县马坊乡。原始定义："夹于片麻岩中的斜长角闪岩夹磁铁石英岩组成的含铁岩系。"因其岩石与袁家村组不同，时代更老而创名，置于下吕梁群（袁家村组归中吕梁群）。

【沿革】　1∶20 万静乐幅（山西区测队，1972）曾将其划归宁家湾组第二段或袁家村组。此次地层对比研究，因周家沟组与中条山区担山石群周家沟组（1975）重名，改称东水沟（岩）组（东水沟位于娄烦县马家庄乡北部）。

【现在定义】 为吕梁山中北段吕梁群下部层位不定、层序不清，只能称为（岩）组的岩石地层单位。主要由斜长角闪岩夹磁铁石英岩组成，有的地段还包括石英岩、黑云变粒岩和铁闪片岩。本（岩）组四周均为大片侵入成因或深熔成因的片麻岩，与吕梁群其它组的地层无正常接触关系。其层位可能在袁家村组之下，也可能有部分是袁家村组的角闪岩相相变产物。

【层型】 正层型为方山县周家沟剖面，该剖面位于周家沟村北山脊上（111°31′，37°57′）；武铁山、徐朝雷1969年测制。

【地质特征及区域变化】 东水沟（岩）组主要由斜长角闪岩组成，含较多的黑云变粒岩，几层石英岩和几层变质铁质岩（由条带状磁铁石英岩、含磁铁矿的铁闪片岩及条带铁闪石英岩，每层厚0.4～2 m）。东水沟（岩）组除了周家沟北山有几公里长的分布外，在关帝山主峰北云顶山，到横尖之间亦有零星出露。此外在娄烦县西河以北，寒武系不整合之下，第四系冲沟中亦见出露，杏湾矿区铁矿上盘还见白云石英片岩夹层。

赤坚岭（岩）组 $Ar_3\hat{c}$ （05－14－0206）

【创名及原始定义】 1959年沈其韩等于吕梁山区进行路线地质调查时创名于岚县与方山县之间的赤坚岭。原始定义："在赤坚岭南北一线的片麻岩，称赤坚岭片岩、片麻岩组。主要由黑云斜长片麻岩、角闪斜长片麻岩及具黑云母块的长石石英岩、云母片岩和含阳起石大理岩薄层构成。本身上下层序尚未研究清。在赤坚岭片麻岩之上为岔上村组"。

【沿革】 1961年北京地院将它笼统称为吕梁山群。1∶20万静乐幅（山西区测队，1972）将其作为吕梁群最下部地层，而称为赤坚岭组。并为广泛承认而沿用。徐朝雷（1984）改称赤坚岭杂岩。1991年1∶5万马坊幅将它们全部划归侵入体。此次地层对比研究，经野外检查认为：过去被当作地层而今被当作侵入体的黑云变粒岩-细粒黑云片麻岩，有的具明显的侵入关系，有的还残留沉积韵律——单向分异的砂-泥递变韵律。片麻岩中的斜长角闪岩有的属脉状侵入，有的保留杏仁构造。因此它们不全是侵入体，而又未见上述地层与吕梁群地层的关系。因此只能将它们划归层位不确切的无序岩石地层单位，以赤坚岭（岩）组称之。

【现在定义】 主要由细粒片麻岩、变粒岩和斜长角闪岩组成，其中侵入的片麻岩和细晶岩脉特别发育。与吕梁群断层接触，或以侵入岩体相隔，无正常接触关系；其东侧可被岚河群不整合覆盖，西侧被野鸡山群不整合覆盖；与界河口群之间因隔以野鸡山群，而未见接触。

【层型】 正层型为方山县赤坚岭剖面。该剖面位于方山县开府乡西沟西山脊（111°21′，38°08′）。

【地质特征】 赤坚岭（岩）组是一套以细粒黑云斜长片麻岩、变粒岩为主的地层，其分布于北起静乐西马坊，南达离石县峪口以西的广大地域内。但在此地域内，孰是地层，孰是岩体，应寻找成因依据而定，不能笼统地全划为岩体或全划归地层。

岚河群 Pt_1L （05－14－0157）

【创名及原始定义】 1967年山西区测队武铁山、徐朝雷等进行1∶20万静乐幅重测时创建。原始定义："岚河群为一套沉积变质地层，主要是石英岩、变质砾岩夹千枚岩和白云大理岩，总厚2 566 m以上。主要按旋回分组、按岩性分段"。它是从北京地院岔上群中分解出来的一套沉积变质地层，原生示顶构造指示它东老西新，地层倒转，比原认为是岔上群上部

（东部）地层要新；它的底界压盖在东部岔上群不同岩性上，岚城以北底砾岩中复杂的砾石成分都反映它是不整合在岔上群东部地层之上的一套新地层。故用穿它而过的岚河创名。

岚河群在吕梁山北部岚县的南北两侧分片出露。岚城以北发育着岚河群的下部地层，岚城以南发育着岚河群中上部地层，用一套共有的大理岩连接南北不相连的岚河群地层。

【沿革】 岚河群在50年代后期曾被称为滹沱系（山西省地质厅，1960），并划分为：变质砾岩、南台石英岩、豆村板岩和东冶白云质石灰岩。1959年，北京地院划分为乱石村石英岩，两角村大理岩，作为岔上群下部。武铁山等初建岚河群时，以沉积旋回作为划分组的原则，划分为：前马宗组、石窑凹组、乱石村组三个组。《华北地区区域地层表·山西省分册》（1979）编制时，按次级旋回将前马宗组进一步划分为：凤子山组、前马宗组、后马宗组，以便与五台山区滹沱群豆村亚群更好地对比。1990年1∶5万盖家庄幅区调，以岩性作为地层划分标准，将岚河群重新划分为：前马宗组、两角村组、石窑凹组、乱石村组4个组。本专著即采用盖家庄幅新的划分方案。

【现在定义】 由各类低级变质的沉积岩夹基性火山岩组成多旋回、组合复杂的变质岩系。包括前马宗组、两角村组、石窑凹组和乱石村组。其下伏地层为吕梁群，两者呈不整合接触；由于褶皱和构造断裂而未直接见到上覆地层。

前马宗组 Pt_1qm （05-14-0161）

【创名及原始定义】 1967年由武铁山、徐朝雷所创建，创名地点前马宗村位于岚县岚城镇北3 km处。原始定义为："前马宗组包括一个由（第一段）变质砾岩—（第二段）石英岩—（第三段）千枚岩-千枚岩夹白云大理岩-厚层白云质大理岩构成的完整的旋回"。

【沿革】 山西地层表编写组（1979）将最初创名的前马宗组三分，新称的前马宗组限定于原前马宗组的第二段；1990年1∶5万盖家庄幅重新厘定，基本恢复前马宗组创名时的含义，但将上部大理岩划出去，恢复两角村组。

【现在定义】 以石英岩为主，下部夹变质砾岩，上部为千枚岩夹薄层白云质大理岩。下伏地层为吕梁群不同层位地层，呈不整合接触；其上与两角村组呈整合接触。本组碎屑岩的底面和上覆厚层白云岩的底面为本组底顶界面。

【层型】 正层型为岚县凤子山剖面；副层型为岚县乱石村剖面。

岚县凤子山前马宗组剖面位于岚县岚城镇北3 km凤子山近东西向的山脊上（111°44′，38°25′）；1967年由武铁山、徐朝雷等测制。

上覆地层：**两角村组** 大理岩

——————— 整　合 ———————

前马宗组	总厚度 718 m
9. 青灰色绢云千枚岩与白云质大理岩互层	86 m
8. 青灰色绢云黑云千枚岩	28 m
7. 薄层钙质石英岩夹绢云千枚岩	52 m
6. 变质砾岩	38 m
5. 灰红色石英岩	163 m
4. 灰白色变质砾岩	64 m
3. 钙质石英岩，上部为灰红色条带状长石石英岩	67 m
2. 下部灰绿色粗粒长石石英岩，上部灰红色条带状长石石英岩	163 m

1. 灰白—灰绿色变质砾岩　　57 m

～～～～～～～～ 不 整 合 ～～～～～～～～

下伏地层：**吕梁群近周营组**　变基性火山岩

【地质特征】　前马宗组变质砾岩主要在岚城北部出现。剖面上共出现三大层，总厚度为 160 m。砾石成分复杂，以灰白色石英岩为主，并含大量长石斑岩、流纹斑岩、黑云斜长片麻岩，偶见磁铁石英岩、千枚岩和斜长角闪岩。这些砾石都由吕梁群所提供。砾径以 20 cm 级为主，滚圆良好，定向性差，含量 70%～80%，砂质胶结，砾岩层理不显只有其中出现长石石英岩夹层才能看出层理。前马宗组碎屑岩下部以长石石英岩为主，向上出现较纯的石英岩。地层中交错层发育，南区的交错层由黑色重矿物（主要是磁铁矿）富集显示。前马宗组上部，千枚岩为主夹石英岩、薄层白云石大理岩。

前马宗组在岚城以北发育完整，向西地层有超覆趋势，同时长石石英岩中出现镜铁矿。岚城以南只出现十余米厚的变质砂砾岩，千枚岩（夹石英岩、白云石大理岩）变薄，因而也显示了向南超覆的趋势。

两角村组　Pt_1l　(05-14-0160)

【创名及原始定义】　1959 年沈其韩创名于岚县普明乡两角村，创名时称两角村大理岩、千枚岩组。原始定义：“两角村大理岩千枚岩组，以分布于两角村、羊宰凹和岔上东南一带最标准，下部含砾石英岩、千枚岩互层，中部以厚层矽质大理岩为主，上部以灰色千枚岩为主夹数层镁质大理岩。本组下部有砾岩与乱石村组石英岩分开，上部为袁家村含铁岩组”。

【沿革】　1959 年，北京地院称两角村大理岩。1972 年山西区测队（武铁山等）将层序倒置，把靠近乱石村石英岩一侧的石英岩夹千枚岩独立出来建立石窑凹组，剩下的部分称为前马宗组。1979 年《华北地区区域地层表·山西省分册》将前马宗组三分，大理岩主体部分划归后马宗组。1990 年，1∶5 万马坊幅，按岩石地层单位划分原则，将厚层大理岩单独划分出来，恢复使用两角村组。将两角村组由复合岩石地层单位厘定为单一岩性的岩石地层单位。

【现在定义】　为吕梁山北段岚河群第二个组级岩石地层单位。全部由硅质白云质大理岩组成。与下伏前马宗组呈整合接触，以硅质白云大理岩底面划界；与上覆石窑凹组亦呈整合接触，以白云质大理岩顶面划界。白云岩含叠层石。

【层型】　正层型为岚县乱石村剖面（见石窑凹组条目）。

【地质特征及区域变化】　两角村组由单一岩性白云质大理岩组成。岩性特征为细晶块状，中—厚层，下部偶见燧石条带，含叠层石。在岚城以北，静乐西马坊一带，底部大理岩中锰质富集，形成小型锰矿并有铜矿化。岚城以南大理岩中，富透闪石，有时形成透闪石棉。两角村组在南部厚度可达 600 m，北部保留不全厚仅数十米。

石窑凹组　$Pt_1\hat{s}y$　(05-14-0159)

【创名及原始定义】　1967 年由武铁山、徐朝雷等，进行 1∶20 万静乐幅重测时创名。原始定义：“石窑凹组也是包括一个完整旋回地层。按岩性大致可分为三部分：下部为含砾粗粒长石石英岩夹千枚岩，中部为肉红色细粒石英岩和千枚岩互层，上部为千枚岩夹白云大理岩。每个大旋回都是由很多小韵律组成。总厚 548 m”。

【沿革】　在沈其韩（1959）的划分方案中属两角村大理岩千枚岩组的下部。在北京地院划分中，即为乱石村石英岩。但层序认识与石窑凹组相反。自创名后，得到广泛承认并沿用至今。

【现在定义】 以厚层石英岩为主，夹多层千枚岩，近顶部出现厚层硅质白云岩的夹层。与下伏两角村组和上覆乱石村组均为整合接触。下伏白云大理岩的顶面和上覆变质砾岩的底面为本组上下界面。

【层型】 正层型为岚县乱石村剖面。

剖面位于岚县普明乡乱石村南山脊上（111°28′00″，38°09′00″）。1960 年北京地院测制。1967 年武铁山、徐朝雷等重测。

乱石村组（未见顶）	厚>218 m
21. 片状粗粒石英岩	87 m
20. 砂质千枚岩夹薄层长石石英岩	62 m
19. 片状绢云母石英岩	54 m
18. 砾石成柳叶状的变质砾岩	15 m
——— 整　合 ———	
石窑凹组	厚 793 m
17. 杂色绢云石英岩	25 m
16. 肉红色中厚层硅质白云质大理岩	70 m
15. 青灰色绢云千枚岩夹硅质白云质大理岩	47 m
14. 灰色黑云千枚岩夹肉红色细粒石英岩	97 m
13. 肉红色细粒石英岩夹粗粒长石石英岩	59 m
12. 肉红色细粒石英岩与青灰色绢云千枚岩互层	95 m
11. 肉红色含砾长石石英岩夹条带状砂质千枚岩	130 m
10. 含砾石英岩顶部一层基性火山岩	25 m
9. 含砾长石石英岩	51 m
8. 青灰色中层石英岩与青灰色绿泥千枚岩互层	50 m
7. 灰白色厚层石英岩	89 m
6. 变质基性火山岩，底部有厚 1.5m 砂砾岩	55 m
——— 整　合 ———	
两角村组	厚 600 m
5. 黄白色硅质白云质大理岩	600 m
——— 整　合 ———	
前马宗组	厚 96 m
4. 青灰色绿泥千枚岩夹硅质白云质大理岩	40 m
3. 青灰色绿泥千枚岩夹长石石英岩	30 m
2. 白云质大理岩、千枚岩、石英岩、变质砾岩韵律层	9 m
1. 变质砾岩	17 m
～～～ 不整合 ～～～	
下伏地层：**吕梁群近周营组**　基性火山岩	

【地质特征】 石窑凹组是个复合岩性的岩石地层单位，它的下部以石英岩、含砾石英岩为主体，中部千枚岩夹石英岩，上部则以大理岩为主，三部分总厚 793 m。该层所夹两层火山岩厚度虽不大（不足 20 m），但分布稳定，马坊幅填图中已将它们作为标志层填出来。

石窑凹组只出露在岚城以南地区。上部大理岩分布不稳定，延伸不足 7 km 即尖灭。

乱石村组　$Pt_1l\hat{s}$　(05－14－0158)

【创名及原始定义】　1961 年北京地院山西实习大队创名。创名时称乱石村石英岩。原始定义："出露于岔上向斜之西翼，与下伏变质砾岩成过渡关系，与上覆两角村千枚岩、大理岩呈短暂间断。本组主要为一套交错层发育的紫红色、灰白色石英岩，局部有透镜状矽质条带大理岩。"

【沿革】　1967 年武铁山、徐朝雷等进行静乐幅重测时，将乱石村组厘定为乱石村一带的变质砾岩及以西的石英岩、片状石英岩。将北京地院所称的乱石村石英岩层序倒置后创名为石窑凹组。

【现在定义】　以粗粒石英岩、长石石英岩为主，下部含厚层变质砾岩，上部夹砂质千枚岩。本组与下伏石窑凹组呈整合接触，以本组底部变质砾岩的底面为界。上部由于韧性断层的断失而未见顶。

【层型】　正层型为岚县乱石村剖面（见石窑凹组条目）。

【地质特征】　乱石村组局限分布和保留于岚县普明乡的乱石村一带。为一套变质的粗碎屑岩，以粗粒长石石英岩、含砾石英岩为主，夹多层变质砾岩。变质砾岩的砾石几乎全为石英岩，砾石较圆，砾径 10～20 cm 为主，含量高达 90%。砾岩呈凸镜状分布，百余米厚的变质砾岩延伸几百米即缺失。本组石英岩中交错层发育，上部（西部）岩石片理发育，形成宽数百米的片状石英岩带（系受到西缘大逆冲断层影响所致）。

野鸡山群　Pt_1Y　(05－14－0153)

【创名及原始定义】　北京地院山西实习大队 1961 年创名于岚县岚城镇青湾子村北西西 3.3 km 的野鸡山。原始定义："野鸡山群下部以长石石英砂岩为主，底部有断续出现的不厚的底砾岩，中部为一套角闪片岩、角闪岩，其上为黑云石英片岩。在野鸡山一带最发育而命名。本群与下伏吕梁群、上覆岔上群均呈角度不整合接触"。

【沿革】　野鸡山群创建至今，其内涵及划分，无多大变动，只是与其它群的关系、对比及其时代归属上，有所变更。创名初，北京地院认为比岔上群老，比吕梁群新，属上部太古界。1967 年 1∶20 万静乐幅以含变基性火山岩为对比标志，将野鸡山群与五台山区滹沱群的东冶亚群对比，而置于可与豆村亚群对比的岚河群之上，时代归属于早元古代。

【现在定义】　主要由长石石英岩、变基性火山岩、变泥质粉砂质岩类构成，底部含少量变质砾岩。包括青杨树湾组、白龙山组和程道沟组 3 个组。下伏西侧与界河口群，东侧与吕梁群均呈沉积不整合接触；其上还可被寒武系不整合覆盖。

青杨树湾组　Pt_1qy　(05－14－0156)

【创名及原始定义】　1961 年北京地院山西实习大队创名。创名地为岚县岚城镇青湾子村（当时称青杨树湾村）。原始定义："青杨树湾组主要由各种长石石英岩及石英岩组成，在底部有不连续分布的变质砾岩，它和下伏吕梁山群地层为角度不整合接触。其上与白龙山角闪岩、角闪片岩组呈整合关系"。

【沿革】　创名后一直无变动。1990 年 1∶5 万马坊幅认为野鸡山向斜西翼的青杨树湾组与东翼岩性差异较大，另创新名为新舍窠组。经本专题组野外检查认为：岩性虽有变化，但基本岩性及组合与东翼一致，且这种变化在东翼顺走向也时常发生，故不宜另建新组。

【现在定义】 以条带状长石石英岩、石英岩为主，含大量变粉砂岩-千枚岩，局部夹变质砾岩。以不稳定的底砾岩不整合在东侧吕梁群和西侧界河口群之上。上覆地层为白龙山组变基性火山岩，以火山岩底面划界，呈整合接触。

【层型】 正层型为青杨树湾（现指青湾子）—野鸡山—程道沟剖面1961年由北京地院测制。后因该剖面资料散失，岚县坪儿上-冯家窊-寨上剖面为新层型。

岚县坪儿上青杨树湾组剖面：位于岚县坪儿上村西大河的北侧，顺河北岸向西直到第一沟（111°39′，38°28′）。1967年山西区测队周宝和、马启波等重测。

程道沟组（未见顶）	厚868 m
28. 灰黑色粉砂岩状黑云千枚岩夹细粒方解石石英岩凸镜体	130 m
27. 灰色细粒黑云方解石石英岩	92 m
26. 灰黑色条带状细粒含黑云母石英岩	153 m
25. 灰黑色细粒黑云方解石英岩	15 m
24. 灰黑色夹灰白、灰红色条带状细粒方解石石英岩	169 m
23. 含磁铁矿长石石英岩	109 m
22. 灰色粉砂状黑云千枚岩	200 m
———— 整　合 ————	
白龙山组	厚1580 m
21. 灰黑色角闪片岩夹角闪变粒岩	215 m
20. 角闪变粒岩。局部具杏仁状气孔状构造	134 m
19. 斑状斜长角闪岩	27 m
18. 黑云角闪变粒岩	23 m
17. 斑状斜长角闪岩。局部具气孔构造	121 m
16. 角闪变粒岩夹具杏仁状构造的角闪变粒岩	138 m
15. 斑状斜长角闪岩夹角闪变粒岩	293 m
14. 绿泥角闪片岩（变辉绿岩）夹长石石英岩一层	65 m
13. 方解石石英岩夹斑状角闪岩	55 m
12. 斑状斜长角闪岩	61 m
11. 黑云角闪变粒岩与黑云角闪片岩（杏仁状变火山岩）互层，中部出现二层熔结角砾岩	295 m
10. 斑状斜长角闪岩	13 m
9. 粉砂岩状黑云千枚岩	93 m
8. 斑状斜长角闪岩（含角闪石斑晶变辉绿岩）	47 m
———— 整　合 ————	
青杨树湾组	厚635 m
7. 浅灰色粉砂岩状、黑云千枚岩（变粉砂岩）	95 m
6. 条带状方解石千枚岩与粉砂岩状黑云千枚岩互层	115 m
5. 粉砂岩状绿泥黑云千枚岩夹绢云千枚岩	170 m
4. 黑云千枚岩	40 m
3. 石英岩	50 m
2. 条带状粉砂岩	95 m
1. 长石石英岩	70 m
~~ 不 整 合 ~~~~~~	

下伏地层：**太古界吕梁群赤坚岭（岩）组** 变粒岩

【地质特征及区域变化】 青杨树湾组按岩性可分两段，下部长石石英岩段和上部变粉砂岩段，总厚度 600 m。长石石英岩中水平层理发育，由长石含量差异而显示红-白韵律条纹。粉砂岩中交错层发育，由砂-粉砂-泥质韵律构成条带，有时可见小冲刷面。

青杨树湾组分布在野鸡山向斜的东西两翼，走向与倾向上岩性、厚度变化均很大。变化之一，本组上部有时出现火山岩夹层，如圪洞西山见一层火山岩，下代坡东南见三层火山岩。变化之二，出现变质砂砾岩夹层，东翼草子寨一带出现三层。这些砾岩砾石均为浑圆的石英岩，偶见石英斑岩砾石；砾径 3～10 cm 为主，砂质胶结，砾石含量 15%～30%不等。变化之三，厚度急剧起伏，大蛇头一带厚达 2 900 余米，而向斜东翼（相距不足 10 km）厚仅 900 m；下大坡厚 260 m，向斜东翼（相距不到 5 km）厚则达 700 m。

白龙山组 $\mathrm{Pt_1}b$ （05－14－0155）

【创名及原始定义】 1961 年北京地院山西实习大队创名。创名地为岚县大蛇头乡南，草子寨（草子寨）南南西 35 km 的白龙山。创名时称白龙山角闪岩角闪片岩组。原始定义：“白龙山角闪岩角闪片岩组，它主要为一套浅海相的海底火山喷发的中基性变火山岩。与上覆程道沟云母石英片岩组为明显过渡关系，与下伏青杨树湾长石石英岩组也属过渡关系”。

【现在定义】 以变基性火山岩为主，包括斜长角闪岩、斑状斜长角闪岩、角闪片岩、角闪变粒岩，夹少量长石石英岩、黑云变粒岩，偶夹大理岩。下伏青杨树湾组，上覆程道沟组，以本组火山岩顶底面划界，上下均呈整合接触。

【层型】 正层型为岚县青杨树湾-野鸡山-程道沟剖面，新层型为岚县坪儿上-冯家窳-寨上剖面（见青杨湾组条目）。

【地质特征及区域变化】 白龙山组是一套厚度巨大的变质基性火山岩，经变质形成各种斜长角闪岩，有斑状、芝麻点状、条纹状。露头上可见杏仁构造、角砾构造、枕状构造。白龙山组火山岩中时有夹层，一般为钙质石英岩-粉砂岩、凝灰岩、粉砂质千枚岩，南部斑家庄一带还见大理岩夹层，反映了火山喷发的间断性。白龙山组由北向南变质程度明显增高，北部仅达次绿片岩相，南部达角闪岩相。

程道沟组 $\mathrm{Pt_1}\hat{c}$ （05－14－0154）

【创名及原始定义】 1961 年北京地院山西实习大队创名，原称“程道沟云母石英片岩组”。创名地为岚县张家湾乡的程道沟村。原始定义：“程道沟云母石英片岩组，在程道沟—张家湾一带最发育，组名由此而起。主要岩性由黑云石英片岩、绢云母石英片岩、钙质云母石英片岩、中细粒石英片岩组成。与下伏地层为过渡整合关系，上部未见顶”。

【现在定义】 以浅变质的粉砂岩、方解石石英砂岩和粉砂质千枚岩为主。与下伏白龙山组整合接触，以其顶部基性火山岩顶面划界。其上被寒武系不整合覆盖。

【层型】 正层型为青杨树湾-野鸡山-程道沟剖面，新层型为岚县坪儿上-冯家窳-寨上剖面（见青杨树湾组条目）。

【地质特征】 程道沟组是一套深灰色条带状千枚岩-变粉砂岩，间夹大理岩条纹，构成 3～5 cm 宽的沉积韵律。有时由石英岩-粉砂岩-千枚岩-大理岩构成更大一级的沉积旋回，厚可达数十厘米。程道沟组只保留在野鸡山向斜的北段，大蛇头以北的向斜槽部，常被寒武系不整合覆盖，而使其出露零散。

黑茶山群　Pt_1H　(05-14-0152)

【创名及原始定义】　1959年沈其韩对吕梁山进行路线地质调查时创名。原称黑茶山石英岩组。创名地点为兴县黑茶山。原始定义："黑茶山石英岩组是一套厚度较大、稍受变质的以石英岩为主的碎屑岩系，它和上覆中寒武系为大角度不整合接触关系。与下伏五台群的白云片岩和片麻岩的关系也为明显的不整合，它的时代可能在汉高山砂岩组之前，岔上组之后"。

【沿革】　1961年北京地院将黑茶山组升级为黑茶山群，群内未细分。1972年静乐幅继北京地院称黑茶山群，也未分组。历史原因使吕梁山区出现一个没有组级岩石地层单位的群。

【现在定义】　由粗粒长石石英岩、含砾石英岩和石英片岩组成，变质程度低、岩性简单，未进一步分组。下伏岩层为界河口（岩）群，上覆地层为寒武系，均呈不整合接触。

【层型】　正层型为兴县黑茶山剖面，位于兴县黑茶山主峰东坡（111°16′，38°12′）。

【地质特征】　黑茶山群变质程度很低，但从石英岩片理面上可明显看到丝绢光泽，而证明已遭受过变质。因变质程度与下伏角闪岩相的界河口群相差很远，虽然没有看到不整合点，但都不怀疑两者为不整合关系。黑茶山群下部100～200 m厚的石英岩全部强片理化，说明它与下伏片麻岩之间实际上为断层接触。

青杨沟（岩）组　Ar/Ptq　(05-14-0187)

【创名及原始定义】　山西区测队（1972）进行1：20万静乐幅重测时，由武铁山、徐朝雷等创建。创名地点在娄烦县米峪镇乡青杨沟。原始定义："青杨沟组是一套组分复杂的以沉积变质岩为主的地层。以条带状混合岩化黑云斜长片麻岩为主，顶底部有石英岩，间夹较稳定的石墨片岩和较多的片岩而有别于其它组。上覆横尖组，下伏宁家湾组"。

【沿革】　1984年徐朝雷等修改其范围，将原属宁家湾上段、中段的大理岩、石英岩、变粒岩、角闪石英片岩全包括进来。构成了顶底为石英岩，中间夹石墨片岩、大理岩的组合，显示出与五台山区板峪口（岩）组有更大的一致性；同时将层序改成南老北新，其南的原横尖村组一套混合片麻岩划归界河口群，青杨沟（岩）组底界石英岩之底面就成为相当五台山铁堡不整合面。1992年，山西地研所袁国屏、张如心等在青杨沟（岩）组大理岩中发现"叠层石"，并发现它以两侧的韧性断层夹持于"杜家沟组变流纹岩"中，于是提出这套大理岩为岚河群的认识。

【现在定义】　青杨沟（岩）组是吕梁山区北部吕梁群与南部界河口群之间的一套层位有争议的沉积变质岩组合。岩性以浅粒岩和变粒岩为主，夹石英岩、白云大理岩。其两侧以韧性断层与片麻岩体接触。大理岩含叠层石，故推测青杨沟（岩）组有可能是岚河群的构造岩片。但也不能排除属吕梁群底部的可能。

【层型】　正层型为娄烦县龙虎山剖面，该剖面位于娄烦县米峪镇乡龙虎山—青杨沟（111°30′,37°59′），1971年武铁山等测制。

三、中条山区

中条山区亦是山西省早前寒武纪地层最发育地区之一。该区早前寒武纪的地层研究，在早期基本上是随着中条山区铜矿普查工作而开展和发展的。王植、沈其韩、白瑾等于1953年提交的地质报告中，首次提出"三上三下"的中条山区早前寒武纪地层划分。此划分到1956

年完善为（自下而上）：五台系：下片岩～下中条系：下石英岩和底砾岩、下大理岩、上片岩、上大理岩～上中条系：上石英岩～震旦系安山岩（山西省地质厅，1960）。

从 1954 年起就到该地实习的北京地质学院孙大中、石世民与导师马杏垣，于 1957 年前后的论著中，论述了中条山区前寒武纪地层的划分。除对各岩石地层单位给以地理专名创名外，并在某些地层划分和层序上与王植等的认识有分歧。因此，引起了公开的学术争论。参加争论的还有西北大学地质系的张伯声和张尔道。争论各方的焦点集中在中条山北段究竟有几套石英岩、几套大理岩及几套片岩，它们之间究竟为何种关系。到 1959 年第一届全国地层会议上，经过争论、协商取得基本一致的认识，如《中国前寒武系》（全国地层委员会，1962）中，所附中条山区前寒武系地层表，自下而上划分为，涑水杂岩～五台群：上玉坡片岩组、铜矿峪变火山岩组～中条群：界牌梁组石英岩、余元下组大理岩、篦子沟组片岩、余家山组大理岩～震旦系：担山石石英岩、基性火山岩等。

第一届全国地层会议之后，随着区调填图工作的开展，直到 70 年代末，中条山早前寒武纪的地层研究重点和争论的焦点，转移到南部中条群层序认识和地层划分上来。即中条山南部中条群是北部中条群的褶皱重现，还是有更新层位的地层，如温峪片岩、吴（武）家坪石英岩、陈家山片岩等，以及马村群能否成立等问题。《山西的滹沱系》（徐朝雷，1979）断代总结，基本上结束了南部中条群层序的争论。“马村群”是担山石群等地层的构造重现，不能成立；南部中条群为新于余家山大理岩的地层，划分为：温峪（片岩）组、武家坪（石英岩）组、陈家山（片岩）组。80 年代以来中条山 1∶5 万区调，基本上均采纳上述的划分进行地质填图。

进入 70 年代以来，中条山早前寒武纪地层争论的问题，还有绛县群的层序、划分及时代归属，和出露于同善构造天窗中的“宋家山”群的划分、层位及时代归属。到 90 年代初，对于两个群的划分，虽基本上得到统一，但对他们的时代归属，认识分歧依然存在。

涑水杂岩的研究程度较低，1∶20 万区调将其按变质地层处理，建立了 6 个组。这一结论保持到 1989 年出版的《山西省区域地质志》。90 年代以来开展的 1∶5 万区调，均未再当作地层，而不断解体成各种片麻岩体及表壳岩。

本专著对整个中条山区早前寒武纪群和组级的岩石地层单位（清理）划分，如表 1－1 中所列，地层划分沿革见表 2－4。

绛县超群　Ar_3JX　（05－04－0207）

【创名及原始定义】　1962 年白瑾创名。创名时称为绛县群。原始定义：“由平头岭组、横岭关组和铜矿峪组构成，其下不整合在涑水杂岩之上，其上被中条群所角度不整合沉积覆盖”。

【沿革】　绛县群实指《中国前寒武系》（1962）所列中条山前寒武系地层表中被称作“五台群”的地层。自创名后，被广泛沿用至今。但对其内涵、下属地层的划分、与涑水杂岩的接触关系、时代归属，一直在变更，或有不同认识。此次地层对比研究，在一般不使用亚群的原则下，将下属的横岭关亚群、铜矿峪亚群升格为群，绛县群本身也就升格为超群。

【现在定义】　由巨厚的中低级变质的泥砂质沉积岩和火山岩所组成，经受多次变形变质作用。包括横岭关群和铜矿峪群。直接上覆地层为中条群，呈不整合接触。与涑水（岩）群的关系复杂，既可以底部平头岭石英岩组不整合在老的片麻岩体之上，也可被较新的岩体所侵入。

表 2-4 中条山区早前寒武纪

王植 本书 1953—1957	马杏垣 1957	孙大中 1959	白瑾 1962	张尔道 1965	三门峡幅 19723
下震旦系安山岩 9	震旦系安山岩 6	同善安山岩	震旦系：安山岩	震旦系安山岩 10	西阳河群
上中条系：上石英岩 8	五佛山群：担山石石英岩及底砾岩 5	担岩系：担山石石英岩 周家沟砾岩	震旦系：担山石石英岩	担山石群：马村组：马家山石英岩段 7 周家沟石英岩段 6 上桃沟石英岩 9 山石组：陈家山片岩段 8 马家山石英岩段 7	震旦系：山石群 8 中条群 马村组 7
下中条系：绢英片岩 7 上大理岩 6 上片岩 5 下大理岩 4 下石英岩 3 变火山岩 6	滹沱系：马家窑大理岩 4 刘庄冶片岩 3 余元下大理岩 2 马家窑大理岩 4 前岭石英岩 1 铜矿峪变火山岩 5	中条山系：马家窑大理岩 5 刘庄冶片岩 4 余元下大理岩 3 马家窑大理岩 5 龙峪板岩 5 前岭石英岩 2 南天门石英岩 6 上玉坡片岩 1 铜矿峪变火山岩 5 龙峪板岩 5 南天门石英岩 6	中条群：云母片岩 余家山组 篦子沟组 余元下组 界牌梁组	中条群：下阴片岩 3 余元下大理岩 4 刘庄冶片岩 5 余元下大理岩 4 刘庄冶片岩 5 余元下大理岩 4 下阴片岩 3 界牌梁石英岩 2	中条群：龙峪组 2 界牌梁组 1 龙峪组 2 余家山组 5 唐回组 6 余家山组 5 篦子沟组 4 余元下组 3 龙峪组 2 界牌梁组 1
五台系：下片岩 2	滹沱系：横岭关片岩 6	中条山系：横岭关片岩 7 南天门石英岩 6	绛县群：铜矿峪组 横岭关组 平头岭组	前中条群 1	绛县群：宋家山组 横岭关组 平头岭组
泰山杂岩 1			涑水杂岩		涑水群：洞沟组 蔡岭组 卫家池组 小岭组 马家庙组 北庄组
					绛县群：宋家山组 中条群 宋家山组
					涑水群

注：表中 1、2、3…表示原作者对层序排列的认识；═══ 表示未见直接接触关系；

* 地质志用中条群未分、本表采用徐朝雷 1980 年划分方案；| | | | 表示作者论著中未涉及或未论述。

岩石地层划分沿革表

周正 1973	朱士兴等 1975	山西省区域地层表编写组 1979	《山西省区域地质志》1989	山西省地矿局214队 1984—1993	本书
安山岩	震旦系西阳河群 22	长城系西阳河群	长城系西阳河群	长城系西阳河群	长城系 熊耳群
震旦系 担山石石英岩	担山石群 沙金河组 21；马村群；桃沟组 18	担山石群	担山石群	担山石群 沙金沟组	下元古界 担山石群 沙金河组
	西峰山组 20			西峰山组	西峰山组
	周家沟组 19			周家沟组	周家沟组
中条群 温峪组	中条群 吴家坪组 陈家山片岩 17	上中条群 陈家山组	中条超群 上中条群 陈家山组	中条群 陈家山组	中条群 陈家山组
吴家坪组	武家坪石英岩 16	武家坪组	武家坪组	武家坪组	武家坪组
温峪组	温峪组 14；唐回组 15	温峪组	温峪组	温峪组	温峪组
余家山组	余家山组 13	下中条群 余家山组	下中条群 余家山组	余家山组	余家山组
篦子沟组	篦子沟组 12	篦子沟组	篦子沟组	篦子沟组	篦子沟组
余元下组	余元下组 11	余元下组	余元下组	余元下组	余元下组
龙峪组	龙峪组 10	龙峪组	龙峪组	龙峪组	龙峪组
界牌梁组	界牌梁组 9	界牌梁组	界牌梁组	界牌梁组	界牌梁组
绛县群 铜矿峪组	绛县群 铜矿峪组 五段 8	绛县群 铜矿峪组 四段	绛县超群 上绛县群 铜矿峪组	绛县群 铜矿峪亚群 骆驼峰组	上太古界 绛县超群 铜矿峪群 骆驼峰组
	四段 7	三段		西井沟组	西井沟组
	三段 6	二段		竖井沟组	竖井沟组
	二段 5	一段	圆头山组	圆头山组	圆头山组
	一段 4			后山村组	后山村组
横岭关组	横岭关组 3	横岭关组	横岭关组	横岭关亚群 铜凹组	横岭关群 铜凹组
平头岭组	平头岭组 2	平头岭组	平头岭组	平头岭组	平头岭组
涑水杂岩	涑水杂岩 1	涑水群 洞沟组	涑水群 洞沟组	涑水杂岩	涑水(岩)群
		蔡岭组	蔡岭组		
		卫家池组	卫家池组		
		小岭组	小岭组		
		马家庙组	马家庙组		
		北庄组	北庄组		

周正 1973	朱士兴等 1975	山西省区域地层表编写组 1979	《山西省区域地质志》1989	山西省地矿局214队 1984—1993	本书
中条群 龙峪组		绛县群 横岭关组	中条超群 宋家山群* 孟良窑组	宋家山群 大梨沟组	上太古界(?) 宋家山群 大犁沟组 孟良窑变火山岩段
界牌梁组		平头岭组			
绛县群 横岭关组		宋家山组 六段			
		五段			
		四段	篱笆沟组	绛道沟组	绛道沟组 篱笆沟变火山岩段
		三段	绛道沟组		
		二段	圪瘩村组		圪瘩村变火山岩段
平头岭组		一段	水银沟组		水银沟变火山岩段
涑水杂岩		涑水群 上段	绛县超群 中绛县群 旋风沟组	涑水杂岩	虎坪(岩)群
			芦苇沟组		
		下段	下绛县群 虎坪组		

横岭关群　Ar_3H　（05－14－0214）

【创名及原始定义】　1957年马杏垣创名。创名时称横岭关片岩。原始定义："横岭关片岩是中条山区滹沱系顶部地层，下伏为南天门石英岩，其上被五佛山系担山石石英岩所角度不整合"。

【沿革】　1959年全国地层会议肯定了横岭关片岩属前中条群，与上玉坡片岩属同一层位。1962年创立绛县群时沿用横岭关片岩，并称为组，而停用上玉坡一名。1985年余致信等进行的1∶5万区调，将原横岭关组所指地层称为铜凹组，而将铜凹组与其下的平头岭组合并称为横岭关亚群。此次地层对比研究将亚群升格为群。

【现在定义】　为一中级变质的、多韵律的泥砂质沉积变质岩系，主要岩性为各种片岩、石英片岩，夹石英岩、变粉砂岩。包括平头岭组和铜凹组　下伏为涑水（岩）群，两者呈不整合或韧性断层接触；亦可与涑水（岩）群中较晚期的岩体呈侵入接触。上覆为铜矿峪群，平行不整合接触。

平头岭组　Ar_3p　（05－14－0216）

【创名及原始定义】　1961年白瑾等创名平头岭石英岩，1962年称为平头岭组，划归绛县群。原始定义："涑水杂岩不整合面之上，绛县群底部，以石英岩为主的地层组"。

【沿革】　1959年孙大中等曾将它当作南天门石英岩，但实际并非一层。1962年之后，作为绛县群底部地层组得到广泛认可和沿用。

【现在定义】　以石英岩、绢英岩、绢英片岩组成。偶含砾石，厚度较薄，岩性单一。与下伏涑水（岩）群中的不同岩体呈不整合或侵入接触，局部地段为韧性断层接触。与上覆铜凹组为整合接触。石英岩的顶底面是本组顶底面。

【层型】　正层型为绛县横岭关剖面（见铜凹组条目）。

铜凹组　Ar_3t　（05－14－0215）

【创名及原始定义】　1984年山西省地质局214地质队区调分队（余致信等）创名。创名地为中条山铜矿峪矿区。原始定义："出露于横岭关—韩家凹一带。为一套泥质、半泥质沉积的副变质岩系。岩性主要为片岩。厚度大于1 115 m。"

【现在定义】　以黑云石英片岩、二云石英片岩、含榴二云片岩、变粒岩为主，夹少量石英岩及斜长角闪岩。岩石条带构造发育、沉积韵律频繁，厚度较大。下伏地层为平头岭组，以其石英岩的顶面划界，呈整合接触；上覆铜矿峪群，以其底部石英岩底面划界，呈平行不整合接触。

【层型】　正层型为绛县横岭关剖面。剖面位于绛县冷口乡横岭关村北山脊（111°35′，35°22′）。1976年崔仲坤、沈亦为等实测。

上覆地层：**铜矿峪群后山村组**　石英岩

——————　平行不整合　——————

铜凹组　　厚1 381 m

20. 浅灰色绢云石英片岩，下部夹细粒榴石角闪石英岩，上部夹中厚层细粒石英岩　　47 m

19. 堇青二云英片岩夹十字榴石绢英片岩夹含堇青黑云绢英岩　　76 m

18. 含十字榴石绢英片岩 266 m

17. 堇青绢英片岩，含十字榴石绢英片岩夹含堇青黑云绢英岩 27 m

16. 含堇青榴石绢英片岩 60 m

15. 绢英片岩，上部含十字石，中部和下部含堇青石 78 m

14. 细粒堇青二云片岩，中、上部为二云石英片岩 112 m

13. 细粒二云英片岩 82 m

12. 细粒含堇青绢云石英片岩 166 m

11. 细粒绢英片岩 28 m

10. 细粒绢云片岩，下部夹绢英片岩 55 m

9. 细粒含堇青绢云片岩 66 m

8. 含十字榴石绢英片岩 124 m

7. 含十字榴石绢云片岩 52 m

6. 十字榴石绢云片岩夹含榴十字黑云石英片岩 142 m

——————— 整　合 ———————

平头岭组 厚 42 m

5. 厚层细粒石英岩 8 m

4. 含十字榴石绢英片岩 78 m

3. 白云石英岩夹绢英片岩 15 m

2. 含砾石英岩 1 m

1. 绢英片岩 11 m

——————— 侵入接触 ———————

横岭关花岗岩

【地质特征及区域变化】　铜凹组在野外填图中，分为 4 个岩性段：

一段深灰色含碳十字榴石绢云片岩段：由下部碳质十字石榴绢云片岩和上部含碳绢云岩组成；厚 104～81 m，南厚北薄。

二段白云片岩段：由二云片岩夹白云石英片岩组成；厚 150 m，北厚南薄。该段由砂-粉砂-泥质小韵律构成厚 2～3 cm 的条带构造发育；宏观色调发黄。

三段十字榴石绢云片岩段：以十字石榴绢云片岩为主，时夹变粉砂岩-石英岩。厚 150～491 m，北厚南薄。该段宏观色调呈白色。

四段绢云英片岩段。以绢云片岩、绢英片岩为主，只在本群分布区的南北两头出露，地层北厚而南薄，北部为 342 m，南部仅 136 m。

一段上部有一层含碳绢片岩，为横岭关型铜矿床含矿层位之一。三段下部有一斜长角闪岩侵入，在斜长角闪岩上、下盘围岩中赋存有横岭关型的主要铜矿床。

铜矿峪群　Ar_3Tk　（05－14－0208）

【创名及原始定义】　1957 年马杏垣创名，创名时称为铜矿峪变火山岩。原始定义：“铜矿峪变质火山岩主要是一套酸性火山岩的变质产物，也有小部分中性到基性喷出岩的变质产物，此外还有沉积变质岩”。

【沿革】　创名者马杏垣与孙大中（1959）、张伯声（1958）等认为铜矿峪变火山岩与马家窑大理岩、刘庄冶片岩属相同层位，而归属中条系中部。白瑾（1959）最先将它归属上玉坡片岩，得到全国地层会议（1959）的承认，并称为铜矿峪组，而与上玉坡片岩一齐划归五台群（前中条群）。1962年，白瑾将铜矿峪组划归新建的绛县群上部。《中条山铜矿地质》编写组（1978），首先在剖面上将铜矿峪组分成5个岩性段；随后山西区测队（1978）在1∶20万侯马幅填图中，以此5段作为填图单位；1984年山西214队绛县测区1∶5万区调，将铜矿峪组升级为亚群，下属5个段升级为组，并以地理专名创名。此次地层对比研究，将亚群升级为群。

【现在定义】 以中浅变质的各种火山岩为主，夹少量泥砂质沉积岩。包括后山村组、圆头山组、竖井沟组、西井沟组和骆驼峰组。与下伏横岭关群呈平行不整合；其上被中条群、担山石群或熊耳群不整合覆盖。

后山村组 Ar_3h (05-14-0213)

【创名及原始定义】 1983年山西省214地质队（余致信等）创名。创名地为中条山铜矿峪矿区。原始定义："是铜矿峪群底部碎屑岩组。该组以微角度不整合超覆于横岭关亚群铜凹组不同层位上。岩性以灰白色厚层状细—中粒石英岩为主，局部夹薄层或透镜状绢云岩或绢英片岩。岩石中常保留有较好的粒级序、交错层、波痕等原生构造。在横岭关附近底部含一层砾岩。"

【现在定义】 由岩性单一、厚度较薄的石英岩、绢英岩构成，偶含砾石。与下伏铜凹组呈平行不整合接触，与上覆圆头山组呈整合接触；本组石英岩的顶底面为上、下界面。

【层型】 正层型为绛县后山村-圆头山-垣曲县铜矿峪剖面。该剖面起于绛县冷口乡的小峪村东后山村西头，顺沟向东翻越圆头山，到铜矿峪（111°38′，35°22′）；1976年崔仲坤、沈亦为等实测。

骆驼峰组（未见顶） 厚161 m

16. 浅灰绿色绿泥绢云片岩、绢云片岩、黑云绢云片岩（变酸性晶屑凝灰岩、变流纹岩） 135 m

15. 灰绿色绿泥绢云片岩、浅灰色绢云石英片岩（变流纹岩） 26 m

——— 整 合 ———

西井沟组 厚253 m

14. 灰绿色具杏仁构造绿泥片岩 17 m

13. 灰绿色绿泥片岩（变基性火山岩） 36 m

12. 灰绿色具杏仁构造黑云绿泥片岩 21 m

11. 深灰绿色绢云黑云片岩（变基性火山岩） 49 m

10. 深灰绿色具杏仁构造绢云黑云片岩 45 m

9. 深灰绿色绢云绿泥片岩（变基性火山岩） 39 m

8. 深灰绿色具杏仁构造绢云黑云片岩（变基性火山岩） 46 m

——— 整 合 ———

竖井沟组 厚468 m

7. 浅灰色及浅红色变流纹岩、变流纹质凝灰角砾岩 303 m

6. 灰白色厚层中—粗粒含砾石英岩 7 m

5. 浅灰色变流纹质凝灰熔岩，下部夹浅灰色变流纹岩 131 m

4. 灰白色变斑状流纹岩 27 m

——— 整 合 ———

圆头山组 厚711 m

3. 浅灰、灰白色绢英岩，上部夹黑云绢云英片岩 502 m

2. 浅灰色含磁铁绢英片岩 209 m

——————— 整　合 ———————

后山村组 厚 33 m

1. 灰白色浅黄褐色中厚层中细粒石英岩 33 m

－－－－－－－ 平行不整合 －－－－－－－

下伏地层：**横岭关群铜凹组**　绢云石英片岩

【地质特征】　后山村组石英岩为厚—巨厚层中细粒石英岩，底部偶含砾径 1 cm 大小圆度极好的石英岩砾石。本组在铜矿峪群底部稳定地出现，有时可见交错层。厚 7～33 m。

圆头山组　Ar_3yt　(05－14－0212)

【创名及原始定义】　1983 年山西省 214 地质队（余致信等）创名。创名地为中条山铜矿峪矿区。原始定义："出露于圆头山—青梗木坪一带，岩性以绢英岩、绢英片岩为主。下部磁铁绿泥绢云片岩，层位稳定；上部绢云岩，绢英片岩中有时含火山凝灰物质，并在岩性上与上覆竖井沟组呈渐变过渡关系。"

【沿革】　徐朝雷等在《山西的五台系》(1986)、《山西省区域地质志》(1989) 中，将它扩大，包括了后山村组。此次地层对比研究，恢复圆头山组原始内涵。

【现在定义】　由变粉砂岩、绢英岩、绢英片岩组成，偶见砾石条带。与下伏后山村组、上覆竖井沟组均呈整合接触。下伏石英岩的顶面和上覆变流纹岩的底面是本组的上、下界面。

【层型】　正层型为绛县后山村-圆头山-垣曲县铜矿峪剖面（见后山村组条目）。

【地质特征】　圆头山组是一套浅变质的粉砂—细砂质沉积岩系。它由下部石榴绢英片岩，中部绢英片岩夹绢英岩和上部绢英岩三部分构成，厚 700 余米。中部岩石条带构造发育，由砂-泥砂-含砂泥质沉积韵律变来，条带宽 3～15 cm。有时砂质地层中出现小圆砾石条带。上部绢英岩常常因胶结物不同而呈现硅—钙质白色到深灰色的条带。

本组岩层厚度变化急剧，最薄处在北部陈村峪的南沟村，仅 170 m，最厚处在中部，厚逾千米。剖面所在南部厚度中等，600～700 m。

竖井沟组　$Ar_2\hat{s}$　(05－14－0211)

【创名及原始定义】　1983 年山西 214 地质队（余致信等）创名。创名地为中条山铜矿峪矿区。原始定义："主要分布于竖井沟、陈村峪、南沟、杨凹—史家沟一带和莲花池—大黄山及黑岩底一带。岩性自下而上，依次为变流纹质凝灰角砾岩、变流纹质凝灰岩、变流纹岩。"

【现在定义】　以浅色变流纹岩为主，夹凝灰熔岩和熔结角砾岩，中部夹一层含砾石英岩。下伏圆头山组、上覆西井沟组，与本组皆呈整合接触；流纹岩的顶底面为本组上下界面。

【层型】　正层型为绛县后山村-圆头山-垣曲县铜矿峪剖面（见后山村组条目）。

【地质特征】　竖井沟组下部夹较多凝灰角砾岩。角砾直径以 3～5 cm 为主，大的可达 20～40 cm。角砾由流纹岩、石英斑岩构成，含量可达 70%。中部流纹岩中尚保留杏仁构造。靠下部夹一层中粗粒含砾石英岩。

本组厚度变化亦较大，111～468 m；略呈中部厚南北薄的趋势。

西井沟组　Ar_3x　(05－14－0210)

【创名及原始定义】　1983 年山西 214 地质队（余致信等）创名。创名地为中条山铜矿峪矿区。原始定义："分布西井沟—铜矿峪和米岔沟—黑岩底一带。岩性以变玄武岩为主，由绿泥黑云片岩、绿泥绢云片岩、绿泥石英片岩，绿泥片岩、黑云片岩组成。下部局部夹有变流纹岩 2—3 层，上部夹有变流纹质石英晶屑凝灰岩 1—2 层，说明与下伏竖井沟组、上覆骆驼峰呈相变过渡关系。"

【现在定义】 由变基性火山岩构成，包括绿泥片岩、绿泥钠长片岩和黑云片岩。与下伏竖井沟组和上覆骆驼峰组均呈整合接触，基性火山岩的顶底面为本组上下界面。

【层型】 正层型为绛县后山村-圆头山-垣曲县铜矿峪剖面（见后山村组条目）。

【地质特征】 本组火山岩经变质大部分成绿泥片岩及钠长绿泥片岩。上部杏仁构造较发育，剖面上出露 5～8 层。火山岩的厚度与岩性变化均不大，厚 253 m。

骆驼峰组 Ar_3l （05－14－0209）

【创名及原始定义】 1983 年山西省 214 队（余致信等）创名。创名地为中条山铜矿峪矿区。原始定义："出露于骆驼峰—西井沟和米岔沟—北崖一带。为铜矿峪亚群的最新地层。岩性比较复杂，自下而上有绢英岩、绢英片岩、砾岩、石英岩、变流纹质石英晶屑凝灰岩、变流纹质凝灰岩、变流纹岩等。底部有时见有玄武岩夹层。"

【现在定义】 由变流纹岩、变酸性凝灰岩组成。与下伏西井沟组呈整合接触，以变流纹岩的底面划界。本组为紧闭向斜核部地层，无更新地层出露，其上与中条群、担山石群或熊耳群不整合接触。

【层型】 正层型为垣曲县铜矿峪剖面（见后山村组条目）。

【地质特征】 岩性较复杂，下部绢英片岩、绢英岩夹绿片岩，中部变凝灰岩，上部变流纹岩。下部局部地段还出现含砾石英岩夹层。出露厚度 70～161 m 之间。

该组是铜矿峪型铜矿床主要的赋存层位。

中条群 $Pt_1\hat{Z}$ （05－14－0166）

【创名及原始定义】 1956 年王植等创名，1957 年公开发表。创名时称为中条系。原始定义："中条山区不整合于下震旦系安山岩系之下，五台系下片岩之上的相当滹沱系的整套地层。包括下石英岩、下大理岩、上片岩、上大理岩、变火山岩和上石英岩"。

【沿革】 自中条系创名始，其内涵，地层层序及名称等出现不断地争论和变化。早期，王植（1959）、马杏垣（1957）、孙大中等（1959）、张伯声（1958）等，均将铜矿峪变火山岩、横岭关片岩当作下中条系上部地层；上石英岩（担山石石英岩），称为上中条系。1959 年第一届全国地层会议取得一致意见：中条系改称中条群，自下而上包括界牌梁石英岩、龙峪板岩、余元下大理岩、篦子沟片岩、余家山大理岩；将横岭关片岩、铜矿峪变火山岩置于前中条群的五台系、将担山石石英岩归属于震旦系。60 年代到 70 年代，经过很多单位很多地质学者的认识、再认识，直至《华北地区区域地层表·山西省分册》（1979），才肯定了中条群上部在余家山大理岩之上尚包括 3 个组，即温峪组、武家坪组、陈家山组。

【现在定义】 由具多旋回特点厚度巨大的各类浅变质沉积岩：石英岩、千枚岩、片岩、大理岩等所组成。包括：界牌梁组、龙峪组、余元下组、篦子沟组、余家山组、温峪组、武家坪组和陈家山组 8 个组。与下伏地层绛县超群、上覆地层担山石群，皆呈不整合接触。

【地质特征】 中条群 8 个组全由浅变质沉积岩组成，总厚近 7 000 m 地层中，泥质岩占 45%，碎屑岩占 22%，碳酸盐岩占 30%。它分布在中条山东段的东侧，北起垣曲铜矿峪，向南经胡家峪背斜，到夏县东部曹家庄、泗交，结束在平陆北部老君庙—神仙岭以南。南北总长 60 km，面积 700 km^2。本群中下部含具工业价值的铜矿床。

界牌梁组 Pt_1j (05－14－0174)

【创名及原始定义】 1959 年白瑾创名。创名地点在闻喜县刘庄冶以北与绛县交界的界牌梁。创名时称界牌梁石英岩组。原始定义："常出露在上玉坡片岩的外围。南部岩石灰白、灰色、红棕色，细粒，质较纯。时见波痕及交错层。北部在界牌梁西麓及龙峪丫口东边山顶的东侧，尚见有少量砾岩。"

【沿革】 马杏垣（1957）、张伯声（1958）、孙大中等（1959）将出露于胡家峪背斜核部地层曾称作前岭石英岩；而出露于刘庄冶以北者，马杏垣（1957）、孙大中等（1959）曾称为南天门石英岩。

【现在定义】 由长石石英岩、石英岩夹变质砾岩构成。底部以不稳定的底砾岩不整合在绛县超群以至涑水（岩）群不同层位之上。其上与龙峪组呈整合接触，以石英岩的顶面划界。

【层型】 正层型为垣曲县转山-西峰山剖面（见篦子沟组条目）。

【地质特征及区域变化】 界牌梁组岩性三分特征明显，即底部为变质砾岩，中部为长石石英岩，上部为石英岩。底部砾岩不稳定，北部较发育。界牌梁组北厚南薄，转山—界牌梁一带厚 100～220 m；胡家峪背斜四周厚 30～50 m；继向南至夏县泗交以北尖灭。

龙峪组 Pt_1ly (05－14－0173)

【创名及原始定义】 原称龙峪板岩，1959 年孙大中创名。创名地点在垣曲县新城西北的龙峪。原始定义"在龙峪以南、马家窑以北，龙峪板岩和马家窑大理岩呈相变关系。在上古堆附近，龙峪板岩则渐变为铜矿峪变质火山岩。""在龙峪附近本层的下部是石英岩、上部为板岩。石英岩主要是灰白色、白色厚层石英岩。上部板岩共有四种岩性：①铅灰色板岩，②铅灰色斑点板岩，③粉色、灰白色及灰色相互混杂呈云翳状的杂色板岩，④杂色千枚状绢云石英片岩。"

【沿革】 从孙大中对龙峪板岩的定义可以看出，下部石英岩即白瑾（1959）创名的界牌梁石英岩，而上部千枚岩，白瑾（1959）划归余元下大理岩，认为属于由碎屑岩到碳酸盐岩沉积的过渡带。张尔道（1961）正确的指出它应位于界牌梁石英岩与余元下组大理岩之间的一个地层单元，但他称为下阴片岩。山西 213 队 1967 年将龙峪板岩改称龙峪组，并厘定为界牌梁组与余元下组之间，以千枚岩为主的地层单元。

【现在定义】 以绢云片岩或千枚岩为主，下部夹条带状石英岩，上部夹薄层白云岩。与下伏界牌梁组和上覆余元下组均呈整合接触，以本组的片岩上下界面为组的界面。

【层型】 正层型为垣曲县转山-西峰山剖面（见篦子沟组条目）。

【地质特征】 龙峪组是介于下伏石英岩（界牌梁组）和上覆大理岩（余元下组）之间的一套过渡性地层。所以常在下部夹石英岩、上部夹薄层白云岩。岩石条带构造发育，下部条带由长石石英岩条带与灰黑色千枚岩条带两者合成；上部条带则由变粉砂质-泥质构成。

龙峪组一般厚 150 m，总体亦呈北厚南薄。转山一带厚可逾 238 m，向南到庞家庄一带 200 m，更南到西交子一带厚仅 30 m。当龙峪组上部白云岩夹层增厚、增多时，与余元下组就成为过渡，如中南部下阴一带。

余元下组　Pt_1y　(05－14－0172)

【创名及原始定义】　1957年马杏垣等将王植(1956)所称的下大理岩，创名为余元下大理岩。创名地为闻喜县石门乡北2 km的余元下村(现称元下村)。原始定义："分布在中部和南部，与前岭石英岩呈整合接触，主要是灰白色、灰色及白色大理岩(按孙大中，1959)。

【沿革】　白瑾(1959)曾将与界牌梁石英岩间的过渡带板岩归入余元下组。60年代后，独立划分出龙峪组后，余元下组恢复为大理岩为主的地层。另孙大中等(1959)将界牌梁—马家窑一带倒转的余元下组，称为马家窑组，按正常层序置于刘庄冶片岩之上。

【现在定义】　以中厚层大理岩为主，偶夹绢云片岩，大理岩含叠层石。本组与下伏龙峪组、上覆篦子沟组均呈整合接触。以大理岩的顶底界为本组界面。

【层型】　正层型为垣曲县转山-西峰山剖面(见篦子沟组条目)。

【地质特征】　余元下组全由白云岩组成，含较多的碳质以及燧石条带，并含叠层石。该组北厚南薄，北部马家窑一带厚640 m，庞家庄为340 m，曹家庄一带仅150 m。

篦子沟组　Pt_1b　(05－14－0171)

【创名及原始定义】　1959年白瑾创名。创名时称为篦子沟片岩组。创名地为闻喜县石门乡东北下玉坡村南的篦子沟。原始定义："分布甚广。在西南部分所见岩层以钙质云母片岩、石榴子石云母片岩、不纯大理岩、黑色片岩和矽化大理岩互层为主，往北东方向、黑色片岩逐渐增加，与石榴子石云母片岩呈横向渐变过渡关系。黑色片岩中常夹有薄层大理岩。"下伏余元下大理岩组，上覆余家山大理岩组。

【沿革】　篦子沟片岩组即王植(1956)的上片岩，马杏垣(1957)、张伯声(1958)、孙大中(1959)所称的刘庄冶片岩。自白瑾创名并于第一届全国地层会议采用后，再未变动。

【现在定义】　以黑色岩系——黑云石英片岩、碳质绢云片岩、绿泥绢云片岩等为主，夹少量石英岩、大理岩，偶夹斜长角闪岩。是中条山主要含铜层位。与下伏余元下组、上覆余家山组均呈整合接触，以下伏大理岩顶面和上覆大理岩的底面作本组上下界面。

【层型】　正层型为垣曲县转山-西峰山剖面。

剖面位于绛县冷口乡小峪村北转山，顺沟向南过刘庄冶，达垣曲县西峰山(111°35′，35°21′)，1976年崔仲坤、沈亦为等测制。

上覆地层：**担山石群周家沟组**　变质砾岩

～～～～～～　不　整　合　～～～～～～

余家山组	厚659 m
32. 灰色白云石大理岩	107 m
31. 白色白云石大理岩	116 m
30. 灰色白云石大理岩	26 m
29. 玫瑰色白云质大理岩	104 m
28. 灰色大理岩夹绢英片岩	264 m
27. 大理岩	42 m

———————　整　合　———————

篦子沟组	厚829 m
26. 黑色绢云片岩夹凸镜状大理岩	31 m

25. 大理岩夹黑色片岩　11 m
24. 含铁锰质绢云片岩　144 m
23. 绢云片岩夹大理岩、透闪大理岩　204 m
22. 斜长角闪岩　37 m
21. 绢英片岩夹绢云片岩，顶部一层 17 m 厚的大理岩　66 m
20. 十字石榴绢云片岩　14 m
19. 斜长角闪岩夹绿泥石英岩　51 m
18. 黑云石英片岩　21 m
17. 斜长角闪片麻岩　29 m
16. 黑云石英片岩　40 m
15. 黑云绿泥石英片岩　146 m
14. 花斑状斜长角闪岩　41 m

——————— 整　合 ———————

余元下组　厚 599 m

13. 紫红色方柱石大理岩，上部夹板岩　196 m
12. 灰色含硅质条带大理岩　169 m
11. 白色大理岩夹两层方柱石板岩及一层石英岩　137 m
10. 方柱石大理岩夹板岩　62 m
9. 板岩大理岩　20 m
8. 含白色石英条带大理岩　15 m

——————— 整　合 ———————

龙峪组　厚 238 m

7. 钙质千枚岩　13 m
6. 钙质条带板岩夹白色大理岩　114 m
5. 板岩夹薄层石英岩　53 m
4. 千枚岩薄层条带状长石石英岩　58 m

——————— 整　合 ———————

界牌梁组　厚 134 m

3. 石英岩，局部含砾　94 m
2. 含砾长石石英岩　30 m
1. 变质砾岩夹含砾长石石英岩　10 m

～～～～～～ 不 整 合 ～～～～～～

下伏地层：**横岭关群铜凹组**　片岩

【地质特征】　篦子沟组是中条群中岩性最杂的一个地层组。以黑云石英片岩和黑色绢云片岩为主，夹大理岩、斜长角闪岩和绿泥石英片岩、碳质大理岩。其中斜长角闪岩为似层状侵入体，又似基性火山岩。确切的火山岩为篦子沟矿区铜矿的围岩中白色的钠长浅粒岩，镜下可见变余凝灰、晶屑结构。但厚度仅数十厘米，且分布不广。篦子沟组上下部均夹有白云岩，所以与下伏余元下组和上覆余家山组大理岩均成整合过渡关系。

本组厚度北厚南薄，马家窑一带近 800 m，篦子沟一带 350～500 m，泗交一带 140 m。于七峪一带尖灭。

余家山组　Pt_1yj　（05－14－0170）

【创名及原始定义】　1959 年白瑾将王植（1957）所称的上大理岩，创名为余家山大理岩组。创名地为垣曲县毛家镇桐木沟东北的余家山。原始定义："岩石为白色、灰白、青灰等色的厚层大理岩，常可见粉红及砖红色大理岩，并亦有方柱石伴生。下伏地层为篦子沟片岩组，之上尚有较新的岩层：云母片岩、石英岩和大理岩。"

【沿革】 孙大中等（1959）将胡家峪背斜以东的上大理岩——余家山大理岩，误与刘庄冶以北的余元下组对比，而称为马家窑大理岩。

【现在定义】 以厚层白云质大理岩为主，夹少量黑色绢云片岩，厚越数千米。大理岩含叠层石。本组与下伏篦子沟组、上覆温峪组均为整合接触，以大理岩的顶、底面为本组上、下界面。

【层型】 正层型为垣曲县转山-西峰山剖面（见篦子沟条目）。

【地质特征及区域变化】 余家山组在北部岩性较单一，由厚度巨大的白云岩构成，中间夹 1～2 层厚度不大、而层位稳定的黑色绢英片岩，但到南部横向变化较大。胡家峪背斜的南西悬山一带，余家山组大理岩下部出现泥质的片岩夹层，越向南片岩厚度越大，到泗交一带泥砂质岩石占余家山组总厚的一半（近千米）。更南到柳仙洞—五龙庙一线，余家山组变成片岩与大理岩的互层，同时其中出现不少长石石英岩及角砾状大理岩。本组厚 600～1 600 m。

温峪组 Pt_1w （05－14－0169）

【创名及原始定义】 1966 年冀树楷正式创名温峪组。原始定义："温峪组是中元古界余家山群的上部地层，由钙质云母片岩夹薄层大理岩组成。与下伏店头组厚层大理岩呈整合接触，其上被震旦系下部担山石组所角度不整合沉积接触"。

【沿革】 白瑾（1959）创名余家山大理岩组时即指出其上有新的岩层（当时未予命名）。但到 70 年代初，认识还不一致。张尔道（1965）认为是余元下大理岩及上、下地层的重复褶皱。山西区测队（杨斌全等，1972）测制的 1：20 万三门峡幅地质图，只认为一部分新于余家山组，而称为唐回组。朱士兴等（1975）则认为唐回组与温峪组并存，唐回一带地层新于温峪一带的温峪组。之后，《华北地区区域地层表・山西省分册》、《山西的滹沱系》断代总结和山西省 214 地质队进行的 1：5 万区调，认识取得统一。

【现在定义】 以绢云片岩、绢英片岩及二云石英片岩为主，夹较厚的大理岩，上部夹少量石英岩，大理岩含叠层石。本组与下伏余家山组、上覆武家坪组均呈整合接触，下伏大理岩的顶面和上覆石英岩的底面是本组的上、下界面。

【层型】 正层型为夏县温峪剖面。该剖面位于夏县曹家庄乡温峪村东头，顺河向东直到架桑村（111°33′，35°08′）；1970 年由徐朝雷、周宝和测制。

上覆地层：**武家坪组** 石英岩

——————— 整 合 ———————

温峪组	总厚度 880 m
5. 黑色片岩	30 m
4. 石英岩	60 m
3. 黑色片岩夹白云质大理岩	200 m
2. 白色大理岩夹黑色片岩	170 m
1. 黑色片岩夹白云质大理岩	420 m

——————— 整 合 ———————

下伏地层：**余家山组** 白色大理岩

【地质特征】 温峪组以黑色绢英片岩为主，下部夹薄层大理岩，上部夹石英岩。所以它与下伏余家山组白云质大理岩和上覆武家坪组石英岩均呈整合关系。温峪组中部夹一段大理岩，厚逾百米，被称为孟家岭大理岩（朱士兴等，1975）；大理岩中含叠层石。南部唐回一带夹有较多厚层石英岩、长石石英岩及斜长角闪岩。石英岩中交错层反映唐回一带位居向斜的槽部，层位应偏新。温峪组厚 600 m 左右。

武家坪组 Pt_1wj （05－14－0168）

【创名及原始定义】 1975 年朱士兴、柴东浩、皇甫泽民创名。创名地为夏县泗交镇唐回村东南 5 km 的武家坪村。创名时称武家坪石英岩段。原始定义："为吴家坪组的下部岩性段，以灰色、淡红色薄层石英岩为主，白色及灰白色石英岩次之。具波痕、交错层等原生构造，中上部夹银白色、灰白色石榴云母片岩及灰绿色黑云变斑晶绢片岩。与下伏温峪组、上覆陈家山片岩段整合接触"。

【沿革】 较早称为"吴家坪石英岩"、"吴家坪组"（周正，1975），但因其与我国南方早已闻名的吴家坪组重名，1979 年《华北地区区域地层表・山西省分册》即以朱士兴等创名的武家坪石英岩段，升级为武家坪组，以取代吴家坪组。另外，张尔道（1965）曾称为马家山石英岩，而归属于担山石群。

【现在定义】 以巨厚单一的石英岩、长石石英岩为主，上、下部夹少量片岩。与下伏温峪组和上覆陈家山组均呈整合接触，以石英岩的顶底面为本组上下界面。

【层型】 正层型为夏县吴家坪-陈家山剖面。该剖面位于夏县泗交乡任家窑村东，顺大沟北岸小路，直达东部陈家山以东（111°29′，35°02′）。1970 年由徐朝雷、周宝和在 1∶20 万三门峡幅填图时测制。

陈家山组（未见顶）	厚＞550 m
6. 绿色夹白色条带的含石榴硬绿泥绢云片岩	＞400 m
5. 条带状含榴绢英片岩	50 m
4. 灰黄色厚层石英岩	80 m
3. 灰黑色千枚岩夹薄层石英岩	20 m
——— 整　合 ———	
武家坪组	厚＞1 160 m
2. 青灰、灰色中层石英岩夹少量灰黑色砂质千枚岩，并偶夹砂质白云质大理岩	400 m
1. 灰黄、白、淡红色厚层石英岩。交错层发育	＞760 m
═══ 断层接触 ═══	
下伏：**温峪组** 黑色片岩	

【地质特征】 武家坪组是中条群中厚度最大（1 000～1 350 m）的石英岩组，由下部黄白色、淡红色厚层石英岩和上部青灰色中层石英岩夹少许砂质千枚岩组成，偶夹砂质白云岩。分布在夏县东部温峪以东，吴家坪、卧牛滩一线，坚硬的岩性形成高峻的高山与险峻的溪谷、瀑布。

陈家山组 $Pt_1\hat{c}j$ （05－14－0167）

【创名及原始定义】 1961 年张尔道创建（1965 年发表）。创名时称陈家山片岩段，归属担山石组。原始定义："陈家山片岩以灰色、灰绿色含石榴子石、黑云母变晶的绢云母石英片岩为主，顶部有时可见滑石片岩、绿泥石英片岩层，近底部有薄层石英岩，显示其与马家山石英岩段成过渡关系。厚 300～500 m"。"上桃沟砾岩、石英岩在马村一带平行不整合于陈家山片岩之上"。

【沿革】 张尔道将陈家山片岩下伏石英岩称作马家山石英岩段，一同归属担山石群的担山石组。周正（1967）认为陈家山片岩即温峪片岩。山西区测队（杨斌全等，1972）在 1∶20 万三门峡幅，认为下伏吴家坪石英岩即界牌梁组，所以把陈家山片岩当作龙峪组。朱士兴等（1975）确认陈家山片岩段的层位在武家坪石英岩段之上，同属中条群的吴家坪组。《华北地区区域地层表·山西省分册》（1979）进而升段为组，直属中条群，明确其被担山石群不整合覆盖。

【现在定义】 以灰绿色条带状绢英片岩、含榴二云石英片岩、黑云片岩为主，下部含少量石英岩。与下伏武家坪组呈整合接触，以其石英岩顶面划界；其上被担山石群不整合覆盖。

【层型】 正层型为夏县吴家坪—陈家山剖面（见武家坪组条目）。

【地质特征】 陈家山组是中条群最高层位的片岩组。以灰绿色条带状石榴硬绿泥绢英片岩为主，下部夹薄层石英岩及条带。与武家坪组呈整合关系。本组条带构造由砂-粉砂-泥质沉积韵律组成，厚 1～3 cm。以砂质-粉砂质为主，泥质含量相对较低，约占条带的 1/5 左右。本组只分布在中条群分布区的东南角，夏县东部的芦山、陈家山一线。

担山石群 Pt_1D (05-14-0162)

【创名及原始定义】 1957 年马杏垣据王植所称的上石英岩创名，称为担山石石英岩及底砾岩组。当时马杏垣没下定义，按孙大中（1959）的表述，其原始定义："中条山区前震旦纪地层最后的一次沉积岩系，代表地槽回返后的一套山间坳陷的沉积，是一种具磨拉石性质的建造，上下皆受不整合面围限"。

【沿革】 1959 年第一届全国地层会议上把它当作震旦系的底部地层。西北大学张尔道等（1965）将担山石群扩大，把现称的武家坪组、陈家山组包括进去。朱士兴等（1975）、《中条山铜矿地质》编写组（1978）将担山石群三分为周家沟组、西峰山组和沙金河组，时代属前震旦纪。

【现在定义】 由浅变质的粗碎屑岩所组成。包括：周家沟组、西峰山组和沙金河组。其下不整合在中条群或绛县超群之上；其上被晚前寒武纪熊耳群火山岩系不整合覆盖。

【地质特征】 担山石群为一套变质程度很低的、具磨拉石相特征的粗碎屑岩。主要分布在中条山区东部变质岩系的东缘。北起垣曲县铜矿峪东山，向南过垣曲城西的西峰山、铁矿山、担山石，到夏县东部架桑、马村西止。南北长 40 km，宽 400～2 000 m，面积约 40 km^2。其岩性：下部为周家沟组变质砾岩，中部为西峰山组石英岩，上部为沙金河组变质砾岩。总厚 600 m。

周家沟组 $Pt_1\hat{z}$ (05-14-0165)

【创名及原始定义】 1959 年由孙大中等创名，创名时称周家沟砾岩。创名地为垣曲县毛家镇西 2 km 的周家沟村。原始定义："周家沟砾岩不整合于中条系之上。砾石近椭圆形，其中以石英砾石为主，还有大理岩及绢云母石英岩的砾石。……在马家山一带砾岩以灰白色为主。而向南到周家沟及担山石一带则呈紫红色。"

【沿革】　创名后很少被引用。朱士兴等（1975）称周家沟组，归担山石群。

【现在定义】　以青灰色—灰紫色砂质胶结的变质砾岩为主，砾石大小悬殊、滚圆度差别大，含量高，成分复杂。本组以不整合覆于中条群之上；当下伏地层为碳酸盐岩时，往往有块状燧石角砾岩填积于古风化溶蚀面上，并常有铁、磷富集。上覆地层为西峰山组，整合接触，以砾岩顶面划界。

【层型】　正层型为垣曲县沙金河剖面（见西峰山组条目）。

【地质特征及区域变化】　周家沟组为一套巨厚的砂质胶结变质砾岩，砾石成分常因地而异。在北部铜矿峪一带砾石以变基性、中酸性火山岩、绢英片岩、石英岩为主；在中部沙金河以西，砾石则以各种石英岩为主，夹少量白云岩，未见变火山岩；南部马村西，砾石几乎全为石英砂岩，仅有少量片岩。砾石一般具良好的滚圆度，砾径以10～20 cm为主，间夹3～5 cm小砾石，砂与细砾（小于1 cm）以充填物出现。砾石含量一般80%～90%之间。砾石定向排列不明显，砾岩层理不清楚。

在担山石村（担山石群命名地），矗立于沟底中央高约10 m的作为担起南北两座大山的担山的“支点”——小孤峰，全由紫红色燧石角砾岩组成，担山石村东才出露真正的担山石石英岩。在担山石村东北山梁上，还能看到这套燧石角砾岩成竹笋状，上端直指蓝天、下端扎入余家山组白云岩中。垣曲城西，铁矿山则是一套富铁质的燧石角砾岩，披盖在余家山组白云岩之上。从上述介绍可知，和五台山区郭家寨群底部红石头（岩）组一样，中条山担山石群底部也有一套残积-溶洞堆积-交代成因的岩层，它只分布在下伏碳酸盐岩地层的古风化面上。当下伏地层为非碳酸盐岩时，则形成正常的沉积砾岩——真正的周家沟组。

西峰山组　Pt_1x　（05－14－0164）

【创名及原始定义】　1975年朱士兴、柴东浩、皇甫泽民创名。创名地点为垣曲县新城城西的西峰山。原始定义：“中条山区中元古界上部担山石群的中部地层，灰白色厚—中厚层石英岩，中细粒。厚100～670 m。中部质较纯，可做熔剂使用。波痕和交错层十分发育，局部地段夹层间砾岩”。

【现在定义】　以青灰色—浅紫色石英岩为主，夹不稳定的变质砾岩。与下伏周家沟组、上覆沙金河组均呈整合接触，以上覆、下伏砾岩的顶、底面作界面划界。

【层型】　正层型为垣曲县沙金河剖面。垣曲县沙金河担山石群剖面位于垣曲县皋落乡沙金河村西大沟中（111°37′，35°16′）；1971年为杨斌全等测制。

上覆地层：**熊耳群**　安山岩

——————　断层接触　——————

沙金河组（未见顶）	厚172 m
5. 灰红色变质砾岩。砾石以紫红色石英岩为主，次为脉石英、大理岩及少量绢云片岩；钙质胶结为主，底部为砂质胶结	172 m

——————　整　合　——————

西峰山组	厚294 m
4. 浅紫红色中厚层石英岩夹砂质胶结的变质砾岩	73 m
3. 浅紫红色变质砾岩。砾石全为浑圆的石英岩，砂质胶结	20 m
2. 青灰色、浅灰红色中厚层细粒石英岩	201 m

——————　整　合　——————

周家沟组 厚 97 m

1. 青灰色紫色变质砾岩。硅质胶结，砾石为石英岩及燧石，砾径大小悬殊，1～50 cm 不等，多棱角状 97 m

～～～～～～～～ 不 整 合 ～～～～～～～～

下伏地层：**中条群余家山组** 含方柱石大理岩

【地质特征】 西峰山组是一套较纯的石英岩，厚 200 余米。分布在周家沟以东。石英岩青灰—灰白色，条带构造清楚，为一系列平行层理组成，少交错层及波痕，岩层粒级序的变化也不明显，所以在其中很难找到示顶构造。

沙金河组 $Pt_1\hat{s}$ (05－14－0163)

【创名及原始定义】 1975 年朱士兴、柴东浩、皇甫泽民创名。创名地为垣曲县阜落乡的沙金河村。原始定义："沙金河组为担山石群之顶部变质砾岩，间夹泥质、硅质板岩及薄层不纯石英岩。出露厚 20～250 m。"

【现在定义】 以灰红色变质砾岩为主，砂质胶结，滚圆差，砾径均匀但较小，砾石成分简单。与下伏西峰山组呈整合接触，以砾岩底面划界；其上被熊耳群不整合，以不变质的砾岩、砂岩或火山岩底面划界。

【层型】 正层型为垣曲县沙金河剖面（见西峰山组条目）。

【地质特征】 沙金河组是中条山担山石群最高层位的岩石地层组，也是一套变质砾岩。它以色调紫红，砾石细小，定向排列好，而不同于周家沟组变质砾岩。砾岩的砾石主要成分均为石英岩，偶见变火山岩，并有少量绢英片岩。砾径以 3～5 cm 为主，个别大的可达 20 cm。以扁平砾石为主，定向性强。砾石磨圆度较差。含量 70%～30%不等。南部在朱家庄一带，砾岩中出现石英岩、粉砂岩、砂质千枚岩的夹层，有时三者构成小韵律而成条带状出现。在朱家庄西可以目击到本组被上覆熊耳群不整合覆盖。

宋家山群 Ar/PtS (05－04－0175)

【创名及原始定义】 1972 年山西省区测队（杨斌全等）进行 1∶20 万三门峡幅区调时创名。创名时称宋家山组，属绛县群上部。创名地为垣曲县同善镇北 4 km 的宋家山村。原始定义："主要为一套变质的细碧角斑岩系，包括变细碧岩、变晶屑凝灰岩、变石英斑岩等，并夹较多的变质沉积岩-大理岩、石英岩及绢英片岩。相变剧烈、构造复杂，所以构造形态确定、层序建立难免不当之处。本组夹有磁铁矿层，品位较高，并有铜矿化"。

【沿革】 周正（1965）将这套地层分别划归于绛县群平头岭组、横岭关组，中条群界牌梁组和龙峪组。徐朝雷等（1980）进行《山西的五台系》断代总结时，研究了"宋家山组"，将其扩大为群，下辖 5 个组，将其归属滹沱超群。1992 年本专题组徐朝雷、徐有华与山西省 214 队区调分队的薛克勤等共同对同善镇一带变质岩系重新观察，扩大了宋家山群范围，将除了虎坪岩群以外所有变质地层全部归属宋家山群，按填图的可分性划分 2 个组。各种岩类组合复杂，厚薄不均，很难以单一岩性建组，亦难按沉积旋回建组；填图分队认为每个单一岩性单位区域上分布不稳定，也无法以火山岩系的顶底面划界，因此以区域稳定分布的宋家山群上部一层巨厚的长石石英岩底面为界，将全群只分 2 个组（绛道沟组、大梨沟组）。此次地层对比研究时考虑这两个组的厚度太大（5 000 m），所以对四个野外已划分出来的变基性火山岩段给以地理专名（表 2－4）。

【现在定义】 宋家山群位于中条山区东部垣曲县同善构造窗内，为早前寒武纪变质地层上部群级岩石地层单位。它由各类沉积岩和基性火山岩按复杂的旋回关系组合而成，厚度巨大，经受多次中浅变质和褶皱剪切作用。包括绛道沟组和大梨沟组。以不稳定的底砾岩不整合在侵入岩和其中表壳岩之上；其上不整合覆盖着晚前寒武纪底部的熊耳群火山岩系。

【地质特征】 宋家山群是一套浅变质的火山-沉积岩系。变火山岩总厚 1 400 m，占全群 26%；石英岩 1 300 m，占 24%；白云岩总厚 420 m，占 8%；其余为各种泥质（可能还包括酸性火山岩）岩石。

宋家山群与中条群、绛县超群都没有直接接触关系，虽以不整合沉积覆盖在虎坪（岩）群之上，但侵入岩中表壳岩自身很难与铜矿峪群或横岭关群对比。这套地层的白云岩中有叠层石产出，可推测其层位大体与滹沱超群的部分地层相当；但按其所含磁铁石英岩和夹多层富钠的基性火山岩，也不能排除其层位与五台超群的部分地层相当，而应归属于绛县超群。

绛道沟组 Ar/Pt*j* （05－04－0177）

【创名及原始定义】 1980 年由徐朝雷等创名。创名地为垣曲县同善镇西北通往望仙村的大沟“——”绛道沟。当时是指宋家山群五个组中的中部地层组。原始定义：“宋家山群第三组地层，由绢英片岩夹厚层石英岩、大理岩组成，厚 850 m。下伏圪塔村组，以本组底部火山岩底面分界”。

【现在定义】 由长石石英岩、石英岩、绢英片岩、大理岩构成多旋回的沉积变质岩夹三大层基性火山岩组成。大理岩含叠层石，泥砂质岩石含石盐假晶（?）。底部以不稳定底砾岩不整合覆盖在虎坪（岩）群之上；其上与大梨沟组呈整合接触，以其底部巨厚长石石英岩底面为界。

【层型】 正层型为垣曲县水银沟-大梨沟剖面，东起垣曲县同善镇朱家沟村北的水银沟，向西横穿全部变质地层到同善构造天窗西界大梨沟西侧（111°53′，35°19′）。1980 年徐朝雷、张平等实测，1992 年补测。

上覆地层：**大梨沟组** 底部长石石英岩

——————— 整 合 ———————

绛道沟组 总厚度 3 537.4 m

57—54. 绢英片岩。上部夹粗粒长石石英岩，中部夹大理岩，下部夹钙质石英岩、大理岩 157.9 m

53—52. 上部厚层石英岩夹大理岩，下部绢云绿泥片岩 83.1 m

51—49. 绢云绿泥片岩。顶部、底部各有一层含叠层石厚层大理岩（分别厚 9.2 m、25 m） 177.4 m

48. 绿泥片岩夹薄层大理岩 99.3 m

47—45. 绢英片岩夹变质粉砂岩，薄层大理岩，顶部、底部各有一层厚层石英岩（7.5 m、23.5 m） 117.4 m

44—41. 大理岩与绢英片岩互层或互为夹层 116.9 m

40. 绿泥片岩 90.6 m

39—38. 上部绢云片岩夹厚层大理岩，含叠层石；下部粗粒石英岩夹绢英片岩 165.9 m

37. 篱笆沟变火山岩段：绿泥片岩（细碧岩、细碧凝灰岩）夹大理岩及石英岩 280.0 m

36—35. 上部变质粉砂岩，含石盐假晶（?），交错层发育；中下部青灰色绢英片岩 230.0 m

34—33. 肉红色石英岩、条纹状石英岩。含石盐假晶（?），泥裂发育，具波痕 280.0 m

32. 青灰色绢英片岩夹石英岩。小韵律发育 150.0 m

31—29. 厚层石英岩，中部夹一层厚 10 m 的厚层大理岩 120.0 m

28—25. 石英岩。上部呈条带状，夹绢云片岩；中部呈厚层状；下部含长石，夹绢云片岩 380 m

24—23. 上部绢英片岩夹钙质石英岩，下部厚层大理岩（含叠层石） 110 m

22—21. 条带状绢英片岩，底部厚 2 m 变质砾岩 52 m

20. 石英岩。具交错层 30 m

19. 圪瘩村变火山岩段：绿泥角闪片岩 300 m

18—17. 上部石英岩，下部绿泥角闪片岩夹铁钙质石英岩 120 m

16—15. 绢云片岩夹石英岩，底部为石英岩（9.5m） 56.9 m

14—13. 绢云片岩夹透闪大理岩 9.2 m

12—11. 绢云绿泥片岩，底部绢英片岩夹钙质石英岩（15m） 110.3 m

10—8. 绢英片岩夹厚层大理岩 108.4 m

7—5. 大理岩、石英岩，绢英片岩互层 175.3 m

4. 透闪大理岩与石英岩、绢英片岩互层 66.8 m

3. 水银沟变火山岩段：绿泥角闪片岩 90.2 m

2—1. 上部铁质石英岩，下部长石石英岩。交错层发育 29.7 m

~~~~~~~~~ 不 整 合 ~~~~~~~~~

下伏地层：**虎坪（岩）群或侵入岩体**

【地质特征】 绛道沟组是由复杂岩性组成的、厚度巨大的组级岩石地层单位。剖面的起点为一层厚度不大的长石石英岩。在该起点之东近 1 km 的芦苇沟村北，有底砾岩出露，砾石中除石英岩外，尚有片麻岩砾石，砾径可达 5～8 cm，含量 30%左右，砂质胶结，厚 1～2 m。本组石英岩中含长石，交错层较发育。底部一层富含铁质，赤铁矿—镜铁矿以胶结物形式出现，铁含量可达 24%。中部条带状长石石英岩中有多层石盐假晶（?）及泥裂出现。本组大理岩为白云石大理岩，一般以厚层状出现，时有燧石条带，中上部大理岩中有叠层石产出（除了一处见锥叠层石外，其余所见均属层状-层穹状及云朵状叠层石）。泥质岩经变质成绢云片岩、绢英片岩产出，常具粉砂质条带构造。本组地层中常有不稳定变质砾岩出现，砾石几乎全为石英岩、脉石英构成，磨圆良好，偶见片岩砾石，砂质胶结，砾石含量 70%，甚至更高。砾岩厚从 40 cm 直到 15 m，延伸数百米即尖灭。本组共建立 3 个变基性火山岩段（见正层型剖面）。

大梨沟组　Ar/Pt*d*　(05－14－0176)

【创名及原始定义】 1993 年山西 214 地质队区调分队创名。原始定义："由巨厚的长石石英岩、碳质绢云片岩、厚层大理岩和基性火山岩（拟建议采用孟良窑变火山岩段）组成，夹不稳定的磁铁石英岩。下伏地层为绛道沟组，以底部巨厚的长石石英岩底面划界；上覆西阳群，呈不整合接触"。

【沿革】 1∶20 万三门峡幅（山西区测队，1972）将其底部巨厚的长石石英岩归属中条
弖上岩层认为是降县群的宋家山组的倒转层。周正（1975）划归中条群界牌梁组和龙峪
朝雷（1980）称作孟良窑组。
~~~~~~~~~

【现在定义】 与原始定义相同，仅将上覆地层改为熊耳群。

【层型】 正层型为垣曲县水银沟-大梨沟剖面（111°53′，35°19′）。测制人和时间同绛道沟组。

上覆地层：**熊耳群** 火山岩

～～～～～～～ 不 整 合 ～～～～～～～

大犁沟组	总厚度＞1 842.6 m
75. 厚层白云石大理岩	＞95.9 m
74. 石英岩	38.1 m
73. 不纯泥质大理岩	29.1 m
72. 砂质绢英片岩	34.9 m
71. 粗粒石英岩	82.0 m
70. 孟良窑变火山岩段：绿泥片岩（含杏仁细碧岩）夹凸镜状、条带状磁铁石英岩	174.4 m
69. 长石石英岩	26.5 m
68—64. 绿泥角闪片岩、绿泥片岩夹两层（分别厚 25 m、59.6 m）长石石英岩	511.7 m
63—62. 黑色碳质绢英片岩，顶部一层厚 25 m 的厚层大理岩	125.0 m
61. 绢英片岩夹一层碳质片岩和一层大理岩	450.0 m
60. 黑云绿泥角闪片岩夹绢英片岩及一层大理岩	120.0 m
59—58. 上部厚层粗粒石英岩，中、下部巨厚长石石英岩。交错层发育	157.0 m

———————— 整 合 ————————

下伏地层：**绛道沟组** 绢英片岩

【地质特征】 大梨沟组底部巨厚层砂质岩，下部黑色碳质片岩和上部火山岩及顶部大理岩均可作填图标志。它们厚度较大，层位稳定，出露广泛。

大梨沟组的孟良窑基性火山岩段，厚 170 余米，仅指厚度最大且含条带状磁铁石英岩的那层基性火山岩，实际上其上、下还有基性火山岩（变质呈绿泥片岩）；故也可考虑将正层型剖面中 64—71 层统称为孟良窑变基性火山岩（夹长石石英岩）段，总厚 712.6 m，厚度相当可观。

第二节 生物地层

山西省和全国一样，早前寒武纪的生物，只有极少的微小菌藻类的零星资料。而分布广泛的是藻类化石与其生命活动遗迹的综合体——叠层石。叠层石不是生物化石本身，它的形态变化主要受环境影响，生物因素并不占主导地位。因此，国内外专家都趋向于不能用它确定时代，只供用以判断环境。但本专著认为在一定的范围内，对地层的对比还是有一定意义的。

一、早前寒武纪叠层石产出层位及主要分子

山西五台山、中条山和吕梁山滹沱超群及其相当的地层中，均含有叠层石。以五台山滹沱超群叠层石层位最多、群形最多；中条山的中条群次之，宋家山群及吕梁山区岚河群最少。

1. 五台山滹沱超群叠层石

滹沱超群 5 个群，顶底两群不见叠层石，其余 3 群白云岩中几乎均含叠层石。

豆村群含叠层石最低层位是盘道岭组。位于五台山东部金岗库村北，盘道岭组底部千枚岩夹石英岩层位中，在 40 cm 厚的白云岩凸镜体中，含墙状无壁叠层石 *Scopulimorpha* f.。五台城西，神仙垴的神仙垴组白云岩中含 *Stratifera*、*Irregularia* 及 *Cryptozoon*。

豆村群大量出现叠层石的层位是南大贤组，其中出现最多的是 *Kussoidella* f.，*Planicolumnaria* f.，*Djulmekella tuanshanziensis* 以及 *Kussiella tuanshanziensis*。这些叠层石均属小型无壁、平行分叉、柱体 5～15 mm，高 10～25 mm，经常产出于燧石条带中。此外还有块茎状、无壁叠层石 *Kanpuria bulbosa*，*Confunda confuta*，不规则层叠层石 *Conistratifera irregularis*；个别露头还有 *Tungussia* f.，*Conophyton* f.。

刘定寺群底部青石村组叠层石产出层位较少，群形也少，仅见于西部纹山剖面。主要有 *Zhongtiaoshania qingshicunensis*，它是无壁近于锥状平行分叉的叠层石，个别地点还有 *Eucapsiphora stenoclada*。

纹山组叠层石以无壁大型圆柱状叠层石 *Collumnacollenia rantamaa* 为主，其次有包心菜叠层石 *Cryptozoon* f.。

河边村组第一次出现有壁的叠层石，有细长积极分叉的 *Gymnosolen simplex*，*G.* cf. *altus*；细长平分分叉的 *Shugongsiella shugongsiensis* 以及块茎状平行分叉的 *Nanlouella bulbosa*，板状小型叠层石 *Conistratifera regularis*，*Kussiella plana*；此外尚有无壁柱状分叉叠层石：*Svetliella hebiancunensis*，*Djulmekella djulmekensis*，*Nordia hebiancunensis*，*Discorsia subhastata* 等。

建安村组的叠层石比河边村组更发育。下部千枚岩中以形状不规则的小型积极扩散分叉叠层石为主：*Gemnifera ministolona*，*Discorsia wutaishanensis*，*Nordia cornostyla*，*Collumnaefacta composita*，*Jacutophyton digitatum* 等；此外还有大量不规则层柱状小型叠层石：*Gruneria strumata*，*G. declivis*，*Kussoidella yaochiensis*，*Conistratifera plicata*。上部厚层白云岩中出现大量具多层壁柱状分叉叠层石：*Boxonia bacillia*，*Pilbaria miniscula*，*Paraboxonia connexa*，*Minjaria* f.；以及细长柱状无壁叠层石：*Tibia evidens*，*T. jiananensis*，*T. gemmiformis* 等。

东冶群大关山组下部白云岩中，叠层石十分发育，其总体面貌与建安村组上部叠层石基本一致。既有多层有壁分叉叠层石：*Palmiella lenticularis*，*Minjaria* f.，*Pilbaria* cf. *boetsapia*，*Yaochicunia yaochicunensis*；又有无壁长柱状叠层石：*Tibia planibaculiformis*，*T. baculiformis*；无壁多桥叠层石：*Liaoheella fasciculata*，*Asperia minuta*，*Jacutophyton bulbosum*。

槐荫村组只在近顶部产出叠层石，以大型柱状具多层壁叠层石：*Pilbaria perplexa*，*Paraboxonia lamellaris* 为主；北大兴组分界处中层白云岩夹板岩中，含细长无壁叠层石：*Eucapsiphora huaiyinensis*，*Discorsia hongshitouensis*，*Vertexa termina* 和层柱状叠层石 *Alcheringa majuscula*。

北大兴组是整个滹沱超群中，含叠层石最丰富的层位，叠层石的类型也最复杂。下部板岩夹白云岩段中含细长柱状无壁叠层石：*Eucapsiphora longotenuia*，*E. paradisa*，*E. comata*。白云岩段下部白云岩中含叠层石十分复杂，既有无壁层柱状 *Kussiella minor*，*Jurusania grossvaginata*，*J. cylindrica*；还有块茎状柱状叠层石：*Tielingella crassibrevis*，*Nordia dentiformis* 和层状叠层石：*Omachtenia kvartsimaa*。白云岩段的中部出现具燧石中轴锥状叠层石：*Conophyton beidaxingensis*，出现层位可达 10 余层，经风化后黑色笔状燧石轴凸出表面，极为特征；与北大兴锥叠层石共生的为小柱叠层石，计有 *Microstylus granularis*，*Asperia minuta*，*A. regularis*，*A. leniaformis*，*A.* cf. *aspear*，*Jacutophyton microstyliformis*，*Pseudogymnosolen bei-*

daxingensis，*Minicolumella styliformis*。白云岩段的顶部，出现大型多层壁柱状分叉叠层石：*Pilbaria beidaxingensis*，*Luojianaoella claviformis*。

天蓬垴组白云岩少，叠层石更少，只在中部板岩所夹的中薄层白云岩中含少量叠层石。有柱状无壁桥发育的：*Nordia tianpengnaoensis*，*Pilbaria* cf. *inzeriaformis*；上部白云岩中含 *Colonnella* f.。

2. 中条群、宋家山群叠层石

中条群的叠层石见于余元下组、余家山组、温峪组 3 个组的白云岩中。

余元下组以含锥叠层石：*Conophyton hebiancunense*，*C. majiayaoense* 为主；此外，尚含层叠层石 *Omachtenia baishishanensis*。

余家山组叠层石类型较多：下部含 *Cryptozoon* f.，*Irregularia* f. 等层叠层石；中部含柱状不分叉叠层石 *Paraconophyton tongmugouense*；上部含柱状分叉叠层石 *Zhongtiaoshania hamagouensis* 和 *Minjaria* f.。

温峪组所夹的厚层白云岩中，含叠层石 *Conophyton* f. 和 *Collumnacollenia* f.。

宋家山群叠层石只在绛道沟组上部白云岩中产出，有 *Irregularia* f，*Cryptozoon* f. 以及 *Conophyton* f.。

3. 吕梁山区岚河群叠层石

仅见于两角村组大理岩中。含有层状叠层石：*Stratifera* f.，*Irregularia* f.，*Cryptozoon* f.；柱状不分叉叠层石：*Colonnella* f. 以及锥叠层石：*Conophyton beidaxingense*；*Conophyton* f.。

二、叠层石组合划分

以含叠层石最丰富的五台山滹沱超群叠层石系列作划分的基础，山西早前寒武纪可划分五个组合，如表 2-5。

表 2-5　滹沱超群叠层石组合表

组合		叠层石	产出层位
Ⅴ	代表分子	*Asperia*、*Microstylus*、*Pseudogymnosolen*	天蓬垴组—北大兴组
	特征分子	*Conophyton beidaxingensis*	
Ⅳ	代表分子	*Pilbaria*、*Boxonia*、*Minjaria*、*Jacutophyton*、*Paraboxonia*、*Liaoheella*	槐荫村组—大关山组—建安村组上部
	特征分子	*Tibia*、*Palmiella*	
Ⅲ	代表分子	*Gemmifera*、*Gruneria*、*Nordia*	建安村组中下部—河边村组火山岩以上
	特征分子	*Conistratifera*	
Ⅱ	代表分子	*Collumnacollenia*、*Discorsia*、*Nanlouella*、*Conophyton*	河边村组火山岩之下纹山组
	特征分子	*Conistratifera*	
Ⅰ	代表分子	*Djulmekella*、*Kanpuria*、*Kussoidella*、*Kussiella*	青石村组—盘道岭组
	特征分子	*Zhongtiaoshania*	

三、叠层石的地层意义

在我国前寒武纪地层研究中，“滹沱”与“震旦”的关系问题争论了几十年。从 Willis (1907 年)、杨杰 (1936、1937)，到 60 年代以王曰伦为代表的部分地质学家，一直坚持“滹沱”即“震旦”(原蓟县为代表的震旦系) 的观点，而均含有叠层石或某种类型叠层石，是该观点的“三大支柱”之一。

自 60 年代 1：20 万平型关幅区调系统研究五台山“滹沱”地层中的叠层石起，到 70 年代我国一些叠层石研究专家，如曹瑞骥、朱士兴等观察了五台山区前寒武纪两套含叠层石的地层——“滹沱”、“震旦”，可目击到的叠覆关系，及 70—80 年代两次前寒武纪地层现场会的召开和国外早前寒武纪地层中叠层石不断发现和报道，“震旦”、“滹沱”的上、下关系，基本上得到了绝大多数前寒武纪地质学家的认同。均含叠层石或某种类型叠层石，可作为“滹沱”即“震旦”的依据；反之，二者含不同组合的叠层石又不可作为“滹沱”不等于“震旦”的依据!

与晚前寒武纪叠层石相比较，早前寒武纪叠层石表现了两大特点。一是在同一地区同一层位中叠层石丰富程度相差悬殊。往往相距颇近的两个剖面，一处叠层石很多，一处叠层石很少。如东冶群北大兴组地层剖面，五台县城东罗家堖叠层石产出层位达 30～40 个；而城西黑山背同组剖面，叠层石就只有 7～8 个层位；到五台县东边红石头一带，北大兴组只在底部一个层位上见叠层石。另一是不同地区叠层石分子出现的重复性低，如山西早前寒武纪的叠层石，只有个别分子，在两个以上山区出现。例如 *Conophyton beidaxingensis* 在五台山、吕梁山和太行山三个山区出现；*Pilbaria perplexa* 在五台山和中条山出现。其它则几乎再没有重复出现的分子。当然若以叠层石群为对比单位，则显示了一定可比性。山西滹沱超群的一些叠层石群，见于国内外的早前寒武纪地层中。如 *Pilbaria*，*Eucapsiphora* 叠层石产出于澳大利亚早前寒武纪中。*Nordia*、*Asperia* 产出于北美早前寒武纪。*Conistratifera* 产于非洲早前寒武纪，而 *Nanlouella*、*Shengshuisiella*、*Liaoheella* 均产于辽河群中。这似乎证明了滹沱超群属早前寒武纪，而不属于晚前寒武纪。

第三节 年代地层

一、关于早前寒武纪年代地层划分

山西五台山区下前寒武系，发育完整，几套地层特征明显，接触界线清楚，研究程度高。在 60 年代之前，五台系、滹沱系早已闻名国内外，是我国早前寒武纪地层划分对比的标准。

国际前寒武纪地层分会在 1988 年讨论和提出了包括整个元古宙的前寒武时代划分方案表，并于 1989 年 7 月，得到国际地科联地层委员会批准。为此，全国地层委员会 (部分委员参加) 1989 年 12 月于天津召开了“中国元古时期地层分类命名会议”。纪要中指出“在应用国际元古宙地层年表时，应采用积极而又慎重的态度”，并建议“长城系以下地层仍用地区性岩石地层单位称“群”和“组”。

为了各省地层清理成果的统一性，全国地层清理领导组规定：“元古宙的划分，应按全国地层委员会 1990 年所公布的标准”，“太古宙的划分暂按照全国地层委员会部分委员在南京 (1993) 协商的意见处理。本专著遵从这一决定。

二、山西（包括邻近地区）早前寒武纪岩石地层单位间的同位素年龄时限

同位素年龄及时限是早前寒武纪岩石地层单位的地质年代归属和划分的重要依据。

山西早前寒武纪年代地层间的同位素年龄时限，是用重大热事件法和基点法共同确定的；所确定的时限与国际早前寒武纪年代划分方案中的几个年限也是一致或相近的。

此次地层对比研究，共搜集山西及邻近地区早前寒武纪同位素年龄数据 384 个。其中，K-Ar 法数值最多，共 164 个，占 43%；其次为锆石 U-Pb 法，共 136 个，占 35%；其它尚有全岩 Rb-Sr 法、Pb-Pb 法、Sm-Nd 法数据。分别按取样地质体成因和不同岩石地层单位及其中的侵入体作直方图（图 2－1）。这些直方图出现了彼此重复或相近的峰值。其中，明显的高峰值两个，即 1850（±）Ma 和 2550（±）Ma；低峰值 3 个，即 2050（±）Ma，2350（±）Ma 和 2850（±）Ma。这些峰值反映了山西及邻近地区在早寒武纪发生的，包括强烈地壳变动及伴随发生的区域变质、岩浆侵入、火山喷发、深部部分重熔、混合岩化、内生成矿作用等热事件信息。而这些事件正是年代地层的自然分隔界线。

通过基点法可以确定：

(1) 1850（±）Ma 为熊耳群与滹沱超群及其相当地层的分界时限。其主要依据为：熊耳群许山组中基性安山岩的锆石年龄值 1840 Ma（孙大中，1991）；70 年代以来滹沱超群及相当地层变质岩获得了一批全岩 Rb-Sr 年龄值在 1850 Ma 上下，如南台群木山岭组千枚岩 Rb-Sr 年龄 1851±11 Ma（钟富道，1978），甘陶河群南寺掌组变玄武岩，Rb-Sr 年龄值为 1850±37 Ma（宜昌地矿所），中条群篦子沟组片岩 Rb-Sr 年龄值为 1832.14±26 Ma（孙海田，1990）；侵入滹沱超群及相当地层中的花岗岩，有一期为 1850±Ma，如五台山凤凰山花岗岩的 K-Ar 年龄值为 1810±29 Ma（武铁山等，1984），中条山红瓦厦花岗岩锆石 U-Pb 年龄为 1881.4 Ma（山西省地矿局 214 队）；中条山篦子沟组中的铀矿物 Pb－Pb 年龄值为 1834 Ma（陶全，1985）。

(2) 2550（±）Ma 为滹沱超群及相当地层与五台超群及其相当地层的分界时限。主要依据是：侵入五台超群中的 T.T.G 岩体，不同的研究者均获得了 2550（±）Ma 的数值，如兰芝山岩体 2560±6 Ma、峨口岩体 2520±30 Ma、光明寺岩体 2522^{+1}_{-16} Ma（刘敦一，1984）；石佛岩体 2507^{+17}_{-16} Ma（白瑾，1986）；木去顶岩体 2510^{+20}_{-13} Ma（梁英芳、齐允荣，1988）；同时，也做出了代表五台超群变质年龄的一批 2550± Ma 的数据，如五台超群变质岩全岩 Rb-Sr 年龄值 2522^{+123}_{-124} Ma（白瑾，1986）、2573±47 Ma（王汝铮，1989），高繁群千枚岩全岩 Sm-Nd 年龄值 2517±32 Ma（王汝铮，1992），台怀群绿片岩全岩 Pb-Pb 年龄值 2515±90 Ma（徐朝雷，1991）等。

(3) 2050±Ma 为郭家寨群及相当地层与东冶群及其相当地层的分界时限。主要依据是：郭家寨群直接下伏地层（呈高角度不整合）及更老的地层中常出现代表一期变质作用和热事件的 2050± Ma 的数据。如南台群千枚岩 Pb－Pb 年龄值 2016±70 Ma（徐朝雷，1991），刘定寺火山岩浸染方铅矿 Rb-Pb 年龄值 1991 Ma，高繁群千枚岩全岩 Rb-Sr 年龄 2030±14.5 Ma（白瑾，1986），中条山篦子沟组变凝灰岩的全岩 Rb-Sr 年龄值 2088±53 Ma 和单颗粒锆石 U-Pb 年龄值 2059±5 Ma（孙大中，1991），吕梁群全岩 Rb－Sr 年龄值 2086±91 Ma 等；山西前寒武纪大量未变质的花岗岩年龄值为 2050± Ma，如关帝山花岗岩的几组 K-Ar 等时年龄值为 2050± Ma（武铁山，1984）。

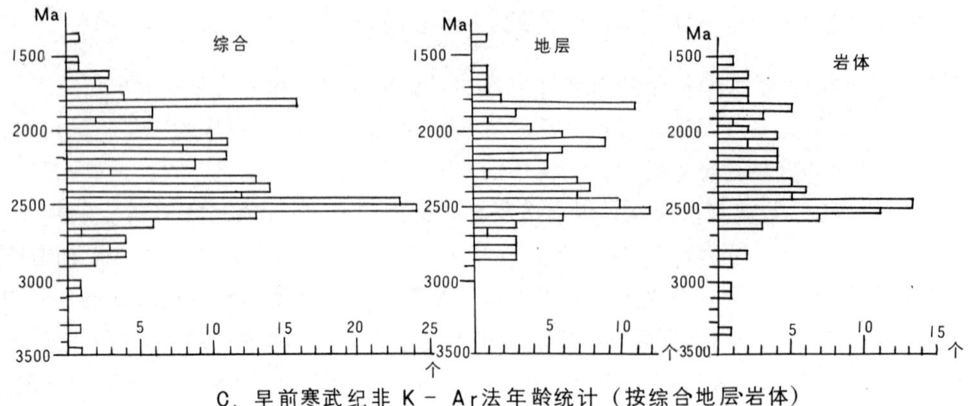

C、早前寒武纪非 K－Ar法年龄统计（按综合地层岩体）

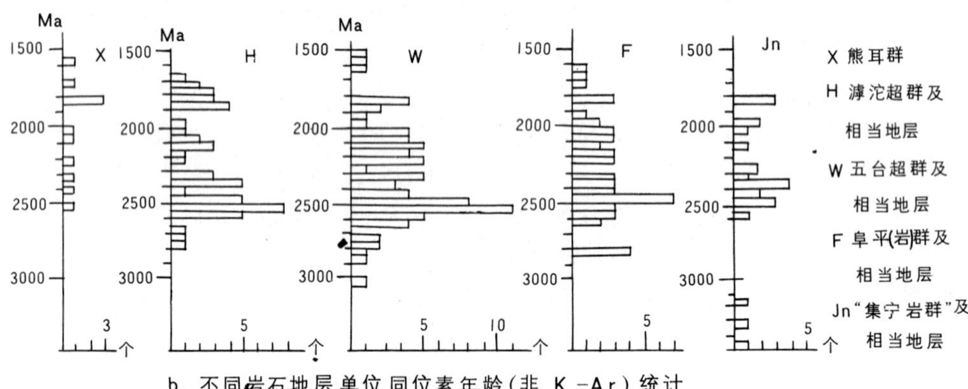

b、不同岩石地层单位同位素年龄（非 K－Ar）统计

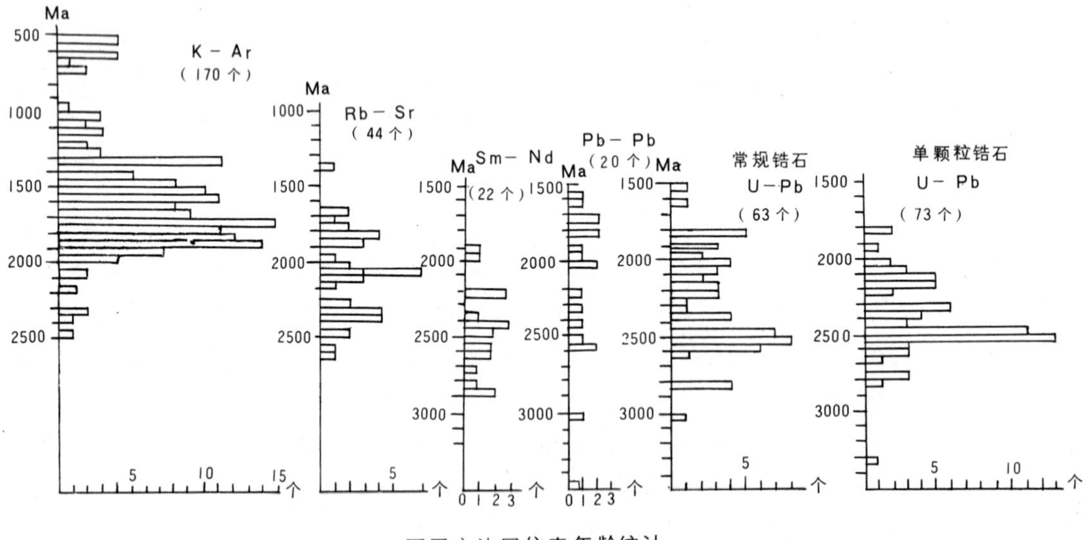

a、不同方法同位素年龄统计

图 2-1　山西省（及邻近地区）前寒武纪同位素年龄数据统计图

(4)2350± Ma 为东冶群和刘定寺群及其相当地层与豆村群及其相当地层间的分界时限。主要依据是：青石村组、河边村组中变火山岩中锆石 U-Pb 年龄值为 2350± Ma，如 2366 $^{+103}_{-91}$ Ma（伍家善，1986），2358±8 Ma（王汝铮，1992）。

(5) 2850± Ma 为五台超群及其相当地层与阜平（岩）群及其相当地层间的分界时限。主要依据是：阜平县大柳树阜平片麻岩锆石 U-Pb 年龄值 2800 $^{+230}_{-150}$ Ma，阜平（岩）群四道河组片麻岩锆石 U-Pb 年龄值 2825±15 Ma（贵阳地化所）；恒山前五台期片麻岩体中包体 Sm-Nd 等时年龄值为 2818±86 Ma，2851±76 Ma（范嗣空，1991）。

三、山西早前寒武纪岩石地层单位地质特征及所反映的可对比的重大地质事件

岩石地层单位的地质特征及所反映的地质事件也是早前寒武纪年代地层划分、对比的重要依据。

除上述在一定时间，于几大套地层间，发生的地壳褶皱、区域变质，岩浆侵入等热事件外，几大套地层本身也显示了可与全球对比的一些重大地质事件和构造环境。

(1) 山西早前寒武纪最下部的阜平（岩）群及其相当地层，反映了“萌地台”（马杏垣，1979）构造环境。以含石墨粗晶大理岩，具孔兹岩套沉积为特征。

(2) 五台超群及其相当的地层，发育了由双峰式（基性成分为主）火山岩为主要组成的古裂谷型沉积，早期火山岩属拉斑玄武岩，并有大型条带状磁铁石英岩（BIF）形成；中期火山岩属富钠 $Na_2O>4\%$ 的细碧角斑岩系列，晚期火山岩属富钾系列。

(3) 滹沱超群及相当的地层属于以沉积岩为主体（夹一定量火山岩）的沉积。

南台群和豆村群及其相当地层的旋回性明显，以最底部发育有巨厚的（变质）砾岩为特征；国外，有巨大型条带状富铁矿（苏必利尔型）形成，我国虽无巨大型富铁矿形成，但也有同类型铁矿产出，如五台山的史家岗铁矿、贺家庄铁矿（杨敏之，1980）、吕梁山岚城、西马坊一带铁矿，以及河南嵩山群中的井湾铁矿。该类型铁矿属氧化型铁矿-赤铁矿、镜铁矿，不同于五台系中条带状磁铁矿（阿尔戈马型）。

刘定寺群和东冶群及其相当地层，含有巨厚而分布较广的含叠层石白云岩，并伴有基性火山岩喷发，而特征是同时形成巨大的层状侵入体——岩床。如五台山东部的斑老尧变辉绿岩岩床，延长达 30 km；太行山中段晋冀边境附近的九龙关变辉绿岩床，延长达 31 km（周宝和，1983）。中条山区中条群上部顺层分布的角闪岩床亦相当发育。

郭家寨群及相当地层，形成于全球造山期，沉积了山间坳陷磨拉石建造，如五台山的郭家寨群、太行山的东焦群、中条山的担山石群等。以反旋回沉积和底部富含铁、磷、硅为特征。

四、山西早前寒武纪年代地层划分

依据山西各山区早前寒武纪岩石地层单位已取得的同位素年龄数据及其间的同位素年龄时限和可资对比的地层特征及所反映的重大地质事件，按全国地层清理领导组关于早前寒武纪年代地层划分的规定，山西早前寒武纪年代地层的划分如表 2-6。表中还列出了与国际地科联地层委员会（1989）及王鸿祯、李光岑（1990）关于早前寒武纪年代地层划分的对比，以资参考。

表 2-6　山西省早前寒武纪年代地层划分及依据表

年代地层单位对比：全国地层清理办公室(1995) 宇	界	系	国际地科联地层委员会(1989) 宇	界	系	王鸿祯 李光岑(1990) 宇	界	“系”	岩石地层单位划分：中条山	吕梁山	五台山	太行山	可对比的地质事件——年代地层划分依据：大气 状态	大气 标志沉积	沉积、火山沉积事件	构造环境	构造变动事件特征	构造样式	变质作用	变质相
元古宇	中元古界	长城系	元古宇	中元古界	盖层系	元古宇	中元古界	长城系	汝阳群		高于庄组	高于庄组	氧化性大气圈		纯白云岩 Mn,P	碳酸盐台地			未再遭受区域变质	不变质
					1600															
				古元古界	稳化系				汝阳群 熊耳群	汉高山群	常州沟组 赵家庄组	大红峪组 串岭沟组 大河组			碱性火山岩 Fe_2O_3 安山岩系	裂谷(支)	华北等新地台形成 吕梁运动二幕 (红石头变动) 山间拗陷褶皱、变量、少量花岗岩侵入			
	1800				1800		1800													
	下元古界				造山系		古元古界	滹沱“系”	担山石群	黑茶山群	郭家寨群	东焦群		出现红层	反旋回 磨拉石 建造 Fe.P.Si	山间拗陷		开阔湾滑褶曲	区域动力变质、局部叠加热变质	次绿片岩相、局部达高绿片岩相
					2050												吕梁运动一幕 (小营河变动) 裂陷槽褶皱 隆起、变质、伴随花岗岩侵入,深部地层局部重熔			
					层侵系				中条群	野鸡山群 岚河群	滹沱超群：东冶群 刘定寺群	甘陶河群		出现叠层石	纯白云岩 富钠基性火山岩 基性岩床顺层侵入	碳酸盐台地		两翼次级褶皱轴面外倾的巨型复向斜		
					2350															
					成铁系			未名			豆村群 南台群			紫色板岩	Cu　Mn Fe_2O_3 (苏必利尔型) 砾岩、火山流	拗陷槽				
	2500				2500		2500										五台运动 (金洞梁变动) 两侧地块碰撞、裂陷槽挤压、推覆、剪切、褶皱变质、花岗岩侵入			
太古宇			太古宇			太古宇	新太古界	五台“系”	绛县超群 宋家山群 涑水(岩)群	吕梁群	五台超群：高繁群 台怀群 石咀群	石家栏组	还原性大气圈	C C SiFe SiFe	富 K 双峰式 火山岩浊积岩 细碧角斑岩系列 (富 Na 双峰式火山岩) 石英岩 钙碱性　BIF 拉斑　(阿尔戈 玄武岩　马型)	准大洋—裂谷		早期平卧紧闭褶皱、后期叠加不对称歪斜褶皱	区域热动力变质	绿片岩相　角闪岩相
																	铁堡运动 萌地台 旋卷褶皱抬升,变质,花岗岩侵入			
								阜平“系”	涑水(岩)群	赤坚岭(岩)组 界河口群	阜平(岩)群：榆林坪(岩)组	赞皇群：北赛组 放甲铺组		石墨	变粒岩 (或称细粒 片麻岩) 孔兹岩套 粗晶大理岩	萌地台		早期反时针旋卷褶皱	后期叠加北东向推覆褶皱 区域变质及深熔	高角闪岩相—麻粒岩相

第三章
晚前寒武纪（中、晚元古代）

山西的上前寒武系分布和出露于四个地区，即中条山-王屋山区、太行山区、恒山-五台山区和吕梁山区。四个山区的上前寒武系，无论其发育的层位、岩性组合、地层命名，均各不相同和各具特色。数十年来，地质学家对它们的时代认识、层位归属，也有较大的分歧。本专著对山西上前寒武系的岩石地层划分是在《全国震旦亚界研究》、《山西的震旦系》、《山西沉积地层岩石地层单位划分》的基础上，进一步研究、清理，和邻省地层清理专题组进行协商，而确定下来的。

第一节　岩石地层单位

一、中条山-王屋山区

山西省西南端的中条山-王屋山区，分布和出露的上前寒武系，属豫西型。下部为一套厚度巨大的以安山岩为主的火山喷发岩系——熊耳群，中部为一套以石英岩状砂岩为主的沉积碎屑岩系——汝阳群，上部为一套以白云岩为主的碳酸盐岩系——洛南群，顶部还零星发育不厚的冰碛砾岩层——罗圈组。该区上前寒武系，直到60年代初，研究程度仍较低，划分较粗；自开展1∶20万区调以来，地层划分即基本定型。至目前，尽管在层位归属时代认识上仍存在较大分歧，但所有研究者，对组的划分和命名基本一致（见表1-1)。本专著者也认为1∶20万区调的划分（除个别组外），基本符合岩石地层划分命名原则，而予以采用。其中西阳河群，按华北大区地层清理成果验收决议，改称命名较早的熊耳群；另外，厚度相对较小、以酸性火山岩（许山组中还有两层）为主的鸡蛋坪组，原本建议降级为许山组顶部的一个岩性段，但为了与河南省划分一致，也未再坚持此建议。

熊耳群　Ch_1X　(05-14-0120)

【创名及原始定义】　1959年秦岭区测大队于熊耳山区（河南省）进行1∶20万区调时创名。原始定义：豫西熊耳山地区的一套中性夹酸性火山岩系。该群内分下、中、上熊耳群，与下伏太古界太华群不整合接触，与上覆震旦系高山河组为平行不整合接触。时代归早元古代。

【沿革】 1964年河南区测队（关保德等）进行1∶20万洛阳幅区调时，于靠近河南省界附近的山西省垣曲县的西阳河一带创立西阳河群（及下属的四个组）。按产出层位、岩性特征，一般均认为西阳河群与熊耳群完全可以对比。但二者一直并用（大致是黄河以南用熊耳群、黄河以北用西阳河群）。关保德等（1988）及此次河南省地层清理意见停止使用西阳河群，统称熊耳群，而下属组级地层单位仍采用原西阳河群的四个组。

山西的西阳河群，命名前曾被称谓安山岩系、同善镇火山岩、中基性喷发岩等，但自洛阳幅区调创名、使用以来，为其后的地质工作者广泛承认和引用，虽对其年代认识不尽相同，但对群所指内容及含义并无不同。本专著编著原本认为：西阳河群、熊耳群目前阶段均应保留使用，西阳河群限于黄河以北使用，熊耳群限于黄河以南使用；熊耳群虽命名较早，但一直未能建立正式的以地理专名命名的组级岩石地层单位，根本原因在于熊耳山、崤山一带地质构造复杂，未能建立连续的地层剖面；熊耳群的下伏、上覆地层与西阳河群也不尽完全一致（特别是上覆地层），所以二者内涵是否完全一致、西阳河群的四个组是否适合于熊耳群和是否囊括了熊耳群的全部地层，值得怀疑。但本专著仍遵从华北大区决议，停止使用西阳河群，统称熊耳群。

【现在定义】 熊耳群为豫陕地层分区晚前寒武纪未变质地层最底部的一套中（偏基）性火山岩系，并夹少量酸性火山岩。包括（自下而上）大古石组、许山组、鸡蛋坪组、马家河四个组。该群与下伏的前长城纪变质岩系，呈不整合接触，与上覆的中元古界高山河群或汝阳群，也呈不整合接触。

【地质特征】 熊耳群在山西局限分布于垣曲、阳城一带。最大厚度达5 000 m左右，但向西北、东北迅速变薄以至缺失。根据武铁山（1979，1982），孙枢（1982）、乔秀夫（1985）等的研究，可以认为西阳河群是长城纪初期形成的晋豫陕三角裂谷早期发育的火山岩套。90年代孙大中（1991）提供的“西阳河群”火山岩的锆石U－Pb同位素年龄资料，（见本章第三节）完全证实了地质年代属长城纪早期。

大古石组 Ch_1d （05－14－0124）

【创名及原始定义】 河南区测队（关保德等）于1964年进行1∶20万洛阳幅区调时创名，创名地点在河南省济原县邵原乡黄背角大鼓石村。原始定义为：“西阳河群最下部的一个组，是一套沉积碎屑岩。底部砂砾岩呈灰白、紫红及黄褐色。砾石砾径大小不一，滚圆度好，含量变化大。垂直方向上，碎屑岩由粗到细（砾岩-砂岩-砂质页岩）的韵律性变化很明显。与下元古界成角度不整合接触。”（大古石为大鼓石之误，使用时间已长，不便更改）

【现在定义】 为晋豫交界的王屋山-中条山区分布的熊耳群底部的沉积岩组，岩性主要为黄绿色长石砂岩、砂砾岩和紫红色泥岩、页岩、砂质页岩；不整合于前长城纪变质岩系之上，整合于许山组中基性火山岩层之下。

【层型】 正层型剖面为河南济源县黄背角大鼓石剖面。山西境内大古石组仅零星分布，见于垣曲县下庄、阳城县秋铺村石人凹等地。垣曲县下庄剖面可作为山西境内大古石组的次层型剖面。

垣曲县下庄大古石组剖面：位于垣曲县同善镇下庄村（111°52′00″，35°22′00″）。山西区调队（张瑞成等）于1975年测制。

上覆地层：许山组　安山岩

——————整　合——————

大古石组　　总厚度 33.5 m

7. 黄褐色粉砂质页岩　　5.2 m

6. 紫红色粉砂质页岩　　4.7 m

5. 灰白色、黄绿色砂岩夹紫红色砂质页岩，底部有 0.4 m 钙质粗粒长石石英砂岩　　5.5 m

4. 黄绿色、灰色细—中粒长石石英砂岩　　4.8 m

3. 暗紫色铁质胶结砾岩　　6.4 m

2. 紫红色铁质胶结砂砾岩夹页岩、砂质页岩、巨粗粒砂岩　　3.9 m

1. 灰黑色砂岩、砂砾岩　　3.0 m

~~~~~~~不整合~~~~~~~

下伏地层：**中条群**　黑云片岩

【地质特征】　大古石组岩石组合的特征是：砂岩呈黄绿色、黄白色，含砾、含长石；泥岩呈紫红色含砂质、粉砂质。基本层组合为：紫红、黄白色含砾砂岩、砂砾岩-黄绿色长石石英砂岩-紫红色粉砂质、砂质泥（页）岩。显示了河流相沉积特色，是晋豫陕三角裂谷初始裂开阶段的产物。厚度不大，30～60 m；分布较局限，出露零星。

许山组　Ch_1x　(05－14－0123)

【创名及原始定义】　河南区测队（关保德等）于 1964 年进行 1：20 万洛阳幅区调时创名，创名地点在山西省垣曲县蒲掌乡许山村。原始定义："西阳河群第二个组，主要岩性为中性（或偏基性）喷发岩，次为酸性喷发岩和火山碎屑岩。厚度近 3 000 m。与下伏大古石组为整合接触。"

【沿革】　许山组自命名以来其内涵未变，一直沿用至今。

【现在定义】　为熊耳群下部中基性-基性的火山岩组。主要由辉石安山岩-含辉石安山岩-安山岩组成的多个喷发旋回构成，其中上部夹两层厚度小于 50 m、且不很稳定的中酸性火山熔岩。由于大古石组分布局限，许山组大多直接不整合于前长城纪变质岩系上；与上覆鸡蛋坪组呈平行不整合接触。

【层型】　正层型为河南省济源县三担河-毛梨沟-山西省垣曲县箭口门（1：20 万洛阳幅误为建虎门）剖面。是一跨晋豫两省的层型剖面，剖面由两部分衔接而成，第一部分起点在河南省济源县邵原乡北部的三担河，第二部分终点箭口门，已进入山西省垣曲县境内，属蒲掌乡管辖（112°08′，35°11′）；河南区测队于 1963 年测制。

上覆地层：**云梦山组**　紫红色中厚层含砾砂岩

——————整　合——————

鸡蛋坪组　　厚 142 m

35. 灰紫色石英斑岩，紫红、绿色铁质硅质岩及凝灰岩　　142 m

——————整　合——————

许山组　　厚 2924 m

34. 紫灰色杏仁状安山岩　　63 m

33. 紫灰—紫褐色杏仁状安山岩。自下而上斑晶增多，杏仁减少，基质粗糙　　92 m

32. 紫灰色杏仁状辉石安山岩　　184 m

31. 暗绿色杏仁状辉石安山岩　　135 m
~~~~~~~

30. 紫灰色杏仁状安山岩 110 m
29. 紫灰色杏仁状玻璃安山岩 117 m
28. 紫灰色、灰绿色杏仁状含辉石安山岩 74 m
27. 紫灰、灰绿、暗灰色杏仁状玻璃辉石安山岩 76 m
26. 紫灰色杏仁状安山岩 64 m
25. 上部为 4.5 m 的肉红色石英斑岩；下部为 6.0 m 厚的火山碎屑岩 11 m
24. 紫灰、紫红色杏仁状含辉石安山岩 184 m
23. 紫灰、紫红、灰绿色杏仁状辉石安山岩 194 m
22. 紫灰、暗灰色杏仁状安山岩 109 m
21. 紫灰色杏仁状含辉石安山岩 120 m
20. 紫灰、灰绿色杏仁状含辉石安山岩 68 m
19. 灰紫、灰绿色杏仁状安山岩 119 m
18. 紫灰、深绿色杏仁状辉石安山岩 68 m
17. 紫灰色杏仁状安山岩 41 m
16. 灰绿、紫灰色杏仁状安山岩。个别杏仁直径达 10 cm 左右 237 m
15. 紫灰色石英斑岩 43 m
14. 紫灰色杏仁状安山岩 106 m
13. 灰褐色火山碎屑岩 20 m
12. 紫灰、灰褐色杏仁状安山岩 187 m
11. 紫灰色、暗灰色杏仁状含辉石安山岩 35 m
10. 暗绿、暗灰色杏仁状安山岩。中夹一层厚 12 m 的含辉石安山岩 66 m
9. 暗灰、紫灰、暗绿色辉石安山岩 27 m
8. 灰绿色杏仁状安山岩 34 m
7. 暗绿色、紫褐色杏仁状含辉石安山岩 161 m
6. 暗绿色杏仁状辉石安山岩 15 m
5. 灰绿色杏仁状辉石安山岩 32 m
4. 深灰色杏仁状安山岩 38 m
3. 紫灰、深灰色杏仁状辉石安山岩，底部为厚 0.7 m 火山碎屑岩 18 m
2. 紫灰色杏仁状辉石安山岩 14 m
1. 灰绿、黄绿色杏仁状辉石安山岩 67 m

——————— 整　合 ———————

下伏地层：**大古石组**　紫红色砂质页岩

【地质特征及区域变化】　许山组火山喷发岩最大总厚度可达 3 000 m，由安山岩的构造和成分的差异可显示出数十个喷发小旋回（或可称基本层）。每个小旋回的典型组成为：熔结角砾安山岩-斑状辉石安山岩-杏仁状安山岩，厚度数十米至百多米不等。颜色一般下部灰绿色，上部灰紫色。在正层型剖面上许山组夹紫红色英安岩两层，并可依此划分为三个岩性段。每段各厚约 800～1 000 m。

自正层型剖面向西北至绛县东桑池一带，厚度减至 1 000 m，辉石安山岩相对减少，英安岩只夹一层，向西南至垣曲县板涧河一带，厚度仍在 3 000 m 左右，辉石安山岩增多，而未见英安岩夹层。

鸡蛋坪组　Ch_1j　（05－14－0120）

【创名及原始定义】　河南区测队（关保德等）于 1964 年进行 1：20 万洛阳幅区调时创

名，创名地点在山西省垣曲县蒲掌乡鸡蛋坪村。原始定义："西阳河群第三个组，主要岩性为紫红、灰紫色石英斑岩，底部有一层厚3～10 m的紫红、绿色铁质、硅质岩及凝灰岩。本组厚度稳定，在鸡蛋坪为111.8 m，箭口门一带107.4 m。石英斑岩岩石坚硬，颜色鲜艳，地形陡峻，可作良好的分层标志。与下伏许山组整合接触。"

【沿革】 鸡蛋坪组自命名以来含义基本未变。但山西省地矿局212队阳城测区1∶5万区调（1992），按《山西省沉积地层岩石地层单位划分》的建议，降组为段，归属于许山组。此次地层对比研究，尊重河南省清理意见，仍恢复为组。

【现在定义】 为熊耳群中部的中酸性火山岩组。主要岩性为紫红、灰紫红色的英安流纹岩、流纹岩。由于岩性特殊、颜色鲜红、地貌陡峻，位居中部，是熊耳群分组的标志岩层。与下伏许山组、上覆马家河组均呈平行不整合接触。

【层型】 正层型剖面见许山组层型条目，三担河-毛梨沟-箭口门剖面终点箭口门处，最上一层即为鸡蛋坪组石英斑岩。

【地质特征及区域变化】 鸡蛋坪组厚度不大，100 m左右。岩性简单，为红色、紫红色英安流纹岩、流纹岩（或石英斑岩）。岩性较坚硬，加上较上覆、下伏安山岩鲜红的颜色，野外较易辨认。但厚度变化大，向西南方向（如板涧河剖面上未见到）即可能尖灭缺失。

马家河组 Ch_1m （05－14－0121）

【创名及原始定义】 河南区测队（关保德等）1964年进行1∶20万洛阳幅区调时创名，创名地点在山西省垣曲县历山乡马家河村。原始定义："西阳河群第四个也即上部的一个组以偏基性的中性喷发岩为主，中性喷发岩为次，没有酸性喷发岩，以发育着厚薄不一的沉积夹层为本组火山岩系的特点，自下而上共有18次明显的沉积-喷发韵律，各韵律的变化甚大，从十几米到三百米以上。与下伏鸡蛋坪组整合接触。"

【沿革】 马家河组自创名以来，含义基本未变，一直沿用至今。

【现在定义】 为熊耳群上部由辉石安山岩-安山岩组成的多旋回的火山岩组。每个旋回层的底部发育有厚度不大的沉积岩-砂岩、页岩、凝灰岩。与下伏鸡蛋坪组呈平行不整合接触；其上覆地层为汝阳群，呈不整合接触关系。

【层型】 正层型剖面为垣曲县吴家村-山顶村-马家河剖面（112°01′，35°21′）。河南区测队1963年测制。剖面由两部分衔接而成。马家河为垣曲县历山乡所在村庄，吴家村、山顶村在马家河村东南2 km。

上覆地层：**汝阳群云梦山组** 砂砾岩

～～～～～～～～ 不 整 合 ～～～～～～～～

马家河组	总厚度1 973.3 m
38. 暗灰绿色辉石安山岩	176.5 m
37. 暗紫灰色砂质页岩、粉砂岩，中夹一层铁泥质鲕状灰岩	15.2 m
36. 紫灰色辉石安山岩	74.3 m
35. 暗紫红色薄层状砂质页岩	1.6 m
34. 灰绿色辉石安山岩	77.5 m
33. 紫红色薄层砂岩与砂质页岩互层	19.8 m
32. 灰绿色辉石安山岩	21.5 m
31. 紫红色薄层中细粒长石石英砂岩	25.0 m

30. 暗灰绿色辉石安山岩 57.7 m
29. 紫红色砂质页岩 6.5 m
28. 褐黄色杏仁状安山岩 16.4 m
27. 灰绿色辉石安山岩 66.3 m
26. 紫红色薄层粉砂质凝灰岩 2.0 m
25. 灰绿色辉石安山岩 107.9 m
24. 紫红色砂岩及砂质页岩互层 18.8 m
23. 灰绿色辉石安山岩 2.3 m
22. 底部暗紫色薄层砂岩；中部为黄绿色杂砂质长石砂岩、砂质页岩；上部灰紫色杂砂质长石石英砂岩 16.3 m
21. 暗绿色含辉石安山岩 84.0 m
20. 上部暗紫色中细粒长石石英砂岩，下部褐绿色中细粒杂砂质页岩与紫红色薄层中细粒石英长石砂岩互层 41.9 m
19. 暗灰绿色杏仁状辉石安山岩 4.0 m
18. 暗紫色细粒长石石英砂岩、砂质页岩夹黄绿色砂岩及薄层泥岩 50.7 m
17. 深灰绿色辉石安山岩 13.2 m
16. 灰绿色钙质石英砂岩和紫红色砂质泥岩 7.1 m
15. 灰绿色辉石安山岩 355.0 m
14. 紫红色中厚层细—中粒长石石英砂岩 12.2 m
13. 上部红色杂砂质砾岩（5.9 m）；下部紫红色薄层细粒杂砂岩 11.2 m
12. 灰绿色安山岩 213.0 m
11. 肉红、紫红色中粒长石砂岩 11.8 m
10. 暗灰、黄褐色辉石安山岩 110.8 m
9. 黄绿、黄褐色页岩夹砂质页岩 7.9 m
8. 褐灰、灰黑色安山岩 116.5 m
7. 上部紫灰、灰黄色火山角砾岩，中夹一层棕黄色细粒砂岩（10.4 m）；下部紫红色、灰白色、黄绿色砂质页岩互层夹灰紫色薄层泥灰岩（11.3 m） 21.7 m
6. 暗褐色安山岩 8.9 m
5. 灰绿色夹紫色薄层砂质页岩，底部有厚 20 cm 的钙质泥岩 2.1 m
4. 暗绿色、棕紫色安山岩 85.2 m
3. 灰黑色燧石岩 29.7 m
2. 灰绿色、棕紫色安山岩 64.2 m
1. 暗紫色晶屑凝灰岩 16.7 m

——————平行不整合——————

下伏地层：**鸡蛋坪组**　流纹斑岩

【地质特征及区域变化】 马家河组厚 2 000 m 左右。正层型剖面上马家河组显示了 18 个以上由辉石安山岩-杏仁状安山岩组成的喷发旋回（基本层），每个旋回间夹有由不厚的（数米至数十米）砂岩、页岩、灰岩、燧石岩或凝灰岩等短暂的喷发间断时期的沉积岩层。每个喷发旋回厚 100 m 左右，变化区间为 11～380 m。

自正层型剖面，向西北到母鸡沟（绛县）一带，厚度减至 1 700 m，沉积夹层仅见 8 层；向西南到垣曲县板涧河一带厚度为 2 100 m，沉积夹层更为减少，仅 4—5 层。

汝阳群　Ch_2R　（05－14－0114）

【创名及原始定义】 1976年河南区调队金守文创汝阳群，以概括和代表早已创名的（均创名于河南省汝阳县境内）云梦山组等六个组。其原始定义为："指分布于豫西地区的一套碎屑岩-碳酸盐岩组合。包括云梦山、白草坪、北大尖、崔庄、三教堂、洛峪口六个组。本群与下伏熊耳群及上覆罗圈组均为不整合关系。时代归震旦纪。"

【沿革】 汝阳群的创名便于对豫西一带熊耳群（含当时所称的西阳河群）之上以碎屑岩为主的晚前寒武纪地层整体的称呼，有利于与邻区相当的地层（如洛南的高山河群、嵩山的五佛山群）的研究、对比。故而被不少地质学家所采纳和引用。但河南省地质研究所关保德等在《河南省东秦岭北坡中—上元古界》的专著（1988）中，将妆阳群仅局限于云梦山组、白草坪组、北大尖组三个组，而将崔庄组、三教堂组、洛峪口组称作洛峪群。由于关氏等划分为两个群的主要原因是地质年代的不同认识（关氏等将"汝阳群"归属于蓟县系，将"洛峪群"归属青白口系）。因此，此次地层对比研究，仍坚持金守文（1976）对汝阳群的含义。山西中条山西段的这套地层，朱士兴等曾称为芮城群，但考虑到该区地层发育不全，无代表性，组的命名也不在该区，芮城群不宜采用。沿革见表3－1。

【现在定义】 汝阳群现在的定义可进一步明确修订、完善为：豫西、山西王屋山、中条山区寒武系之下，主要由石英岩状砂岩、石英砂岩、长石石英砂岩夹紫红色、灰绿色泥岩、页岩，顶部发育有绿色页岩和红色白云岩的一套未变质的地层。底部不整合于熊耳群火山岩系之上或直接以高角度不整合于前长城纪变质岩系上；其上平行不整合以洛南群龙家园组，或以不同层位直接被寒武系不整合覆盖。

【地质特征及区域变化】 汝阳群在山西境内分布于中条山-王屋山区，但其沉积发育和被后期侵蚀，保留状况不尽一致。王屋山区的垣曲、阳城一带仅保留有云梦山组、白草坪组和北大尖组；并显示了中部厚度大（最厚达1 200 m以上）、发育较全，向西北、东南两侧厚度变薄，上部地层超覆，下部地层逐渐沉积缺失，直至汝阳群全部缺失。中条山区的平陆、芮城、运城、永济一带，汝阳群底部沉积缺失云梦山组，上部沉积相变缺失三教堂组，总厚度最大可达650 m（图3－1）。

汝阳群缺少足以说明其地质年代的同位素年龄数据(砂岩中的海绿石年龄值显然偏低,不能使用)，但由于其不整合于洛南群龙家园组之下，其地质年代应属长城纪无疑。

云梦山组　Ch_2y　（05－14－0119）

【创名及原始定义】 1952年韩影山、阎廉泉在河南汝阳县一带开展铁矿调查时，创立马口山砾岩层、云梦山层、莲溪寺层等十个岩性层。原始定义：马口山砾岩层为砾岩夹铁矿层，云梦山层及莲溪寺层均为石英砂岩夹少量页岩。三层之间为整合关系，马口山砾岩与下伏火山岩层为不整合关系；莲溪寺层与上覆白草坪层为整合关系。时代均归震旦纪。

【沿革】 河南区测队1964年将韩影山等的上述三层归并，称云梦山组，尔后广泛沿用。

【现在定义】 云梦山组为汝阳群最下部以石英砂岩为主，中部夹砂质页岩的沉积岩组，底部有时具砾石层。石英砂岩以灰紫色、灰白色、白色呈条带状相间出现为特征。云梦山组多以不整合覆于熊耳群之上，其上与白草坪组呈整合接触。

【层型】 正层型为河南省汝阳县寺沟石门根-白堂根剖面。

山西省境内云梦山组主要分布于王屋山区，这一带云梦山组可进一步划分为三个段：一

表 3-1　中条山区西南段中晚元古代岩石地层划分沿革表

本书	张伯声 1958	马杏垣 1959	1:20万运城幅区调 1972	朱士兴等 1974	《华北地区区域地层表·山西省分册》 1979	《山西的震旦系》 1979	《山西省区域地质志》 1989	关保德等 1988	武铁山等 1988
中生界 寒武系 朱砂洞组 辛集组	寒武系 馒头页岩		寒武系 下统 辛集组	古生界 寒武系 辛集组	寒武系 辛集组	寒武系	寒武系 下统 辛集组	寒武系	寒武系
上元古界 震旦系 罗圈组	震旦系 南口石灰岩		震旦系	峡东群 罗圈组	震旦亚界 震旦系 罗圈组	南方震旦系 罗圈组	震旦系 上统 罗圈组	上元古界 震旦系 罗圈组	震旦系 罗圈组
中元古界 蓟县系 洛南群 龙家园组		震旦系 蓟县统 碳酸岩系	上统 洛峪口组	上元古界（震旦系） 芮城群 洛峪口组	蓟县系 洛峪口组 中上段	北方震旦系 蓟县群 龙家园组	蓟县系 下统 龙家园组	黄连垛组	蓟县系 洛南群 龙家园组
长城系 汝阳群 洛峪口组					下段	长城群 洛峪口组	长城系 中统 洛峪口组	洛峪群 洛峪口组	长城系 汝阳群 洛峪口组
崔庄组	王官峪层	长城统 碎屑岩系	三教堂组—崔庄组	崔庄组	三教堂组 崔庄组	崔庄组	崔庄组	崔庄组	崔庄组
北大尖组 三段	风伯峪石英岩		中统 北大尖组	水幽组	北大尖组 上段	北大尖组 三段	上北大尖组	中元古界 汝阳群 北大尖组	北大尖组 上段
二段					中段	二段	下北大尖组 中段		中段
一段					下段	一段	下段		下段
白草坪组 三段			白草坪组		白草坪组 上段	白草坪组 三段	白草坪组 上段	白草坪组	白草坪组 上段
二段					中段	二段	中段		中段
一段					下段	一段	下段		下段
太古界 涑水（岩）群	底部杂岩系	前震旦系	太古界涑水群	涑水群	太古界涑水群	太古界涑水群	太古界涑水群		太古界涑水群

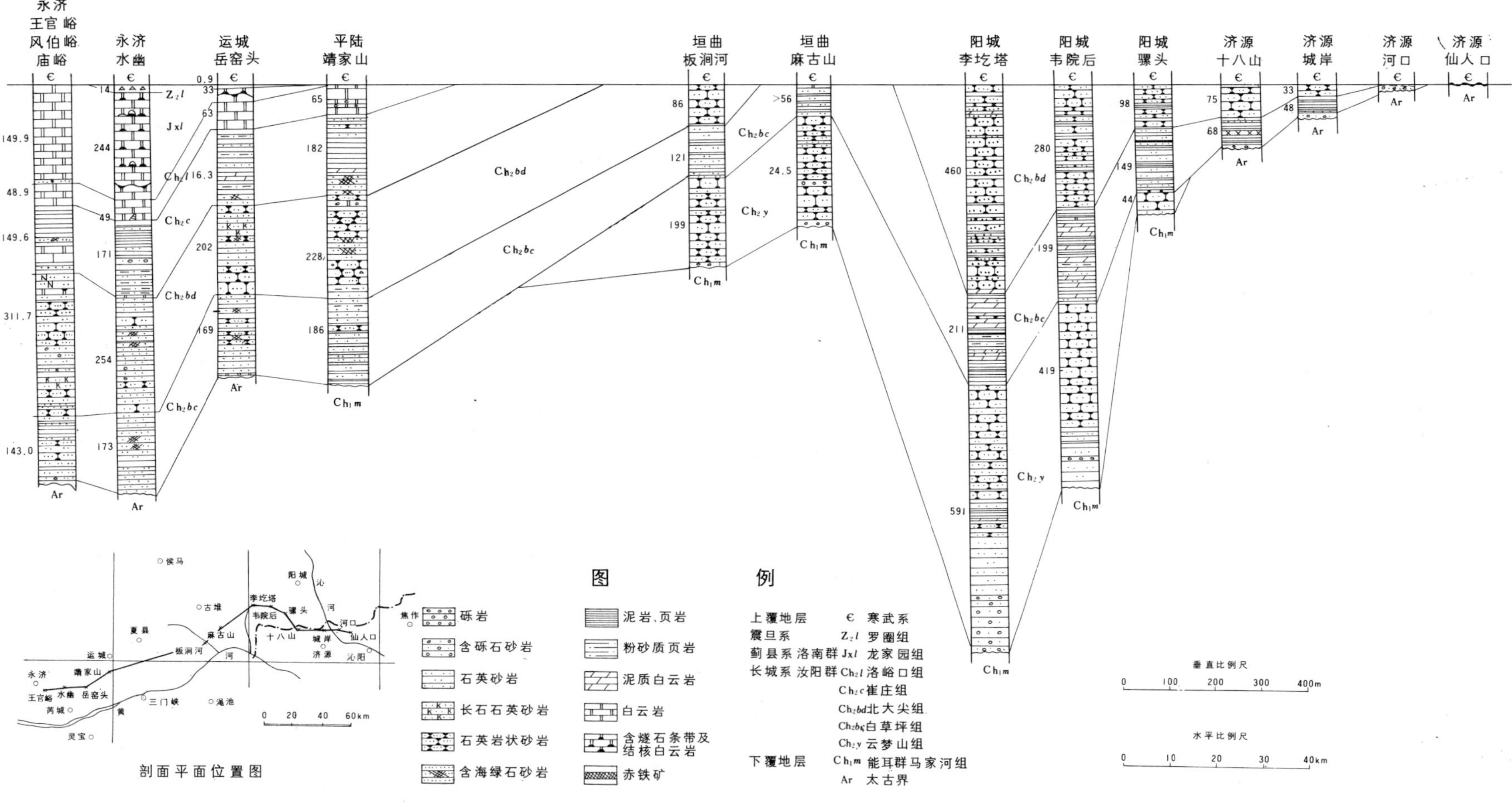

图 3-1 中条山区-王屋山区中上元古界地层柱状对比图

段以中粗粒石英砂岩为主；二段以薄层紫红色砂质页岩、泥岩为主；三段以白色石英岩状砂岩夹石英砂岩。阳城李圪塔剖面可作为该区次层型剖面。

阳城县李圪塔剖面位于阳城县李圪塔乡龛河村（112°03′00″，35°20′00″），1973年山西区调队张瑞成等测制。

上覆地层：**汝阳群白草坪组** 紫色砂质泥页岩夹灰白色薄层粗粒石英岩状砂岩

——————— 整 合 ———————

云梦山组	总厚度 590.5 m
三段	厚 235.8 m
17. 灰白色中厚层—厚层中粗粒石英岩状砂岩	15.1 m
16. 灰紫色厚层中粒石英岩状砂岩夹中粗粒石英砂岩	70.7 m
15. 灰紫色条带状中厚层中—粗粒石英岩状砂岩。中部以薄层为主，距底 60 m 处夹一厚 0.2 m 紫色页岩	150.0 m
二段	厚 78.1 m
14. 灰紫色厚、巨厚层条带状细粒石英岩状砂岩夹粗粒石英砂岩。上部夹页岩，顶部见泥裂	24.1 m
13. 紫红色页岩夹中厚—薄层中粗粒石英砂岩。上部有两层绿色页岩	8.2 m
12. 灰紫色厚层条带状中粒石英岩状砂岩	3.8 m
11. 紫灰色中厚层中—粗粒石英砂岩夹紫红色页岩	11.7 m
10. 紫红色中厚层—薄层粗粒石英岩状砂岩	8.0 m
9. 紫红色条带状中厚层细粒石英岩状砂岩夹粉砂质泥岩	8.0 m
8. 紫红色泥岩夹薄层砂岩	6.9 m
7. 下部紫红色粉砂质泥岩，上部紫红色条带状中粗粒石英岩状砂岩	7.4 m
一段	厚 276.6 m
6. 紫红色、肉红色中厚层中细粒石英岩状砂岩夹细粒石英砂岩	18.3 m
5. 浅紫色中厚层细粒石英岩状砂岩，夹紫红色中—细粒石英砂岩	21.6 m
4. 厚—巨厚层灰白色中粗粒石英砂岩	131.1 m
3. 灰白色砂砾岩。砾石以白色石英岩为主，一般 5～10 cm，大者可达 40～50 cm，向上砾石减少	16.6 m
2. 紫红色中厚层砂砾岩。砾石以安山岩为主，大者可达 40 cm，一般 5～10 cm，向上砾石减少。楔形层理发育	86.4 m
1. 紫红色中厚层含砾砂岩夹红色砂质页岩、中细粒长石砂岩	2.6 m

~~~~~~~~ 不 整 合 ~~~~~~~~

下伏地层：**马家河组** 辉石安山岩

【区域变化】 云梦山组在山西境内以阳城县李圪塔—横河一带最厚，近 600 m，向西北、东南两侧变薄，直至沉积缺失。根据云梦山组砂岩中发育的各种斜层理、波痕可以判断其形成环境是河口三角洲—滨海潮间带。

白草坪组 Ch$_2$*bc* （05－14－0118）

【创名及原始定义】 韩影山、阎廉泉 1952 年于河南省汝阳县寺沟一带创白草坪层。原始定义是指莲溪层之上，北大尖组之下的棕褐色锰质砂岩及紫红色页岩互层。

【沿革】 1964 年河南区测队改称白草坪组，含义未变，之后为广大地质学家承认和引用。
~~~~~~~~

【现在定义】 白草坪组为汝阳群下部以红色泥岩、页岩为主，夹层数不定的薄层砂岩及少量白云岩的沉积岩组。与下伏云梦山组、上覆北大尖组均呈整合接触；当云梦山组沉积缺失时，可直接不整合于熊耳群、以至更老的前长城系变质岩系上。

【层型】 正层型为河南省汝阳县寺沟石门根-白堂根剖面。永济县庙儿峪剖面为山西境内白草坪组的次层型剖面。

永济县庙儿峪剖面：位于永济县虞乡镇南庙儿峪沟中（110°37′00″，34°00′00″）。武铁山等1993年所测。

上覆地层：**北大尖组** 白色石英岩状砂岩

——————— 整 合 ———————

白草坪组	总厚度 143.3 m
三段	厚 60.3 m
35. 灰绿色页岩与灰色纹层状含白云质砂岩互层	9.0 m
34. 紫红色砂质泥岩夹薄层白云质砂岩，顶部厚 0.3 m 含泥砾状紫红色中细粒石英砂岩	2.5 m
33. 红色铁质砂岩。板状斜层理发育	1.4 m
32. 紫红色页岩夹厚 0.1 m 含泥砾块白色中粗粒石英岩状砂岩	13.0 m
31. 紫红色页岩-白云质砂岩-石英砂岩，呈厚 0.1 m 的互层状。泥岩中见泥裂，砂岩斜层理发育	3.6 m
30. 灰白色中厚层石英砂岩（2.0 m）-紫红色铁质砂岩（0.4 m）-白云质砂岩（0.6 m）	3.0 m
29. 紫红色页岩夹薄层（10 cm）微红色石英岩状砂岩。砂岩中见波痕	2.8 m
28. 灰白色中粗粒石英岩状砂岩-白云质石英砂岩-紫红色铁质含泥砾砂岩互层。后者见槽状斜层理	3.8 m
27. 紫红色页岩	1.2 m

——————— 整 合 ———————

二段	厚 29.1 m
26. 紫红色（含铁质）与白色薄层石英砂岩互层，偶夹砾岩薄层（10 cm）及紫红色含砂泥岩（见泥裂）	7.0 m
25. 白色（微红）中薄层中细粒石英岩状砂岩	6.0 m
24. 紫红色页岩夹黄褐色薄层中细粒白云质砂岩，靠上部夹一层厚 0.4 m 红色铁质砂砾岩	3.2 m
23. 浅红色含铁质薄层中细粒石英砂岩。含泥砾、波痕	1.7 m
22. 白色厚层石英岩状砂岩	2.2 m
21. 淡红色薄层石英砂岩夹灰绿色页岩，中上部夹一层厚 0.6 m 白色石英岩状砂岩	1.6 m
20. 白色薄层石英岩状砂岩	2.2 m
19. 微红色薄层石英岩状砂岩	5.2 m

——————— 整 合 ———————

一段	厚 53.9 m
18. 白色石英岩状砂岩与页岩互层	8.7 m
17. 上部灰白色石英岩状砂岩，下部灰绿色页岩夹灰白色石英岩状砂岩	3.2 m
16. 紫红色页岩，下部夹三层各厚 0.5 m 的淡红色石英岩状砂岩	10.5 m
15. 紫红色薄层中粗粒含泥砾铁质砂岩夹含砂砾泥岩	6.0 m
14. 紫红色页岩夹两层白色薄层细粒石英岩状砂岩	3.5 m
13. 褐黄色中层中细粒石英砂岩夹紫红色泥岩	1.9 m
12. 紫红色页岩	1.0 m

11. 紫红色、黄褐色砂岩与紫红色、浅绿色页岩互层	2.3 m
10. 紫红色泥岩-浅绿色页岩	1.7 m
9. 紫红色夹黄褐色含泥砾、白云质砾的中细粒白云质砂岩	1.4 m
8. 紫红色夹浅绿色泥岩	0.6 m
7. 褐黄色薄层含砾白云质砂岩-暗紫红色铁质砂岩（板状斜层理发育）	2.9 m
6. 暗紫红色泥岩	1.2 m
5. 紫红色、淡红色薄层条纹状中细粒石英岩状砂岩	0.2 m
4. 暗红色含砂泥岩	0.6 m
3. 紫红色、黄褐色薄层含砾砂岩	0.7 m
2. 暗红色含砂泥岩	1.0 m
1. 黄褐色厚层状白云质砂砾岩，各层含砾石多少不一，向上砾石减少，渐变为白云质砂岩，最上部渐变为含砂白云岩	6.5 m

~~~~~~~~~~ 不 整 合 ~~~~~~~~~~

下伏地层：**前长城系** 花岗质片麻岩

【区域变化】 山西境内白草坪组分布于垣曲县以东的王屋山区和夏县以西的中条山区西段。分布范围显然较云梦山组为广。王屋山区的白草坪组以红色泥岩、粉砂质页岩为主，夹少量石英砂岩、石英岩状薄层砂岩。上部泥岩富含白云质，并出现不稳定的白云岩层。李圪塔一带厚 211 m，向西北、东南渐薄。该区白草坪组多整合于云梦山组之上，向东南方向可直接超覆不整合于前长城纪变质岩系之上。中条山西段的白草坪组均直接超覆不整合于前长城纪变质岩系之上，而岩性组合明显的显示了三分性，可划分为三个岩性段。其一、三段均以红色夹绿色泥、页岩为主，二段以白色石英岩状砂岩为主。组厚稳定在 130～190 m 之间。砂岩波痕、板状斜层理发育，页岩泥裂发育，可以推断白草坪组形成环境为潮间泻湖—潮间砂坝。

北大尖组　Ch$_2$*bd*　（05－14－0117）

【创名及原始定义】 韩影山、阎廉泉 1952 年于河南省汝阳县创名北大尖层、上洛峪层、武湾后沟层，原始含义：北大尖层为姜黄色石英砂岩夹页岩；上洛峪层为石英岩、页岩夹铁矿层，底部为长石石英岩；武湾后沟层为姜黄色石英岩及白云质砂岩；底部为海绿石砂岩。

【沿革】 河南区测队 1964 制将韩影山等的上述三层归并，称北大尖组，尔后即广泛沿用。

【现在定义】 北大尖组为汝阳群中部以白色石英岩状砂岩为主的沉积岩组，其中部夹紫红色、灰黑色页岩、砂质页岩，上部夹砂质白云岩、白云岩。与下伏白草坪组、上覆崔庄组，均呈整合接触。

【层型】 正层型为河南省汝阳县寺沟下河西-崔庄剖面。山西境内的次层型有：阳城县李圪塔剖面，中条山西段的风伯峪剖面。

永济县风伯峪剖面：位于永济县虞乡镇东南风伯峪沟中（110°39′00″，34°00′00″）。武铁山等 1993 年测制。

上覆地层：**崔庄组** 黑色页岩

———————— 整 合 ————————
~~~~~~~~~~

北大尖组 总厚度 311.7 m

三段 厚 142.8 m

41. 灰白色中层细粒白云质石英长石砂岩 6.0 m

40. 紫红色、灰绿色页岩夹薄层铁质砂岩-薄层石英岩状砂岩-黄白色白云质长石石英砂岩 10.0 m

39. 灰色薄层状含白云质砾块含海绿石白云质长石石英砂岩。含叠层石：*Gruneria* f. 12.3 m

38. 灰黄色中层泥晶白云岩，砾屑白云岩夹薄层紫红色泥岩及白云质砂岩。泥岩中见含 *Gruneria* f. 叠层石白云岩 8.3 m

37. 红色薄层—中层细粒白云质石英砂岩-灰黄色、灰色中层砂砾屑白云岩 7.0 m

36. 黄白色中层白云质砂岩-紫红色页岩夹薄层砂岩，中部夹一层厚 1.2 m 紫红色铁质砂岩 15.9 m

35. 灰白色中层中粗粒石英岩状砂岩。波痕、斜层理极发育 2.7 m

34. 红色薄层含白云质砾块白云质粗砂岩夹紫红色页岩多层 3.0 m

33. 白色厚层石英岩状砂岩 2.0 m

32. 红色厚层中粗粒石英岩状长石石英砂岩，中部夹一层暗红色铁质砂岩 6.8 m

31. 红色中层细粒石英岩状长石石英砂岩，夹砾屑白云岩（或白云质砂岩） 11.8 m

30. 淡红色（顶底各有 2m 呈红色），厚层中粒石英岩状砂岩 10.0 m

29. 褐色中层含白云质砾屑白云质石英砂岩-薄层白云质石英砂岩-紫红色页岩、灰绿色页岩（组成六个韵律层） 13.2 m

28. 灰白色（风化面呈褐黄色）中层中粒石英岩状砂岩 7.5 m

27. 紫红色页岩夹一层薄层中粒砂岩 1.7 m

26. 灰白、微红色中层石英岩状砂岩夹白云质砂岩条带 3.3 m

25. 灰色微红（风化面呈褐色）中层夹薄层中粒白云质石英砂岩 4.3 m

24. 白色微红中层细粒石英岩状砂岩，向上渐变为薄层并夹细粒白云质长石石英砂岩，顶部 1 m 内夹 5 层（5 cm）紫红色页岩 17.0 m

——————整　合——————

二段 厚 81.9 m

23. 白色石英岩状砂岩夹黑色页岩、砂质页岩。底部厚 1.1 m 红色粉砂质页岩、页岩 15.2 m

22. 黄褐色中厚层含白云质砾块中粗粒白云质砂岩。双向交错层极发育 21.0 m

21. 风化面呈褐色中粗粒白云质长石石英砂岩。双向交错层理发育 8.7 m

20. 黑色页岩夹薄层石英砂岩 4.8 m

19. 白色厚层石英岩状砂岩 3.0 m

18. 黑色页岩、粉砂质页岩夹灰白色薄层细粒长石石英砂岩 29.2 m

——————整　合——————

一段 厚 87.0 m

17. 白色薄层—中层细粒石英岩状砂岩 3.4 m

16. 白色（风化面呈褐色）厚层中粗粒含鲕白云质长石石英砂岩 3.0 m

15. 淡红色中厚层细粒长石石英砂岩 10.5 m

14. 浅褐黄色中层细粒石英长石砂岩-浅褐色中层中粗粒含白云质砾石英砂岩，底部为厚 1.5 m 微红色石英岩状砂岩 12.7 m

13. 灰色微薄层细粒含海绿石石英砂岩夹灰绿色页岩 2.5 m

12. 白色薄—中层石英岩状砂岩。每层间夹小于 1cm 的页岩，层面顶面上普遍可见泥砾 5.3 m

11. 微红色中—薄层细粒石英岩状砂岩夹褐黄色中粗粒白云质砂岩及页岩 6.0 m

10. 红色铁质砂岩、褐黄色白云质砂岩、白色石英岩状砂岩夹红色粉砂页岩、页岩 4.2 m

9. 红色中层细—粗粒石英岩状砂岩　3.5 m

8. 白色、微红色中层石英岩状砂岩。层面上见泥砾及白云质砾块，波痕发育　3.1 m

7. 暗红色页岩夹薄层铁质砂岩　1.1 m

6. 褐黄色含砾粗粒白云质砂岩-红色含铁质中细粒石英砂岩-紫红色页岩　3.0 m

5. 微红色中层中粗粒石英岩状砂岩。板状斜层理发育　3.3 m

4. 红色薄层含白云质砾块铁质砂岩-黄色薄层白云质砂岩　2.3 m

3. 暗紫红色薄层含铁石英砂岩　8.5 m

2. 粉红白色薄层细粒石英岩状砂岩　2.6 m

1. 淡红色中—厚层细粒石英岩状砂岩　11.0 m

———— 整　合 ————

下伏地层：**白草坪组**　灰绿色页岩夹薄层砂岩

【区域变化】　山西境内北大尖组分布于两个小区。垣曲、阳城一带，以白色石英岩状砂岩为主，偏下部夹少量紫红色页岩，未见白云岩、砂质白云岩。李圪塔一带厚 460 m，向西北，东南变薄，缺失。中条山西段的北大尖组三分性明显，可划分为三个岩性段：一段为白色石英砂岩；二段薄层砂岩夹黑色页岩；三段白色石英岩状砂岩-白云质胶结石英砂岩、砂质白云岩夹紫红色薄层页岩。厚度稳定在 200～280 m 之间。

从上述剖面描述看出，砂岩板状斜层理、双向冲刷斜层理、波痕、“泥砾”发育，白云质砂岩-砂质白云岩大量出现(白云岩中含叠层石)，以及黑色页岩大量出现，可以推断北大尖组沉积环境为滨海潮间带—潮下泻湖。

崔庄组　Ch_2c　(05－14－0116)

【创名及原始定义】　韩影山、阎廉泉 1952 年于河南省汝阳县寺沟一带创崔庄页岩，原始定义：“武湾后沟层之上三教堂砂岩之下的一套绿色页岩层（风化后呈紫红色、灰黑色等色）。”

【沿革】　1964 年河南区测队改称崔庄组，含义基本未变；但将底界下移，将原武湾后沟层顶部白云岩之上的石英岩状砂岩，作为底砂岩划入崔庄组。此次地层对比研究，崔庄组底界仍回归于韩影山创名时的位置，自大量页岩出现划界。

【现在定义】　崔庄组为汝阳群上部以灰绿色、黑色页岩、砂质页岩为主的沉积岩组，其底部夹灰白色薄层状石英岩状砂岩。与下伏北大尖组、上覆三教堂组均为连续沉积整合接触。山西境内缺失三教堂组，直接与洛峪口组呈整合接触。

【层型】　正层型为河南省汝阳县崔庄-龙堡剖面。永济县王官峪剖面可作为崔庄组在山西境内的次层型剖面。

永济县王官峪剖面：位于永济县清华乡王官峪沟内（110°41′，34°00′）。武铁山等 1993 年重测。

上覆地层：**洛峪口组**　紫红色厚层块状粉晶白云岩，距底界 0.3 m 夹一层厚 5～10 cm 绿色页岩，页岩之下有厚 5～15cm 的竹叶状（内碎屑）碎屑白云岩

———— 整　合 ————

崔庄组　总厚度 149.6 m

10. 灰绿色页岩夹薄层菱铁质粉砂岩　5.9 m

9. 灰绿色页岩。风化呈大缓坡地貌 53.2 m

8. 灰绿色页岩夹三层薄层含海绿石粉砂岩（各厚 1～2 m） 10.4 m

7. 灰绿色页岩。风化呈大缓坡地貌 38.1 m

6. 暗红色，风化呈褐黄色薄层细晶白云岩与暗红色页岩、粉砂质页岩互层 10.5 m

5. 褐黄色中薄层粉晶白云岩（或白云质砂岩） 1.7 m

4. 黑色（向上变为绿色）灰岩夹铁褐色薄层含砂菱铁矿岩 6.6 m

3. 黑色页岩 3.4 m

2. 灰白色薄层细粒砂岩 1.7 m

1. 黑色页岩 18.1 m

———————— 整　合 ————————

下伏地层：**北大尖组**　灰白色中层石英砂岩

【区域变化】　山西境内的崔庄组仅见于中条山西段的平陆、运城、永济、芮城一带。厚度 140～185 m 之间，主要岩性为黑色、灰绿色页岩，夹一些薄层细砂岩、粉砂岩及白云岩、菱铁矿凸镜体等。地貌上呈一大缓坡。这一带缺失三教堂组沉积，所以崔庄组直接与洛峪口组为界，界线划在灰绿色页岩与紫红色白云岩之间。

根据岩石组合、岩石颜色、沉积构造等可以判断崔庄组沉积环境为滨海潮下泻湖环境。

洛峪口组　Ch_2l　(05－14－0115)

【创名及原始定义】　1952 年韩影山、阎廉泉于河南省汝阳县洛峪口一带创名，称为洛峪口层。原始定义："岩性为白云质灰岩夹页岩，顶部为紫红色页岩。与其下三教堂组石英砂岩呈整合接触；与上覆寒武系不整合接触。"

【沿革】　1964 年河南省区测队改称洛峪口组。但是在引用于汝阳以南的鲁山、方城、确山等地时，均将平行不整合于洛峪口组紫红色白云岩之上的应归属龙家园组的灰白色、灰色含燧石白云岩也当作洛峪口组。1988 年关保德等虽另创黄连垛组，但仍将一部分留在了洛峪口组。另外，本专著认为洛峪口组的底界应划在红色白云岩之底面，其下的灰绿色页岩应划归三教堂组，否则当三教堂组缺失时（山西中条山区已出现此情况），洛峪口组底界又划在何处呢！

【现在定义】　洛峪口组为汝阳群最上部由红色白云岩、含叠层石红色白云岩组成的沉积岩组。底部以红色白云岩底面为界，与下伏三教堂组或崔庄组呈整合接触；顶部以平行不整合与龙家园组灰白色、灰色白云岩接触，当龙家园组缺失时，可被震旦系罗圈组，甚至寒武系直接覆盖，呈不整合接触。

【层型】　正层型剖面为河南省汝阳县韭菜凹剖面。永济县王官峪剖面可作为山西境内洛峪口组的次层型剖面。

永济县王官峪剖面：剖面位于永济县清华乡王官峪沟内（110°41′00″，34°00′00″）。武铁山等 1993 年重测。

上覆地层：**龙家园组**　灰白色含燧石条纹粉晶白云岩，底部厚 0.2 m 含砾石英砂岩

－－－－－－－ 平行不整合 －－－－－－－

洛峪口组 总厚度 48.9 m

15. 浅红色厚层致密状粉晶白云岩 14.0 m

14. 紫红色厚层疙瘩状粉晶白云岩 9.4 m

13. 淡红色厚层致密状粉晶白云岩 19.0 m

12. 红色中厚层致密状粉晶白云岩 3.0 m

11. 紫红色厚层块状粉晶白云岩，距底界 0.3 m 夹一层 5～10 cm 绿色页岩，页岩之下有 5～15 cm 厚的竹叶状（内碎屑）碎屑白云岩 3.5 m

——————— 整　合 ———————

下伏地层：**崔庄组**　灰绿色页岩夹薄层菱铁质粉砂岩

【区域变化】　山西境内洛峪口组和崔庄组一样，仅见于中条山西段的平陆、运城、永济、芮城一带，厚 50～65 m。岩性较单一，为红色、紫红色白云岩、含叠层石白云岩。其下直接与崔庄组灰绿色页岩整合接触，其上以平行不整合覆于洛南群龙家园组灰色白云岩（底部具不厚的含砾石英砂岩）之下。洛峪口组地貌上呈陡峻地形，与崔庄组的缓坡地形截然不同，极易区分。根据岩性特征，洛峪口组的沉积环境应属于炎热干燥气候下的潮间泻湖。

洛南群　Jx*L*　（05－14－011）

【创名及原始定义】　山西省区调队武铁山于 1979 年在《山西的震旦系》（山西地层断代总结专著之一）和同年撰写的《豫西（型）震旦地层的对比、统一划分和时代问题》论文中创名。文中认为（和建议）："陕西洛南县和河南卢氏县、灵宝县一带命名的龙家园组、巡检司组、杜关组、冯家湾组，因洛南一带最发育，可合称洛南群。"并指出在洛南地区洛南群与下伏的高山河群为明显的沉积间断接触，其上覆地层为大庄组；在豫西鲁山和中条山一带洛南群（只残留不全的龙家园组）层位在与高山河群层位相当的汝阳群之上。

【沿革】　洛南群创名后逐步得到陕西、河南一些地质学家的支持和引用（邱树玉、刘洪福，1982）。此次地层对比研究中河南省不用洛南群，而用重新厘定后的官道口群（将高山河组划出去），显然不妥。官道口群创名时实际包括的地层范围大得多，创名也晚于洛南群。其实与官道口群原始含义相同，而命名较早的还有伊河群（或洛河群，金守文，1976）。仅包括四个组，创名较早的尚有：南天门群（河南地质研究所，1962），下栾川群（河南地质三队，1978）。但前者与河北省张家口一带创名更早的南天门砾岩重名，不宜采用；后者栾川群分称为下、上栾川群，不符合地层命名原则，也不宜使用。所以，还是以作为该群主体的两个组命名地的洛南（县）称之，最为合适。

【现在定义】　洛南群为陕西小秦岭、河南崤山一带上前寒武系上部的一套巨厚的白云岩、燧石白云岩、含叠层石白云岩地层。上覆、下伏地层各地有所不同：洛南、卢氏、灵宝一带，下伏高山河群、上覆石北沟组；中条山、外方山一带，下伏汝阳群，上覆罗圈组或董家组；熊耳山一带，下伏熊耳群，上覆栾川群白术沟组。与上覆、下伏地层均属不整合接触。

【区域变化】　山西境内的洛南群受后期地质作用的影响，保留不全，中条山西段仅见不完整的龙家园组。

龙家园组　Jx*l*　（05－14－0113）

【创名及原始定义】　秦岭区测队 1959 年进行 1∶20 万洛南幅区测时创名龙家园系。原始定义："陕西洛南、河南卢氏、灵宝一带，高山河组之上的一套灰色、灰白色厚层硅质条带白云质灰岩、白云质灰岩及白云岩，局部含 *Collenia* sp.，上覆地层为巡检司组"。

【沿革】　1959 年，全国地层会议改称龙家园组；之后被河南、陕西地质学者承认和引用。

山西省中条山西段的芮城、永济境内有龙家园组分布，但因保留不全，厚度较小，0～244 m，1∶20万三门峡幅将其笼统划入洛峪口组。1979年武铁山等进行1∶20万断代地层总结时，认识到这一问题，从而将龙家园组引入山西，并发现龙家园组与下伏的洛峪口组属平行不整合接触；进而论证了高山河（群）组即汝阳群，汝阳群层位在龙家园组之下。

【现在定义】 龙家园组为陕西小秦岭、河南崤山、山西中条山一带洛南群最下部的一个由灰色、灰白色中厚层状白云岩、硅质（燧石）条带白云岩、含小柱状叠层石白云岩组成的组级岩石地层单位。底部以不厚的砂砾岩与下伏地层汝阳群洛峪口组呈平行不整合接触。上覆地层为巡检司组，但分布区的北部、东部亦可被震旦系、寒武系的不同层位的组所直接不整合叠盖。

【层型】 正层型为陕西省洛南县黄龙铺-留题口剖面。永济县王官峪剖面可作为山西境内龙家园组的次层型。

永济县王官峪剖面：位于永济县清华乡王官峪沟西支沟中（110°41′00″，34°51′00″）；武铁山等1992年重新测制。

上覆地层：**辛集组** 石英砂岩

——————— 平行不整合 ———————

龙家园组	总厚度 223.8 m
15. 灰色中—厚层纹层状夹不具纹层的细晶白云岩	149.9 m
14. 微红色厚层致密粉晶白云岩	3.4 m
13. 白色、微红色含密集燧石条带、燧石结核中层夹薄层粉晶白云岩（10 cm左右即含一层燧石）	33.0 m
12. 灰白色厚层状含稀疏燧石条带、燧石结核白云岩（距顶5～6.5 m处燧石条带较密集），上部含半球状叠层石	19.0 m
11. 灰色中层夹薄层粉晶白云岩	6.0 m
10. 灰色厚层稀疏黑色纹层状含燧石粉晶白云岩	3.6 m
9. 白色中厚层夹薄层含白色燧石结核白云岩，距底1.7 m处夹厚30 cm石英岩状砂岩	4.4 m
8. 灰色、灰白色含黑色燧石纹层，不规则结核粉晶白云岩	3.7 m
7. 微红色薄层（3～15 cm）致密状粉晶白云岩	0.6 m
6. 浅肉红色含砾白云质（胶结）石英砂岩。砾径0.2～0.5 cm，含量约15%，成分为燧石、石英	0.2 m

——————— 平行不整合 ———————

下伏地层：**汝阳群洛峪口组** 浅红色厚层致密状粉晶白云岩

【地质特征及区域变化】 龙家园组白云岩多呈中、厚层状，灰色、灰白色，粉、细晶结构，含各种各样的微小柱状为特征的叠层石，可以推断其沉积环境为潮下至浅海。地质时代属蓟县纪。最大厚度257 m，由西南→东北厚度逐渐变小，直至全部（侵蚀）缺失。

罗圈组 Z_2l （05-14-0111）

【创名及原始定义】 刘长安、林蔚兴在1961年进行华北地层大区南缘的冰碛层研究时，于河南省临汝县蟒川乡罗圈村创名。原始定义："在秦岭北坡、豫西及嵩山（西部）的下寒武系磷矿层之下，元古界之上，有一套岩性特殊的堆积物——冰碛层。剖面最下部是冰碛泥砾，向上渐变为黄绿、紫褐等杂色页岩，从下至上构成一个沉积旋回，厚数米至数百米不等，因在临汝罗圈一带发育最好，故暂称罗圈组。下与元古界不整合接触，上与下寒武纪为沉积间断，时代归始寒武纪。”

【沿革】 罗圈组自创名后，即被广泛引用。除其层位与华南、新疆等地已知冰碛层如何对比有不同认识外，并无异议。1980 年关保德等将原罗圈组分解为罗圈组、东坡组两个组。本专著仍沿用创名时的罗圈组含义。

【现在定义】 华北地层区南缘，寒武系磷矿层之下、元古界之上的一套冰碛成因的堆积。其岩性下部为冰碛泥砂质砾岩、砂岩，向上渐变为黄绿色、紫褐色等杂色页岩。

【层型】 正层型为河南省临汝县蟒川乡罗圈村剖面。

平陆县红土窑剖面：可作为山西境内罗圈组的次层型剖面。该剖面位于平陆县西侯乡红土窑村（110°57′20″，34°48′30″）；山西省地矿局 213 队区调分队于 1993 年测制。

上覆地层：**辛集组** 灰色中厚层状石英砂岩。底部含硅质砾岩

———————平行不整合———————

罗圈组 总厚度＞11.8 m

3. 灰绿色砾岩。砾径小于 10 cm，次棱角状 0.1 m

2. 黄灰色砾岩。砾径数毫米至几十毫米，棱角状，砾石成分主要为白云岩、砂岩 1.7 m

1. 紫红色砾岩。砾径数十厘米至 1m ＞10 m

———————平行不整合———————

下伏地层：**龙家园组** 灰白色含燧石条带白云岩

【区域变化】 山西境内的罗圈组零星分布于平陆、芮城、永济一带，厚度不大，0～14 m，仅发育有属于下部的冰碛泥砂质砾岩。不整合覆于汝阳群、洛南群的不同层位之上，其上被寒武系辛集组不整合覆盖。

二、太行山区

山西省东南边缘的太行山区分布的上前寒武系，为一套以石英岩状砂岩为主的碎屑岩系。由于多出露于太行山腹地（昔阳、和顺、左权、黎城一带），直到本世纪 50 年代，除个别地质学家（例王竹泉，1926，山根新次，1924）有所触及外，很少有地质学家问津。地质学家王曰伦、王景尊（1930），李四光（1939）等曾对石太铁路沿线河北省获鹿、井陉一带的上前寒武系进行过粗略划分，但这一带的上前寒武系与整个太行山中南段的上前寒武系，无论地层发育程度、岩层位置，都有很大不同。60 年代 1：20 万区调开展以来，对太行山区上前寒武系才有全面的了解，进行了地层划分和地质填图。地层划分依蓟县长城系的划分进行，但由于其自身的特殊性，在具体到组的对比、划分上一直未能统一（见表 3－2）。武铁山（1979）和王启超等（1980）认识到太行山的上前寒武系属于蓟县型与豫西型的过渡类型，太行山的长城系有比蓟县长城系层位更低，而可与豫西对比的地层。因此，又牵涉到对这部分多出来的岩石地层单位的命名，是采用豫西的命名，还是另创新名？1988 年山西省区调队进行《山西沉积地层岩石地层单位划分》（武铁山等）时，在这一较敏感的地层对比问题面前，为了避免把学术观点强加于人，给不同观点的地质学家以宽松的思考余地，对太行山区的上前寒武系（实际仅长城系），既不用蓟县型，也不用豫西型的地层划分和命名系统，而另创了一套群、组的划分和命名。

新的一些地球物理（地震）研究成果（王同和，1992），证实了晋豫陕三叉裂谷及其北东

表 3-2　太行山区(中段)中元古代岩石地层划分沿革表

作者	年代	界、系、统(群)	岩石地层单位(自上而下)	下伏地层
王曰伦(王景尊)	1930	新元古界(震旦);滹沱系	含燧石矽质灰岩;石英砂岩夹页岩、赤铁矿	归元古界 五台系 片麻岩 片岩 石英岩 大理石
山根新次	1931	震旦系	霍山砂岩	滹沱群 硅质灰岩、结晶灰岩、千枚岩等
李四光	1939	震旦系	含燧石条带结核灰岩;石英岩—细粒石英,岩夹铁矿	震旦纪前 片麻岩片岩、绿泥片岩、云母片岩、大理岩
中国区域地层表补编	1956	震旦纪	获鹿灰岩;石英岩—石英岩夹板岩、页岩及铁矿	前震旦纪 滹沱系;变质岩系
全国地层委员会	1959	震旦系(中震旦统)	含赤铁矿的石英砂岩	滹沱系
王曰伦	1963	始寒武系	头泉组;测鱼组(冰碛层)	震旦系
张良瑾等	1964	震旦系	大红峪组;串岭沟组;(测鱼组)黄崖关组	滹沱群
李裕民	1964	震旦系	大红峪组(头泉组下部)—串岭沟组	滹沱群
河北省区调大队	1968	震旦系	大红峪组	下元古界 甘陶河群
河北省地层表编写组	1979	震旦亚界;长城系	大红峪组;串岭沟组;常州沟组	下元古界 甘陶河群
山西省地层表编写组	1979	震旦亚界;长城系	高于庄组;团山子组;串岭沟组;常州沟组	下元古界 甘陶河群
武铁山	1979	北方震旦系;南口群、长城群	高于庄组(南口群);团山子组;串岭沟组;常州沟组;白草坪组(长城群)	滹沱集群 东焦群;甘陶河群
王启超等	1980	震旦亚界;南口系、长城系	高于庄组(南口系);团山子组(二段、一段);串岭沟组;常州沟组(三段、二段、一段)(长城系)	滹沱超群 东焦群;甘陶河群
杜汝霖	1984	长城系	常州沟组;赵家庄组	滹沱群
河北省地矿局	1989	长城系	团山子组;串岭沟组;常州沟组(三段、二段、一段)	下元古界 东焦群;甘陶河群
山西省地矿局	1989	长城系;中统	团山子组(二段、一段);串岭沟组(二段、一段);上常州沟组;下常州沟组(二段、一段);白草坪组	下元古界 东焦群;甘陶河群
武铁山等	1989	长城系;上统;中统	上统:高于庄组;中统 东冶头群:套掌组、南井组、苇地凹组、寺垴组;测鱼群:范家峧组、茶壶山组、背坡组	下元古界 东焦群;甘陶河群
本书		中元古界;长城系	高于庄组;大红峪组(套掌段、南井段);串岭沟组;常州沟组(寺垴段、范家峧段、茶壶山段);赵家庄组	下元古界 东焦群;甘陶河群

一支的存在。豫西上前寒武系（特别是长城系），自垣曲、济源一带通过沁水盆地，可与太行山区的上前寒武系相连。所以，华北太原地层清理会议建议太行山区的长城系采用豫西型的划分和命名。但鉴于历史的习惯，河北、山西地层清理专题组协商一致，原则上仍采用蓟县型的划分和命名，常州沟组之下多出的地层不采用豫西型命名，而另启用新名。为了不降低地层已有的精度和便于地层对比，山西地层清理专题组将山西境内长城系的常州沟组和大红峪组，进一步划分为具地理专名的段。山西太行山区上前寒武系的划分和命名如表 1－1。

大河组 Ch_2d （05－14－0110）

【创名及原始定义】 山西区调队武铁山 1988 年进行《山西省沉积地层岩石地层划分》时创名，原始定义："太行山南段，层位在夹含叠层石白云岩的红色泥岩层之下的一套浅肉红色石英岩状砂岩、灰紫色含铁质石英砂岩（互层或互为条带状）。厚 0～135 m"。

【沿革】 大河组在山西境内仅见于与河南省接壤的一些深切谷沟中，而在河南境内的太行山区分布和出露更广泛一些。河南境内大河组这套鲜红色的石英（岩状）砂岩在未单独划分为组级岩石地层单位之前，曾被山根新次（1931）误认为"霍山砂岩"，或与其上的红色泥（页）岩（现称赵家庄组）被称作"上八里组"，对比为串岭沟组。1979 年《山西的震旦系》将其单独划分出来，并与豫西对比，称为云梦山组。

【现在定义】 大河组为太行山南段沉积地层最底部，赵家庄组之下的一套淡红色石英岩状砂岩与灰紫色含铁质石英砂岩互层或互为条带状的碎屑岩组。与上覆地层赵家庄组整合接触，有的直接被寒武系馒头组不整合覆盖；下伏地层为前长城系变质岩系，呈高角度不整合。

【层型】 正层型为壶关县桥上乡大河村剖面（113°36′，35°55′）。

【地质特征】 大河组在山西境内分布局限，出露零星。但其以层位在很特征的赵家庄组红色泥（页）岩之下，主要岩性石英岩状砂岩，含铁量不等而显示的红白相间的条带状，有别于常州沟组。大河组下伏地层为前长城系变质岩系，不整合接触，厚度南厚北薄（135～0 m），显示了自南而北的超覆和沉积缺失。

赵家庄组 $Ch_2\hat{z}$ （05－14－0109）

【创名及原始定义】 河北地质学院杜汝霖于 1977 年研究五台-太行山区长城系与滹沱群关系时创名，1984 年发表。原始定义："太行山中南段中上元古界的通常所谓的长城系与滹沱系之间，普遍出现了一套以紫红色页（泥）岩夹叠层石白云岩为主的新地层，为蓟县剖面所未有。建议命名为赵家庄组。与下伏五台群、上赞皇群或滹沱群都呈明显角度不整合接触，与上覆常州沟组成明显的平行不整合接触。"

【沿革】 赵家庄组这套很特征的夹含叠层石白云岩的红色泥（页）岩层，数十年来一直被从属于上覆的石英岩状砂岩，笼统地划在一起。武铁山（1979）于《山西的震旦系》强调了这套地层的重要性，指出其层位在常州沟组之下，可与豫西的白草坪组对比（并可能与白草坪组于沁水盆地之下相连）。故而单独划分出来，并直接称作白草坪组。认为没有必要另创新名，而未采用杜汝霖创立的赵家庄组。但对于太行山长城系可与豫西汝阳群于沁水盆地之下相连，一些地质学家一直持怀疑态度；因而既不采用白草坪组，也不另启用新名，而仍归属于上覆的常州沟组。此次地层对比研究，河北、山西地层清理组协商一致，采用赵家庄组。

【现在定义】 为太行山区沉积地层底部、常州沟组之下的一套以红色泥岩、页岩为主夹薄层石英砂岩的组级岩石地层单位。该组尚夹有不稳定的黄白色含层柱状及放射状叠层石的砂质白云岩凸镜体。地貌上成缓坡地形。与上覆常州沟组呈整合接触。下伏地层在漳河及以南为整合接触的大河组；在漳河以北则为呈高角度不整合接触的前长城系变质岩。

【层型】 正层型为河北省赞皇县院头乡赵家庄西南 1 km 壳朗寨山的赵家庄剖面。黎城县西井镇彭庄剖面可做为山西境内赵家庄组的次层型。

黎城县西井镇彭庄剖面：剖面位于西井镇彭庄村后（113°23′00″，36°46′00″）；最早由山西区调队于 1969 年进行 1：20 万左权幅区调时测制，1978 年武铁山等重测。

上覆地层：**常州沟组** 白色微带粉红色中层夹薄层中—细粒石英岩状砂岩

——————— 整 合 ———————

赵家庄组	总厚度 146.5 m
14. 浅红色中层含铁质石英岩状砂岩，顶部有厚 30 cm 泥岩	12.3 m
13. 红色铁质砂岩。具假鲕粒结构	2.5 m
12. 紫红色页岩	14.1 m
11. 紫红色、砖红色页岩、泥岩夹薄层石英砂岩和含铁质砂岩	10.8 m
10. 紫红色砂质铁质泥岩与薄层含铁质砂岩互层	9.8 m
9. 灰红色厚层含铁质石英砂岩。斜层理发育	2.9 m
8. 紫红色薄层铁质砂岩、泥质砂岩（中粗粒）夹灰白色薄层细粒石英岩状砂岩	16.3 m
7. 白色微带红色中层细粒石英岩状砂岩	5.7 m
6. 红色砖红色泥岩。靠下部夹一层石英砂岩	13.1 m
5. 灰红色、灰白色相间石英岩状砂岩	9.8 m
4. 紫红色泥岩间夹两层绿色泥岩	27.5 m
3. 灰白色薄层石英砂岩夹紫红色页岩及褐红色钙质砂岩（或砂质白云岩）	13.5 m
2. 灰色页岩	7.2 m
1. 砂砾岩。底部含稀疏大个砾石，砂质胶结，较疏松	1.0 m

~~~~~~~~~~ 不 整 合 ~~~~~~~~~~

下伏地层：**桐峪组** 片麻岩

【地质特征及区域变化】 赵家庄组在山西境内太行山区分布较为普遍，凡前长城系出露而有长城系盖层的部位，在不整合界面之上，长城系石英岩状砂岩陡崖底部，大多可见到高差百米左右由红色泥（页）岩形成的缓坡地形，此即赵家庄组的所在。赵家庄组虽以红色泥（页）岩为主，但常夹有多层不厚的不等粒中粗粒砂岩、石英岩状砂岩、白云质砂岩、砂质白云岩及不稳定的铁质砂岩、赤铁矿砂岩。砂岩中斜层理、波痕也不罕见。近顶部红色泥岩中有时尚可见到食盐假晶（左权县西隘口）。砂质白云岩中往往可找到叠层石，叠层石多呈层柱状、放射状。赵家庄组一般厚 50～150 m。黎城县西井—左权拐儿镇一带，厚度稳定在 120～170 m。向南、向北厚度变薄，如南部的林县芦家拐—壶关大河一带，厚多为数十米（见图 3－2）。赵家庄组的沉积环境基本上属潮间泻湖—潮上泥坪。

常州沟组 $Ch_2\hat{c}$ （05－14－0105）

【创名及原始定义】 常州沟组是 1964 年蓟县震旦系现场学术讨论会所创立①。创名地点

① 华北地质科学研究所第一、三研究室震旦系岩石地层组，河北省地质局区测队，1965，河北省蓟县震旦系剖面的岩石地层学研究。地质部华北地质科学研究所，蓟县震旦系现场学术讨论会议论文汇编，17～33。
~~~~~~~~~~

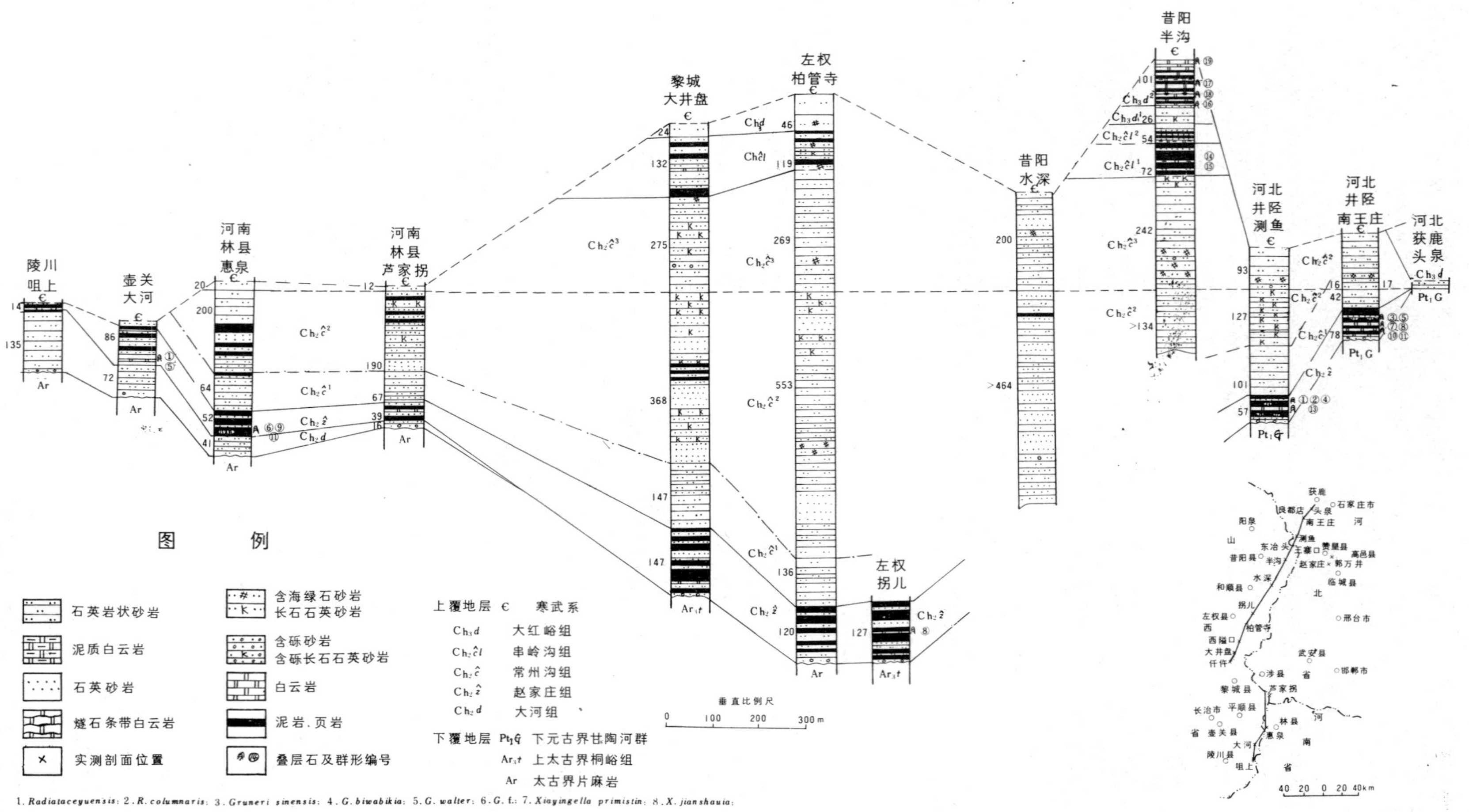

1. *Radiataceyuensis*; 2. *R. columnaris*; 3. *Gruneri sinensis*; 4. *G. biwabikia*; 5. *G. walter*; 6. *G.* f.; 7. *Xiayingella primistin*; 8. *X. jianshauia*; 9. *X.* f.; 10. *Jurusania nisvensis*; 11. *J.* f.; 12. *Omachtenia*; 13. *Eacapsiphora miniscula* 14. *E. paradisa*; 15. *Nordia laplandica*; 16. *Conophyton dahungyuensis*; 17. *rugiformis*; 18. *Xiyangella xiyangensis*; 19. *Gaoyuzhwngia dungyetouensis*

图 3-2 太行山中南段长城系地层柱状对比图

在蓟县下营镇常州沟。原始定义：由一套砾岩、粗砂岩、石英岩状砂岩、石英岩和少量的细砂岩组成，第二段、第三段各包括一个由砾岩到石英岩状砂岩或石英岩的旋回。

【沿革】 常州沟组原称“长城石英岩”，曾被广泛引用于全国各地，特别是中国北方。但后来随地层研究程度的提高，很多曾称作长城石英岩的地层（包括层位相当和不相当的），被新的地方性名称所取代。待到由于“长城”一名用于群级地层名称，改称常州沟组时，所用范围已经很有限了。太行山区的常州沟组是山西区调队于60—70年代进行太行山区1∶20万区调时引入的。近30年来，从各1∶20万图幅、《华北地区区域地层表·山西省分册》(1979)、《山西省区域地质志》(1989)，尽管对常州沟组的上、下界限（影响到组的含义）、内部的划分，一直存在一定的差异。但太行山区存在常州沟组，已取得了共识。

【现在定义】 常州沟组是指燕山、太行山区长城系底部或下部由碎屑岩（砂岩、砾岩、少量粉砂岩）为主，以含大量石英岩状砂岩为特征的岩石地层单位。在正层型剖面上，不整合于太古宙片麻岩之上，整合于串岭沟组黑色页岩之下。

【层型】 正层型为天津市蓟县常州沟村-青山岭剖面。黎城县西井镇彭庄—大井盘剖面可作为山西境内太行山区常州沟组的次层型剖面。

黎城县西井镇彭庄—大井剖面：剖面位于黎城西井镇以西的茶壶山下的彭庄-连家河-范家峧-杨家圪台-盘根-大井盘（113°23′，36°46′）。地层连续而出露极好。1969年山西区调队测制，1978年武铁山等进行了重新分层和补充观察。

上覆地层：**串岭沟组** 灰黑色、灰绿色页岩与白色薄层细粒砂岩（微层状）互层

——————— 整　合 ———————

常州沟组　　总厚度731.7 m

寺塪段　　厚215.4 m

34. 灰白色薄层夹微层钙质石英砂岩、石英砂岩、含海绿石砂岩　　19.0 m
33. 灰绿色细砂岩夹页岩　　2.0 m
32. 灰白色厚层中粒石英岩状砂岩　　2.4 m
31. 灰白色中层砂岩　　7.0 m
30. 红色夹粉红白色（红白相间成条带状）中层夹厚层中粒含长石石英岩状砂岩。往复式斜层理发育　　35.0 m
29. 红色、浅砖红色中层夹薄层中细粒长石砂岩。斜层理发育，板状往复式为主。　　92.0 m
28. 浅红色中厚不等粒含小砾石石英砂岩。小砾石砾径大者可达0.4 cm，沿某些小层及斜层理集中分布　　23.0 m
27. 红白相间条带状厚层含长石石英岩状砂岩。地貌形成陡坎　　35.0 m

——————— 整　合 ———————

范家峧段　　厚369.3 m

26. 薄层夹中粗粒红白相间长石砂岩　　45.7 m
25. 紫红色中层粗粒铁质长石石英砂岩　　16.9 m
24. 中层红白相间长石石英砂岩　　19.0 m
23. 红色薄层铁质（中部夹10 m左右铁质较少者）不等粒中粗粒长石石英砂岩。波痕发育。多对称，顶脊平，斜层理也极发育　　43.0 m
22. 白色微带红色中层中粗粒含长石石英岩状砂岩　　11.0 m
21. 红色薄层铁质长石石英砂岩，夹红色薄层泥质岩（数厘米厚）。波痕、斜层理发育　　8.0 m
20. 灰色薄层细粒长石砂岩夹灰色、灰绿色薄层粉砂岩、粉砂质页岩、风化成一明显的

大缓坡，底、中、上夹三层石英岩状砂岩。页岩、粉砂质页岩含钾较高 41.0 m

19. 红色薄层细粒铁质长石砂岩、粉砂岩夹中层细粒—粗粒砂岩。风化亦成大缓坡 57.0 m

18. 白色微红中层中粒含长石石英岩状砂岩与红色中层夹薄层铁质长石石英砂岩互层。后者斜层理发育，波痕多见，小韵律顶部常见同生角砾岩，角砾为泥质 65.6 m

17. 红色薄层铁质砂岩。由粗—细的小韵律层发育，细粒者斜层理发育，含铁质高，顶部有同生角砾，每一韵律层 10～20 cm 左右。波痕也发育。形成大缓坡 61.3 m

——————— 整　合 ———————

茶壶山段 厚 147.0 m

16. 白色中层中细粒石英岩状砂岩。内含红色铁质石英岩状砂岩条带（宽约 15 cm）；中部夹一层薄层者，地貌上形成两个小陡坎夹一个小缓坡 56.0 m

15. 白色微带粉红色中层夹薄层，中—细粒石英岩状砂岩。靠下部夹红色铁质石英砂岩条带，巨型斜层理发育，波痕也极发育 91.0 m

——————— 整　合 ———————

下伏地层：**赵家庄组**　浅红色中层含铁质石英岩状砂岩，顶部有 30 cm 泥岩

【地质特征及区域变化】　太行山区的常州沟组分布甚广，厚度巨大，是该区上前寒武系的主体，是巍巍太行的重要组成部分。在山西境内出露于昔阳、和顺、左权三县的东部以及黎城县的北部。在左权柏管寺—黎城西井镇一带，厚可达 800～1 000 m。向西北和东南变薄，以至沉积缺失。按碎屑岩岩性的差异，可进一步划分为三个岩性段，即茶壶山段、范家峧段、寺垴段。段的划分有利于对常州沟组全貌的认识，有利于了解常州沟组沉积地质作用全过程，有利于掌握和利用常州沟组的有用矿产。

茶壶山段　$\mathbf{Ch_2\hat{c}^c}$　(05-14-0108)

【创名及原始定义】　1988 年武铁山等进行山西省沉积地层岩石地层单位划分时，将 1979 年《山西的震旦系》所指的常州沟组一段，《山西省区域地质志》(1989）中所指的下常州沟组一段，提升为组，命名为茶壶山组，归属测鱼群。原始定义："测鱼群下部的白色石英岩状砂岩，层位在背坡组红色泥岩之上"。

【沿革】　此次地层对比研究改组为段。

【现在定义】　为太行山区常州沟组下部，由白色石英岩状砂岩组成的岩性段。地貌上形成悬崖峭壁地形。与上覆范家峧段呈整合接触。下伏地层为赵家庄组，整合接触；当赵家庄组沉积缺失时，直接不整合于前长城纪变质岩系之上。

【层型】　正层型见常州沟组层型条目。

【地质特征】　茶壶山段厚度稳定（100～150 m 之间），岩性较单纯。主要为中厚层夹薄层的白色石英岩状砂岩。夹少量含长石石英岩状砂岩，岩石的碎屑几乎全为石英颗粒，长石小于 5%，硅质胶结，所以石英粒多呈再生长大状，而呈石英岩状。由于岩石纯净，可做上好的硅质原料。砂岩常可见发育的板状、双向的斜层理，层面上常可见浪成波痕。薄层者常可沿层理面揭开，形成可做建筑材料的"红砂石"石板。原始沉积环境为滨海潮间带下部。

范家峧段　$\mathbf{Ch_2\hat{c}^f}$　(05-14-0107)

【创名及原始定义】　1988 年武铁山等进行山西沉积地层岩石地层单位划分时，将 1979 年《山西的震旦系》所指的常州沟组二段、《山西省区域地质志》(1989）中所指的下常州沟

组二段，升级为组，创名为范家峪组（归属测鱼群）。原始定义：、“测鱼群上部以长石石英砂岩为主体的碎屑岩层。由于含长石较多，地貌上虽也陡峭，但相对于其下的茶壶山组则远不及。该组砂岩中局部夹灰绿色富钾页岩和粉砂质页岩。与上覆的东冶头群寺堖组常以不同层位呈不整合接触。”

【沿革】 此次地层研究对比，改组为段。

【现在定义】 为太行山区常州沟组中部以长石石英砂岩为主体的碎屑岩段。由于含长石较多，地貌上虽也陡峭，但远不及以石英岩状砂岩为主的上覆、下伏岩段。该段中部局部夹灰绿色富钾页岩和粉砂质页岩。与下伏茶壶山段整合接触；与上覆寺堖段一般呈整合接触，沉积边缘地段，该段被寺堖段呈超覆不整合接触。

【层型】 正层型为黎城彭庄-大井盘剖面（见常州沟组层型条目）。

【地质特征及区域变化】 范家峪段厚度较大，一般厚 450～550 m，边部厚 150～200 m。岩性主要为灰白、粉红、深浅不同的紫红色中层夹薄层、中粗粒，有时含砾的长石石英砂岩为主，夹含长石石英岩状砂岩及长石砂岩。这些颜色深浅不同，厚薄不同及颗粒粗细不同的岩层形成递变的互层或韵律层。砂岩层斜层理波痕极发育，韵律层的顶面常可见到渠迹，韵律层间常夹泥质薄膜和发育不厚的角砾，这些沉积构造，反映了范家峪段的沉积环境为滨海潮间带上部。范家峪段中部有时夹有数十米厚的绿色紫红色富钾页岩、粉砂页岩、粉砂岩，薄层砂岩。

寺堖段 $Ch_2\hat{c}^s$ （05-14-0106）

【创名及原始定义】 1988 年武铁山等进行山西沉积地层岩石地层单位划分时，将 1979 年《山西的震旦系》所指的常州沟组三段、《山西省区域地质志》(1989) 所称的上常州沟组，创名为寺堖组，归属东冶头群。原始定义：“寺堖组为一套石英岩状砂岩，常含海绿石石英砂岩和海绿石赤铁矿砂岩、含长石石英砂岩，地貌上呈明显的陡崖。一般以微角度不整合于范家峪组不同层位上；向北至河北井陉、获鹿一带可超覆不整合于茶壶山组，以至前长城系变质岩系之上。”

【沿革】 此次地层对比研究，改组为段。

【现在定义】 为太行山区常州沟组上部，以白色石英岩状砂岩为主的岩性段。并以夹有海绿石赤铁矿砂岩为特征和标志。地貌上呈明显的陡崖地形。上覆地层为串岭沟组绿色、黑色页岩，整合接触；下伏一般为范家峪段，整合接触，但西北、东南两侧沉积边缘地带可超覆于范家峪段不同层位，以至茶壶山段，甚至前长城纪变质岩上。

【层型】 正层型为昔阳县张家喜剖面（113°56′，37°33′）。1988 年武铁山重测。

【地质特征及区域变化】 寺堖段在沉积中心厚 220～250 m，向两侧逐渐减薄，厚 100 m 左右。寺堖段岩性以白色或粉红色中—中厚层状中细粒石英砂岩为主。特征是夹 1—2 层海绿石（石英）砂岩-海绿石赤铁矿砂岩。寺堖段石英岩状砂岩较纯净。多是优质的硅质原料。赤铁矿含量高的赤铁矿砂岩也可做红色涂料的原料。寺堖段的原始沉积环境和茶壶山段相似，为滨海潮间带的下部。寺堖段与范家峪段的接触关系，在沉积边缘地段，显示了平行不整合、以至不整合关系（如河北省井陉县境内）。所以寺堖段可以覆盖在下伏范家峪段的不同层位，以至茶壶山段，甚至超覆于前长城系变质岩层之上。范家峪段厚度变薄除原始沉积因素外，很可能与沉积之后的剥蚀作用有关。

常州沟组三个段的地貌景观各具特色，野外颇易辨认和识别。茶壶山段石英岩状砂岩形成自前长城系变质岩之上的第一个大陡坎，一般高达一百多米，呈笔直的悬崖绝壁状。范家峧段的长石砂岩和石英砂岩多形成陡缓相间的地形，形成大的台阶状。寺塪段石英岩状砂岩和茶壶山段同样又形成巨大的陡崖、陡坎，由于下距前长城系变质岩层较远，而上距寒武系较近，和茶壶山段不难区别。特别是由于铁质砂岩夹层的存在，陡崖中腰出现茶壶山段陡崖中见不到的红色条带或红色小缓坡。由于有这样明显的地貌特征，常州沟组范家峧段——长石砂岩、石英砂岩段，由昔阳东部王寨口向北，由厚变薄以至缺失的情况，在野外可以看得一清二楚，即两个各具特征的陡崖间的缓坡，自南而北逐渐缩小，以至不复再见，上下两个陡崖合为一个陡崖。常州沟组三个段地貌上虽有陡缓差别，但整个来讲，三个段形成的地貌是以陡峻为其特色。特别是在被称为太行山腹地的左权拐儿镇、黎城西井镇一带，常州沟组厚度近千米，形成一个个连续不断出现的悬崖绝壁。

串岭沟组 $Ch_2\hat{c}l$ （05－14－0104）

【创名及原始定义】 1934年高振西、熊永先、高平创名于蓟县北部的串岭沟一带，原称串岭沟页岩。其原始定义为："随底部石英岩之后，为一系列黑色页岩及薄层砂岩，厚约480 m，层非常薄，并强烈碳化，当地人误为煤层。当然，虽在许多地点开采，并未见有何价值。下部通常为薄层砂岩与页岩互层，向上有较多的薄层硅质石灰岩。"

【沿革】 串岭沟页岩自创名后被广为引用，有时也称串岭沟层。1959年第一次全国地层会议后改称串岭沟组。1962年陈晋镳将串岭沟组上部的碳酸盐岩层（实为白云岩）正式命名为独立的岩石地层单位——团山子组，致使串岭沟组缩小为页岩为主的岩石地层单位。

山西区测队于60年代初进行1∶20万阳泉幅区调时，将串岭沟组引用于太行山区，之后的左权幅、长治幅均引用。但由于受到宣龙式铁矿产出于串岭沟组底部的影响，三个图幅的串岭沟组，下部包括了200 m以上的夹赤铁矿砂岩-海绿石砂岩的石英岩状砂岩层；上部才是和"串岭沟页岩"相一致的黑色、绿色页岩。1979年《山西的震旦系》开始将串岭沟组限于黑色、绿色页岩，之下的砂岩归入常州沟组（三段）。1988年《山西沉积地层岩石地层单位划分》曾称为苇地凹组。此次地层对比研究，仍按蓟县剖面改称串岭沟组。

【现在定义】 为燕山、太行山区常州沟组之上，以泥质岩为主的岩石地层单位。主要岩性为含砂岩条带和凸镜体的灰绿、黄绿色粉砂质页岩、黑色页岩。正层型剖面上，与下伏常州沟组、上覆团山子组均呈整合接触。

【层型】 正层型为天津市蓟县小港乡船仓峪剖面。昔阳县东冶头簸箕洼剖面可作为山西境内串岭沟组的次层型剖面。

昔阳县东冶头簸箕洼剖面：剖面位于昔阳县东冶头镇南簸箕洼村西（113°55′00″，37°37′00″）。1979年武铁山等测制。

上覆地层：**大红峪组** 白色厚层状中粒石英岩状砂岩

——————平行不整合——————

串岭沟组 总厚度126.7 m

二段 厚54.4 m

15. 上部灰白色薄层长石粉砂岩，近中部夹少量灰绿色页岩；中部主要为灰色、灰黑色页岩，夹白色石英砂岩条带；下部为黄绿色、灰绿色页岩夹微薄层石英砂岩 54.4 m

———————— 整 合 ————————

一段 厚72.3 m

14. 灰黄色薄层—中厚层泥质白云岩夹灰绿色页岩。顶部夹一薄层中粒石英砂岩　3.9 m

13. 灰紫色页岩夹薄层砂质页岩及薄层中粒石英砂岩　35.8 m

12. 灰绿色、黄绿色页岩夹黄白色薄层石英砂岩。底部夹两层 30～60 cm 厚的黄白色致密泥质白云岩。含叠层石：*Eucapsiphora paradisa*，*E.* f.，*Nordia laplandica*　13.0 m

11. 粉红色、灰白色微薄层中粒石英岩状砂岩夹黄绿色页岩，石英岩状砂岩，具铁质条带和斜交层理　11.3 m

10. 黄绿色、灰绿色页岩及黄绿色砂质页岩　8.3 m

——————— 整　合 ———————

下伏地层：**常州沟组**　黄白色中厚层及微薄层细—粗粒铁绿泥石长石砂岩

【地质特征及区域变化】　山西太行山区的串岭沟组分布范围远不及常州沟组，山西境内局限分布于昔阳县东部、左权县东部及黎城县北部。厚度 130 m 左右，可划分为两个岩性段。

一段：以灰绿、黑绿、灰、黑色间夹灰紫色页岩、粉砂质页岩为主。下部夹灰、灰白色薄板状细粒石英岩状薄层砂岩，顶部出现厚度不大稳定的中厚层泥质白云岩，有时呈断续凸镜体状，中部有时也偶见泥质白云岩凸镜体。白云岩新鲜而多呈青灰色，风化表面为褐黄色。顶部白云岩中富含呈细长柱状的叠层石：*Nordia laplandica*，*Eucapsiphora paradisa* 等。一段一般厚 70～100 m。

二段：下部为灰绿色页岩、夹灰色薄层状石英岩状砂岩，向上砂岩夹层渐多，至中部逐渐变为灰色、灰白色薄层状、薄板状石英岩状砂岩夹灰绿色页岩。二段厚 20～40 m。

串岭沟组向南至左权县粟城柏管寺、黎城县西井镇大井盘一带，页岩层相对减少，砂岩石英岩状砂岩层相对增多。例如大井盘剖面一段中灰绿色、黑色页岩较集中分布（厚度超过 5m）者仅两层，其它页岩层则多与石英岩状砂岩互为夹层状出现。二段则更是以白色石英岩状砂岩为主，页岩仅是数厘米至数十厘米的夹层出现。另外砂岩中多含有海绿石。一段顶部含叠层石的泥质白云岩再未见到，但在中部可见到鲕状白云岩，特别是黎城县坪头西下庄一带可见到数层，单层最厚可达 3.8 m，鲕粒很像一种生物结构。

串岭沟组因以页岩为主，所以地貌上形成大的缓坡地形，加上特征的颜色在野外易于识别。串岭沟组的沉积环境属潮下海湾泻湖。

串岭沟组灰绿色、黑绿色页岩一般均富含钾，可做富钾页岩利用。串岭沟组与下伏常州沟组，串岭沟组一、二段之间，均为整合接触，串岭沟组底部有时可见到数十厘米厚的不稳定的赤铁矿层（例柏管寺），含铁量可达 15%以上。

大红峪组　Ch_2d　（05－14－0101）

【创名及原始定义】　1934 年高振西、熊永先、高平于蓟县大红峪沟创名。原称“大虹峪石英岩夹安山岩流”，原始定义：细粒、块状、浅黄或浅灰色、浅色石英岩，有时为长石质石英岩。具交错层理。厚度有变化，最厚可达 370 m，甚至 400 m，最薄者仅 50～60 m。下部与页岩互层，但向上逐渐变为纯石英岩。差不多在上述石英岩之上部，在不同地点见到安山岩流，厚度极不规则，可达 20 m，或仅几米或小于 1 m。熔岩不连续，是一层或几层尚不清楚。

【沿革】　山西区调队张良瑾等于 1960 年进行 1∶20 万阳泉幅区调时，将昔阳县东冶头一带串岭沟组黑色、绿色页岩之上的石英岩状砂岩、页岩、白云岩等对比为大红峪组。由于其分布局限，其它图幅均未涉及。《山西的震旦系》（武铁山，1979）考虑到这套地层含较多的白云岩，和在无沉积间断的情况下，串岭沟组之上理所当然地应为团山子组的推理，将其对比为团山子组。武铁山等（1988）将这套地层进一步划分和命名为南井组、套掌组，归属于东冶头群。此次地层对比研究，认为昔阳东冶头一带串岭沟组之上的这套地层，按其岩性组合（下部为白色石英岩状砂岩，之上为硅质白云岩夹紫红色页岩、粉砂质页岩）是蓟县及燕山地区大红峪组沉积岩层的组合特征，与团山子组以白云岩为主的组合特征相差甚远。故应恢复1960年张良瑾的划分，即仍称为大红峪组。根据现代沉积学理论："一个岩石地层单位完全可以沉积相变而尖灭缺失"（张守信，1992），太行山区沉积缺失团山子组是不足为奇的。

【现在定义】 为燕山、太行山长城系团山子组之上、高于庄组之下的一套由石英岩状砂岩、紫红色翠绿色页岩、燧石白云岩岩石组合构成的岩石地层单位。正层型剖面上，中部夹有粗面岩及火山碎屑岩。底部以紫红色页岩夹砂岩结束，灰白、白色中厚层细、中粒石英岩状砂岩底面划界。

【层型】 正层型为天津市蓟县大红峪沟剖面。昔阳县东冶头簸箕洼剖面可作为山西省大红峪组的次层型剖面。

昔阳县东冶头镇簸箕洼剖面：剖面位于昔阳县东冶头镇簸箕洼村西（113°55′00″，37°37′00″）。1979年武铁山等测制。

上覆地层：**馒头组** 紫红色页岩，底部有角砾岩

——————平行不整合——————

大红峪组	总厚度132.3 m
套掌段	厚106.4 m
28. 灰白色薄层夹中厚层硅质白云岩。中下部夹有两层厚约2.0 m的灰紫色页岩；上部白色燧石条带白云岩含叠层石：*Gaoyuzhuangia dongyetouensis*	36.7 m
27. 灰紫色薄层白云岩及紫红色页岩。页岩中夹灰白色粉白色泥质白云岩	15.3 m
26. 灰白色致密中厚层白云质泥灰岩。含灰黑色燧石条带	1.2 m
25. 浅紫灰色、灰紫色钙质页岩	2.1 m
24. 灰白色中厚层硅质白云岩。下部多含灰黑色燧石条带，上部多含燧石结核。含叠层石：*Conophyton rugiformis*	8.9 m
23. 灰紫色、紫红色页岩。下部夹一层厚约25 cm的灰紫色薄层白云质泥灰岩	5.9 m
22. 灰白色致密中厚层含硅质白云质。含燧石结核及燧石条带	4.6 m
21. 紫红色页岩夹少量黄绿色页岩。底部夹一层厚15 cm灰黄色薄层状白云质泥灰岩	2.6 m
20. 灰白色致密中厚层硅质白云岩。含黑色燧石条带，含叠层石：*Xiyangella xiyangensis*	3.3 m
19. 灰紫色及紫色页岩。下部夹一层厚约30 cm青灰色泥质白云岩，上部夹紫红色薄层粉砂岩	20.1 m
18. 粉红色、灰白色、青灰色薄层中厚层泥质白云岩，中夹二层厚约20 cm的竹叶状白云岩（竹叶呈粉红色）及一层厚约30 cm的深灰绿色薄层硅质白云岩，底部为一层厚约8 cm的鲕状白云岩。含叠层石：*Conophyton garganicum* var. *dahongyuensis*	5.7 m

——————整　合——————

南井段	厚25.9 m
17. 棕黄色薄层细粒石英砂岩。铁质泥质胶结	5.9 m
16. 白色厚层状中粒石英岩状砂岩，层理不明显，硅质胶结，顶部有一层黄绿色页岩	20.0 m

——————整　合——————

下伏地层：**串岭沟组**　灰白色薄层长石粉砂岩

【地质特征及区域变化】　山西境内的大红峪组分布局限，不含火山岩，直接整合于串岭沟组之上，其上又直接被寒武系馒头组不整合覆盖。按岩性组合可划分为两个岩性段，即南井段、套掌段。

南井段：为白色中厚层石英岩状砂岩，有时微含铁质而略显肉红色，近顶部夹一层不厚的紫红色页岩。厚度在20～45 m左右。砂岩较纯，硅质胶结，坚硬，地貌上形成一个不大的但很明显的陡坎。与下伏串岭沟组二段呈整合接触。

套掌段：以硅质白云岩、含燧石结核或条带白云岩为主，夹紫红色页岩和紫红色微晶泥质白云岩。白云岩呈淡粉红色、灰色，中层状，少数呈紫红色。下部白云岩中含大型圆锥状叠层石：*Conophyton garganicum* var. *dahongyuensis*；中部白云岩含菜花状叠层石：*Xiyangella xiyangensis*；上部白云岩含硅质圆柱分叉状叠层石：*Gaoyuzhuangia dongyetouensis*，*G. crassibrevis*。套掌段厚度因保留的程度不等而不同，东冶头北为43 m，半沟一带107 m。

南井段的沉积环境为潮间砂坝，套掌段沉积环境为潮间泻湖。

南井段石英岩状砂岩，色白、质纯，是优质的硅质原料。

三、恒山-五台山区

恒山-五台山区的上前寒武系，分布范围尚较广泛；但由于该区属中生代的断块隆起区，除灵丘、广灵一带成片出露外，其它地区均零星残存保留于一些箕状断裂凹陷的凹陷部位。该区的上前寒武系明显不同于其它山区，主要为一套较厚—巨厚的碳酸盐岩地层（见图3-3）。对这套碳酸盐岩地层的划分、层位的归属经历了较长的认识过程。

王竹泉1917—1923年将浑源、灵丘、广灵一带寒武系之下、前寒武系变质岩系之上的这套碳酸盐岩层，称为“矽质灰岩”，时代归属于震旦纪滹沱系。直到60年代初河北区测队进行1∶20万广灵、灵丘幅区调，方将这套碳酸盐岩层正确地定为白云岩层，并与蓟县对比，划分为高于庄组和雾迷山组。1989年山西区调队进行灵丘北山1∶5万区调时，又发现并划分出杨庄组。

五台山区的这套碳酸盐岩层，由于分布零星，历来没有发现和引起注意，而多从美国地质学家维理士、葛利普等的论断，将五台山区的滹沱系与蓟县一带震旦系对比。50年代，尽管在五台山区东部的茶坊子、童子崖，五台县刘定寺、马头口、红石头掌等地发现有岩性及其特征，完全与恒山一带相同的“矽质灰岩”（称作茶坊子灰岩），角度不整合在滹沱系之上；一些有影响的地质学家赵宗溥（1954）、马杏垣等（1956、1957）也一再论述，它才是真正的震旦系；但以王曰伦为代表的另外一些地质学家，仍坚持旧说。为了维护其观点，它们对“茶坊子灰岩”的时代几经变更，曾先后置于寒武系（王曰伦，1960）、震旦系雾迷山组（地质部地质研究所前寒武纪研究队，1959）、始寒武系头泉组（王曰伦，1962）等。对“茶坊子灰岩”，马杏垣等（1957）虽认为其时代属震旦系，但确定层位也偏高，当作雾迷山组。1∶20万平型关幅区调（山西区测队，1967）也受其影响，当作雾迷山组。直到1979年《华北地区区域地层表・山西省分册》（山西省地层表编写，1979）才将“茶坊子灰岩”对比为高于庄组（一—三段）。

经过《山西的震旦系》（武铁山，1979），《太行—五台山区震旦亚界及其与滹沱超群的关系》（王启超、武铁山等，1980），《山西省灵丘、广灵一带中、上元古界》（贡凤文等，1984）等几项专题研究，恒山—五台山区上前寒武系可与蓟县正层型剖面对比，并划分为高于庄组、雾迷山组，得

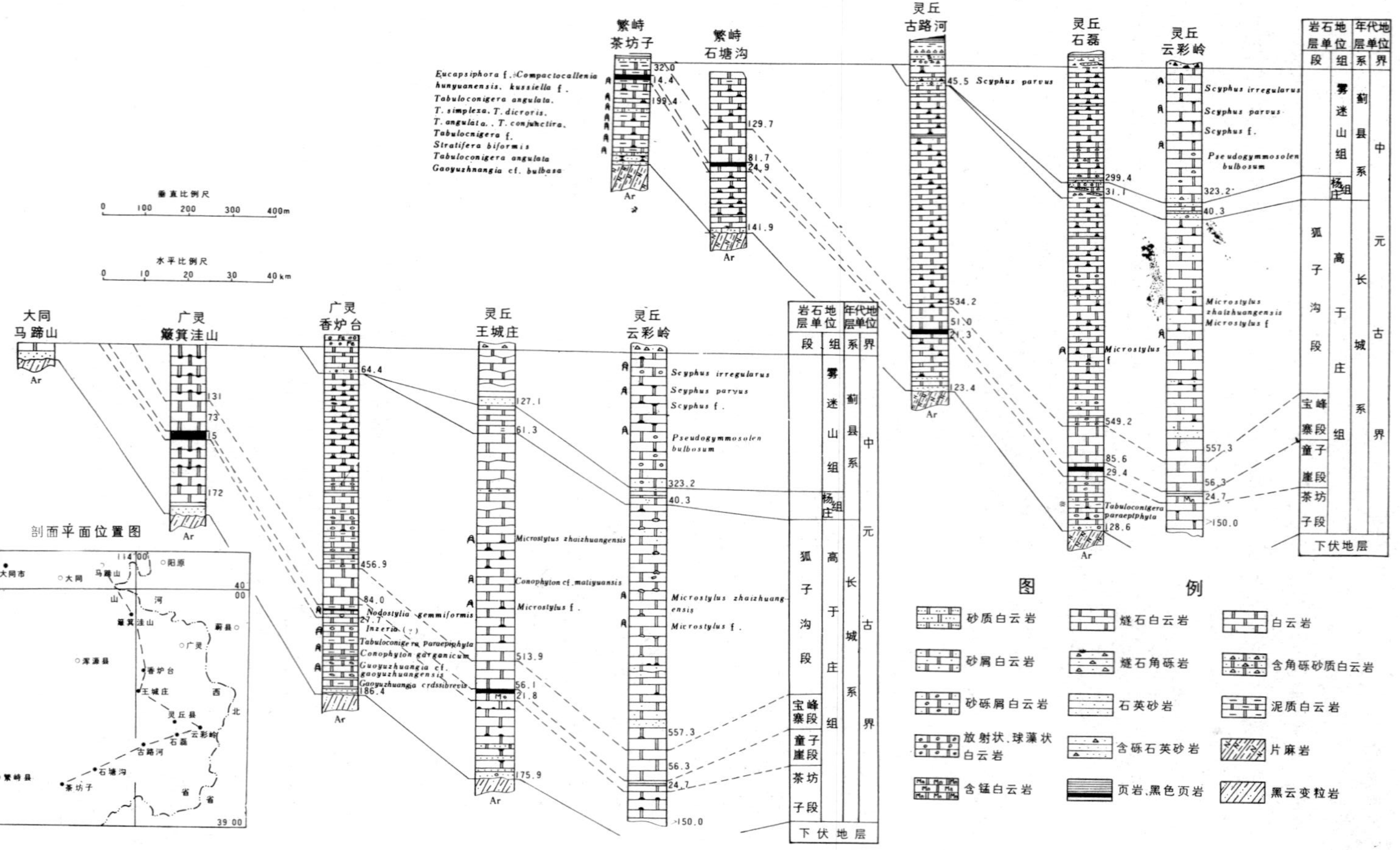

图3-3 恒山—五台山区中元古界地层柱状对比图

到了进一步的证实。之后，通过《灵丘北山测区》、《灵丘南山测区》1∶5万区调，进一步发现了杨庄组的存在(分布不稳定)(吴洪飞，1992)。另外，高于庄组四个段的划分，也经过大区域的验证显示了其成熟性，四个段的特征明显，界限清晰，岩性、厚度稳定。故此次地层对比研究建议将四个段给予地理专名，称为茶坊子段、童子崖段、宝峰寨段、狐子沟段。

恒山-五台山区上前寒武系，还包括不整合于碳酸盐岩层之上的不厚的碎屑岩-燧石角砾岩及其上的含铁的砂岩层。以往一直被当作寒武系底砾岩、底部碎屑岩。1979年《山西的震旦系》以其与上覆寒武系之间的不整合关系，将其从寒武系中划分出来，归属于青白口群景儿峪组；1988年《山西沉积地层岩石地层划分》(武铁山等)考虑到其岩性与景儿峪组相差甚远，另创地方性地层新名望狐组代之。1990年山西区调队进行灵丘北山1∶5万区调时，于上部(含铁)砂岩层中发现遗迹化石(*Skolithos*)，并考虑到与其下燧石角砾岩的岩性差异，又创名云彩岭组，将望狐组限于下部的燧石角砾岩。

恒山-五台山区上前寒武系，大多以高于庄组直接超覆不整合于前长城系变质岩系之上，但在五台山南缘一些地段，高于庄组之下，还分布有不厚的石英岩状砂岩，其中并夹有海绿石砂岩、赤铁矿砂岩，其岩性可与太行山区的常州沟组寺塪段相对比。是常州沟组向北超覆的产物。

高于庄组　Ch_3g　(05-14-0096)

【创名及原始定义】　高于庄组原称高于庄灰岩，高振西、熊永先、高平1934年创名于天津蓟县城北部的高各庄、于各庄一带(高氏等误称为高于庄)。原始定义：这是震旦系最下部的灰岩建造。由石英岩、板岩、页岩和硅质灰岩组成。约有几米厚的石英岩和页岩位于底部，随之为灰色、薄层、块状硅质石灰岩。块状部分以富含*Collenia*为特征。中部全为薄层硅质灰岩或板岩互层，然后变为块状致密灰岩，亦为硅质，但不含燧石结核。最上部为含*Collenia*的块状燧石灰岩。厚至少1 050 m，可达1 300 m。

【沿革】　1958年申庆荣等称高于庄层，1959年第一次全国地层会议以后改称高于庄组，但其含义，划分一直未有大的变化。

【现在定义】　为华北地层大区北部长城系上部的主要由白云岩组成的岩石地层单位。白云岩多含燧石和叠层石。底部以不厚的石英砂岩与大红峪组白云岩呈不整合接触，顶部与杨庄组呈整合关系。

【层型】　正层型为天津市蓟县大红峪至翟庄村北剖面。灵丘县石磊剖面可作为山西境内高于庄组的次层型剖面。

【区域变化】　山西境内高于庄组如前所述，广泛而零星分布于恒山-五台山区，其下多不整合于早前寒武系变质岩层之上，其上又以不同层位被杨庄组或雾迷山组底砂岩或望狐组燧石角砾岩不整合覆盖。灵丘县东南部高于庄组保留较完整，厚度大，可划分为四个岩性段；但向西、向西北，自上而下依次逐步被剥蚀而缺失，厚度也逐渐变小，直至全部缺失。

茶坊子段　Ch_3g^c　(05-14-0100)

【创名及原始定义】　1952年杨开庆创名茶坊子灰岩，1964年全国地层委员会介绍。原始定义：“滹沱群之上不整合地覆盖着厚度不大的白云质灰岩，底部有一段是钙质的石英砂岩和砾岩。这个含矽质的白云质灰岩自灵丘、涞源连接起来，富含矽质和燧石条带，并有圆藻化石，是雾迷山组的标准化石，在五台山北麓称茶坊子灰岩。”

【沿革】 灵丘、广灵一带，60年代以来（河北区测大队，1966），五台山区70年代以来（武铁山，1979），称为高于庄组一段。也是五台山区50年代以来所称“茶坊子灰岩”（地质部地质研究所前寒武纪研究队，1959）的主体。此次对比研究称茶坊子段，属高于庄组。

【现在定义】 山西省恒山-五台山区（包括灵丘、广灵地区）高于庄组下部以白云岩、燧石（条带、结核）白云岩为主的岩性段。底部具不厚的白云质砂岩、石英岩状砂岩、含砾砂岩。白云岩含标志性的白色硅质扁锥状叠层石。地貌上多形成较陡的阶梯状。

【层型】 正层型为繁峙县茶坊子剖面。剖面位于繁峙县伯强乡茶坊子-东山乡童子崖之间河谷东侧（113°36′00″，39°12′00″）；1955年北京地质学院师生进行过测制，1978年山西区调队进行1∶5万伯强幅区调时又进行过测制，1979年武铁山等进行《山西的震旦系》断代总结时进行了补充观察，检查了厚度，并采集、鉴定了叠层石。

上覆地层：**馒头组** 燧石角砾岩、红色泥岩

———————平行不整合———————

高于庄组	总厚度 202.4 m
宝峰寨段	厚 23.0 m
18. 肉红色巨厚层白云岩。地貌形成陡坎	23.0 m
———— 整　合 ————	
童子崖段	厚 23.3 m
17. 肉红色夹灰色中层、薄层白云岩	9.2 m
16. 灰色薄层白云岩夹黑色页岩	9.2 m
15. 浅灰色微带粉红色中层白云岩。风化面褐色	2.3 m
14. 浅灰色薄板状白云岩	1.3 m
13. 浅粉红色白云岩。顶部含叠层石：*Eucapsiphora* f.，*Compactocollenia hunyuanensis* ?，*Kussiella* f.	1.3 m
———— 整　合 ————	
茶坊子段	厚 156.1 m
12. 灰色中—厚层含燧石条带白云岩	20.0 m
11. 灰色微带红色厚层白云岩。顶部含圆柱状叠层石（高30cm，直径15cm）	1.9 m
10. 灰色夹肉红色中层结晶白云岩。燧石条带较光滑规整，含叠层石：*Tabuloconigera angulata*，*T. simplexa*	21.7 m
9. 灰色中厚层含白色燧石条带，大圪瘩状白云岩。含叠层石：*Tabuloconigera dicroris*	27.3 m
8. 灰色厚层含白色燧石条带结核白云岩。顶部含叠层石：*Tabuloconigera angulata*，*T. conjunctiva*	7.5 m
7. 灰色厚层含白色燧石条带白云岩。含叠层石：*Tabuloconigera dicroris*	12.8 m
6. 灰色厚层含燧石条带白云岩含叠层石：*Tabuloconigera* f.	9.9 m
5. 浅灰色微带肉红色白云岩。中部含叠层石：*Stratifera biforms*；下部含圆滑燧石结核，上部夹两层白色燧石条带	7.4 m
4. 浅灰色厚层含燧石条纹白云岩。底部含叠层石：*Tabuloconigera angulata*	12.5 m
3. 灰色中层白云岩夹紫红色白云质页岩、白云质粉砂岩。含砾粉砂岩（组成小韵律层）。白云岩中燧石条带较宽，边缘圆滑。中部含叠层石：*Gaoyuzhuangia* cf. *bulbosa*	21.0 m
2. 肉红色中层石英岩状砂岩与灰色中层白云岩互层	9.6 m
1. 肉红色厚层石英岩状砂岩	4.4 m

～～～～～ 不 整 合 ～～～～～

下伏地层：花岗质片麻岩

【地质特征及区域变化】 茶坊子段的岩性特征为：以灰白色、微红色薄层状、薄板状泥晶白云岩互层为主，夹中厚层白云岩，含燧石结核、团块白云岩与不含燧石白云岩互层；底部为石英岩状砂岩、白云质砂岩，向上夹紫红色、黄白色砂质白云岩及白云质砂岩。该段多层白云岩中含多种类型的白色硅质板锥状（简单、平行连生、多角状等）叠层石。

茶坊子段在有顶、底时，厚度稳定在150～200 m之间，在缺少童子崖段及以上地层被望狐组或寒武系直接覆盖时（大致在繁峙县茶坊子—五台县红石头掌一线向西），因受寒武系沉积之前的剥蚀，厚度自东向西减薄，直至全部缺失。

茶坊子段的沉积环境属陆表海的潮间带—潮下带。

童子崖段　Ch_3g^t　（05-14-0099）

【创名及原始定义】 此次对比研究由武铁山创名，其定义为：山西省恒山—五台山区高于庄组第二个岩性段。由浅粉红色薄层—薄板状白云岩夹灰—黑色页岩组成，薄层状白云岩中常含有瘤结状—柱状叠层石。地貌上形成20～30 m高差的小缓坡。由于特殊的岩性组合与地貌形态成为高于庄组的标志岩段。

【现在定义】 同原始定义。

【层型】 正层型为繁峙县茶坊子剖面（见茶坊子段条目）。

【地质特征】 童子崖段岩性较特殊，白云岩多显薄层状，粉红色，中部夹黑色白云质页岩，含碳质及锰质（0.5%～2.0%）。下部的白云岩中含柱状-瘤结状叠层石，其底部常呈瘤状、小包心菜状，上部基本层呈指头粗细的圆弧状。厚度稳定在25～30 m之间。地貌上形成一小缓坡。沉积环境属陆表海的潮下泻湖。

宝峰寨段　Ch_3g^b　（05-14-0098）

【创名及原始定义】 由武铁山于此次地层对比研究时创名。其定义为：山西省恒山—五台山区高于庄组第三个岩性段。由灰白—浅粉红色厚层—巨厚层亮晶白云岩组成，白云岩不含或很少含燧石，质纯，常可见长柱状叠层石（相邻柱体基本层相连，呈倒锥状）。地貌上呈表面浑圆的高差达数十米的陡崖。

【现在定义】 同原始定义。

【层型】 正层型为浑源县宝峰寨剖面。剖面位于浑源县西留乡宝峰寨村西（113°34′00″，39°41′00″）。1994年武铁山等测制。

上覆地层：**云彩岭组**　含砾石英砂岩、石英砂砾岩

——————平行不整合——————

高于庄组　宝峰寨段	厚55.9 m
29. 灰白色厚层状（0.4 m左右）粗晶白云岩。含红色燧石小疙瘩及窗孔构造	16.6 m
28. 灰、紫红色巨厚层状（1.5 m左右）粗粒白云岩。含长锥状叠层石	10.2 m
27. 灰红色厚层（0.4 m左右）粗晶白云岩	10.1 m
26. 浅红色巨厚层状（1.1～1.5 m）粉晶白云岩。含稀疏燧石小疙瘩	13.8 m
25. 浅红色厚层夹薄层粉晶白云岩	5.2 m

——————整　合——————

下伏地层：**高于庄组童子崖段** 粉红色薄层状（2～20 cm）白云岩

【地质特征】 宝峰寨段岩性，以白云岩质纯，不含或很少含燧石，呈厚层、巨厚层状，含长柱状叠层石（直径 5～10 cm，高数十厘米）为特征。有顶（上覆有狐子沟段）时，厚度稳定在 70～150 m 之间，沉积环境属陆表海潮下带。

狐子沟段 Ch_3g^h （05－14－0097）

【创名及原始定义】 武铁山于此次地层对比研究时创名。其定义为：山西省恒山东段——灵丘、广灵一带高于庄组第四个岩性段。由灰白色、微红色中层、中厚层含燧石（条带、纹层）白云岩、白云岩组成。除常见有穹状叠层构造外，燧石层中可见有微小柱状叠层石。地貌上形成较陡峻的阶梯状形态。

【现在定义】 同原始定义。

【层型】 正层型为灵丘县狐子沟剖面。剖面位于灵丘县落水河乡狐子沟村南沟中（114°19′00″，39°24′00″）；山西区调队高建平等 1986 年测制。

上覆地层：**蓟县系雾迷山组** 灰红色白云质砂砾岩

－－－－－－－ 平行不整合 －－－－－－－

高于庄组狐子沟段	厚 518.9 m
35. 灰红色—灰白色燧石条带泥晶—细晶白云岩，底部为白云质燧石岩	31.8 m
34. 灰白色中厚层状燧石条带，细晶白云岩夹粉晶白云岩	13.9 m
33. 灰白色—灰红色中厚层状燧石条带粉晶白云岩夹少量亮晶砂砾屑白云岩，可见有中型双向交错层（鱼骨状），砾屑白云岩中可见有叠瓦状砾石	25.8 m
32. 灰红色中厚层状燧石条带粉晶白云岩夹含燧石团块亮晶砂屑白云岩	30.3 m
31. 灰红色中厚层燧石条带泥晶白云岩，中夹亮晶砂屑白云岩，角砾状白云岩	21.4 m
30. 灰红色中厚层状燧石条带泥晶白云岩夹粉晶白云岩，底部有 20～30 cm 白云质鲕粒硅质岩，含穹状叠层石，岩石中可见内碎屑	14.3 m
29. 灰红色中厚层泥晶白云岩夹细晶白云岩、中夹一层内碎屑白云岩，含包心菜叠层石，少量的石盐假晶	9.4 m
28. 灰红色中厚层—厚层泥晶白云岩、粉晶白云岩互层。正粒序	22.7 m
27. 灰红色中厚层—厚层燧石条带泥晶白云岩。亮晶砂屑白云岩	10.9 m
26. 灰红色中薄层燧石条带细晶白云岩夹粉晶白云岩，中夹少量的砂砾屑白云岩	26.7 m
25. 中厚层状燧石条带泥晶白云岩夹粉晶白云岩。含穹状叠层石	20.5 m
24. 灰红色中厚层燧石条带泥晶白云岩夹亮晶砂屑白云岩	7.4 m
23. 灰红色中厚—厚层燧石条带亮晶砂屑白云岩夹泥晶白云岩。砂纹交错层发育	20.3 m
22. 灰红色中厚层含燧石条带、燧石结核泥晶白云岩、亮晶砂屑白云岩。具砂纹层理	6.9 m
21. 灰红色中厚层燧石条带细晶白云岩、亮晶砂屑白云岩	12.3 m
20. 青灰色中厚层状含燧石条带泥晶—粉晶白云岩	15.2 m
19. 灰红—青灰色燧石条带泥晶—细粉晶白云岩	4.7 m
18. 浅灰—青灰色含燧石条带、燧石结核泥晶白云岩，粉晶白云岩、下部泥晶白云岩纹层较为发育	28.5 m
17. 灰红色中厚层燧石条带、燧石结核、纹层状粉晶白云岩。中有双向交错层理	9.7 m
16. 青灰色中厚—厚层燧石条带泥晶白云岩夹亮晶砂屑白云岩	23.3 m
15. 灰红色中厚层纹层状泥晶白云岩。可见砂纹交错层	8.7 m

14. 灰红—青灰色中厚层状燧石条带泥晶白云岩夹粉晶白云岩	30.7 m
13. 灰红—灰白色中厚层泥晶白云岩—细晶白云岩。具叠层构造	26.6 m
12. 灰红色中厚燧石条带泥晶白云岩，砂砾屑白云岩。砂纹交错层较为发育	19.3 m
11. 灰红—青灰色中厚层—厚层泥晶砾屑白云岩、亮晶砂屑白云岩。可见双向交错层和叠瓦状砾屑，冲刷构造发育	9.2 m
10. 灰红—青灰色中薄层、中厚层含燧石条带粉晶—粗晶白云岩。夹少量的砾屑白云岩	12.9 m
9. 灰红色、青灰色中厚层含燧石条带泥晶砂屑白云岩，亮晶砂屑白云岩。中夹砂砾屑白云岩，含穹状叠层石，冲刷构造发育	16.6 m
8. 青灰色中厚层燧石条带泥晶白云岩夹亮晶砂屑白云岩	13.3 m
7. 青灰色中厚层状泥晶白云岩夹亮晶砂屑白云岩	14.2 m
6. 青灰色中厚层状泥晶白云岩、亮晶砂屑白云岩	3.8 m
5. 灰白色巨厚层状中粒石英砂岩。块状层理	7.6 m

——————— 平行不整合 ———————

下伏地层：**高于庄组宝峰寨段**　灰红色中厚层状含燧石条带、燧石结核细晶白云岩

【地质特征及区域变化】　狐子沟段岩性特征为灰白色中厚层、厚层泥（粉）晶白云岩，含燧石条纹、条带薄层泥晶白云岩相间互层组成，有时夹少量砂、砾屑白云岩，灰红、灰紫色白云质页岩，正层型剖面上其底部为白色石英砂岩。在白色硅质层中常含微小柱状叠层石(*Microstylus*)，是该段的标志。

狐子沟段在灵丘、广灵县境内上覆地层可见到杨庄组或雾迷山组，呈平行不整合接触，此时其厚度在500 m左右。向西在浑源、繁峙、五台县境内，其上直接被望狐组不整合覆盖，此时厚度不全，属剥蚀残留厚度，自东而西，自南向北由500 m迅速减薄；至茶坊子—宝峰寨一线以西全部缺失。

狐子沟段沉积环境属陆表浅海潮下开阔台地，间暂短时间的潮间浅滩、潮坪。

杨庄组　Jxy　(05-14-0095)

【创名及原始定义】　杨庄组原称杨庄页岩。高振西、熊永先、高平1934年创名于天津市蓟县城北罗庄乡杨庄村一带。原始定义：直接覆盖在高于庄灰岩之上，为一特有的血红色页岩沉积序列。厚层，有白色斑点，很像红色石灰泥，可能称之为红色泥岩较好。在整体上杨庄红色页岩是红、白相间，但经化验其物质是相同的，岩性特征无明显不同。厚度估计在410 m。此页岩与高于庄灰岩之间的接触关系十分明显，很可能为一平行不整合。

【沿革】 1959年第一次全国地层会议之后改称杨庄组，沿用至今。但通过创名后的研究，杨庄组的所谓页岩、泥岩实际上为白云岩。

【现在定义】　为燕山、太行山一带蓟县系底部，由灰白色白云岩、燧石白云岩-红色含粉砂泥状白云岩组成，以具红色泥状为特征、红白相间为特色。下伏地层为高于庄组、上覆地层为雾迷山组，均为整合接触。山西境内分布零星，厚度小，底部以含砾石英砂岩与下伏高于庄组呈平行不整合接触；其上与雾迷山组呈整合关系，以红色泥状白云岩结束划界。

【层型】正层型为天津市蓟县城北罗庄乡三间房剖面。灵丘县云彩岭剖面可作为山西境内杨庄组的次层型剖面。

灵丘县云彩岭剖面：剖面位于灵丘县落水河乡云彩岭沟中（114°21′00″, 39°26′00″）；1989年吴洪飞、高建平等测制，1993年武铁山等进行了补充描述和界线修正。

上覆地层：**雾迷山组** 灰色厚层状泥晶白云岩

——————— 整 合 ———————

杨庄组 总厚度 19.25 m

17. 紫红色薄层状泥晶白云岩 1.45 m
16. 微红色厚层粉晶白云岩 0.40 m
15. 浅紫红色薄层状（1～2 cm）泥晶白云岩 1.45 m
14. 紫红色厚层状粉晶白云岩 0.70 m
13. 粉红色薄层状粉晶白云岩 0.45 m
12. 浅红色含砂砾粉晶白云岩。砾径 0.2～0.5 cm，成分为脉石英及燧石 1.20 m
11. 微红色薄层状（10 cm）粉晶白云岩 0.90 m
10. 微红色含砂砾（2～4 mm）粉晶白云岩 0.40 m
9. 白色中层状（20～25 cm）粉晶白云岩 1.10 m
8. 紫红色白云质泥岩。上部 15 cm 呈淡红色 0.75 m
7. 淡紫红色粉晶白云岩 0.35 m
6. 紫红色白云质泥岩。风化呈叶片状—薄板状碎块 2.50 m
5. 白色微红色薄层状（15 cm）粉晶白云岩 0.60 m
4. 褐红色（新鲜面褐黄色）泥晶白云岩 0.40 m
3. 暗红色白云质泥岩、粉砂质泥岩，底部 30 cm 含石英岩小砾（3～5 mm） 5.70 m
2. 灰色泥岩 0.20 m
1. 白色薄层状细粒石英砂岩（多重结晶呈硅质条带，间夹白云质条带） 0.70 m

——————— 平行不整合 ———————

下伏地层：**高于庄组** 灰白色薄层状致密泥晶白云岩

【地质特征】 如山西境内杨庄组，分布零星，厚度小，直到 1989 年山西区调队（吴洪飞等）进行灵丘北山测区 1∶5 万区调时，才发现并肯定下来。山西境内的杨庄组虽分布零星，厚度小（0～40 m），但同样具有蓟县正层型剖面杨庄组的特征，主要由红色泥质白云岩—白色（微红）粉晶白云岩相间互层组成。底部具不厚的石英砂岩，中部的红色泥质白云岩中有时含石英及燧石质的砂、砾屑。其下与高于庄组呈平行不整合接触；其上与雾迷山组呈整合接触，局部亦呈平行不整合接触。沉积环境属潮上—潮间泻湖。

雾迷山组 Jx*w* （05－14－0094）

【创名及原始定义】 原称雾迷山灰岩。高振西、熊永先、高平 1934 年创名于天津市蓟县城西五名山（创名人误为雾迷山）一带。原始定义：仍为一硅质灰岩系列。平均厚度 1 150～1 500 m 或更厚，为致密块状灰岩，特别是在石英岩中夹有燧石纹层。由于燧石与石灰岩的硬度不同，燧石纹层在风化面上极易见到。在下部，此种特征较上部差。灰岩中部有一层仅几米厚的红色页岩，可能为侵蚀间隔，但也可能是水在变浅时的相变化。

【沿革】 1959 年第一次全国地层会议之后改称雾迷山组，沿用至今。

【现在定义】 为燕山、太行山一带杨庄组之上、洪水庄组之下的一套以白云岩为主夹少量碎屑岩和粘土岩的岩石地层单位。岩性组合为页片状白云岩、燧石条纹条带白云岩、藻团粒白云岩、砂砾屑白云岩和燧石层。山西境内下伏地层除少数地段有杨庄组外，大多以底砂岩直接平行不整合于高于庄组之上。其上以不同层位被望狐组燧石角砾岩所不整合覆盖。

【层型】 正层型为天津市蓟县罗庄乡磨盘峪村北至磨盘峪南山剖面。灵丘县云彩岭剖面可作为山西境内雾迷山组的次层型剖面。

灵丘县云彩岭剖面：剖面位于灵丘县落水河乡云彩岭沟谷中(114°21′00″，39°26′00″)；该剖面由山西区调队吴洪飞、高建平等于1985年进行1：5万落水河幅区调时测制。

上覆地层：**青白口系**　燧石角砾岩

——————— 平行不整合 ———————

雾迷山组　　总厚度328.2 m

42. 微红色中厚层燧石条带、燧石结核亮晶砂屑白云岩。砂屑成分为粉晶白云岩，次圆—次棱角状；下部为燧石条带白云岩　15.9 m

41. 青灰色中厚层燧石条带。燧石层细粉晶白云岩或泥晶白云岩，硅质放射状球状藻白云岩。球状藻直径1～5 mm，核一般为泥晶白云岩，大多2～4颗连生，呈葡萄状。可见有少量的黄铁矿。中部含有燧石层　10.7 m

40. 灰黑色—褐红色中薄层—厚层状含燧石条带，燧石层泥晶白云岩，上部厚层状含燧石层放射状球状藻白云岩。下部为含燧石条带泥晶白云岩，燧石条带中含叠层石 *Microstylus* f. 及大型穹状叠层石　12.6 m

39. 微红色中厚层—厚层燧石条带。燧石层泥晶白云岩及放射状球状藻白云岩。下部为燧石条带，燧石层泥晶白云岩；上部为放射状球状藻白云岩。具大型穹状叠层体，叠层体燧石条带中含小叠层石 *Microconophyton* f.　14.6 m

38. 微红色中厚层—厚层燧石条带，燧石层泥晶白云岩，放射状球状藻白云岩。下部为燧石条带白云岩，上部为含燧石条带放射状球状藻白云岩。含叠层石 *Minglingella* cf. *heishanensis*　9.7 m

37. 微红色—灰白色中厚层—厚层含燧石条带泥晶白云岩，上部为厚层状含燧石团块粉晶白云岩，顶部含大型穹状叠层石　14.5 m

36. 灰白—微红色中薄层—中厚层燧石条带泥晶白云岩　9.7 m

35. 微红色中厚层—厚层燧石条带纹层状泥晶白云岩，含微量的粉砂　3.4 m

34. 微红色—灰白色中厚层—厚层燧石条带纹层状白云岩—中细晶白云岩　6.3 m

33. 褐红色—青灰色厚层状粉晶白云岩夹燧石条带泥晶白云岩　2.4 m

32. 灰白色—灰黑色燧石条带泥晶白云岩，中夹灰黑色纹层状泥晶白云岩，青灰色粉晶白云岩各一层，纹层状白云岩细层多呈断续凸镜状　21.8 m

31. 灰黑色厚层状亮晶藻屑白云岩夹褐红色纹层状白云岩，偶见粉砂、石英　7.9 m

30. 灰黑色厚层状含硅质条纹，纹层状白云岩，水平纹层　7.4 m

29. 灰白色—浅灰色含燧石条带中晶白云岩　4.5 m

28. 灰黑色中薄层纹层状白云岩，中夹两层燧石条带泥晶白云岩。顶部可见凸镜状板砾构造，凸镜体一般长0.3～1.0 m，宽5～15 cm。下部具水下滑动构造。　12.2 m

27. 灰白色—微红色中厚层状燧石条带纹层状白云岩。中夹10～20 cm内碎屑白云岩　24.3 m

26. 灰白色中厚层状燧石条带泥晶白云岩。具凸镜状板砾构造　3.3 m

25. 灰黑色纹层状白云岩，夹两层微红色厚层状粉晶白云岩。纹层厚0.3～1.0 mm由亮层与暗层相互交替组成，暗层厚度大于亮层，暗层中有机质含量较高　14.7 m

24. 微红色—灰黑色中厚—厚层状细晶白云岩，纹层状白云岩。具水下滑动构造　4.8 m

23. 灰白色—浅灰色厚层状燧石条带细粉晶白云岩，内碎屑白云岩。碎屑成分为泥粉晶白云岩，呈“竹叶”状、叠瓦状排列，具楔形交错层　8.8 m

22. 灰白色厚—中厚层燧石条带亮晶砂屑白云岩　16.8 m

21. 灰白色—灰黑色中厚层状燧石条带粉晶白云岩，砂屑白云岩　11.7 m

20. 微红色中厚层状燧石条带含砂粉晶白云岩，灰黑色燧石条纹纹层状白云岩。具大型穹状叠层石，直径1～1.5 m　5.8 m

19. 灰白色—微红色含燧石条纹纹层状白云岩。具穹状叠层石　4.9 m

18. 微红色中厚层状—厚层状含砂粉晶白云岩，底部有一厚约5 cm白云质砂岩。成分以燧石、石英为主，结构成熟度较高　3.9 m

17. 灰白色中厚层—厚层细粉晶白云岩，砂砾白云岩　4.5 m

16. 灰白色中厚层状含燧石条带，燧石条纹粉晶白云岩，顶部夹一层10～15 cm厚砂砾屑白云岩。正粒序，并夹凸镜状板砾构造。交错层以板状为主，少见双向交错层　5.3 m

15. 灰白色中厚层—中薄层燧石条带纹层状细粉晶白云岩，中夹两层各厚30 cm的灰紫色含砂泥晶白云岩，下部夹一层青灰色亮晶砾屑白云岩。纹层由细晶—粉晶白云岩组成的韵律纹层　4.0 m

14. 微红色厚层状放射状球状藻白云岩，中夹两层灰白色厚层状燧石条带细晶白云岩。藻白云岩细层不发育。成块状体　7.6 m

13. 微红色厚层状含燧石条带砂屑细晶白云岩，夹两层各厚1 m的球状藻白云岩　6.7 m

12. 微红色厚层—巨厚层状放射状球状藻白云岩。球状藻似圆形，多为3—6个连生，呈葡萄状藻球向上变少，变小；层系向上变薄，燧石条带增多，且含小柱叠层石；底部有30 cm厚鲕粒白云岩，具双向交错层，低角度交错层　3.8 m

11. 微红色厚层—巨厚层含燧石条带放射状球状藻白云岩。正粒序，含硅质小柱叠层石　12.5 m

10. 灰白色—微红色含燧石条带纹层状白云岩。纹层由细晶、粉晶白云岩交替组成　2.8 m

9. 灰白—微红色含燧石条带球状藻白云岩。细层发育　5.6 m

8. 灰白色—青灰色中厚层燧石条带纹层状白云岩。底部有厚30 cm含燧石质白云质鲕粒硅质岩，呈正粒序；顶部有20 cm厚“竹叶”状白云岩，“竹叶”成分为泥晶白云岩，垂直和斜交层理分布。具冲刷构造，砂纹交错层　2.8 m

7. 灰白色中厚—厚层燧石条带纹层状白云岩。具穹状叠层石　2.8 m

6. 微红色中厚层细晶—粉晶白云岩，顶部夹一层厚约20 cm含燧石条带碎屑白云岩。具低角度、楔状交错层及冲刷构造，正粒序　2.8 m

5. 微红色厚—巨厚层粉晶白云岩　2.3 m

4. 灰白色中厚层燧石条带纹层状白云岩。纹层由泥晶—粉晶—泥晶白云岩交替组成　1.9 m

3. 微红色厚层放射状球状藻白云岩　3.3 m

2. 微红色中厚层大亮晶含砂砂屑白云岩，含砾砂质泥晶白云岩。砂以石英为主，少量燧石，石英砂的磨圆度较好，燧石砂次之　1.9 m

1. 灰白色—微红色中厚层亮晶砂质砂屑白云岩，底部有1 m厚的白云质含砂砾岩。砂质砂屑亮晶白云岩中砂质主要为石英，燧石次之，石英为次圆—次棱角状，燧石为棱角—次棱角状。砂砾岩中的砾石主要为燧石，呈次棱角状—棱角状　5.0 m

——————— 平行不整合 ———————

下伏地层：**杨庄组**　灰白色细晶白云岩

【地质特征及区域变化】　山西境内的雾迷山组仅分布于灵丘、广灵一带，岩性组合以灰白色中、厚层泥晶白云岩—灰白色薄层含硅质条纹白云岩互层为主，夹含砂砾屑白云岩、细粉晶白云岩，及少量白云质砂砾岩，底部具石英砂岩、白云质砂砾岩、含砂砾白云岩。该组所含叠层石多为产出于硅质条纹、条带中的微小型柱状（*Microstylus*，*Pseudogymnosolen*）、杯状（*Socphus*）等叠层石。雾迷山组在山西境内由于后期的剥蚀作用，保留不全，灵丘招柏一带最厚，也仅328 m，向西向北减薄，直至全部缺失。雾迷山组下伏地层为杨庄组，杨庄组缺失时直接平行不整合覆于高于庄组之上；其上以不同层位被望狐组燧石角砾岩不整合覆盖。雾迷山组沉积环境为由起初的潮间浅滩，迅速转为潮下局限台地—开阔台地为主的潮间台地边缘环境。

望狐组　Qn*w*　(05－14－0093)

【创名及原始定义】　武铁山于1979年进行《山西的震旦系》断代地层总结时创名，原始定义："主要为燧石角砾岩，其上部有时发育有铁质砂岩和铁矿层。该组厚度变化极大，零至数十米；主要分布于山西省东北部。一般以角度不整合覆于雾迷山组或高于庄组不同岩段的白云岩之上，有时呈漏斗状、脉状镶嵌下伏白云岩中；上覆寒武系以不厚的底砾岩与望狐组不同层位接触"。

【沿革】　1989年吴洪飞、高建平等将上部铁质砂岩、石英砂岩单独建立云彩岭组，使望狐组仅剩下下部的燧石角砾岩层。

【现在定义】　为恒山－五台山区（主要为广灵、灵丘一带）不整合于上前寒武系高于庄组、雾迷山组不同岩段白云岩之上的一套燧石角砾岩。其上覆地层为含广灵式铁矿的砂岩、赤铁矿砂岩组成的云彩岭组；当云彩岭组缺失时，则被寒武系馒头组直接不整合覆盖其上。

【层型】　正层型为广灵县望狐剖面。剖面位于广灵县望狐乡望狐村北1 200 m的山梁上(113°58′00″，39°48′00″)。武铁山等1976年测制。

上覆地层：**云彩岭组**　含铁质细砂岩

——————平行不整合——————

望狐组	总厚度22.0 m
2. 铁质燧石角砾岩	2.0 m
1. 淡红色燧石角砾岩	20.0 m

——————平行不整合——————

下伏地层：**高于庄组**　含燧石白云岩

【地质特征及区域变化】　望狐组主要为浅紫红、淡红色燧石角砾岩，含铁质燧石角砾岩，有时夹含角砾铁质砂岩和凸镜状铁矿。角砾岩之角砾主要为燧石和硅质岩，有时可见白云岩、燧石白云岩角砾。角砾大小混杂，无分选，几厘米至几十厘米；胶结物主要为硅质、铁质，少数为泥砂质、白云质。望狐组燧石角砾岩层理多不明显，厚度不定，变化大、数米至数十米，最厚可达100多米。望狐组与下伏地层呈不整合接触，其下伏地层自东南向西北依次由雾迷山组逐渐变为高于庄组自上而下的四个段。燧石角砾岩除堆积在下伏白云岩层的一些低凹处外，有时可沿白云岩的喀斯特溶洞裂隙，自上而下贯入下伏白云岩层中数十米。所以，望狐组燧石角砾岩属于碳酸盐岩层在湿热气候下长期剥蚀、溶蚀夷平面上的残、坡积堆积。

云彩岭组　Qn*y*　(05－14－0092)

【创名及原始定义】　山西区调队（吴洪飞）于1990年进行灵丘北山测区1∶5万区调时创名。原始定义："为一套紫红色、砖红色含大量遗迹化石的含铁砂岩、含砾铁质砂岩为组合的地层。广灵式铁矿赋存于该地层中，它区域不整合于青白口系（燧石角砾岩）之上，上覆寒武系又盖在其不同层位之上"。

【现在定义】　为恒山及广灵、灵丘一带，望狐组燧石角砾岩之上，不稳定分布的，主要由紫红、砖红色铁质砂岩、含砾砂岩组成的一套分选性很差的碎屑岩层。含不稳定的赤铁矿层（山西称广灵式铁矿）及上部砂岩中含有针管状遗迹化石为特征及标志。其上覆地层为馒头组，馒头组底部以一层不厚的底砾岩盖在云彩岭组不同层位上。从而显示二者为不整合接触。

【层型】 正层型为灵丘县云彩岭剖面。剖面位于灵丘县落水河乡与招柏乡之间分水岭—云彩岭南坡（114°21′45″，39°24′20″）。1989 年吴洪飞、高建平等测制，1993 年武铁山等进行了补充观察描述。

上覆地层：**馒头组** 暗红色—黄白色含铁质角砾岩

——————— 平行不整合 ———————

云彩岭组	总厚度 36.95 m
27. 铁红色铁质砂砾岩、含砾铁质砂岩	1.80 m
26. 红色含稀疏大砾石的含铁细砂岩	0.40 m
25. 红色砂砾岩	1.10 m
24. 红色细粒砂岩	0.15 m
23. 红色含白色条带石英砂岩	0.25 m
22. 红色砂砾岩	0.35 m
21—20. 红色含铁细粒砂岩，顶部 5 cm 细砂岩	0.20 m
19. 白色薄层状细粒石英砂岩	0.35 m
18. 暗红色铁泥质胶结细粒砂岩	1.10 m
17. 暗红色含大砾块含铁砂砾岩	1.00 m
16. 紫红色含铁含砾砂岩	0.45 m
15. 浅红色含小砾石石英砂岩	0.25 m
14. 红色含稀疏砾石砂岩，顶部 2 cm 呈页岩状	0.35 m
13. 暗红色铁质砂岩	0.40 m
12. 红色含稀疏砾石砂岩	0.30 m
11. 红色含砾含铁石英砂岩	0.90 m
10. 紫红色含砾含铁质中粒砂岩。疏松，砂粒浑圆度高，砾石半浑圆，燧石质为主。底部 10 cm 较坚硬，上部 25 cm 呈白色石英砂岩	0.90 m
9. 紫红色含小砾石砂岩。胶结疏松	0.70 m
8. 紫红色—砖红色中厚层状细—中粒石英砂岩。含大量垂直层理呈平行排列的管状遗迹化石：*Skolithos lineats*	10.40 m
7. 灰白色厚层—巨厚层状中粗粒石英砂岩，中夹灰白色燧石角砾岩	15.60 m

——————— 平行不整合 ———————

下伏地层：**望狐组** 紫红色厚层—巨厚层燧石角砾岩

【地质特征】 云彩岭组的特征是，以碎屑岩为主，含铁、夹铁矿层，石英砂岩中见针管迹遗迹化石。分布不稳定，厚度在 0～40 m 之间。云彩岭组平行不整合于望狐组燧石角砾岩之上，其上被寒武系馒头组以一层不厚的底砾岩覆盖，呈平行不整合接触关系。

云彩岭组沉积环境属滨海—潮间砂滩。

四、吕梁山区（汉高山群及小两岭安山岩）

对吕梁山区的上前寒武系曾进行过激烈的讨论和争论，在不同作者的论文、专著中表现了不同的认识（详见《山西的震旦系》武铁山，1979）。

近十多年来，尽管不同的认识依然存在，但几个地层单位之间的关系，已基本明确。吕梁山区的上前寒武系，主要为汉高山群。黑茶山群经过区域变质作用，应属早前寒武纪。霍山砂岩属寒武系，野外可见到霍山砂岩不整合覆盖于汉高山群不同层位上。所以，本专著所指吕梁山区上前寒武系，即汉高山群及与其层位相当的小两岭安山岩。

汉高山群　Ch_1H　（05－14－0125）

【创名及原始定义】　1924 年 Norin（那琳）于临县汉高山一带创立，当时称“汉高统（层）”。原始定义：“元古界震旦纪陆相沉积，划分为下部砾岩状砂岩带（250～300 m），页岩带（75～100 m），上部砂岩带（75～100 m），辉绿岩建造（13 m）”。

【现在定义】　汉高山群为：“吕梁山中段汉高山一带，不整合于前长城系变质岩系之上、寒武系之下的一套未经区域变质的、以碎屑岩和中基性火山岩为主的地层。按岩性组合和不整合接触关系，可划分为三个组。由于分布局限，至今尚未以地理名称命名，第一组由灰黄色砾岩、长石砂岩、砂质页岩、紫红色泥（页）岩组成；第二组主要为含砾砂岩；第三组主要为安山岩。”

【层型】　在 Norin（1924）的著作中未见详细剖面描述，但附有文字概述的综合地层柱状图。山西区调队进行 1∶20 万离石幅区调时，于 1971 年、1974 年先后测制的汉高山剖面与华家塌沟剖面，可分别作为汉高山群第一组和第二、三组的复合选层型。

汉高山剖面位于汉高山南侧沟中，汉高里村—刘家沟，华家塌沟剖面位于汉高里沟南侧的华家塌沟中（112°12′00″，37°54′00″）。1971 年由张居星、顾守礼等测制，1974 年由贡凤文、徐朝雷测制。

上覆地层：**寒武系霍山组**　石英岩状砂岩，底部有砾石

～～～～～～ 不 整 合 ～～～～～～

汉高山群	总厚度 509.8 m
第三组	厚 42.3 m
19. 白色中层石英砂岩与紫红色页岩、含云母片页岩互层	25.0 m
18. 安山岩、杏仁状安山岩	12.3 m
17. 灰黄色砾岩。砾石占 50%～70%，以直径为 0.5～0.7 m 的石英岩砾石为主，其次有火山岩、脉石英等。砾石滚圆	5.0 m

～～～～～～ 不 整 合 ～～～～～～

第二组	厚 105.5 m
16. 灰黄色含砾长石粗砂岩	50.0 m
15. 灰紫色、黄绿色页岩夹灰绿色长石砂岩	5.5 m
14. 黄色、灰黄色含砾长石砂岩	50.0 m

～～～～～～ 不 整 合 ～～～～～～

第一组	厚 362 m
页岩段	厚＞135.0 m
13. 紫红色页岩夹薄层灰绿色页岩、紫红色钙质细砂岩，偶见铁质结核、薄层结晶灰岩	＞135.0 m

———— 整 合 ————

砂岩页岩段	厚 36.0 m

12. 紫红色泥质砂岩夹黄绿色及紫红色砂质页岩 6.0 m
11. 紫红色砂质页岩夹泥质砂岩 14.0 m
10. 暗绿色安山质凝灰岩 1.2 m
9. 紫红色砂质页岩 15.0 m

———— 整 合 ————

砂岩段 厚 81.0 m
8. 黄绿色细粒杂砂质砂岩 3.0 m
7. 灰紫色粗粒杂砂质长石砂岩 27.0 m
6. 灰黄色含砾粗粒长石砂岩 35.0 m
5. 灰黄色含砾粗粒砂岩 15.0 m

———— 整 合 ————

砾岩段 厚 110.0 m
4. 灰黄色砾石 20.0 m
3. 灰黄色含砾粗粒砂岩 4.0 m
2. 灰黄色砾岩 24.0 m
1. 紫红色铁质胶结角砾岩 62.0 m

~~~~~~ 不 整 合 ~~~~~~

下伏地层：**界河口群** 白云母片岩

【地质特征】 第一组在汉高山区为汉高山群主要地层，无论其厚度或出露面积均占 3/4 或 3/4 以上，分布于汉高山主峰一带至南侧汉高里沟两侧。地层自东向西由老至新依次出露。按岩性大致可分为四个岩性段。自下而上为砾岩段、砂岩段、砂质页岩段、页岩段。

砾岩段：下部为紫红色砾岩，厚 62 m。砾石滚圆度好，但分选性差，大小不一，大者直径可达 70～80 cm，甚至 1 m，小者不到 1 cm。砾石成分以石英岩为主，其次有片岩、片麻岩、变粒岩、变基性火山岩、伟晶岩、脉石英等。胶结物为砂质和铁质，据镜下观察砂质成分主要为石英，强烈绢云母化的斜长石及黑云母，胶结类型为基底式。部分砾石含量多者呈接触式胶结。上部为灰黄色砾岩夹含砾粗砂岩，厚 47 m。和下部砾岩比较，除颜色不同外，砾石滚圆度更好，分选性也变好。砾石直径一般为 15～20 cm，但也有少数更大或较小者砾石成分和下部的砾岩基本相同，胶结物仍为砂质。

砂岩段；主要为杂砂质长石砂岩组成，厚 81 m。自下而上有如下变化：颜色由灰黄色变为灰紫色，粒度由粗变细，含砾由多到少或不含。

砂质页岩段：紫红色砂质页岩为主，夹灰黄紫色粗粒杂砂质长石砂石，近中部夹一层 1.2 m 厚的玻屑凝灰岩层，共厚 36 m。砂质页岩层层面上多有云母碎片。砂质页岩含砂量较多时，可称为泥质砂岩。碎屑一般多为石英和长石，也有少量岩屑。

页岩段：紫红色页岩、泥灰质页岩、含砂页岩为主，夹一些薄层灰绿色页岩和紫红色砂岩，厚 135 m。页岩有时页理不明显，可称为泥岩、钙质泥岩、含砂泥岩。Norin 的著作中，曾描述此页岩与山西中部和二、三叠纪页岩颇相似，是很形象的。其实和华北地区寒武系下部馒头组的页岩也颇相似，难怪沈其韩等（1960 等）结合考虑其中含的微古植物化石，把“汉高砂岩”划归下寒武系。

第二组仅分布于汉高里沟南侧。在武家嘴、华家塔、野鸡梁等次一级沟中，可见到较好的露头。主要为黄褐色、灰黄色含砾粗粒长石砂岩。以中部所夹的数层薄层的灰紫、灰绿色页岩，可分为下部和上部。
~~~~~~

下部含砾粗砂岩，总厚约 50 cm。底部砾岩呈紫红色，砾石滚圆度差，砾径小；但含量较多，可称细砾岩，厚约 5 m。向上砾石逐渐减少，靠上部 5.5 m 范围内，含数层薄层灰紫、灰绿色页岩。

上部含砾粗粒长石砂岩，厚度约 50 m。砾石直径下部大，向上逐渐变小，最大可达 50～60 cm；砾石含量则由少变多，最多可达 70%。

第三组和第二组一样，分布于汉高里沟以南，但在汉高里沟以北汉高山的南坡也有分布。前者覆盖于第二组之上，接触面凹凸不平，呈不明显的沉积间断；后者直接超覆不整合于第一组砂岩段之上。组成主要为安山岩、杏仁安山岩，底部有厚 5 m 左右的砾岩，安山岩之上有时（仅见于华家塌沟）还见有白色石英砂岩与紫红色页岩互层（厚 2.5 m）。第三组即相当于 Norin“汉高山统”的“辉绿岩建造”。

小两岭安山岩

分布于吕梁山东侧，娄烦县白家滩以西一带，出露面积约 3.5 km^2。主要岩性为安山岩、英安安山岩，厚 492 m。1959 年北京地质学院山西实习大队发现，称为“小梁里安山岩”。1969 年山西区测队进行 1∶20 万离石幅区调时，正名为“小两岭安山岩”。该安山岩与汉高山群分别位于吕梁山东西两侧，但在同一纬度上，按产出层位及岩性，“小两岭安山岩”相当汉高山群第三组。小两岭或可作为汉高山群第三组的地理专名，但由于第一、第二组均未给于地理名称，第三组也暂不正式命名。娄烦县白家滩剖面，作为对汉高山群的补充，也可作“小两岭安山岩”的层型剖面。

第二节　生物地层

一、叠层石产出层位、主要分子及叠层石组合划分

山西晚前寒武纪地层中至今尚未发现真正的生物，微古植物研究亦很少。但 1975—1979 年编制《华北地区区域地层表·山西省分册》（1979）和进行《山西的震旦系》断代总结，以及之后进行《太行—五台区震旦亚界及其与滹沱超群关系》研究时，武铁山、徐朝雷等，对山西晚前寒武纪地层中的叠层石进行了系统的研究，并划分了叠层石组合。叠层石组合的划分，无疑也应属生物地层的范畴。

根据武铁山（1979）、王启超、武铁山、徐朝雷等（1980）、贡凤文等（1984）的研究，山西省上前寒武系（中元古界）叠层石产出层位。所含的叠层石分子及叠层石组合，可综合归纳如表 3-3。

二、叠层石组合的地层意义

组合Ⅰ的叠层石从燕山地区北京十三陵起，向西到宣化，向南沿太行山过王屋山直达中条山，在串岭沟组中均见产出。组合Ⅰ下部层位的叠层石，在石家庄市南赞皇开始出现，一直分布到河南林县以西，赵家庄组中稳定地产出。组合Ⅱ的叠层石，五台山、太行山、燕山均见产出，其层位是大红峪组到高于庄组一段。组合Ⅲ的叠层石，太行山、燕山一直都有产出。其层位从高于庄组二段起，直到雾迷山组。

因此，就山西省而言，不少叠层石具有标准化石的意义，如高于庄二段的 *Compacto-*

collenia、高于庄一段的 *Tabuloconigera*、串岭沟组的 *Nordia*、赵家庄组的 *Radiatia*，只要在山西中上元古界见到此类叠层石，就能确切无误地判断地层归属（到组一级）。而上述叠层石Ⅱ、Ⅲ组合，完全可与天津市蓟县相同岩石地层单位组合对比，从而证明了山西上前寒武系岩石地层对比划分的正确性。

表 3-3 山西中元古界叠层石组合

<table>
<tr><th colspan="2">岩石地层</th><th>叠层石分子</th><th>产地</th><th colspan="2">组　　合</th></tr>
<tr><td colspan="2">雾迷山组</td><td>Microstylus f.
Scyphus f.</td><td>灵丘
北山</td><td rowspan="3">组合Ⅲ</td><td rowspan="3">代表分子：
Microstylus f.
Pseudogymnosolen f.
特征分子：
Compactocollenia f.
Scyphus f.</td></tr>
<tr><td rowspan="3">高于庄组</td><td>四段</td><td>Microstylus f.
Pseudogymnosolen f.</td><td rowspan="3">恒山、
五台山，
太行山
北段</td></tr>
<tr><td>二段</td><td>Compactocollenia f.
Eucapsiphora f.
Kussiella f.</td></tr>
<tr><td>一段</td><td>Conophyton cylindricum
C. garganicum
Tabuloconigera f.
Gaoyuzhuangia f.</td><td rowspan="2">组合Ⅱ</td><td rowspan="2">代表分子
Tabuloconigera f.
Conophyton f.
特征分子
Gaoyuzhuangia f.
Xiyangella f.</td></tr>
<tr><td colspan="2">大红峪组</td><td>Conophyton garganicum
Tabuloconigera f.
Gaoyuzhuangia dongyetouensis</td><td>太行山
中南段
昔阳</td></tr>
<tr><td colspan="2">串岭沟组</td><td>Xiyangella xiyangensis
Gruneria f.
Eucapsiphora f.
Nordia f.</td><td>太行山
中段
昔阳</td><td rowspan="3">组合Ⅰ</td><td rowspan="3">代表分子：
Eucapsiphora f.
Gruneria f.
Kussiella f.
特征分子：
Radiatia f.
Nordia f.</td></tr>
<tr><td colspan="2">北大尖组</td><td>Gruneria f.
Kussiella f.
Cryptozoon f.</td><td>中条山
南坡、永济</td></tr>
<tr><td colspan="2">赵家庄组</td><td>Alcheringia f.
Omachtenia f.
Kussiella f.
Eucapsiphora f.
Xiayingella f.
Radiatia f.
Gruneria f.</td><td>太行山
南段、壶关</td></tr>
</table>

第三节　年代地层划分

一、关于我国晚前寒武纪年代地层划分

我国地层委员会已以蓟县剖面和三峡剖面为层型建立了国内通用的长城系、蓟县系、青白口系和震旦系。但从山西晚前寒武纪岩石地层清理，可以看出在相当蓟县长城系常州沟组之下还有不少地层，其中熊耳群的年龄值在 1 800～1 850 Ma 之间（孙大中，1989），长城系的下限应修正为 1 850 Ma。这样，长城系时限从 1 850～1 400 Ma（高于庄组上限），时间很长。所以本专著编者建议将长城系进一步划分为两个系（国内学者也早已有此建议）。以 1 600 Ma 或 1 650 Ma 为界，长城系应局限于 1 850～1 600 Ma（或 1 650 Ma），之上称为南口系。这样也便于与国际接轨，国际地科联通过的方案中的 Statherian 与长城系相当，Calymmian 则与拟议的南口系相当。

为了全国地层清理成果的统一，本专著仍按全国地层委员会（1982，1989）的决议，不使用南口系。而将这部分地层划为长城系上统，将熊耳群划为长城系下统，之间的地层为长城系中统。

二、山西晚前寒武纪岩石地层单位的年代属性

1. 太行山区常州沟组及以上的岩石地层单位和恒山-五台山区的高于庄组、杨庄组、雾迷山组，岩性特征、所含叠层石组合，完全可以与蓟县层型相对比；山西省内虽缺少同位素年龄资料，但按蓟县层型上确定的地质年代归属，似无争议。

2. 恒山地区的望狐组不整合于高于庄组-雾迷山组之上，其上又被寒武系所不整合，归属青白口纪，已无不同认识。但望狐组之上新建不久的云彩岭组，因发现遗迹化石 *Skolithos*（针管迹），有人与澳大利亚对比，认为应归属寒武纪。而本专著认为前寒武纪新发现的很多化石，分布时限并无定论，常不断向下延伸。所以 *Skolithos* 的时代，不一定就局限于寒武纪；按与下伏望狐组的紧密关系，仍暂归属青白口纪。

3. 王屋山区的熊耳群（及吕梁山区的汉高山群），以往不少人因其主要为火山岩（尽管岩性、岩石特征、构造环境等并不相同），与蓟县大红峪组火山岩对比。但近些年来获得的 1 800～1 850 Ma 的同位素年龄值（孙大中，1989），肯定了其应属长城纪初期，地层归属下统。

4. 中条山的龙家园组与豫西卢氏、灵宝，陕西洛南的龙家园组岩性及所含叠层石完全一致，地质年代归属蓟县纪是无疑的。

5. 鉴于熊耳群时代为长城纪初期；那么，位于熊耳群之上，龙家园之下，可与太行山区常州沟组、串岭沟组对比的北大尖组、崔庄组，太行山常州沟组之下的赵家庄组、大河组及可与对比的中条山-王屋山区的白草坪组、云梦山组，地质年代无疑均应归属长城纪。

6. 河南省以往一直将北大尖组以上地层时代定得较高，将崔庄组、洛峪口组划归青白口纪。但在山西中条山区，以及陕西洛南，北大尖组—洛峪口组一整套地层，伏于龙家园组之下是客观存在，所以其时代不可能归蓟县纪，更不能归青白口纪。洛峪口组因与下伏崔庄组连续沉积与上覆龙家园组平行不整合接触，所以随崔庄组归属长城纪较为合适。

7. 罗圈组在山西分布极为零星，其时代根据河南清理组的认识，归属于晚震旦世。

上述，对山西晚前寒武纪岩石地层单位年代属性的认识，由此而反映了整个晚前寒武纪

一次完整的天平摆动式的沉积作用。即：1 850 Ma 的吕梁运动之后，长城纪新生成的晋豫陕三角裂谷中，熊耳群火山喷出；紧接着海水自三角裂谷的东北支向北流注，形成自云梦山组→白草坪组→北大尖组（常州沟组）自南向北的超覆和南部逐步抬升；海水大量向北流注，造成北部地区高于庄组的大超覆，而南部缺失高于庄组沉积。到进入蓟县纪，海水开始向南回注，于山西中条山区及豫西地区形成龙家园组的超覆；之后，海水继续向南流注，海水退出山西，全部注入秦岭古洋，山西缺失了雾迷山组以上的所有晚前寒武纪地层。这完全符合李四光关于海水进退规程的理论，即“地球上每一次大改革以前，北半球上的海水，都有往赤道方向移动的趋势；当改革进行时期或改革后，海水又有往北极方向流注的趋势”（李四光，1928）。

第四章
早古生代（寒武纪、奥陶纪）

山西省早古生代（寒武纪、奥陶纪）地层分布广泛，除五台山、吕梁山、中条山等少数构造隆起区被剥蚀外（也还有零星残存），几乎遍及全省；虽然一些中、新生界构造盆地中大部分被掩盖，但其仍普遍出露，便于进行地层划分、对比，了解和掌握地层的沉积变化规律。百余年来，特别是开展区调 30 多年来，测制数以十计的寒武系、奥陶系剖面，也几乎遍及全省各地。

华北寒武系、奥陶系的层型剖面主要建立在山东省长清县和河北省的唐山一带，所以山西的寒武纪、奥陶纪地层一直跟踪山东、河北的地层划分而划分，几乎没有建立过以山西省地理名称命名的地层单位。直到 50 年代，山西的寒武系、奥陶系的研究程度依然很低，划分粗略。山西省地质厅（1960）编制的，代表当时山西地质研究程度和水平的《山西省矿产志》中，关于山西寒武系、奥陶系的划分，基本上停留在以岩石地层划分为主，但又赋予年代的统一地层划分水平上。紫红色页岩为主的即为馒头统（下寒武统），鲕状灰岩为主的为张夏统（中寒武统），竹叶状灰岩为主的为炒米店统（上寒武统），白云岩夹灰绿色页岩为主的为冶里统（下奥陶统），深灰色灰岩，豹皮灰岩者为马家沟统（中奥陶统）。

自 1960 年山西省开展 1∶20 万区调以来，山西的寒武系、奥陶系的划分基本走上了以生物地层为基础的年代地层划分的道路。即以孙云铸（1924）、卢衍豪、董南庭（1952）、卢衍豪（1963）等先后建立起来的以生物带为基础的、统一地层学划分的：馒头组、毛庄组、徐庄组、张夏组、崮山组、长山组、凤山组、下奥陶统（由于山西下奥陶统地层多已白云岩化、生物化石稀少，1∶20 万区调中冶里组、亮甲山组一直未分）、下马家沟组、上马家沟组。

1988 年山西区调队（武铁山等）进行山西省沉积地层的岩石地层单位划分时，首次以地层多重划分的概念，按岩石地层单位划分的原则，对山西的寒武、奥陶纪地层进行了划分。武铁山等（1988）的划分，与此次地层对比研究中华北大区对寒武系、奥陶系的统一划分（见表 1-1）基本一致。仅少数单位划分过细，如崮山组＋长山组，即华北大区划分的崮山组，辛集组＋关口组，即华北大区划分的辛集组；个别单位采用名称不同，如凤山组即华北大区划分的炒米店组。尽管当时河北、山东均未进行地层清理，而划分能如此一致，这完全是基于华北的寒武系、寒陶系岩石地层单元自然组合的截然分明。这也反映了华北大区共同议定的全区统一的岩石地层划分和山西省 1988 年的岩石地层划分是符合实际的。另外，武铁山等在

《山西省沉积地层的岩石地层单元划分》中，对山西寒武系、奥陶系进行岩石地层单位划分时，首先以"马家沟灰岩"底部不整合面为界，分两部分考虑；以下地层在山西绝大部分地区包括三大套（馒头组、张夏组、三山子组）基本组合的基础上，于不同部位，增加不同的地层组合，并以此划分为五种不同类型的地区，这实际上也就反映了山西寒武纪—奥陶纪的地层分区，与华北地层大区统一划分的综合地层分区基本吻合。

第一节　岩石地层单位

辛集组　$\in_1 x$　**(05-14-0091)**

【创名及原始定义】　1962年河南省地质局地质研究所创名于河南省鲁山县辛集。原称辛集含磷组。原始定义："罗圈组之上、朱砂洞组之下的一套含磷碎屑岩系。岩性下部为含磷砾状砂岩、含磷砾岩及结核状磷块岩，中部为层状砂质磷块岩及含磷砂岩，上部为灰色磷块岩、含磷块岩碎屑的泥质灰岩及砂岩。其下与罗圈组之间有明显沉积间断（或为连续过渡），其上与朱砂洞组整合接触，厚10～30m，时代为早寒武世。"

【沿革】　河南区调队1963年删去含磷二字，改称辛集组，并扩大含义，把其上的朱砂洞石灰岩并入。之后被河南省所沿用。山西区调队（1972）进行1∶20万三门峡、运城幅区调时，将已扩大含义的辛集组正式引入山西省，并一直被沿用。1988年，山西区调队武铁山等进行山西省沉积地层的岩石地层单位划分时，追本溯源，恢复1962年河南省地质研究所创名时的"辛集（含磷）组"，将其上不含磷的石英砂岩，采用王曰伦（1959）创名的关口（砂岩）组；碳酸盐岩层恢复原称——朱砂洞（石灰岩）组。此次地层对比研究，华北大区研究领导小组经过反复研究决定将华北大区南缘寒武系底部含磷碎屑岩系(包括不含磷碎屑岩)统一采用辛集组。

【现在定义】　指华北地层大区南缘，寒武系底部的含磷碎屑岩系。主要由含磷砂、砾岩、石英（岩状）砂岩组成，有时发育页岩及石灰岩。上覆地层为朱砂洞组白云岩、石灰岩，整合接触；下伏地层各地不尽一致，一般为中、上元古界，呈平行不整合接触。

【层型】　正层型为河南省鲁山县辛集剖面。芮城县水峪剖面可作为山西省辛集组的次层型。

芮城县水峪朱砂洞组剖面：位于芮城县学张乡水峪村北东沟中（110°37′00″，34°46′00″）。由张文堂等于1976年测制，1993年吴洪飞进行了复查。

上覆地层：**馒头组**　灰黄色泥灰岩夹薄层—厚层白云岩

——————　整　合　——————

朱砂洞组　厚35.7 m

10. 底部为灰色厚层燧石结核白云岩，向上为钙质页岩，页理不甚发育；中上部为青灰色薄层白云岩；顶部为厚层含燧石结核白云岩，顶部凹凸不平，含有褐铁矿结核及薄膜　9.5 m
9. 青灰色纹层状及薄层状白云质泥灰岩　9.0 m
8. 底部为砖红色含燧石结核白云岩，向上为薄层砂岩夹砖红色薄板状泥质白云岩，砖红色含砾砂岩；上部为砖红色薄板状砂岩夹泥质白云岩，砂岩均为白云质胶结；顶部为青灰色含燧石厚层白云岩　6.8 m

7. 砖红色薄层砂质白云岩，向上渐变为青灰色中薄层白云质细砂岩 8.4 m

6. 下部为砖红色泥质白云岩，上部为砖红色砂质白云岩。含燧石条带 2.0 m

——————整　合——————

辛集组 厚 39.8 m

5. 砖红、淡红色石英砂岩。白云质胶结，中夹泥质白云岩；基本层序为砂岩、泥质白云岩组成；具板状交错层理，波痕特发育 10.4 m

4. 砖红色为主，少数黄褐色石英砂岩夹砂质泥质白云岩，中部夹一层厚 1.1 m 之砂屑白云岩。基本层序为泥质白云岩、砂岩组成；发育不对称波痕，具分叉、合并，石盐假晶发育 24.6 m

3. 浅紫色厚层含磷砂岩。含腕足类化石 3.5 m

2. 棕黄色、灰绿色页岩 0.5 m

1. 灰黑色胶磷矿胶结的砾岩。砾石成分为石英岩、花岗岩，砾石较大，磨圆度好，大者 10 cm×8 cm，20 cm×10 cm，排列无规则 0.8 m

－－－－－－ 平行不整合 －－－－－－

下伏地层：**罗圈组**　砾岩及龙家园组含燧石条带白云岩

【地质特征及区域变化】　辛集组总的以陆源碎屑沉积为主。主要岩性：底部为磷块岩、磷矿胶结的砾岩；上部为石英砂岩，砂屑白云岩等。该组交错层理、波痕、石盐假晶发育，属潮间砂泥坪相。

该组呈狭长带状展布于华北地区的南缘。山西境内以芮城县水峪一带较为发育，厚 39.8m，岩性与层型基本一致；向北到永济县水幽剖面，厚度减薄为 14.9m；至万荣县稷王山一带，变薄尖灭。水峪向东，到夏县祁家河一带只沉积了上部砂岩，不含磷，厚 4.5m，继向东即尖灭。辛集组与上覆朱砂洞组呈整合接触关系。在水峪、水幽一带平行不整合覆于震旦纪罗圈组及蓟县系龙家园组不同层位上，向北、向东则可直接超覆、不整合于早前寒武纪变质岩系上。

该组由于沉积时海水较浅，气候炎热，蒸发作用较强，含盐度较高，不利于生物生长发育，因此，动物化石少见，只在水幽剖面上见到少量的腕足类、海绵类、腹足类碎片等。

朱砂洞组　$\in_1\hat{z}$　**(05－14－0090)**

【创名及原始定义】　1952 年冯景兰、张伯声创名于河南省西南的平顶山市朱砂洞村。创名初，称“朱砂洞石灰岩系”。原始含义：“大石门石英砂岩与馒头页岩之间一套各色灰岩间夹薄层状页岩”，厚 121 m；在嵩山地区自下而上包括 (a) 底砾岩，(b) 不规则薄灰岩，(c) 厚层状灰岩，(d) 灰岩夹页岩，厚 170 m，时代归震旦纪。

【沿革】　创名初归属震旦系。后王曰伦 (1963) 称其为“搬倒井灰岩”，归属下寒武统。1962 年河南地科所称其为朱砂洞组，时代亦归早寒武世；之后，河南区调队将其与下部辛集含磷组合并，统称辛集组，并引用到山西。但也有将其划归猴家山组的，如张文堂等 (1980)。1988 年山西区调队武铁山等，在编写《山西省沉积地层的岩石地层单位划分》时首次将朱砂洞组引用于山西以代表馒头组之下、辛集（含磷）组之上的一套碳酸盐岩层。

【现在定义】　指华北地层大区南缘，寒武系底部，辛集组含磷碎屑岩、碎屑岩之上，馒头组杂色泥灰岩、泥（页）岩之下的一套碳酸盐岩层。层型剖面上底部为岩溶角砾岩（含石膏）；下部为泥质白云岩、白云岩，上部为云斑灰岩，含燧石。与上覆、下伏地层均为整合接触。

【层型】 选层型剖面为河南省平顶山市姚孟剖面。山西省芮城县水峪剖面（张文堂等，1980）可作为山西境内的朱砂洞组的次层型剖面（该剖面位于芮城县学张乡水峪村北东沟中）。

【地质特征及区域变化】 山西境内的朱砂洞组，分布范围局限，与辛集组大体相一致。其岩性主要为白云岩、泥质白云岩、砂质白云岩、砂岩、泥灰岩、页岩、灰岩等，多含有燧石结核。该组由下向上，陆源碎屑逐渐减少，下部以砖红色为主，上部则为灰色；反映了不同的沉积环境，下部为潮间砂泥坪沉积，上部则为潮下云灰坪沉积。朱砂洞组在水峪一带厚35.7m，向东至夏县祁家河一带变为25.0m，北至稷王山一带厚仅11.2m。

霍山（砂岩）组 $\in h$ （05－14－0083）

【创名及原始定义】 霍山砂岩，1924年日本地质学家山根新次创名于山西霍山。原始定义指："角度不整合于太古界片麻岩之上，含化石的寒武系之下的红色及白色石英砂岩"。鉴于与寒武系的接触关系，未断定其时代。待他于太行山区的新乡一带，见到那里的石英砂岩与上覆寒武系呈角度不整合后，即把霍山砂岩时代归属于震旦系。

【沿革】 创名几十年来，关于霍山砂岩的含义，争论不大，但关于其层位归属及地质时代，直至目前，尚有不同的认识。由于受山根新次的影响，直到50年代，包括一些我国著名的有影响的地质学家，如李四光（1939）、马杏垣（1956），王鸿祯（1956）等，均将其作为震旦系在山西西部的代表性沉积。但是自20年代起，大凡来山西亲自观察到霍山砂岩与寒武纪馒头页岩关系的地质学家，大多数认为其并不属震旦系，而应归属寒武系。如德日进（1934）、刘东生（1955）等。到50年代，在山西吕梁山、霍山一带进行大面积煤田普查、区调、石油普查的张嘉琪（1959）、沈锡昌（1959）等，从区域上认定其时代应属寒武系。

山西区调队在1∶20万区调中，对霍山砂岩的时代认识也不同，所以在不同图幅中的处理也不同。静乐幅（1972）、离石幅（1972）、侯马、韩城幅（1978）归属寒武系，汾阳、平遥幅（1975）、临汾、沁源幅（1976）归属长城系。山西区调队的有关论著中的观点也不一致，《华北地区区域地层表·山西省分册》作为"长城系（?）"处理，《山西的寒武系》（贡凤文，1979）认为属长城系，《山西的震旦系》（武铁山，1979）认为属寒武系，《山西省区域地质志》（山西地矿局，1989），当作寒武系不同层位底砂岩。我国"岩石地层单位"划分和"组图"的倡导者张守信，在其著作中（1980、1992）将"霍山砂岩"作为岩石地层单位穿时的典型。此次地层对比研究，霍山（砂岩）组作为华北地区西部寒武系底部的一个岩石地层单位。

【现在定义】 霍山（砂岩）组指霍山、吕梁山区，寒武系底部以石英岩状砂岩为主的岩石地层单位。其下大多以不整合覆于前寒武纪变质岩系之上；其上为寒武纪含不同三叶虫化石带的地层，岩性大多为紫红色页岩，有时亦为碳酸盐岩。

【层型】 山根新次创名时未指定层型剖面，现将介休市绵山剖面作为霍山砂岩的选层型。

介休市绵山霍山（砂岩）组：剖面位于介休市秦树乡兴地村东大沟中绵山脚下（111°57′00″，36°53′00″）；由武铁山、吴洪飞1992年测制。

上覆地层：**馒头组** 暗紫色砂岩夹页岩

——————— 整 合 ———————

霍山（砂岩）组　　总厚度 58.9 m

15. 暗紫红色薄层状细粒石英砂岩　　2.2 m

14. 白色厚层中细粒石英岩状砂岩　　0.8 m

13. 暗紫红色薄—厚层中粒石英岩状砂岩。平行层理　　4.2 m

12. 灰白色厚层状中粒石英岩状砂岩。楔状交错层理发育　　2.2 m

11. 砖红色细粒石英砂岩。含少量砾石，板状交错层理发育　　3.0 m

10. 紫红色巨厚层状中细粒石英岩状砂岩　　3.3 m

9. 肉红色巨厚层状中细粒石英岩状砂岩。具韵律层理，正粒序　　3.3 m

8. 白色巨厚层粗粒石英岩状砂岩。具板状斜层理　　4.7 m

7. 紫红色巨厚层状粗粒石英岩状砂岩。具人字形交错层理及冲洗层理，上部具板状斜层理　　3.8 m

6. 浅紫红色巨厚层状粗粒含砾石英岩状砂岩。具小型板状层理，砾石成分为石英、玉髓，磨圆度好　　9.6 m

5. 肉红色层状中粒石英岩状砂岩。中部具板状斜层理，局部沙纹交错层理明显，砂岩分选好，成熟度高　　13.6 m

4. 暗紫红色层状中粒石英岩状砂岩。分选差，由下向上颗粒变粗，反映出逆粒序，顶面显凹凸不平风化面　　4.5 m

3. 粉红色层状中粒石英岩状砂岩。局部可见板状斜层理，底部为厚 30cm 灰白色石英岩状砂岩　　1.8 m

2. 紫红色中粗粒石英岩状砂岩。一般显水平层理，顶部具大型板状斜层理　　0.8 m

1. 白色中粒石英岩状砂岩。粒序层理，该层不稳定　　1.1 m

~~~~~~~~~~ 不 整 合 ~~~~~~~~~~

下伏地层：**太古界**　变质岩

【地质特征及区域变化】　霍山（砂岩）组主要由石英岩状砂岩夹石英砂岩组成。中、上部有的夹紫红色含铁石英砂岩。砂岩的结构成熟度、成分成熟度均较高，多数层面上具绿色钙质薄膜及小的砾石，有时尚夹有砂砾岩、其底部多具有底砾岩。砂岩中具大型板状交错层理、韵理层理、人字型交错层理等。应属于滨岸滩相沉积。

砂岩中的石英颗粒多具加大边，形成再生加大结构，因此，多称其为石英岩状砂岩。

霍山（砂岩）组，多以不整合覆于太古界片麻岩之上。其上被含不同三叶虫化石带的寒武纪地层所叠覆，即位于寒武系不同层位之下；因此，它具有穿时的性质。

霍山（砂岩）组主要分布于华北地层大区山西地层分区霍山-吕梁山小区内，其它小区或缺失或相变成泥（页）岩。该组以霍山地区最为发育，霍山北侧绵山一带厚 58.9m，主要为石英岩状砂岩及少量石英砂岩构成；由此向北，到太原市古交一带，厚度变为 38.0 m，并开始夹有红色泥（页）岩；再向北到原平县芦庄（云中山）一带，厚度仅有 25.9 m，红色泥（页）夹层增多，几乎占地层总厚度的一半；继向北相变缺失。霍山南侧，洪洞县广胜寺一带，厚 67.7 m；向南至翼城县翔山一带相变消失。广胜寺一带霍山砂岩中，同样夹有大量的紫红色、灰绿色泥（页）岩。由霍山向西，到吕梁山中段中阳县一带，厚度减少到 22.6 m，岩性仍为石英砂岩、石英岩状砂岩，底部普遍含砾，板状斜层理发育；由此向西，变薄消失。

馒头组　∈*m*　（05-14-0089）

【创名及原始定义】　创名时称馒头组，1908 年，Willis 和 Blackwelder 创名于山东省长
~~~~~~~~~~

清县张夏镇馒头山，其原始定义："张夏村正南馒头山陡壁下四周山坡出露的一套红色和棕色页岩，夹有灰色或浅灰色含泥质成分的石灰岩。上面整合覆盖着张夏石灰岩层，下与前寒武纪花岗岩呈不整合接触。"

【沿革】 自创名以后，馒头层、馒头页岩、馒头统等以其特征性的岩石组合，被华北各地所引用。1953 年，卢衍豪等将 Blackwelder 的馒头层，依其生物组合特征，分解为馒头组、毛庄组、徐庄组。由原来的岩石地层单位转变为生物地层单位。这时的馒头组仅为原馒头层下部的一部分。1959 年全国地层会议，在统一地层划分的思想指导下，接受了卢衍豪等的划分方案，并载入全国地层会议文献《中国的寒武系》(卢衍豪，1962)，而推荐到全国。此次地层对比研究，华北大区按岩石地层单位划分原则，正本溯源，馒头组仍恢复到 Blackwlder 划分的馒头层原始含义上。

【现在定义】 为华北地层大区寒武系下部或底部，以红色、紫红色泥岩页岩为特征和为主，夹有薄层灰岩、泥云岩、砂岩的岩石地层单位。上覆地层为张夏组，以厚层灰岩出现划界，整合接触。山西南部整合于朱砂洞组或霍山组之上，以下伏组主要岩性结束划界；东部、北部，不整合于前寒武系不同层位之上，以不整合界面为界。

山西的馒头组和全国一样，经历了由岩石地层单位到生物地层单位，又回到岩石地层单位的历程。50 年代以前，基本上将寒武系底部的紫红色泥、页岩层，称做馒头组(馒头统、馒头页岩)。50 年代后期，特别是 1∶20 万区调开始，对寒武系的研究与划分，基本上是完全按生物地层为基础的统一划分。此时的馒头组，已为年代地层，完全不同于前期的馒头组。如今岩石地层单位的馒头组，当时被分别归属于年代地层的馒头组、毛庄组，徐庄组的下部。1988 年武铁山等编著了《山西省沉积地层的岩石地层单位划分》，将馒头组又恢复到原岩石地层的含义上。并已为 80 年代以来新开的 1∶5 万区调所采用。

【层型】 正层型剖面为山东省长清县张夏镇馒头山剖面。陵川县咀上剖面可作为山西馒头组的次层型。

陵川县咀上部面：剖面位于陵川县六泉乡咀上村旁(113°35′00″，35°48′00″)；由山西区调队沈亦为等于 1972 年测制，1992 年武铁山、吴洪飞又对该剖面重新进行了岩性描述。

上覆地层：**张夏组** 灰色中厚层状鲕粒灰岩夹黄绿色页岩

——————— 整 合 ———————

馒头组 总厚度 203.6 m

三段 厚 65.4 m

17. 黄色、灰色中厚层状灰岩与紫红色页岩互层。由下至上，互层交替趋快、单层趋薄，中部灰岩中见同生砾石，砾径 3～5 cm。含三叶虫：*Eosoptychoparia kochibei* 12.0 m

16. 紫红色钙质页岩夹三层灰绿色、紫红色生物碎屑灰岩及少许凸镜状紫红色细砂岩。具波痕、泥裂 43.5 m

15. 由紫红色页岩、暗紫红色白云质泥岩、泥质灰岩组成基本层，上部只由页岩与灰岩构成，基本层重复出现三次，灰岩由下向上逐渐增厚，内碎屑增多，生物屑大量出现，风化面上显沙纹交错层理，结晶粒度由细变粗，鲕粒从无到有，由少到多，由小到大，层面见波痕。含三叶虫：*Kochaspis hsuchuangensis* 9.9 m

二段 厚 61.9 m

14. 灰黑色中厚层状灰岩。沙纹交错层理明显，人字形交错层理，上部含泥质条带(条带波状，黄绿色，宽度 0.3～1 cm)。含三叶虫：*Shantungaspis* sp.，*Plesiagraulos tien-*

shifuensis 16.0 m

13. 下部为暗紫红色页岩，上部夹薄层白云质泥岩及灰岩，越向顶部夹层越多 8.0 m

12. 灰白色薄—中厚层灰岩夹暗紫色页岩，顶部一层灰岩层面上具对称波痕，灰岩多呈凸镜体。二者呈互层状，含三叶虫：*Probowmaniella* sp. 3.7 m

11. 由暗紫红色页岩与白云质灰岩组成基本层。页岩顶面含较多的砂球；该基本层上部为白云质灰岩与粉砂岩组成，灰岩层面波状；砂岩中发育沙纹交错层理与人字形交错层理；顶部一层灰岩表面具干裂砾岩，泥沙质胶结，棱角状 8.7 m

10. 由酱紫红色页片状泥岩、块状泥岩与灰白色白云质灰岩组成基本层，重复出现。在第六个基本层的顶部，发育一层核形石灰岩。具板状交错层理，对称波痕，凸镜状层理等 9.4 m

9. 灰白、蛋青色薄层白云质灰岩夹黄绿色泥岩。灰岩顶面具干裂砾岩，泥岩中具波痕 2.5 m

8. 酱紫红色泥岩夹黄绿色泥岩（或泥质灰岩）。具泥裂、波痕 13.6 m

一段 厚 82.1 m

7. 青灰色泥晶含粉砂白云岩夹土黄色含粉砂泥晶灰岩。纹层发育、波状，具沙纹交错层理 20.3 m

6. 青灰色厚层状泥晶白云岩与酱红色白云质灰岩组成基本层。岩性大致一样，仅颜色不同，向上重复出现黄、红二色三次；纹层发育，水平层理 22.5 m

5. 该层底部为厚 20cm 白云质泥灰岩，向上为土黄色泥质白云岩。纵向上颜色有所不同，有青灰色、酱红色，最后发展成由黄、红二色组成的基本层，重复出现四次，水平层理，纹层发育。含三叶虫：*Redlichia chinensis*，*Redlichia hupehensis* 16.0 m

4. 泥质白云岩。薄层，下部为白色，上部为灰色，水平层理 6.0 m

3. 泥质白云岩。薄层，灰白色，水平层理 2.3 m

2. 灰色薄层泥、粉晶白云岩。水平层理 9.2 m

——————— 平行不整合 ———————

下伏地层 **大河组** 紫红色中厚层状石英岩状砂岩，波痕发育

【地质特征及区域变化】 馒头组在山西各地发育程度不同，岩石组合及厚度也有差异（图 4-1）。山西南部中条山、吕梁山南端、太行山南段发育最全，从下到上，大体由三套岩石组成。下部为灰色、暗红色、杂色泥质白云岩、白云质泥灰岩、白云岩、灰岩组合，称其为一段，厚 40～82 m；该段水平层理发育，纹层多见，少见沙纹交错层理，中条山区底部泥灰岩中含燧石细条带。中部为砖红色—暗紫红色泥岩、页岩夹少量砂岩、灰岩组合，称为二段，厚 49～100 m；该段干裂、波痕、沙纹交错层理等均较发育。上部为紫红色页岩夹砂岩、生物碎屑灰岩、灰岩、鲕粒灰岩组合，称为三段，厚 65～165 m。

太行山中段及恒山—五台山区，馒头组均缺失一段地层，其二、三段岩性及厚度与上述基本相同；只是二段多相变为砖红色、红色泥岩夹泥云岩，或二者互层。霍山—吕梁山区，馒头组缺失一段、二段，三段由东向西也逐渐变薄，到汉高山—柳林一带，则全部缺失。

馒头组与上覆张夏组为整合接触，其下伏地层各地不一。东部分别与长城系常州沟组、串岭沟组、大红峪组、高于庄组，青白口系望狐组、云彩岭组等呈平行不整合接触。山西西南部多与朱砂洞组等呈整合接触。山西中西部霍山—吕梁山区则整合于霍山组之上。

张夏组 $\in_2\hat{z}$ **(05-14-0088)**

【创名及原始定义】 Willis 和 Blackwelder 于 1907 年创名于山东省长清县张夏镇。其原

始定义为："九龙群的第一个层是盖在馒头页岩软地层之上 150 m 厚的块状石灰岩，形成几百英尺高的陡壁。命名为张夏石灰岩或鲕状岩层，有时也叫张夏层。最底部由 18 m 厚的薄层橄榄灰色石灰岩组成，然后是形成陡壁的块状黑色鲕状岩层，平均厚 70 m；陡壁的小坡里发育着 30 m 厚的结晶灰岩、上部暗色和浅灰色递变的灰岩，近顶部有浅灰色砾石灰岩。"

【沿革】 张夏灰岩创名后即为地质学家广泛引用于华北各地。1959 年，全国地层会议，接受了山东、河北等地寒武系生物地层的研究成果，将原张夏组下部的鲕粒灰岩划归徐庄组，张夏组仅限制在 *Crepicephalina* 与 *Damesella* 带范围内。这样张夏组的厚度比原来的要小得多。60 年代山西区调队所开展的 1∶20 万区调图幅中，对其寒武系张夏组的划分，基本上是采用上述标准进行的。因而，张夏组由原岩石地层单位而变为生物地层单位。1988 年，山西区调队武铁山等，把徐庄组上部的鲕粒灰岩再次划归张夏组，恢复了张夏组的原来面目。

【现在定义】 张夏组是指华北地层大区馒头组之上，以中厚层灰岩、鲕状灰岩为主的岩石地层单位。中部常夹薄板状灰岩、竹叶状灰岩及灰绿色页岩。与馒头组呈整合接触，以厚层灰岩出现划界。上覆地层大多为崮山组，以薄板状灰岩夹页岩出现划界；山西南部王屋山区，直接与三山子组白云岩呈渐变过渡，以白云岩为主时划界。

【层型】 张夏组正层型为山东省长清县崮山镇虎头崖—黄草顶剖面。介休市绵山剖面可作为山西省张夏组的次层型。

介休市绵山张夏组剖面：位于介休市秦树乡兴地村绵山西坡（111°57′00″，36°53′00″）；武铁山、吴洪飞 1992 年测制。

上覆地层：**崮山组** 黄绿色钙质页岩、竹叶状灰岩、青灰、灰黄色含泥质条带灰岩互层，底部为页岩。含三叶虫：*Blackwelderia paronai*

——————整 合——————

张夏组	总厚度 144.0 m
三段	厚 71.2 m
13. 灰白色厚层白云岩化鲕粒灰岩，鲕粒小而密。上部鲕粒较大，白云岩化较弱，变为灰黑色；顶部多夹有黄色泥质条带，鲕粒从下而上，由细变粗，由少到多	50.8 m
12. 灰黑色薄板状泥晶灰岩。普遍含泥质条带，波状	13.5 m
11. 灰白色薄层鲕粒灰岩。中夹少量砾屑灰岩	0.5 m
10. 核形石灰岩。核形石圆形、椭圆形，大小直径为 0.3cm，含量 20%左右	0.6 m
9. 灰黑色含黄色泥质条带鲕粒灰岩。条带不规则，宽窄不一	1.3 m
8. 灰白色薄板状泥晶灰岩	0.5 m
7. 底部为竹叶状灰岩，上部为薄板状鲕粒灰岩	4.0 m
二段	厚 38.0 m
6. 灰色中—厚层鲕粒灰岩，夹薄层黄灰色灰岩、页岩	6.2 m
5. 灰白色中厚层白云质竹叶状灰岩与黄绿色白云质泥晶灰岩（页岩）互层	12.7 m
4. 灰黑色薄层鲕粒灰岩	5.6 m
3. 底部为灰白色薄层竹叶状灰岩夹黄绿色页片状泥岩。其上为薄板状泥晶灰岩夹黄绿色页岩、上部为竹叶状灰岩与黄绿色页岩互层	13.5 m
一段	厚 34.8 m
2. 灰色薄层状亮晶灰岩，其上为灰黑色薄层状鲕粒灰岩，二者组成基本层，重复出现。在第四个基本层中含有大量的藻灰岩（叠层石），鲕粒灰岩均为亮晶、放射鲕与同心鲕二种	26.0 m

1. 由灰色薄层白云岩化泥晶鲕粒灰岩与灰色泥晶放射鲕粒灰岩组成基本层，重复出现四次　8.8 m

——————— 整　合 ———————

下伏地层：**馒头组**　灰黄色含砂中粗晶白云岩夹灰色、灰紫色泥岩

【地质特征及区域变化】　山西的张夏组和山东正层型剖面基本相同，特别是山西省中部霍山—吕梁山中部。其岩性主要为鲕粒灰岩，但在中部夹较多的薄板状泥晶灰岩、竹叶状灰岩及黄绿色页岩。同样可划分出三个段。

山西北部恒山—五台山区，除下部（一段）为以鲕粒灰岩为主外，中部（二段）以大量灰绿色页岩、少量紫红色页岩及薄板状泥晶灰岩、竹叶状灰岩为主，夹少量鲕粒灰岩。上部（三段）为鲕粒灰岩与薄板状泥晶灰岩互层。并在二、三段内夹多层礁灰岩。

山西南部地区（吕梁山南段、太行山南段及中条山、王屋山区），岩性主要为灰岩、鲕粒灰岩组合，很少夹薄板状灰岩、竹叶状灰岩、页岩。例如，咀上剖面除底部 40m 为鲕粒灰岩夹灰黄绿色页岩外，其上 236.5m 全部为灰岩与鲕粒灰岩互层，其中除顶部有厚层礁灰岩外，无任何其他夹层。因此，南部地区三分性不明显。

张夏组与上覆崮山组、下伏馒头组均为整合接触。但也有人认为崮山组与张夏组之间有不整合存在，应属平行不整合。

张夏组厚度表现为南厚北薄（南部的水峪 181.4m，咀上 269m，河津西硙口 165.3m，北部的憨山 136.8m，原平芦庄 105.1m，恒山 127.7m），东厚西薄（左权 186.3m，绵山 144m，中阳县柏洼坪 82.3m）（图 4－1）。

张夏组是寒武纪中三叶虫最繁盛的一个时期，其种属较多，为典型的华北型动物群特征。

崮山组　$\in_{3}g$　**（05－14－0087）**

【创名及原始定义】　始称崮山页岩。Willis 和 Blackwelder 1907 年创立。创名地点在长清县崮山镇崮山村东北附近。原始定义："整合于张夏组之上，普遍呈浅绿色的钙质页岩为主，夹有棕紫、黄色的页岩小层和灰岩薄层的岩层。页岩中灰岩薄层通常呈砾状，很少是鲕状灰岩。"

【沿革】　1953 年，卢衍豪、董南庭在华北各地剖面所产化石层位分析的基础上，将崮山一名，作为上寒武统下部含 *Blackwelderia paronai*、*Drepanura* 三叶虫带的地层单位名称，并被 1959 年全国地层会议所推荐，此时的崮山组已是以生物地层为基础的统一地层概念的地层单位。山西省自 1960 年开始的 1∶20 万区调，所划的崮山组，即以生物地层为基础的崮山组。此次地层对比研究，华北大区按岩石地层单位划分原则，恢复了创名时崮山层的含义。

【现在定义】　崮山组是指华北地层区张夏组之上的一套以薄板状灰岩、竹叶状灰岩夹页岩为组合特征的岩石地层单位。常夹中厚层状藻礁灰岩、鲕状灰岩、生物碎屑灰岩。以特征岩性组合的出现和结束划分顶、底界。与下伏张夏组、上覆炒米店组，均呈整合接触。

【层型】　崮山组正层型为山东省长清县崮山镇唐王寨南坡。按崮山组现在定义，山西省恒山—五台山区的崮山组发育和保存（未白云岩化）最完整，该区浑源县悬空寺剖面可作为山西省崮山组的次层型。

浑源县悬空寺崮山组剖面位于山西省浑源县城南，恒山脚下，著名的悬空寺旁（113°42′00″，39°40′00″），由武铁山、吴洪飞 1992 年重测。

上覆地层：**炒米店组** 下部青灰色中薄层状泥晶灰岩，上部巨厚层状礁灰岩

——————整 合——————

崮山组 总厚度 136.9 m

77. 薄板状灰色泥晶灰岩。易风化，显页片状 0.5 m

76. 竹叶状灰岩，泥晶灰岩夹灰绿色页岩 2.8 m

75. 下部为灰色薄板状泥晶灰岩夹灰绿色页岩，其上为灰色竹叶状灰岩（竹叶大小不一，排列杂乱）。由此组成基本层，向上重复出现 10 次；上部页岩变薄，竹叶状灰岩变厚 5.3 m

74. 由灰色竹叶状灰岩与灰色薄层泥晶灰岩夹灰绿色页岩组成基本层，由两个基本层组成 2.6 m

73. 灰色薄板状泥晶灰岩，夹灰黄绿色页岩与竹叶状灰岩 0.8 m

72. 由紫红色竹叶状灰岩与灰色薄板状泥晶灰岩夹黄绿色页岩组成基本层（重复出现二次） 3.6 m

71. 灰色薄板状泥晶灰岩夹黄绿色页岩。泥晶灰岩中纹层发育，波状 1.2 m

70. 竹叶状灰岩夹薄板状泥晶灰岩。中部夹一层礁灰岩，厚 20 cm 1.1 m

69. 浅灰色薄板状泥晶灰岩夹黄绿色页岩。灰岩中纹层发育，为波状，丘状，小型交错层理也较发育 4.0 m

68. 竹叶状灰岩夹薄板状泥晶灰岩。后者纹层较发育，具沙纹交错层理，丘状层理，波状纹层 1.4 m

67. 浅灰色厚层状泥晶灰岩夹少量薄板状泥晶灰岩与页岩 2.4 m

66. 灰黄绿色页岩夹灰色薄板状泥晶灰岩 0.8 m

65. 浅灰色厚层状泥晶灰岩夹浅灰色薄板状泥晶灰岩与页岩。泥晶灰岩中纹层发育，波状，生物钻孔也很发育，层面上多爬行遗迹。底部 1 m 含三叶虫：*Missisquoia perpetis* 16.0 m

64. 由浅灰色薄板状泥晶灰岩夹灰绿色页岩与竹叶状灰岩组成基本层，重复出现 8 次。含三叶虫：*Mictosaukia orientalis*，*Geragnostus*（*Micragnostus*）*chinshuensis* 6.4 m

63. 由浅灰色薄板状泥晶灰岩、黄绿色页岩与竹叶状灰岩组成基本层，重复出现三次。泥晶灰岩中一般纹层发育，具虫迹与生物钻孔。含三叶虫：*Mictosaukia luaheensis* 4.9 m

62. 由浅灰色薄层泥质灰岩与竹叶状灰岩组成基本层，重复出现二次 7.1 m

61. 由浅灰色薄层状泥晶灰岩与竹叶状灰岩组成基本层，重复出现三次。泥晶灰岩中纹层发育，竹叶大小不一，排列杂乱 1.8 m

60. 紫红色页岩夹紫红色薄板状亮晶砂屑、生物屑灰岩。页岩页理发育，灰岩呈不连续凸镜状、疙瘩状 2.0 m

59. 礁灰岩，不规则状，无层理，主要由叠层石组成；礁体之间充填泥晶灰岩、竹叶状灰岩、砂砾屑灰岩等，礁体高 3.5m。含三叶虫：*Saukia* sp.，*Quadraticephalus walcotti* 7.4 m

58. 紫红色薄板状泥质亮晶灰岩夹紫红色页岩，灰岩呈凸镜状，页岩页理发育 1.7 m

57. 紫红色页岩夹紫红色薄板状灰岩 4.5 m

56. 由青灰色薄板状泥质灰岩、黄绿色页岩或紫红色页岩与竹叶状灰岩组成基本层，重复出现 9 次。中夹礁灰岩，由叠层石组成。含三叶虫：*Kaolishania* sp. 5.4 m

55. 青灰色薄板状含泥质条带泥晶灰岩，纹层发育，波状；其上为土黄色厚层状砂屑亮晶灰岩及竹叶状灰岩。顶部含三叶虫：*Tsinania canens* 5.3 m

54. 灰白色块状生物礁灰岩，礁体之间充填土黄色砂砾屑灰岩，礁为叠层礁 7.2 m

53. 礁灰岩，由叠层石构成，高 40cm，宽 50cm，走向上不稳定，常变为泥晶灰岩；礁体间充填泥晶灰岩、黄绿色页岩及竹叶状灰岩 7.4 m

52. 青灰色薄板状泥晶灰岩夹黄绿色页岩或紫红色页岩及竹叶状灰岩。含三叶虫：*Lios-*

tracina krausei，*Stephanocare* sp. 2.6 m

51. 褐黄色含泥质条带砂屑灰岩。条带宽窄不一，一般 1～10cm 1.7 m

50. 紫红色页岩夹紫红色砂屑灰岩 2.3 m

49. 褐黄色砂砾屑鲕粒灰岩，夹紫红色页岩。灰岩含泥质条带 3.1 m

48. 褐黄色砂砾屑鲕粒灰岩 2.1 m

47. 灰白色厚层状礁灰岩，由叠层石组成，礁体之间充填泥晶灰岩、竹叶状灰岩；顶部为灰色页岩 1.9 m

46. 青灰色薄板状泥晶灰岩夹礁灰岩。礁由叠层石组成，高 1.5～2.0m，宽 2.0m，共有两层。含三叶虫：*Chuangioides punctatus* 4.1 m

45. 青灰色薄板状泥晶灰岩夹泥晶灰岩与黄绿色页岩互层 5.1 m

44. 青灰色薄板状泥晶灰岩。纹层发育 5.0 m

43. 底部暗紫红色竹叶状灰岩，其上为薄板状泥晶灰岩夹灰绿色页岩，由此组成基本层，重复出现 3 次 5.5 m

——————— 整　合 ———————

下伏地层：**张夏组**　灰色巨厚层状泥晶放射鲕粒灰岩

【地质特征及区域变化】　山西的崮山组以恒山—五台山区和云中山北段发育和保存最好。其岩性主要为薄板状泥晶灰岩、竹叶状灰岩及大量的灰黄绿色页岩。同时含多层、厚层藻礁灰岩，及数层紫红色页岩。悬空寺一带该组厚 136.9 m，向西至云中山区芦庄剖面，厚度达 166.6 m。向南至康庄、柏洼坪、绵山一带，岩性以白云质灰岩及竹叶状灰岩、泥晶灰岩为主，页岩少见，且上覆均为三山子组，故厚度变薄，分别为 25.4 m、33.9 m、19.6 m。沿太行山向南，至太行山中段，岩性以泥晶灰岩为主，夹竹叶状灰岩。厚度为 40.0 m。除上述地区外，其它地区，特别是山西南部地区，崮山组均已全部白云岩化而归属三山子组。

崮山组与其上炒米店组、其下张夏组，均为整合接触。与三山子组为渐变过渡关系。

崮山组的动物群以三叶虫为主。

炒米店组　$\in O\hat{c}$　(05-14-0086)

【创名及原始定义】　Willis 和 Blackwelder 1907 年创名于山东省长清县崮山镇炒米店，称“炒米店灰岩”。其原始定义为：“九龙群的第三个层是炒米店石灰岩，由硬质灰岩组成，形成炒米店东南和西南的小山。呈蓝色，新鲜面为暗灰色、细晶。崮山页岩和炒米店灰岩之间的过渡带为 12m 的板状灰岩，具砾状特征。之上才是炒米店灰岩，单层厚度时常不大于 5 或 6 英尺。其顶界以沉积特征为变化为标志，即上覆济南层底部变为浅黄色，已显著白云岩化。”

【沿革】　1923 年，孙云铸等在河北唐山冶里一带以生物地层为基础，创立了长山层、凤山层、冶里层。1954 年卢衍豪、董南庭等，根据华北各地所产化石层位分析，将华北上寒武统划分为崮山组、长山组、凤山组及上覆的下奥陶统划为冶里组、亮甲山组等。以岩石地层为特征的“炒米店灰岩”、“炒米店层”，渐被上述生物地层所代替。1959 年全国地层会议之后，特别是全国地层会议学术报告汇编《中国的寒武系》(全国地层委员会，1962) 出版后，炒米店灰岩就很少再被使用。此次地层对比研究，华北大区根据这次岩石地层清理的原则，恢复炒米店组这一岩石地层单位。

【现在定义】　为华北地层区东北部（包括山西恒山、五台山区），崮山组（薄板状灰岩与竹叶状砾屑灰岩夹页岩组合）之上，全部由厚层、中厚层灰岩组成的岩石地层单位。与下伏崮山组整合接触。上覆地层为冶里组（类似崮山组的岩石组合），整合接触；偏西、偏南与三山子组白云岩呈渐变过渡，以白云岩为主时划界。

【层型】　正层型为山东省长清县崮山镇唐王寨-范庄东坡剖面。山西恒山-五台山区的炒米店组岩石组合特征明显，上下接触关系清晰，浑源县悬空寺剖面可为炒米店组的次层型。

浑源县悬空寺炒米店组剖面：位于浑源县城南恒山脚下，著名的悬空寺旁（113°42′00″，39°40′00″），武铁山、吴洪飞于1992年测制。

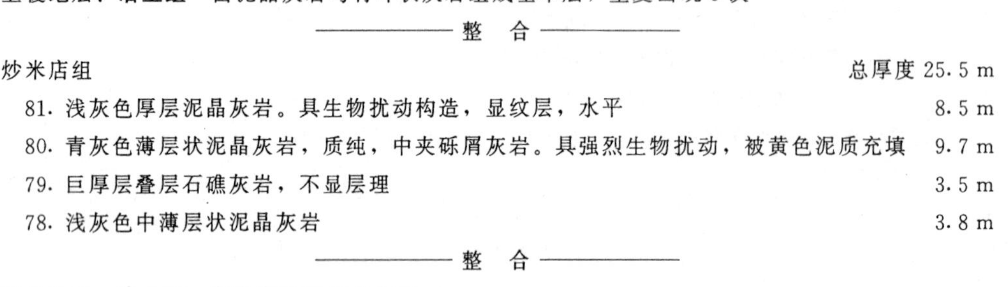

上覆地层：**冶里组**　由泥晶灰岩与竹叶状灰岩组成基本层，重复出现5次

——————整　合——————

炒米店组　　总厚度25.5 m

81. 浅灰色厚层泥晶灰岩。具生物扰动构造，显纹层，水平　8.5 m
80. 青灰色薄层状泥晶灰岩，质纯，中夹砾屑灰岩。具强烈生物扰动，被黄色泥质充填　9.7 m
79. 巨厚层叠层石礁灰岩，不显层理　3.5 m
78. 浅灰色中薄层状泥晶灰岩　3.8 m

——————整　合——————

下伏地层：**崮山组**　灰色薄板状泥晶灰岩

【地质特征及区域变化】　山西炒米店组岩性为厚层状泥晶灰岩、白云质灰岩、礁灰岩等。地貌形态特征，形成30 m左右高度的陡坎。故其厚度也稳定在30m左右；如悬空寺剖面，厚25.5 m；向东南到晋冀交界处的灵丘县徐家店一带，厚度为31.1 m；向南至五台山北坡的繁峙县憨山剖面，厚度为35.9 m，向西南到原平县芦庄剖面，厚度变为42.3 m。

炒米店组灰岩质纯，无泥质夹层，是山西雁北地区石灰岩的主要开采层位。

炒米店组局限于恒山—五台山区，在该区内与其上覆冶里组、下伏崮山组均为整合接触。向西、向南，炒米店组自上而下逐渐白云岩化为白云岩，而归属三山子组。

冶里组　O_1y　（05－14－0085）

【创名及原始定义】　冶里组由Grabau 1922年创名于河北省唐山市开平镇冶里村。其原始定义："河北唐山开平盆地北缘，冶里村附近的石灰岩及其上的灰绿色薄层灰岩夹黄绿色、灰黑色页岩。"

【沿革】　冶里组自创名后，逐渐为地质学家所接受，并推广到华北各地。严格说冶里组是一个生物地层单位。此次地层清理，因其知名度已很大、又无可替代的岩石地层单位名称，华北大区保留冶里组，作为炒米店之上的岩石地层单位名称。可是按以生物地层为基础的寒武—奥陶系统一地层划分，冶里组之下依次为凤山组、长山组、崮山组等。这就产生了以山东为层型的岩石地层单位——炒米店组、崮山组的衔接问题。

山西引入冶里组始于1951年，王绍章在大同口泉附近发现并采集了大量的笔石，认为山西存在与开平盆地相当的冶里组、亮甲山组。1959年编制的《山西矿产志》(山西地质厅，1960)，以冶里统代表山西的下奥陶系。由于山西大部分地区的下奥陶系地层均已白云岩化，化石稀少，直到70年代末，从未真正划分出生物地层为基础的冶里组和亮甲山组。各个1：20万区调图幅，也仅划分到奥陶系下统(冶里组—亮甲山组末)，各图幅确定的奥陶系底界，也多不一致。

【现在定义】　唐山冶里一带，冶里组之下的凤山组、长山组、崮山组，为一套薄板状灰岩、黄绿色页岩夹竹叶状灰岩，若按山东层型的岩石地层单位划分，无疑应属岩石地层单位崮山组。顺序向上排，划入生物地层单位冶里组下部的厚层石灰岩，应为岩石地层单位的炒米店组。如若按冶里组的原始含义，以山东为层型的炒米店组将不能成立。因此，在炒米店组、冶里组均保留作为华北寒武系—奥陶系的岩石地层单位，且在炒米店命名早于冶里组的情况下，必须厘定冶里组含义。将其限于厚层灰岩之上，以薄层、薄板状石灰岩夹黄绿色页岩、竹叶状灰岩的部分。作为岩石地层单位冶里组的现在定义应厘定为：华北地层区东北部（包括山西恒山、五台山区）炒米店组（中、厚层石灰岩）与亮甲山组（中、厚层石灰岩燧石石灰岩）之间，以薄层、薄板状石灰岩夹竹叶状砾屑灰岩、绿色页岩为主的岩石地层单位。以该岩性组合的出现和消失划底界、顶界；与下伏炒米店组、上覆亮甲山组，均呈整合接触，部分地段可与三山子组白云岩呈渐变过渡。

【层型】 正层型为河北省唐山市赵各庄剖面。浑源县悬空寺剖面可作为冶里组在山西的次层型剖面。

浑源县悬空寺冶里组剖面：位于浑源县城南悬空寺南侧（113°42′00″，39°40′00″）；武铁山、吴洪飞于1992年测制。

上覆地层：**亮甲山组** 巨厚层含燧石条带泥晶灰岩

——————— 整 合 ———————

冶里组 总厚度 44.9 m

98. 灰色薄板状泥晶灰岩夹竹叶状灰岩。薄板状泥晶灰岩中具黄色泥质条带，含红色、白色燧石凸镜体，纹层发育，具沙纹交错层理，浪成波痕，上部夹有少量页岩 4.0 m
97. 浅灰色厚—巨厚层状泥晶灰岩夹竹叶状灰岩。泥晶灰岩中，上部具黄色泥质条带，中部生物扰动发育 2.3 m
96. 灰黄绿色页岩 0.2 m
95. 浅灰色巨厚层状含燧石条带泥晶灰岩。燧石为白色，不规则状，条带宽 1 cm 1.5 m
94. 灰黑色页岩，页理发育 0.5 m
93. 浅灰色巨厚层状泥晶灰岩，中夹两层厚 5 cm 黄绿色页岩，竹叶状灰岩，礁灰岩，同时含燧石结核 6.7 m
92. 紫红色页岩，夹两层薄板状竹叶状灰岩，顶部为厚 10 cm 的灰绿色页岩 0.7 m
91. 下部为浅灰色厚层状泥晶灰岩，上部为礁灰岩，两者呈波状起伏接触 2.0 m
90. 灰绿色页岩 0.3 m
89. 浅灰色薄板状—厚层状泥晶灰岩，中上部为竹叶状灰岩，具生物钻孔，该层中发育大量礁灰岩，疙瘩状，由叠层石构成 3.9 m
88. 灰色薄板状泥晶灰岩，厚层竹叶状灰岩，顶部为黄绿色页岩 1.5 m
87. 浅灰色巨厚层状泥晶灰岩。具生物扰动及爬行迹 4.2 m
86. 由浅灰色薄板状泥晶灰岩与竹叶状灰岩组成基本层，共重复出现 4 次。泥晶灰岩中具交错层理，纹层发育，波状 7.5 m
85. 灰黄色薄板状生物扰动灰岩 1.0 m
84. 由薄板状泥晶灰岩与竹叶状灰岩组成基本层，共重复出现 5 次。泥晶灰岩中具生物扰动，生物钻孔 3.5 m
83. 浅灰色厚层状泥晶灰岩。具生物钻孔及生物扰动构造 2.0 m
82. 由泥晶灰岩与竹叶状灰岩组成基本层，重复出现 5 次 3.1 m

——————— 整 合 ———————

下伏地层：**炒米店组** 浅灰色厚层泥晶灰岩

【地质特征及区域变化】 冶里组的岩石组合，主要是中—薄层或薄板状灰岩，竹叶状砾屑灰岩，灰绿、灰黑色页岩等，有时夹有礁灰岩数层。页岩层，3—5层，每层厚数十厘米。由于质软，易风化，常被掩盖而遭忽略。页岩层多出现于冶里组上部。云中山、管涔山一带冶里组岩性多变为白云质灰岩夹白云岩及黄绿色页岩。山西其它地区则由于白云岩化而归属三山子组。冶里组在悬空寺一带厚44.9 m；向东至灵丘县徐家台一带，厚度变为68.9 m；向南至五台山北坡的憨山厚度为73.7 m；云中山、管涔山一带，厚度为59.8～13.0 m（此处变薄的原因在于部分地层已被白云岩化而成白云岩，归入三山子组）。

冶里组在地貌上表现为夹于上、下两个陡坎间的缓坡，易于辨认，易于地质填图。

冶里组中生物较为发育，主要有笔石、三叶虫、头足类、腕足类等。

亮甲山组 O_1l （05－14－0084）

【创名及原始定义】 原称"亮甲山石灰岩"。叶良辅、刘季辰于1919年创名于河北省抚宁县石门寨亮甲山。原始定义：是指寒武纪石门寨页岩之上，石炭纪含煤岩层之下，总厚约800 m之石灰岩。自下而上分为4层：1. 黑色纯石灰岩、2. 鲕状石灰岩、3. 竹叶状石灰岩、4. 黑色纯石灰岩。

【沿革】 1935年孙云铸厘定亮甲山石灰岩含义为："冶里组之上、马家沟石灰岩之下的、含燧石的石灰岩层。"这样含义的亮甲山组，渐被广泛引用于华北各地。

【现在定义】 为华北地层大区东北部，马家沟组之下、冶里组之上的一套以灰色厚层燧石结核灰岩、中厚层灰岩为主夹薄层状灰岩及少量竹叶状灰岩的岩石地层单位。与下伏冶里组整合接触，以薄板灰岩、页岩组合结束划界；上以平行不整合面与马家沟组分界，但大部分地区与马家沟组间隔以三山子组白云岩，并与其呈渐变过渡关系。

【层型】 选层型为河北省唐山市赵各庄长山剖面。

【地质特征及区域变化】 山西亮甲山组仅在恒山—五台山地区发育及保留较好，其岩石组合为浅灰、灰黄色厚层夹薄层泥晶灰岩及粉晶灰岩为主，夹少量砾屑灰岩、云斑灰岩、含燧石条带灰岩等。

山西全省尚未见到该组直接与马家沟组接触的地方，亮甲山组上部或多或少均存在一套薄层灰黄色白云岩，以前均划归亮甲山组。在这次清理中，将上部白云岩单独划出，称为三山子组。因此，现在的亮甲山组实为原生物地层单位的亮甲山组下部的部分。

作为岩石地层单位的亮甲山组，山西境内以恒山悬空寺一带厚度最大，达71.8m；向东南至灵丘县徐家台一带，厚度为58.8m；向南至五台山北坡的憨山，厚度仅有7.4m；其它地区则全部白云岩化而归属三山子组。

亮甲山组含头足类、三叶虫、腕足类、腹足类等。

三山子组 ∈Os （05－14－0082）

【创名及原始定义】 1932年，谢家荣创名于江苏贾汪大泉村三山子山。当时称"三山子石灰岩"。原始定义："本层属于中、上奥陶纪之纯石灰岩及寒武纪鲕状及竹叶状石灰岩之间，全层厚达300～500公尺，系一种灰或灰白色之结晶质石灰岩，颇似一种砂岩层。因矽化甚深，故硬度甚高，呈整齐之薄层，富于裂隙，侵蚀面呈现暗灰色，不规则之浅纹。"

【沿革】 “三山子石灰岩”创名后，时代归属即引起争论，李四光（1930）认为是上寒武统，而谢家荣（1932）将其归属下奥陶统，并为1959年全国地层会议所采纳。林天瑞等（1973）在剖面上采到了三叶虫 *Tellerina*，又认为属上寒武统。杨长生（1976）在三山子白云岩中成功地分析出大量的牙形石，进一步证明其下部属寒武系无疑；因而认为“三山子组”具有跨时代的特征。

“三山子组”在华北北部地区及山西，以往很少使用，而实际上该套岩性是存在的。当时在统一地层划分的思想指导下，早期多笼统划归下奥陶统；1∶20万区调开始后，按其所处层位及所含化石（有时可发现少量化石），而分别归属张夏组、崮山组、长山组、凤山组、冶里组、亮甲山组，或归属上寒武统、下奥陶统。1988年，武铁山等在山西省沉积地层的岩石地层单位划分中，按岩石地层划分原则，在山西正式引用“三山子组”。但这套白云岩的穿时性在山西却早已被认识。华北大区根据地层清理原则，将三山子白云岩作为华北地区寒武—奥陶系中一个岩石地层单位，改称三山子组。

【现在定义】 华北地层区马家沟组之下的一套以各种（薄厚不等、结构不同、成分各异，并夹灰绿色白云质页岩）白云岩组成的岩石地层单位。其上与马家沟组呈平行不整合接触。其下自北而南、自东而西渐次分别与亮甲山组、冶里组、炒米店组、崮山组、张夏组呈渐变过渡。按白云岩特征可划分出能与上述各组相对应的岩性段。

【层型】 正层型为江苏省铜山县大泉乡寨山-三山子剖面。山西三山子组分布普遍，陵川县咀上-六泉剖面可作为三山子组在山西的次层型。

陵川县咀上-六泉三山子组剖面（113°35′00″，35°48′00″）；山西区测队沈亦为等1972年测制。

上覆地层：**马家沟组** 灰黄、黄绿色薄层状泥灰岩

——————— 平行不整合 ———————

三山子组 总厚度219.7 m

l段 厚4.4 m

10. 灰色中—厚层状含燧石条带、燧石结核中细晶白云岩 4.4 m

——————— 整 合 ———————

y段 厚40.5 m

9. 灰白、灰黑色中厚层状细晶白云岩。层面上常具黄绿色页片状钙质、泥质薄层，局部含泥质条带，平行，少数为波状；每层上部含较多的方解石团块，局部具鸟眼构造 40.5 m

——————— 整 合 ———————

c段 厚122.0 m

8. 灰白色巨厚层状粗晶白云岩。不显层理，其中含较多层黄绿色钙质、泥质页片状团块或凸镜体；具洞穴构造，洞内被方解石充填，同时鸟眼构造、窗孔构造、层状孔洞构造均较发育；该层上部含燧石团块与硅质条带 53.4 m
7. 灰白色厚—巨厚层粗晶白云岩。该层亦具大量方解石晶洞并夹黄绿色页片状钙质、泥质凸镜体或团块；上部可见窗孔及孔洞构造，大部分被方解石或硅质充填 26.1 m
6. 灰白色巨厚层状粗晶白云岩。该层喀斯特溶洞发育，多沿层分布，普遍具方解石晶洞 42.5 m

——————— 整 合 ———————

g段 厚52.8 m

5. 灰、灰白色薄板状泥质条带中细晶白云岩，上部为灰黑色中厚层状细晶白云岩，局部可见泥质条带，但不明显 28.3 m

4. 灰白色薄板状泥质条带白云岩。条带不明显，局部可见纹层状白云岩，纹层水平，具板状交错层理，上部含较多的黄铁矿结核。含腕足类：*Palaeobolus* sp. 9.4 m

3. 灰白色薄板状泥质条带白云岩 3.1 m

2. 灰白色中厚层状含少量泥质条带中细晶白云岩 3.7 m

1. 底部为灰黄色薄板状细晶—泥晶白云岩，其上为灰黑色薄板状含泥质条带白云岩，条带平直，含有黄铁矿结核。含三叶虫：*Stephanocare richthofeni*，*Cyclolorenzella* sp.，*Liostracina krausei* 8.3 m

——————— 整　合 ———————

下伏地层：**张夏组**　由灰白、灰黑色厚层亮晶灰岩与薄层状鲕粒灰岩组成的基本层，叠置而成。含三叶虫：*Dorypyge richthofeni chihliensis*，*Damesella* sp.

【地质特征及区域变化】　本书认为，三山子组白云岩，主要为后生白云岩，因为在山西不少地区该组中尚保留有许多白云岩化前原始沉积时的沉积构造。这些沉积构造，可作为与未白云岩化地层相对比的标志或依据，故可按这些标志或依据，在三山子白云岩中，可依次划分出与张夏组、崮山组、炒米店组、冶里组、亮甲山组相对应的地层单位来。

三山子组岩石组合，各地区有所不同（图 4－1）。北部恒山—五台山小区该组较薄，仅有 73.7 m，岩性为中厚层—薄层土黄色细晶、粉晶白云岩，含不定量的燧石。该套地层出现于亮甲山组的上部，与亮甲山组呈整合接触。属亮甲山组上部白云岩化的产物。故称其为三山子组中的 l 段。中部与南部地区，它自上而下，岩石组合依次为中厚—薄层含燧石白云岩，中薄层细晶泥质白云岩，竹叶状白云岩夹白云质页岩，厚层粗晶白云岩、薄层、薄板状细晶白云岩夹白云质页岩、竹叶状白云岩；因此，可划分出与亮甲山组、冶里组、炒米店组、崮山组相对应的岩性段，即 l 段、y 段、c 段、g 段。其厚度分别为 106～41.9 m、60～43.4 m、55.8～73.3 m、14.1～33.3 m。南部王屋山、中条山一带，三山子白云岩最下部，为厚层白云岩夹鲕粒白云岩，显然为张夏组白云岩化的产物，可划分为 z 段，其厚度最大可达 116 m；而三山子组总厚度可达 338.4 m。山西西部柳林一带，三山子白云岩直接覆于不厚的霍山（砂岩）组之上，按岩性特征亦可划分出 z（有时缺少）、g、c、y、l 段，而总厚不过 208.6 m。

总之，山西境内的三山子组由北向南，包含的层位逐渐趋低，其厚度逐渐增大。岩石组合也相对变得复杂。

三山子组 c 段白云岩，质纯、没有泥质夹层、很少燧石，大多可做工业用优质白云岩矿产。

马家沟组　$O_{1-2}m$　（05－14－0081）

【创名及原始定义】　创名时称“马家沟石灰岩”。1922 年 Grabau 创名，创名地点在河北省唐山市开平镇马家沟村。原始定义：马家沟村附近之石灰岩，名为马家沟石灰岩（Machiakou Limestone），因产 *Actinoceras* 甚富，曾名之为珠角石石灰岩

【沿革】　创名后，马家沟石灰岩在华北被广泛应用，时代定为中奥陶统。1959 年召开的全国地层会议按其所含生物的差异，时代的不同归属，将马家沟石灰岩划分为下马家沟组和上马家沟组，并认为前者属下奥陶统，后者方属中奥陶统（张文堂，1962）。1975 年，为编制华北地区区域地层表，召开了奥陶系专题地层会议，建立了峰峰组，以代表唐山一带缺少的那一部分“马家沟灰岩”。会上，对“马家沟灰岩”地质时代提出了多种认识：全部属下奥陶统；下马家沟属下奥陶统；上、下马家沟属下奥陶统，峰峰组属中奥陶统等。此次地层清理，华北大区考虑到马家沟石灰岩（包括唐山地区缺少的峰峰组）岩性组合的极其相似性及新建

统一的地层组名的困难性，议定仍以马家沟组代表华北上古生界含煤岩系之下，下古生界上部亮甲山组或三山子组白云岩之上的一套石灰岩。

【现在定义】 指华北地层区上古生界含煤地层之下，下古生界上部（亮甲山组或三山子组之上）的一套由薄层状灰白色、浅灰色泥质白云岩、白云岩（有时含石膏）—深灰色厚层石灰岩、云斑石灰岩构成的多个旋回层而组成的岩石地层单位。与下伏、上覆地层，均呈平行不整合接触，均以平行不整合界面划界。

山西省境内马家沟组分布很广，50 年代，“马家沟石灰岩”一名即引入山西，但均未进一步划分。自 60 年代以来，随着 1∶20 万区调的进行和接触交代式铁矿普查的开展，马家沟组按全国地层会议划分为上、下马家沟组，进而又三分为上、下马家沟组及峰峰组；或按岩性段直接 6 分，也有按 3 组 7 段、3 组 8 段或 3 组 9 段划分（山西省地矿局）。本次清理考虑到矿产普查的实用性，对马家沟组进一步划分为 8 个次级岩石地层单位，处理为 6 个岩性段、4 个亚段（表 4－1）。

【层型】 正层型为河北省唐山市赵各庄长山剖面。沁源县王和乡朱王铺—南坪马家沟组剖面，可作为山西马家沟组的次层型。

沁源县王和乡朱王铺—南坪马家沟组剖面：位于沁源县王和乡南坪村西沟 （112°07′，36°56′）；山西地矿局区调队贡风文等 1973 年测制。

上覆地层：**湖田段** 山西式铁矿、铝土页岩

－－－－－－－ 平行不整合 －－－－－－－

马家沟组 总厚度 443.7 m

六段 厚 21.00 m

38. 青灰、灰黑色中—厚层状泥晶灰岩，质较脆，裂隙中充填方解石脉，风化面上有铁质斑点 14.20 m
37. 灰黄、灰白色中层状粗晶灰岩 6.80 m

———————— 整 合 ————————

五段 厚 74.20 m

36. 浅灰黄色角砾状白云质泥灰岩。不显层理，白云质含量高时为泥灰质白云岩，中部泥灰质含量较高 43.20 m
35. 灰黑色中—厚层泥晶灰岩。含少量分布不均的泥质和白云质 7.10 m
34. 下部为灰白色薄层泥质白云岩，中、上部为灰黄、桔黄色白云质泥灰岩。层面具蜂窝状，角砾状构造 23.90 m

———————— 整 合 ————————

四段 厚 165.70 m

上亚段 厚 83.90 m

33. 灰黑色薄—中层白云质灰岩。顶部具波状起伏 2.60 m
32. 灰白色薄层白云质泥灰岩。含方解石晶体 3.20 m
31. 灰白、灰黑色中层云斑状白云质灰岩 8.20 m
30. 灰白、灰黑色薄层白云质灰岩，间夹灰质白云岩 5.10 m
29. 灰白色薄层状灰质泥晶白云岩。上部不显层理 8.40 m
28. 灰黑色厚层泥晶白云质灰岩。有方解石细脉穿插 2.80 m
27. 灰白色薄层泥晶灰质白云岩 5.60 m
26. 灰黑色中—厚层泥晶灰岩。质纯 2.80 m

表 4-1　山西省马家沟灰岩划分沿革表

<table>
<tr><th colspan="3">华北地质科学研究所
第二研究队
（西安里区）
1974</th><th colspan="3">山西地质局
212 队
（西安里区）
1974</th><th colspan="3">山西地质局
215 队
（狐偃山区）
1974</th><th colspan="3">山西地质局
213 队
（塔儿山区）
1974</th><th colspan="3">山西区调队
1960—1974</th><th colspan="3">山西地质局区调队
全省 1975 年以后
《山西的奥陶系》
《山西省区域地质志》</th><th colspan="3">本　书</th></tr>
<tr><td rowspan="9">中奥陶统</td><td rowspan="3">O_2^C</td><td>O_2^{C-3}</td><td rowspan="10">中奥陶统</td><td rowspan="10">马家沟石灰岩</td><td>O_2^6</td><td rowspan="10">中奥陶统</td><td rowspan="3">O_2^3</td><td>O_2^{3-2}</td><td rowspan="10">中奥陶统</td><td rowspan="4">第三组</td><td>第七段
(O_2^{3-3})</td><td rowspan="10">中奥陶统</td><td rowspan="6">上马家沟组</td><td rowspan="3">第二段
(O_2s^2)</td><td rowspan="10">中奥陶统</td><td rowspan="3">峰峰组</td><td>二段(O_2f^2)</td><td rowspan="10">马家沟（石灰岩）组
($O_{1-2}m$)</td><td colspan="2">六段(O_2m^6)</td></tr>
<tr><td>O_2^{C-2}</td><td rowspan="2">O_2^5</td><td rowspan="2">O_2^{3-1}</td><td rowspan="2">第六段
(O_2^{3-2})</td><td rowspan="2">一段(O_2f^1)</td><td colspan="2" rowspan="2">五段(O_2m^5)</td></tr>
<tr><td>O_2^{C-1}</td></tr>
<tr><td rowspan="3">O_2^B</td><td>O_2^{B-3}</td><td rowspan="2">O_2^4</td><td rowspan="3">O_2^2</td><td>O_2^{2-3}</td><td>第五段
(O_2^{3-1})</td><td rowspan="3">第一段
(O_2s^1)</td><td rowspan="3">上马家沟组</td><td>三段(O_2s^3)</td><td rowspan="2">四段
(O_1m^4)</td><td>上亚段
(O_1m^{4-2})</td></tr>
<tr><td>O_2^{B-2}</td><td>O_2^{2-2}</td><td rowspan="2">第二组</td><td>第四段
(O_2^{2-2})</td><td>二段(O_2s^2)</td><td>下亚段
(O_1m^{4-1})</td></tr>
<tr><td>O_2^{B-1}</td><td>O_2^3</td><td>O_2^{2-1}</td><td>第三段
(O_2^{2-1})</td><td>一段(O_2s^1)</td><td colspan="2">三段(O_1m^3)</td></tr>
<tr><td rowspan="3">O_2^A</td><td>O_2^{A-3}</td><td rowspan="3">O_2^2</td><td rowspan="4">O_2^1</td><td rowspan="2">O_2^{1-3}</td><td rowspan="4">第一组</td><td rowspan="3">第二段
(O_2^{1-2})</td><td rowspan="4">下马家沟组</td><td rowspan="4">(O_2x)</td><td rowspan="4">下马家沟组</td><td rowspan="2">三段(O_2x^3)</td><td rowspan="3">二段
(O_1m^2)</td><td rowspan="2">上亚段
(O_1m^{2-2})</td></tr>
<tr><td>O_2^{A-2}</td></tr>
<tr><td>O_2^{A-1}</td><td>O_2^{1-2}</td><td>二段(O_2x^2)</td><td>下亚段
(O_1m^{2-1})</td></tr>
<tr><td>下奥陶统</td><td>O_1</td><td></td><td>O_2^1</td><td>O_2^{1-1}</td><td>第一段
(O_2^{1-1})</td><td>一段(O_2x^1)</td><td colspan="2">一段(O_1m^1)</td></tr>
</table>

25. 灰黄色白云质泥灰岩。不显层理，局部具蜂窝状，角砾状构造 8.40 m

24. 青灰、灰黑色薄—中层含白云质灰岩。水平层理，质较纯 11.20 m

23. 浅灰色薄—中层状含泥灰质泥晶白云岩 5.40 m

22. 灰白色中层夹薄层泥晶白云岩 9.50 m

21. 灰黑色中—厚层云斑状白云质灰岩 4.40 m

20. 灰白色中层云斑状泥灰质泥晶白云岩 6.30 m

——————— 整　合 ———————

下亚段 厚 81.80 m

19. 灰黑色薄—中层云斑状含白云质灰岩 21.50 m

18. 灰黑色厚层云斑状含白云质灰岩 10.60 m

17. 下部为灰黑色中—厚层云斑状灰岩，中部为云斑状泥质白云岩，上部为灰黑色中—厚层灰岩，顶部灰白色中层含泥质白云岩。含头足类：*Armenoceras* sp.；腹足类：*Ecculiomphalus* sp. 7.10 m

16. 灰黑色薄—中层灰质泥晶白云岩，中部夹白云质灰岩 5.20 m

15. 灰黑色中—厚层云斑状含白云质灰岩，下部夹一层云斑状泥质白云岩 24.10 m

14. 青灰、灰黑色厚层泥晶灰岩 13.30 m

——————— 整　合 ———————

三段： 厚 58.30 m

13. 灰黄、灰白色白云质泥灰岩，夹灰白色薄层泥灰质泥晶白云岩。层理不清，局部显角砾状，中下部夹泥质灰岩 58.30 m

——————— 整　合 ———————

二段 厚 105.40 m

上亚段 厚 61.30 m

12. 灰黑色中层状含白云质灰岩，上部夹薄层灰岩 3.30 m

11. 灰白色薄层状灰质泥晶白云岩 2.40 m

10. 灰黑色浅灰色中—厚层含白云质泥晶灰岩，中下部灰质白云岩 20.20 m

9. 灰白色薄层泥灰质白云岩，泥晶，向上过渡为灰黄色白云质泥灰岩 12.20 m

8. 灰黑色中—厚层含白云质泥晶灰岩 6.60 m

7. 灰黑色薄—中层含白云质云斑状灰岩 4.10 m

6. 浅灰白、灰红色白云质泥灰岩。层面呈蜂窝状 12.50 m

——————— 整　合 ———————

下亚段 厚 44.10 m

5. 浅灰、灰黑色薄—中层白云质灰岩 8.90 m

4. 浅黑、浅灰色角砾状白云质灰岩。层理杂乱，角砾大小悬殊 35.20 m

——————— 整　合 ———————

一段 厚 19.10 m

3. 浅灰黄色白云质泥灰岩。层面呈蜂窝状，角砾状，土状 10.90 m

2. 浅灰、灰黄色白云质页岩与浅灰色薄层泥质白云岩互层，中上部夹黑色页岩 5.30 m

1. 灰白色薄层状白云质石英砂岩，与灰黄、灰白色薄层细晶泥质白云岩、白云质页岩互层；底部为砂岩，厚薄随地而异，含砾 2.90 m

——————— 平行不整合 ———————

下伏地层：**三山子组**　灰白、灰黑色中—厚层细晶白云岩，局部为泥质白云岩，上部含零星燧石结核

【地质特征及区域变化】　马家沟组主要由石灰岩、云斑灰岩、白云质灰岩、白云岩及泥质白云岩等组成。山西马家沟组和全华北一样，显示了由泥质白云岩、白云岩—石灰岩—白云岩与石灰岩互层组成的旋回性，这样的旋回共 3 个（第三个旋回一般不完整，缺少顶部互层段)。并可按上述的岩性组合而划分为六段四亚段。具体的岩石组合及厚度如下（见图 4－2)。

一段：石英砂岩、白云质页岩、泥质白云岩、灰黄色角砾状泥质白云岩、白云岩等。厚 9～76 m。

二段下亚段：灰黑色泥晶灰岩或白云质灰岩。厚 31～109m。

二段上亚段：深灰色灰岩或白云质灰岩与灰白色细晶白云岩互层。厚 23～83m。

三段：灰黄色角砾状泥质白云岩、泥晶白云岩。厚 10～80m。

四段下亚段：深灰色厚层灰岩、云斑灰岩、白云质灰岩。厚 80～182m。

四段上亚段：薄层灰岩、白云质灰岩、云斑白云质灰岩与白云岩互层。厚 33～109m。

五段：灰黄色角砾状泥质白云岩、白云岩，中部夹一层石灰岩。厚 32～91m。

六段：厚层质纯灰岩。最大厚度 94m。

山西中部、南部的第一、三、五段中常含石膏矿。并可构成大、中型矿床。而全省各地的第二、四、六段石灰岩均可为工业利用，特别是第六段石灰岩多为优质的电石、尼龙灰岩。

由于马家沟组沉积之后，华北地层区的抬升作用是南、北两端大于中部，所以马家沟组在山西以中部、中南部保存最完整，向两侧自上而下被剥蚀。山西北部地区及南部一些地区，大多缺失六段、五段，以致四段也不完整。

马家沟组含大量头足类，并含三叶虫、腕足类及腹足类等生物。

第二节　生物地层及年代地层

近百年来，山西早古生代地层划分的主流是在岩石组合与所含生物组合相结合的基础上，在统一地层划分概念支配下进行的年代地层划分。为了进行年代地层划分，地质学家、区域地质工作者进行了一定的必要的生物化石的采集、鉴定和研究工作。在 60 年代以前，工作都属“零敲碎打”式的。自 1960 年山西省 1∶20 万区调开展以来，为了进行地层划分，每幅图在测制地层剖面（一般 2—3 条）时，均进行了古生物化石的采集和鉴定工作，但由于目的主要在于划分和确定地层年代界线，古生物的采集和研究，在层位和门类上是颇不平衡的。在层位上，寒武系部分采的多，研究程度高；在门类上，三叶虫多，笔石、头足类有一部分，其它门类极少。

山西区调队在第一轮 1∶20 万区调结束后，于 70 年代末进行的断代总结——《山西的寒武系》(贡凤文，1979)、《山西的奥陶系》(顾守礼，1979)，曾对按统一地层概念划分的各（地层）组，所含的生物组合，进行了总结，时代的归属进行了论述。之后，张文堂等(1980）在中条山区芮城县水峪一带生物（三叶虫）地层研究的基础上，建立了山西西南部寒武系馒头阶—张夏阶顶部的三叶虫带；王绍鑫、张进林（1993)，在五台山区憨山、红石头掌、青山底等剖面所采三叶虫研究的基础上，建立了山西东北部寒武系毛庄阶—凤山阶的三叶虫带。另外，80 年代全国地层总结性的《中国的寒武系》(项礼文等，1981)、《中国的奥陶系》(赖才根等，1982)，对山西早古生代地层的生物地层和年代地层，都有所论述。上述这些论著，反映了目前山西早古生代生物地层与年代地层研究的现状，也即本专著论述的基础。

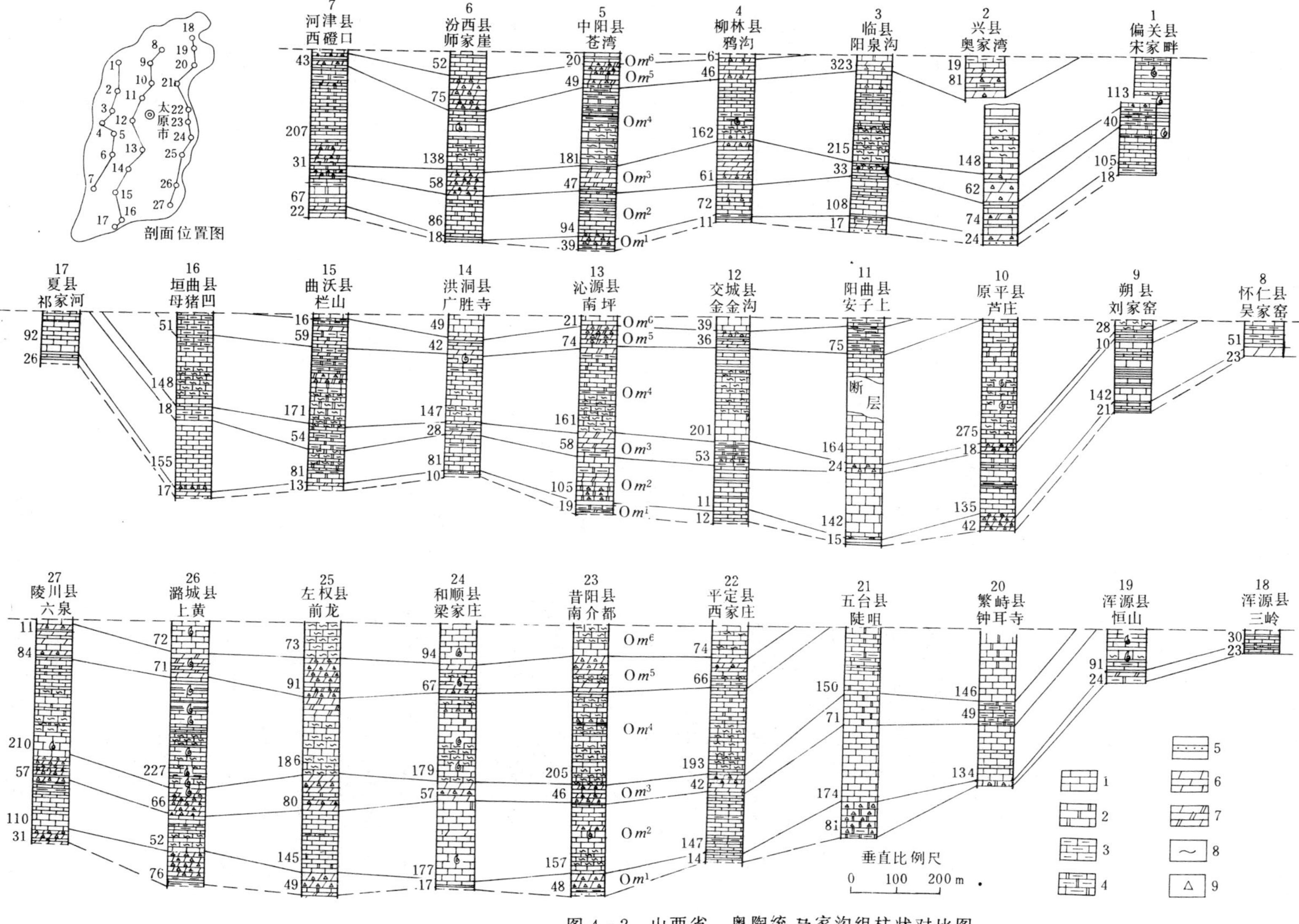

图 4-2 山西省 奥陶统马家沟组柱状对比图

一、寒武纪三叶虫（组合）带

三叶虫是山西寒武纪的主要生物，研究程度较高，根据张文堂等（1980），王绍鑫、张进林（1993）的研究及山西1∶20万区调所取得的，众多的寒武系剖面资料，可划分出寒武系三叶虫组合带20个。现将各三叶虫带自下而上简述如下。

1. *Redlichia* 带　该带三叶虫属种单一，有 *Redlichia*（*Redlichia*）cf. *nobilis*，*R.*（*Pteroredlichia*）*chinensis*。

2. *Shantungaspis* 带　该带主要属种有：*Yaojiayuella poshanensis*，*Y. jinnanensis*，*Y. diuersa*，*Ziboaspis ruichengensis*，*Probowmanialla* sp.，*Psilostracus shuiyuensis*。

3. *Kochaspis* 带　其它属种有：*Ruichengella triangularis*，*R. ruichengensis*，*Zhongtiaoshanaspis ruichengensis*，*Z. minus*，*Parajialaopsis globus*，*Jinnania* sp.，*Eotaitzuia shuiyuensis*，*Kootenia* sp.，*Solenoparia*（*Plesisolenoparia*）*primitia*。

4. *Ruichengaspis* 带　该带主要属种有：*Parainouyia lata*，*Solenoparia*（*Plesisolenoparia*）*ruichengensis*，*Parachittidilla xiaolinghouensis*，*Jinnania ruichengensis*，*Ruichengaspis mirabilis*，*R. regularis*。

5. *Pagetia jinnanensis* 带　该带主要属种有：*Kootenia shanxiensis*，*Pagetia jinnanensis*；其次还有：*Monanocephalus zhongtiaoshanensis*，*Parachittidilla boscura*，*Parainouyia lata*。

6. *Sunaspis* 带　该带主要属种有：*Sunaspis triangularis*，*Proasaphiscina* sp.，*P. quadrata*，*Wuania luna*，*W. elongata*，*Leiaspis shuiyuensis*，*L. concavolimbata*，其它尚有：*Honanaspis microps*，*Shanxiella venusta*，*S. rara*. *Ptyctolorenzella rugosa*。

7. *Inouyops* 带　其主要属种有：*Inouyops abnormis*，*I. longispinus*，*Gangderria angusta*，*Metagraulos* sp.；其它尚有：*Haniwoides*（?）*brevicus*。

8. *Poriagraulos* 带　该带主要属种有：*Poriagraulos abrota*，*Porilorenzella intermedia*，*Squarrosoella tuberculata*；其次尚有 *Proasaphiscus* sp.。

9. *Bailiella* 带　主要属种有：*Bailiella lata*，*Tengfengia* sp.，*Honanaspis honanensis*，*H. angustigenatus*，*H. transversus*；其次有 *Proasaphiscus* sp.。

10. *Lioparia* 带　该带中其主要分子有：*Lioparia theano*，*L. yantouensis*，*Liowutaishania convexa*，*Proasaphiscus yubei*；其次为 *Manchuriella* sp.。

11. *Crepicephalina* 带　其主要属种有：*Crepicephalina convexa*，*C. gengzheneusis*，*C. sigouensis*，*Eymekops wutaishanensis*，*Yujinia magna*；其次为 *Dorypyge richthofeni*，*Platylisania yantouensis*，*Lisania lubrica*，*L. gengzhenensis*，*Lisania wutaishanensis*，*Proasaphiscus quadratus*，*P. butes*，*P.* sp.，*Manchuriella macar*. *M. yantouensis*。

12. *Amphoton* - *Poshania* 带　该带主要属群有：*Amphoton deois*，*A. wutaishanensis*，*A.* sp.，*Sunia* sp.，*Plebiellus tenellus*，*P. latilimbatus*，*Sino-crepicephalus shanxiensis*，*S. hanshanensis*，*Lisania aigawaensis*，*Manchuriella macar*，*Luvisia gvanulosa*，*Protohedinia carinata*，*Peronopsis ozakii*，*P. liaotungensis*，*P. laiwuensis*，*Megagraulos inflata*，*Hadraspis* sp.，*Dorypyge richthofeni*，*D. yantouensis*，*D. laevis*，*Platylisania zhongersiensis*，*P. yautouensis*，*Tetraceroura chengshanensis*，*Grandioculus bigsbyi*，*Koptura* sp.，*Poshania transversa*；其次尚有：*Solenoparia chalcon*，*S.* sp.，*Eymekops hermias*，*Luliangshanaspis laevis*，*Anomocarella comus*。

13. *Damesella* 带　该带主要属群有：*Lioptishania convexa*，*L. lubrica*，*Lisania aigawaensis*，*Platylisania zhongersiensis*，*Solenoparia agno*，*Dorypyge yantouensis*，*D. pergranosa*，*Peronopsis laiwuensis*，*P. liaotungensis*，*P. ozakii*，*Solenoparops yantouensis*，*S. gengzhenensis*，*Damesella paronai*，*D.* sp.，*Yabeia tutia*；其它尚有 *Damesops alastos*，*D. fanshiensis*，*Cyclolorenzella magezhuangensis*，*C.* sp.，*Peronopsis ozakii*，*P. liaotungensis*，*P. hanshanensis*，*Anomocarella comus*，*Guaucenshania lilia*，*Solenoparia guluheensis*，*Trachoparia* sp.。

14. *Blackwelderia*－*Liaoningaspis* 带　主要属种有 *Blackwelderia paronai*，*B. liaoningensis*，*B. triangularis*，*Liaoningaspis* sp.，*Guancenshania lilia*，*Chuangioides punctatus*，*Wongia triangulata*，*Monkaspis daulis*，*Taihangshania shanxiensis*，*Haibowania zhuozishanensis*，*H.* sp.，*Damesops fanshiensis*，*Dorypygella* sp.，*Pingluaspis* sp.。

15. *Drepanura*－*Liostracina* 带　主要属种有：*Daepanura premesnili*，*Liostracina krausei*，*Blackwelderia* cf. *liaoningensis*，*Stephenocare richthofeni*，*S. ordosensis*，*Hebeia pingquanensis*。

16. *Chuangia* 带　主要属种有：*Chuangia tawenkouensis*，*C. subquadrangulata*，*C. nais*，*C. batia*，*C. conica*，*C. lata*，*Yokusenia*（?）*lorenzi*。

17. *Kaolishania* 带　主要属种有：*Kaolishania cylindrica*，*Kaolishaniella* sp.，*Metachangshania orientalis*，*Aphelaspis wutaishanensis*，*Tingocephalus* sp.，*Petalocephalus* sp.，*Ampullatocephalina* sp.，*Pseudangnostus* sp.。

18. *Tsinania*－*Ptychaspis* 带　主要属种有：*Tsinania canens*，*Ptychaspis subglobosa*，*P. sphaerica*，*P. shansiensis*，*Pagodia lotos*，*P. buda*，*P. nodosa*，*Prosaukia hanshanensis*，*P. rotundolimbata*，*P. resseri*，*Dictyites trigonalis*，*Metacalvinella shanxiensis*，*Hamashania* sp.；其它尚有：*Saukia acamus punetata*，*S. acamus*。

19. *Quadraticephalus* 带　主要属种有：*Quadraticephalus walcotti*，*Q. linyuensis*，*Q. shanxiensis*，*Pseudokoldinioidia granulosa*，*P. yantouensis*；其次有：*Pagodia nodosa*，*P. bia*，*Haniwa quadrata*，*Dictyella ozawai*，*Sinosaukia orientalis*。

20. *Mictosaukia* 带　主要属种有：*Mictosaukia luanhensis*，*Garagnostus*（*Micragnostus*）*chiushuensis*，*Duplora*（*Euduplora*）*dongyeensis*，*D. ambigua*，*Changia chinensis*。

二、寒武系（*Mictosaukia* 带）顶面——马家沟组底面间的生物带

山西这段地层研究程度较差，尚无地层古生物学家建立过生物地层带。本专著根据山西东北部的浑源县羊投崖、繁峙县憨山、大同口泉、平鲁下水头等剖面生物地层资料，清理总结出 4 个生物（组合）带。

底部　*Missisquaoia perpetis* 三叶虫带。

下部　*Leiostegium*（*Euleiosegium*）*lalilimhatum*－*Aristokainella calvicepitis* 三叶虫带。

中部　*Adelograptus*－*Clonograptus* 笔石带，已见到笔石分子有：*Adelograptus asiaticus*，*A.* cf. *sinicus*，*A.* sp.，*Clonograptus zigzag*，*Dictyonema uniforme*，*Didymograptus nitidus*，*Herrmannograptus sinensis*，*H. uniformis*，*H. latungensis*，*H.* sp.，*Dichograptus octobrachiatus*，*Loganograptus* sp.，*Dendrogretus* sp. 等。与见于山西中部的 *Asaphallus inflatus*－*Koraipsis shansiensis* 三叶虫带，可能相当。

上部　头足类 *Manchuroceras*－*Coreanoceras* 组合，已见到的头足类分子有：*Manchuroceras* sp.，*Corenoceras* sp.，*Hopeioceras* sp.，*Yelioceros* sp.，*Ellesmeroceras* sp.，*Lawencooceras* sp., *Cumberloceras* sp., *Cameroceras* sp., *Kerkaceras* sp. 等。

三、马家沟组中的头足类

马家沟组在山西分布广泛，出露良好。70年代以来，一般划分为3组8段或3组6段，由于组段的岩石地层界线清晰，全省变化不大，易于对比，很少需要以采集化石来确定分界线。因之，1∶20万区调中很少去花费时间和人力敲打化石。而马家沟组中的化石主要为头足类，野外即使发现也很难取出，所以造成马家沟组化石资料很少，不足以建立化石带，也谈不到生物地层划分。此次清理，也只能将以往各图幅、各剖面上见到的头足类化石大致按原先三个组（现称一—二段、三—四段、五—六段）分别进行综合如下。

1. 一段—二段　已见到头足类有：*Tofangoceras* cf. *nanpiaoensis*, *Ormoceras* sp., *Kogenoceras* sp., Endoceraidae 等。

2. 三段—四段　已见到的头足类有：*Armenoceras tateiwai*, *A. richthofen*, *A. annectani*, *A. tani*, *A. coutingi*, *Orthoceras* sp., *Ormoceras* sp., *Lituites* sp., *Stereoplasmoceras pseudoseptum*, *Tofangoceras pauciannulatum*, *T. manchuriense*, *Paramenoceras* cf. *asiaticum* 等。

3. 五段—六段　已见到的头足类有：*Gorbyoceras* sp., *Actinoceras* sp.。

四、年代地层划分和岩石地层单位的时代属性

1. 年代地层划分

在上述生物地层划分——寒武系三叶虫组合带和奥陶系生物组合的基础上，按项礼文（1981）的《中国的寒武系》、赖才根（1982）的《中国的奥陶系》及王鸿祯、李光岑试编的《中国地层时代表》（1990），将山西寒武纪、奥陶纪的年代地层划分如下：

奥陶系：
- （缺失上　　统）
- 中　　统
  - 艾家山亚统
    - （缺失宝塔阶）
    - 庙坡阶
- 下　　统
  - 扬子亚统
    - 牯牛潭阶
    - 大湾阶
  - 宜昌亚统
    - 红花园阶
    - 两河口阶

寒武系：
- 上　　统
  - 凤山阶
  - 长山阶
  - 崮山阶
- 中　　统
  - 张夏阶
  - 徐庄阶
  - 毛庄阶
- 下　　统
  - 龙王庙阶
  - 沧浪铺阶
  - （缺失筇竹寺阶、梅树村阶）

2. 岩石地层单位、生物地层单位与年代地层单位的对比

通过对山西省境内早古生代（寒武系、奥陶纪）岩石地层、生物地层、年代地层对比研究，分别清理划分出了：岩石地层单位——11个组，生物地层单位——22个三叶虫组合带，1个笔石组合带。1个头足类组合带，（另综合了马家沟组所含的头足类）；年代地层——寒武系8个阶（分属三个统）、奥陶系5个阶（分属两个统、3个亚统）。

上述三种地层单位间的相互对比关系，如表1-1和图4-1。

3. 岩石地层单位年代属性的论述

辛集组、朱砂洞组 局限分布于山西西南端中条山区，生物极不发育，只在永济县水幽剖面上采到腕足类 *Kutorgina*，*Lenarica*。*Kutorgina* 属分布于北美、欧洲、亚洲的早寒武世，在安徽一带产于原猴家山组。辛集组、朱砂洞组可归属早寒武世沧浪铺期。

霍山（砂岩）组 为一套滨岸碎屑沉积，分布于霍山-吕梁山区，其中无化石可寻。霍山（砂岩）组下伏均为太古宙变质岩系，上覆地层各处不一。吕梁山南端上覆 *Redlichia* 带；在中部霍山一带，上覆 *Kochaspis* 带；而西部吕梁山，则上覆 *Sunaspis* 带。因而它具有被不同生物带所覆盖的特点，这就反映出它在区域上具有穿时性，该组时代应为早寒武世龙王庙期—中寒武世徐庄期，甚至张夏期。

馒头组 山西不同地区所包含的生物带不一。中条山区馒头组包含 *Redlichia* 带、*Shantungaspis* 带、*Kochaspis* 带、*Roichengaspis* 带、*Pogetia jinnaensis* 带、*Sunaspis* 带、*Inouyops* 带；中部霍山-吕梁山地区，则只包含 *Kochaspis* - *Inouyops* 带，缺失下部两个带，向北到五台山地区，则又包含 *Shantungaspis* - *Sunaspis* 带，反映出馒头组具有包含不同生物带的特点，属自南向北、自东向西跨时代超覆的岩石地层单位。其时代应属于早寒武世龙王庙期—中寒武世徐庄期。

张夏组 在山西所包含的生物地层单位比较固定：中南部地区，它包含 *Poriagraulos* 带、*Bailiella* 带、*Lioparia* 带、*Crepicephalina* 带、*Amphoton* - *Poshania* 带、*Damesella* 带；中北部地区，除上述各带外，其下部可达 *Inouyops* 带。张夏组下部 2—3 个生物带属徐庄阶，上部 4 个带属张夏阶，因此，张夏组属一跨时代岩石地层单位。其时代当归中寒武世徐庄组—张夏期。

崮山组 有北厚南薄的特点。在北部恒山地区，它包括如下生物地层单位：*Blackwelderia* - *Liaoningaspis* 带、*Drepanura* - *Liostracina* 带、*Chuangia* 带、*Kaolishania* 带、*Tsinania* - *Ptychaspis* 带、*Quadraticephalus* 带、*Mictosaukia* 带、*Missisquaoia* 带、*Leiostegium* - *Aristokainella* 带；所以其时代自晚寒武世崮山期—早奥陶世两河口期。向南到五台山地区红石头掌一带，崮山组包含 *Blackwelderia* - *Liaoningaspis* 带和 *Tsinania* - *Ptychaspis* 带，其时代属晚寒武世崮山期—凤山期。山西中部霍山-吕梁山区，崮山区只包含 *Blackwelderia* - *Liaoningaspis* 带和 *Drepanura* - *Liostracina* 带，时代属晚寒武世崮山期。向南到马头山—太行山南段西部西硙口一带，仅含 *Blackwelderia* - *Liaoningaspis* 带，时代为晚寒武世崮山期早阶段。从上述崮山组各地所包含的生物地层单位和隶属时代分析，崮山组由南向北，明显具有跨时-穿时特征。

炒米店组 分布于恒山—五台山地区，即使在这样小的范围内，也明显地可以看出它是属于一个穿时的岩石地层单位。在恒山一带，它位于 *Mictosaukia* 带之上，年代地层属于两河口阶中部的一部分；到五台山繁峙县憨山一带，其下紧覆于 *Mictosaukia* 带之上，本身含 *Leiostegium*，*Aristokainella*，年代地层属两河口阶下部；而向南至五台县红石头掌一带，其上部含 *Mictosaukia* 及 *Pagodia*，年代地层属凤山阶。明显反映出由南向北，层位逐渐抬高的穿时特点。该组时代应为晚寒武世凤山期—早奥陶世两河口期。

冶里组 仅分布在恒山—五台山地区。其底界南部层位低，北部层位高。五台山以南的五台县红石头掌，冶里组底界极靠近 *Quadraticephalus* 三叶虫带（出现 *Pseudokoldinidia* sp.）；五台山以北的繁峙县憨山，冶里组底界下距 *Quadraticephalus* 三叶虫带（出现 *Pagodia* sp.，*Tellerina* sp.）30m；浑源县羊投崖，冶里组底界下距 *Missisquia parpetis* 带 64.2 m；到浑源县悬空寺，冶里组底界下距 *Missisquia perpetis* 带，达 63m。所以，冶里组年代地层虽均属两河口阶，但五台山及以南地区包括两河口阶全部。而到恒山悬空寺一带，仅为两河口阶的上部。冶里组为一底界穿时的岩石地层单位。

亮甲山组 也仅分布于恒山—五台山地区。在恒山一带，含头足类的 *Manchuroceras* - *Coreanoceras* 组合，属红花园阶下部生物组合；而到五台山地区则含 *Hystyicurus* 三叶虫，属两河口阶顶部三叶虫化石。说明它由南向北，由两河口阶顶部地层→红花园阶下部地层所组成。其时代当属早奥陶世两河口期—红花园期。

三山子组 全由白云岩组成，化石稀少，本身很难进行生物地层划分，但从它所含的零星化石记录和紧靠它的下伏地层所含的生物带，也可知道三山子组的年代地层属性。恒山一带三山子组位于两河口阶的冶里组数十米以上，属红花园阶无疑。五台山一带，三山子组紧靠它的下伏地层为含化石的两河口阶的冶里组；到霍山—吕梁山一带，三山子组中上部 y 段内含有属于两河口阶的三叶虫 *Koraipsis*，紧靠它的下伏地层为含有 *Blackwelderia* - *Liaoningaspis* 带的崮山阶，故其年代地层包括了崮山阶、长山阶、凤山阶、两河口阶及红花园阶下部；到中条山—王屋山一带，本身化石更为稀少，在其上部含 *Pagodia*，属凤山阶上部，紧靠它的下伏地层为张夏阶中部化石带，所以其年代地层为中寒武统张夏阶上部到两河口阶下部。从以上各地三山子组的年代地层属性，明显地显示了它是一个既跨时又穿时的岩石地层单位。南部年代地层的层位低，跨越时代长，向北层位逐渐向上，到最北部恒山只限于红花园阶上部。

另外从本专著对三山子组所划分的以 z、g、c、y、l 为代号的段，按它们所对应的未白云岩化的岩石地层单位（z 段对应张夏组，g 段对应崮山组，c 段对应炒米店组，y 段对应冶里组，l 段对应亮甲山组）的时代属性，及山西各地三山子组包含的段，也可以看出三山子组是一个既跨时又穿时的岩石地层单位。

马家沟组 马家沟组的时代问题，一直是近 40 年来我国地质学界讨论和争论的问题。山西马家沟组中的生物地层研究程度极低，累积采到的有限种属，不足讨论马家沟组的时代，本专著同意《中国奥陶系》（赖才根等，1982）通过与内蒙、宁夏地区的对比而确定马家沟组的时代为早奥陶世大湾期—中奥陶世庙坡期。

第五章
晚古生代（石炭纪、二叠纪）及中生代（三叠纪）

山西的晚古生代（石炭纪、二叠纪）及中生代三叠纪地层分布甚广，且出露良好，含多种沉积矿产。特别是石炭系、二叠系蕴藏有丰富的煤层，为古今中外地质学家所瞩目。本世纪20年代，经Norin.、Halle、翁文灏、Grabau、李四光、赵亚曾等的研究，已奠定了山西石炭纪、二叠纪地层划分的基础。到本世纪的50年代末—60年代初，经刘鸿允等的研究，进而奠定了山西三叠纪地层划分的基础。

上述基础性的地层划分，虽基本上是在岩石地层划分的原则上进行的，但均加以地质年代属性概念。由于他们的研究以典型剖面为主，工作地点局限，这种统一地层划分在年代地层划分与岩石地层划分之间的矛盾均未暴露出来。自50年代开始的大面积煤田地质普查勘探和60年代开始的全省1∶20万区域地质调查，方暴露了年代地层划分和岩石地层划分之间的不一致性，并因此而引起了关于山西石炭纪、二叠纪地层划分上的长期争论。但由于年代地层划分与岩石地层划分统一性原则之间的相互干扰，即使1959年、1975年两次在太原召开了现场讨论会，山西石炭纪、二叠纪地层划分上的争论，也一直未能解决。

近十多年来，地层多重划分概念和岩石地层单位穿时性的普遍原理，为大多数地层学家所理解和接受，二三十年来关于山西石炭纪、二叠纪地层划分的争论，自然而然地得到了解决。岩石地层单位无疑应保持岩性（组合）的一致性，但并非等时体，上、下界面并不具等时性；多门类的生物地层研究，提高了地层研究精度，但不应以生物及由此而确定的地质年代，修正和确定岩石地层的上、下界限及含义。

Norin和刘鸿允等对山西石炭纪、二叠纪、三叠纪地层不加年代属性的组的划分，基本上符合岩石地层的划分原则，历来是地层学家对山西以至华北石炭纪、二叠纪、三叠纪地层划分的基础，也是此次地层对比研究的基础，只不过在地层划分的级别上有所不同。此次地层对比研究，华北大区共同拟定的石炭纪—三叠纪的岩石地层划分，基本保持了传统的划分。自下而上为：月门沟群——湖田段、本溪组（局限分布于辽东地区）、太原组、山西组，石盒子组，石千峰群——孙家沟组、刘家沟组、和尚沟组，二马营组，延长组，瓦窑堡组（局限分布于陕北地区）。

第一节 岩石地层单位

月门沟群 CPY （05-14-0001）

【创名及原始定义】 Norin1922年创名于太原市西山西铭的月门沟，创名时称月门沟煤系。原始定义：Norin创名的月门沟煤系，是指太原西山、东山平行不整合覆于奥陶系风化面以上、伏于骆驼脖子砂岩之下的一套含煤地层。在骆驼脖子沟，以斜道灰岩顶面为界，将月门沟煤系分为上、下两部分。下部：太原系；上部：山西系。

【沿革】 李四光、赵亚曾（1926）通过对上述太原系灰岩中䗴和腕足类的研究，将其下部时代属于中石炭世的地层，划为本溪系。至此之后，李星学、盛金章（1956）、刘鸿允等（1957）、李星学（1963）等，所称月门沟系，或月门沟统、月门沟群均指不包括本溪系（统、群、组）在内的太原统（组）、山西统（组）。此次清理，按岩石地层划分原则，恢复月门沟群原始内涵，其底界仍从下伏奥陶系顶面开始。

【现在定义】 指华北地区平行不整合于奥陶系之上，上古生界下部的海陆交互相—陆相的含煤岩系。一般由下部——太原组（包括底部湖田段）和上部——山西组组成。其底界即以奥陶系古风化面为界，顶界以上覆石盒子组最下部的灰绿色砂岩底面为界。

【地质特征及区域变化】 月门沟群厚度一般在150～200m之间，最厚可达250m（五台县西天和一带），最薄70m（乡宁县、河津县一带）。具体岩性组合，除底部铁、铝岩外，主要为页（泥）岩、粉砂页岩夹石英（杂）砂岩、煤和石灰岩。自层型剖面向北，砂岩粒度变粗，成分变复杂，分选性变差，厚度（单层厚及总厚）变大，石灰岩层数变少，累计厚度亦变小；向南砂岩粒度变细，成分较纯净，分选性变好，厚度（单层厚及累计厚）变小，而石灰岩层数增多，厚度（单层厚及累计厚）变大。月门沟群无论南北均含煤层，一般在15层以上，但富煤带（具工业意义的可采煤层）为两个：下组煤位于主要灰岩层之下，上组煤位于灰岩层之上，上组煤的层位由北向南升高。

月门沟群中的石灰岩含丰富的海相动物化石：䗴类、腕足类、珊瑚、海百合茎、牙形刺等；海相页岩中含：双壳类、腹足类、腕足类等；页岩、粉砂质页岩中，含丰富的植物化石及孢粉。

月门沟群沉积环境为滨海三角洲平原—滨岸碳酸岩台地。

太原组 CP*t* （05-14-0003）

【创名及原始定义】 太原组最早称太原系。翁文灏、Grabau1922年创名（手稿，论文于1925年发表）。Norin1922年介绍。创名地点为太原西山。原始定义："华北晚古生代含煤地层的下部"。翁文灏等把华北晚古生代含煤地层分成两部分。下部称太原系，上部称山西系。在太原西山，太原系是指奥陶系风化面以上的一段海陆交互相含煤地层。

【沿革】 太原系创名之后，数十年间用太原二字命名的（系、统、组、群）地层涵义及上下界面屡经改变（见表5-1），一直没有统一的认识。此次地层对比研究，按岩石地层单位划分命名原则，正本溯源，太原组回到创名时的原始含义上。

【现在定义】 指华北平行不整合于奥陶系之上的月门沟煤系（群）下部地层。由海陆交互相的页岩夹砂岩、煤、石灰岩构成的旋回层（多个）组成。其底界，一般（本溪组大多缺

表 5-1　太原西山月门沟群(太原组、山西组)划分沿革表

作者	年代	石盒子层位	山西组层位	太原组层位	本溪组层位	下伏
本书	群/组/段	石盒子组(骆驼脖子段)	月门沟群：山西组	月门沟群：太原组	湖田段	马家沟组
Richthofen	1842	煤系以上砂岩系	含煤系	大阳系		
Blackwelder	1907		山西系			挚舟灰岩
Norin	1922	石盒子系：下石盒子系	月门沟煤系：上部山西系	月门沟煤系：下部太原系		
Norin	1924	下石盒子系	月门沟系：上月门沟系	月门沟系：下月门沟系		
翁文灏等	1923	石盒子系	山西系	太原系		
李四光、赵亚曾	1926	二叠系	山西系	太原系	本溪系	
Halle	1927	下石盒子系	山西系	太原系	本溪系	
张文堂	1955	石盒子系	山西系	太原系	本溪组：G层铝土矿、山西式铁矿	
李星学、盛金章	1956	石盒子统	月门沟煤系：山西统	月门沟煤系：太原统	本溪统	马家沟灰岩
赵一阳	1958	山西统：骆驼脖子组	山西统：南峪沟组	太原统：北岔沟组、晋祠组	本溪统	马家沟统
杜宽平、沈玉蔚	1959	山西统：骆驼脖子组	山西统：北岔沟组	太原统：东大窑组、毛儿沟组、晋祠组	本溪统	马家沟统
胡希濂、张嘉琦	1959	石盒子统；山西统：骆驼脖子组	山西统：北岔沟组	太原统：玉门沟组、太原组	本溪统	马家沟统
中国科学院山西地层队(刘鸿允等)	1959	二叠系下统(下石盒子系)：第二组、第一组	石炭系上统(月门沟统)：山西组	石炭系上统(月门沟统)：太原组、晋祠组	石炭系中统(本溪统)：半沟组、铁铝岩组	奥陶纪石灰岩
山西区调队(1:20万区调)	1975	下石盒子组：二段、一段	山西系	太原组	本溪组	上马家沟组
山西区调队(1:20万区调)	1975	下石盒子组：二段、一段	山西组	太原组	本溪组	峰峰组
《华北地区区域地层表·山西省分册》	1979	下石盒子组：二段、一段	山西组	太原组：二段、一段	本溪组	峰峰组：二段
《山西省区域地质志》	1989	下石盒子组：二段、一段	山西组：西铭段、桑建窑段	太原组：玉门沟段、晋祠组	太原组：半沟段、铁铝岩段	峰峰组：上段
武铁山、萧素珍等	1988	石盒子群：化客头组	月门沟群：山西组	月门沟群：太原组	月门沟群：孝义组	马家沟组
山西地矿局212队(太原西山1:5万区调)	1992	石盒子群：化客头组(二段、一段)	月门沟群：山西组	月门沟群：太原组(毛儿沟组、晋祠段、半沟段)	月门沟群：孝义组	马家沟组六段
潘随贤、徐惠龙、程保洲等	1987	下石盒子组	山西组：下石村段、北岔沟段	太原组：东大窑段、毛儿沟组、晋祠组	本溪组：半沟段、铁铝岩段	峰峰组

失）即划在湖田段铁铝岩底面（也即与下伏的奥陶系灰岩间的平行不整合界面）。其上以最上部一层灰岩的顶面与同属月门沟煤系（群）的山西组为界。

【层型】 正层型剖面为太原西山西铭七里沟剖面，副层型剖面为太原晋祠柳子沟剖面。该两处剖面在Norin创建后，又经很多地质（地层）学家和地矿部门、科研、院校进行过测制和研究（在有关论著中均有记述）。本专著以下所列的剖面均为：煤炭科学院地质勘探分院和山西煤田地质勘探分司（1987）于1980—1982年间所测制。（下列正层型、副层型剖面，未列出所含化石名单，需用时可参考原著及其它有关论著中相应层位所含化石。）

太原西山七里沟（剖面位于太原市西山西铭煤矿七里沟，112°23′，57°53′）。

上覆地层：**山西组** 黑色含粉砂泥岩。含动物化石碎片

—————— 整 合 ——————

太原组	厚100.07 m
51. 深灰—灰黑色生物屑泥晶（含泥）灰岩（斜道灰岩）。黄铁矿化发育。含大量海相动物化石	3.50 m
50.7号煤层	0.60 m
49. 黑色泥质粗粉砂岩（上马兰砂岩）。见植物根、茎化石	1.20 m
48. 灰黑色泥岩。含菱铁矿结核，上部含植物化石碎片，下部含大量动物化石	8.10 m
47. 深灰色生物屑泥晶—微晶灰岩。发育波状层理及串珠—似瘤状构造，底部所夹泥质灰岩薄层中有大量水平虫孔及介壳堆积（毛儿沟灰岩上分层）。含海相动物化石	4.30 m
46. 褐灰色凝灰岩-沉凝灰岩。垂直节理发育。与上、下灰岩过渡地带见有动物化石	2.10 m
45. 深灰色厚层状生物屑泥晶灰岩，以海绵骨针泥晶灰岩为主。水平虫孔发育，含大量动物化石（毛儿沟灰岩下分层）	3.10 m
44. 黑色粉砂质泥岩。具有水平层理，含菱铁矿结核。含丰富动物化石	5.50 m
43. 深灰色生物屑泥晶灰岩（庙沟灰岩），以泥晶双壳灰岩、泥晶䗴（或有孔虫）灰岩为主，局部见断续波状纹理。含动物化石	1.20 m
42.8号煤层	2.60 m
41. 灰色细粒岩屑杂砂岩（屯兰砂岩）。含植物化石碎片	1.20 m
40. 黑色细粉砂岩。含大量泥质和碳质	0.60 m
39.9号煤层	2.80 m
38. 黑色泥岩	0.40 m
37. 煤层	0.30 m
36. 黑色碳质泥岩。含植物化石碎片	0.25 m
35. 灰色粘土岩。质软具可塑性，含植物根化石	0.20 m
34. 灰色泥质细粒石英杂砂岩（西铭砂岩）。含炭化植物根	1.00 m
33. 灰色细粉砂岩。含炭化植物根及菱铁矿结核	0.50 m
32. 灰色泥质中—细粒石英杂砂岩。含菱铁质鲕粒	1.60 m
31. 灰色微粒石英杂砂岩	2.00 m
30. 灰色泥质细粒长石石英杂砂岩，石英杂砂岩（西铭砂岩）。具波痕，砂纹层理，含泥质包体	3.45 m
29. 灰黑色泥岩。向上渐变为细粉砂岩，含大量层状菱铁矿结核。具水平层理和沙纹层理，节理发育	5.90 m
28.10号煤层	0.30 m
27. 灰色粉砂质泥岩。向上渐变为泥岩，含菱铁矿结核及植物碎片	2.45 m

26.1 号煤层 0.30 m

25. 灰色粗粉砂岩夹薄层状细粒岩屑杂砂岩，含菱铁矿鲕粒和植物碎片 2.50 m

24. 浅灰白色菱铁鲕粒细粒石英杂砂岩（含鲕砂岩）。具沙纹层理 1.30 m

23. 灰黑色泥岩。水平纹理发育，含菱铁矿结核。含海相动物化石及植物化石碎片 4.10 m

22. 深灰色生物屑泥晶灰岩。局部见不规则波状层纹。含动物化石 1.10 m

21. 煤线 0.14 m

20. 含铁质泥岩。含植物化石碎片 0.95 m

19. 煤线 0.14 m

18. 灰黑色泥岩。似菱铁矿结核。含植物根化石 2.00 m

17. 浅灰色沉凝灰岩（晋祠砂岩）。具交错层理。含硅化木 3.10 m

16. 灰黑色泥质细粉砂岩。具水平层理，含菱铁矿结核和植物碎片 1.40 m

15. 深灰色骨粉屑泥晶灰岩（半沟灰岩） 0.60 m

14. 煤层 0.80 m

13. 灰色细粉砂岩。含植物根化石 0.75 m

12. 黑色含粉砂泥岩。含菱铁矿结核，下部含非海相双壳纲化石，上部含植物根化石及双壳纲化石 3.30 m

11. 深灰色含骨屑骨粉屑泥晶灰岩（半沟灰岩）。含牙形类、腕足类、海百合茎 0.58 m

10. 灰色泥质中—粗粒石英杂砂岩。含有巨砂粒和细砂，顶部为泥岩和煤线 0.85 m

9. 浅灰色微粒—细粉砂沉积石英岩夹三层薄层泥岩。具水平层理，小型波状层理和虫迹 1.00 m

8. 黑色泥岩。水平层理发育，含炭化植物根化石和菱铁矿结核 2.40 m

7. 灰黑色泥岩。含菱铁矿结核。含植物根化石 0.80 m

6. 深灰色骨粉屑泥晶灰岩（半沟灰岩）。含牙形类 0.80 m

5. 上部为浅灰色砂质泥岩，下部为浅灰色泥岩。略含铝质 0.90 m

湖田段 厚 5.30 m

4. 浅灰色铝土岩 2.60 m

3. 深褐色山西式铁矿。含有孔虫 2.70 m

——————— 平行不整合 ———————

下伏地层：**马家沟组** 石灰岩

太原晋祠柳子沟剖面：位于太原市晋祠西南柳子沟的吴家峪、北岔沟（112°23′00″，37°39′00″）。

上覆地层：**山西组** 含黄铁矿黑色砂岩

——————— 整 合 ———————

太原组 厚 75.33 m

55. 黑灰色含骨屑泥晶—微晶灰岩（东大窑灰岩）。含黄铁矿多而普遍。产䗴类、牙形刺、珊瑚、海百合茎及大量腕足类化石 2.10 m

54. 黑色细粉砂质泥岩。含碳质。含舌形贝化石 1.00 m

53—51.6 号煤层（煤夹灰黑色泥岩） 2.05 m

50. 灰黑色含粉砂质泥岩。含植物化石 0.35 m

49. 浅灰白色泥质细—粗粒岩屑石英杂砂岩（七里沟砂岩） 2.60 m

48. 灰黑色泥质细粉砂岩。顶部有 5 cm 碳质泥岩。具水平层理，含菱铁矿结核及植物碎片 1.10 m

47. 黑灰色中厚层状骨屑泥晶（含白云质或含泥质）灰岩（斜道灰岩）。下部与碳质泥岩过渡接触。顶部见继续波状纹层。含䗴类、牙形类、珊瑚、海百合茎、腕足类 4.45 m

46. 黑色泥岩。下部为细粉砂岩，顶部有厚 15 cm 碳质泥岩。水下层理发育 1.40 m

45. 黑色粗粉砂岩。水平层理发育，含植物化石碎片 3.15 m

44. 7 号煤层 0.30 m

43. 灰黑色泥岩。向上渐变为粉砂质泥岩，顶部见细水下层理。含菱铁矿结核，植物根化石，中部含海相双壳纲化石 2.30 m

42. 深灰色厚层状含骨粉屑（或含骨屑）泥晶灰岩，底部有厚 25 cm 碳质泥岩，顶部有 6 cm 富含菱铁矿结核的泥岩层（毛儿沟灰岩上分层）。含牙形类 3.75 m

41. 褐色沉凝灰岩。局部有大量属种单调的腕足类化石 2.00 m

40. 深灰—灰黑色含骨屑泥灰岩，含骨粉屑骨屑泥晶—微晶灰岩，泥晶海绵骨针灰岩（毛儿沟灰岩下分层）。含䗴类、牙形类、腕足类等化石 2.50 m

39. 黑色含细粉砂泥岩 1.05 m

38. 灰黑色、中厚层状含骨屑骨粉屑泥晶—粉晶（含泥质或白云质）灰岩（庙沟灰岩）。含䗴类、牙形类、珊瑚、海百合茎、腕足类等化石 3.35 m

37. 黑色泥岩。含植物根化石 1.90 m

36. 8 号煤层 0.40 m

35. 上部灰色粗粉砂岩，含菱铁矿结核，中部灰色粉砂质泥岩—粗粉砂岩，下部为微细粒石英杂砂岩，类砂质菱铁矿薄层 12.20 m

34. 深灰色砂质泥岩。具细水平层理。含炭化植物根化石 2.43 m

33. 9 号煤层 1.00 m

32. 黑色泥岩。顶部夹两层煤线。含植物碎片 3.85 m

31. 深灰色粗粉砂岩。含植物根化石 0.80 m

30. 黑色细粉砂岩。含植物根化石 0.65 m

29. 黑色泥岩。具水平层理。含腕足类舌形贝化石 0.75 m

28. 深灰色泥晶骨屑含碳质泥质灰岩（吴家峪灰岩）。含䗴类、牙形类等化石 1.00 m

27. 黑色泥岩。含碳质。含腕足类、双壳纲等化石 1.15 m

26. 浅灰色含菱铁矿鲕粒砂岩 8.25 m

25. 深灰色粗粉砂岩。含菱铁矿结核 1.70 m

24. 灰色粉砂质菱铁矿层 0.65 m

23. 灰色粗粉砂岩和细砂岩互层。含菱铁矿结核、泥质包体。含植物化石碎片 4.95 m

22. 灰色泥质细—中粒石英杂砂岩，顶部为钙质细粒石英砂岩（晋祠砂岩）。含泥质包体。含硅化木 6.50 m

21. 深灰色粉砂质泥岩夹煤线。含植物根化石 0.40 m

20. 灰色含骨粉屑微晶—粉晶白云质灰岩（半沟灰岩）。含牙形类、海百合茎 1.70 m

19. 煤层 0.35 m

18. 黑色泥岩，下部含 10 cm 煤线。含植物根化石。含菱铁矿结核 1.70 m

17. 煤层 0.30 m

16. 上部为黑色细粉砂质泥岩，下部为黑色泥质细粉砂岩。含植物化石碎片 2.50 m

15. 灰色层纹状泥灰岩（半沟灰岩） 0.50 m

14. 黑色泥岩。含菱铁矿结核。含大量属种单一的非海相双壳纲化石及极少量植物化石碎片 4.05 m

13. 灰色粉砂质泥岩。含大量炭屑，含植物根化石 1.00 m

12. 灰色细砂岩 1.00 m

11. 黑色泥岩。含菱铁矿结核和薄层，含少量植物化石碎片	1.75 m
10. 深灰色细粉砂岩。含植物化石碎片	0.13 m
9. 煤层	0.10 m
8. 深灰色细粉砂质泥岩。含植物化石碎片	0.40 m
7. 灰色骨粉屑（骨屑）粉晶灰岩（半沟灰岩）。含菱铁矿结核，含䗴、牙形类、海百合茎等化石	1.00 m
6. 黑色泥岩，顶部含煤线夹菱铁矿结核。含植物碎片及根部化石	5.50 m
5. 灰黑色泥质粗粉砂岩。具细水平层理。含黄铁矿结核和植物碎片	4.00 m
4. 灰黑色泥岩。具细水平层理，含炭化植物碎片	0.80 m
湖田段	厚 7.20 m
3. 灰白—浅灰色铝土岩	6.20 m
2. 山西式铁矿	1.00 m

——————— 平行不整合 ———————

下伏地层：**马家沟组**　石灰岩

【地质特征及区域变化】 太原组岩性组合(基本层)为:灰色(泥)页岩、粉砂质(泥)页岩夹白色、灰白色石英(杂)砂岩—碳质页岩、煤-石灰岩。但这样的旋回式岩石组合的个数各地多少不一。由 1 个到 8 个，甚至更多。每个旋回层中的砂岩、煤层、石灰岩的发育程度又不尽一致。组成太原组的旋回层及标志——石灰岩层，自正层型剖面所在的山西中部太原西山，向北逐渐减少到一层，向东南逐渐增多，最多可达 8 层，甚至更多。

太原组的底、顶界面，历来就有不同认识。根据现在的含义，底界划在下伏湖田铁铝岩段的底面，顶界划在最上部一层灰岩的顶面。这样的划分是考虑到石灰岩是太原组的重要组成和与上覆山西组区分的标志，以及滨海三角洲相—滨岸碳酸盐台地的月门沟群基本层，应自页岩（包括夹海相化石的页岩）开始→砂岩→页岩→碳质页岩→煤→石灰岩。大量的大比例尺煤田勘探剖面，证实了月门沟群中砂岩的不稳定性（包括一些著名的砂岩，如晋祠砂岩、七里沟砂岩、北岔沟砂岩等)，均呈不连续的大小不一的凸镜体状（见程保洲，1992)。因之，以最上部一层灰岩之上，最靠近的一层砂岩之底面划界，是不可取的。上述砂岩多属三角洲平原上的河流，分流河道成因，其底面有时可见到对下伏岩层的侵蚀，这并不足以作为组级岩石地层单位分界面的依据。

太原组的厚度随基本（岩石组合）层的多少而变化，东部、东南部最厚，130～150 m，北部的大同、怀仁一带最薄，数米至十多米；另外，西南部的中条山、吕梁山南端一带厚度也不大，20～40 m 左右（图 5-1)。

鉴于太原组岩性、厚度及层位的发育有很大的不同，可选择以下一些剖面作为次层型。

陵川附城老金沟剖面（山西煤田地质勘探公司 114 队，中国科学院南京地质古生物研究所，1987）可作为山西东南部的次层型。该剖面位于陵川县附城镇北老金沟，最早由山西区调队及天津地矿所等测制与研究（王柏林等，1984)。由于该剖面石灰岩层发育（多达 9 层)，海相化石丰富，而引人瞩目，随之成为研究华北石炭、二叠系生物地层、年代地层的理想地区。之后山西煤田地质勘探公司 114 队、南京地质古生物研究所（1987)，山西地矿局研究所（常朝辉、李广荣，1987）等均先后在此进行了剖面复测和研究。

垣曲县王茅乡寺沟剖面（王柏林、张志存，1983）可作为山西中条山—王屋山区的次层型。该剖面灰岩层数少(仅两层),而层位偏高。

怀仁鹅毛口剖面（王柏林、张志存，1983）可作为山西北缘大同一带太原的组次层型。该剖面太原组只有一层厚 3.1 m 的石灰岩，加上下伏湖田段铁铝岩，总厚不过 11.3 m。

自本世纪 50 年代以来，很多地质学家和单位，对太原西山的太原组进行了段的再划分，并试图推广于全省，但在太原组的含义和上下界线尚难统一认识的情况下，全省性的段的划分显然是不会成功的。本专著认为严格按岩石地层单位含义的太原组，进行全省统一的段的划分也是困难的。若用所含化石进行对比来划分，势必又落入年代或生物地层划分的范畴。建立不了全省性的岩性段，不等于不可进行进一步的划分。对本专著主张分区建立各自以标志层形式出现的岩性段。这样对地层的深入研究，提高大比例尺地质图的精度和信息量是有意义的。有些地区实际上早已建立了的地区性的标志层段，可予以保留下去，但切忌把太原西山的标志层段，硬性推广和延用于全省。

太原组中可供选择保留使用的前人已命名和建立的地区性标志层（段），太原地区有晋祠砂岩、吴家峪灰岩、庙沟灰岩、毛儿沟灰岩、斜道灰岩、七里沟砂岩、东大窑灰岩等，晋东南地区的有夏壁砂岩、后寺灰岩、松窑沟灰岩、老金沟灰岩、崇福寺灰岩、红矾沟灰岩、滩山洼灰岩、黄水沟砂岩、毛左掌灰岩、附城灰岩、山后灰岩等，晋西北保德一带有冀家沟灰岩、张家沟灰岩、扒搂沟灰岩、保德灰岩等，大同地区有口泉灰岩，灵石地区有三教灰岩等。

阳泉地区太原组中的一些标志层有平定灰岩、四节石、钱石、猴石、黄大肚砂岩等，其中部分名称虽不是按地理专名命名，但这些出自劳动人民的形象化的称呼，易于理解和掌握，并已为广大地质工作者所接受和使用，本专著认为也应予以承认、保留和继续使用（类似的命名还见于太行山东麓，河南省六河沟、河北省峰峰，那里的太原组中的灰岩标志层，当地煤矿工人自下而上称呼为：下架、大青、小青、伏青、山青、野青、一座等）。

太原组的矿产主要为煤。太原组含煤层数随太原组的厚度而变化，但大多数地区太原组为山西省石炭二叠纪煤系下组（工业可采煤层）煤的赋存层位。另外，煤层的底板常有软质粘土产出，可供利用。

山西组　CPŝ　（05－14－0004）

【创名及原始定义】　“山西”一名用于地层，始于 1907 年，Willis 和 Blackwelder 在他们的专著《Reaserch in China》中称：“从 Richthofen 和其他观察者的考察中，可知石炭纪和二叠—石炭纪陆相沉积在山西省广泛出露。因此，我们提出山西系的名称。在太原府附近向南到汾河向西弯曲处，我们时常发现它们。在太原府和文水县之间露头是几乎连续的。那儿有两套主要地层：(1) 杂色软页岩，Richthofen 称为大阳系，它包含煤层，并直接覆盖在震旦纪灰岩之上；(2) 一大套浅红色砂岩夹少量砂质页岩”。

【沿革】　从上述可以看出：Willis 和 Blackwelder 等是把山西境内广泛分布的晚古生代含煤层及上覆的红色砂岩层，统称山西系。1922 年李四光把山西系范围缩小，只代表晚古生代含煤地层，其下包括大阳系和上部含煤岩系。同年，Norin（1922），翁文灏、Grabau（1925），将山西系范围进一步缩小，仅指华北晚古生代含煤地层的上部，也即 Norin 的上月门沟煤系。至此，山西系才基本奠定了为广大地质学家所接受和使用的含义，即指月门沟煤系的上部。但山西系和太原系联系紧密，所以和太原系一样，自创名以来数十年间，用山西二字命名的（系、统、组、群）地层含义及上下界面，也历经变更，而一直没有取得共识（表 5－1）。此次地层对比研究，也同样按岩石地层划分命名原则，正本溯源，将山西组的含义回到 Norin 和翁文灏、Grabau 的原始含义上来。

【现在定义】 指华北平行不整合于奥陶系之上的月门沟煤系（群）上部地层。由陆相砂岩、页岩、煤构成的旋回层（多个）组成，夹层数不等的含舌形贝及双壳类化石的非正常海相层。其下界为同属月门沟煤系的太原组最上一层石灰岩的顶面，其上界为石盒子组最底部灰绿色长石石英砂岩的底面。

【层型】 正层型为太原晋祠柳子沟剖面，副层型为太原西山七里沟剖面。和太原组一样，上述二剖面自 Norin 创建后，经很多地质学家和单位进行过重测和研究。本专著以下所列者，为煤炭科学院勘探分院和山西煤田地质勘探公司（1987）于 1980～1982 年间重测的剖面。

太原晋祠柳子沟剖面：位于太原市晋祠柳子沟吴家峪、北岔沟（112°23′00″，37°39′00″）。

上覆地层：**石盒子组** 骆驼脖子砂岩

———————— 整 合 ————————

山西组 总厚度 57.10 m

71. 黑色泥岩。产植物根化石。顶部见 1 号煤层，厚 8 cm 0.28 m
70. 浅灰色粉砂质泥岩。具细水平层理，含菱铁矿结核及粒状、团块状赤铁矿 2.30 m
69. 黑色泥岩。产植物根化石，近底部有厚 15 cm 的煤线 1.35 m
68. 1 号煤层 0.42 m
67. 灰色泥质中粒石英杂砂岩，夹薄层细砂岩和粗粉砂岩。产植物化石碎片（铁磨沟砂岩） 0.55 m
66. 泥质粗粉砂岩 1.20 m
65. 黑色细粉砂岩。含植物化石碎片 2.75 m
64. 灰色粉砂质泥岩。含赤铁矿结核 2.75 m
63. 灰黑色泥岩。含少量粗粉砂。产植物化石碎片 1.30 m
62. 2 号煤层 1.70 m
61. 灰黑色粉砂质泥岩。产植物根化石 0.40 m
60. 黑色粗粉砂岩与灰白色细砂岩互层。含植物化石碎片和薄层菱铁矿结核 1.60 m
59. 黑色泥质细粉砂岩（冀家沟砂岩）。产植物化石碎片 0.90 m
58. 黑色泥岩。产较多的舌形贝化石及一块长身贝碎片，一块双壳纲化石碎片。含腕足类 *Lingula suborbiculatus*，*L. shanxiensis* 1.00 m
57. 上部以灰白色泥质细—粗粒石英杂砂岩（具板状交错层理）为主，局部为菱铁质中粒长石石英杂砂岩、不等粒岩屑石英杂砂岩（具小型交错层理）；中部为黑色粉砂岩夹煤线（产植物化石碎片及菱铁矿结核）；下部为浅灰白色泥质中—巨粒岩屑石英杂砂岩、泥质中粒石英杂砂岩、泥质细—中粒长石石英杂砂岩，具板状交错层理，柱状交错层理，含菱铁矿结核（此层即北岔沟砂岩） 37.80 m
56. 黄铁矿黑色砂岩。底部见下伏灰岩的冲刷团块，与上覆北岔沟砂岩呈突变接触。含菱铁矿结核和凸镜体。含腕足类 *Chonetes latesinuata*，*C. carbonifera*，*Streptorhynchus distortus*，*Dictyclostus taiyuanfuensis*，*Marginifera loczyi*，*M. striata*，*Hustedia lata*，*Anidanthus* sp；双壳纲：*Promytilus swaloui* 0.80 m

——————— 冲刷接触 ———————

下伏地层：**太原组** 黑灰色含骨屑泥晶—微晶灰岩（东大窑灰岩）

太原西山七里沟剖面：位于西铭矿区七里沟（112°23′00″，37°53′00″）。

上覆地层：**石盒子组** 骆驼脖子砂岩

——————— 整　合 ———————

山西组　　　　　　　　　　　　　　　　　　　　　　　　　　　　　　　总厚度 54.32 m

71. 深灰色细粒粉砂岩。成分以石英、黑云母为主，含泥质包体，有植物碎片；顶部含煤层（1号）　1.40 m

70. 浅灰色泥质细—粗粒岩屑砂岩　6.40 m

69. 浅灰色泥岩。含植物化石碎片和菱铁矿结核，顶部具水平层理，横向上变为叠锥灰岩（铁磨沟灰岩）　0.20 m

68. 灰黑色粗粉砂岩与泥岩显微互层。水平层理发育，含菱铁矿结核及植物碎片　1.20 m

67. 煤层（2号）　3.00 m

66b. 深灰色粗—细粒粉砂岩夹薄层泥质中粗长石石英杂砂岩（冀家沟砂岩），粉砂岩中含大量植物碎片　1.45 m

66a. 泥质粉砂岩(舌形贝页岩)。含腕足类：*Lingula* sp.；双壳纲：*Dunbarella* sp.，*Phestia meekana*，*P.* cf. *inflata*，*Schizodus* cf. *subcircularis*；腹足类：*Bucanopsis calamiroides*，*Phanerotrema graycillense*　0.20 m

65. 煤层（3号）　4.75 m

64. 黑色含粉砂泥岩。产大量植物化石：*Neuropteris ovata*，*Pecopteris* cf. *polymopha*，*P. orientalis*，*P. linsiana*，？*Sphenopteris nystroemii*，*Cordaites* sp.　4.40 m

63—61. 煤层（4号）夹黑色含粉砂泥岩　2.62 m

60. 灰色泥质中粒石英杂砂岩夹含细粒岩屑石英杂砂岩与薄层泥岩，含植物化石碎片（北岔沟砂岩）　1.30 m

59. 黑色泥岩。含菱铁矿结核和植物化石碎片，含双壳纲化碎片　2.20 m

58. 黑色粉砂质泥岩与含生物屑泥晶—微晶菱铁岩互层。水平虫孔发育，溶蚀作用强。在黑色粉砂质泥岩中，含海百合茎及双壳纲化石：*Promytilus swailoui*，*Nuculopsis* cf. *wewoka*，*Permophorus subcostata*；*P.* sp.　1.80 m

57. 黑色泥岩，水平层理发育。含海相动物化石碎片　3.60 m

56. 6号煤层　0.10 m

55. 黑色粉砂质泥岩。向上渐变为泥岩。含菱铁矿，赤铁矿，含有植物化石：*Neutopteris ovata*，*N. plicata*，？*Alethopteris* sp.，*Sphenophyllum* cf. *uertillatum*，*S.* cf. *oblongifolium*，*Cordaites* sp.　2.00 m

54. 上部浅灰白色泥质细粒长石石英杂砂岩，石英杂砂岩，长石石英杂砂岩，含硅化木；中部浅灰白色泥质中粒石英杂砂岩，长石石英杂砂岩，浅灰白色泥质粗粒石英杂砂岩，具大型板状交错层理，大型楔形交错层理，含泥质包体，含硅化木；下部浅灰白色中粒岩屑石英杂砂岩（七里沟砂岩）　15.00 m

53. 6号下煤层　0.50 m

52. 黑色含粉砂泥岩。含动物化石碎片　2.20 m

——————— 整　合 ———————

下伏地层：**太原组**　深灰—灰黑色生物屑泥晶（含泥）灰岩（斜道灰岩）

【地质特征及区域变化】　山西组岩性组合（基本层）为灰色（泥）页岩、粉砂质（泥）页岩夹白色石英（杂）砂岩—碳质页岩、煤（—海相页岩、钙质泥岩）。上述旋回式岩石组合的个数，各地多少不一，并正好与太原组呈互为消长，由7—8个至1个。同样，各个旋回式的岩石组合中的砂岩、煤层、海相页岩等的发育程度也不尽一致。北部砂岩层数多，粒度粗，分选性差，岩屑含量高。煤层也是北部层数多而厚，南部层数少，晋东南一带仅一层。海相页岩在太原西山一带为 3—4 层，向北增多，向南减少。但由于其厚度往往很薄，且不像石灰岩那样易与辨认，发现层数的多少与工作精度有关。海相页岩层位有时可见到泥灰岩和白云质、菱铁质、叠锥状凸镜体。

山西组的顶、底界面，历来也有不同认识。根据现在的含义，底界划在下伏太原组最上一层灰岩的顶面（理由在论述太原组顶面时已阐述），顶界划在上覆地层石盒子组最底部灰绿色长石石英砂岩底面或最下一层灰绿色粉砂页岩之下一层砂岩之底面（关于山西组顶界，亦即石盒子组底界，将在石盒子组一节中论述）。

山西组的厚度与太原组相似，随基本（岩石组合）层的多少而变化，但显然与太原组呈互为消长。层型剖面所在的太原地区、晋中西部及晋北的大部分地区，厚 30～70 m；晋中与晋北的东部地区，厚 90～140 m；雁北的山阴、怀仁一带厚度达 90～140～155 m；而晋南、晋东南的广大地区厚度小于 40 m，甚至小于 20 m（图 5－1）。

山西组和太原组一样，作为全省统一的岩性段的划分是困难的，同样可以保留已命名的或寻找一些新的相对较稳定的砂岩、海相页岩等作小区域性的标志层、段，用于地层对比和填制大、中比例尺的地质填图。

山西组的主要矿产仍是煤，山西组是山西石炭二叠煤系“上组煤”的赋存层位。但具体的地层层位则自北而南逐渐升高。在雁北地区，山西省石炭二叠煤系“下组煤”，按岩石地层单位划分，也应归属于山西组。大同怀仁、浑源一带山西组中含多层优质高岭岩——当地称“黑砂石”，除可做陶瓷、耐火原料外，尚可用于造纸业、纺织业。

湖田段　CPt^{h}　（05－14－0002）

【创名及原始定义】　关士聪、张文堂 1952 年于山东省淄博市湖田（火车站）创名湖田组（丁培榛、沙庆安等 1961 年介绍）。原始定义是指“本溪统下部铁铝岩层”。

【沿革】　相当湖田组的岩石地层单位，在山西太原西山月门沟群层型剖面上，刘鸿允等（1957）早已作为岩石地层单位划分出来，称为本溪统铁铝岩组（在丁培榛、沙庆安公开刊物上介绍湖田组之前）。1988 年山西区调队进行《山西沉积地层岩石地层单位划分》时（武铁山、萧素珍、王守义，1988），曾命名为孝义组，并已为一些 1∶5 万区调图幅所引用。考虑岩石地层命名的优先原则，本专著同意华北区统一使用“湖田段”，代表奥陶系侵蚀面之上，月门沟群底部的铁铝岩组合。

【现在定义】　指华北地层区奥陶系灰岩侵蚀面之上，月门沟群底部的一套铁铝质岩层的组合。一般由铁质岩（褐铁矿、赤铁矿、菱铁矿、鲕绿泥石、黄铁矿等）、铁矾土、铝土矿（鲕状、豆状、粗糙状、致密状等）、铝土页岩等组成。有时可夹有少量的砂岩、页岩、煤线、石灰岩等。与下伏马家沟组石灰岩呈平行不整合，不整合面凹凸不平。上覆地层多为太原组（或本溪组）沉积岩层。湖田段为一穿时的岩石地层单位，随上覆地层归属太原组或本溪组。

【层型】　山东淄博市东万山-冯八峪剖面为湖田段的选层型。孝义县南阳乡卜家峪剖面可作为山西省的次层型剖面。

孝义县南阳乡卜家峪剖面（111°29′30″，37°11′00″），山西省 215 队测制。

上覆地层：**太原组**　长石石英杂砂岩

——————　整　合　——————

湖田组　　总厚度 9.15 m

7. 暗紫色铁质铝土岩	0.35 m
6. 杂色铝土岩	0.85 m
5. 灰白色致密块状铝土矿	0.60 m
4. 灰白色具豆、鲕状结构的块状铝土矿	1.10 m
3. 灰白色粗糙状铝土矿	2.50 m
2. 灰色具豆鲕状结构的铝土矿	1.50 m
1. 褐黄色、铁黑色褐铁矿，中部为赤铁矿	2.25 m

——————— 平行不整合 ———————

下伏地层：**马家沟组** 微晶灰岩

【地质特征及区域变化】 湖田段在山西分布普遍，凡有月门沟群分布，其底部均有湖田段存在。典型的岩性组合：其下部为铁质岩，中部为铝土矿，上部为铝土页岩。湖田段的岩石组合，也常出现一定的差异：有的下部的铁质岩不发育，有的中部的铝土矿不发育，有的地方（晋东南一带）铁铝岩中夹有砂岩、页岩或薄层煤。

湖田段下伏地层，无例外地为奥陶系马家沟组石灰岩，呈平行不整合接触，但接触面常呈凸凹不平状；湖田段底部铁质岩，有时可沿裂隙贯入堆积于马家沟组的古岩溶洞中。湖田段上覆地层——太原组的具体岩性各地不一，可以是石英砂岩、页岩、煤或者是石灰岩，少数地方还可以是砾岩。

湖田段厚度 5～20 m，铝土矿富集地区（如孝义、阳泉、保德、兴县、平陆等地）较厚。

湖田段铁铝岩的沉积环境为石炭纪海侵初期，滨岸（淡化）泻湖—滨海湖泊、沼泽。

湖田段在山西是一个重要的含矿层段，几乎“浑身”是矿。底部铁质岩在氧化环境下常形成褐铁矿、赤铁矿，还原环境下蕴藏有硫铁矿；向上铝质岩可形成铁矾土、铝土矿、高铝粘土；上部的铝土页岩，常可构成不同品级的耐火粘土。

石盒子组 Pŝ (05－14－0005)

【创名及原始定义】 起初称石盒子系，1922 年 Norin 创名于太原东山陈家峪石盒子沟。原始定义是指月门沟煤系之上，石千峰系之下的一套黄绿色、紫红色砂页岩系；并分为下石盒子系和上石盒子系。“下石盒子系几乎全由灰、绿、黄等色的泥质沉积物和淡色的砂岩所组成；上石盒子系则以巧克力色的沉积物为主要成分。”石盒子系以骆驼脖子杂砂岩底为下界，以大羽羊齿带为上界。

【沿革】 创名后不久，创名者（Norin，1924）将原属石千峰系的银杏带归属于石盒子系，至此石盒子系进一步分为上、下石盒子组的内涵基本定型。但以石盒子创名的这套地层，称为系、统、组，还是群，其进一步的划分曾几经变更（见表 5－2），一直没有统一的认识。关于顶、底界的划分，及延伸至层型剖面以外，具体划分时出入亦很大。考虑到华北全区的组一级岩石地层单位的可对比性，此次地层对比研究以“石盒子”命名的地层单位，定为石盒子组。

【现在定义】 指华北地层区上古生界上部，由灰绿、灰白色砂岩、黄绿、杏黄、巧克力、灰紫、暗紫红色粉砂质泥岩、页岩等组成，夹黑色页岩、煤（层）线的近海平原河湖相沉积岩系。下伏地层为以灰、灰黑色为特征的含煤岩系月门沟群，以出现绿色砂、页岩为本组底界；上覆地层为以红色为特征的石千峰群，出现鲜艳红色泥岩划界。

表 5-2　太原西山石盒子组划分沿革表

作者	年份	划分（自上而下）
本书		群：石千峰群；（空）；月门沟群 组：孙家沟组；石盒子组；山西组 段：（孙家沟组不分段）；石盒子组分为平顶山段、神岩段、天龙寺段、化客头段、骆驼脖子段；（山西组不分段）
Norin	1922	石千峰系（石膏泥质带；银杏带）；石盒子系：上石盒子系（上大羽羊齿砂岩；大羽羊齿带；下大羽羊齿砂岩），下石盒子系（骆驼脖子杂砂岩）；月门沟系：上部（山西系）
Norin	1924	石千峰系；上石盒子系（银杏带；大羽羊齿带）；下石盒子系；月门沟系：上月门沟系
Grabau	1923	石千峰系；石盒子系：上石盒子系，下石盒子系；山西系
Halle	1927	石千峰系；上石盒子系；下石盒子系；山西系
张文堂	1955	石千峰系；石盒子系；山西系
李星学等	1956	石千峰统；石盒子统；山西统
赵一阳	1958	石千峰统；石盒子统；山西统（骆驼脖子组；南峪沟组）
杜宽平等	1959	石千峰统；石盒子统（银杏组；大羽羊齿组）；山西统（骆驼脖子组；北岔沟组）
胡希濂　张嘉琦	1959	石盒子统；山西统（骆驼脖子组；北岔沟组）
中国科学院地层队（刘鸿允等）	1959	石千峰统：孙家沟组；石盒子系：上石盒子系（第五组；第四组；第三组），下石盒子系（第二组；第一组）；月门沟统：山西组
山西区调队（1：20万）（榆次幅）	1979	石千峰组；上石盒子组（第三段；第二段；第一段）；下石盒子组（第二段；第一段）；山西组
武蘅　铁素　山珍等	1988	石千峰群：孙家沟组；石盒子群：神岩组，化客头组；月门沟群：山西组
山西地矿局212队（1：5万太原西山测区区调）	1992	石千峰群：孙家沟组；石盒子群：天龙寺组（三段；二段；一段），化客头组（二段；一段）；月门沟群：山西组

【层型】 石盒子组正层型在太原东山陈家峪石盒子沟，但由于60—70年代农田基本建设，石盒子沟中基岩露头不少被掩盖，使剖面不能连续观察，加上原剖面石盒子组即未见顶，所以石盒子沟剖面已失去层型剖面的价值。近二三十年来大多数地质学家将太原西山西铭骆驼脖子山——石千峰山剖面作为石盒子组的（新）层型。该剖面交通方便，中上部均可沿太原—古交公路（化客头—石千峰山）观察，但下部骆驼脖子山之上地段，由于采煤引起的地表塌陷，观察剖面较困难。本专著建议太原晋祠柳子沟内北岔沟-天龙寺剖面为副新层型。此剖面在天龙寺旅游区附近，交通也较方便。

太原晋祠北岔沟-天龙寺石盒子组剖面（112°30′00″，37°41′00″），1987年由山西省地矿局212地质队进行太原西山测区1：5万区调时测制。

上覆地层：**孙家沟组** 砖红色中薄层状中细粒岩屑石英砂岩夹砖红色粉砂质泥岩，下部砂岩含砾

——————— 整 合 ———————

石盒子组 总厚度550.83 m

平顶山段 厚22.2 m

46. 上部紫红色粉砂质泥岩，含燧石条带；下部蓝紫色夹黄绿色粉砂岩 4.33 m
45. 猪肝色岩屑石英砂岩。中薄层状，顶部含燧石条带 2.19 m
44. 灰绿色中粒长石岩屑砂岩。岩屑成分主要为火山岩碎屑，含量为40%。发育大型板状斜层理 6.57 m
43. 上部和下部为灰绿、黄绿色中粒岩屑石英砂岩。具板状斜层理。中部夹黄绿色薄层状粉砂岩 9.11 m

——————— 整 合 ———————

神岩段 厚151.85 m

42. 紫红色粉砂质泥岩与紫红色细粒长石砂岩互层。泥岩具水平层理 4.97 m
41. 砖红、灰绿色中粒岩屑石英砂岩。下部含砾，底面具冲刷 3.95 m
40. 黄绿、紫红色粉砂岩与粉砂质泥岩互层 6.86 m
39. 灰绿、黄绿色硅质泥岩与泥岩互层。下部硅质泥岩中含植物化石 2.47 m
38. 黄绿、紫红色粉砂岩夹中薄层状中粒长石砂岩 8.70 m
37. 蓝紫、紫红、黄绿色粉砂质泥岩 12.01 m
36. 黄绿色巨厚层状中粗粒含砾岩屑石英砂岩。上部夹薄层状紫红色粉砂岩、粉砂质泥岩。下部砂岩含植物化石：*Callipteris* sp.，*Callipteris*? *laceratifolia*，*Gigantonoclea* sp.，*Taeniopteris* sp.，*Psygmophyllum multipartitum*，*Lepidodendron* sp. 20.25 m
35. 灰黄绿色薄—中厚层状长石岩屑砂岩、岩屑石英砂岩，夹紫红、灰紫色粉砂岩和粉砂质泥岩。下部以中细粒长石岩屑砂岩为主。上部以中粗粒岩屑石英砂岩为主。顶部粉砂岩中含植物化石：*Gigantonoclea Lagrelii*，*Psygmophyllum multipartitum* 31.45 m
34. 上部粉砂质泥岩与粉砂岩互层，下部蓝紫色粉砂质泥岩夹中粗粒长石岩屑砂岩 23.25 m
33. 灰绿色、黄绿色中厚层状中粗粒长石岩屑砂岩、岩屑杂砂岩，夹暗紫色、蓝紫色粉砂岩和粉砂质泥岩 13.50 m
32. 紫红、蓝紫色粉砂岩夹粉砂质泥岩和薄层长石砂岩，底部一层中粗粒含砾岩屑石英砂岩 24.44 m

——————— 整 合 ———————

天龙寺段 厚212.94 m

31. 蓝紫、黄绿色粉砂岩与粉砂质泥岩互层，下部中粒岩屑石英杂砂岩 14.75 m

30. 上部猪肝色夹黄绿色中细粒长石砂岩，具板状交错层理；下部黄绿色粉砂岩夹薄板状长石砂岩。底部粉砂岩中含植物化石：*Lobatannularia ensifolia*，*L.* cf. *heianensis*，*Pecopteris* sp.，*Sphenopteris* cf. *tenuis*，*Callipteris* sp.，*Chiropteris reniformis*，*Taeniopteris reniformis*，*Taeniopteris tingrelii*，*Gigantonoclea lagrelii*，*Baiera* sp. 7.65 m

29. 灰白、灰绿色中粒岩屑石英砂岩。底部含砾，具冲刷并发育重荷膜 2.70 m

28. 紫色粉砂岩夹灰绿色薄层状中细粒长石砂岩 7.30 m

27. 中上部灰、灰绿色中粒岩屑石英砂岩，铁质胶结，含稀疏砾石。发育大型板状斜层理。中部夹一层灰黑色页岩，含植物化石。中下部为灰白色中—粗粒含砾岩屑石英砂岩，颗粒支撑、铁质胶结具大型板状交错层理和特大型槽状交错层理，底部具冲刷、断续发育砾岩凸镜体。植物化石为：*Lobatannularia multiolia*，*Fascipteris hallei*，*Taeniopteris* sp. 38.15 m

26. 灰绿色中—细粒岩屑石英砂岩，上部为薄层状岩屑石英杂砂岩 3.90 m

25. 黄绿、紫红色粉砂质泥岩。中下部夹中粒长石砂岩 16.47 m

24. 黄绿色岩屑石英砂岩夹少量薄层状粉砂岩。上部为中细粒，底部为粗粒 7.27 m

23. 紫红、蓝紫、黄绿及杂色粉砂质泥岩，底部为薄层状粉砂岩和长石砂岩 16.65 m

22. 黄绿色厚层状粗粒岩屑石英砂岩，底部为薄层状砾岩 2.70 m

21. 黄绿色粉砂岩。含紫红色斑团 8.33 m

20. 灰绿色中—粗粒岩屑石英砂岩，下部夹粉砂岩，底部厚 0.2 m 灰黑色粉砂质页岩。含植物化石：*Lepidostrobus* sp.，*Pecopteris* sp.，*Callipteris* cf. *changii*，*Sphenobaiera* sp.，*Annularia* sp.，*Odontopteris* sp.，*Protoblechnum wongii* 4.01 m

19. 紫红、灰绿色粉砂岩，粉砂质泥岩夹薄层状细粒长石砂岩，顶部有 7 cm 厚煤线。上部粉砂岩含植物化石：*Sphenophyllum sinocoreanum*，*Pecopteris arcuata*，*P.* cf. *Orientalis*，*Fascipteris recta*，*Callipteris* cf. *changii*，*Neuropteridium coreanicum*，*Gigantonoclea hallei*，*Pecopteris orientalis*，*P. anderssonii* 18.31 m

18. 黄绿色岩屑石英杂砂岩。中部夹紫红色薄层状粉砂岩。底部为一薄层灰黑色页岩，厚 15 cm。含植物化石：*Sphenophyllum thonii*，*Pecopteris hemitelioides*，*P. orientalis*，*P. arcuata*，*Fascipteris* sp. 5.95 m

17. 灰绿色中厚层状中—细粒岩屑石英砂岩和岩屑石英杂砂岩夹少量粉砂岩，顶部为薄层状粉砂质泥岩。上部含植物化石：*Yuania chinensis*，*Plagiozamites oblongifolius*，*Cladophlebis* sp.，*Protoblechnum wongii*，*Taeniopteris* cf. *taiyuanensis*，*Cordaite principalis* 20.85 m

16. 黄绿色粉砂岩与黄绿、紫红色粉砂质泥岩互层。底部含植物化石：*Yuania chinensis*，*Lobatannularia sinensis*，*Pecopteris* cf. *wongii*，*Cyclopteris* sp.，*Sphenopteris* sp. 16.55 m

15. 灰绿色厚层状中粗粒岩屑石英砂岩。下部含砾，顶部夹少量粉砂岩 5.90 m

14. 上部黄绿色夹紫红色粉砂质泥岩，下部深灰、黄绿色粉砂岩夹粉砂质泥岩，底部一层黄绿色薄层状粗粒长石砂岩，含植物化石：*Acitheca*? *cuprssoides*，*Pecopteris norinii*，*P. orientalis*，*Plagiozamites oblongifolius*，*Discinites orientalis*，*Sphenobaira* sp.，*Cyclopteris* sp.，*Trigonocarpus* sp.，*Cordaites* cf. *schenkii*，*Cordaianthus* cf. *volkmannii*，*Taeniopteris norinii*，*T. shansiensis* 15.50 m

——————— 整 合 ———————

化客头段 厚 77.94 m

13. 黄绿色厚层状巨粒石英砂岩。下部含砾，上部薄层细粒长石砂岩与粉砂岩互层 3.30 m

12. 灰绿色细粒岩屑石英砂岩与粉砂岩互层 8.55 m

11. 灰绿、灰白色中粗粒岩屑石英砂岩。具大型板状交错层理，下部含砾底面具冲刷 5.13 m

10. 黄绿色粉砂质泥岩 5.95 m

9. 灰绿色中粒岩屑石英砂岩。中部夹粉砂岩，含植物化石：*Protoblechnum wongii*，*Acitheca* sp. 4.6 m

8. 黄绿色粉砂质泥岩。含植物化石：*Lepidodendron* sp.，*Calamites* cf. *cruciatus*，*Protoblechnum wongii*，*Tingia hamaguchii*，*Pecopteris* sp.，*Taenioteris* sp.，*Calamites* sp.，*Taeniopteris* cf. *schenkii*，*Cordaites principalis* 11.45 m

7. 灰绿色细粒长石砂岩夹粉砂岩 4.00 m

6. 灰绿、黄绿色粉砂质泥岩。中上部夹两层薄层状岩屑砂岩 34.51 m

5. 黄绿色厚层状中粗粒岩屑石英砂岩。上部夹少量粉砂岩，底面具冲刷，发育大型板状交错层理 11.90 m

——————— 整　合 ———————

骆驼脖子段 厚 37.28 m

4. 灰色粉砂岩与深灰色粉砂质泥岩互层。顶部夹两层煤线，含少量植物化石 7.18 m

3. 黄绿色厚层状细粒岩屑石英杂砂岩，发育板状、槽状交错层理 5.65 m

2. 灰绿色粉砂岩与粉砂质泥岩互层，夹细砂岩及厚 0.25 m 菱铁矿层。下部含植物化石：*Sphenophyllum* cf. *minor*，*Protoblechnum wongii*，*Taeniopteris* cf. *shanxiensis*，*Cordaites* sp. 18.75 m

1. 上部黄绿色中细粒长石石英杂砂岩及岩屑石英杂砂岩，具板状交错层理。下部黄绿色粗粒石英砂岩、含砾，具槽状交错层理，底面具冲刷。下部含植物化石：*Annularia stellata*，*Lepidodendron* cf. *oculusfelis*，*Pecopteris* cf. *candolleana*，*Sphenpoteris* sp.，*Taeniopteris* sp.，*Cordaites* sp. 5.70 m

——————— 整　合 ———————

下伏地层：**山西组**　粉砂岩及薄煤层

【地质特征及区域变化】 山西的石盒子组主要分布和保存于沁水(向斜)盆地、河东煤田、宁武—静乐(向斜)盆地、平朔煤田。此外，浑源、五台，中条山以南的垣曲等小型（断陷）盆地中也有零星分布。全组厚度一般在 400～600 m 之间。这数百米的杂色砂、泥岩地层，在纵向横向上均有一定的分布和变化规律。纵向上底部夹有煤线或薄煤层，下部主要为黄、绿色砂岩夹泥、页岩，中部以杏黄色夹紫红色泥页岩为主，上部杏黄色与紫色、巧克力色泥岩互层或以后者为主，顶部黄绿色、灰黄色砂岩为主夹杂色泥岩。并因此可以划分为五个岩性段，按已有地层名称分别称为：骆驼脖子段、化客头段、天龙寺段、神岩段、平顶山段。横向上，北部地区上部紫红色、暗紫红色泥、砂岩层夹层厚而多，砂岩层厚，粒度粗，分选差；向南，上部紫红色砂泥岩夹层少而薄，砂岩层也少而薄，粒度变细。

石盒子组中含丰富的植物化石。

石盒子组的沉积环境如现在定义中指出的属于近海平原河湖环境。不同阶段、不同地域河流与湖泊在不断交替变化。

关于石盒子组底、顶界面的划法与讨论，在以下相应段的论述中阐述。

骆驼脖子段 $P\acute{s}^1$ (05－14－0006)

【创名及原始定义】 原称骆驼脖子杂砂岩(Loloptze Sandstone Complex)，Norin1922 年创名于太原西山西铭矿区骆驼脖子山（七里沟西侧）。Norin 认为骆驼脖子杂砂岩是上石炭纪煤系到二叠纪石盒子系的过渡带，其原始定义是指“石盒子系底部夹有黑色、黄绿色页岩及薄煤层的巨厚灰黄、灰绿色砂岩层。”其特点是已出现作为石盒子组特征的灰黄、灰绿色砂岩、页岩，又还存在有山西组所具有的黑色页岩及煤（线）层，而显示了过渡带特色。

【沿革】 骆驼脖子杂砂岩创名后，地质学家均将其作为（下）石盒子组底界砂岩；但离开太原西山地区后，大多数地质学家（包括煤田地质学家）大多将这段已出现灰黄、灰绿色砂、页岩层而仍夹黑色页岩和薄煤层的地层划归山西组。实际上，将石盒子组与山西组的界面上提 30～40 m 左右，而找一层更高层位的砂岩对比为骆驼脖子砂岩。

由于这段地层所具有的含煤特征性，一些煤田地质学家如胡希濂、张嘉琦（1959），赵一阳（1958），杜宽平、沈玉蔚（1959）干脆将这段地层称为骆驼脖子组，并扩大以代替 Norin 的下石盒子组，而归属于“山西统”（见表 5－2）。

此次地层对比研究中，本专著尊重华北大区的统一意见，在“石盒子”级别定为组的前提下，将这段具“过渡带”特色的地层，称为骆驼脖子段，仍按 Norin 的原始含义归属石盒子组。

【现在定义】 骆驼脖子段为月门沟群与石盒子组的过渡“层段”。岩性主要为黄绿、灰绿、灰黄、褐黄色砂岩，页岩，粉砂质页岩，泥岩夹灰色、黑色页（泥）岩，煤线或薄煤层。下部以砂岩为主，上部以泥、页岩为主。因已含绿色岩层，而归属石盒子组。以底部砂岩底面与月门沟群划界，多呈侵蚀间断接触；顶部以灰、黑色泥、页岩和煤（线）消失，按上覆砂岩底面与化客头段划界。

【层型】 正层型剖面无疑应为太原西山骆驼脖子山—石千峰山剖面，该剖面的骆驼脖子段部分，因采煤引起的地表裂陷而很难观察，故太原晋祠—天龙寺剖面可作为骆驼脖子段的新层型（见石盒子层型条目）。

【地质特征及区域变化】 骆驼脖子段的岩性组合特征、顶底界面划分标准均在现在定义中阐明。须要强调的是骆驼脖子段也即石盒子组最主要的标志是灰黄、灰绿色砂岩，页（泥）岩的出现（泥、页岩比砂岩更标志），所以不能因尚含煤层，而归入山西组。含煤不是山西组（月门沟群）与石盒子组区分标志，否则河南境内石盒子组（直至上部）含多层可采煤层，如何处理？引伸讲，月门沟煤系与石盒子煤系的区分标志是前者含煤岩层为灰色页岩夹白色石英（岩屑）砂岩；而后者含煤岩层为灰黄色、灰绿色泥（页）岩夹（石英）长石（岩屑）砂岩。这也是骆驼脖子段归属石盒子组，而不能归属山西组的根本原因。

骆驼脖子段在山西分布稳定，凡有石盒子组分布的地区，均有其分布，厚度一般为 35～55 m。该段中所夹薄煤层在山西某些地区（如平遥一带）是乡镇煤矿开采的对象，其厚度虽小，但顶板常为砂岩，稳定性好，支护费用小，开采成本低，而且安全。

化客头段 $P\check{s}^h$ （05－14－0007）

【创名及原始定义】 创名时称化客头组。1988 年武铁山、萧素珍等创名于化客头村，以代替因不符合岩石地层单位命名原则的、Norin 创名的下石盒子组。化客头村位于骆驼脖子山—石千峰山“石盒子群”新层型剖面（当时所认定的）附近，太原—古交的公路旁。原始定义：“是指石盒子群下部以黄绿、灰绿、灰黄、黄褐色砂岩、粉砂岩、砂质页岩、页岩夹少量黑色页岩、煤线等构成的河湖相为主的陆相沉积岩组。”

【沿革】 显然，化客头组即 Norin 的下石盒子组；但底界较一般地质学家所划界线偏低，划在紫斑泥岩-“桃花页岩”之底面。此次地层对比研究，将 Norin 石盒子组底部含煤线（层）的过渡段划出，称骆驼脖子段；所以，化客头段只能限于原下石盒子组除去骆驼脖子段的部分，但顶界仍按原化客头组顶界，划在紫斑泥岩之底面。

【现在定义】 为石盒子组下部段级岩石地层单位。岩性主要为灰绿色（石英、长石、岩屑）砂岩夹泥（页）岩。下伏地层为骆驼脖子段，以该段的黑色、灰色页（泥）岩消失，本段底部砂岩底面划界；上覆地层为天龙寺段，以该段首次出现的紫斑铝土泥岩（常具鲕状结构）底面划界。

【地质特征】 化客头段的岩性组合、底顶界面，在现在定义中均已阐明，须进一步阐述化客头段顶界之所以划在第一层紫斑泥岩底面，是基于以下三点：①铝土泥岩作为沉积成因岩层，应作为一个基本层的开始；②石盒子组中紫斑泥岩，有时不只一层；③化客头段全部为绿色岩层组合，出现紫红色岩层，即应属上覆岩段——天龙寺段，这也便于当鲕状结构不发育时，第一层紫红色泥岩出现即应归属天龙寺段。

化客头段中的灰绿色石英长石（岩屑）砂岩，一般较发育，常构成该段的主体。以往阳泉一带，将这段地层称为（石盒子组的）“砂岩带”；平遥一带，当地采煤土专家所总结的：“四十八丈‘桃花茧’，头岩、二岩、三岩，之下即可见煤线的经验”，其“头岩、二岩、三岩”指的也是这段地层（主要有三层厚砂岩）。四十八丈“桃花茧”指上覆天龙寺组杏黄色夹紫红色泥岩，“三岩”之下见到煤线，也即进入骆驼脖子段。

化客头段厚度一般 40～70 m，山西中部、中北部较厚，其沉积环境主要为河流相。

【层型】 化客头段的正层型即太原西山西铭骆驼脖子山—石千峰山剖面（111°22′，37°52′），山西区调队 1979 年测制。

天龙寺段　$P\hat{s}^t$　(05-14-0008)

【创名、原始定义及沿革】 原称天龙寺组，1991 年山西地矿局 212 地质队进行太原西山 1∶5 万区调时创名，用以代替 Norin 的上石盒子组；但在之前 3 年，武铁山、萧素珍等（1988）进行山西省岩石地层单位划分时，已创神岩组一名，用以代替 Norin 的上石盒子组。212 队更名主要强调天龙寺较神岩村出名，天龙寺剖面优于骆驼脖子-石千峰山剖面。此次地层清理，Norin 的上石盒子组主体部分将分为两个岩性段，故将“神岩”、“天龙寺”二名均予保留。天龙寺段代表原上石盒子组下部以杏黄色为主夹紫红色泥（页）岩的地层。

【现在定义】 天龙寺段为石盒子组中部段级岩石地层单位。以灰绿、黄绿、杏黄色及少量紫红色泥（页）岩为主，夹黄绿、灰绿色砂岩、含砾砂岩及鲕状紫斑铝土泥岩、锰铁矿层等。下伏地层为化客头段，以最低一层鲕状紫斑铝土泥岩底面划界。上覆地层为神岩段，以大量巧克力色、暗紫红色泥岩出现划界。

【层型】 正层型为太原市晋祠-天龙寺剖面（见石盒子组层型条目）。

【地质特征及区域变化】 ①岩性以杏黄色、黄绿色夹紫红色泥（页）岩为主，紫红色夹层由下而上逐步增多；②泥（页）岩中夹有紫斑铝土质泥岩——“桃花页岩”（本段底界即是以第一层紫斑铝土泥岩底面划界），及锰-铁质岩，层数由北向南增多；③夹有多层呈凸镜状的显然是河流成因的含砾砂岩，一些砂岩层厚度巨大，而颇著名，如天龙寺石窟砂岩、阳泉市一带的“狮垴峰砂岩”等，厚度达 30～40 m；④全段厚度在山西境内北部薄，而南部厚。北部怀仁一带仅 100 m 左右，宁武红土沟增至 200 m，天龙寺一带 300 m，古县松木沟 350 m，沁水县杏峪 410 m，到垣曲县窑头增厚到 430 m（图 5-2）。

天龙寺段中除部分锰铁质岩可做含锰铁矿开采利用外，其中发育的杏黄色、紫红色含铝略高而含粉砂较少的泥岩，均可做紫砂陶土的原料。山西平定、寿阳、乡宁等不少地方，已用于烧制紫砂陶器、紫砂陶地板砖、彩釉贴面砖。

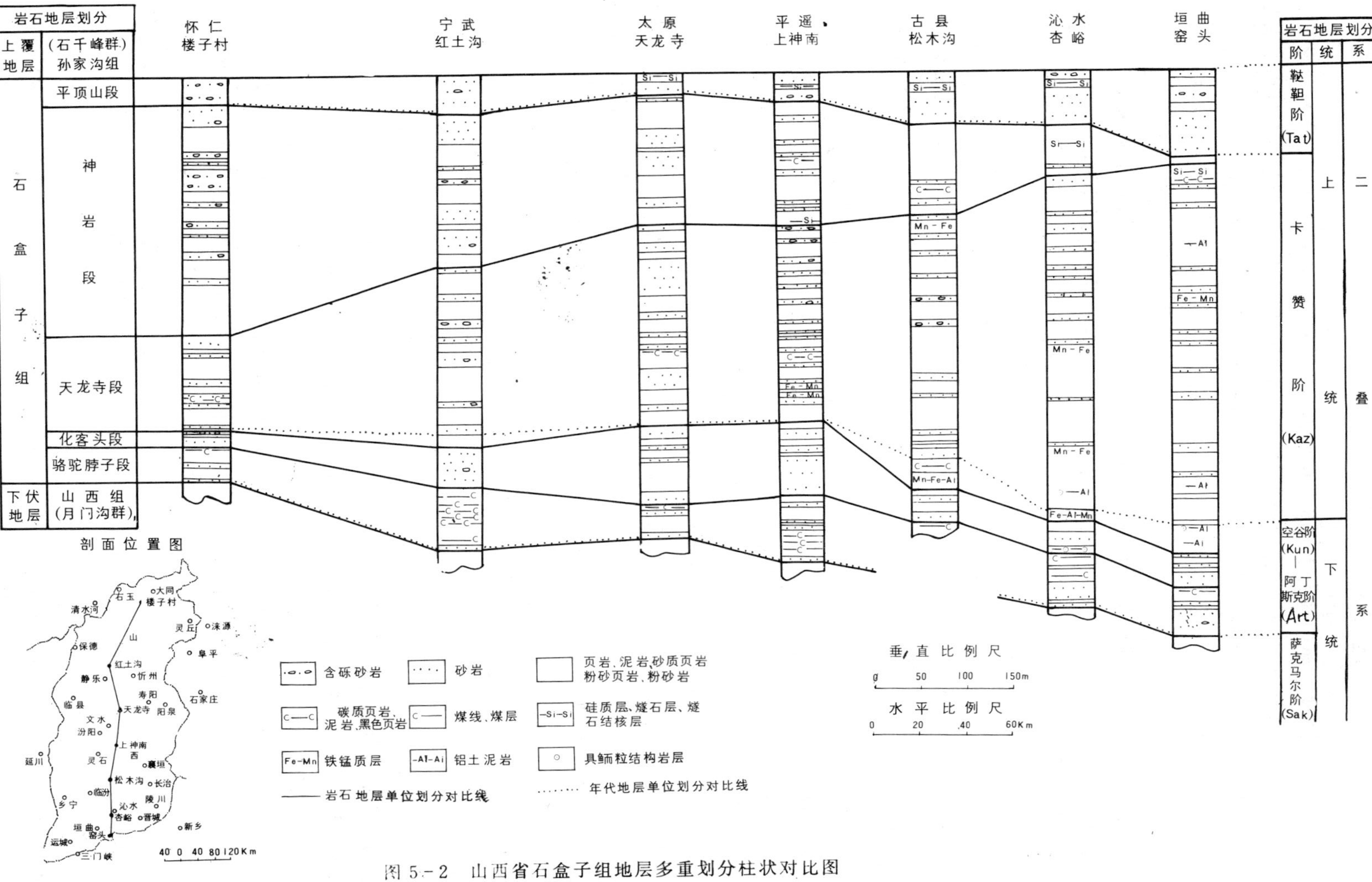

图 5-2 山西省石盒子组地层多重划分柱状对比图

神岩段 Ps^{s} (05-14-0009)

【创名及原始定义】 原称神岩组，1988的武铁山、萧素珍等进行山西省沉积地层岩石地层单位划分时创名，以代替Norin创立的上石盒子组。神岩村位于骆驼脖子-石千峰山剖面附近、太原—古交的公路旁。原始定义："是指石盒子群上部由紫红、灰紫、蓝紫、灰绿、黄绿、黄褐、杏黄色等杂色泥岩、页岩夹砂岩及少量锰铁质、铝土质泥岩构成的河湖相陆相沉积岩组。"

【沿革】 1991年山西地矿局212地质队进行太原西山1∶5万区调时，创名天龙寺组，代替Norin的上石盒子组；此次地层对比研究，考虑到原上石盒子组的主体部分将划分为两个岩性段，"神岩"、"天龙寺"二名均予保留，上部以紫红、灰紫、巧克力色等为主夹杏黄、黄绿色，或呈互层的泥（页）岩部分称神岩段。

【现在定义】 神岩段为石盒子组上部段级岩石地层单位。主要岩性为巧克力色、灰紫、蓝紫、暗紫红色泥岩、粉砂质泥岩夹黄绿、灰黄色砂岩、含砾砂岩及灰绿、黄绿色泥岩。北厚南薄，至山西省最南部趋于消失。下伏地层为天龙寺段，以大量巧克力色、暗紫红色泥岩出现划界；上覆地层为平顶山段，以大量灰黄、灰白色砂岩出现划界。

【层型】 正层型为太原西山骆驼脖子-石千峰山剖面（见化客头段层型条目）。

【地质特征及区域变化】 ①紫红、灰紫、蓝紫、巧克力色泥岩、粉砂质泥岩达全段50%左右，甚至更多。②杏黄、黄绿色泥岩夹砂岩，占50%左右；所以，黄色泥岩相对于巧克力色、紫红色泥岩来讲成为少数。③黄绿色石英长石砂岩北部厚，层数多，粒度粗，而多含砾。④南部一些泥岩中含硅质燧石（凸镜体）层。

神岩段厚度，北厚南薄，由怀仁县楼子村一带的250 m，至宁武县红土沟减为170 m，天龙寺减为145 m，古县松木沟减为100m，沁水县杏峪减为55 m，到垣曲县窑头不足10 m，进入河南境内（相变）尖灭缺失。可以看出神岩段与下伏天龙寺段厚度呈互为消长，是二者呈沉积相变的表现（图5-2）。

平顶山段 $P\acute{s}^{p}$ (05-14-0010)

【创名及原始定义】 原称平顶山砂岩，1956年中南地质局平顶山勘探队，于河南省平顶山一带进行煤田普查时创名。其原始定义是"指二叠纪石盒子统上部一套灰白色长石砂岩，及其上的杂色页岩、灰黄色砂岩，厚110 m；为石盒子统与石千峰统的过渡沉积。"

【沿革】 平顶山砂岩在河南颇为著名，使用普遍，对其层位归属存在是置于石盒子组顶部，抑或石千峰组（群）底部之争；其地质时代则也随其层位归属而出现不同认识。山西省一直未使用"平顶山砂岩"。此次地层对比研究，检查山西省境内各石盒子组剖面，发现在石盒子组近顶部，均不同程度地发育有20～40 m左右，甚至更厚的灰黄、黄绿色、灰白色长石岩屑杂砂岩。另外，山西省以往划分石千峰群底界时，均以红色泥岩之下的一层厚砂岩顶面划界，这层砂岩厚度也多在20 m以上，甚至达40～50 m。上述两部分砂岩合起来，包括其间的一些杂色泥岩夹层，厚度大多可达50～100 m，这实际上就是河南所称的"平顶山砂岩"。为了便于华北地层大区的岩石地层单位的统一与对比，本专著编者将"平顶山砂岩"引入山西，称为平顶山段，用以代表石盒子顶部的厚达50～100 m的砂岩层；同时也同意原始创名者指出的，它是石盒子组与石千峰群的过渡沉积。

【现在定义】 平顶山段是石盒子组最上部的一个岩性段。以灰绿、灰黄、黄白色长石石英砂岩（中、粗粒、含砾）为主，可夹黄绿色、灰紫、暗紫红色泥（页）岩夹层。下伏地层为神岩段，以本段最底部砂岩底面划界；上覆地层为石千峰群孙家沟组，以该组底部紫红、鲜红色泥岩底面划界。

【层型】 选层型为河南省平顶山八矿剖面。山西省杏峪石盒子组剖面可作为山西石盒子组平顶山段的次层型剖面（包括原划为石千峰群的底部砂岩）。

【地质特征及区域变化】 ①以砂岩为主体，但包括有杂色（紫红、黄绿）泥岩、粉砂质泥岩夹层。②砂岩多为长石岩屑杂砂岩，一些砂岩层通过镜下研究确定为火山凝灰质砂岩或含火山岩碎屑，是否具普遍意义值得今后注意。③山西南部一些泥岩和砂岩中夹有硅质燧石层或结核层。

平顶山段的厚度，如前所述多在 50～100 m 之间，北薄南厚（图 5－2）。

石千峰群 PTŜ (05－14－0011)

【创名及原始定义】 原称石千峰系，1922 年 Norin 创名于太原西山石千峰山一带。原始定义是指："石盒子系以上的巧克力、暗红色砂岩、泥灰岩层。包括（1）银杏植物带，（2）石膏泥灰岩带，（3）砂岩带三部分。"1924 年，Norin 将银杏带下移归入上石盒子系。

【沿革】 太原西山石千峰山附近石千峰系见不到上覆地层，即石千峰系未见顶，其上界范围未定。所以以后相当长的时间内（直到 50 年代末之前），使用石千峰系者，其上界直至延长系，将目前所称的二马营组也包括了进去。到 1959 年甘克文等（1959）、裴宗诚（1959）、中国科学院山西地层队刘鸿允等（1959），于不同地方分别确定了基本一致的石千峰统（均改系称统）的上界。其上覆地层甘克文（于陕北）称纸坊统、裴宗诚（于晋东南）称辛庄沟层、刘鸿允（于宁武）称二马营统。这样，就基本上确定了以"石千峰"这一地理名称命名的地层单位的范畴。

1959 年刘鸿允等在确定了石千峰统范围的同时，将石千峰统划分为三个组；并以宁武—静乐盆地所测的孙家沟石千峰统剖面附近的村名，将三个组分别称为孙家沟组、刘家沟组、和尚沟组，并逐渐被地质工作者所接受和使用。此次地层对比研究，考虑到岩石地层单位划分命名原则，基本上采用刘鸿允等的划分和命名，只是将石千峰统改称石千峰群。底界略向上移至鲜红色泥岩开始（见表 5－3）。

【现在定义】 石千峰群是指华北地层大区石盒子组之上，以鲜艳红色为特征，由红色泥岩和红色长石砂岩组成的一套内陆干旱盆地河湖相沉积岩系。自下而上包括孙家沟组、刘家沟组、和尚沟组。下伏地层为石盒子组，上覆地层为二马营组。

【其它或问题讨论】 关于石千峰群的底界，按石千峰群的岩性组合特征，也应自鲜红色泥岩（砂岩也可）始，而不应按传统习惯，考虑旋回性，必须在红泥岩之下，找一层砂岩底面划界。当最下一层鲜红色泥岩之下为灰黄、黄绿、灰白色砂岩时，应将砂岩归属下伏的石盒子组（平顶山段）。

【地质特征及区域变化】 石千峰群主要分布于沁水盆地、宁武-静乐盆地及吕梁山以西。全群厚度一般在 600～1000 m 之间，中部较厚，南北两侧较薄。其岩性组合：孙家沟组、和尚沟组主要为鲜红色泥岩夹灰红及少量黄绿色长石砂岩，沉积环境属干旱的内陆河湖相；刘家沟组主要为灰红色长石砂岩夹极薄层的红色泥岩、粉砂质泥岩，属干旱内陆河流相沉积。

石千峰群自创名以后的 50 多年间，除在孙家沟组发现极少量爬行类动物化石外，基本上未采集到化石，被称为哑地层。1975 年山西区调队在进行 1：20 万平遥幅区调时，在天津地

表 5-3 山西省石千峰群（孙家沟组、刘家沟组、和尚沟组）划分沿革表

本书		Richthofen	Blackwelder	Frank 等	王竹泉		Norin（太原西山）				潘钟祥（吕梁山以西）	藤本义治（石太沿线）	谢庆辉（吕梁山以西）		甘克文（吕梁山以西）	裴宗诚（晋东南）		中科院山西地层队（刘鸿允等）宁武、武乡		斯行健、周志炎	山西地质局212队（晋东南）		山西区调队1:20万（阳泉幅）		华北地区区域地层表编写组	萧素珍、武铁山等	
群	组段	1882	1907	1915	1922		1922		1924		1936	1946	1954		1959	1959		1959		1962	1962		1964		1979	1988	
二马营组		石炭系以上岩层	山西系	蒲县系	长石砂岩间页岩	马斗层	石千峰系							六段 五段	纸坊统	辛庄沟层		二马营统	陈家庄组	二马营群	二马营群		二马营群	西勒石组	二马营组	二马营群	陈家庄组
石千峰群	和尚沟组				红色岩系（红色页岩及砂岩）	胡松层					石千峰系	西洛镇层	石千峰系	四段	石千峰统	石千峰统	白斗沟层	石千峰统	和尚沟组	石千峰群	石千峰组	和尚沟段	石千峰组	三段	和尚沟组	石千峰群	和尚沟组
	刘家沟组							砂岩带	石千峰系	砂岩带				三段			关上层		刘家沟组			刘家沟段		二段	刘家沟组		刘家沟组
	孙家沟组							石膏质泥灰岩带		泥灰岩带		芹泉层		二段			冀氏层		孙家沟组			孙家沟段		一段	石千峰组		孙家沟组
石盒子组	平顶山段							银杏带	上石盒子系	银杏带		测石层		一段	石盒子统	石盒子统		石盒子统	上石盒子统		上石盒子组		上石盒子组	三段	上石盒子组	石盒子组	神岩组
	神岩段												石盒子系														
	天龙寺段			山西系	黄色岩系		石盒子系	大羽羊齿砂岩		大羽羊齿带														二段			

矿所王自强配合下，首次在榆社红崖头和尚沟组中发现大量的肋木属植物化石（王立新等，1978）。之后，陆续又在平遥上庄、交城裴家山等地的和尚沟组，以及刘家沟组，发现以肋木为代表的植物化石组合及孢粉、叶肢介等化石。并依此等确定：石千峰群地质时代为跨二叠纪和三叠纪，孙家沟组属晚二叠世，刘家沟组、和尚沟组属早三叠世。

孙家沟组　P_2s　（05－14－0012）

【创名及原始定义】　1959年刘鸿允等创名于宁武县化北屯乡孙家沟。其原始定义："孙家沟组为一套紫红、黄白色粗粒长石石英砂岩与紫红色的砂质泥岩及粉砂岩互层。粉砂岩或泥岩中具层状分布的钙质结核及瘤状泥灰岩的凸镜体或条带。它和下伏地层以一层稳定的灰绿色或灰紫色含砾粗粒长石石英砂岩分界"，为石千峰统第一个组。

【沿革】　孙家沟组实际即相当Norin（1922）的石千峰系泥灰岩带，裴宗诚1959年于晋东南所划分的石千峰统冀氏层，山西区调队1975年以前所填1：20万地质图中的石千峰组一段（$P_2\hat{s}^1$）及1975年以后所填地质图中的石千峰组（即狭义的"石千峰"）。现仍采用刘鸿允创名的孙家沟组，但底界上移至红色泥岩之底面。

【现在定义】　为石千峰群下部地层，主要由红色、砖红色泥岩、粉砂质泥岩，夹长石砂岩组成。红泥岩中常含钙质结核，有时夹泥灰岩凸镜体。底界划在首次出现的红色泥岩（或其下红色砂岩）的底面，分界线上下常可见黑色、白色燧石层；顶界划在上覆地层刘家沟组砂岩之底面。

【层型】　正层型剖面为宁武县孙家沟组剖面（112°04′，38°45′）；刘鸿允等1959年测制。而太原西山石千峰山剖面应该说更具有代表性。

太原西山石千峰山石千峰群剖面：位于太原西山石千峰山，起点在太原—古交公路28 km处（112°23′00″，37°52′00″；山西区调队1977年重测）。

上覆地层：**刘家沟组**　砖红色厚层细粒长石砂岩

——————　整　合　——————

孙家沟组	总厚度129.6 m
161. 砖红色泥岩。上部夹薄层砖红色细砂岩，顶部泥岩中含钙质结核	17.3 m
160. 砖红色微带灰绿色厚层细中粒长石砂岩。砂岩斜层理较为发育	4.5 m
159. 紫红色泥岩	4.7 m
158. 灰紫色粉砂岩与紫色泥岩互层	3.7 m
157. 灰紫色粉砂岩、紫色泥岩、灰绿色细粒长石砂岩互层	6.9 m
156. 砖红色泥岩	4.1 m
155. 灰紫色粉砂岩与砖红色泥岩互层	9.3 m
154. 灰绿色厚层粗中粒长石砂岩。砂岩中局部含砾，成分主要为石英、燧石	4.0 m
153. 灰绿色中薄层细粒砂岩与紫色灰紫色粉砂岩互层，顶部为紫色泥岩	6.3 m
152. 灰紫色粉砂岩	0.9 m
151. 灰绿色中层细粒长石砂岩	1.5 m
150. 砖红色泥岩	2.9 m
149. 灰绿色中层中细粒长石砂岩	1.0 m
148. 暗紫红色页岩	6.0 m

147. 暗紫色厚层中粒长石砂岩。砂岩局部含砾 1.9 m

146. 暗紫红色粉砂岩 1.7 m

145. 紫红色厚层细粒长石砂岩 1.9 m

144. 暗紫红色页岩 3.2 m

143. 紫红色粉砂岩，顶部夹灰白色细粒砂岩条带，中下部继续可见黑色燧色条带 5.5 m

142. 紫红色厚层粗中粒长石砂岩，向上过渡为薄层细粒砂岩。砂岩中下部含有少量砾石。砾石磨圆度好，成分主要为石英、燧石，呈椭圆形，长径可达 3 cm。砂岩斜层理发育，地貌上形成陡坎 12.8 m

141. 紫红色粉砂岩，中夹灰白色薄层细粒砂岩 7.6 m

140. 灰白色厚层中粗粒长石砂岩 1.2 m

139. 紫色、蓝紫色粉砂岩 1.8 m

138. 紫红色页岩 3.6 m

137. 灰紫红色薄层细砂岩 4.3 m

136. 紫红色页岩 0.6 m

135. 紫红色粉砂岩 1.2 m

134. 灰紫红色厚层中粗粒长石砂岩。含少量的石英小砾石 1.4 m

133. 紫红色厚层中粒长石砂岩。含少量的石英小砾石 3.2 m

132. 紫红色粉砂岩 2.3 m

131. 紫红色厚层中粗粒含砾长石砂岩。砾石成分主要为石英，磨圆度好，泥质胶结 2.3 m

——————— 整　合 ———————

下伏地层：**石盒子组**　灰白色薄层中粒岩屑砂岩

【区域变化】　孙家沟组岩性及厚度均较稳定。厚度一般在 100～180 m。泥岩中所夹长石砂岩，北部以紫红色为主，向南浅色（灰白、灰绿色）砂岩逐渐增多。

刘家沟组　T_1l　(05－14－0013)

【创名及原始定义】　1959 年刘鸿允等创名于宁武县化北屯乡刘家沟，其原始含义：“刘家沟组以一套较为单一的灰白色和浅紫红色的细粒砂岩为主，夹有薄层泥岩及层间砾岩。砂岩具有非常发育的交错层，砂岩层面上有暗紫色砂质团块，并有微层理”。是石千峰群的第二个组。

【沿革】　刘家沟组实际上相当于 Norin（1922）石千峰系的砂岩带、裴宗诚（1959）于晋东南所划分的石千峰统关上层、山西区调队 1975 年以前所填 1∶20 万地质图中的石千峰组第二段。

【现在定义】　指石千峰组中部地层，由数十个由交错层极发育的红色、浅灰红色长石砂岩（数米）—红色粉砂质泥岩（数十厘米）构成的基本层组成。下伏地层为红色泥岩为主的孙家沟组，上覆地层为红色泥岩为主的和尚沟组。与上覆和下伏地层均呈整合接触。

【层型】　正层型剖面为宁武县孙家沟剖面。考虑到正层型剖面交通不便，推荐交城县裴家山剖面（属太原大西山，交通较方便，最早发现肋木属化石）作为刘家沟组的次层型。

交城县裴家山石千峰群刘家沟组剖面位于交城县洪相乡郑家庄-裴家山（112°04′00″，37°36′00″；1976 年山西区调队王立新、解志民等测制）。

上覆地层：**和尚沟组**　紫红色薄板状砂质泥岩

——————— 整　合 ———————

刘家沟组　　总厚度 461.0 m

57. 灰紫红色薄层细粒长石砂岩。交错层理发育，含"砂岩球"　5.2 m

56. 灰紫红色中层中细粒长石砂岩夹二层灰色中层细粒长石砂岩凸镜体　5.3 m

55. 紫红色薄板状粉砂岩夹薄层细粒长石砂岩　5.3 m

54. 灰紫红色中薄层细粒长石砂岩夹暗紫色页岩、薄板状粉砂岩、砂岩。粉砂岩含"砂岩球"　24.5 m

53. 紫红色粉砂岩或砂质泥岩夹紫红色页岩　4.9 m

52. 灰紫红色中层夹薄层细粒长石砂岩。交错层理发育，含"砂岩球"　12.9 m

51. 紫红色薄板状粉砂岩夹薄层细粒长石砂岩　4.4 m

50. 灰紫红色中层细粒长石砂岩夹二层薄层状粉砂岩　8.3 m

49. 紫红色粉砂岩夹薄层细粒长石砂岩　3.9 m

48. 灰紫红色中层夹薄层细粒长石砂岩。交错层理发育，含"砂岩球"　6.7 m

47. 紫红色薄层细粒长石砂岩夹中层细粒长石砂岩、紫红色粉砂岩及砂质页岩　7.2 m

46. 紫红色薄板状粉砂岩夹紫色页岩　2.8 m

45. 灰紫红色中厚层夹薄层细粒长石砂岩　7.8 m

44. 紫红色薄板状粉砂岩夹薄层细粒长石砂岩　8.9 m

43. 灰紫红色中薄层细粒长石砂岩夹 2～3 层紫红色粉砂岩、暗紫色页岩。砂岩交错层理发育，局部含"砂岩球"　27.1 m

42. 灰紫红色中层夹薄层细粒长石砂岩夹灰绿色中层细粒长石砂岩凸镜体。砂岩交错层理发育，灰绿色长石砂岩含植物化石：*Pleuromeia jiaochengensis*　1.4 m

41. 灰紫红色薄层细粒长石砂岩夹粉砂岩、砂质页岩及二层灰绿色砂质页岩　3.2 m

40. 灰紫红色中厚层细粒长石砂岩夹三层灰绿色粉砂岩及三层灰紫色页岩、一层灰绿色长石砂岩凸镜体。灰绿色砂岩含植物化石：*Pleuromeia jiaochengensis*，*Crematopteris circinalis*，*Crematoteris brevipinnats*，*Phyllotheca? yaortouensis*，*Neocalamites* sp.，*Taeniopteris* sp.　7.5 m

39. 灰绿色页岩。含叶肢介：*Leptolimnadia shanxiensis*，*L. jiaochengensis*，*Lioestheria jiaochengensis*，*Paleoleptestheria* cf. *endybalica*，*Palaeolimnadia shanxiensis*，*P.* cf. *chuanbeiensis*，*P. komiana*，*P. multilineata*，*P. contracta*，*Loxomegaglypta jiaochengensis*；含鲎虫：*Dikelokepyala peijiashanensis*，*Discokephala jiaochengensis*　0.3 m

38. 暗紫红色中层细粒长石砂岩　8.0 m

37. 紫红色粉砂岩夹薄层细粒长石砂岩及暗紫色页岩　6.0 m

36. 暗紫红色中薄层细粒长石砂岩　3.8 m

35. 紫红色薄层粉砂岩　3.8 m

34. 暗紫红色中薄层粉、细粒长石砂岩间夹薄层紫色页岩　11.3 m

33. 紫红色粉砂岩夹薄层细粒长石砂岩　5.1 m

32. 暗紫红色中薄层细粒长石砂岩。含磁铁矿条带、条纹，含"砂岩球"　6.6 m

31. 紫红色粉砂岩。含"砂岩球"　2.0 m

30. 暗紫红色中薄层细粒长石砂岩　2.5 m

29. 暗紫红色薄层粉细粒长石砂岩　4.5 m

28. 紫红色粉砂岩　3.0 m

27. 暗紫红色中薄层细粒长石砂岩　3.0 m

26. 暗紫红色薄层细粒长石砂岩夹粉砂岩　3.0 m

25. 暗紫红色中薄层细粒长石砂岩　1.5 m

24. 紫红色粉砂岩 2.0 m

23. 暗紫红色中薄层细粒长石砂岩夹三层紫红色粉砂岩。含“砂岩球” 9.1 m

22. 紫红色粉砂岩 2.5 m

21. 灰紫红色中薄层细粒长石砂岩。交错层理发育 24.8 m

20. 灰紫红色中厚层粉细粒长石砂岩 2.8 m

19. 紫红色粉砂岩夹薄层细粒长石砂岩及二层紫红色砾岩凸镜体 4.9 m

18. 灰紫红色中厚层细粒长石砂岩。含磁铁矿条带、条纹，含“砂岩球” 4.9 m

17. 紫红色粉砂岩夹灰紫红色中薄层细粒长石砂岩及暗紫色页岩 2.8 m

16. 灰紫红色中薄层细粒长石砂岩夹紫红色粉砂岩及暗紫色页岩 20.9 m

15. 灰白色中厚层—薄层细粒长石砂岩夹二层灰白色中层细粒长石砂岩 8.7 m

14. 灰白色厚层细粒长石砂岩 4.3 m

13. 灰白色中厚层细粒长石砂岩夹灰紫色薄层细粒长石砂岩 5.8 m

12. 灰紫红色薄板状粉砂岩夹薄层细粒长石砂岩 2.2 m

11. 灰白色相间紫红色中厚层细粒长石砂岩 2.9 m

10. 灰紫红色薄板状粉砂岩夹薄层细粒长石砂岩及灰色中层细粒长石砂岩 10.1 m

9. 灰白色细粒石英砂岩 2.2 m

8. 灰红色厚层夹薄层细粒长石砂岩 20.8 m

7. 灰红色中厚层夹薄层细粒长石砂岩 28.0 m

6. 浅紫红色薄层细粒长石砂岩夹灰红色中层细粒长石砂岩 14.3 m

5. 灰红色中薄层细粒长石砂岩夹浅紫红色薄板状粉砂岩 8.6 m

4. 灰红色厚层夹薄层细粒长石砂岩 4.8 m

3. 灰红色中厚层夹薄层细粒长石砂岩 30.3 m

2. 灰红色中薄层细粒长石砂岩与灰紫红色薄板状粉砂岩互层 10.3 m

1. 灰红色中薄层细粒长石砂岩 21.3 m

——————— 整　合 ———————

下伏地层：**孙家沟组**　紫红色泥岩

【地质特征及区域变化】　刘家沟组宏观上看，由灰红、灰紫红、中薄层间厚层长砂岩组成；但仔细观察其中夹有不少的紫红色粉砂岩、砂质页岩、页岩。实际上刘家沟组是由数十个由砂岩-粉砂岩、页岩构成的基本层组成。显示了其河流相河床亚相特征。

刘家沟组厚度多在 390～520 m，表现为东厚西薄，北厚南薄。榆社、和顺一带厚 570～630 m，柳林—乡宁厚 320～390 m，垣曲窑头厚仅 250m（图 5 - 3）。

刘家沟组的砂岩层成层厚度不大，硬度适中，易于开采和手工打制成规整的石料，是进行铁路、公路护坡的理想石料。

和尚沟组　T_1h　（05 - 14 - 0014）

【创名及原始定义】　1959 年刘鸿允等创名于宁武县东寨乡和尚沟。其原始含义：“和尚沟组为一套鲜红色砂质泥岩、泥质粉砂岩夹钙质泥质细砂岩系。该组与上覆二马营“统”以其底部一层灰黄色、红绿色中细粒石英砂岩底面为界”。是刘鸿允等将石千峰统三分后的第三个组。

【沿革】　和尚沟组和裴宗诚 1959 年于晋东南所称的石千峰统白斗沟层和山西区调队 1975 年以前所填 1∶20 万地质图中的石千峰组第三段相当。

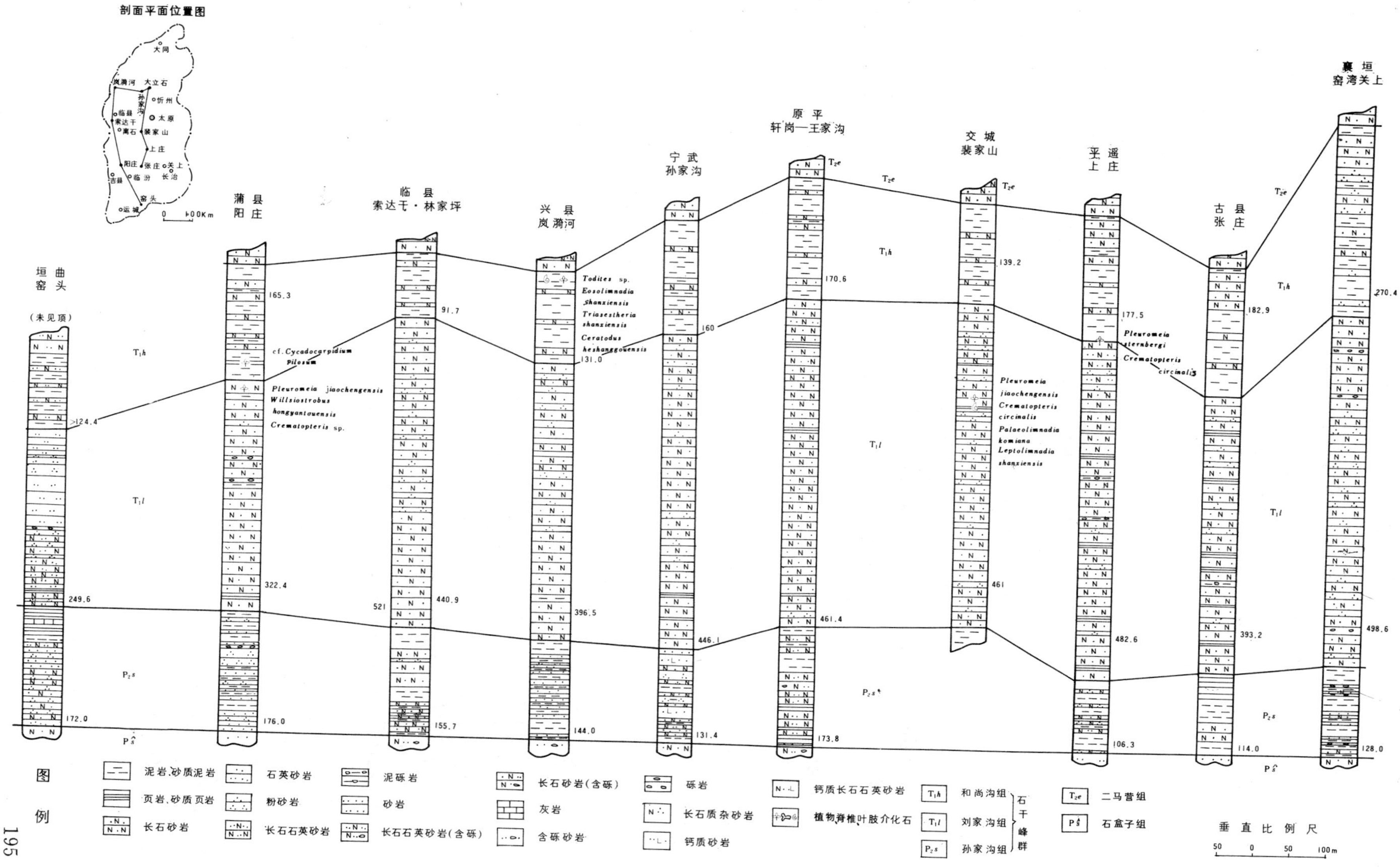

剖面平面位置图

大同
岚漪河 大立石
孙家沟
忻州
临县
索达干
离石
太原
裴家山
上庄
阳庄
张庄
关上
吉县
临汾
长治
窑头
运城
0 100Km

垣曲
窑头
(未见顶)

蒲县
阳庄

临县
索达干·林家坪

兴县
岚漪河

宁武
孙家沟

原平
轩岗—王家沟

交城
裴家山

平遥
上庄

古县
张庄

襄垣
窑湾关上

$T_{2}e$
$T_{1}h$
$T_{1}l$
$P_{2}s$
$P_{2}\hat{s}$

>124.4
249.6
172.0
165.3
322.4
176.0
91.7
521
440.9
155.7
131.0
396.5
144.0
160
446.1
131.4
170.6
461.4
173.8
139.2
461
177.5
482.6
106.3
182.9
393.2
114.0
270.4
498.6
128.0

cf. *Cycadocarpidium pilosum*
Pleuromeia jiaochengensis
Willsiostrobus hongyantouensis
Crematopteris sp.

Todites sp.
Eosolimnadia shanxiensis
Triasestheria shanxiensis
Ceratodus heshanggouensis

Pleuromeia jiaochengensis
Crematopteris circinalis
Palaeolimnadia komiana
Leptolimnadia shanxiensis

Pleuromeia sternbergi
Crematopteris circinalis

图例

泥岩、砂质泥岩
页岩、砂质页岩
长石砂岩
石英砂岩
粉砂岩
长石石英砂岩
泥砾岩
砂岩
长石石英砂岩(含砾)
长石砂岩(含砾)
灰岩
含砾砂岩
砾岩
长石质杂砂岩
钙质砂岩
钙质长石石英砂岩
植物脊椎叶肢介化石
$T_{1}h$ 和尚沟组
$T_{1}l$ 刘家沟组
$P_{2}s$ 孙家沟组
石千峰群
$T_{2}e$ 二马营组
$P_{2}\hat{s}$ 石盒子组

垂直比例尺
50 0 50 100m

图 5－3 山西省石千峰群柱状对比图

【现在定义】 指石千峰群上部地层。主要由红色、砖红色泥岩、粉砂质泥岩夹少量长石砂岩组成。下伏地层为刘家沟组，以长石砂岩为主地层结束、大量红色泥岩出现分界；上覆地层为二马营组，以大量红色泥岩结束、厚层灰绿色长石砂岩出现分界。与上覆及下伏地层均呈整合接触。

【层型】 正层型为宁武县孙家沟剖面（和尚沟段部分）。考虑到该剖面的交通不便，本专著特推荐交通方便（榆社—左权公路上），最早发育肋木属化石的榆社县红崖头剖面作为山西和尚沟组的次层型剖面。

山西省榆社县红崖头石千峰群和尚沟组剖面：位于榆社县东汇乡红崖头，沿榆社—左权公路（113°5′54″，37°6′30″）；山西区调队李永厚、王立新等于1975年测制。

上覆地层：**二马营组** 黄绿色厚层中粒长石砂岩

——————— 整 合 ———————

和尚沟组	总厚度 248.2 m
37. 浅红褐色厚层细粒长石砂岩。顶部为厚 1.0 m 紫色页岩	4.8 m
36. 紫红色泥岩	4.0 m
35. 浅灰紫色中薄层细粒长石砂岩	2.7 m
34. 紫红色泥岩	2.0 m
33. 浅灰紫色厚层细粒长石砂岩	3.3 m
32. 紫红色泥岩	4.5 m
31. 浅紫红色中厚层细粒长石砂岩	18.2 m
30. 紫红色泥岩	1.8 m
29. 浅紫红色中薄层细粒长石砂岩	8.2 m
28. 紫红色泥岩	5.3 m
27. 浅灰紫色薄层细粒长石砂岩	2.9 m
26. 紫红色泥岩	1.8 m
25. 浅灰紫色薄层细粒长石砂岩	2.5 m
24. 紫红色泥岩	6.5 m
23. 浅紫红色中薄层细粒长石砂岩。顶部黄绿色砂岩	3.0 m
22. 紫红色泥岩	4.7 m
21. 浅灰紫色薄层细粒长石砂岩	6.0 m
20. 紫红色泥岩	3.0 m
19. 浅紫红色薄层细粒长石砂岩	21.4 m
18. 紫红色泥岩	2.1 m
17. 浅紫红色中薄层细粒长石砂岩	6.9 m
16. 紫红色泥岩	23.4 m
15. 灰绿色薄层细粒长石砂岩	4.0 m
14. 紫红色泥岩	16.7 m
13. 浅灰紫色薄层细粒长石砂岩	5.0 m
12. 紫红色泥岩	22.4 m
11. 浅紫红色厚层细粒长石砂岩	3.0 m
10. 紫红色泥岩	9.5 m
9. 浅紫红色薄层细粒长石砂岩	2.0 m
8. 紫红色砂质泥岩	7.0 m

7. 浅灰绿色厚层细粒长石砂岩，底部局部为泥砾岩。含植物化石：*Pleuromeia sternbergii*, *Pleuromeia epicharis*, *Ruehleostachys hongyantouensis*, *Yussites* sp., *Equisetites* sp., *Neocalamites* sp. 2.0 m

6. 紫红色砂质泥岩 8.6 m

5. 浅紫红色薄层细粒长石砂岩 1.0 m

4. 紫红色砂质泥岩 4.9 m

3. 紫红色薄层细粒长石砂岩 1.0 m

2. 紫红色砂质泥岩 21.1 m

1. 紫红色砂质页岩 1.0 m

———— 整 合 ————

下伏地层：**刘家沟组** 浅紫红色薄层细粒长石砂岩

【区域变化】 和尚沟组厚度一般在160～220 m，表现为东厚西薄，襄垣、榆社一带较厚，248～270 m；柳林、临县、兴县一带较薄，厚90～130 m（图5－3）。

二马营组 T_2e （05－14－0015）

【创名及原始定义】 1959年刘鸿允等在研究了山西宁武、武乡—榆社一带的三叠系后创名，创名地点在宁武县二马营村。当时称为二马营统，其原始定义："上为延长群所覆，下以灰黄色杂有红、绿色中细粒石英砂岩与和尚沟组分界；其下部为灰黄色杂有红、绿色中细粒砂岩夹紫红色钙质砂质泥岩薄层或凸镜体，上部由肉红微绿色中粗粒长石砂岩夹暗紫淡绿色钙质粉砂质泥岩，泥岩中含有钙质结核及石膏质结核"。

【沿革】 这套地层由于创名相对晚于其下伏的石千峰群（系、统、组）和上覆的延长群（系、统、组），所以在30—50年代相当长的时间内，多被置于石千峰群（系、统、组）或延长群（系、统、组）。直到1959年才于不同地区被给予不同的命名，除上述刘鸿允于宁武称二马营统外，裴宗诚于晋东南命名为辛庄沟层，甘克文于陕北命名为纸坊统。实际上宁武-静乐盆地的"二马营"地层，代表性不强，以长石砂岩为主，红色泥岩夹层少而薄。为此裴宗诚1959年当时即建议称"武乡统"。

刘鸿允等在创建二马营统的同时，进一步划分为陈家庄组、南梁上组两个组。山西区调队测制的1∶20万地质图，也曾给以进一步划分。但终因无进一步划分到组的明显而可靠的依据和标志，而提不出统一划分方案。例如阳泉幅二分为西勒石组和官上组，平遥幅划分为三个亚组，沁源幅划分为三个段……。此次清理，通过对众多剖面的研究，也未寻觅出全省可行的进一步划分的依据和标志，所以"二马营"这一地理专名代表的这套地层只能称为组（表5－4）。

【现在定义】 指华北地层区石千峰群之上，主要由灰绿色长石砂岩夹红色泥岩的一套地层。所夹红泥岩层自北而南逐渐增多，红泥岩中含大量钙质结核（层）。底界以下部厚层灰绿色长石砂岩之底面，与下伏的石千峰群和尚沟组为界；上界以最上一层红色泥岩顶面，与上覆地层延长组底部浅红黄色厚层长石砂岩划界，呈整合接触。

【层型】 正层型为宁武县化北屯乡孙家沟二马营组剖面；副层型为武乡县石匣道-龙幻沟二马营组剖面。但正层型剖面代表性不强，剖面出露不佳，砂岩风化强烈，且交通不便；而副层型剖面虽未见底，却反映了二马营组岩性组合特征。

刘鸿允等人（1959）所著《山西的石炭纪、二叠纪、三叠纪地层》中的二马营统剖面介

表 5-4　山西省二马营组划分沿革表

划分方案	内容（自上而下）	下部
本书（年代地层）	系：三叠系；统：中统	下统
本书（岩石地层单位：组）	延长组；二马营组	石千峰群 和尚沟组
本书（岩石地层单位：段）	峪底段；三段；二段；一段	
王竹泉 1922	马斗层	胡松层
潘钟祥 1936（吕梁山以西）	延长层；石千峰系	
谢庆辉 1954（吕梁山以西）	延长组（一段）；石千峰系（八段；七段；六段；五段）	四段
143队 1959（宁武静乐）	延长统；宁武统	石千峰统
甘克文 1959（吕梁山以西）	延长组（一段）；纸坊统	石千峰统
裴宗诚 1959（晋东南）	延长统；二马营统（辛庄沟层）	石千峰统；白斗沟层
刘鸿允 1959	延长统；二马营统 ‖ 南梁上组；陈家庄组	石千峰统 ‖ 和尚沟组
斯行健 李星学 1962	延长群；二马营群	石千峰组
山西省地矿局区调队 1964（阳泉幅）	延长群；二马营群 ‖ 官上组；西勒石组	石千峰组 ‖ 三段
山西省地矿局区调队 1975（平遥幅）	铜川组一段；二马营组 ‖ 第三亚组；第二亚组；第一亚组	和尚沟组
山西省地矿局区调队 1976（沁源幅）	铜川组一段；二马营组 ‖ 三段；二段；一段	和尚沟组
《华北地区区域地层表·山西省分册》1979	铜川组一段；二马营组 ‖ 第三亚组；第二亚组；第一亚组	和尚沟组
王立新《山西的三叠系》1983	铜川组（一段）；二马营组 ‖ 二段；一段	和尚沟组
《山西省区域地质志》1985	铜川组（一段）；二马营组 ‖ 二段；一段	和尚沟组
《山西省沉积地层岩石地层单位划分》1988	延长群（峪底组）；二马营群 ‖ 南梁上组；陈家庄组	石千峰群 ‖ 和尚沟组

绍中，列举了左权石匣-武乡石壁间综合剖面，经山西区调队进行1：20万平遥幅区调时检查，发现综合剖面底部1—2层，104 m，为左权县石匣附近所见，以上的3—12层为武乡县石壁乡楼则峪石匣道-龙幻沟所见，之间缺200 m以上的地层。以下兹列出经山西区调队王立新等修订后，属于二马营群上部、含丰富的“中国肯氏兽动物群”化石的龙幻沟剖面，以显示沁水盆地中二马营组面貌。剖面位于武乡县石北乡楼则峪村北西龙幻沟（112°50′00″，36°59′00″）。

上覆地层：**延长组** 灰黄色厚层中粒长石砂岩

——————— 整 合 ———————

二马营组 总厚度161.3 m

11. 灰、灰紫色砂质泥岩夹薄层长石砂岩 8.0 m
10. 灰黄色厚层中粒长石砂岩 8.0 m
9. 暗紫、灰绿色砂质泥岩夹砂质页岩。含灰质结核及脊椎动物化石：*Parakannemeyeria* sp.，*Shansisuchus shansisuchus* 1.5 m
8. 黄绿色厚层中粒长石砂岩 11.5 m
7. 紫色砂质泥岩夹灰、灰白色细粒长石砂岩。距本层底部8 m处有一层厚1.9 m的灰色细粒长石砂岩。上、下泥岩中多含灰质结核。含脊椎动物化石：*Capitosanuridae*，*Kannemeyeriidae indet*，*Sinokannemeyeria* sp.，*Parakannemeyeria youngi*，*Parakannemeyeria* cf.，*Shansisuchus shansisuchus*，*Shansiodon* sp.，*Shansisuchus heiyuekouensis*，*Wangisuchus tzeyii*，*Fenhosuchus cristatus* 47.3 m
6. 灰绿色薄层细粒长石砂岩，中部夹一层肉红色厚层中粒长石砂岩 11.4 m
5. 紫红色砂质泥岩。其上、下部均夹有0.2 m厚的灰绿色细粒长石砂岩。砂质泥岩含脊椎动物化石：*Shansisuchus shansisuchus*，*Shansiodon wuhsiengensis*，*Sinognathus gracilis*，*Chasmatosaurus ultimus*，*Kannemeyeriidae indet* 等 11.6 m
4. 灰绿、灰白色厚层细粒长石砂岩。中部为肉红色厚层中粒长石砂岩 14.4 m
3. 紫色砂质泥岩夹灰色条带状细粒长石砂岩数层。砂质泥岩含脊椎动物化石：cf. *Sinokannemeyeria pearsoni*，*Shansisuchus shansisuchus* 7.6 m
2. 灰绿、黄绿色薄层—厚层中粒长石砂岩。中部夹一层0.8 m厚的紫红色砂质泥岩 40.0 m
1. 暗紫色砂质泥岩中夹0.6 m灰紫色细粒长石砂岩。砂质泥岩含钙质结核，具虫迹，并含脊椎动物化石：*Sinokannemeyeria pearsoni* 28.0 m

未见底

【地质特征及区域变化】 二马营组分布于宁武—静乐盆地、沁水盆地和河东地带；此外在交城、洪洞境内亦有小面积分布。全组厚度多在480～600 m，晋东南的屯留、洪洞一带（460～480 m）及晋西北的临县、兴县一带（380～430 m）较薄，而晋西南大宁、乡宁一带较厚（680～700 m）（图5-4）。

二马营组岩性组合，为灰绿、浅灰绿、黄绿色具浅肉红色斑点厚层间中薄层中细粒长石砂岩夹紫红色、红色泥岩、粉砂质泥岩。下部红色泥岩夹层少而薄，上部红色泥岩夹层多而厚，甚至砂岩与泥岩构成互层状；但在宁武—静乐盆地，全组红色泥岩夹层均不多。因而，难以提出全省进一步统一划分的方案，大致分为二—三个段是可以的，但也未发现可作为标志的岩层。二马营组中底部多有厚数十米以上（有时只夹极薄的红泥岩）长石砂岩（可称为第一段）形成陡坎，为接近底界的标志（中下部砂岩夹泥岩为第二段，上部砂岩、泥岩互层为第三段）。

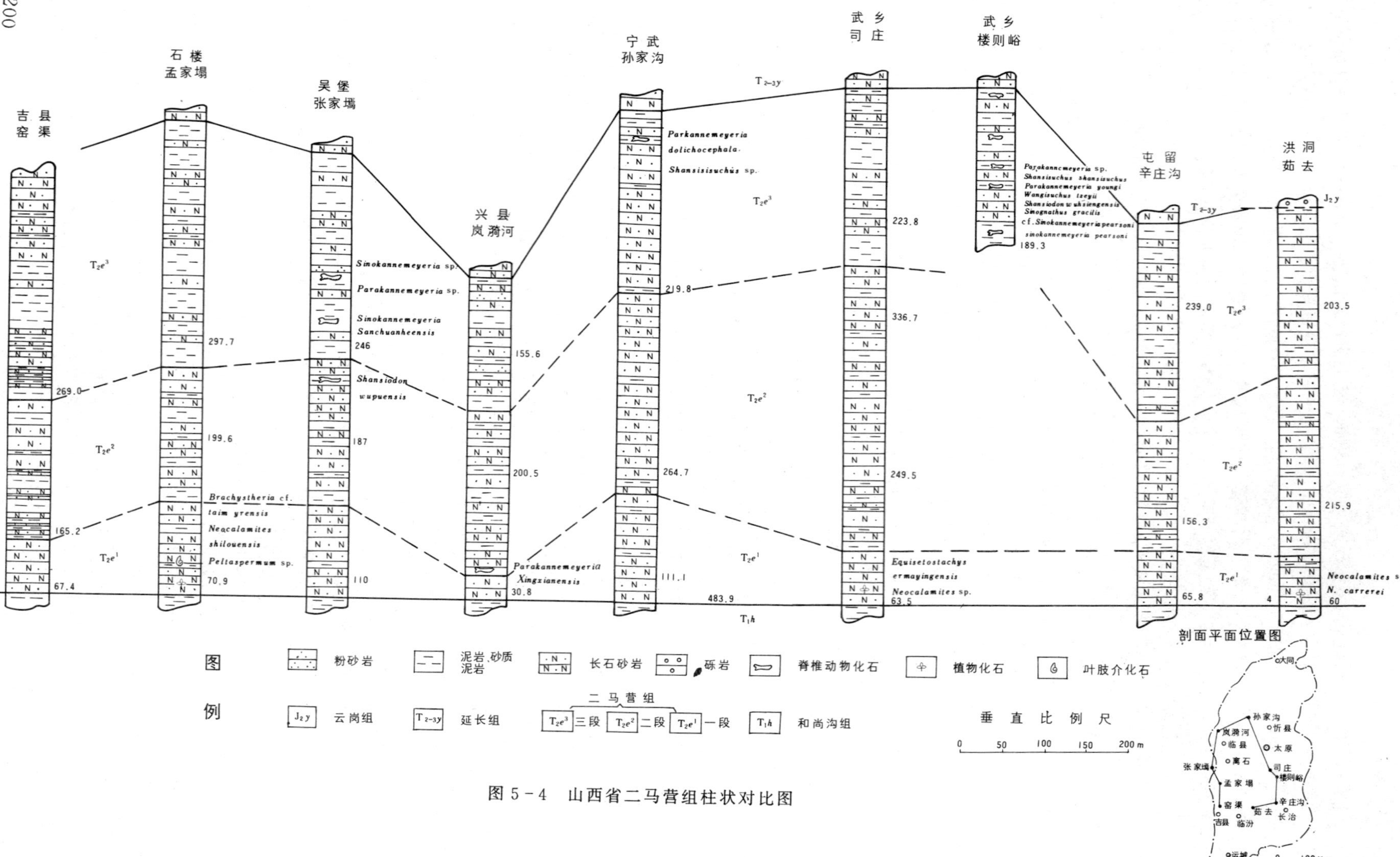

图 5－4 山西省二马营组柱状对比图

二马营组的岩石组合，与下伏石千峰群，上覆延长组有明显的不同（这也是二马营组这一岩石地层单位独立存在的原因），所以分界也是不难确定的。二马营组呈灰绿色（具浅肉红色斑色）长石砂岩-紫红色、红色泥岩组合，石千峰群是灰红色、浅灰红色长石砂岩-红色泥岩组合，延长组是浅肉红色（具绿色斑点）、浅绿色、黄绿色长石砂岩-灰紫色、灰绿色泥岩、页岩组合。

二马营组的砂岩交错层理发育，常含泥砾及磁铁矿条纹。泥岩含钙质结核，具虫迹。

砂岩中含植物化石、孢粉、叶肢介化石，红色泥岩中含中国肯氏兽动物群。

延长组　$T_{2-3}y$　（05－14－0016）

【创名及原始定义】　延长组一名渊源于王竹泉、潘钟祥对陕北油层的划分。王竹泉、潘钟祥在《陕北油田地质》（1933年）的著作中称："陕北油田大致可分别为三组。其下部二组含于上三叠纪或中三叠纪灰色长石砂岩夹绿色、黑色页岩中。最下部发现于延长附近，可称之为延长组，含油层四层。之上一组（中组）。发现于延川县永平镇，可称之为永平组"。1936年潘钟祥正式引用于地层，代表陕北晚三叠纪地层，称延长层；其下伏地层为石千峰系，上覆地层为早侏罗纪瓦窑堡煤系。

【沿革】　"延长"地理专名命名的地层单位虽被广泛引用（包括山西省），但其词尾（层、统、组、群）、上下界线及其内涵，几经变更。1959年甘克文创纸坊组、刘鸿允创二马营组之后，延长组基本上统一到纸坊组及二马营组以上，直至侏罗纪地层不整合面之下。但到70年代，中国地质科学院地质研究所（1980）研究陕北三叠纪地层后，将原延长组属于中三叠统的部分，划分出来，创立铜川组；并被1975年华北二叠纪、三叠纪地层专题会议所接受。山西区调队在1975年之后，也按此划分填制1：20万地质图（表5－5）。按岩石地层单位划分和命名原则衡量，铜川组完全是依据地质年代，而从延长组中划分出来的，在岩性组合和特征上与延长组并无明显不同；而"瓦窑堡煤系"则由于地质年代属晚三叠世而并入延长组，但岩性组合具有一定的独立性。因此，此次清理，华北大区决议仍恢复延长组的原涵义，铜川组不能作为岩石地层单位，而瓦窑堡组也恢复独立。

【现在定义】　华北地层区三叠系上部，主要由灰绿色长石砂岩夹灰绿、灰黑色泥（页）岩、薄煤层组成，属较温暖湿润气候条件下河湖相沉积岩系。下伏地层为二马营组，呈整合接触；上覆地层为瓦窑堡组，亦呈整合接触。

【层型】　正层型为陕西省延河剖面，剖面位于延长县境内，沿延河，胡家村—张家滩。

【地质特征及区域变化】　山西省境内的延长组，分布于临县、石楼、永和、大宁、吉县等地和宁武—静乐盆地，以及沁水盆地中心部分的高山顶部；另外，在霍山东侧、南侧的断陷中也可见到其残留部分。本专著根据岩性组合特性及一些标志层，建议划分为四个岩性段，拟建议采用峪底段、义牒河段、永和段、永平段。山西各地保留程度不一，一般多见下部两个段，永和段多残缺不全，永平段仅见于永和、大宁、吉县境内的少数高山头上，仅厚30 m左右。所以延长组全组厚度各地不一，一般厚500～550 m，最厚可达780 m以上。

峪底段　T_2y^y　（05－14－0017）

原称峪底组，1988年武铁山、萧素珍等创名。现在定义为：山西境内延长组最下部以灰绿、灰黄、肉红色斑状厚层中粗粒—中细粒长石砂岩为主，夹灰紫色泥岩、页岩的段级岩石地层单位。下伏地层为二马营组，整合接触，以紫红色泥岩结束，厚层砂岩出现划界；上覆

表 5-5　山西省延长组划分沿革表

本书					王潘竹钟泉祥1933	潘钟祥1936	谢庆辉1954（吕梁山以西）		华北煤田勘探局143队1959（宁武静乐）	甘克文等1959（吕梁山以西）		裴宗诚1959（晋东南）	中科院山西地层队1959	斯行健周志炎1962	山西区调队						《华北地层区域地层表·山西省分册》1979		王立新《山西的三叠系》1983			《山西省区域地质志》1985		《山西省沉积地层的岩石地层单位划分》1988	
年代地层		岩石地层单位													1964（阳泉幅）		1975（平遥幅）		1976（沁源幅）										
系	统	组	段	层																									
三叠系	上统	延长组	永平段		永平组	延长层	延长组	四段	延长统	延长组	四段	延长统	延长统	延长群	延长群		延长组	一段	延长组	一段	延长组	二段	延长组	二段		延长组	二段	延长群	永坪组
			永和段		延长组			三段			三段											一段		一段			一段		永和组
	中统		义牒河段	张家滩页岩 彩色粘土				二段			二段						铜川组	二段	铜川组	二段	铜川组	二段	铜川组	二段	二带	铜川组	二段		下罢骨组
				李家畔页岩				一段			一段														一带				
			峪底段															一段		一段		一段		一段			一段		峪底组
		二马营组			红色岩层上部	石千峰系	石千峰系	八段		纸坊统		二马营统 辛庄沟层	二马营统	二马营群	二马营群	官上组	二马营组	第三亚组	二马营组	三段	二马营组	第三亚组	二马营组	二段		二马营组	二段	二马营群	南梁上组

地层为义牒河段，整合接触，以大量泥岩出现划界。

【层型】 正层型为石楼县峪底剖面。

石楼县峪底剖面：位于石楼县西卫乡孟家塌-峪底（110°45′00″，37°01′00″）；1977 年山西区调队进行 1：20 万石楼幅、大宁幅区调时测制。

上覆地层：**永和段** 肉红色厚层细粒长石砂岩

———————— 整 合 ————————

义牒河段 厚 376.10 m

150—146. 灰绿色、灰紫色砂质页岩夹肉红色细粒长石砂岩及红色厚层中粒长石砂岩 37.70 m

145. 肉红色厚层细粒长石砂岩夹黄绿色钙质页岩 6.00 m

144. 灰绿色、灰紫色黄绿色砂质泥（页）岩夹肉红色细粒长石砂岩。顶部含：双壳类 *Shaanxiconcha longa*；植物：*Neocalamites* sp. 5.90 m

143. 肉红色厚层中细粒长石砂岩夹灰绿色、灰紫色泥岩 4.50 m

142. 黄绿色页岩夹细粒长石砂岩。含植物化石：*Neocalamites* sp. 4.80 m

141. 黄绿色砂质页岩与肉红色细粒长石砂岩互层 6.00 m

140. 黄绿色页岩夹灰绿色细粒长石砂岩。含植物化石：*Neocalamites* sp. 1.00 m

139. 肉红色厚层中细粒长石砂岩 5.90 m

138. 灰绿色、黄绿色砂质泥岩 2.00 m

137. 肉红色厚层中粒长石砂岩 2.10 m

136. 暗紫色、灰绿色泥（页）岩夹肉红色细粒长石砂岩。砂岩中含少量钙质砂岩结核 4.30 m

135. 肉红色巨厚层中细粒长石砂岩。上部含少量钙质砂岩结核 12.40 m

134. 灰绿色砂质泥岩与灰绿色、肉红色细粒长石砂岩互层 4.80 m

133. 肉红色厚层中细粒长石砂岩含少量钙质砂岩结核 2.70 m

132. 灰色、灰绿色粉砂岩夹肉红色中细粒长石砂岩。顶部夹 3～5 cm 厚的碳质页岩一层，上部含植物化石：*Epuisetites sthenodon*，*Neocalamostachys* sp. 3.70 m

131. 肉红色厚层中粒长石砂岩夹灰绿色页岩。上部含少量钙质砂岩结核，含植物化石：*Neocalamites* sp.，*Todites shensiensis*，*Bernoullia* sp. 6.00 m

130—129. 黄绿色、灰绿色砂质泥岩夹中、细粒长石砂岩。砂岩中含钙质砂岩结核 16.10 m

128. 黄绿色具肉红色长石聚斑厚层细粒长石砂岩 9.50 m

127. 暗紫色、灰紫色砂质泥岩夹肉红色、灰绿色、黄绿色中粗粒长石砂岩。泥岩含很多钙质砂岩结核 5.50 m

126. 肉红色厚层中粗粒长石砂岩。含很多钙质砂岩结核 2.40 m

125—123. 暗紫色、灰绿色、黄绿色泥岩夹灰色、黄绿色细粒长石砂岩。泥岩含较多钙质砂岩结核。中部含植物化石：*Epuisetites* cf. *sarrani*，*Epuisetites* sp. 35.40 m

122—120. 肉红色厚层细粒长石砂岩。含少量钙质砂岩结核 18.90 m

119. 肉红色厚层中细粒长石砂岩夹黄绿色砂质页岩。砂岩含少量钙质砂岩结核 5.80 m

118. 黄绿色砂质泥岩夹细粒长石砂岩。顶部含少量钙质砂岩结核，含植物：*Neocalamites* sp.，*Danaeopsis fecunda*；昆虫：*Mesoblattininae cupidac*，*Sogdoblatta shanxiensis* 6.00 m

117. 灰紫、暗紫、灰绿色砂质泥岩夹灰紫色细粒长石砂岩凸镜体。砂质泥岩含少量灰质结核 7.80 m

116. 肉红色厚层细粒长石砂岩 3.00 m

115. 肉红色厚层中粗粒长石砂岩与黄绿色砂质泥岩互层 6.00 m

114. 灰绿色页岩夹粉砂岩，中部夹一层厚 1.1 m 凝灰岩（彩色粘土） 8.00 m

113. 肉红色厚层中粗粒长石砂岩。含较多钙质砂岩结核 9.00 m

112. 黄绿色砂质页岩夹粉砂岩。顶部含植物化石：*Neocalamites* sp. 2.70 m

111—110. 肉红色黄绿色厚层细粒长石砂岩。含较多钙质砂岩结核 18.30 m

109. 黄绿色页岩夹薄层钙质粉砂岩。页岩中夹厚 0.5 m 黑灰色页岩，上部页岩含少量黄铁矿结核(李家畔页岩)，含双壳类化石：*Shaanxiconcha* cf. *elliptica*, *Shaanxiconcha longa*, *Shaanxiconcha* cf. *longa* 5.60 m

108. 肉红色厚层中粒长石砂岩，含钙质砂岩结核 8.00 m

107. 肉红色厚层细粒长石砂岩夹黄绿色泥岩。含较多钙质砂岩结核，泥岩含植物化石：*Neocalamites carcinoides*, *Neocalamites hoerensis*, *Neocalamites rugosus*, *Equisetites* sp., *Willsiostrobus* cf. *willsii* 11.00 m

106. 黄绿色砂质泥岩与肉红色细粒长石砂岩互层。砂岩中含钙质砂岩结核 6.00 m

105. 灰绿色页岩。含植物化石：*Neocalamites* sp. 3.40 m

104. 灰绿色厚层细粒长石砂岩 1.50 m

103. 灰、灰紫色砂质泥岩夹肉红色长石砂岩 8.80 m

102. 肉红色厚层细粒长石砂岩。含少量钙质砂岩结核 7.50 m

101. 暗紫、灰紫色泥岩夹粉砂岩。含少量灰质结核 4.30 m

100. 肉红色厚层细粒长石砂岩。含少量钙质砂岩结核 14.90 m

99. 暗紫色、灰紫色泥岩 1.70 m

98. 肉红色厚层细粒长石砂岩夹黄绿色粉砂岩。含钙质砂岩结核及植物化石：*Neocalamites* sp., *Danaeopsis* sp., *Tidotes shansiensis*, *Cladophlebis* sp. 6.00 m

97. 灰紫色泥岩。含灰质结核 12.00 m

96. 肉红色厚层中细粒长石砂岩。含少量钙质砂岩结核 10.20 m

95. 灰紫色泥岩夹肉红色细粒长石砂岩 11.70 m

——————— 整　合 ———————

峪底段 厚 107.60 m

94. 肉红色厚层中粒长石砂岩。含少量钙质砂岩结核 36.30 m

93. 灰紫色泥岩。含灰质结核 4.50 m

92. 灰紫色泥岩夹肉红色长石砂岩 8.60 m

91. 肉红色厚层粗粒长石砂岩 2.40 m

90. 灰紫色砂质泥岩夹灰色粉砂岩。泥岩含灰质结核 9.30 m

89. 肉红色厚层中粒长石砂岩。含少量钙质砂岩结核 5.30 m

88. 灰紫色泥岩。含灰质结核 10.50 m

87. 黄绿色具肉红色长石聚斑厚层中粗粒长石砂岩 1.60 m

86. 灰紫色泥岩 2.10 m

85. 肉红色巨厚层中粒长石砂岩，底部夹暗黄绿色晶屑凝灰岩 27.00 m

——————— 整　合 ———————

下伏地层：**二马营组**　暗紫、灰绿、灰紫色泥岩夹暗紫色粉砂岩

峪底段岩性主要为灰黄色、浅肉红色含灰绿斑点、厚层、中粒长石砂岩为主，夹灰紫色泥（页）岩。泥（页）岩夹层在宁武—静乐盆地和沁水盆地少而薄，而在河东地带多而略厚；砂岩含磁铁矿条纹，交错层发育；泥岩含灰质结核。全段厚度一般在 95～140 m，北薄南厚；吉县、洪洞一带厚度 148～158 m。该段常形成陡壁，地貌特征明显，故也易与下伏二马营组区分。

义牒河段　T_2y^{yd}　（05－14－0018）

原称下罢骨组，1988 年武铁山、萧素珍等创名。因下罢骨村并不在所称的地层单位内，且下罢骨剖面上，该段地层也出露不全，故此次地层对比研究时，改名义牒河段。因义牒河谷中以其命名的地层段，广泛出露，该段层型——峪底剖面已为义牒河之源头。现称义牒河段的定义为：山西境内延长组中下部，灰红、肉红、灰绿、黄绿色长石砂岩与灰、灰绿、黄绿色、灰紫色泥岩、页岩互层的沉积岩段。下伏地层为峪底段，上覆地层为永和段，均为整合接触。吕梁山以西地区，该段有三个特殊的岩层，可作为该段的标志层。即下部的李家畔页岩，中部的彩色粘土层，顶部的张家滩页岩。

义牒河段的岩石组合为灰黄、灰红色中细粒长石砂岩与灰紫色、灰绿色、灰黑色页（泥）岩互层。在下部页岩仍以灰紫色为主，向上变为灰绿色为主，甚至出现灰黑色页岩。该段中的李家畔页岩、张家滩页岩两个标志层，即主要为灰黑色、黑色页岩，有时夹碳质页岩、似油页岩。两标志层命名于陕北，至山西河东地带虽不够典型，但仍可找到踪迹；宁武—静乐盆地、沁水盆地，亦可找到相当层位。张家滩页岩及相当层位的黄绿色、黑色页岩顶面，即是义牒河段的顶面。该段中另一标志层——“彩色粘土层”位于李家畔页岩之上不远处。彩色粘土层 1—3 层，实为玻屑凝灰岩，颜色鲜艳，砖红、粉红色为主，翠绿色次之，水解为膨润土。单层厚 0.3～0.5 m。最厚 0.8～1.1 m。层位稳定，吉县管头山，永和下罢骨、永和庄、石楼峪底、兴县英雄坪，以及宁武李家庵、静乐庄车坪诸剖面，均可见到。

义牒河段，在河东地带厚 306.6～368.2 m；沁水盆地较厚 362～430 m；宁武—静乐盆地厚度偏小，160～260 m（因其上已直接被侏罗系大同组平行不整合叠覆，地层保留不全）（图 5－5）。

峪底段和义牒河段中含较丰富的植物化石及孢粉，并含少量昆虫、双壳类化石。

永和段　T_3y^{yh}（05－14－0019）

原称永和组，1988 年武铁山、萧素珍等进行山西省沉积地层岩石地层单位划分时创名，创名地即山西省西南部的永和县。因该段地层在永和县境内分布较广泛而命名。现在定义为：山西境内延长组中上部，以黄绿、灰绿、灰、肉红色中厚层中细粒长石砂岩为主，夹黄绿、灰绿色砂质页岩、页岩及泥岩的沉积岩段。下伏地层为义牒河段，以张家滩页岩或相当层位的顶面为界；上覆地层为永平组。

正层型为永和县下罢骨剖面：位于永和县罢骨乡下罢骨村沟中（111°36′00″，36°41′00″）；1979 年山西区调队进行 1∶20 万石楼幅区调时测制。

永平段　未见顶　　　　厚＞36.0 m

16. 黄绿色巨厚层细粒长石砂岩。含较多的黄铁矿结核　　＞36 m

——————　整　合　——————

永和段　　　　厚 305.7 m

15. 黄绿色厚层细粒长石砂岩与灰绿色砂质泥岩互层　　20.0 m

14. 黄绿色厚层细粒长石砂岩与灰绿色砂质泥岩互层。泥岩中含少量黄铁矿结核　　27.5 m

13. 黄绿色巨厚层细粒长石砂岩与灰绿色砂质泥岩互层。下部含较多的黄铁矿结核　　23.5 m

12. 灰绿色粉砂质页岩夹黄绿色粉砂岩。含少量钙质砂岩结核　　43.5 m

11. 黄绿色土黄色巨厚层中粗粒长石砂岩。下部含少量钙质砂岩结核，中下部夹厚 0.1 m

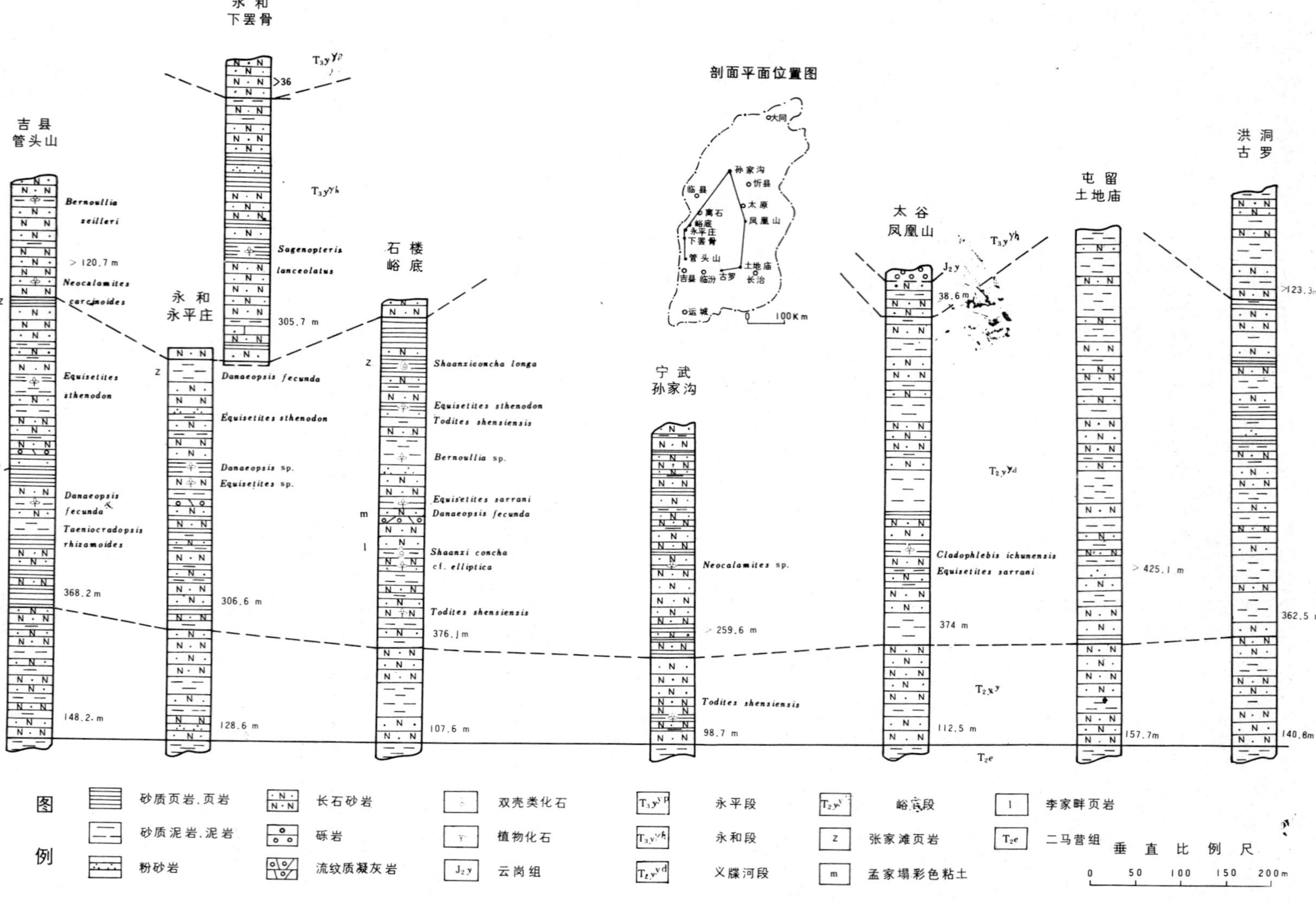

图 5-5 山西省延长组地层柱状对比图

浅黄色晶屑凝灰岩，砂岩中含少量黄铁矿结核 33.7 m

10. 灰绿色砂质页岩夹灰白色中细粒长石砂岩。页岩含较多黄铁矿结核 4.5 m

9. 浅灰绿色—肉红色具灰绿色巨厚层斑状细粒长石砂岩 11.0 m

8. 灰绿色砂质页岩夹灰白、灰黄色中细粒长石砂岩。中部页岩含较多的黄铁矿结核，中上部页岩中含植物化石：*Neocalamites* sp.，*Danaeopsis* sp.，*Cladophlebis* sp.，*Thinnfeldia* sp.，*Sagenopteris lanceolatus* 25.7 m

7. 灰绿色—肉红色厚层具灰绿色斑状细粒长石砂岩 18.0 m

6. 黄绿色灰白色中细粒长石砂岩夹灰绿色泥岩 13.6 m

5. 灰绿—肉红色厚层中细粒长石砂岩 9.7 m

4. 黄绿色厚层中细粒长石砂岩夹灰绿色泥岩。砂岩局部含黄铁矿结核 34.6 m

3. 黄绿色、灰绿色细粒长石砂岩与泥岩互层。砂岩局部含较多的黄铁矿结核 17.6 m

2. 灰绿色页岩夹细粒长石砂岩。上部页岩含较多的钙质砂岩结核及少量黄铁矿结核，中部含植物化石：*Neocalamites* sp. 6.0 m

1. 浅灰绿色—肉红色厚层粗中粒长石砂岩。底部含较多的黄铁矿结核，顶部含钙质砂岩结核 16.8 m

———————— 整　合 ————————

下伏地层：**义牒河段**　黄绿色泥岩

山西境内完整分布的永和段仅见于河东地带的永和、大宁、吉县一些高山上，沁水盆地仅保存有该段下部（<100 m 厚度）的少部分地层，而宁武-静乐盆地已无其踪迹。该段岩性以黄绿、灰绿、灰白、肉红色中厚层中细粒长石砂岩为主，夹黄绿、灰绿色砂质页（泥）岩、泥岩。上部泥（页）岩较多，局部夹 1—5 层 7～50 cm 浅黄色晶屑凝灰岩及碳质页岩，或植物炭化层。砂岩及泥（页）岩普遍含黄铁矿结核和钙质砂岩结核。永和段保存完整时，厚 300～310 m。

永和段含植物化石。

永平段　T_3y^{yp}　（05－14－0020）

原称永平组，和延长组一样渊源于王竹泉、潘钟祥对陕北油层的划分。《陕北油田地质》（1933 年）称“陕北油田大致可分为三组。下部二组含于三叠纪或中三叠纪灰色长石砂岩夹绿色、黑色页岩中。最下部发现于延长附近，可称之为延长组，……。之上一组，发现于延川县永平镇，可称之为永平组”。这也就是其原始定义。之后被当作延长群的一个组。此次地层对比研究，延长群级别定为组，永平组只好作为延长组上部的一个岩性段。现在定义为：延长组最上部，以灰绿、黄绿、灰黄色中细粒长石砂岩为主，夹少量粉砂岩的段级岩石地层单位。下伏地层为永和段，整合接触；上覆地层为瓦窑堡组，整合接触。

山西境内永平组仅见于永和县、大宁县、吉县的一些高山头上（如永和的茶布山、双锁山、吉县的人祖山等），且仅保留该段底部 30 多米的长石砂岩。因此，不再论述。

第二节　生物地层

山西省石炭纪—三叠纪地层中的古生物化石较为丰富。海生动物有䗴、牙形刺、珊瑚、腕足类、腹足类、苔藓虫、介形虫、海百合茎、鲨、有孔虫等。陆生生物有植物、孢粉、脊椎动物、叶肢介、双壳类、昆虫等。但各门类生物出现于一定层位的地层中，分布并不均衡。划分地层的意义也不尽一致。自1922年以来，地层、古生物学家对这些门类的化石进行了程度不同的研究。其中：李四光（1927，1931），陈旭、盛金章（1965），夏国英等（1982，1985），张志存（1983，1990），芮琳等（1987），韩同相等（1987）等对䗴类的研究；赵松银等（1981，1984），万世禄等（1979，1982，1984），韩同相等（1987），王志浩（1991），李润兰、程宝洲（1991）等对牙形刺的研究；Halle（1927），森田日子次（1945），李星学（1956，1963，1964，1965，1980），萧素珍（1982），王柏林（1984，1985，1988），韩同相等（1987），王自强（1987），赵修祜等（1987）等对古生代植物的研究；王自强等（1989，1990）对石千峰群植物的研究；斯行健（1956），地科院地质所（1980）等对延长组的植物的研究；杨钟健等（1959，1963），孙艾玲等（1963，1980），程政武（地科院地质所，1980）等对古脊椎动物的研究；刘淑文（1982）对叶肢介的研究；均较为深入，有的并进行了生物地层划分。本专著以上述前人的研究为基础，对山西石炭纪—三叠纪生物（䗴、牙形刺、植物、脊椎动物、叶肢介）地层单位划分，综合简述如下。

一、䗴带

䗴是研究、划分山西石炭纪、二叠纪地层的重要生物门类，化石异常丰富，据不完全统计，已经描述和发表的共有28属390余种、亚种和变种。自本世纪20年代（李四光，1927）开始即进行了研究，特别是近20多年来，很多学者进行了䗴带的生物地层划分。此次地层清理，通过对夏国英、张志存（1985）、张志存（1983、1990）、韩同相等（1987）、芮琳、侯吉辉（1987）、李润兰、程宝洲（1992）等划分的䗴带的对比、研究，本专著将山西䗴带划分为五带六亚带。

1. *Fusulina* - *Fusulinella* 共存延限带

1958年盛金章在本溪小市二道沟-牛毛岭剖面，建立了辽宁太子河流域“本溪统”䗴带——二带五亚带，自上而下为：

Fusulina - *Fusulinella* 带

（5）*Fusulina cylindrica* - *F. quasicylindrica* 亚带（牛毛岭灰岩）

（4）*Fusulinella provecta* 亚带（本溪灰岩）

（3）*Pseudostaffella sphaeroidea* 亚带（小峪灰岩上部）

（2）*Fusulina konnoi* 亚带（小峪灰岩下部）

（1）*Fusulina schellwieni* 亚带（上、下蚂蚁灰岩）

Eostaffella subsolana 带（小市灰岩）

山西原本溪统（现太原组下部）灰岩不发育，一般不超过3层，所含䗴类和辽宁本溪层型比较，缺少小市灰岩及所产的 *Eostaffella subsolana* 带，也缺失上、下蚂蚁灰岩中的 *Fusalina* - *Fusulinella* 带的第（1）亚带 *Fusulina schellwieni* 亚带，只存在有第（2）—（5）亚带；但也从未在一个剖面上出现，一般在一个剖面上只出现1—2个带。

1.1. 朔州市小平易担水沟为参考剖面的 *Fusulina konnoi* - *F. pseudokonnoi* 顶峰亚带

朔州小平易担水沟剖面由山西区调队三分队测制，䗴类化石由张志存鉴定。代表岩层为朔州灰岩。除了带化石外，还有 *Fusulina konnoi ordinata*，*F. ozawai*，*F. mayiensis*，*F. truncatulina*，*F. pangouensis*，*Fusulinella bocki timanica*，*Pseudostaffella* sp.，*Schubertella* sp.，*Ozawainella* sp. 等。该亚带尚见于轩岗小立石、灵石峪口、古县圪堆等剖面。

亚带䗴类特征为：以 *Fusulina konnoi* 为代表的中、小壳体的 *Fusulina* 种群在此亚带富集，仅有极少数高级的种；*Pseudostaffella* 和 *Fusulinella*、*Fusiella* 偶见；此带含有少数分布于上蚂蚁灰岩中的分子 *Fusulina mayiensis*，*F. truncatulina*。

1.2. 柳林龙门塔为参考剖面的 *Pseudostaffella sphaeroidea* – *P. kremsi* 共存延限亚带

亚带䗴类特征为：该亚带在全省分布最普遍，从北到南都可见及，也是本溪期䗴类最繁盛的一个亚带；亚带中以 *Pseudostaffella* 占绝对优势，两个带化石个体丰富且只分布于本亚带；除带化石外还有 *Pseudostaffella sphaeroidea cuboides*，*P. ozawa compacta*，*P. khotonensis*，*Fusulina* sp.，*Ozawainella angulata*，*O. turgida*，*O. tingi minima*，*Putrella* sp. 等。*Fusulina*，*Fusulinella* 在此带不繁盛，即使出现个体也不多。

1.3. 山阴偏岭为参考剖面的 *Fusulinella bocki* – *Fusulina nytuica callosa* 顶峰亚带

该亚带相当本溪的 *Fusulinella provecta* 亚带，但由于 *F. provecta* 含量极少而根据山西的实际情况亚带改名，代表岩层为口泉灰岩，除山阴偏岭庄王沟，还见于山阴马营后石门。

亚带䗴类特征为：带化石尤其是 *Fusulina nytvica callosa* 在亚带中比较密集；亚带中 *Fusulina*，*Fusulinella* 与层型一样占绝对优势；*Fusulina* 中较高级的种开始出现，如 *F. quasifusulinoides*。此外还有 *Fusulinella laxa*，*Fusulina konnoi*，*F. pseudokonnoi*，*F. pseudokonnoi longa*，*F. ulitniensis*，*F. conspecta*，*F. ozawai*，*F. truncatulina*，*F. quasifusuli noides* 等。

1.4. 灵石三教为参考剖面的 *Fusulina cylindrica* – *F. quasicylindrica* 顶峰亚带

代表岩层为三教灰岩。除带化石外还有 *Fusulina quasicylindrica compacta*，*F. pulchella*，*F. fusulinoides*，*Fusulinella fluxa*，*F. pseudobocki*，*Fusiellamui*，*F. typicaextensa*，*F. lancetiformis* 等。该亚带分布局限，除灵石三教，尚见于柳林龙门塔、山阴偏岭梁头。

亚带䗴类特征为：*Fusulina* 繁盛，占亚带化石总数的 50%，并且全部都是大壳体、圆柱形或外圈由致密层及具微孔的透明层组成的高级分子；带化石在亚带中高度富集，*Fusulina cylindrica* 仅限于此亚带。

2. *Triticites* 顶峰带

代表岩层为太原组下部的吴家峪灰岩。另外，保德的扒楼沟灰岩，也具代表性。

在层型上主要䗴类有 *Triticites acutus*，*T. exilis*，*T. dictyophorus*，*T. luxidus*，*T. morkvashensis*，*T. noinskyi*，*T. pateleevi*，*T. simplex*，*T. sinuosus*，*T. sphaericus*，*T. stuckenbergi*，*T. subobsoletus*，*Eotriticites montiparus*，*E. paramontiparus*，*Quasifusulina eleganta*，*Q. gracilis*，*Q. compacta*，*Q. laxa* 等。

䗴类主要特征为：

（1）顶峰带中纺缍䗴科（Fusulinidae）已经绝灭，希瓦格䗴亚科（Schwagerininae）中的 *Triticites*，*Eotriticites* 高度富集，假希瓦格䗴亚科（*Pseudoschwagerininae*）各属尚未出现；

（2）带内䗴类分异度较低，属种简单而个体密度较大，以纺缍形壳体为主；

（3）特征分子及优势分子为 *Triticites simplex*，*T. dictyophorus*，*T*，*sphaericus*，*T. noinskyi*。

3. *Pseudoschwagerina* 顶峰带

3.1. 陵川附城剖面为参考层型的 *Pseudoschwagerina* 顶峰带

3.1.1. *Pseudofusulina firma* – *Dunbarinella subnathorsti* 组合亚带

代表岩层为陵川附城的 L_1（松窑沟灰岩）、L_2（老金沟灰岩）和 $L_2^{上}$（崇福寺灰岩）。除含带化石外还含：*Pseudofusulina leei*，*P. valida*，*P. expansa*，*P.* cf.，*Preavia onentalis*，*P. kargalensis*，*P. japonica hagasaki*，*P. richthofeni speciosa*，*P. vulgaris watannabei*，*P. u-*

ralica sphaerica, *P. xinshanensis*, *P. hawkinsi compacta*, *P. shanxiensis*, *Quasifusuna arca*, *Q. versabilis*, *Q. pseudocayeuxi*, *Q. ultima*, *Q. cayeuxi*, *Q. tenuis*, *Q. longissima*, *Q. concava*, *Q. paracompacta*, *Q. tenuissima*, *Q. phaselus*, *Triticites nathorsti*, *T. simplex minuta*, *Oketaella fuchengensis*, *Boultonia quasi simplex*, *B. cheni*, *B. wuanensis*, *Biwaella lingchuanensis*, *Eopara fusulina obtusa*, *Ozawainella angulata*, *O. leei*, *Schubertella kingi*, *Dunbarinella subnathorsti*, *Schwagerina krotowi*, *S. nathorsti laxa*, *S. postcallosa*, *S. crassiusculla*, *Pseudoschwagerina micula*, *P.* cf. *minuta*, *P. huabeiensis*12 属 44 种。

亚带䗴类特征:①下部化石丰富,L_1 中产出 12 属 36 种,占亚带全部化石总数的 81.8%;L_2、$L_2^{上}$ 属种单调,共有 11 种,其中 3 种由 L_1 延生而来;②带化石 *Pseudofulina firma* 为代表的亚球形-厚纺缍形壳体的 *Pseudofusulina* 较丰富,该属的种数约占亚带的 29.5%;③ *Schwagerina krotowi* 个体丰富;④L_2、$L_2^{上}$ 属种虽单调,但 *Dunbarinella* 却十分活跃,*D. subnathorsti* 富集于 L_1 上部和 L_2,$L_2^{上}$ 数量稍减;另外 *Triticites nathorsti*、*T. simplex minuta* 也同 *D. subnathorsti* 一样繁衍于 L_1 上部、L_2 和 L_2 上。L_1 上部、L_2 和 $L_2^{上}$ 被上述 3 种紧紧地联系成一个整体,尤其 *Dunbarinella subnathorsti* 是优势种,在䗴亚带中的主导作用更是不容忽略。L_1 灰岩的上部和下部可能存在着化石种族上的差异,但是上部和下部的界线究竟在何处,却是不得而知,既不像本溪小峪灰岩那样上、下的岩性截然不同,也没有任何一个标志层或固定的厚度,因此,只能将 L_1 看作是一次海侵形成的整体。既然 L_1 上部同 L_2 及 $L_2^{上}$ 密不可分,L_1 的上部和下部也只是个理论上的提法,故而只能将 L_1、L_2 和 $L_2^{上}$ 的化石视为同一个生物带,并以贯穿三层灰岩的优势种 *Dunbarinella subnachorsti* 和 L_1 下部的优势种 *Pseudofusulina firma* 命名之。

3.1.2. *Schwagerina cervicalis* - *Sphaeroschwagerina glomerosa* 顶峰亚带

代表岩层为陵川附城的 L_3(红矾沟灰岩)、$L_3^{上}$(滩山洼灰岩)、$L_4^{下}$(毛古掌灰岩)。所含䗴类除亚带命名者外,还含有:*Sphaeroschwagerina subrotunda*, *Paraschwagerina karatchatyrica*, *Schwagerina postcallosa*, *S. grandensis*, *S. Postnathorsti*, *S. globosa*, *S. pusilla*, *S. kushanica*, *S. subnathorsti*, *S. quasimoelleri*, *S. quasibicornis*, *Pseudofusulina uralica sphaerica*, *P. nelsoni opima*, *P. leei*, *P. uralica parva*, *P. vulgaris exigua*, *P. ishimbajevi*, *P. intermedia*, *P. changxingensis*, *Oketaella Profryei*, *O. sinensis*, *Boultonia pseudowillsi*, *B*, *cylindrica*, *B. cheni B. heezeni Schubertella parameronica minor*, *S. lata elliptica*, *S. lata*, *S. transitoria*, *Pseudoschwagerina* sp., *Quasifusulina tenuissima*, *Q. tenuis*, *Q. concava*, *Q. cayeuxi*, *Q. phaselus*, *Q. compacta* 9 属 38 种。

亚带䗴类化石特征为:①*Schwagerina* 较前带繁盛,已有 10 种,占亚带的 30.5%;*Pseudofusulina* 与之相比稍有逊色,与下伏亚带比则显见衰败,但个体丰度不减。此两属种数之和已超过亚带的半数,为主宰亚带䗴群的两大优势属;②带化石 *Schwagerina cervicalis* 和 *Pseudofusulina uralica sphaerica*, *P. uralica parva* 个体丰富,前者分布于 L_3 和 $L_3^{上}$,最具代表性,而后者只见于 $L_3^{上}$;③出现了假希瓦格䗴亚科(Pseudoschwagerininae)中的 *Sphaeroschwagerina* 和 *Paraschwagerina* 较高级的属种。

3.2. 太原西山七里沟剖面为参考层型的 *Pseudoschwagerina* 顶峰带

3.2.1. *Pseudofusulina firma* - *Pseudoschwagerina pseudoeaqualis* 共存延限亚带

赋存岩层为庙沟灰岩。

在种群中优势分子为 *Pseudofusulina firma*, *P. alpina*, *P. regularis*, *P. borealis*, *Eop-*

arafusulina qiligouensis，*E. ukonensis*，*Schwagerina krotowi* 等，一般分子有 *Pseudofusulina alpina fragilis*，*P. alpina antiqua*，*P. alpina communis*，*P. aspera*，*P. fainae*，*P. argalensis*，*P. modesta*，*P. pseudojaponica*，*P. regularis*，*P. retusa*，*P. soluta*，*P. tenuis*，*P. valida exgua*，*P. jaheensis*，*Eoparafusulina laudoni*，*E. lantenoides*，*E. shanxiensis*，*Schwagerina conspecta*，*S. regularis*，*S. richthofeni*，*Pseudoschwagerina pseudoeaqualis*，*Sphaeroschwagerina constans sphaeroidea*，*Occidentoschwagerona Leei*，*Ozawainella angulata*，*Quasifusulina leei*，*Q. laxa*，*Q. longissima*，*Q. compacta*，*Triticites uddeni*，*T. suzukii*，*T. parvulus*，*T. invenustus*，*T. fortis*，*T. brevis*，*T. arrhostus*，*T. pseudosimplex*，*Schubertella* sp. 共计 11 属 49 种、并种和未定种。

亚带䗴类特征：①䗴类群落十分繁盛，尤其 Schwagerininae 骤然空前发展。整个 *Pseudoschwagerina* 顶峰带共 11 属，本亚带就有 10 属，占 90.9%，种数占 53.3%；②*Pseudofusulina* 为亚带的优势属，达 23 种，占亚带种数的 46.9%，是本亚带的重要标志，具十分重要的生物地层对比意义；③*Triticites* 仍继续繁衍但个体丰度不大，与下带相比已显衰败，此后锐减几尽绝迹；④简单分异度高，整个䗴群以各种纺缍形、短圆柱状、薄壳壁的中等壳体䗴类为主。

3.2.2. *Dunbarinella nathorsti* - *D. subnathorsti* 共存延限亚带

赋存岩层为毛儿沟灰岩和斜道灰岩。

特征分子及优势分子为 *Dunbarinella nathorsti*，*D. nathorsti laxa*，*D. subnathorsti*，*D. acuta*，*Pseudofusulina extansa*，其它还有 *Eoparafusulina obtusa*，*Triticites simplex*，*Ozawainella*，*angulata*，*Pseudofusulina bona*，*P. vulgaris*，*watanabei*，*P. complicata*，*P. serrata*，*P. expansa*，*Schwagerina conspecta*，*S. exuberata occuta*，*Pseudoschwagerina maclyai*，*Quasifusulina longissima*，*Q. compacta*，*Q. phaselus*，*Q. pseudocompacta*，*Q. tenuissima*，*Q. cayeuxi* 8 属 22 种、亚种。

䗴类特征：①䗴类群落的简单分异度有所降低而个体密度增大；②下伏䗴带的特征分子和优势分子已基本消失，大轴率薄壳壁的 *Pseudofusulina*，*Eoparafusulina* 分子在此带所占比例很小，而壳体中部加厚、壳壁外侧次生附着物发育、形态特殊的 *Dunbarinella* 分子骤然大量繁衍，达到演化的顶峰；③*Dunbarinella* 各种在毛儿沟灰岩和斜道灰岩中共荣共衰，所以这两层灰岩实际上是 *Dunbarinella* 共存延限带；④从下带延续而来的各属都有衰减之势，唯 *Quasifusulina* 蓬勃发展。

3.2.3. *Pseudoschwagerna texana* - *Schwagerina cervicalis* 组合亚带

赋存岩层为东大窑灰岩。该亚带除了带化石外还有 *Pseudoschwagerina uber*，*P. kojlowski*，*P. multispira*，*P. maclayi*，*P. fusulinoides*，*P. fusulinoides exilis*，*Eoparafusulina linearis*，*E. allisonehsis*，*Ē. steinmanni*，*E. obtusa*，*E. pusilla*，*E. quasiobtusa*，*E. thompsoni* *Pseudofusulina dongdayaoensis*，*P. valida*，*P. complicata*，*P. patens*，*P. cylindrica*，*P.* cf. *egregia*，*P. serrata*，*Schwagerina richthofeni*，*S. moelleri aequalis*，*S. emaciata*，*S. marina melica*，*S. lutuginiformis*，*S. deversiformis*，*S. conspiqua firmissim*，*S. compensis*，*S. bornemani*，*S. vernenili obtusa*，*Quasifusulina laxa*，*Q. longissima*，*Q. compacta*，*Q. eleganta*，*Triticites powwowensis* 等。

亚带䗴带特征为：①䗴类群落繁盛，仅次于庙沟灰岩；②大轴率大壳体的 *Eoparafusulina*，*Pseudofusulina*，*Schwagerina*，*Pseudoschwagerina* 是该䗴群落的主体；③*Schwagerina*，

Pseudoschwagerina 已达到演化的顶峰；④富集于毛儿沟灰岩、斜道灰岩中的 *Dunbarinella* 骤然衰败几近绝灭；⑤*Quasifusulina* 尚有一席之地。

4. *Schwagerina nobilis* – *Paraschwagerina mira* 组合带

代表岩层为 L_4（附城灰岩）。所含䗴类除带化石外还含有：*Robustoschwagerina* sp.，*Paraschwagerina plicata*，*Sphaeroschwagerina subrotunda*，*Schwagerina compactiformis*，*S. quas ibicornis*，*S. moelleri*，*S. callosa*，*S. emaciata*，*S. conspicua*，*Boultonia willsi*，*B. youkonensis*，*B. shanxiensis*，*B. subterelalis*，*B. quasisimplexi*，*B. huguanensis*，*B. fucherigensis*，*B. gracilis*，*B. cheni*，*B. simplicata*，*Schubertella parameronica minor*，*Ozawainella praestella*，*O. pseudorhomboidalis*，*O. machalensis*，*O. angulata*，*Quasifusulina compacta*，*Q. tenuis*8 属 26 种和未定种。

䗴类特征为：①该䗴群落分异度和丰度均较高；②大壳体、壳圈多的进化分子 *Sphaeroschwagerina*，*Paraschwagerina* 和 *Robustoschwagerina* 与中等壳体的 *Schwagerina*，小壳体、结构简单的 *Boultonia*、*Ozawainella* 同时并存是该带最突出的特征；③小壳体的 *Boultonia* 迅速繁衍已达顶峰，占组合带的 38.5%，并且绝大部分始现于本带；④*Schwagerina* 和 *Pseudofusulina* 与前带相比明显衰败，尤其后者几近绝灭；⑤带化石 *Schwagerina nobilis* 个体丰富。

5. *Schwagerina andresensis* – *Paraschwagerina ishimbajica* 共存延限带

代表岩层为 L_5（小东沟灰岩）所含䗴类除带化石外还有：*Paraschwagerian primaeva*，*Nankinella kawadai*，*Triticites carlensis*，*Boultonia willsi*，*B. simplicatu*，*Schwagerina thompsoni*，*S. callosa*，*S. grandensis*，*S. kljasmica*，*S. pseudoexilis*，*S. nobilis*，*S. moelleri*，*S. xiaodonggouensis*，*S. complexa*，*S. anostiata*，*S. postcallosa*，*S. biformis*，*S. densa*，*S. jewetti*，*S. guembeli*，*S. guernbeli pseudoregularis*，*S. colemani*，*S. yangchengensis jinchengensis*，*S. schwageriniformis*，*Pseudofusulina prisca*，*Schubertella rara*，*S. lata elliptica*，*S. elongata*，*S. paramelonica minor*，*S. parvissima*，*S. pussila*，*S. parvifusiformis* 7 属 34 种、亚种。

䗴类特征：①*Schwagerina* 和 *Schubertella* 较前带有所发展，前者已有 21 种，占䗴带总数的 61.8%，其中 *Schwagerina biformis*，*S. andresensis*，*S. guernbeli* 个体丰富，为䗴群的主体；②小壳体的 *Boultonia* 明显衰败，种数锐减；*Ozawainella* 偶尔可见；③本带以中—大型纺缍形壳体䗴类为主，尤其是壳体长、轴率大的分子异常活跃。

二、牙形刺带

牙形刺和䗴一样是石炭系—二叠系进行大区域，以至洲际间地层划分对比的重要生物。山西石炭纪、二叠纪牙形刺到目前为止已发现 19 属 70 种左右，其中以 *Streptognathodus* 和 *Idiognathodus* 为主，其次为 *Spathognathodus*、*Neognathodus*、*Ozarkodina*、*Hindella*、*Hibbardella*、*Lonchodina*，其它 11 属则种数很少。此次地层清理，通过对赵松银（1981）、万世禄、丁惠等（1982）、赵松银、万世禄、丁惠（1984）、韩同相、王赛仪、鲁吉林（1987）、李润兰、程宝洲（1992）等划分的牙形刺带的研究、对比，本专著将山西的牙形刺生物地层单位划分为四带、五亚带（自上而下）为：

1. *Idiognathodus magnificus* – *I. delicatus* 组合带

1.1. *Neognathodus bassleri* – *Idiognathodus lobatus* 亚组合带

赋存岩层为月门沟群半沟灰岩最低一层灰岩。该亚带有牙形刺 7 属 12 种、未定种。其中台型牙形刺占66%，其余为复合型。除了带化石外，还有 *Idiognathodus magnificus*，*I. acutus*，*I. sinuosus*，*I. delicatus*，*Neoprioniodus conruactus*，*Lonchodina? pandrosa*，*Anchignathodus minutus*，*Streptognathodus parvus*，*S. suberetus* 等，其中以 *Idiognathodus* 为优势属，尤其带化石 *I. magnificus* 是晚石炭世层位最稳定、地理分布最广泛的分子之一；亚带带化石 *Neognathodus bassleri* 的地理分布，较前者稍有逊色；*Idiognathodus lobatus* 只繁衍于该亚带，*Streptognathodus suberetus* 是太原西山地区的优势种，但地理分布局限。

1.2. *Streptognathodus parvas* - *Idiognathodus dilicatus* 亚组合带

赋存于月门沟群底部半沟灰岩上两层石灰岩中。化石属种比下亚带明显增加，有8个种自下亚带延续而来，新出现21种：*Idiognathodus taiyuanensis*，*I. shanxiensis*，*I. claviformis*，*Lonchodina singularis*，*L. megucuspata*，*Ozarkodina delicatula*，*Synprioniodina microdenta*，*Ligonodina lexingtonensis*，*Lonchodus simplex*，*Trichonodella inconstan*，*Neognathodus bothrops*，*N. metadultina*，*Metaionchodina bidentata*，*Azarkodina equilonga*，*Hindeodella taiyuanensis*，*H. multidenticullata*，*Spathognathodus minutus*，*S. coloradoensis*，*Hibbardella media*，*Streptognathodus angustus* 等。与下带共有的分子为 *Idiognathodus acutus*，*I. delicatus*，*I. magnificus*，*Anchignathodus minutus*，*Lonchodina? pandrosa*，*Neognathodus bassleri*，*Streptognathodus parvus*，*S. suberetus* 等。本带总计有15属29种。台型的和复合型的大约各半。其中以 *Neognathodus* 一属较繁盛，*Idiognathodus* 属各种所占比例较大，前者可认为是晚石炭世的标准化石，后者也绝大部分种分布于中石炭世，该属随着中石炭世的结束而迅速衰败。带化石 *Idiognathodus delicatus* 同 *I. magnificus* 是中石炭世最稳定、地理分布最广泛的分子，亚带带化石 *S. parvas* 虽然出现于下带，但在本亚带个体数量最丰富。*I. magnificus* - *I. delicatus* 组合带，相当于䗴类的 *Fusulina* - *Fusulinella* 共存延限带。

2. *Streptognathodus elegantulus* - *S. oppletus* 组合带

代表岩层为吴家峪灰岩。除了由下带延续而来的11种外，新出现的有带化石 *S. elegantulus* 和 *S. oppletus*，其它还有 *Idiognathodus cancellosus*，*I. humerus*，*I. antiquus*，*I. hebeiensis*，*Lonchodina simplex*，*Ozarkodina elegan*，*O. minutus*，*Spathognathodus coloradoensis*，*S. breniatus*，*Hibbardella subacoda* 12种。该带没出现新属。从种群来看既有从下带延续上来的中石炭世分子，又新出现了不少具晚石炭世色彩的种族，所以该带是呈上启下的过渡带。该过渡性的牙形刺，台型的占65%，复合型的占35%，本带以下带的带化石 *Streptognathodus parvus* 显著倾衰，而新出现了 *S. elegantulus* 和 *S. oppletus* 两个重要分子为主要特征。该带相当于䗴类 *Triticites* 顶峰带。

3. *Streptognathodus elongatus* - *S. wabaunsensis* - *S. gracilis* 组合带

本带占据庙沟灰岩、毛儿沟灰岩、斜道灰岩及东大窑石灰岩。本带除了同时出现共存共荣的三个带化石外，新出现的分子还有 *Idiognathodus tersus*，*Ozarkodina regulori*，*Hindeodella megadenticullata*，*Spathognathodus obioensis*，*S. ellisoni*，*Hibbardella obtusa*，*Streptognathodus simulator*，*S. cancelloscus*，*S. fuchengensis*（=*S. barskovi*）和两个未定种 *Xaniognathodus* sp.，*Prioniodella* sp.。

本带已不见 *Neognathodus* 的踪迹，*Idiognathodus* 也只剩下两个种，代之而起的是蓬勃发展的 *Streptognathodus*。庙沟、毛儿沟、斜道、东大窑四层石灰岩，台型牙形刺所占的比例分别为75%，71.4%，87.5%，80%。所以总的看本带已具有典型的早二叠世色彩。该组合带与䗴类的 *Pseudoschwagerina* 顶峰带相当。

4. *Streptognathodus barskovi* - *Ozarkodina equilong* 顶峰带

代表岩层为陵川附城剖面的附城灰岩（L_4），这个带是高于东大窑灰岩之上、目前唯一的也是最高层位的月门沟群牙形刺生物地层单位。

该顶峰带属种较为单调、贫乏，总共只有5属4种3未定种。除带化石外，还有 *Streptognathodus elongatus*，*S. wabaunsensis*，*Anchignathodus* sp.，*Hindeodella* sp. 和 *Lonchodina* sp.，本带以 *Streptognathodus barskovi* 的大量出现，*S. elongatus* 和 *S. wabaunsensis* 数量继续加大和 *S. gracilis* 的衰败为特征。

三、古植物带

山西上古生界—中生界三叠系，除石千峰群、二马营组外，均含丰富的植物化石。石千峰群以往被称为哑地层，1975年以来，相继在和尚沟组、刘家沟组发现了以肋木属为代表的斑砂岩植物群。虽产出层位、所含化石属种不多，但意义重大。所以除月门沟群石灰岩中含丰富的动物化石外，植物化石成为研究和确定石炭纪、二叠纪地层年代的重要依据。

此次地层清理，通过对李星学（1959、1963、1965）、杨敬之、盛金章（1979）、萧素珍（1982、1985）、王自强等（1987、1989、1989、1990）、斯行健（1956）、中国地科院（1980）等划分的植物带的对比、研究，本专著将山西石炭纪—二叠纪—三叠纪的植物生物地层划分为12个植物（组合）带（自上而下），即：

12. *Thinnfeldia* - *Danaeopsis fecunda* 组合 ⎫ 延长植物群
11. *Annalepis* - *Tongchuaniophyllum* 组合 ⎭
10. *Neocalamites shanxiensis* 组合
9. *Pleurmeia sternbergi* 组合 ⎫ 斑砂岩型植物群
8. *Pleurmeia jiaochengensis* 组合 ⎭
7. *Ullmannia bronnii* - *Yuania magnifolia* 组合
6. *Neuropteridium coreanicum* - *Gigantonoclea lagrelii* - *Lobatanularia ensifolia* - *Chiropteris reniformis* 共存延限带
5. *Lobatannularia sinensis* - *Sphenophyllum thonii* - *Taeniopteris multinervis* - *Alethopteris norinii* 顶峰带
4. *Annularia orientalis* - *Emplectopteridium alatum* 组合带
3. *Neuropteris ovata* - *N. plicata* 顶峰带
2. *Neuropteris ovata* - *Lepidendron posthumii* 组合带

2—7相当李星学（1965）的华夏植物群

1. *Neuropteris gigantea* - *Linopteris neuropteroides* 共存延限带

属于李星学（1965）的欧美植物群。

1. *Neuropteris gigantea* - *Linopteris neuropteroides* 共存延限带

代表岩层即月门沟群底——晋祠砂岩底。化石一般产于铁铝岩段之上至晋祠砂岩之间。本带植物共有14属，36种。其中以 *Neuropteris gigantea* 和 *Linopteris neuropteroides* 比较多，分布广并且仅限上述层位，故将本带命名为这两个种的共存延限带。常见的属种为：*Neuropteris kaipingiana*，*N. otozamioides*，*Linopteris simplex*，*L. brongniartii*，*Conchophyllum richthofenii* 等。此外，还有 *Lepidodendron tripunctatum*，*L. incertum*，*L. worthenii*，*L. galeatum*，*L. szeanum*，*L. oculusfelis*，*L. acutangulum*，*L. liulinense*，*L. cervicisum*，

Sphenophyllum oblongifolium, *S. verticillatum*, *Calamites suckowii*, *C. cistii*, *Tingia*? *gerardii*, *Conchophyllium richthofenii*, *Pecopteris candolleana*, *P. orientalis*, *P. unita*, *P. feminaeformis*, *P. sahnii*, *P. hemiterioides*, *Stigmatia ficoides*, *Rhacopteris bertrandii*, *Sphenopteris tenuis*, *S. parabaeumleri*, *S. obtusiloba*, *Cladophlebis*? *yongwolensis*, *Linopteris densissima*, *Annularia* sp., *Palaeoweicselia yuanii* 等。

植物群特征为：①两个带化石较富集，在全省范围内分布很广，是良好的标准分子。②以欧美植物群分子占绝对优势；③已出现了华夏植物群的早期分子，如 *Conchophyllum richthofenii*, *Tingia* ? *gerardii*, *Neuropteris kaipingiana*, *Pecopteris orienfalis*, *Lepidodendron liulinense*, *L. oculus - felis*, *L. incertum* 等。

2. *Neuropteris ovata* - *Lepidendron posthumii* 组合带

代表岩层从晋祠砂岩底开始至庙沟灰岩底，其中包括吴家峪灰岩和石炭系的主煤层。该带化石不多，属种贫乏，以脉羊齿的奇羽组和鳞木（东方型大叶座鳞木）为主。主要分子有 *Neuropteris ovata*, *N. plicata*, *Lepidodendron* sp., *L. posthumii*, *Cordaites* sp. 等，其次为：*Lepidodendron nanpiaoense*, *Pecopteris orientalis*, *P. arborescens*, *Sphenophyllum oblongifolium*, *S. verticillatum*, *Callipteridium koraiense*, *Lobatannularia sinensis*, *Alethopteris huiana*, *Culamites suckowii*, *Amularia* sp., *Taeniopteris* sp. 等。

植物群特征为：①该带化石较少、属种贫乏；②带化石产出层位和数量相对较多；③出现了华夏植物群的特有属——*Lobatannularia*.

3. *Neuropteris ovata* - *N. plicata* 顶峰带

代表岩层从庙沟灰岩到柳子沟叠锥灰岩，或陵川 L_1 灰岩到 $L_4^{下}$ 灰岩顶。所含植物除带化石之外，还有 *Sphenophyllum oblongifolium*, *S. verticillatum*, *S. minor*, *Calamites cistii*, *C. suckowii*, *Alethopteris norinii*, *Taeniopteris mucronata*, *Cordaites principalis*, *Sphenopteris tenuis* 等。

4. *Annularia orientalis* - *Emplectopteridium alatum* 组合带

该带赋存于太原西山 2 号煤顶板的柳子沟叠锥灰岩顶面，向上至骆驼脖子砂岩底。包括舌形贝页岩、下石村灰岩两个海相层。所含植物除带化石外还有 *Sphenophyllum minor*, *Callipteridium koraiense*, *Taeniopteris multinervis*, *Cladophlebis* sp. 等。

陵川附城剖面该植物带植物丰富，以楔叶最发育，已见到 8 种，以 *Sphenophyllum oblongifolium* 最繁盛，其次是 *S. kawasackii*, *S. thonii*, *S. minor*, *S. scopulatum*。*Lobatannularia sinensis* 垂直分布较多，*Emplectopteris triangularis*, *Sagittopteris belemnopteroides* 产出层位不多，但个体较丰富；*Neuropteris* 已基本不见。该剖面是䗴类生物地层单位的层型，植物带有䗴带和牙形刺带作为特征，所以应将本植物带作为层型看待；但是考虑到植物演化的连续性还是以太原西山作为层型，附城剖面的这一植物带应作为副层型，它具有重要的生物地层典范作用。按植物组合，命名为：*Sphenophyllum thonii* - *Emplectopteris triangalaris* - *Lobatannularia sinensis* 组合带。

5. *Lobatannularia sinensis* - *Sphenophyllum thonii* - *Taeniopteris multinervis* - *Alethopteris norinii* 顶峰带

赋存于“骆驼脖子砂岩”至“桃花泥岩”。所含植物除 4 个带化石外，还有 *Sphenophyllum verticillatum*, *S. oblongifolium*, *S. minor*, *S. rotundatum*, *S. sinocoreanum*, *Alethopteris ascendens*, *A. hallei*, *Pecopteris orientales*, *P. unita*, *P. feminaeformis*, *P. sahnii*, *P. can-*

dolleana, *P. norinii*, *P. arcuata*, *P. anderssonii*, *P. taiyuanensis*, *Sphenopteris firmata*, *S. tenuis*, *Callipteridium coraiense*, *Emplectopteridium alatum*, *Taeniopteris yernauxii*, *T. tingii*, *T. muctonata*, *T. norinii*, *Cladophlebis nystroemii*, *Odontopteris orbicularis*, *Annularia mucronata*, *Fascipteris stena*, *Compsopteris wongii*, *Emplectopteris triangularis*, *Tingia hamaguchii*, *T. carbonica*, *Cordaites* spp., *Cardoocarpus tangshanensis*, *Lepidodendron posthumii*, *Neuropteris ovata* 等。

该带植物产出层位多、植物属种多、个体丰富，与其下、其上化石带比较是一个密集区，在层型上已达 19 属 46 种、未定种，该带的表现是：脉羊齿、鳞木、芦木、轮叶等属已经大衰，楔叶、栉羊齿、带羊齿、座延羊齿四属空前发展。其中 *Lobatannularia sinensis*, *Sphenophyllum thonii*, *Taeniopteris multinervis*, *Alethopteris norinii* 已达巅峰。

6. *Neuropteridium coreanicum* - *Gigantonoclea lagrelii* - *Lobatannularia ensifolia* - *Chiropteris reniformis* 共存延限带

赋存岩层为石盒子组上部，即“桃花泥岩”底面—石盒子组顶面。所含植物，除四个带化石外，还有 *Sphenophyllum minor*, *Pecopteris orientalis*, *P. unita*, *P. anderssonii*, *P. tenuieostata*, *Sphenopteris firmata*, *Taeniopteris sckenkii*, *Lobatannularia lingulata*, *Fascipteris hallei*, *Compsopteris wongii*, *Saportea nervosa*, *Callipteris ? laceratifolia*, *Odontopteris* sp., *Gigantonoclea* sp., *Carpolithus taxiformis* 等。在中条山区垣曲窑头、晋东南沁水杏峪、晋东和顺李阳、晋西柳林、太原西山天龙寺、晋西北保德等地，还采集到 *Sphenophyllum speciosum*, *S. koboense*, *S. sinocoreanum*, *Pecopteris lativenosa*, *P. arcuata*, *P. heteropinna* *P. chihliensis*, *P. sahnii*, *Sphenopteris tenuis*, *S*, *nystroemii*, *S. tingii*, *S. norinii*, *Taeniopteris taiyuanensis*, *T. hunanensis*, *T. densissima*, *T. integra*, *T. szei*, *T. tingii*, *T. multinervis*, *T. nystroemii*, *Yuania chinensis*, *Calipteris changii*, *Lobatannularia haianensis*, *L. multifolia*, *Fascipteris recta*, *F. stena*, *F. regularis*, *F. densata*, *Odontopteris orbicularis*, *Gigantonoclea hallei*, *G. acuminatiloba*, *Tingia carbonica*, *Comia* sp., *Neutopteridium? nervosum*, *Cladophlebis ozakii*, *Annularia mucronata*, *Plagiozamites oblongifolius*, *Sphenobaira* sp., *Psygmophyllum multipartitum*, *Rhipidopsis lobata*, *Pelourdea* sp., *Discinites orientalis*, *Boumanites laxus*, *Nilssonia densinervis*, *N. huabeiensis*, *Pterophyllum striatum*, *Lepidodendron oculusfelis*, *L. szeianum* 等。

由于受干旱气候的影响，石盒子早期植物群比石盒子晚期明显衰退。一些繁盛于石炭纪和早二叠纪的重要属种如：*Calamites*, *Palacostachia*, *Mariopteris*, *Callipteridium*, *Emplentopteris*, *Emplectopteridium*, *Cathagsiopteris*, *Sagittopteris* 等已基本上绝灭。大约 1/3 的属明显衰败，如 *Sphenophyllum*, *Annularia*, *Plagiozamites*, *Sphenopteris*, *Pecopteris*, *Cladophlebis*, *Compsopteris*, *Odontopteris*, *Callipteridium*, *Taeniopteris*, *Pterophyllum*, *Walchia*, *Tingia*, *Neuropteris*, *Lepidodendron* 等。上述属群中 *Lepidodendron* 和 *Alethopteris* 仅残存 1、2 个种，活跃于晚石炭世的 *Neuropteris* 各种已消声匿迹，继而出现了少量叶脉既壮又密的地方分子。同脉羊齿一样，*Callipteridium* 早期分子也所剩无几，而出现了叶脉粗密并具斑点的中条山美羊齿。从上述可见，石盒子晚期植物的新老更替非常明显突出。另外一个明显特征是华夏植物群的特有属都比前期繁盛，在早期只有 *Lobatannularia sinensis* 最繁盛，*L. ensifolia* 仅在晋北地区出现较早，*L. lingula* 很少见；到石盒子晚期则 *L. sinensis* 几近绝灭，*L. ensifolia*, *L. lingula* 空前活跃，并新出现了 *L. heianensis* 和 *L. multifolia*。后者是华

夏植物区南方亚区晚二叠纪早期的重要分子，被李星学定为带化石。该种在山西分布于晋西北保德扒楼沟、中部地区的太原西山天龙寺、昔阳、平定，晋东南阳城町店，晋南的垣曲窑头等地，（除了晋北、晋西南以外）均可见及。虽然产出数量不多，且多位于石盒子组上部或顶部，但就其地理分布也称得上比较普遍了。*Tingia* 种数有所增加，但产出数量减少，实际上处于倾衰状态。*Fascipteris* 已达 6 种正值鼎盛期。*Gigantonoclea* 较前大大发展，以 *G. lagrelii* 最繁盛。

7. *Ullmannia bronnii*－*Yuania magnifolia* 组合

1975—1985 年间华北地质科学研究所王自强多次前往柳林、临县一带，在孙家沟组发现了一个反映干旱—半干旱气候环境的内陆高地植被类型的植物群。填补了北方晚二叠世晚期植物化石带的空白。

该带除了带化石外，还有 *Pseudovoltzia liebeana*，*Callipteris martinsii*，*Quadrocladus solmsii*，*Taeniopteris taiyuanensis*，*Sphenobaiera micronervis*，*Tatarina* cf. *sinuosa*，*Scylophyllum sunjiagouense*，*Algites junduensis*，*Sphenophyllum* spp.，*Calamites* sp.，*Phyllotheca* sp.，*Asterophyllites equisetiformis*，*Discinites* ? *fimbriata*，*D. sunjiagouensis*，*Sphenopteris* spp.，*Pecopteris* cf. *arcuata*，*P.* spp.，*Cladophlebis* sp.，*Callipteris lobulata*，*C. papillosa*，*Peltaspermum dafengshanense*，*Tatarina* ? *mirabilis*，*Phylladoderma*（*Aequistomia*）cf. *aequalis*，*Gaussia*? *shanxiensis*，*Walchia*? sp.，*Ullmannia frumentaria*，*Quadrocladus heterodermus*，*Q.* sp.，*Pityospermum dafengshanense*，*Esterella* sp.，*Lesieya anastomosis*，*Taeniopteris liulinensis*，*T. longifolia*，*T. nystroemii*，*T.* cf. *serrulata*，*Norinia* sp.，*Samaropsis* sp.，*Carpolithus* sp.，*Squarmacarpus cuneiformus*，cf. *Platyspiroxylon heteroparenchymatosum* 等，总共 32 属 46 种。

本植物群以种子蕨纲、松柏纲、楔叶纲和带羊齿属为主要成分。裸子植物居绝对优势而真蕨纲退居很次要地位。该群落中既有晚二叠世早期、早二叠世甚至晚石炭世的续存种，也出现了不少新种。而那些华夏植物区系的特有属则未出现。中生代的先驱分子有 *Peltaspermum dafengshanense*，*Scytophyllum sunjiagouense*。上述植物群中欧美区系二叠纪常见分子已超过半数，并有少量安格拉西部晚二叠世晚期的特有分子和具安格拉植物群特色的可疑分子。孙家沟组 *Ullmannia bronnii*－*Yuania magnifolia* 组合是华夏植物群最后一个植物带。

8. *Pleurmeia jiaochengensis* 组合

赋存于石千峰群刘家沟组中下部，植物属种较贫乏，共 12 属 16 种。这个小型组合中，以石松、楔叶和种子蕨纲为主，松柏纲居次要位置。*Pleurmeia* 为首的石松纲以崭新的面貌居组合首位，共有三种：*P. jiaochengensis*，*P. altinis*，*P. patriformis*；楔叶纲二属二种：*Phyllotheca yusheensis*，*Macrostachya gracilis*；种子蕨纲、真蕨纲各一属两种：*Peltaspermum lobulatum*，*P. calycinum*，*Crematopteris brevipinnata*，*C. circinalis*；松柏纲仅 *Voltzia* 和 *Willsiostrobus* 的两个未定类型。

9. *Pleurmeia sternbergi* 组合

赋存于石千峰群和尚沟组中部及上部。该组合化石丰富，属种类型也多，共有 47 属 65 种。组合中种子蕨纲居首位，其次是石松、楔叶、松柏和真蕨纲。组合中特别重要的是石松纲（包括 5 属 5 种），数量多，分布广，是和尚沟组植物化石中最丰富且最特征的代表。主要属种有：*Pleuromeia sternbergi*，*P. epicharis*，*Annalepis* sp.，*Crematopteris* cf. *typica*，*Willsiostrobus cordiformis wlligulalus*，*W.* cf. *denticulatus*，*Ruehleostachys hongyantouensis*，*Yuc-*

cites anastomosis, *Neocalamites* sp., *Equisetites* sp., *Schizoneura* (*Echinostachys*?) *megapylla*, *Phyllotheca bicruris*, *P. yusheensis* 等。

10. *Neocalamites shanxiensis* 组合

赋存于二马营组，由不同地点零星发现的化石综合而成，有植物化石 9 属 15 种。组合中以有节类木贼目最为丰富，尤以 *Neocalamites shanxiensis* 最为常见，其次为 *N. carcinoides*, *N. carrerei*, *Equisetites* sp.；另外还有 *Todites shensiensis*, *Bernoullia* sp., *Yuccites* sp., *Ctenozamites sarrani*, *Peltaspermum* sp., *Annalepis* sp. 等。

11. *Annalepis* - *Tongchuaniophyllum* 组合

赋存层位为延长组下部。所含植物计有 27 属 56 种。以有节类 *Equisetites brevidentatus*, *E. sthenodon*, *Neocalamites carcinoides*, *N. carrerei* 及观音座莲目 *Danaeopsis mignifolia* 等占优势；石松类的 *Annalepis zeilleri*, *A. shanxiensis* 和种子蕨纲的 *Tongchuanophyllum* sp., *Glossopteris* sp. 为其重要分子等组成。其中还含有 *Todites shensiensis*, *Bernoullia zeilleri*, *Cladophlebis* sp., *C. gracilis*, *Glossophyllum*? sp., *G*? *shensiense* 等。

12. *Thinnfeldia* - *Danaeopsis fecunda* 组合

赋存于延长组中部，因地层在山西省境内分布零星，因此化石属种不多。计 11 属 16 种。主要有 *Neocalamites* sp., *N. carcinoides*, *N. rugosus*, *Equisetites* sp., *E. sthenodon*, *Danaeopsis fecunda*, *D. minutas*, *Bernoullia zeilleri*, *Todites* cf. *felcatus*, *Cladophlebis* sp., *C. raciborskii*, *Thinnfeldia* sp., *T. rigide*, *Glossophyllum*? sp., *Dityolepis shanxiensis*, *Podozamites lanceolatus* 等。

四、古脊椎动物陆生四足类动物群

1. *Pareiasauria*（锯齿龙）动物群

该动物群主要产于柳林、保德一带的孙家沟组，以锯齿龙科为主。主要种属有：*Shansisaurus xuecunensis*, *Shihtienfenia permica*, *S.* sp., *Huanghesaurus liulinensis*, *Sanchuansaurus elaphrosis* 等。

2. *Benthosuchidae* - *Prcolophonidae* - *Fugusuchus* 动物群

该动物群主要产于山西兴县瓦塘、榆社屯村，邻近山西的陕西吴堡清水河、府谷高石崖贺家畔、麻镇及哈镇戏楼沟等地和尚沟组底部至上部。

由两栖类迷齿类：*Capitosaruridae*, *Benthosuchiodae*；爬行类前棱蜥类：*Procolaphonidae*；槽齿类：*Thenodontia*, *Fugusuchus hejiapanensis*, *Xilousuchus sopingensis*；掘兽类：*Hazhenia conxava* 等组成。

3. *Sinokannemeyeria* 动物群

"中国肯氏兽动物群"是以肯氏兽类为主体的一个动物群，中国肯氏兽、副肯氏兽、山西兽、山西鳄等为主要分子。此动物群可以分为两个组合。

3.1. *Shaanbeikannemeyeria* - *Parakannemeyeria* - *Ordosiodon* - *Ordosia* 组合

产于二马营组下部和底部。亦是以大型二齿兽类为主，包括陕北肯氏兽、副肯氏兽，伴有保德蜥、河套兽、鄂多尔斯兽等。其属种有：迷齿类：Capitosturidae；前棱蜥类：Procolophonidae；假鳄类：*Pseudosuchia*, *Proterosuchia*；犬齿兽类：*Ordosiodon linchexianensis*；掘兽类：*Ordosia Youngi*；二齿兽类：*Parakannemeyeria xingxianensis*, *Parakannemeyeria* sp., *Shaanbeikannemeyeria xilougouensis*, *S. buerdongia*, *Kannemeyeriidae*。

3.2. *Sinokannemeyeria* - *Parakannemeyeria* - *Shaniodon* - *Shansisuchus* 组合

产于二马营组中上部、上部及顶部。以中国肯氏兽、副肯氏兽、山西兽、山西鳄为主，伴有新前棱蜥、中国颌兽、汾河鳄、王氏鳄、似横齿兽等。其属种有：迷齿类：Capitoauridae；前棱蜥类：*Neoprocolophon asiaticus*；假鳄类：*Shasisuchus shansisuchus*, *Shasisuchus heiyukousnsis*, *Shasisuchus kuyeheensis*, *Shasisuchus* sp., *Fenhosuchus cristatus*, *Wangisuchus tzeyii*, *Chasmatosaurus ultimys*, *Pseudosuchia*；犬齿兽类：*Sinognathus gracilis*；掘兽类：*Traversodontoides wangwuensis*；二齿兽类：*Shansiodon wuhsiangensis*, *S. wangi*, *S. wupuensis*, *S. shanbeiensis*, *Sinokannemeyeria pearsoni*, *S.* cf. *pearsoni*, *S. yingchiaoensis*, *S. sanchuanhe ensis*, *Parakannemeyeria youngi*, *P.* cf. *uongi*, *P. dolichocephala*, *P. shenmuensis*。

五、叶肢介组合

大致可分为4个组合。

1. 以 *Leptolimnadia shanxiensis* 为代表的叶肢介化石

该叶肢介化石发现于交城县裴家山、窑儿头刘家沟组中上部灰绿色页岩透镜体中，与 *Pleuromeia jiaochengensis* 组合及 *Lundbladispora* 等孢粉组合共生，共含叶肢介5属10种。计有 *Leptolimnadia shanxiensis*, *L. jiaochengensis*, *Palaeolimnadia shanxiensis*, *P.* cf. *chuanbeiensis*, *P. magnapicalis*, *P. multilineata*, *P. contrcta*, *P. komiana*, *Lioestheria jiaochengensis*, *Loxomegaglypta jiaochengensis*, *Paleoleptestheria* cf. *endybalica* 等。这个化石组合的特点是以 Palaeolimnadiiae 科为主，种属单调，与其上和尚沟组及其下孙家沟组均不相同。

2. 以 *Eosolimnadia subquadrata* - *Cornia* 为代表的叶肢介化石

该叶肢介化石产于山西榆社屯村、窑科，兴县瓦塘，太谷庞庄等处的和尚沟组从底到顶部的灰绿色页岩凸镜体中。共含10属17种，计有：*Eosolimnadia subquadrata*, *E. shanxiensis*, *E. xingxianensis*, *Cornia* sp., *Palaeolimnadia ovata*, *P. magnapicalis*, *P.* sp., *P. longovata*, ? *Sedovia* sp., *Aquilonoglypta xilogouensis*, *Euestheria* sp., *Diaplexa* sp., *Polygrapta* sp., *Triasestheria shanxiensis*, *Xiangxiella* sp., *Protomonocarina*? sp., *P.* ? *hubeiensis* 等。该化石组合以 *Eosolimnadia*, *Triasestheria*, *palaeolimnadia* 为主，以新属种占优势。

3. 以 *Protomonocarina* - *Xiangxiella* 为代表的叶肢介化石

化石产于山西榆社红崖头、石栈道、上赤土；沁县漫水、峪里；石楼孟家塌等地二马营组底部、下部及中部之灰绿色页岩凸镜体中。共14属29种，计有：*Protomonocarina*? *binoda*, *P.* ? *xiangxiensis*, *P.* ? *hubeiensis*, *P.* ? *ziguiensis*, *Xiangxiella bicostata*, *X.* sp., *Euestheria lepida*, *E. shizibaoensis*, *E. hubeiensis*, *Trigitum multilincatus*, *Punctestheria minula*, *P. qinxianensis*, *P. cornuta*, *Anyuanestheria shanxiensis*, *Sphaerestheria minuta*, *Gabonestheria shanxiensis*, *G. arcuata*, *G. fusiformis*, *Palaeolimnadia pusilla*, *P. lubrica*, *Palaeolimndiopsis* sp. 等。这一化石组合以 *Protomonocarina*, *Xiangxiella*, *Trisitum*, *Punctestheria*, *Euestheria*, *Palaeolimnadia* 等属的各种为主体，以 *Protomonocarina*, *Xiangxiella* 大量出现为特征。该化石属种多样，壳型复杂，以初生壳具瘤状物、脊状物的类型大量出现为标志。

4. 以 *Euestheria shensiensis* - *Euestheria* cf. *minuta* 为代表的叶肢介化石

该化石产于宁武李家庵延长组义牒河段上部灰绿色页岩中。这一化石数量丰富，但属种单调，共2属4种，有 *Euestheria shensiensis*, *Euestheria* cf. *minuta*, *Euestheria* sp., *brachys-*

thyeria sp.，其中以真叶肢介为最多。

第三节　年代地层

一、山西石炭纪、二叠纪、三叠纪年代地层的划分问题

1. 山西石炭纪、二叠纪年代地层划分问题

本专著采用的石炭、二叠纪地层的年代地层划分标准，基本遵照1989年7月17日国际地层委员会表决通过的、由国际地层委员会主席J. W. Cowie等根据地层委员会各分会、各界线工作组、各委员会等资料编制的《I. U. G. S. 全球地层表》。即①石炭系与二叠系界限划在Gzhelian与Asselian阶之间，其实质即石炭二叠系界限划在*Psedoschwagrina*带的底界，这符合大多数国家的共识，便于“国际接轨”；②由于我国石炭系、二叠系的阶尚未完全建立起来，而山西通过生物带的对比可以直接与国际的层型对比，在阶的划分上完全采用《I. U. G. S全球地层表》的划分；③石炭系采用二分，即上统、下统；④考虑到国际、国内地层学界的趋向，二叠系本拟采用三分，但为了华北大区划分的统一，仍维持二分。

2. 山西三叠纪年代地层的划分问题

山西三叠纪地层生物如前节所述，主要为植物、叶肢介和少量古脊椎动物，和石炭纪、二叠纪相比，门类少，产出层位少，特别是石千峰群，以前曾被称作哑地层。根据目前的生物采集和研究程度，山西三叠纪年代地层只能划分到统，且各统之间的界线，只是根据岩石地层单位界线而划定。实际上只起到根据岩石地层中所含的生物组合，来大致确定其时代归属。

二、年代地层划分

对于山西石炭纪、二叠纪年代地层划分，除在确定二叠系顶界（即与三叠系的分界）有古地磁极性时的依据（见表1-1）外，主要依据生物地层进行划分。而目前石炭纪、二叠纪生物地层划分相对于其它时代地层研究程度较高，如前所述，䗴、牙形刺、古植物都进行了生物带的划分，这就为山西石炭纪、二叠纪的年代划分提供了较充分的依据。

本专著将山西石炭纪、二叠纪以䗴、牙形刺、古植物等生物带，通过与国内外相当的生物带、及其年代地层划分的对比，确定山西石炭纪、二叠纪的年代地层划分，如表5-6。

对于山西三叠纪的年代地层，也根据所含各门类生物组合，通过与国内外的对比，划分如表5-7。

三、岩石地层单位年代地层属性

1. 月门沟群及下属各组和石盒子组及下属各段的年代地层属性

从表5-6结合图5-1，山西省月门沟群地层多重划分柱状对比图，可对月门沟群及下属各组年代论述属性如下。

月门沟群按年代地层划分应属石炭系上统莫斯科（Moscorian）阶—二叠系下统萨克马尔（Sakmarian）阶。其顶界面基本上与萨克马尔（Sakmarian）阶顶界一致，但其底界面北低南高，东低西高。陵川、晋城、阳城一带，缺失莫斯科阶，而自卡西莫夫（Kasimovian）阶开始。垣曲窑头一带，沉积自格热尔（Gzhelian）阶顶部开始。

表 5-6 山西省依据生物地层进行的石炭纪—二叠纪年代地层划分表

<table>
<tr><th colspan="5">生物地层单位</th><th colspan="3">年代地层划分</th></tr>
<tr><th colspan="3">蜓带</th><th>牙形刺带</th><th>植物带</th><th>阶</th><th>统</th><th>系</th></tr>
<tr><td colspan="3" rowspan="3"></td><td rowspan="3"></td><td>Ullmania bronnii-Yuania magnifolia 组合带</td><td>Tatarian
（鞑靼阶）</td><td rowspan="2">上统</td><td rowspan="8">二叠系</td></tr>
<tr><td>Neuropteridium coreanicum-Gigantonoclea lagrelii-Lobatannutaria ensifolia-Chiropteris reniformis 共存延限带</td><td>Kazanian
（卡赞阶）</td></tr>
<tr><td>Alethopteris norinii-Taeniopteris multinervis-Sphenophyllum thonii-Lobatannularia sinensis 顶峰带</td><td>Kungurian
（空谷阶）
Artinskian
（阿丁斯克阶）</td><td rowspan="6">下统</td></tr>
<tr><td colspan="3">Schwagerina adresensis-Paraschwagerina ishimbajica 共存延限带</td><td></td><td rowspan="2">Annularia orientalis-Emplectopteridium alatum 组合带</td><td rowspan="2">Sakmarian
（萨克马尔阶）</td></tr>
<tr><td colspan="3">Schwagerina nobilis-Paraschwagerina mira 组合带</td><td>Streptognathodus barskovi-Ozorkodina equilong 顶峰带</td></tr>
<tr><td rowspan="3">Pseudoschwagerina 顶峰带</td><td>Schwagerina cervicalis-Sphaeroschwagerina glomelosa 顶峰亚带</td><td>Pseudoschwagerina texana-Schwagerina cervicalis 组合亚带</td><td rowspan="3">Streptognathodus elongatus-S. wabansensis-S. gracilis 组合带</td><td rowspan="3">Neuropteris ovata-N. plicata 顶峰带</td><td rowspan="3">Asselian
（阿谢尔阶）</td></tr>
<tr><td rowspan="2">Dunbarinella subnathorsti-Pseudofusulina firma 组合亚带</td><td>Dunbarinella nathorsti-D. subnathorsti 共存延限亚带</td></tr>
<tr><td>Pseudoschwagerina peudoeaqualis-Pseudofusulina firma 共存延限亚带</td></tr>
<tr><td colspan="3">Triticites 顶峰带</td><td>Streptognathodus elegantulus-S. oppletus 组合带</td><td>Neuropteris ovata-Lepidodendium posthumii 组合带</td><td>Kasimovian
（卡西莫夫阶）
Gzhelian
（格热尔阶）</td><td rowspan="2">上统</td><td rowspan="2">石炭系</td></tr>
<tr><td colspan="3">Fusulina konnoi-F. pseudokonnoi 顶峰亚带 {Fusulina cylindrica-F. quasicylindrica 顶峰亚带
Fusulinella bocki-Fusulina nytuica callosa 顶峰亚带
Pseudostaffella sphaerodea-P. kremsi 共存延限亚带
Fusulina konnoi-F. Pseudokonnoi 顶峰亚带</td><td>Idiognathodus delicatus-I. magnificus 组合带</td><td>Neuropteris gigantea-Linopteris neuropteroids 共存延限带</td><td>Moscovian
（莫斯科阶）</td></tr>
</table>

表 5-7 山西省石千峰群、二马营组、延长组依据生物组合进行的年代地层划分表

岩石地层单位 群	组	段	生物地层单位 植物	植物群	脊椎动物	叶肢介	年代地层单位 统	系
	延长组	永平段	*Thinnfeldia - Danaeopsis fecunda* 组合 *Danaeopsis fecunda*， *Bernoullia zeilleri* *Equisetites sthenodon*， *Cladophlebis raciborskii*， *Thinnfeldia rigida* *Neocalamites rugosus*， *Pityolepis shanxiensis*， *Sagenopteris lanceolatus*，	延长植物群 （*Danaeopsis-Bernoullia* 植物群）		*Euestheria shensiensis*， *E.* cf. *minuta*， *Brachystheria*	上统	三叠系
		永和段						
		义牒河段	*Annalepis-Tongchuaniophyllum* 组合： *Neocalamites carcinoides*， *N. shanxiensis*，*N. carrerei*， *Annalepis*，*Fenganodendron*， *Caulopteris*，*Willsiostrobus*， *Tongchuanophyllum* *Danaeopsis fecunda*， *Bernoullia zeilleri*， *Ctenozamites sarrani*， *Todites shensiensis*， *Cladophlebis gracilis*，				中统	
		峪底段						
	二马营组		*Neocalamites shanxiensis* 组合： *Neocalamites shanxiensis*， *N. carcinoides*， *Annalepis* sp.， *Todites shensiensis*， *Ctenozamites sarrani*， *Yuccites* sp.， *Peltaspermum* sp.， *Equisetites* sp.		中国肯氏兽动物群： *Neoprocolophon*，*Paoteodon*， *Wangisuchus*，*Fenhosuchus*， *Shansisuchus*，*Chasmataurus*， *Ordosia*，*Sinognathus*， *Sinokannemeyeria*， *Parakannemeyeria*， *Shansiodon*， *Capitosturidae*.	*Protomonocarina binodd*， *Trisitum multilineatus*， *Gabonestheria shanxiensis*， *Palaeolimnadia pusilla*， *Sphaerestheria minuta*， *Anyuanestheria shanxiensis*， *Punctestheria qinxianensis*， *Xiangxiella bicostata*， *Euestheria hubeiensis*		
石千峰群	和尚沟组		*Pleuromeia sternbergi* 组合： *Pleuromeia sternbergi*， *P. rossiea*， *Crematoperis circinalis*， *Willsiotrobus hongyantouensis*， *Yuccites* sp.， *Annalepis zeilleri*， *Neoglossopteris shanxiensis*	斑砂岩植物群 （*Buntsandstein lypeflora*）	两栖类-前棱蜥-府谷鳄动物群： *Capitosaruridae*. *Benthosuchidae*， *Procolaphonidae*， *Thenodontia*， *Fugusuchus hejiapanensis* *Xilousuchus sopingensis*	*Palaeolimnadia magnapicalis*， *Eosolimnadia xingxianensis*， *E. shanxiensis*， *Triastheria shanxiensis*， *Aquilonoglypta xilougouensis*， *Cornia* sp.，*Euestheria* sp.， *Polygrapta* sp.	下统	
	刘家沟组		*Pleuromeia jiaochengensis* 组合： *Pleuromeia jiaochengensis*， *Crematopteris circinalis*， *Willsistrobus hongyantouensis*			*Leptolimnadia shanxiensis*， *L. jiaochengensis*， *Paleoleptestesheria* cf. *endybalica*， *Lioesteria jiaochengensis*， *Loxomeagalypta jiaochengensis* *Palaeolimnadia shanxiensis*		
	孙家沟组		*Ullmania bronnii-Yuania magnifolia* 组合： *Ullmaia bronnii*， *Yuania magnifolia*， *Pseudovoltzia liebeana*， *Callipteris martinsii* *Quadrocladus solmsii*		锯齿龙动物群： *Shihtienfenia permica*， *Huanghesaurus liulinensis*， *Shansisaurus xuecunensis*， *Sanchuansaurus elaphrosis*		上统	二叠系

月门沟群底部的湖田段化石很难采到，至今仅有少量含生物的报导，其地质年代只能根据紧靠它的直接上覆地层年代来推断。各地月门沟群开始沉积的时代大概即湖田段的地质年代。所以不难看出湖田段是一个北早南晚、东早西晚的穿时的岩石地层单位，北部、中部大致属晚石炭世莫斯科期，到山西最南部属格热尔期—卡西莫夫期，西南端则属早二叠世阿谢尔（Asselian）期。

太原组作为岩石地层单位，其底界自湖田段铁铝岩顶面开始，顶界至最上一层灰岩顶面，所以各地根据月门沟群最低层位石灰岩年代，到最上一层石灰岩的年代，即为整个太原组的地质年代。但太原组从东南部陵川、晋城一带厚150多米，含石灰岩8层，到北部的怀仁、大同一带，厚数米，仅一层石灰岩；实际上为一个跨时又穿时的岩石地层单位。陵川附城生物地层层型及晋东南陵川、晋城一带，太原组地质年代为晚石炭世卡西莫夫—早二叠世萨克马尔期。太原西山七里沟（岩石地层、生物地层）层型，太原组地质年代自晚石炭世莫斯科期—早二叠世阿谢尔期。到朔州以北，太原组仅一层石灰岩——口泉灰岩，地质年代属晚石炭世莫斯科期。

月门沟群上部的山西组和太原组相衔接，太原组顶界即山西组底界，而月门沟群顶界即山西组顶界。所以，山西组也是一个跨时，而底面穿时的岩石地层单位。不过山西组是北部跨时，向东南向上穿时，与太原组正好相反（太原组是东南部跨时，向北向下穿时）。山西组在山西北部，其地质年代自晚石炭世卡西莫夫期（部分自莫斯科期末）开始，直到早二叠世萨克马尔期末；太原西山一带自早二叠世阿谢尔期晚阶段开始—萨克马尔期末阶段；而到山西东南部的陵川晋城一带，山西组年代仅属萨克马尔期晚阶段。

2. 石盒子组及所属各段的地质年代属性

从表5-1和图5-2，可以看出石盒子组按年代地层划分，应属二叠系下统阿丁斯克（Artinskian）阶—二叠系上统卡赞（Kazanian）阶，基本上为等时的岩石地层单位。其下部两个段地质年代属早二叠世阿丁斯克期—空谷（Kungurian）期。上部两个段大致从早二叠世空谷期末阶段—晚二叠世卡赞期末，但两个组的界面是穿时的，北底南高。顶部段则主要属晚二叠世鞑靼（Tatarian）期

3. 石千峰群、二马营组、延长组的地质年代属性

表5-7，可以一目了然地看出：石千峰群为一跨系的岩石地层单位，其下属的孙家沟组属晚二叠世鞑靼期，刘家沟组、和尚沟组属早三叠世；二马营组属中三叠世早期；延长组为一跨统的岩石地层单位，地质年代为中三叠世晚期—晚三叠世中期，其下部两个段属中三叠世晚期，上部两个段属晚三叠世早、中期。

第六章
中生代侏罗纪、白垩纪

山西省中生代侏罗纪、白垩纪地层主要分布于北部的左云、右玉、大同、怀仁一带和宁武、静乐一带（山西及阴山地层分区），东北部的浑源、灵丘、广灵一带（燕山分区）；另外，中部的祁县、太谷、榆社、武乡四县接壤地带和中南部霍山南麓的古县冯家窑、洪洞茹去一带（均属山西分区），也有零星分布。

第一节　岩石地层单位

山西分区主要发育了早、中侏罗纪河湖相沉积（含少量火山岩层）岩系。张席禔（1936）首先提出"大同煤系"代表侏罗纪含煤地层；森田日子次（1944）对大同煤田的地层划分奠定了山西侏罗系地层划分的基础，建立了大同组、云岗组岩石地层单位；山西省地层表编写组（1979）为大同组、云岗组"穿靴戴帽"，大同组之下建立了永定庄组，云岗组之上建立了天池河组、茹去组（表6-1）。

燕山分区主要发育了中、晚侏罗纪以火山喷出岩为主的陆相火山-沉积岩系。河北区测大队（1966）于60年代将燕山地区的地层划分引入该区。山西区调队（1971）以讹传讹，将这套地层称作浑源群（时代归属白垩系）。山西地质局211队孟令山、孙埃宝（1982）在进行膨润土等矿产普查时，将浑源群进一步划分，以当地地理名称称为官王铺组、朋头沟组和抢风岭组等。之后，王守义（1984，1989）系统地补充完善了该区的全部侏罗白垩纪地层的划分，先后确立了以燕山地区命名和以当地地方性命名的两套地层划分命名方案，并提出了二者间对应关系。

阴山分区主要发育了白垩纪地层。森日日子次（1944）、内蒙区测队（1966）先后分别以"左云组"和"助马堡组"代表左云、右玉一带覆于大同含煤岩系之上的白垩纪地层，山西区调队（1979）厘定了二者的含义，建立了二者的上、下关系。

永定庄组　J_1y　（05-14-0021）

【创名及原始定义】　1979年山西省地层表编写组创名。原始定义为："从大同煤田原怀仁群中划分出来、新建的地层单位。以灰、紫、黄等杂色碎屑岩为主（不含煤）。时代属侏罗

表 6-1 山西地层分区侏罗纪沉积地层划分沿革表

作者	年代	地区	上统层位	中统上部层位	中统下部层位（云岗组层位）	大同组层位	永定庄组层位	下伏地层
张席禔	1936	大同煤田				大同煤系		
房田植雄	1938	大同煤田			刁窝咀统(J3)	永定庄统(J1—2)	黄篠观统(DT)	口泉统(CP)
森田日子次	1944	大同煤田			云岗统(J2)	大同统(J1)	怀仁统(P—T)	怀仁统(P—T)
山西区测队	1969	大同幅			云岗组(J2)	大同组(J1)	大同组(J1)	太原组(C3)
山西地层表编写组	1979	云岗小区			云岗组：上部、中部、下部	大同组(J1)：Ⅶ、Ⅵ、Ⅴ、Ⅳ、Ⅲ、Ⅱ、Ⅰ	永定庄组(J1)	太原组
王守义	1984	右玉—云岗小区			云岗组：第三段、第二段、第一段	大同组(J2)：Ⅶ、Ⅵ、Ⅴ、Ⅳ、Ⅲ、Ⅱ、Ⅰ	永定庄组(J1)	山西组
《山西省区域地质志》	1989	大同煤田			云岗组：红墙段、石窟段、青磁窑段	大同组(J2)：第三段、第二段、第一段	永定庄组(J1)	山西组
武铁山、萧素珍、王守义	1988	大同煤田			天池河组（红墙段）；云岗组：第二段、第一段	大同组(J2)：第三段、第二段、第一段	永定庄组(J1)：口泉段、华严寺段	山西组
大同矿务局、山西矿业学院	1991	大同煤田			云岗组：上段、中段、下段	大同组：Ⅲ旋回、Ⅱ旋回、Ⅰ旋回	永定庄组：Ⅲ、Ⅱ、Ⅰ	山西组
山西区测队	1972	原平幅		安定群	直罗群(J2)	延安群(J1)	延安群(J1)	延长群
山西地层表编写组	1979	宁武小区		天池河组(J2)	云岗组(J2)	大同组(J1)	大同组(J1)	铜川组
王守义	1984	宁武—静乐小区		天池河组	云岗组J2：三段、二段、一段	大同组(J2)	大同组(J2)	铜川组
武铁山、萧素珍、王守义	1988	宁武煤田		天池河组(J2)：北梁上段、红墙段	云岗组(J2)	大同组(J2)	大同组(J2)	延长组
山西区调队	1977	平遥幅			黑峰组(J2)			
武铁山、萧素珍、王守义	1988	沁水盆地西北缘			云岗组(J2)			
山西区测队	1976	临汾—沁源幅	延长组?(T3)	铜川组?(T2)	铜川组?(T2)			
《华北区域地层表·山西省分册》	1979	古县、洪洞	茹去组(K)	茹去组(K)	茹去组(K)			
王守义	1984	临汾小区	天池河组	天池河组	云岗组(J2)			
《山西省区域地质志》	1989	塔儿山小区	天池河组：北梁上段	天池河组：红墙段	云岗组：石窟组			
武铁山、萧素珍、王守义	1988	沁水盆地西缘	茹去组	茹去组	茹去组			
亢建中	1987	洪洞	茹去组	张家庄组	张家庄组			和尚沟组
本书（岩石地层单位：段、组；年代地层单位：统、系）			侏罗系上统 茹去组：四段、三段、二段、一段	侏罗系中统 天池河组：北梁上段、红墙段	侏罗系中统 云岗组：二段、一段	侏罗系中统 大同组	侏罗系下统 永定庄组：二段、一段	下伏地层

系下统”。永定庄位于大同市口泉镇北 2 km。

【沿革】 房田植雄（1938）曾称谓黄䂮观组。森田日子次（1944）划入其创名的怀仁统上部。1969 年林联情等进行 1∶20 万大同幅区调时，于森田日子次所称怀仁统上部杂色岩层中，采到了属于侏罗纪的植物化石。因此，将大同组底界下移到杂色岩层底。1979 年编制《华北地区区域地层表·山西省分册》时，山西地层表编写组经与大同矿务局地质处、山西矿业学院地质系协商，将这套含侏罗纪化石、但岩性组合特征与大同组明显不同的杂色岩层（原怀仁组上部），单独建组，命名为永定庄组。至此，永定庄组为广大地质学家所承认和引用。

【现在定义】 大同煤田大同组之下，一套不含煤的杂色河湖相碎屑岩地层。下部以灰白、灰黄色含砾砂岩、砂砾岩为主，夹少量粉砂岩；上部以紫、黄、灰、绿等杂色粉砂岩、粉砂质泥岩为主，夹砂岩、砂砾岩。其上与大同组为平行不整合接触，以大同组底部砂岩底面为界；其下与古生界不同层位（自西南→东北，依次为石盒子组、山西组、……、张夏组）呈平行不整合接触。

【层型】 正层型为大同市口泉镇华严寺永定庄组剖面：位于大同市口泉镇北 1 km 的华严寺（113°07′00″，40°01′00″）；山西矿业学院 1975 年测制。

上覆地层：**大同组** 灰白色砾岩粗砂岩

——————— 平行不整合 ———————

永定庄组 总厚度 105 m

二段 厚 50 m

21. 灰绿色带紫斑粉砂岩与细—粗粒砂岩互层 11 m
20. 灰白色中—粗粒砂岩，局部含砾石 4 m
19. 杏黄、绿灰色粉砂岩 1 m
18. 黄褐色中—粗粒砂岩，局部为含砾砂岩—细砾岩，砂岩顶部现暗紫色 2 m
17. 杏黄—暗紫、绿灰色粉砂岩夹细砂岩凸镜体 2 m
16. 褐色板状细粒砂岩，顶部夹紫色页片状泥岩 5 m
15. 紫红色页片状粉砂质泥岩 2 m
14. 紫、暗紫、蓝紫、灰绿等杂色粉砂质泥岩，局部夹细砂岩 7 m
13. 褐黄、暗紫色薄层细—中粒砂岩 3 m
12. 暗紫色粉砂岩、绿灰色粉砂质泥岩。局部夹薄层细—中粒砂岩 2—3 层，暗紫色粉砂岩具绿斑 8 m
11. 浅灰—灰黄色细粒砂岩与灰—灰白色粉砂岩、板状粉砂岩互层。距本层底 8 m 处粉砂岩中含植物化石：*Spiropteris* sp.，*Coniopteris hymenophylloides*；双壳类：*Ferganoconcha*? sp.，*Utschamiella*? sp. 5 m

———————— 整 合 ————————

一段 厚 55 m

10. 灰白色（风化为褐黄色）中厚层含砾粗—中粒砂岩。具斜层理 9 m
9. 灰黄色中层中—细粒砂岩，夹灰色板状粉砂岩。下部具斜层理 5 m
8. 灰色板状粉砂岩。距本层顶 0.3 m 处含植物化石：*Pterophyllum angustum*，*P. decurrens*，*Anomozamites* cf. *gracilis*，*Cladophlebis gracilis*，*Nilssonia* cf. *compta*，*Spiropteris* sp. 4 m
7. 灰黄色薄层细粒砂岩。局部夹粉砂岩，砂岩中夹菱铁质球 4 m

6. 深灰—灰色含铝土质粉砂岩。局部具紫斑，含菱铁质结核。距本层底 0.6 m 处含丰富的植物化石：*Coniopteris tatungensis*, *C. hymenophylloides*? *C. burejensis* ?*C. szeiana*, *Neocalamites* sp. 6 m

5. 灰白、褐黄色厚层含砾粗—中粒砂岩。顶部具斜层理 5 m

4. 浅绿色板状粉砂岩。含植物化石：*Czekanowskia rigida*, *Podozamites lanceolatus* 1 m

3. 褐黄色中层细—中粒砂岩。含菱铁矿结核 2 m

2. 灰白色含铝土质粉砂岩夹细砂岩凸镜体。粉砂岩上细鲕粒结构及紫斑 5 m

1. 灰白色厚—巨厚层含砾粗—细粒砂岩夹砾岩凸镜体。具斜层理 14 m

——————— 平行不整合 ———————

下伏地层：**月门沟群** 黄褐色薄层砂岩

【地质特征及区域变化】 永定庄组于地表出露和展布于大同云岗盆地东南缘的大同市青磁窑、煤峪口、拖皮沟、华严寺、七峰山，怀仁县马口、羊圈沟，左云县石门、马道头等地，呈 NE－SW 向，延伸 50～60 km。永定庄组的岩性总体上如定义中所称：一段，以含砾砂岩、砂砾岩为主夹粉砂岩，二段以粉砂岩、粉砂泥岩为主夹砂岩、砂砾岩。永定庄组是由一系列河流相的砂岩（主要为长石石英杂砂岩、岩屑石英杂砂岩、长石岩屑杂砂岩等）-粉砂岩、泥岩构成的基本层组成（层型剖面由 15 个基本层组成）。只不过一段基本层中，砂岩厚，有时含砾，细粒部分以粉砂岩为主；二段基本层，砂岩薄，细粒部分以泥岩为主，厚度相对较大。永定庄组一般厚 100 m 左右，最大厚度 170 m，向东北方向变薄（图 6－1）。

永定庄组中含较多的植物化石及丰富的孢粉。

大同组 J_2d (05－14－0022)

【创名及原始定义】 1936 年张席禔在《中国中生代地层概要》一文中泛称大同煤田的含煤地层为大同煤系。日本侵略中国（1937～1945）期间，以森田日子次为首的地质调查队，分幅测制了大同云岗煤田的 1∶1 万地质图。1944 年他将大同煤田的侏罗系划分为大同统、云岗统，下伏地层为二叠系怀仁统等，上覆地层为白垩系浑源统（火山岩）、左云统。森田对其所称大同统的原始定义为：“大同煤田侏罗系主要含煤岩系，岩性主要由白色、灰白色、浅褐色砂岩与灰色、暗灰色、黑色页岩及砂质页岩互层组成，其间夹有砾岩、煤、炭质页岩。下伏地层为怀仁统其底界置于最下一层煤层之下 10～30 m 基底砾质砂岩底面。上覆地层云岗统，界线划在云岗统基底砾岩之底面”。

【沿革】 自森田日子次创立大同统之后，一直为以后的地质学家所引用，并引伸至宁武—静乐盆地。但在统、群、组的名称上，几经变更。对云岗盆地大同组的顶底界，除 1∶20 万大同幅地质图，将其底界下移至现今所称永定庄组底界外，均沿用森田日子次的划分。

【现在定义】 分布于大同、宁武-静乐盆地的侏罗纪含煤岩组。由灰白、灰黄色砂岩（石英杂砂岩，长石石英杂砂岩，岩屑杂砂岩），粉砂岩，灰色、灰绿色粉砂质泥岩，黑色泥岩，夹煤层及淡水灰岩结核或凸镜体，构成的基本层十多个所组成。下伏地层为永定庄组，以底部砂岩底面划界；上覆地层为云岗组，以云岗组底部砂岩底面划界。与上覆、下伏地层均呈平行不整合接触。

【层型】 由于森田日子次划分大同统时，并未明确其命名剖面，现推荐大同市口泉镇寺儿沟剖面为大同组选层型。大同组除分布于大同云岗盆地外，宁武—静乐盆地分布的大同组，其面积及厚度，均不亚于云岗盆地；另外，在广灵县一斗泉乡板塔寺（煤矿）一带，也有小

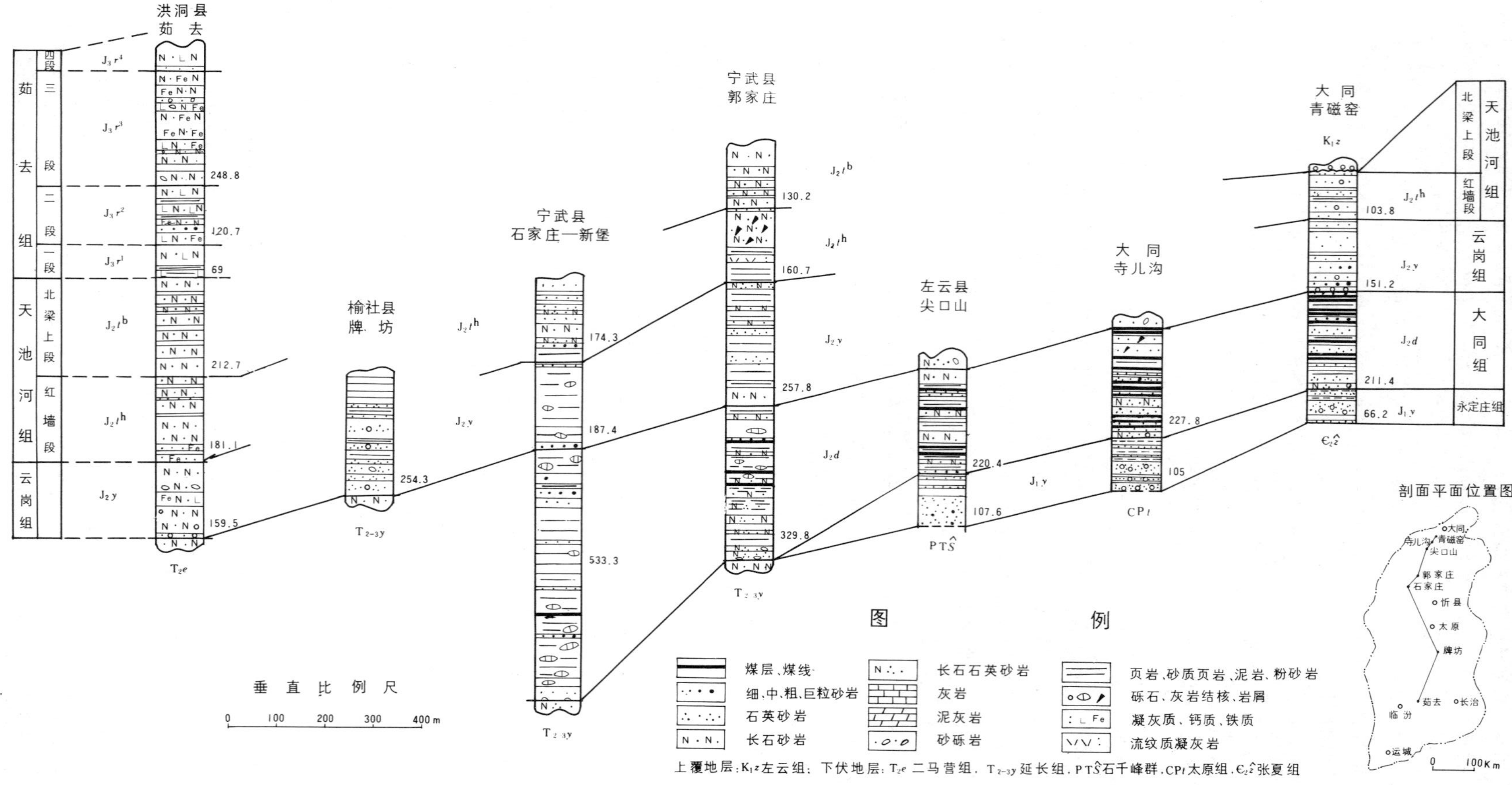

洪洞县 茹去
榆社县 牌坊
宁武县 石家庄一新堡
宁武县 郭家庄
左云县 尖口山
大同 寺儿沟
大同 青磁窑
茹去组 四段 三段 二段 一段
天池河组 北梁上段 红墙段
云岗组
大同组
永定庄组
248.8
120.7
69
212.7
181.1
159.5
254.3
174.3
187.4
533.3
130.2
160.7
257.8
329.8
220.4
107.6
227.8
105
103.8
151.2
211.4
66.2
垂直比例尺
0 100 200 300 400m
图例
煤层、煤线
细、中、粗、巨粒砂岩
石英砂岩
长石砂岩
长石石英砂岩
灰岩
泥灰岩
砂砾岩
页岩、砂质页岩、泥岩、粉砂岩
砾石、灰岩结核、岩屑
凝灰质、钙质、铁质
流纹质凝灰岩
上覆地层：K_1z左云组；下伏地层：T_2e 二马营组，$T_{2-3}y$ 延长组，$PT\hat{S}$石千峰群，CPt太原组，$\epsilon_2\hat{z}$张夏组
剖面平面位置图
大同 青磁窑
寺儿沟
尖口山
郭家庄
石家庄
忻县
太原
牌坊
茹去
长治
临汾
运城
0 100Km

面积分布。后两地大同组与层型地区大同组基本相同，但也有一定的差异。原平县后口乡后林背剖面，和广灵县板塔寺剖面，可分别作为上述两个地层（小）区的次层型。

大同市口泉镇寺儿沟大同组剖面：位于大同市口泉镇北寺儿沟（113°06′00″，40°01′00″；由山西矿业学院地质系、大同矿务局地质处于1986—1989年测制）。

上覆地层：**云岗组** 灰白色含砾粗砂岩

——————— 平行不整合 ———————

大同组 总厚度 227.78 m

71. 煤层（2^1号） 0.57 m
70. 深灰色粉砂质泥岩，具水平和波状层理。中夹一层中细粒岩屑石英杂砂岩 4.53 m
69. 煤层（2^3号） 1.05 m
68. 灰色粉砂质泥岩。粒度向上变粗，水平层理发育，顶部含植物根化石碎片 4.21 m
67. 灰白色细粒岩屑杂砂岩。钙铁质胶结，水平层理 4.69m
66. 灰色粉砂岩。层厚变化不大，水平层理发育 1.54 m
65. 灰白色中细粒岩屑砂岩。钙质胶结，向上变为粉砂质泥岩，具平行和水平层理 14.42 m
64. 灰至灰白色粉砂岩。含大量植物化石 0.77 m
63. 灰白色细粒岩屑杂砂岩。菱铁质胶结，具平行层理 8.2 m
62. 灰色粉砂岩，夹薄层菱铁矿层。具水平层理 0.86 m
61. 浅黄色细粒岩屑砂岩。具板状交错层理 2.05 m
60. 灰色中粒岩屑砂岩。泥质胶结，分选磨圆较差，具板状及槽状交错层理 9.6 m
59. 灰白色中粗粒岩屑杂砂岩。泥质胶结，分选磨圆较差，底部为块状层理，属河床滞留沉积，向上发育平行和交错层理 8.0 m
58. 灰色薄层状粉砂岩。含植物化石碎片 1.26 m
57. 煤层（7^1号） 1.66 m
56. 灰白色粉砂岩。含植物化石碎片 2.2 m
55. 灰色粉砂岩。向上变为细砂岩 3.1 m
54. 灰色细粒岩屑杂砂岩。碳泥质胶结，局部含菱铁矿 3.0 m
53. 深灰色泥岩。含大量植物化石碎片 1.2 m
52. 浅灰色细粒岩屑杂砂岩。具小型交错层理 3.54 m
51. 灰色薄层状粉砂岩。具水平层理 2.42 m
50. 黄褐色钙质粉砂岩和粉砂质石灰岩。钙质可达60% 3.73 m
49. 灰白色粉砂岩。含虫孔及植物化石 2.91 m
48. 煤层（7^2号） 0.5 m
47. 灰白色细粒岩屑砂岩。含菱铁矿30%，向上变为粉砂质泥岩，具水平层理 3.48 m
46. 深灰色页片状泥岩。水平层理发育 1.65 m
45. 灰色粉砂质泥岩。具微波状层理，含植物化石碎片 1.42 m
44. 深灰色粉砂质泥岩。水平层理发育，含菱铁矿40% 1.64 m
43. 灰白色细粒岩屑砂岩。具平行层理及小型交错层理 1.24 m
42. 浅灰色中细粒砂岩分选较差 5.17 m
41. 灰白色泥质粉砂岩。水平层理发育，含大量的植物化石碎片 1.63 m
40. 浅黄色粉砂质泥岩。含菱铁矿结核，具水平层理 2.72 m
39. 灰白色中粒石英杂砂岩。泥质胶结，具交错层理 5.72 m
38. 灰白色粗粒岩屑石英杂砂岩。具平行及交错层理 3.6 m

37. 煤层（8 号） 0.38 m

36. 灰黑色泥岩。块状层理，含植物根化石碎片 0.49 m

35. 灰色细粒岩屑砂岩。含菱铁矿结核，具平行层理 4.25 m

34. 浅黄色细粒岩屑石英砂岩。泥质胶结，平行及交错层理 1.53 m

33. 灰黑色碳质泥岩。结构致密 0.55 m

32. 深灰色钙质粉砂岩和细砂岩互层。含菱铁矿结核，其中局部方解石胶结物可达 50%，含丰富的植物化石 4.14 m

31. 灰色岩屑石英杂砂岩。含菱铁矿结核，平行层理 1.14 m

30. 煤层（9 号） 0.38 m

29. 灰色粉砂岩夹细粒岩屑石英杂砂岩，顶部为根土岩，水平层理发育，具虫孔化石 6.79 m

28. 灰色细粒岩屑石英杂砂岩夹薄层粉砂岩。分选好，磨圆差，菱铁质和钙质胶结，可达 30%，平行层理 4.68 m

27. 煤层（10 号）

26. 深灰色粉砂岩。层厚均一，水平层理发育 4.07 m

25. 土黄色细粒长石石英杂砂岩。分选中等，磨圆较差，泥质胶结，菱铁质及硅质胶结，平行层理发育 5.05 m

24. 灰白色中粒长石石英砂岩。泥质胶结，磨圆中等，可见小型槽状交错层理。夹菱铁质粉砂岩，菱铁矿含量达 50% 3.48 m

23. 灰白色粗粒长石石英杂砂岩泥质和钙。铁质胶结，分选磨圆差，具板状交错层理 12.14 m

22. 煤层（未编号） 0.32 m

21. 黄灰色细粒岩屑石英杂砂岩，向上变为粉砂质泥岩。菱铁质胶结，水平和平行层理发育，层厚均一 9.5 m

20. 灰白色中粗粒石英砂岩。泥质胶结，下部发育板状、楔状交错层理，上部为平行层理 11.1 m

19. 煤层（11^1 号） 0.5 m

18. 灰红色粉砂岩，向上变为中粒砂岩。具水平和平行层理 7.77 m

17. 煤层（11^2 号） 1.46 m

16. 灰褐色细粒石英杂砂岩，向上变为黑灰色泥岩 5.95 m

15. 灰红色粉砂质泥岩。含菱铁矿，水平层理发育 2.23 m

14. 煤层（12^2 号） 1.54 m

13. 灰色细粒岩屑石英砂岩。菱铁质胶结，中夹砂质泥岩，菱铁矿胶结物可达 50%，水平层理发育 2.43 m

12. 灰红色粉砂岩。层厚均一，水平层理发育 1.78 m

11. 灰黑色薄层状泥岩 2.1 m

10. 煤层（14^{2-3}号） 0.43 m

9. 下部为细粒石英杂砂岩，向上变为灰色粉砂质泥岩。含植物化石碎片和双壳类化石 0.39 m

8. 煤层（15 号） 0.26 m

7. 灰黑色泥岩。块状层理，含植物根化石 0.64 m

6. 灰色中细粒石英杂砂岩。有小型交错纹层 2.7 m

5. 灰白色中粒石英杂砂岩，向上变粗。具交错层理 1.8 m

4. 灰白色含砾长石石英粗砂岩，泥质胶结。具大型交错层理，分选、磨圆度均差 5.85 m

3. 灰白色细砂岩和粉砂岩。水平层理发育 2.51 m

2. 灰白色中粒长石石英杂砂岩。含菱铁矿，具平行层理 0.77 m

1. 灰白色含砾长石石英粗砂岩，泥质胶结。具板状交错层理，底部有冲刷面 4.24 m

—————— 平行不整合 ——————

下伏地层：永定庄组　杏黄色粉砂质泥岩

【地质特征及区域变化】　从层型剖面可以看出，三处大同组的岩石组合基本相同，均主要由砂岩-粉砂岩-粉砂泥岩-泥（页）岩-煤-灰岩凸镜体构成的基本层组成。基本层数均为21个左右（板塔寺剖面不全，上部被剥蚀，未见顶，仅11个）。三者的差别在于基本层的平均厚度，砂岩、泥（页）岩和粉砂岩各占比例，以及灰岩出现情况有所差别（如表6－2）。

表6－2　大同组基本层变化对比表

剖　面	总厚度(m)	基本层个数	基本层平均厚(m)	基本层中砂岩		基本层中泥(页)岩粉砂岩		碳酸盐岩出现情况
				所占比例（%）	平均厚(m)	所占比例（%）	平均厚（m）	
大同寺儿沟	228	21	10.8	60.7	6.6	39.3	4.2	结核
原平后林背	353	21	16.7	42	7.0	58.0	9.7	凸镜体
广灵板塔寺	166	（保留不全）	15.1	52	7.8	48.0	7.3	偶见

大同组的沉积环境为河流—湖沼、湖滩—浅湖。大同云岗一带位于当时湖盆边缘，而宁武-静乐一带更近于湖盆中心。大同组为山西侏罗系主要含煤地层，根据大同矿务局的划分，含11个煤（层）组，21个可采煤层。大同组中含丰富的植物化石、孢粉及双壳类化石。

云岗组　J_2y　(05－14－0023)

【创名及原始定义】　1944年森田日子次创名于大同云岗。原始定义："大同煤田内平行不整合于大同统之上，上部被浑源统（?）安山质集块岩不整合覆盖的地层。其岩性组合下部以白色、灰白色砂岩、砾岩为主，局部夹煤，上部以暗紫红、褐红色页岩、砂质页岩为主，夹杂有灰白、黄、浅绿、灰绿色粗砂岩。因云岗石窟一带出露最好而得名"。

【沿革】　自森田日子次创名后，以"云岗"这一地理专名命名的地层单位，即被有关地质学家所承认，其引用范围由大同云岗盆地逐步扩大到宁武-静乐盆地，以至沁水盆地，但其级别（统、群、组）曾几经变更。云岗组的下界，即与下伏大同组的分界，也一直沿用森田日子次初始的分界。至于其顶界，在大同云岗盆地，因与上覆基性火山岩层呈不整合接触，而保留不全，未见原始沉积上覆地层。1984年山西区调队王守义等进行山西侏罗系、白垩系断代总结时，将大同云岗盆地及宁武—静乐盆地的云岗组划分为可对比的第一、二、三岩性段，1989年《山西省区域地质志》将三个岩性段，以云岗一带的地理专名命名为青磁窑段、石窑段、红墙段。1988年王守义在进行山西省沉积地层岩石地层单位划分时，进一步以岩性组合为红色长石砂岩及红色泥岩，以岩屑长石砂岩中含流纹质火山碎屑、火山玻璃、火山凝灰岩为对比标志，将红墙段归入以宁武-静乐盆地为层型的天池河组。这样，大同云岗盆地的云岗组，也有了顶界；大同云岗盆地也有了天池河组。王守义这样调整云岗组的上界，符合岩石地层划分的原则，也便于区域对比。因此，本专著中予以采纳。

【现在定义】　大同组之上、天池河组之下的一套河湖相杂色碎屑岩地层。包括两个岩性段：一段以灰白色、黄绿色砂岩、砂砾岩为主夹泥页岩；二段以暗紫红、灰白、黄绿色砂岩、泥（页）岩为主。下伏地层为大同组，以底部砂砾岩底面划界，平行不整合接触；上覆地层为天池河组，以大量紫红色砂页岩出现划界，整合接触。

【层型】 正层型为大同市云岗剖面：该剖面位于大同市云岗镇青磁窑-云岗镇以西（113°10′00″，40°06′00″）；1979 年山西区调队王守义等重测。

上覆地层：**天池河组** 紫灰、淡红色砂岩及页岩

——————— 整 合 ———————

云岗组	总厚度 151.2 m
二段	厚 70.0 m
27. 黄绿色、棕黄色纸片状页岩	1.0 m
26. 紫红色粘土质页岩，上部有 0.5m 厚浅红色砂岩	3.0m
25. 黄绿色、灰色纸片状页岩。含叶肢介：*Euestheria datongensis*	2.0 m
24. 灰黄色页岩。含植物化石：*Cladophlebis* cf. *rasiborskl*，*Coniopteris hymenophylloides*，*Ginkgoites* sp.	3.0 m
23. 浅红色砂岩与紫红色砂岩、页岩互层。上部夹厚 1 m 灰绿色云母砂质页岩	12.0m
22. 紫红色粘土页岩。夹 20～30 cm 大小的球状结核，顶部为厚 1 m 红黄色砂岩	5.0m
21. 灰绿色粗砂岩（云岗石佛砂岩层）。具斜层理	15.0 m
20. 紫红色粗粒长石砂岩夹页岩。含硅化木化石，具斜层理	10.0 m
19. 紫红色粗粒长石砂岩。顶部含砾块，具斜层理	13.0 m
18. 紫红色或紫黄色粗砾长石砂岩与页岩互层。砂岩具斜层理	7.0 m
17. 灰色页岩及灰黄色砂质页岩	1.0 m

——————— 整 合 ———————

一段	厚 80.2 m
16. 白色厚层粗粒砂岩	4.0 m
15. 紫灰、绿褐、橙黄等杂色页岩	2.0 m
14. 青灰色页岩与薄层砂岩互层	2.5 m
13. 白色粗砂岩，局部含砾。斜层理发育	4.0 m
12. 青灰色页岩夹薄层砂岩	2.7 m
11. 灰及灰白色砂岩夹页岩。砂岩常风化呈褐灰色	4.0 m
10. 灰色页岩及薄层砂岩互层	1.5 m
9. 灰色薄层状中粒砂岩。风化面呈褐灰色	4.0 m
8. 灰白色粗砂岩，斜层理发育	10.0 m
7. 灰白色厚层状粗砂岩及含砾砂岩夹少量灰白色页岩。砂岩含钙铁质、砂质结核	11.0 m
6. 灰白色含砾砂岩	5.0 m
5. 灰白色砾岩、砂砾岩	3.5 m
4. 灰白色含砾粗砂岩，中粗粒砂岩夹页岩碎块等。根据蒲城煤校及附近钻孔，此层夹窝状或似层状煤层（1 号煤）或碳质页岩（厚可达 0.84m）	8.5 m
3. 灰白色厚层状粗粒砂岩夹砂质页岩	6.5 m
2. 灰白色厚层状粗砂岩及砂砾岩，砂岩。具不太发育的斜层理，斜层理倾向南西	5.0 m
1. 灰白色砾岩、砂砾岩，含页岩碎块及煤屑（此层为大同煤田勘探时 K21 标志层）	5.0 m

－－－－－－－ 平行不整合 －－－－－－－

下伏地层：**大同组** 煤层及碳质泥岩，向下为灰色砂质页岩及浅灰色砂岩等

【地质特征及区域变化】 云岗组除分布于大同云岗盆地外，在宁武-静乐盆地也有大面积的分布，沁水盆地北部的四县垴和霍山南麓茹去一带的断陷中也有零星保存（图 6－1）。

大同云岗盆地的云岗组表现了两分性：一段主要为灰白色、黄白色厚层含砾中粗粒石英杂砂岩，夹少量灰色、黄绿色砂质页岩、页岩，厚 80.2 m；二段为黄绿色中厚层—薄层状中细粒长石石英砂岩夹黄绿、紫红色砂质泥（页）岩、泥（页）岩，厚 71 m。

宁武-静乐盆地的云岗组两分性清楚，但一段厚度较薄，一般厚 40～50 m；二段厚可达 160～200 m。泥岩中含粉晶灰岩凸镜体或团块。郭家庄剖面可作该区次层型。

沁水盆地四县垴一带云岗组（曾称为黑峰组）直接平行不整合于延长组之上。同样，显示两分性，但大多数仅保留一段。这一带云岗组一段的灰白色含砾粗砂岩更厚，泥（页）岩夹层很少，厚一般 80～100 m，最厚可达 200 m 以上；二段厚度也可达 170 m，下部砂岩夹层仍不少，夹几层紫红色砂质泥岩，上部则以黄绿色页岩为主，很少夹紫红色页岩。榆社县牌坊剖面可作该区的次层型剖面。

霍山南麓一带的云岗组（曾划归茹去组一段），直接平行不整合于三叠系二马营组之上。主要为灰红色砾岩、砂砾岩、灰褐色砂岩、砂砾岩、灰黄色砂岩与暗紫红色砂岩、砂页岩交互组成（相当云岗组上段），厚约 160 m。

云岗组沉积环境属河流及河流—浅湖。

云岗组含较多的植物及双壳类化石。

天池河组　J_2t　(05 - 14 - 0024)

【创名及原始定义】　1979 年山西省地层表编写组（武铁山等）编写《华北地区区域地层表・山西省分册》时创名，以代表宁武-静乐盆地中云岗组之上的一套红色砂岩为主的、1∶20 万静乐幅称为安定群的地层。天池及天池河，均形成于这套分布在宁武-静乐向斜盆地核部的红色砂岩地层中。原始定义：“山西地层分区宁武小区云岗组之上的一套紫红色砂岩夹泥岩的地层。岩性为：暗紫红、紫红、灰红色中—薄层、中—细粒长石砂岩和长石石英砂岩为主，夹少量浅紫红、紫红色砂质页岩、泥岩薄层。下伏地层为云岗组，整合接触。为宁武小区中生界最高层位，顶界不详”。

【沿革】　天池河组自创名编入《华北地区区域地层表・山西省分册》(1979) 后，已为《山西的侏罗系及白垩系》（王守义，1984）和《山西省区域地质志》（山西省地矿局，1989）所引用。1988 年山西区调队（王守义等）将原先云岗组上部，红色砂岩、泥岩组成的红墙段，划归天池河组。这样，岩石地层单位的划分更趋合理。云岗组二段为灰绿色砂岩、页岩夹紫红色、暗红色泥岩、砂质泥岩，全部为紫红色砂岩、泥岩时，即为天池河组。

【现在定义】　天池河组为云岗组之上的一套以紫红色砂岩为主夹泥岩，下部夹少量火山喷发岩及碳酸盐岩的地层。包括两个岩性段：下部红墙段：紫红色砂岩、泥岩互层夹火山喷发岩或火山岩屑砂岩；上部北梁上段：紫红色长石砂岩为主，夹少量紫红色砂质泥岩。下伏地层为云岗组，整合接触。层型剖面未见顶。

【层型】　正层型为宁武县郭家庄-原平县北梁上段（见北梁上段条目）。

【区域变化】　按现在定义的天池河组，分布于宁武-静乐盆地和大同云岗盆地及霍山南麓的洪洞茹去等地。宁武煤田天池河组两个段均有分布，厚度多可达 400 m，但未见顶。大同煤田天池河组仅见保留不全的红墙段，厚 103 m，其上被髫髻山组安山岩不整合覆盖。茹去一带的天池河组保留完整，厚 393.8 m，其上覆有呈连续沉积的茹去组。

红墙段　J_2t^h　（05－14－0025）

【创名及原始定义】　王守义1985年参加编写《山西省区域地质志》时创名，当时系指云岗组上部第三段。其原始定义为："红墙段在大同煤田、宁武煤田及古县哲才一带均整合于云岗组石窟段之上，岩性以暗紫红色砂岩与砂质泥岩互层，并夹流纹质火山喷发岩及黄绿色富含钙质的页岩或泥岩为特征"。

【沿革】　1988年，王守义将红墙段划归天池河组。本专著采纳了王守义最后的调整，将红墙段作为天池河组的下部岩性段。

【现在定义】　红墙段，也称红墙夹火山喷发岩的红色砂泥岩段。为天池河组下部岩性段。主要岩性特征为火山喷发岩或火山岩岩屑砂岩的紫红色砂岩与泥岩互层，偶见夹黄绿色砂泥岩。下伏地层为云岗组，整合接触；上覆地层为同属天池河组的北梁上段，整合接触，当北梁上段缺失时，可被更新的地层不整合覆盖。

【层型】　正层型为大同市云岗镇天池河组红墙段剖面。位于大同市云岗镇北——红墙村(113°10′00″，40°06′00″)；1985年王守义等测制。

上覆地层：**左云组**　粗砾岩

～～～～～～　不　整　合　～～～～～～

天池河组

红墙段	厚103.8 m
41. 灰白—暗灰红色硅质结晶灰岩	0.3 m
40. 灰白色流纹质凝灰熔岩	1.0 m
39. 紫红色凝灰质砂岩及凝灰质粉砂岩	2.0 m
38. 紫红色粗至巨粒长石石英砂岩。局部含有石英小砾，斜层理发育	3.0 m
37. 紫红色薄板状细砂岩与砂质泥岩互层	10.0 m
36. 暗紫红色含砾石英砂岩夹砂质泥岩。砂岩发育楔形斜层理	20.5 m
35. 紫红色砂质泥岩	4.5 m
34. 暗紫红—灰红色中、粗粒石英砂岩夹砂质泥岩。砂岩底面凹凸不平	13.0 m
33. 紫红色砂质泥岩夹灰紫色钙质细砂岩。砂岩含砂质灰岩球体	13.5 m
32. 浅灰红色含砾砂岩、细砂岩与紫红色砂质泥岩互层，夹灰黄色砂岩、砂质泥岩	23.0 m
31. 紫红色砂质泥岩	2.0 m
30. 紫灰、淡红色粗粒砂岩。具斜层理	3.0 m
29. 紫红色粘土页岩及砂岩	2.0 m
28. 紫灰、淡红色砂岩及页岩夹紫红色砂质页岩数层	6.0 m

——————　整　合　——————

下伏地层：**云岗组**　黄绿、棕黄色纸片状页岩

【地质特征及区域变化】　红墙段除岩性呈红色外，夹酸性火山岩及火山岩屑砂岩是其重要的特征及对比的标志。红墙段在宁武-静乐盆地，厚160 m左右；洪洞茹去一带，厚181 m；大同云岗盆地保留不全，厚103 m。

北梁上段　J_2t^b　（05－14－0026）

【创名及原始定义】　1988年王守义等进行山西省沉积地层的岩石地层单位划分时创名。

北梁上村位于宁武县郭家庄西北 1 km，但已属原平县后口乡管辖，为郭家庄-北梁上剖面的终点。北梁上段的原始定义为："北梁上段，也称北梁上红色砂泥岩段。主要由紫红色长石砂岩为主，夹少量紫红色砂质泥岩等。仅见于宁武煤田，是宁武煤田中生代地层的最高层位，由于后期剥蚀，顶界不详"。

【现在定义】 北梁上段也称北梁上红色砂岩夹泥岩段，为天池河组的上部岩性段。主要以暗紫红色细粒长石砂岩为主，夹浅紫红色砂质泥（页）岩。其下整合于同属天池河组的红墙段之上，其上覆地层为茹去组，但在层型剖面上未见顶。

【层型】 正层型为宁武县郭家庄-原平县北梁上剖面。剖面位于宁武县东庄乡郭家庄-原平县后口乡北梁上（112°19′00″，38°55′00″）；1972 年 1∶20 万原平幅区调时，林联情等测制。

天池河组	总厚度 290.9 m
北梁上段	厚 130.2 m
36. 紫红色薄层状细粒长石砂岩	59.0 m
35. 紫红色砂质泥岩	2.0 m
34. 暗紫红色薄层状细粒长石砂岩	7.0 m
33. 淡紫红色砂质页岩	3.0 m
32. 暗紫红色薄层状细粒长石砂岩	14.8 m
31. 浅紫红色砂质页岩	2.1 m
30. 暗紫红色薄层状细粒长石砂岩	23.4 m
———— 整　合 ————	
红墙段	厚 160.7 m
29. 紫红色砂质页岩	4.6 m
28. 灰紫—暗紫色厚层状中—粗粒火山岩屑长石砂岩，夹流纹质凝灰岩，其下部局部含砾，并具砾岩凸镜体	80.0 m
27. 暗紫红色砂质泥岩夹灰白色、暗肉红色流纹质凝灰岩。砂质泥岩富含泥灰岩团块，局部夹砂砾岩凸镜体	76.1 m
———— 整　合 ————	
下伏地层：**云岗组**　灰绿色薄层状长石石英砂岩	

【区域变化】 北梁上段岩性稳定，变化不大，厚 120～235 m。因上部多被侵蚀剥削，各地保存多少不一。洪洞茹去一带保留齐全，厚 212.7 m。

茹去组　J_3r　（05－14－0229）

【创名及原始定义】 1979 年山西省地层表编写组（武铁山等）编制《华北地区区域地层表·山西省分册》时，考虑到霍山南麓一带分布的一套巨厚的河流相碎屑岩层，绝非像 1∶20 万临汾幅认识那样（属铜川组—延长组的相变）；因此，以这套地层出露较好，并测有剖面的洪洞县茹去村命名，而创立茹去组，时代暂归属于白垩系。原始定义："为一套以淡红色含砾长石砂岩为主的岩层，岩性与厚度很难与附近的延长组、铜川组、二马营组等对比，其中含有引人注目的砂岩型铜矿化，可能属'红色建造'，时代暂定为白垩系，命名为'茹去组'"。

【沿革】 《山西的侏罗系及白垩系》（王守义，1984）及《山西省区域地质志》（山西地矿局，1989），对其时代重新认识，改归侏罗纪，将其下部对比为云岗组，上部对比为天池河组。武铁山等（1988）考虑到，这套地层岩性特征与云岗组、天池河组有较明显的差异，从岩石地层的意义出发，仍以“茹去组”称之（也即恢复茹去组），并划分为七个岩性段。亢建中（1987）则主张茹去组限于上部（相当四—七段）。此次地层对比研究，基本采纳亢建中对茹去组的厘定。因真正可与天池河组、云岗组对比的为下部的一——三段。上部四—七段为新于天池河组的更新的地层。

【现在定义】 指沁水盆地西缘（霍山南麓）、天池河组之上的一套由黄绿色钙质粉砂质页岩夹钙质细砂岩，灰紫色、灰红色中细粒长石砂岩、灰红色中粗粒含砾长石砂岩夹紫红色页岩等，构成的湖泊—河流相的沉积。与下伏天池河组为连续沉积，整合接触，以天池河组红色岩层结束，本组黄绿色砂质页岩出现划界。

【层型】 正层型为洪洞县茹去村剖面。剖面位于洪洞县苏堡乡茹去村沟中（111°50′00″，36°16′00″）。1976 年山西区调队测制。

茹去组 总厚度 481.2 m

四段（未见顶） 厚 42.7 m

42. 灰红色厚层状中、细粒钙质长石砂岩（交错层砂岩）。交错层斜层理发育；中、上部夹厚 40 cm 浅绿色砂质泥岩，上部灰红色厚层状中、粗粒砂岩夹砂质泥岩（因断层影响，出露不全） 34.7 m

41. 灰绿、灰褐色（颜色渐变）厚层粗粒砂岩。底部为灰绿色厚层含砾、中粗粒长石砂岩，下部粗砂岩有磁铁矿条纹，上部以灰褐色为主 8.0 m

——————— 整 合 ———————

三段 厚 248.8 m

40. 灰红色厚层状细粒铁质长石砂岩夹紫红色泥质砂岩。具交错层理，下部为中、粗粒 35.3 m

39. 灰红色厚层状砂砾岩（下部厚 5 m），厚层状中、粗粒铁质长石砂岩。上部夹紫红色砂质泥岩多层（每层厚 10～30 cm，共厚约 10 m） 40.0 m

38. 灰红色厚层状含砾中粒钙铁质长石砂岩。砾石不成层 21.9 m

37. 灰红、灰褐色巨厚层状含砾中、粗粒铁质长石砂岩、砂砾岩。砾石成分不均，密集可成带或砾岩凸镜体。砾石成分为灰红、黄、黑色石英岩为主，砾径 0.5～5 cm，滚圆度好；下部砾石小而少，上部砾石大而多，砾岩与砂岩比为 3∶1 或 4∶1 21.8 m

36. 灰红色厚层状含砾中粗粒铁质长石砂岩。具磁铁矿条带，上部显灰紫色 37.2 m

35. 灰红色厚层状中—细粒含钙、铁质长石砂岩，夹有紫红色页岩碎片。具磁铁矿条纹，并形成交错层理 22.9 m

34. 紫红色厚层状粗—中粒含砾长石砂岩。色较浅、砾石以红色石英岩为主，砾径 0.5～5 cm，砾石不成层 7.6 m

33. 灰红色厚层状中—粗粒长石砂岩夹少量紫红色页岩。具磁铁矿条带，顶部厚 30 cm 紫红色页岩 28.4 m

32. 灰红色厚层状中—粗粒长石砂岩夹二层紫红色页岩（每层厚 5～10 cm）。具交错层理 6.8 m

31. 灰红色巨厚层状粗粒含砾长石砂岩夹砾岩凸镜体（厚 0.5～1.0 m 长 3～10 m）。砾径 1 cm 左右，大者 4 cm，浑圆，分选性好；砾石成分以石英岩为主，次为泥岩，火成岩。砾岩凸镜体，可断续分布成层，显示凹凸不平之冲刷面 26.9 m

——————— 整 合 ———————

二段 厚 120.7 m

30. 灰红、灰绿色厚层状中粒钙质长石砂岩夹紫红色泥、页岩。顶部、上部砂岩具交错层理（砂与砂砾岩组成） 65.0 m

29. 紫红色薄层状砂质泥岩夹中、细粒铁、钙质长石砂岩 5.0 m

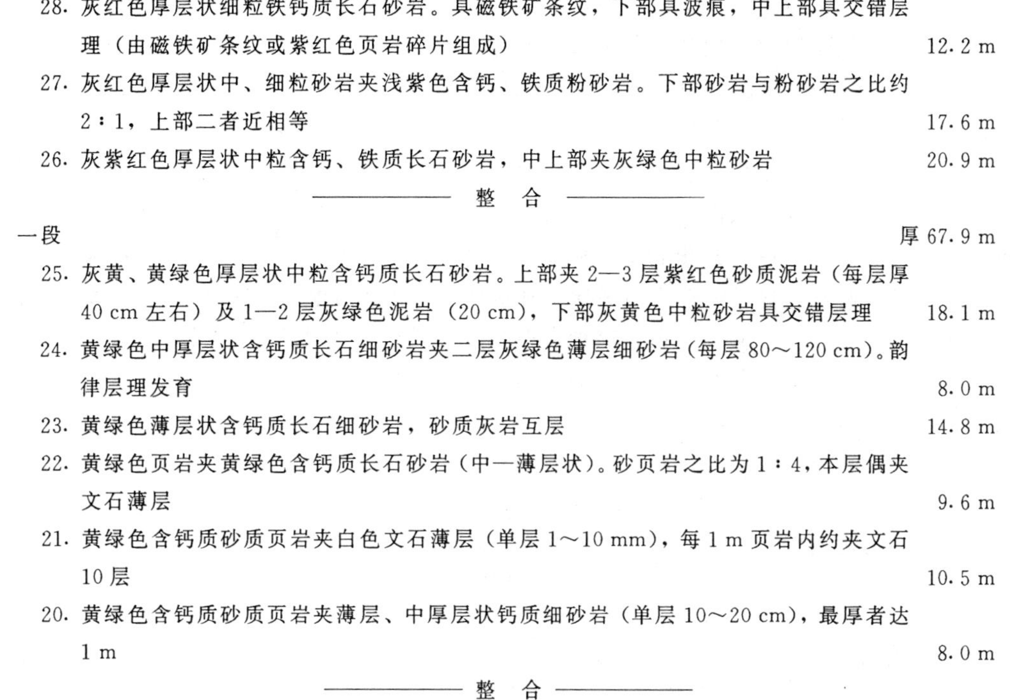

28. 灰红色厚层状细粒铁钙质长石砂岩。具磁铁矿条纹，下部具波痕，中上部具交错层理（由磁铁矿条纹或紫红色页岩碎片组成） 12.2 m

27. 灰红色厚层状中、细粒砂岩夹浅紫色含钙、铁质粉砂岩。下部砂岩与粉砂岩之比约2∶1，上部二者近相等 17.6 m

26. 灰紫红色厚层状中粒含钙、铁质长石砂岩，中上部夹灰绿色中粒砂岩 20.9 m

——————— 整　合 ———————

一段 厚 67.9 m

25. 灰黄、黄绿色厚层状中粒含钙质长石砂岩。上部夹 2—3 层紫红色砂质泥岩（每层厚 40 cm 左右）及 1—2 层灰绿色泥岩（20 cm），下部灰黄色中粒砂岩具交错层理 18.1 m

24. 黄绿色中厚层状含钙质长石细砂岩夹二层灰绿色薄层细砂岩（每层 80～120 cm）。韵律层理发育 8.0 m

23. 黄绿色薄层状含钙质长石细砂岩，砂质灰岩互层 14.8 m

22. 黄绿色页岩夹黄绿色含钙质长石砂岩（中—薄层状）。砂页岩之比为 1∶4，本层偶夹文石薄层 9.6 m

21. 黄绿色含钙质砂质页岩夹白色文石薄层（单层 1～10 mm），每 1 m 页岩内约夹文石 10 层 10.5 m

20. 黄绿色含钙质砂质页岩夹薄层、中厚层状钙质细砂岩（单层 10～20 cm），最厚者达 1 m 8.0 m

——————— 整　合 ———————

下伏地层：**天池河组**　灰红、暗紫红色中厚层状—厚层状粗粒长石砂岩

【地质特征】　茹去组出露于古县冯家窑—洪洞县茹去一带断陷中，厚 481 m。该地层因分布及出露范围有限，横向变化不大，但纵向上具明显的韵律性特征，可划分为四个岩性段。

一段（黄绿色中—细碎屑岩段）：主要由黄绿色含钙质中细粒砂岩与黄绿色钙质砂页岩夹白色文石组成，厚约 60 m。

二段（灰红色—灰绿色杂色中细碎屑岩段）：主要由灰红色中—细粒砂岩与灰绿色中粒砂岩、紫红色泥岩交互组成，厚约 120 m。砂岩中广见河流波痕和交错层理。

三段（灰红色中—粗碎屑岩段）：主要由灰红色中—粗粒砂岩（广见磁铁矿条纹）、砂砾岩夹紫红色页岩组成，厚约 230 m。

四段（灰红—灰绿杂色中细碎屑岩段）：主要由灰褐色、灰绿色含砾砂岩、砂岩与灰红色中—细粒砂岩及少量灰绿色砂页岩组成。厚约 50 m。砂岩中发育河流相交错层理。

九龙山组　J_2j　（05－14－0027）

【创名及原始定义】　原称九龙山系。1920 年叶良辅等创名于北京西山门头沟的九龙山。原始定义："所谓九龙山系整合于门头沟煤系地层之上，由紫绿色之砂岩、页岩与砾岩交互成层，而其中不含煤层者。"

【沿革】　九龙山系自创名之后，在北京西山一直广泛引用，也有称为九龙山砾岩、九龙山统或九龙山组；对其层位很少有争议，但对其时代有不同认识。另外随地质调查研究的不断深入，九龙山组的岩性组合，逐步被人们所认识，实为一套紫红色、灰绿色相间的河流相为主的火山（凝灰质）-沉积碎屑岩层。

【现在定义】　九龙山组是一套灰紫、紫红和灰绿色陆相火山碎屑沉积岩。岩石类型包括不同粒级的砾岩、砂岩、粉砂岩及粘土岩，以及含有大量火山碎屑物质的凝灰质砾岩、凝灰质砂岩和凝灰质粉砂岩。与下伏龙门组灰黑色复成分砾岩、岩屑砂岩为平行不整合接触，与上覆髫髻山组中性粗安质火山岩为不整合或平行不整合接触。

【层型】 正层型为北京市门头沟区岳家坡南山剖面。

山西境内一直未发现真正的九龙山组（有时仅将云岗组、天池河组与九龙山组进行时代对比）。1991 年山西区调队进行 1∶5 万望狐幅区调中，在浑源县大仁庄乡的老马窑、后兑沟一带，早已认识的侏罗系火山岩系之下，石盒子组之上，发现一套近 200 m 厚的紫红色、灰绿色相间的火山碎屑岩层，并测制了剖面。对这套地层的层位及时代，填图分队认为是石盒子组，后考虑岩性与石盒子组有明显差异，而新创名“后兑沟组”；时代仍置于二叠系，认为是石盒子组的相变。本专著则根据这套地层产出层位及岩石组合面貌，认为它是典型的九龙山组。现在列出浑源县老马窑剖面，作为山西境内仅有的九龙山组次层型。

浑源县大仁庄乡老马窑九龙山组剖面：位于浑源县大仁乡老马窑村北（113°55′00″，39°41′00″）；山西区调队李营辉等 1992 年测制。

上覆地层：**土城子组彭头沟段** 浅红色沉凝灰质砂砾岩

——————— 平行不整合 ———————

九龙山组	总厚度 181.1 m
34. 下部灰白色中细粒岩屑质石英杂砂岩，中上部紫红色泥岩（沉凝灰岩）	7.2 m
33. 灰黄色厚层高岭土化流纹质晶屑—岩屑凝灰岩。上部厚 1m 紫红色泥岩（沉凝灰岩）	4.8 m
32. 灰紫色高岭土化流纹质凝灰岩	3.2 m
31. 灰紫色高岭土化火山角砾岩	4.0 m
30. 下部灰红色凝灰质角砾岩，上部紫红色沉凝灰岩	2.8 m
29. 紫红色粗粒石英杂砂岩。上部紫红色泥岩	6.8 m
28. 紫红色泥岩（沉凝灰岩）	3.2 m
27. 灰白、紫红色厚层中粒长石石英杂砂岩	2.1 m
26. 灰绿、灰红流纹质晶屑、岩屑凝灰岩，底部浅灰色中粗粒岩屑石英杂砂岩	7.7 m
25. 灰白色厚层状中粗粒石英杂砂岩	1.4 m
24. 灰绿色泥岩（沉凝灰岩）	18.3 m
23. 下部灰红、灰紫、紫红色泥岩（沉凝灰岩），上部灰绿色厚层中粒岩屑砂岩	3.6 m
22. 灰白色夹紫红色沉凝灰岩	6.8 m
21. 灰白、灰黄色厚层状含砾中粗粒石英杂砂岩	1.3 m
20. 灰黄色砂砾岩、粗砂岩。上部灰紫、紫红色泥岩	14.8 m
19. 紫红色泥岩	14.5 m
18. 灰紫、灰黄色厚层中粗粒凝灰质砂岩	3.0 m
17. 灰黄色粉砂岩，上部灰白色、黑色泥岩	3.0 m
16. 灰黄、黄褐色菱铁质粗粒岩屑砂岩	3.0 m
15. 灰绿色粉砂、细砂岩，顶部紫红色泥岩	6.6 m

——————— 平行不整合 ———————

下伏地层：**石盒子组** 碳质泥岩、灰绿色泥岩

（向南不远的柴眷一带，九龙山组的直接上覆地层为髫髻山组玄武岩）

髫髻山组 J_2t （05－14－0028）

【创名及原始定义】 原称髫髻山层，1920 年叶良辅等创名于北京西山门头沟区的刘公

沟。原始定义："较九龙山系尤新，由页岩、砾岩与喷出岩所组成。其最下部夹有扁豆状之无烟煤。砾石中卵石圆形者多，大小不一，其质为石英岩、石英与红绿色之斑岩等，尤以斑岩为多。粘质中有矽质与土质，尤以斑岩状物为多。总厚度在 1500 m 左右"。

【沿革】 髫髻山层自创名后，在北京西山一直沿用；但其上界即直接上覆地层，在原始定义中并没有指出。直到 1959 年河北区调队在北京市以北开展 1：100 万区调，创立后城组之后，才限定了髫髻山组的地层位置。并将髫髻山组推广到北京西山以外地区。

髫髻山组引至山西省境内，始于河北区调队进行包括山西灵丘县、广灵县在内的 1：20 万阜平幅和广灵幅区调。但由于对火山岩的研究精度较粗，直到《华北地区区域地层表·山西省分册》出版（1979），均笼统地将浑源（官王铺、大仁庄）、灵丘（太白维山、塔地）、广灵（板塔寺）一带的全部侏罗系火山岩系称为髫髻山组。较确切地使用髫髻山组于山西的是《山西省区域地质志》（山西地矿局，1989），该专著将陈平（1981）、孟令山等（1982）于浑源官王铺、抢风岭一带所称的官王铺组称为髫髻山组。

【现在定义】 髫髻山组是一套以中性粗安质熔岩、角砾凝灰岩等火山喷出岩为主，夹有凝灰质砂岩、凝灰质砾岩等的火山岩地层。与下伏九龙山组为不整合或平行不整合接触，而与上覆土城子组则为整合或平行不整合接触。

【层型】 选层型为北京市门头沟区田庄村东南剖面。浑源县官王铺剖面可作山西髫髻山组的次层型。

浑源县官王铺髫髻山组剖面：位于浑源县官王铺乡官王铺村（113°47′00″，39°39′00″）；1981 年山西地矿局 211 队孟令山、孙埃宝等进行膨润土普查时测制。

上覆地层：**土城子组彭头沟段** 灰紫色蒙脱石化凝灰质砾岩

～～～～～～～～ 不 整 合 ～～～～～～～～

髫髻山组	总厚度 51.0 m
4. 灰紫色杏仁状安山玄武岩	7.5 m
3. 褐红色安山质集块岩	8.5 m
2. 灰黑色辉石安山玄武岩	20.0 m
1. 紫红色砂砾岩（不含火山岩砾石）	15.0m

～～～～～～～～ 不 整 合 ～～～～～～～～

下伏地层：**月门沟群** 砂页岩夹煤层及高岭岩

【地质特征及区域变化】 除官王铺外，浑源县大磁窑乡的孟家窑一带，大仁庄乡的柴眷一带，也有分布；但赋存面积不大，且局限于抢风岭以北。故岩性变化不大，除底部有不厚且不稳定的紫红色砂砾岩外，主要为灰紫色基性-中基性火山喷发岩——玄武岩、安山玄武岩、玄武安山岩、熔岩为主，有时含火山角砾或夹集块岩。厚度 30～60 m。

土城子组 J_3t （05－14－0029）

【创名及原始定义】 原称土城子砾岩层，1942 年林朝棨创名于辽西的朝阳、北票土城子附近。原始定义是"指北票地区位于蒙古营子页岩之上孙家梁火山岩层下之砾岩层。"之后，土城子组在辽西一带沿用。

【现在定义】 土城子组是指分布于辽西、冀北等地区，平行不整合于髫髻山组之上，由紫红色粉砂质泥岩夹砂岩，复成分砾岩夹砂岩，沸石岩及凝灰岩夹砾岩组成的一套沉积序列，其上被义县组或张家口组不整合覆盖。

【层型】 选层型剖面为辽宁省朝阳项家杖子、花张营子剖面。

【其它或问题讨论】 山西省以往从未使用过土城子组，现在按定义划归土城子组的地层，即灵丘太白锥山一带的1965年以来所称的后城组，也即1988年王守义等新创名的招柏组；和浑源一带，1971年以来所称的彭头沟组。本专著考虑到太白维山一带，招柏组（后城组）和浑源一带彭头沟组岩性的明显差异性，将二者均予保留，但降级为段，作为山西土城子组同期异相的两个段级岩石地层单位。以砾岩中砾石主要为沉积岩、胶结物主要为泥砂质的称招柏段；以火山凝灰质（角）砾岩为主的称彭头沟段。

招柏段 J_3t^z （05－14－0030）

【创名及原始定义】 原称招柏组，1988年王守义等进行山西沉积地层的岩石地层单位划分时考虑到火山沉积盆地的局限性，而以当地地理专名命名新创的岩石地层单位名称，用以代替1965年以来采用的河北省命名的后城组。其原始含义为："分布于灵丘县南部及东部，为一套以洪积相砾岩为主的粗碎屑岩地层。主要由灰红色泥砂质胶结或凝灰质胶结的砾岩、砂砾岩组成，夹有少量含砾的蒙脱石化粘土岩或凝灰岩、灰紫色、灰绿色岩屑砂岩。砾石主要为石灰岩、白云岩，有时有安山岩、流纹岩砾岩。"

【现在定义】 与原始定义相同。唯将招柏组降级为招柏段。其上覆地层为张家口组中—酸性火山岩，平行不整合接触；下伏地层为马家沟组石灰岩或为石炭系—二叠系砂、页岩，呈不整合接触。

【层型】 正层型为灵丘县招柏剖面。该剖面位于灵丘县招柏乡郭庄村（114°24′00″，39°24′00″）；1987年，山西区调队王枝堂等测制。

土城子组　招柏段（未见顶）　厚705.8 m

20. 灰红色厚层状中砾岩　45.5 m
19. 浅灰红色厚层状中砾岩　166.0 m
18. 灰白色厚层状中砾岩　40.0 m
17. 灰白色厚层状细—中砾岩　3.0 m
16. 灰白色—浅灰红色厚层状中砾岩。见灰紫色安山岩砾石，但砾石成分主要由石灰岩组成，泥砂质胶结（以上各层砾岩砾石成分基本与此层相近）　88.0 m
15. 灰红—灰紫色厚层状细砾岩。泥砂质胶结；砾石中石灰岩、白云岩占50%～60%，安山岩占5%　3.5 m
14. 浅灰绿—浅粉红色、砖红色含砂砾蒙脱石化粘土岩　15.5 m
13. 灰紫—紫红色中厚层状岩屑砂岩。胶结物为泥质、粉砂质　0.3 m
12. 灰白色（顶面略显黄绿色）凝灰质砂砾岩　0.5 m
11. 灰红色厚层状中砾岩夹少量砾状灰岩。分选性差，底部一层钙质胶结砾岩　110.5 m
10. 浅灰红色凝灰质砂砾岩。砾石中灰岩占40%，英安岩占25%，杂基为泥砂岩。砾石叠瓦状排列　6.0 m
9. 灰紫—紫红色厚层状细砾岩。泥砂质胶结砾石主要为灰岩　20.0 m
8. 灰红色厚层状细砾岩　23.0 m
7. 浅灰色厚层状细—中砾岩。见楔状斜层理　80.0 m
6. 灰紫色厚层状含凝灰质砂砾岩。砾石成分，灰岩10%，粗面岩、英安岩35%～40%　5.0 m
5. 浅灰红色厚层状中—细砾岩，中部夹一层凝灰岩。具大型板状斜层理，砾石叠瓦状排

列　　45.0 m

4. 灰白色厚层状粗砾岩。板状斜层理，砾石叠瓦状排列　　10.0 m

3. 浅灰红—灰白色厚层状细砾岩。下部砾石具分选性，具大型楔状斜层理　　8.0 m

2. 灰白色厚层状细—中砾岩。凝灰质胶结，砾石成分主要为灰岩　　16.0 m

1. 浅灰红色厚层状中砾岩。砾石次棱角—次磨圆，叠瓦状排列，泥粉砂胶结　　20.0m

~~~~~~~~~~ 不 整 合 ~~~~~~~~~~

下伏地层：**马家沟组**　石灰岩

【地质特征及区域变化】　招柏段主要分布于灵丘县城南太白维山南侧的干河沟、东岗、龙浴池以及招柏、永泉等地，沉积厚度大多在 500 m 以上（图 6－2）。另外，在大同云岗盆地云岗组—天池河组不整合面之上的安山岩层，若对比应归属于张家口组抢风岭段，那么其下局部地段发育有数十米的砾岩层，则应归属土城子组招柏段。

彭头沟段　J_3t^p　（05－14－0031）

【创名及原始定义】　原称朋头沟组（朋头沟为彭头沟之误），1981 年孟令山等于浑源一带进行膨润土普查时创名，彭头沟村位于浑源县官王铺乡。其原始定义为："彭头沟组为一套主要由酸性火山喷发物质组成的沉积岩-沉火山碎屑岩-火山碎屑岩-熔岩多韵律组合的岩石系列。可划分为四个岩段：一段主要为复成分砾岩，含多量石英斑岩、安山岩砾石为特征。二、三、四段主要组成岩石为灰白色的沉晶屑、岩屑凝灰岩—角砾岩。二段下部含优质膨润土。"

【沿革】　朋头沟组自创名后被浑源一带进行的矿产普查和 1∶5 万区调所使用，此次地层对比研究改称彭头沟段。

【现在定义】　彭头沟段指山西省东北部浑源一带，不整合于髫髻山组之上，张家口组之下，主要由酸性火山碎屑岩夹火山熔岩组成，以含膨润土为特征，底部具砾岩的一套沉积-火山岩岩层。

【层型】　正层型为浑源县彭头沟剖面。该剖面位于浑源县官王铺乡彭头沟村(113°47′00″，39°40′00″)；1980 年孟令山、孙埃宝等测制。

土城子组　彭头沟组（未见顶）　　总厚度 195.9 m

12. 灰色球粒流纹岩　　70.6 m

11. 浅肉红色、黄绿色含岩屑膨润土（原岩为松脂岩、珍珠岩）　　27.6 m

10. 灰白—浅粉红色沸石化、蒙脱石化流纹质凝灰角砾熔岩　　49.9 m

9. 灰白—浅粉红色蒙脱石化、沸石化流纹质凝灰岩　　2.4 m

8. 浅粉红色蒙脱石化流纹质角砾岩　　13.6 m

7. 粉红色含岩屑膨润土（同生型）　　1.8 m

6. 膨润土矿层（同生型）　　1.7 m

5. 灰白色沉凝灰岩　　0.5 m

4. 浅粉红色蒙脱石化流纹质凝灰角砾岩　　1.8 m

3. 浅黄绿色砾岩　　2.0 m

2. 紫红色砂砾岩　　20.0 m

1. 灰紫色蒙脱石化凝灰质砾岩　　4.0m

~~~~~~~~~~ 不 整 合 ~~~~~~~~~~

下伏地层：**髫髻山组**　砾岩

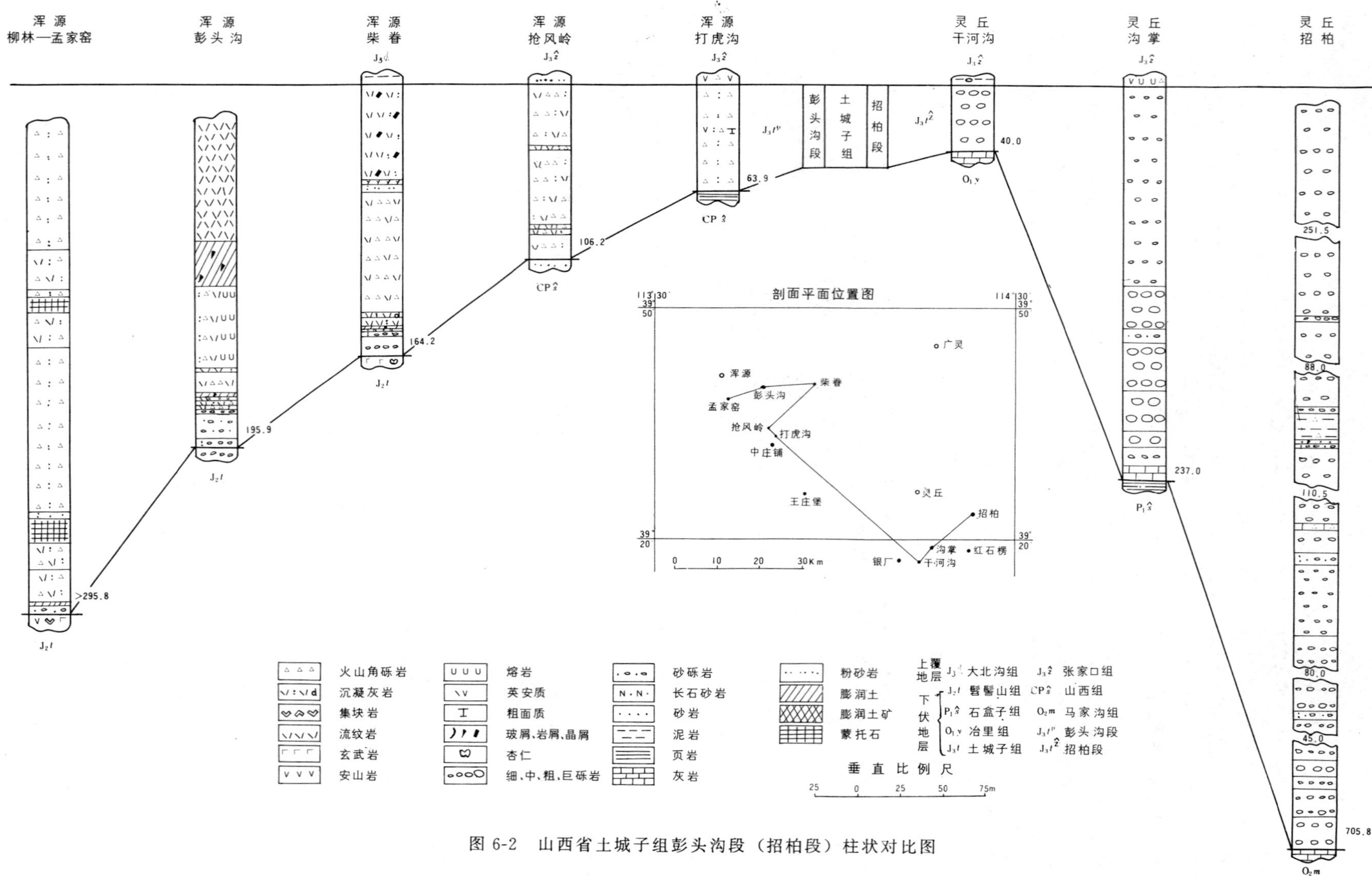

图 6-2　山西省土城子组彭头沟段（招柏段）柱状对比图

【地质特征及区域变化】 彭头沟段主要分布于大磁窑乡孟家窑、官王铺乡彭头沟、大仁庄乡柴眷一带；向南可延伸到中庄铺乡羊投崖一带。段厚一般100～200 m，孟家窑一带厚258 m，向南至抢风岭以南变薄、尖灭（图6-2）。主要岩性为酸性火山碎屑岩-流纹质集块岩、流纹质火山角砾岩、角砾凝灰岩等，夹有膨润土矿层及沸石矿化层。底部有厚度变化较大的红色砾岩、砂砾岩（夹少量砂岩、粉砂岩等），砾岩砾石成分主要由安山岩、玄武岩、流纹岩及片麻岩、灰岩等组成。顶部常夹有酸性火山熔岩-流纹岩、流纹质角砾熔岩。

张家口组 $J_3\hat{z}$ (05-14-0032)

【创名及原始定义】 1866年Pumpelly（庞佩利）创名，当时称“张家口斑岩”。原始含义是：“指广泛发育于张家口周围，在戈壁滩（坝）上也有产出，既横切又覆盖于基底片麻岩上的一套粗面岩系。”

【沿革】 1959年河北省区调队，厘定张家口组含义，限指白旗组安山岩之上，大北沟组含狼鳍鱼层之下的一套酸性亚碱性火山岩地层，《河北省区域地质志》将白旗组与张家口组合并称东岭台群。

1984年，王守义等进行《山西的侏罗系与白垩系》1∶20万断代地层总结时，将上述河北区调队的张家口组（包括下伏白旗组及合称的东岭台群）引用于山西。将浑源、灵丘一带侏罗系火山岩系下部的中基性—酸性火山岩，均对比为东岭台群，其中上部酸性火山岩系称为张家口组。1985—1989年《山西省区域地质志》（侏罗系与白垩系部分仍为王守义执笔）进行修订，将东岭台群及所属白旗组、张家口组限定于后城组之上，大北沟组之下。其具体所指，除灵丘太白维山、塔地一带火山岩外，还包括中庄铺一带孟令山等所称的抢风岭组和麻地坪组，而不再包括孟令山等所划分的官王铺组和朋头沟组。1988年王守义等在进行山西省沉积地层的岩石地层单位划分时，考虑不同火山岩盆地间岩性的差异与对比的不可靠性，于浑源火山盆地沿用抢风岭组，新创向阳村组；于灵丘太白维山火山盆地创干河沟组、马头山组（地区性名称）。以分别代替两盆地的白旗组与张家口组。此次地层对比研究，河北地层清理专题组，按华北大区确定的以内涵较为宽松的组，统一划分华北侏罗纪—白垩纪火山岩系的原则，重新厘定推荐出了一个广义的张家口组，并被华北大区所接受。新的张家口组实际相当河北省原称的东岭台群，既包括了原称的张家口组，也包括了白旗组。

【现在定义】 指广泛分布于冀北及相邻地区，不整合于土城子组或更老地层之上、大北沟组或义县组之下的一大套中基性—酸性多喷发旋回的火山岩系，旋回底部往往具紫红色砂砾岩及泥岩层。

按以上叙述及张家口组现在定义，和前述的本专著采用降组为段的方法，尽可能保留本省按岩性已划分和创立的岩石地层单位的原则，山西境内新称张家口组，包括两个岩性段即抢风岭段和向阳村段。

【层型】 正层型为河北省张家口市红泥湾-元宝山剖面（河北区调大队，1967)。浑源县钟楼坡剖面为山西省境内张家口组的次层型。

浑源县钟楼坡张家口组剖面：位于灵丘县王城庄乡冯家沟-浑源县中庄铺乡钟楼坡村(113°49′00″，39°34′00″)；1983年王守义等测制。

上覆地层：**大北沟组野西沟段** 紫红色砂质泥岩夹灰黑色安山质火山角砾岩

——————— 平行不整合 ———————

张家口组　总厚度 394.7 m

向阳村段　厚 294.2 m

18. 灰白色、灰色球粒状石英粗面岩　77.1 m

17. 浅灰色、灰白色流纹质角砾熔岩　35.9 m

16. 灰黑色球粒状石英粗面岩　43.3 m

15. 灰红色凝灰质粉砂岩　1.3 m

14. 灰红色凝灰质砂岩　1.3 m

13. 灰红色凝灰质砾岩　1.3 m

12. 灰白色流纹质角砾凝灰岩夹流纹质火山角砾岩。上部有少量粉红色蒙脱石化凝灰岩及膨润土　15.8 m

11. 灰黑色英安质凝灰熔岩　22.5 m

10. 灰黑色英安岩　10.5 m

9. 灰黑色英安质火山角砾岩　13.5 m

8. 灰黑色英安流纹质火山角砾岩　45.2 m

7. 灰红色砾岩　26.5 m

——————— 平行不整合 ———————

抢风岭段　厚 100.5 m

6. 灰黑色粗安岩、顶部气孔状粗安岩　39.1 m

5. 灰红色粗安质角砾熔岩、气孔状粗安岩　1.5 m

4. 灰黑色、灰紫色粗安岩、气孔状粗安岩　16.2 m

3. 灰褐色气孔状粗安岩夹灰红色粗安质角砾熔岩　22.4 m

2. 灰黑色含辉石粗安岩　18.4 m

1. 灰白—淡粉红色蒙脱石化角砾凝灰岩　2.9m

~~~~~~~~ 不 整 合 ~~~~~~~~

下伏地层：**太原组**　粘土质页岩、砂岩夹煤层

抢风岭段　$J_3\hat{z}^q$　(05－14－0033)

【创名及原始定义】　抢风岭段渊源于 1926 年王竹泉命名的抢风岭辉绿岩。原始定义："抢风岭辉绿岩，呈灰黑色，露布面积颇广，似一种火山岩流，覆盖于奥陶纪石灰岩及石炭、二叠纪煤系地层之上。"

【沿革】　自创名后，很少被引用。1982 年孟令山、孙埃宝在划分浑源一带含膨润土地层时，将王竹泉当年所称抢风岭辉绿岩，改称抢风岭组，确定其层位在朋头沟组之上，麻地坪组之下。《山西省区域地质志》(1989) 将抢风岭组与河北省对比，称为白旗组。本专著采用抢风岭一名，但降为新称张家口组的抢风岭段。

【现在定义】　指山西省东北部灵丘、浑源、大同一带分布的张家口组的第一个岩性段，由玄武岩、玄武安山岩、粗安岩等组成。底部可有少量紫红色凝灰质粉砂岩、泥岩、砂砾岩。下伏地层为土城子组（招柏段或彭头沟段）或更老的地层，不整合接触；上覆地层多为同属张家口组的向阳村段，整合接触。

【层型】　浑源县钟楼坡剖面可作为抢风岭段的选层型（见张家口组层型条目）。

【地质特征及区域变化】　抢风岭段是山西境内中生代火山岩系中分布最广的一个岩性段，除分布于浑源县中庄铺一带外，还分布于太白维山、塔地以及大同云岗盆地的北缘。但在浑源火山盆地的北部，如官王铺、大仁庄一带缺失。各地的抢风岭段岩性、厚度不尽一致。
~~~~~~~~

浑源中庄铺一带下部为碱性玄武岩，向上为玄武安山岩，安山粗面岩，共厚100～140 m；灵丘县太白维山一带主要岩性为安山岩—英安岩（熔岩、熔岩角砾岩夹集块岩）共厚774 m；大同云岗盆地北缘，为安山岩，厚80～147 m（图6-3）。

向阳村段　J_3z^x　(05-14-0034)

【创名及原始定义】　原称向阳村组，1988年王守义创名。以代替引用自河北省的东岭台群张家口组。原始定义是指：覆于抢风岭组及其以下地层，而被野西沟组覆盖的一套以酸性火山喷发岩为主的火山喷发-沉积地层。该组主要由酸性火山熔岩及火山碎屑岩组成，下部为灰白、灰红色砾岩及凝灰质砾岩。

【沿革】　此次对比研究，向阳村组降级为段，成为新称张家口组的上部岩性段——向阳村段。

【现在定义】　指山西省东北部灵丘、浑源、大同一带分布的张家口组的第二个岩性段。主要岩性为酸性火山碎屑岩（英安质流纹质）、熔岩（流纹质、石英粗面质），底部可具有灰红、灰白色砾岩、凝灰质砾岩。下伏地层为抢风岭段，上覆地层为大北沟组野西沟段，均为整合或平行不整合接触。

【层型】　正层型为浑源县钟楼坡剖面（见张家口组层型条目）。

【地质特征及区域变化】　向阳村段分布较少，一般紧随抢风岭段相伴出现。纵向上岩性有一定差异，下部以沉积碎屑岩为主，主要由灰白色、灰红色砾岩及凝灰质砾岩组成，厚0～100 m；中部以酸性火山碎屑岩为主，主要由灰白色英安流纹质火山角砾岩、角砾凝灰岩夹少量英安质火山熔岩及灰红色凝灰质砾岩、砂岩、粉砂岩、蒙脱石化凝灰岩等，厚50～170 m；上部以酸性火山熔岩为主，主要由灰白色流纹岩、流纹斑岩、石英粗面岩及流纹质角砾熔岩、珍珠岩等组成，局部可见膨润土矿化层及凝灰质沉积碎屑岩，厚20～170 m（图6-3）。

大北沟组　J_3d　(05-14-0037)

【创名及原始定义】　1975年河北省地矿局第二区调队，创名于河北省滦平县大北沟。原始定义：指张家口组之上，西瓜园组之下的一套地层。分两段：一段为灰绿、灰紫色、凝灰质砂砾岩、粉砂岩夹页岩、泥灰岩及凝灰岩；二段为安山岩、玄武安山岩夹安山角砾岩、火山碎屑沉积岩。

【沿革】　《河北省区域地质志》(1989）将大北沟组及上覆的西瓜园组、花吉营组、南店组、青石砬组合称滦平群，与著名的含狼鳍鱼的热河群对比。此次地层对比研究，华北大区将热河群通用于全区，以辽西为层型，下分义县组、九佛堂组…。河北地层清理组认为河北滦平一带的西瓜园组、花吉营组相当义县组，南店组相当九佛堂组…。大北沟组（包括其下的张家口组）为辽西地区缺失的地层。

【现在定义】　广泛分布于冀北及相邻地区，不整合于张家口组或土城子组之上，义县组之下的一套由灰绿、灰褐、灰紫色凝灰质砾岩、砂岩、泥岩、泥灰岩、砂砾岩和中性—酸性火山喷出岩组成的火山-沉积岩地层。

根据大北沟组现在定义，山西境内归属大北沟组的应是王守义（1988）创名的野西沟组和石墙子组。本专著根据前述原则，将上述二组降级作为山西省境内大北沟组的两个段。即野西沟段、石墙子段。(1984—1989年，王守义将现称的石墙子组称为西瓜园组，显然不当，因冀北的西瓜园组主要为沉积岩层，而浑源的石墙子组主要为酸性火山喷出岩，应归属于大

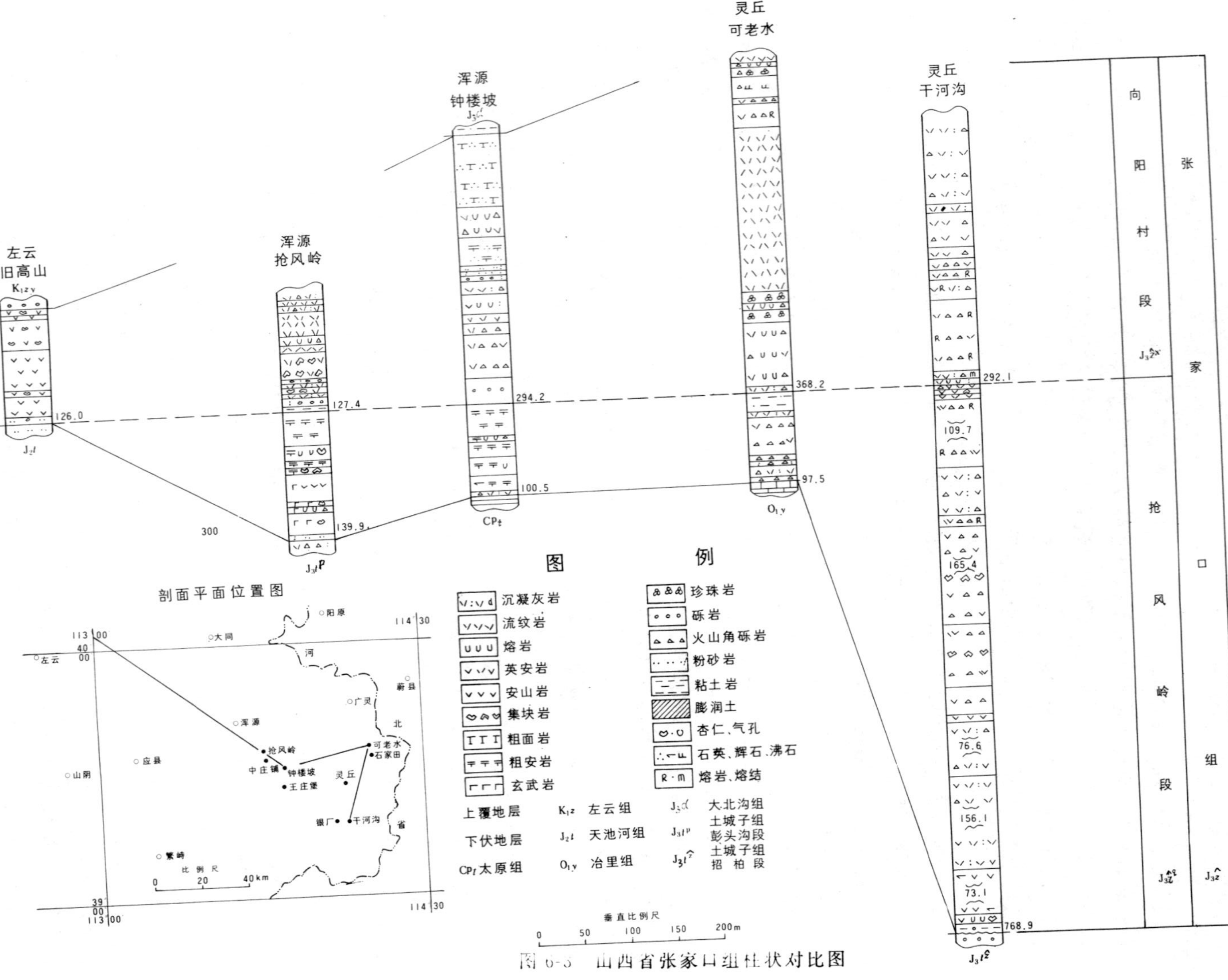

图 6-5 山西省张家口组柱状对比图

北沟组。）

【层型】 大北沟组的正层型为河北省滦平县大北沟剖面。山西省境内次层型剖面为浑源县中庄铺乡钟楼坡-冯家沟剖面。

浑源县中庄铺乡钟楼坡-冯家沟大北沟组剖面：位于浑源县中庄铺乡钟楼坡-灵丘县王庄堡乡冯家沟之间（113°54′00″，39°31′00″）；王守义 1983 年测制。

上覆地层：**义县组羊投崖段** 砂砾岩

～～～～～～～～ 不 整 合 ～～～～～～～～

大北沟组	总厚度 180.3 m
石墙子段	厚 35.0 m
29. 灰白色沸石化流纹质角砾熔岩	31.4 m
28. 紫红色、浅灰绿色砂质泥岩	3.2 m
27. 浅灰绿色砾岩	0.4 m

———————— 平行不整合 ————————

野西沟段	厚 145.3 m
26. 灰黑色粗安岩	35.2 m
25. 灰黑色粗安质集块熔岩	12.3 m
24. 灰黑色粗安岩	25.6 m
23. 灰黑色安山岩	33.0 m
22. 暗紫红色、灰绿色砂质泥岩	12.1 m
21. 灰黑色凝灰质砾岩	10.2 m
20. 灰红色、灰绿色安山质熔结凝灰岩	2.7 m
19. 紫红色砂质泥岩夹灰黑色安山质火山角砾岩	14.2m

———————— 平行不整合 ————————

下伏地层：**张家口组向阳村段** 灰白色、灰色球粒状石英粗面岩

野西沟段 J_3d^y （05－14－0035）

【创名及原始定义】 原称野西沟组，1988 年王守义参加《山西省沉积地层的岩石地层单位划分》时，创名于浑源县中庄铺乡野西沟。原始定义：“是指向阳村组之上、石墙子组之下的一套以中—基性火山喷发岩与巧克力色、暗紫红色砂质泥岩等组成的火山喷发-沉积地层。主要由河湖相的巧克力色、暗紫红色砂质泥岩与灰黑色玄武安山质火山熔岩组成。”

【沿革】 现归属于大北沟组，降组为段级岩石地层单位。

【现在定义】 野西沟段为山西省东北部浑源一带分布的张家口组的第一个岩性段。主要由基—中性火山喷发（熔）岩与同时或先后沉积的巧克力色、暗紫红色砂质泥岩组成（有时可主要由基—中性火山岩组成,有时基—中性火山岩呈夹层）。下伏地层为张家口组向阳村段,或直接覆于土城子组彭头沟段之上；上覆地层为同属大北沟组的石墙子段，整合接触，有时则直接被义县组羊投崖段不整合覆盖。

【层型】 正层型为浑源县钟楼坡-冯家沟剖面（见大北沟组层型条目）。

【地质特征及区域变化】 野西沟段局限分布于浑源县中庄铺乡一带及以北的柴眷、彭头沟、孟家窑等地，其岩石组合变化较大。钟楼坡正层型剖面上，中上部主要为安山质、粗安质熔岩；下部为紫红色、灰绿色泥岩，间夹火山凝灰质砾岩；柴眷剖面上（总厚 172 m），玄

武安山岩（熔岩）呈夹层含于紫红、灰紫色粉砂泥岩（沉凝灰岩）中；而孟家窑剖面上（总厚 305 m），则相变为紫红色泥岩与砾石成分为火山岩的砾岩互层，未见安山质熔岩夹层。

野西沟段在中庄铺一带，覆于张家口组向阳村段之上，而在柴眷、彭头沟、孟家窑等地则直接不整合覆于土城子组彭头沟段之上。野西沟段上覆地层除在钟楼坡剖面上为石墙子段外，其它地带均直接被义县组羊投崖段砾岩层不整合覆盖。

石墙子段　J_3d^s　(05－14－0036)

【创名及原始定义】　原称石墙子组，1988 年王守义创名。创名地为浑源县中庄铺乡石墙子村。原始定义："野西沟组之上的以酸性火山喷发岩为主体的火山喷发-沉积地层。主要由灰白色流纹质角砾熔岩组成，底部见少量紫红色、浅灰绿色砂质泥岩及浅灰绿色砾岩。"

【沿革】　此次地层对比研究，降组为段，归属于大北沟组。

【现在定义】　山西省东北部浑源一带分布的大北沟组的第二个岩性段。主要由灰白色流纹质角砾熔岩组成，底部具少量紫红色、浅灰绿色砂质泥岩及砾岩。下伏地层为同属一组的野西沟段，上覆地层为义县组羊投崖段，不整合接触。

【层型】　正层型为浑源县钟楼坡—冯家沟剖面（见大北沟组层型条目）。

【地质特征】　石墙子段局限分布于浑源县中庄铺乡石墙子村，厚度不过 35 m，出露长度不过 1.5 km。岩性组合如定义中指出的，主要为灰白色流纹质角砾熔岩，底部见少量紫红色砂质泥岩及砾岩。

义县组　JK*y*　(05－14－0038)

【创名及原始定义】　原称义县火山岩，1940 年室井渡创名于辽西义县附近。原始定义是指："发育于义县，由褐色或暗灰色角闪安山岩、辉石安山岩及集块岩、角砾岩、凝灰岩组成。以前者为主，厚度大于 2 000 m。不整合在花岗岩之上；其上覆地层为金刚山层。二者不整合接触。时代归晚侏罗世。"

【现在定义】　此次地层对比研究，华北区将义县组作为热河群（也是侏罗纪—白垩纪火山岩系最上部）的一个含火山岩的岩石地层单位。其上即为不含火山岩的、含丰富热河动物群的、湖相沉积的九佛堂组。辽西一带直接不整合于土城子组之上，冀北地区覆于大北沟组之上。义县组的现在定义是：指发育于辽西（北）、冀北及邻近地区，不整合于大北沟组或土城子组，以至更老的地层之上，以中基性火山岩、火山碎屑岩为主，夹中酸性火山岩及多层沉积岩，底部具砾岩、砂岩的一套岩石组合。

【沿革】　根据义县组现在的定义衡量，山西境内不整合于大北沟组之上、侏罗纪—白垩纪火山岩系中最上部含火山岩的岩石地层单位，只能是王守义 1984 创名、并在《山西的侏罗系及白垩系》、《山西省区域地质志》及 1∶5 万中庄铺幅地质填图中已采用的中庄铺群。这套地层以往一直被当作第三系，直到 1971 年完成的 1∶20 万浑源幅地质图也是如此。《华北地区区域地层表·山西省分册》(1979 年)，首先将浑源芦子洼一带，后称中庄铺群下部的砾岩层称作芦子洼组，归属于白垩系。1984 年王守义进行山西的侏罗系及白垩系地层总结时，在浑源县中庄铺一带发现并测制了完整的地层剖面——钟楼坡-曹虎庵剖面。同时以剖面附近的自然村名，创立了麻地坪组、羊投崖组、钟楼坡组、王家沟组四个组，并合并称中庄铺群，时代置于早白垩世。1988 年王守义又将王家沟组上段的酸性火山岩独立出来，称为曹虎庵组。

此次地层对比研究，按华北大区统一划分，停止使用中庄铺群，改用义县组。原中庄铺群所属各组，因厚度较大，有关专著中已使用，1∶5万地质图也已填出，所以均予保留，但降组为段。原中庄铺群底部的麻地坪组经野外核查及从已填出地质图分析，实际上就是野西沟组的组成部分，麻地坪组不能成立。这样，现在山西境内的义县组包括：羊投崖段、钟楼坡段、王家沟段和曹虎庵段。其下不整合覆于大北沟组之上，其上缺失可与九佛堂组阜新组对比的地层，而直接被左云组不整合覆盖。

【层型】 辽宁省义县马神庙-宋八户剖面为义县组选层型。浑源县中庄铺乡钟楼坡-曹虎庵剖面可作为山西境内义县组的次层型剖面和义县组下属4个段的正层型剖面。

浑源县中庄铺乡钟楼坡-曹虎庵义县组剖面（113°54′00″，39°31′00″）；该剖面1983年由王守义等测制。

上覆地层：**左云组** 浅灰红、灰白色细砾岩夹含砾砂质泥岩、砂砾岩

~~~~~~~~~~ 不 整 合 ~~~~~~~~~~

义县组	总厚度 1 443.2 m
曹虎庵段	厚 169.2 m
31. 灰白色流纹质火山角砾岩	7.2 m
30. 浅蓝灰色珍珠岩及球粒流纹岩。上部少量流纹质火山熔渣	12.4 m
29. 灰白色流纹质集块岩	9.7 m
28. 浅灰褐色球粒、球泡流纹岩—火山颈相，产状与两侧火山岩的流纹构造近正交	33.4 m
27. 浅灰、灰褐色流纹岩，发育流纹构造	79.7 m
26. 灰白色碱长流纹岩	20.2 m
25. 浅灰色珍珠岩	5.5 m
24. 灰白、粉红色蒙脱石化流纹质含角砾凝灰岩	1.1 m

———————— 整 合 ————————

王家沟段	厚 126.4 m
23. 暗紫红色砂质泥岩夹少量砾岩及钙质结核	12.0 m
22. 浅灰色中厚层状砾岩与暗紫红色砂质泥岩互层	12.0 m
21. 暗紫红色砂质泥岩夹浅灰色砂砾岩	16.0 m
20. 灰黑色杏仁状玄武岩	6.7 m
19. 紫红色砂质泥岩	7.1 m
18. 暗紫红色砂质泥岩与浅灰白色砂砾岩互层	21.1 m
17. 下部灰黑色致密状玄武岩；中上部紫红色杏仁状、气孔状玄武岩	10.0 m
16. 紫红色砂质泥岩夹浅灰色砂砾岩、砾岩	41.5 m

———————— 整 合 ————————

钟楼坡段	厚 814.4 m
15. 灰紫色厚层状中砾岩夹砂质泥岩。砾石主要由安山岩、玄武岩、流纹岩组成，泥砂质胶结	92.3 m
14. 暗紫红色砂质泥岩	8.0 m
13. 灰紫色厚层状中砾岩夹含砾砂岩。砾石主要由火山岩、燧石等组成	67.5 m
12. 暗紫红色粉砂岩与紫灰色厚层状中—细砾岩互层。砾石成分及胶结物同15层	162.4 m
11. 浅褐灰色厚层状中—粗砾岩夹紫红色砂质泥岩。砾石成分主要由安山岩、流纹岩组成	78.2 m
10. 浅灰（微红）色厚层状中—巨砾岩夹砂砾岩及少量含砾泥岩、凸镜状含砾砂岩	154.1 m
9. 紫红色泥质粉砂岩夹灰白色砂砾岩	6.5 m
~~~~~~~~~~

8. 灰紫色厚层状中—巨砾岩夹暗紫红色砂质泥岩。砾石成分同 11 层 245.4 m

——————— 整　合 ———————

羊投崖段 厚 333.2 m

7. 黄灰色厚层状中—巨砾岩夹砂砾岩。砾石成分主要由安山岩、流纹岩组成，泥砂质胶结 154.1 m

6. 灰黄色中砾岩夹黄灰色、灰黑色砂质泥岩、含砾砂岩、碳质泥岩。砾石成分主要由安山岩、玄武岩组成，泥质、凝灰质胶结 158.7 m

5. 灰黄色厚层状巨砾岩与灰黑色砂质泥岩互层。砾石成分主要为安山岩、凝灰岩等，砾径 1～50 cm，滚圆度好、分选性差；泥质胶结，该层局部夹凝灰质砂岩。向北渐夹碳质泥岩、劣质煤、褐煤。含孢粉：*Aeouitriradites vorrucosus*，*Foraminisporis dailyi*，*F. wonthaggionsis*，*Crybelosporites stylosus*，*Densoisporites microrugulatus*，*Kuylisporites lunaris*，*Osmundacidites* sp.，*Concavissimisporites* sp. 等 20.4 m

~~~~~~~~~ 不 整 合 ~~~~~~~~~

下伏地层：**大北沟组野西沟段**　暗紫红色砂质泥岩与暗灰紫色砾岩、砂砾岩互层

【地质特征及区域变化】　浑源县中庄铺一带的义县组，中下部主要为砾岩夹泥岩、黑色泥岩及煤层，上部暗紫红色砂质泥岩夹砂砾岩及两层玄武岩，顶部为一套碱长流纹岩及流纹质火山角砾、集块岩等。总厚 1 400 m 左右，可划分为 4 个岩性段。但其它地区分布的义县组（如浑源县芦子洼、西柏林、阳高县郭家坡等地）仅发育或保留了相当中庄铺地区义县组下部的羊投崖段砾岩夹泥岩、黑色泥岩、煤层等、未见之上的其它 3 个岩性段。

因义县组 4 个岩性段的现在定义与原始定义，除组降级为段外，变化不大，不再赘述原始含义。

羊投崖段　JKy^{y}　(05－14－0039)

羊投崖段指山西省东北部浑源、阳高一带分布的义县组第一个段级岩石地层单位。由灰黄色砾岩、砂岩及灰黄、灰黑色泥岩、碳质泥岩、煤线（层）等互层组成。其下不整合覆于大北沟组或更老的地层之上，其上覆地层为同属义县组的钟楼坡段，整合接触；或直接被左云组或更新的地层不整合覆盖。

羊投崖段厚度及岩性变化均较大。厚 100～1 200 m。自南向北：砾岩层逐渐减少，而砂岩增多；含煤层数增多，煤质变好。浑源县羊投崖一带含劣质煤 3～7 层，一般不可采；而阳高郭家坡含煤 5～15 层，其中可采煤层 7～13 层，是山西省唯一可采的白垩系煤矿（田）。

钟楼坡段　JKy^{z}　(05－14－0040)

钟楼坡段指山西省东北部浑源一带分布的义县组第二个段级岩石地层单位。主要由浅灰色、紫灰色砾岩夹紫红色砂质泥岩组成。其下伏、上覆地层，分别为同属义县组的羊投崖段和王家沟段，均为整合接触。

王家沟段　JKy^{w}　(05－14－0041)

王家沟段指山西省东北部浑源一带分布的义县组第三个段级岩石地层单位。主要由暗紫红色砂质泥岩夹砾岩、砂砾岩及（中部夹）两层玄武岩（或安山岩）组成。其下伏、上覆地层分别为同属义县组的钟楼坡段和曹虎庵段，均为整合接触。
~~~~~~~~~

曹虎庵段　JKy^c　（05－14－0042）

曹虎庵段是指山西省东北部浑源县一带分布的义县组最上部（也即第四个）段级岩石地层单位。为一套由流纹质角砾凝灰岩、流纹质火山角砾岩、流纹岩、珍珠岩等组成的酸性火山喷发岩层。下伏地层为王家沟段，整合接触，其上被左云组呈不整合覆盖。

左云组　K_1z　（05－14－0043）

【创名及原始定义】　原称左云统，1944年森田日子次创名。原始含义为："左云县云西堡—县城北部、东部之河流沿岸及至右玉县城沿路所见，由红褐色及灰绿色粘土质页岩、砂质页岩及细粒砂岩组成的互层。时代似属第三纪（?），在左云—右玉县间被（Q?）玄武岩覆盖。"

【沿革】　森田日子次命名的左云统，显然是指侏罗系含煤岩系及火山岩系以上，直至"右玉玄武岩"之间的全部砂页岩层。1973年内蒙古区测队1：20万凉城幅区调，又创立助马堡组，其含义与左云组基本相同。1979年山西区调队进行1：20万平鲁幅区调时，厘定了左云组及助马堡组含义。左云组指上述地层下部，红色砾岩与泥岩互层的地层；助马堡组指上述地层的上部，紫红色泥岩与灰绿色砂岩组成的地层。此后，被有关专著采纳引用。

【现在定义】　左云组为山西省雁北地区区域不整合于侏罗纪义县组或侏罗—白垩纪火山岩系、含煤岩系，或更老地层之上，其上被助马堡组覆盖，由一套由浅灰、紫灰、灰红色砾岩与紫红、红色泥岩、砂质泥岩、微红色石灰岩等组成岩石地层单位。发育齐全时：底部为砾岩夹红色泥岩和石灰岩；下部和上部为砾岩与红泥岩不等厚互层，中部为红泥岩夹砾岩。

【层型】　左云县尖口山-辛窑沟剖面为左云组的选层型。左云县尖口山-辛窑沟左云组剖面起自左云县城东南15 km左右的尖口山，至左云县城东南4 km的辛窑沟（112°50′00″，39°55′00″）。1979年山西区调队（王守义等）进行1：20万平鲁幅区调时测制。

上覆地层：**助马堡组**　暗紫红色、绛紫色含砾砂质泥岩

——————— 平行不整合 ———————

左云组　　总厚度208 m

14. 红色泥岩夹紫红色泥岩及灰白色泥岩团块层，局部夹砂砾岩及灰绿色泥岩。含双壳类：*Leptesthes* sp.；腹足类：*Lioplacodes* sp.，*Bithynia* sp.；叶肢介：*Yanjiestheria* sp.　45.0 m
13. 浅灰色砾岩　3.0 m
12. 红色泥岩夹暗紫红色泥岩及灰白色泥灰岩团块层、灰绿色泥岩。含叶肢介：*Yanjiestheria* sp.；双壳类：*Leptesthes* sp.；腹足类：*Lioplacodes* sp.，*Bithynia* sp.；植物：*Otozamites linguifolius*；爬行类：Sauropoda indet，Allosauridae indet　21.0m
11. 红色泥岩与浅灰色砾岩互层　36.0 m
10. 浅灰色砾岩夹富含泥灰岩团块的红色泥岩及砂砾岩条带。砾石分选不佳，砾径1～25 cm。砾石上具有压坑、研磨光面，有的砾石彼此镶嵌　32.0 m
9. 红色泥岩夹暗紫红色泥岩及两层灰绿色泥岩。含植物化石：*Otozamites linguifolius*；轮藻：*Euaelistochara mundula*，*Aclistochara bransoni*，*Mesochara symınetrica*，*Pseudolatochara rhombica*，*Sphaerotochara parvula*；双壳类：*Sphaerium* sp.；介形类：*Ziziphocypris costata*，*Timiriasevia princepalis*，*Lycopterocypris* sp.，*Darwinula contracta*，

Mongolianella ordinata, *Rhinocypris tugurigensis*, *Cypridea torasu*, *Zonocypris* sp. 13.0 m

8. 红色砂质泥岩与紫灰色砾岩不等厚互层 19.0 m
7. 紫灰色砾岩夹红色砂质泥岩 8.0 m
6. 红色泥岩及砂质泥岩，近底部夹大量泥灰岩团块及灰绿色泥岩 8.0 m
5. 浅灰—灰紫色砾岩，夹红色泥岩及钙质砾岩条带，砾石分选差，砾径 1～40 cm；次圆—次棱角状；砾石排列杂乱，少数砾石表面见钉形条痕及压坑，胶结物主要为泥砂质 15.0 m
4. 浅灰红色砾状灰岩及钙质砾岩，顶部少量红色泥岩 2.0 m
3. 浅灰色砾岩 3.0 m
2. 灰白色—浅灰红色含砾灰岩及砾状灰岩，顶部少量红色泥岩 1.0 m
1. 浅灰色砾岩。砾石分选差，砾径 1～25cm；排列杂乱。砾石见有钉形条痕、压坑等动力痕迹。泥砂质胶结 2.0 m

~~~~~~~~~~ 不 整 合 ~~~~~~~~~~

下伏地层：**云岗组** 灰白色砂岩及大同组煤层

【地质特征及区域变化】 左云组主要分布于左云县、右玉县一带。另外，阳高、天镇、浑源县一带也有零星分布。左云、右玉一带的左云组，具有明显的韵律特征和岩性差异。可划分为五个岩性段。

一段：主要由浅灰色砾岩及灰红色、褐灰色含砾粉砂岩组成，厚 0～30 m。

二段：主要由灰红色灰岩或砾状灰岩与紫红色泥岩等组成。厚 0～30 m。该段以左云县东部的旧高山至石灰窑一带发育最佳。其灰岩呈厚层状，成分纯，为优质石灰岩矿产原料。

三段：主要由浅灰、紫灰色砾岩组成，夹少量红色泥岩等。厚 10～60 m。

四段：主要由紫灰色砾岩与含砾泥岩，呈不等厚（5∶1）互层，夹少量灰绿色泥岩及泥灰岩团块。厚 100～200 m。

五段：主要由砾岩与红色泥岩不等厚互层（3∶1）组成，夹较多的泥灰岩团块层及泥灰岩层、少量灰绿色泥岩。

左云组以粗碎屑岩为主，以其极差的分选性、极低的碎屑成熟度和不夹火山喷发岩，而明显区别于下伏的各组地层。左云组在区域上的差异，主要表现为砾岩砾石成分的差异。左云、右玉、浑源等地，多由灰岩组成；而阳高、天镇等地，多由变质岩组成。另一个区域性差异是一、二段仅发育于右玉县元堡子至左云县东南部、东部地带，其它地区未见。

左云组含有介形类、叶肢介、爬行类、双壳类、腹足类等动物化石及植物孢粉、轮藻等。

助马堡组 $K_2\hat{z}$ (05-14-0044)

【创名及原始定义】 1973 年内蒙古区测队于 1∶20 万凉城幅区调时创名。创名地位于助马堡村，当时属大同市新荣区，而现在属左云县破鲁堡乡管辖。助马堡组原始定义为："分布于凉城幅中部、东南部柴掌沟、汉圪塔、威鲁堡及助马堡等地。为一套黄色、黄灰色泥岩、砂质泥岩、细砂岩等组成，并夹砂砾岩、砾岩。在石灰窑附近见其不整合于侏罗系上统火山岩之上。"

【沿革】 正如在论述左云组时阐述的：内蒙古区测队创名的助马堡组，含义与 1944 年森田日子次创名的左云组基本一致。1978 年山西区调队进行 1∶20 万平鲁幅区调，厘定了左云组及助马堡组的定义。
~~~~~~~~~~

【现在定义】 助马堡组是山西省雁北地区中生界最高层位的岩石地层单位，整合于左云组之上，不整合于更老的地层以至太古界片麻岩之上。为一套紫红色砂质泥岩与灰绿、灰黄、灰白色砂岩等组成的河湖相中—细碎屑岩层。

【层型】 正层型为左云县助马堡剖面。但此剖面岩性不全，未见底，代表性不强。左云县辛窑沟-汉圪塔剖面出露较齐全，可作助马堡组的次层型剖面。

左云县辛窑沟-汉圪塔剖面：位于左云县东南 4 km 的辛窑沟-左云县北 8 km 的汉圪塔(112°44′00″，39°59′00″)；1977 年山西区调队王守义等进行平鲁幅 1∶20 万区调时测制。

上覆地层：**汉诺坝组** 玄武岩

～～～～～～～～ 不 整 合 ～～～～～～～～

助马堡组 总厚度 720.0 m

28. 暗紫红色砂质泥岩夹灰白色细砂岩凸镜体及粉砂岩，底部 4 m 为灰绿色厚层状中粒石英砂岩 61.0 m
27. 紫红色粉砂岩及粉砂质泥岩，夹多层灰白色中厚层状中—细粒石英砂岩 73.0 m
26. 灰紫—暗紫红色泥质粉砂岩夹浅黄绿厚层状中—细粒砂岩 64.0 m
25. 紫红色砂质泥岩与灰绿色泥质粉砂岩不等厚（3∶1）互层 45.0 m
24. 灰绿色粉砂岩，下部 2 m 为灰黑色含砾泥岩及钙质泥岩。含双壳类：*Sphaerium* sp.，*Pseudohyria* cf. *gobiensis*；介形类：*Cypridea* (*Pseudocypridina*) *lenta*，*C.* (*P.*) *vulgaris*，*C. infidelis*，*C. concinaformis*，*Candona nlitida*，*C. disjuncta*，*Cadeniclla candida*，*Talicypridea gibbera*，*T. obesa*，*Rhinocypris inteemedia*，*Ziziphocypris simakovi*，*Z. costata* 等 15.0 m
23. 暗紫红色砂质泥岩夹浅灰绿色细砂岩。含双壳类：*Sphaerium* sp.；腹足类：*Valvaia* sp.，*Gyranlus* sp.，*Hyppeutis* sp.；介形类：*Cypridea* sp.，*Candona* cf. *disjuncta*，*Candonicela* sp.，*Mongolianella* sp.；*Ziziphocupris* sp.；轮藻：*Atopochara trivolis*，*Stellatochara* cf. *mundula*，*Toctochara* sp. 等 16.0 m
22. 灰绿色—灰白色中厚层状细砂岩夹灰色、灰黑色粉砂岩及含砾泥岩。含双壳类：*Sphaerium shantungense*；介形类：*Candona* cf. *disjuncta*，*Mongolianella* sp.，*Ziziphocupris costata*；轮藻：*Atopochara trivolis*，*Stellatochara* cf. *mundula* 等 4.0 m
21. 上部紫红色砂质泥岩，下部灰色泥质粉砂岩及灰白色中粒石英砂岩。含脊椎动物化石碎片 7.0 m
20. 紫红色砂质泥岩与灰绿色中厚层状细砂岩不等厚(4∶1)互层。含双壳类：*Pseudohyria* cf. *cardiiformis*，*P.* aff. *gobiensis*，*P.* cf. *tuciculata*，*P.* cf. *obiqua*，*P.* cf. *robusta*，*Sphaerium shantungense* 138.0 m
19. 黄白色—灰黄色厚层状含砾粗砂岩与暗紫红色含砾砂质泥岩不等厚互层（1∶4） 32.0 m
18. 暗紫红色砂质泥岩夹灰绿色中厚层状中细粒及含砾粗砂岩 140.0 m
17. 绛紫色含砾砂质泥岩与灰白色中厚层状含砾粗砂岩互层 90.0 m
16. 绛紫色砂质泥岩夹灰白色含砾粗砂岩及含砾粘土岩 20.0 m
15. 暗紫红色、绛紫色含砾砂质泥岩夹少量灰绿色泥岩。含爬行类：*Bactrosaurus johnsoni*，*Mioroceratops* cf. *gobiensis*，*Volociraptor* cf. *mongoliensis* 15.0 m

——————— 平行不整合 ———————

下伏地层：**左云组** 红色泥岩夹紫红色泥岩等

【地质特征及区域变化】 助马堡组主要分布于左云、右玉和大同市的新荣区，另外在天镇县南缘与河北省阳原县交界地带亦有分布。助马堡组在纵向上具有明显的差异性，可划分为四个岩性段。

一段：以绛紫色、暗紫红色砂质泥岩为主，夹灰白色含砾砂岩、少量砂砾岩、灰绿色泥岩等，产较丰富的爬行类化石，是国内含恐龙化石的重要层位之一，厚 100～150 m。

二段：主要由暗紫红色砂质泥岩组成，夹灰绿色、灰黄色砂岩或含砾砂岩。厚 150 m。

三段：主要由紫红色砂质泥岩与灰绿色、灰黄色、灰白色砂岩互层组成。厚约 100～250 m。含丰富的双壳类等动、植物化石。

四段：主要由鲜紫红—暗紫红色砂质泥岩或粉砂岩组成，夹灰白色砂岩等。厚 200 m。

助马堡组岩性稳定，区域上差异不大。该组横向上的主要差异在于四段的发育程度。除右玉县至左云县的西北部外，其它地区未见四段。此外，三段厚度变化也较大，左云县西北部汉圪塔、阳高县东南部较厚，可达 200 m 以上，其它地段较薄，100～150 m。

助马堡组含丰富的爬行类、双壳类、介形类及植物、孢粉、轮藻等。

第二节　生物地层和年代地层

一、生物地层

自 Schenk (1988) 首先描述了 Richthofen 采自大同煤田的植物化石以来，中、外许多地质古生物学者相继对山西省侏罗纪及白垩纪的生物群进行了研究。早期，主要是对大同煤田植物化石的研究，其中重要的有斯行健 (1933)、Stockmans、Mathieu (1941)。新中国成立后的近 30 年间，我国古生物学者做了大量工作，研究领域从植物扩展到孢粉、轮藻及各门类动物。其中，斯行健等 (1962、1963)，李星学 (1955)，丁惠、万世禄、马既卿 (1979)，王自强 (1985)，余静贤、张望平 (郝诒纯，1982)，刘俊英 (1981)，苗淑娟 (1983)，顾知微 (1979)，于菁珊 (1995)，张文堂等 (1976)，王思恩、牛绍武 (1985)，张立军、黄育庆、庞其清 (1985)，杨钟健 (1958)，董枝明 (1980) 等，分别对植物化石、孢粉、轮藻、双壳类、叶肢介、介形类、爬行类、腹足类等进行了研究，积累了丰富的资料。王守义 (1984) 较系统地总结了山西省侏罗系、白垩系的生物群。

山西侏罗系、白垩系所含各门类生物组合，如表 6－3。

对山西侏罗纪、白垩纪地层地质年代确定有重要意义的为永定庄组—云岗组的植物群或类组合和左云组、助马堡组的爬行类。

(一) 永定庄组、大同组、云岗组中的 (*Coniopteris*－*Phoenicopsis*) 植物群

斯行健 (1956) 拟定 *Coniopteris*－*Phoenicopsis* 植物群以代表华北地区“大同群”、门头沟群、石拐群等及与其相当层位的植物化石群。近年随着古生物资料的不断丰富，这一植物群的垂直和水平分布均已扩大，成为我国北方（东起山东、辽宁，西至新疆）陆相侏罗系的代表性植物群。山西省内该植物群主要分布于永定庄组、大同组、云岗组。

截止目前，在永定庄组、大同组、云岗组发现化石计 49 属、175 种。计有：蕨类植物门的石松类卷柏科 1 属 1 种，节蕨类木贼科 3 属 19 种，真蕨类紫萁科 2 属、5 种，马通蕨科 1 属、3 种，蚌壳蕨科 2 属、15 种，双扇蕨科 5 属、12 种，分类不明的真蕨科 2 属、25 种；种子植物门裸子植物亚门的种子蕨类 1 属、1 种，苏铁类 9 属、31 种，银杏类 10 属、37 种，松柏类松科 8 属、17 种，可疑的松柏类 2 属、6 种；裸子植物花果及种子 3 属、3 种。

表 6-3　山西省侏罗纪白垩纪地层多重划分对比表

岩石地层单位		生物地层单位							年代地层单位	
组		植物	孢子花粉	轮藻	双壳类	介形类	叶肢介	爬行类	统	系
助马堡组		*Platanus* cf. *cuneifolia*	*Cicatricosisporites-Schizaeoisporites Tricolporopollenites-Magnola* 组合	*Euaclistochara minnula-Mesocharasymmeirica* 组合	*Pseudohyria-Shyucrium Mantungense* 组合	*Cypridea-Candona -Talieypidea* 组合		Hadrosauridae	上统	白垩系
左云组		*Otozamitesii linguifoius*	*Cicatricosisporites-Crybelosporites striatus-Tricolpites* 组合			*Cypridea-Rhinocypridea-Candona* 组合	*Yanjiestheria* 组合		下统	
义县组			*Cicatricosisporites -Aequitriradites verrucosus-Foraminisporis doilyipicecepollenitees* 组合	*Atopochara triolvis-Atopchara restricta* 组合		*Cypridea-Lycopterocypris* 组合			上统	侏罗系
茹去组	大北沟组									
	张家口组									
	土城子组									
天池河组	髫髻山组								中统	
云岗组	九龙山组	*Coniopteris hymenophylloides-Nilssoniopteris vittata-Phoenicopsis speciosa* 组合			*Ferganoconcha-Yananoconcha-Margaritifera* 组合		*Polygrata yungangensis-Pseemiorbita* 组合			
大同组			*Neoraistrickia* 组合		*Pseudocardinia-Margaritifera isfarensis-Tutuella* 组合					
			Cycodopites-Deltoidospora 组合							
			Cycadopites Classopllis-Verrucosisporites 组合							
永定庄组		*Coniopteris? gaojiatianensis Otozamites mixomorphus-Phoenicopsis angustifolia* 组合			*Ferganoconcha -Unio* cf. *ningxiaensis-Utschamiella* 组合				下统	

总观这一植物群，与晚三叠世植物群有较明显的区别，晚三叠世北方型拟丹尼蕨-贝尔瑙蕨植物群中一度繁盛的有节类、真蕨类的观音座莲目以及种子蕨类，在本植物群内已大衰。本植物群内，真蕨类的薄囊蕨亚纲，尤其是该亚纲的蚌壳蕨科与双扇蕨科大量出现；并有多种枝脉蕨存在，苏铁类和松柏类开始繁盛。此外，银杏类占相当的比例，也是这一植物群的特色。该植物群在属级范围内自下而上无甚区别，但种级化石的垂直分布显示一定差异；据此，分为两个组合，即 *Coniopteris? gaojiatianensis-Otozamites mixomorphus-Phoenicopsis angustifolia* 组合和 *Coniopteris hymenophylloides-Nilissoniopteris rittata-Phoenicopsis speciosa* 组合。

1. *Coniopteris? gaojiatianensis-Otozamites mixomorphus-Phoenicopsis angustifolia* 组合

该组合目前仅见于大同煤田的永定庄组。该组合植物化石丰富、种属繁多，组合的基本特征如下。

(1) 石松类、节蕨类、种子蕨类很少，仅见少数种属。真蕨类化石较多，尤以蚌壳蕨科为盛。在晚三叠世南方型网叶蕨-格子蕨植物群内繁盛的双扇蕨科，在本组合内仍占相当地位；苏铁类和银杏类比例较高，松柏类开始发展，但所占比例尚小。

(2) 较多的 *Coniopteris* 及银杏类的 *Ginkgoites*、*Phoenicopsis*、*Czekanowskia* 等出现，显示锥蕨-拟刺葵植物群的基本面貌，而区别于晚三叠世北方型拟丹尼蕨-贝尔瑙蕨植物群和晚三叠世南方型网叶蕨植物群。

(3) 大同组至云岗组组合所见重要分子 *Coniopteris hymenophylloides*, *Coniopteris tatungensis*, *Phoenicopsis speciosa* 等，在本组合内未见或仅有可疑标本。

(4) 本组合的另一重要特征，是出现了大量的华南香溪组（狭义）的分子。如 *Equisetites sarrani*, *Phlebopteris braani*, *Dictyophyllum nathorsti*, *Sphenopteris modesta*, *Tyrmia*, *Pterophyllum decurrens*, *Ixostrobus*, *Pterophyllum* cf. *nathorsti*, *Anomozamites* cf. *gracilis*, *Otozamites mixomorphus*, *Nilssonia* cf. *compta*, *Cycadolepis corrugata*, *Sphenobaiera huangi* 等。此外，还有前苏联中亚、东费尔干等地早侏罗世 Lias 期或晚三叠世至早侏罗世的分子，如 *Equisetites sarrani*, *Neocalamites carcinodes*, *Neocalamites carrerei* 等；也有少量国内外晚三叠世的分子，如 *Anomozamites loczyi*, *Anomozamites minor*, *Cladophlebis gracilis*, 等。

2. *Coniopteris hymenophylloides-Nilssoniopteris vittata-Phoenicopsis speciosa* 组合

该组合产出于山西各地的大同组、云岗组。该组合的植物化石极为丰富，组合的基本特征如下。

(1) 与永定庄组的植物化石一方面具有继承性，另一方面又具有明显的差异。二者的继承性表现为一致的发展趋向：在永定庄组显现衰落的门、类（或科、目）在本组合更趋衰落，例如晚三叠世我国北方繁盛的有节类、观音座莲目，在华南大量出现的双扇蕨科、格子蕨科在永定庄组已开始衰落，但仍有少量存在或仍占一定地位，在本组合内它们更加衰亡，仅见少量与前同属不同种的分子；在永定庄组出现开始或初步繁盛的门类（或科、目）如蚌壳蕨科、苏铁类、银杏类、松柏类，在本组合进一步增加和繁盛。二者的差异特征主要表现在本组合出现一些永定庄组组合所没有的分子。本组合中蚌壳蕨科的重要种有：*Coniopteris hymenophylloides*, *C. tatungensis*, *Dicksonia* cf. *concinna*, *Gonatosorus shansiensis*, *Eboracia lobifolia* 等；苏铁类以本内苏铁目的宽叶片型的属种和尼尔桑目为主，重要分子有：*Nilssonioteris vittata*, *Nilssonia mosserayi*, *N. simplex* 等；银杏类高度繁盛，重要分子有、*Ginkgoites gitata*, *Baiera furcata*, *Solenites* cf. *murrayana*, *Stenorachis sibirica*, *Phoenicopsis speciosa* 等；松柏类的重要分子有：*Elatites chinensis*, *E. ovalis*, *Elatocladus manchurica*, *E. subza-*

miodes, *Pagiophyllum setosum*, *Brachyphyllum munsteri*, *Phyllocladopsis* cf. *helerophylla* 等。永定庄组组合的代表分子：*Coniopteris kumbelensis*, *C. gaojiatianensis*, *Otozamites mixomorphus*, *Equisetites sarrani* 等在该组合不复存在。

（2）有些永定庄组组合与大同组至云岗组共有的分子，在后者中更为丰富或多见，如 *Czekanowskia* sp.，*Eboracia lobifolia*，*Cladophlebis hsieliana*，*Cladophlebis shansiensis*，*Ginkgoites sibiricus*，*Ginkgoites digitata*，等。这说明后者是继承前者的基础上有了新的发展。*Coniopteris-Phoenicopsis* 植物群在后者也较前者有更广泛的分布，我国北方东起山东、辽宁，西至新疆的广大地域内均有这一组合的踪迹。

（3）该组合的另一重要特征是出现大量的英国约克郡植物群的分子：如 *Equisetites lateralis*，*Coniopteris hymenophylloides*，*C. tatungensis*，*Cladophlebis argutula*，*Cladophlebis asiatica*，*Nilssoniopteris vittata*，*Ginkgoites digitata*，*Baiera furcata*，*B. gracilis*，cf. *gracilis*，*Pityocladus scarburgensis*，*Phoenicopsis speciosa* 等。

（二）双壳类动物群

山西省内侏罗纪—白垩纪双壳类化石较为丰富，种属较多。但研究程度较低，自 1923 年葛利普首次研究安特生采自浑源的标本以后，大约 40 年的时间里很少有人从事这一工作。直到 60 年代 1∶20 万区调普遍展开以后，该项工作才得以发展。顾知微、于菁珊、董国义等分别对山西区测队、内蒙古区测队采集自侏罗系、白垩系的双壳类作了鉴定和研究。

现已发现的化石主要分布于山西省中、北部地区，赋存的层位包括永定庄组、大同组、云岗组、左云组、助马堡组。共见化石 12 属、35 种。划分为 3 个组合。

1. *Ferganoconcha-Unio* cf. *ningxiaensis-Utschamiella* 组合

仅见于大同煤田的永定庄组。发现双壳类化石 3 属 4 种：*Ferganoconcha* sp.，*Unio* cf. *ningxiaensis*，*Unio* sp.，*Utschamiella* sp.。

Utschamiella 在我国晚三叠世最为繁盛，在我国西南地区的下禄丰组，该属与禄丰蜥龙动物群共生。*Ferganoconcha* 在前苏联、蒙古国、我国北方及华东地区的侏罗系有着广泛的分布。*Unio* 的地质历程较长，自晚三叠世以来广泛见于欧亚、北美和非洲大陆的淡水沉积中。

综上所述，本组合所出现的化石，既有始见于侏罗世的分子，也有晚三叠世繁盛，但可能延入早侏罗世的分子；因此这一双壳类组合的地质时代应属早侏罗世。

2. *Pseudocardinia-Margaritifera isfarensis-Tutuella* 组合

该组合分布于大同云岗、宁武-静乐一带的大同组。目前已见双壳类 5 属 10 种：*Margaritifera isfarensis*，*M.* cf. *isfarensis*，*M.* sp.（cf. *M. isfarensis*），*Pseudocardinia*? sp.，*Tutuella* cf. *chachove*，*T.* cf. *iraidae*，*T.* cf. *rotunda*，*T.* sp，Unionidae *undutatula*? sp.，*Unio* spp.。

Margaritifera 的地史还不甚清楚，已有资料表明这一属至少是从早侏罗世至现代都有其存在。目前已知的最低层位是我国湖南的观音滩组。本组合大量出现的依斯法珍珠蚌，广泛分布于我国中侏罗世地层中，如陕甘宁盆地的延安组，湖北的自流井组，四川的遂宁组。*Pseudocardinia* 是亚洲陆相侏罗系的常见分子，尤以中侏罗世最盛，为我国南方中侏罗世淡水双壳类动物群的重要分子之一，在我国北方也有分布。在我国西南地区大量的假绞蚌等淡水双壳类与中侏罗世海相双壳类 *Protocarda strickland* 等一起产于海陆交互相的和平乡组。*Tutuella* 在我国和前苏联的晚三叠世—侏罗纪陆相地层中均有分布，以中侏罗世最繁盛，是我国北方双壳类动物群的重要分子之一，南方也有发现。如陕甘宁盆地的延安组，湖南的自流井组等。

该属在本组合出现的三个种，分别与湖北的自流井组的 *Tutuella rotunda*，湖南怀化的中侏罗统的 *Tutuella chachloui*，及滇西和平乡组，浙西渔山尖组出现的 *Tutuella totunda* 相似。

本组合与陕甘宁盆地的延安组下部双壳类化石组合很相似，均以大量的珍珠蚌为特征，其时代可确定为中侏罗世。

3. *Ferganoconcha-Yananoconcha-Margaritifera* 组合

分布于四县垴小区的云岗组（原黑峰组），共见双壳类 4 属 20 种：*Ferganoconcha baibiensis*，*F. curta*，*F. curta*，*F. heifengensis*，*F. sibirica*，*F.* cf. *sibirca*，*F. subcontralia*，*Margaritifera* cf. *isfarensis*，*M. shanxiensis*，*Sibiriconcha yushechsis*，*Yananoconcha* cf. *hengshanensus*，*Y. zaoyuauensis*，*Ferganoconcha* sp.，*Yananoconcha*? sp.。

Ferganoconcha，*Margaritifera* 地史分布已于前述。*Sibiriconcha* 在前苏联和我国晚三叠世至中侏罗世地层中均有记录，以中侏罗世较多，是我国淡水双壳类动物群的重要分子之一。在新疆下、中侏罗统西沟群三工河组、陕甘宁盆地的延安组、直罗组，四川的自流井组，河北的下花园组均有分布。*Yananoconcha* 最早见于陕甘宁盆地，大量出现于中侏罗世延安组上部。

本组合所见双壳类化石，不但属级范围与陕甘宁盆地的延安组上部的双壳类组合几无区别，而且许多种也为二者所共有，其组合特征十分相似，均以大量费尔干蚌为主，伴有延安蚌，西伯利亚蚌等。仅图土蚬本组合尚未发现。组合的地质时代应属中侏罗世，分布层位在大同组双壳类组合之上，因此，二者虽同属中侏罗世，而本组合应略晚。

（三）助马堡组的爬行类 Hadrosauridae 动物群

目前发现化石点多处，但已鉴定仅二处。一处为左云县辛窑沟（王择义、黄为龙 1957 年采集，杨钟健 1958 年报导），含爬行类鸭嘴龙科的姜氏巴克龙（*Bactrosaurus johnsoni*）、原角龙科的戈壁微角龙（*Microceratops gobiensis*）及虚骨龙科的疾走龙（*Velociraptor* sp.）。再一处是天镇县武家山，经董枝明鉴定，含爬行类鸭嘴龙（Hadrosaurus）的尾椎、肢骨、肱骨，蛇颈龙（Plesiasaurus）的脊椎骨、龟胶板。二处均含 Hadrosauridae。

鸭嘴龙科为鸟足类进化进程中最后分化出来的特化类型，其地史分布较短，目前仅记录于晚白垩世地层。其中 *Bactrosaurus johnsoni* 在国内曾见于南雄盆地的南雄组，内蒙古二连达布苏组等晚白垩世地层。原角龙科是晚白垩世早期出现的角龙类的原始类型。左云所见的 *Microceratops gobiensis* 曾记录于宁夏的上白垩统。虚骨龙科为兽脚类中地质历程最长的，自三叠系到白垩系均有记录，但左云所见的该科的疾走龙，目前仅报道于上白垩统；杨钟健认为左云辛窑沟所产标本与最早见于蒙古国沙巴拉干乌苏上白垩统的 *Velociraptor mongoliensis* 相似。蛇颈龙科属于调孔亚纲鳍龙目，据现有文献记载，该科为高度适应水中生活的食肉鳍龙。其地史分布为侏罗—白垩纪，国外多见于海相地层中；但国内所见三处：四川的自流井组，广西的那派组、新疆乌尔禾的下白垩统，均属陆相沉积。

根据上述化石的演化及地史分布情况，助马堡组的爬行类之地质时代应属晚白垩世。

二、岩石地层单位的年代属性

1. 永定庄组、大同组、云岗组、天池河组、茹去组

永定庄组、大同组、云岗组由于含有如前所述的植物群、双壳类组合、叶肢介组合以及孢粉等，已基本上可以有依据地确定其地质年代到世。即永定庄组属早侏罗世，大同组、云岗组属中侏罗世。但天池河组至今没有采到过化石，但根据下部所夹的火山碎屑岩层，可与九龙山组对比，而归属于中侏罗世。茹去组曾采到 *Lyxoptera* sp.（亢健中，1987），时代属晚侏罗世，甚至更晚。

2. 九龙山组、髫髻山组、土城子组、张家口组、大北沟组、义县组

这些岩石地层单位除义县组外，大多为火山岩地层，含化石极少，而义县组至今也仅有孢粉、介形类及零星的植物化石资料，而未发现热河动物群的典型生物。所以这些岩石地层单位的时代主要依据层型所在地区——辽西、河北及北京西山所确定的时代而定。

3. 左云组、助马堡组

左云组与助马堡组目前已累积了很多门类如植物、孢粉、轮藻、介形类、腹足类、双壳类、爬行类等的生物资料。尽管采集不够系统，有的数量很少，这些生物组合跨时代较长等不足，但多门类相互印证，也基本上可以确定两个组的地质年代到世。左云组属早白垩世，助马堡组属晚白垩世。

第七章
早新生代（早第三纪）

山西的早第三纪地层分布不广，主要分布在两个地区。其一分布于平陆盆地和垣曲盆地属河湖相碎屑岩沉积；另一分布于繁峙县城北和应县黄花岭等地，为火山喷发玄武岩流及沉积夹层堆积。总面积约 770 km^2。

第一节　岩石地层单位

平陆—垣曲盆地的早第三纪地层主要分布在平陆县淹底—坡底—曹家川一带和垣曲县河堤—古城—英言—蒲掌一带，总共出露面积约 220 km^2；另外在永济县上源头附近也有零星露头。平陆盆地为一套由河流洪积相-湖沼相-河流洪积相组成的一个完整的沉积旋回，其中每个大的沉积相又可细分为粗-细的小旋回，整套沉积韵律明显，是岩石地层划分的重要依据，也是野外识别的良好标志。垣曲盆地虽然也为一套河湖相沉积地层，而且厚度很大，但与平陆盆地相比，发育和保存不全，缺失了底部和顶部地层。

对于上述这套地层的研究，在垣曲盆地起步较早。1916 年 Andersson（安特生）首先发现了河堤-任村的淡水湖相沉积。1934 年由杨钟健正式命名为“垣曲系”，将河堤-任村和西滩化石层位称为“下垣曲系”，寨里化石层位称“上垣曲系”。1959 年宋之琛称这套地层为“垣曲系”。1973 年周明镇等改称“垣曲群”，下部称“河堤组”，上部称“白水组”。1979 年《华北地区区域地层表·山西省分册》将垣曲群的组级单位称峪里组、赵家岭组、西滩组和白水组。1983 年，杨国礼在蒲掌附近发现了新的层位，并建立了“凹里组”，其上为西滩组、白水组。上述各家的划分组段界线并不完全一致（见表 7-1）。

对平陆盆地研究开始较晚。1959 年三门峡勘探总队首先创建了“平陆系”一名。1968 年山西区调队在 1∶20 万运城-三门峡幅工作期间测制了坝头—过村—刘林河剖面(前段为米汤沟)，将原“平陆系”改称“平陆群”，并通用于垣曲盆地。根据岩性组合及沉积韵律，创建了“门里组”、“坡底组”、“大安组”、“刘林河组”。刘林河组是在过村以北的刘林河附近，新发现的一套洪积粘土与砾石互层堆积，位于大安组之上。由于大安组一名在河南早被利用，《华北地区区域地层表·山西省分册》曾改为高庙组，1974 年由宜昌地质矿产研究所张仁杰提名改为“小安组”。至此，平陆群的地层划分已基本定型，以后的许多研究者基本采纳了这一方案。

本专著是在前人基础之上，特别是在《山西的下第三系》和《山西省区域地质志》(1989）之后，综合考虑两盆地的沉积特点，与河南省专题组共同认为平陆群虽然命名较晚，但地层出露较齐全，各组段岩相特征明显，是一个比较完整的沉积旋回，作为晋豫两省早第三纪地层的代表较合适；而垣曲群虽建立较早，但地层出露不全，以往建组过多，组段界线也不尽一致，给地层对比带来一定困难，故作为平陆群的同物异名，建议停止作用。为了反映两个盆地的研究程度，组名采用平陆盆地的命名前提下，坡底组和小安组的下属共四个段选用垣曲盆地的命名(按《华北地区区域地层表・山西省分册》的命名)。划分沿革见表7-1。

繁峙、应县一带的玄武岩，曾按分布地区分别称为繁峙玄武岩、黄花岭玄武岩，此次清理，按二者特征一致、分布相近、上覆下伏地层一致、年代一致，划为同一岩石地层单位，以命名早的繁峙（玄武岩）组统称之。

平陆群　E*P*　(05-14-0045)

【创名及原始定义】　1959年三门峡勘探总队创名平陆系。原始定义为："于构造盆地中沉积，以紫红色砾岩、砂岩及砂质页岩为主夹薄层石膏。岩层不整合于其他较老岩层之上，且受到喜马拉雅运动影响而褶皱。坝址外围见于米汤沟、岳家河、陈家山、任家沟及大安等地。水库区见于大营温塘村和中条山西端。其中，以米汤沟出露最完整，厚达1 470 m。"

【沿革】　1972年山西区测队进行1：20万运城幅、三门峡幅区调时，改称平陆群；并通用于垣曲盆地，作为三门峡、垣曲两个盆地中下第三系的总称。此次地层对比研究认为平陆盆地下第三系顶底发育较垣曲盆地齐全，上述处理是合理的。

【现在定义】　为中条山南麓，垣曲-三门峡一带，早第三纪的一套以干旱为主，后期间有湿热气候条件下山间断陷盆地堆积。岩性组合以红色砾岩、砂砾岩与泥岩、粉砂质泥岩为主，夹杂不等量的砂岩、灰绿色泥岩、泥质白云岩、薄层石膏，以及碳质泥岩、不稳定褐煤层等。按其旋回性，分为4个组：门里组、坡底组、小安组、刘林河组。

【地质特征】　平陆群是指不整合于基岩地层之上的一套河流冲洪积相—湖相堆积，其上又被晚第三纪上新世或第四纪地层所覆盖。由于受构造作用的影响，地层发生倾斜，并伴有断裂产生，沉积厚度2 500 m以上。整套堆积下部为河流洪积相砾岩和砂砾岩，中部为河流相砂砾岩、砂岩与湖相砂质泥岩与泥灰岩，上部又为河流洪积相的砾岩和砂砾岩，总体显示了由粗到细、又到粗的沉积旋回。其内部又可细分三个由粗到细的小旋回，每个小旋回的下部为棕红色含泥砾岩或砂砾岩，上部为浅灰绿色砂质泥岩、泥岩、泥灰岩、含层状石膏。表现了由河流冲洪积相到湖相的交替演变过程。

门里组　$E_{1-2}m$　(05-14-0046)

【创名及原始定义】　1972年由山西区测队创建。创名地为平陆县三门乡南4.5 km的门里村。原始定义："由洪、湖积的厚层砾岩、泥岩和含石膏的泥岩、泥灰岩组成。下部为砾岩，中、上部为泥岩、含石膏泥岩、泥灰岩和泥质白云岩。底部砾岩与下伏地层呈角度不整合接触。"

【现在定义】　为三门峡-垣曲盆地平陆群底部组级岩石地层单位。主要由砖红、棕红色砾岩、砂砾岩与泥岩、砂质泥岩不等厚互层组成。上部夹灰白、灰绿色泥岩、泥质白云岩，红色泥岩中有时含网脉状石膏，泥质白云岩中有时夹薄层石膏；底部以砾岩层与前第三纪不同

表 7-1 平陆群划

本书					Andersson（安特生）	Zdansky（师丹斯基）		杨钟健		李悦言 杨钟健		宋之琛	王择义 胡长康		山西省地质局区测队			周明镇等		
					1923	1930		1934		1937		1959	1963		1972			1973		
年代地层		岩石地层			垣曲盆地	垣曲盆地		垣曲盆地		垣曲盆地		垣曲盆地	垣曲盆地		垣曲盆地			垣曲盆地		
系	统	群	组	段																
下第三系	渐新统	平陆群	刘林河组																	
			小安组	白水河段						顶层		上部（下渐新统）	下渐新统	白水河	渐新统		大安组	白水组		
	始新统			西滩段		E_1^2	L_0K1	上垣曲系	L_0K1	下第三系	下渐新—上始新统 上层	垣曲系		鸡龙山庙任村河堤	下第三系	平陆群		垣曲群	河堤组 寨里段	L_0K1 5301 L_0K2 F10
			坡底组	赵家岭段	始新统 淡水湖泊沉积	E_1^1	L_0K2	垣曲系 下垣曲系	L_0K2		中层		上始新统		始新统		坡底组		任村段	
				峪里段			L_0K7		L_0K7		底层						门里组			L_0K7
	古新统		门里组																	
前第三系																				

分沿革表

《华北地区区域地层表·山西省分册》	雷奕振	杨国礼（山西的下第三系）	三门峡勘探总队	轻工部制盐局	山西省地质局区测队	宜昌地矿所张仁杰	《华北地区区域地层表·山西省分册》
1979	1981	1983	1959	1959	1972	1974	1979
垣曲盆地	垣曲盆地	垣曲盆地	三门峡盆地	三门峡盆地	三门峡盆地	三门峡盆地	三门峡盆地
垣曲群： 白水组（上段、下段） 西滩组（上段、下段） 赵家岭组（上段、下段） 峪里组	下第三系： 白水组 L_0K1 5301 河堤组 L_0K2 F10 F20 L_0K7 F22 F23 峪里组	下第三系： 白水组 西滩组（第三段、第二段、第一段） 凹里组	下第三系（平陆系）	下第三系： 始新统	下第三系： 渐新统 始新统 平陆群： 刘林河组 大安组 坡底组 门里组	下第三系： 渐新统 —— 刘林河组 始新统 —— 小安组 坡底组 古新统 —— 门里组	下第三系： 平陆群： 刘林河组 高庙组 坡底组 门里组
~~		~~~~~~	~~~~~~	~~~~~~	~~~~~~	~~~~~~	~~~~~~
		三叠系			二叠—石炭系		二叠系

地层呈不整合接触。上覆地层为坡底组，整合接触。

【层型】　正层型为平陆县刘林河05-过村05-坝头剖面。

平陆县刘林河-过村-坝头刘林河组剖面：平陆县三门乡，由刘林河起，经过村，至三门峡大坝坝头（111°21′00″，34°52′00″）；山西省区测队孙万利、杨国礼、郭立卿、陈丹桂等1968年测制。

上覆地层：**保德组**　红土夹砾石

~~~~~~~~~~ 不 整 合 ~~~~~~~~~~

平陆群	总厚度 2 177.6 m
刘林河组	厚 585.6 m
39. 浅红色砾岩夹浅红色泥岩	142.8 m
38. 浅砖红色砂质泥岩夹砂砾岩	154.1 m
37. 浅红色含钙质砂质泥岩与砂砾岩互层	90.2 m
36. 紫红色砂质泥岩夹薄层砂砾岩	29.8 m
35. 浅灰绿色泥岩夹泥质白云岩	6.7 m
34. 浅紫红色、浅灰绿色泥岩夹砂岩	21.7 m
33. 紫红色泥岩夹泥质白云岩与浅红色砂砾岩互层	56.1 m
32. 紫红色、黄绿色泥岩夹白云质泥灰岩	9.6 m
31. 浅红色砂砾岩夹含砾砂岩	2.8 m
30. 褐红色含砾泥灰岩	2.9 m
29. 浅紫红色含钙质砂质泥岩	24.0 m
28. 砂砾岩、砂岩、泥岩、白云质泥灰岩互层	50.9 m
———— 整　合 ————	
小安组	共厚 1011.3 m
白水河段	厚 137.4 m
27. 灰绿色泥岩夹薄层泥灰岩及灰黑色碳质泥岩	28.6 m
26. 紫红色泥岩夹薄层含钙质细砂岩	3.0 m
25. 浅灰绿色、紫红色及黄绿色泥岩夹泥质白云岩。含介形类：*Cypris decaryi*，*Eucypris* sp.，*Shantungcypris* cf. *linquensis*	105.8 m
———— 整　合 ————	
西滩段	厚 873.9 m
24. 灰白色细砂岩与紫红色泥岩互层。细砂岩具斜层理或交错层理	68.5 m
23. 浅灰绿色细砂岩与紫红色泥岩互层。泥岩中含网脉状石膏，网脉宽 0.5～1.0 cm	59.7 m
22. 紫红色、黄褐色、灰绿色泥岩夹薄层状和网脉状石膏	93.2 m
21. 浅灰绿色细砂岩与紫红色泥岩互层。下部含少量网脉状石膏	42.5 m
20. 紫红色泥岩与石膏互层。石膏呈灰褐色，含泥质较多，厚 1～10cm	18.0 m
19. 黄褐色砂砾岩和浅黄色砂质泥岩	11.3 m
———— 整　合 ————	
坡底组	共厚 580.7 m
赵家岭段	厚 168.2 m
18. 紫红色泥岩夹薄层及网脉状石膏	17.6 m
17. 灰绿色泥岩夹薄层紫红色泥岩和白云质泥灰岩，含薄层及网脉状石膏。石膏呈乳白色，最厚可达 13.5 cm	26.0 m
~~~~~~~~~~

16. 紫红色、灰绿色泥岩夹薄层状、网脉状石膏。石膏最厚达 8 cm 124.6 m

——————— 整 合 ———————

峪里段 厚 412.5 m

15. 棕红色砂质泥岩与砂岩和砂砾岩互层 397.6 m

14. 浅红色半胶结砾岩 4.9 m

——————— 整 合 ———————

门里组 厚 534.7 m

13. 灰白、紫红色砂质泥岩夹灰白色砂岩 56.7 m

12. 紫红色、灰绿色泥岩夹薄层（10 cm 左右）泥灰岩 34.8 m

11. 灰绿色泥岩夹泥质白云岩和石膏互层。石膏厚 2～5 cm 27.2 m

10. 灰绿色和紫红色泥岩含网脉状石膏 31.4 m

9. 紫红色泥岩夹灰绿色细砂岩。泥岩中含网脉状石膏 37.2 m

8. 紫红色含砾砂岩 17.3 m

7. 紫红色泥岩含网脉状石膏。石膏厚 0.5～2 cm 8.7 m

6. 紫红色泥岩夹薄层灰绿色含砾砂岩 105.0 m

5. 紫红色泥岩，上部含网脉状石膏 6.7 m

4. 灰白色砾岩和含砾砂岩互层 2.4 m

3. 砖红色砂质泥岩 79.2 m

2. 暗紫红色砾岩与砂质泥岩互层 72.4 m

1. 厚层状钙质胶结的灰褐色砾岩 54.8 m

~~~~~~~~~ 不 整 合 ~~~~~~~~~

下伏地层：**山西组** 砂岩、页岩及煤

【地质特征及区域变化】 由于沉积环境的差别，导致各地门里组的岩性及厚度也各有不同。门里附近厚 534.7 m，顶部夹两层可采石膏；岳家庄厚 484.2 m，顶部仅含网脉状石膏；野鸡嘴一带厚 245.8 m，岩性以砾岩夹泥岩、砂岩为主。垣曲盆地的蒲掌一带缺失底部的厚层砾岩，仅沉积了一套棕红色钙砂质泥岩夹灰白色泥灰岩、砂岩、泥质灰岩等，典型的湖相间河流冲积相物质，厚度 127.3 m。

坡底组 E_2p （05-14-0047）

【创名及原始定义】 1972 年山西区测队创名。创名地为平陆县坡底乡坡底村。原始定义："下部以棕红色的砂砾岩为主，夹含砂砾岩和砂质泥岩，上部为含石膏的泥岩。以底部的砾岩和砂砾岩与门里组整合接触，明显地反映出由洪积的碎屑沉积至比较稳定的化学沉积的旋回性。"

【现在定义】 为三门峡-垣曲盆地平陆群下部的组级岩石地层单位，由两个岩性段组成。下部峪里段，主要为棕红、砖红色砾岩、砂砾岩、中粗粒砂岩夹砂质泥岩；上部赵家岭段，主要为棕红、紫红、灰绿色砂质泥岩，砂质泥岩夹泥质白云岩及薄层或网脉状石膏。下伏地层为门里组（以底部砾岩底面划界），上覆地层为小安组，均为整合接触。

【层型】 正层型为平陆县刘林河-过村-坝头剖面。见门里组条目。

【地质特征】 根据岩性组合，又可分为两个段：下部峪里段，以河流洪积砂砾岩为主夹少量棕红色砂质泥岩。其间不含或极少含动物化石。上部赵家岭段为棕红色泥岩、砂质泥岩为主夹少量砂砾岩或其凸镜体，泥岩中常见次生的色斑（俗称花斑状），平陆盆地中含多层层
~~~~~~~~~

状石膏，呈曲型的泻湖相特征。垣曲盆地中含大量的哺乳动物化石。

峪里段　E_2p^y　(05－14－0048)

【创名及原始定义】　峪里段原称峪里组，1965年雷奕振创建。创名地为河南省新安县峪里乡峪里村。原始定义指："垣曲盆地西部安窝、小茅堡、峪里一带的洪积相沉积，为一套砖红色块状—厚层巨砾岩—粗砾岩，夹砖红色硬砂岩及砂质泥灰岩（混积岩）不规则体。与下伏古生界岩层及侏罗纪—白垩纪闪长玢岩呈不整合接触。"

【沿革】　1983年《山西的下第三系》（杨国礼）称西滩组一段。《山西省区域地质志》（山西地矿局，1989）改称峪里段，归属于河堤组。此次地层对比研究仍沿用峪里段，而纳入由平陆盆地命名的坡底组。

【现在定义】　为三门峡-垣曲盆地平陆群坡底组下部岩性段。岩性主要为棕红、砖红色砾岩、砂砾岩、中粗粒砂岩不等厚互层夹棕红色泥岩、砂质泥岩。在三门峡盆地，下伏地层为门里组，整合接触；在垣曲盆地，该组多直接不整合于前新生界地层之上。上覆地层为同属坡底组的赵家岭段，整合接触。

【层型】　正层型为垣曲县河堤-西滩剖面。位于垣曲县古城镇以西的河堤、板涧河、赵家岭-西滩村（111°48′00″，35°05′00″）；山西省区测队孙万利、杨国礼、郭立卿、陈丹桂等于1968年重测。

上覆地层：**坡底组赵家岭段**　浅黄褐、灰绿色泥岩夹薄层泥灰岩与泥质粉砂岩

——————整　合——————

峪里段	厚 328.64 m
5. 深灰、浅肉红色角砾岩夹砖红色砂质泥岩和杂砂岩	139.80 m
4. 深灰色砾岩夹凸镜状棕红色泥岩和紫红色杂砂岩	51.90 m
3. 砖红色砂质泥岩夹杂砂岩	22.75 m
2. 灰褐色厚层状砾岩、砂砾岩与浅棕红色砂质泥岩互层	59.66 m
1. 底部浅灰褐色角砾岩，中部和上部为深灰色厚层状砾岩	54.63 m

～～～～～～不 整 合～～～～～～

下伏地层：**奥陶系**　石灰岩

【区域变化】　垣曲盆地层型剖面，厚328.6 m。平陆盆地：过村剖面，厚402.5 m；岳家庄剖面，厚625.1 m，含泥岩极少。

赵家岭段　E_2p^z　(05－14－0049)

【创名及原始定义】　1979年王兴武等编写《华北地区区域地层表·山西省分册》创建。原称赵家岭组，为垣曲群第二个组，下伏峪里段，上覆为小安组西滩段。原始定义："上部花斑状泥岩、间夹多层灰绿、灰红色白云质泥灰岩及几层灰、灰白、灰绿色砂岩、砂砾岩或砾岩，靠下部为灰色、灰白色砂岩或含砾砂岩与砾岩互层。下部厚层花斑状泥岩与薄层灰白、灰、灰黑色砂岩、砂砾岩、砾岩、角砾岩互层。"

【沿革】　这段地层相当李悦言、杨钟健（1937）垣曲系的中层，周明镇（1973）所称河堤组的任村段，雷奕振（1981）河堤组下部，《山西的下第三系》（杨国礼，1983）所称西滩组的二段。《山西省区域地质志》（山西省地矿局，1989）改称赵家岭段，归属河堤组。此次

地层对比研究，沿用赵家岭段，但纳入以平陆盆地命名的坡底组。

【现在定义】 为三门峡、垣曲盆地平陆群坡底组的上部岩性段。主要岩性为棕红、紫红、灰绿色粉砂质泥岩、泥岩夹泥质白云岩及薄层网脉状石膏。下伏地层为同属坡底组的峪里段，上覆地层为小安组的西滩段，均呈整合接触。

【层型】 正层型为垣曲县河堤-板涧河-西滩赵家岭段剖面。剖面位置及测制者见峪里段条目。

上覆地层：**小安组** 西滩段浅紫红、灰褐色砾岩、砂砾岩

——————— 整 合 ———————

坡底组

赵家岭段 厚 207.55 m

11. 浅紫棕带次生浅灰绿色花斑状泥岩 71.10 m

10. 浅棕红带浅灰或浅灰黄花斑状白云质泥灰岩夹钙质泥岩和细砂岩 23.20 m

9. 浅灰绿带棕红色花斑状钙质泥岩、泥质钙质粉砂岩，局部相变成黄褐或锈黄色粉砂岩。含介形类：*Paracandona euplectella*，*Cadona kirgizica*，*Candoniella albicans*，*Cadona* sp. 28.34 m

8. 浅灰绿带棕黄、锈黄色花斑状钙质泥岩，局部相变成泥灰岩 17.16 m

7. 浅棕黄带次生浅灰绿色斑状钙质泥岩夹薄层泥灰岩、泥质细砂岩和砾岩 57.25 m

6. 浅黄褐、灰绿色泥岩夹薄层泥灰岩与泥质粉砂岩 10.50 m

——————— 整 合 ———————

下伏地层：**峪里段** 深灰、浅肉红色角砾岩夹砖红色砂质泥岩和杂砂岩

【地质特征及区域变化】 平陆盆地以棕红色泥岩、砂质泥岩为主夹砂砾岩及其透镜体，含多层层状石膏和网脉状石膏，是主要的含膏层段；过村剖面厚 167.2 m，岳家庄剖面厚 136.2 m。垣曲盆地以红色钙质泥岩中具次生的色斑（称花斑状）为特征，厚 207.6 m。该段含丰富的哺乳类、爬行类、腹足类、介形类和孢粉化石，河堤-任村化石点即属本段。

小安组 $E_{2-3}x$ （05－14－0050）

【创名及原始定义】 原称大安组，是 1972 年由山西区测队创建。创名地为河南省三门峡市高庙乡小安村。原始定义："下部为紫红色泥岩与浅灰绿色和灰白色砂岩互层，底部以一层砂砾岩与坡底组整合接触；上部为黄色、黄绿色泥岩和浅灰绿色的泥质白云岩，夹碳质泥岩和沥青质泥岩。本组为河湖相过渡到沼泽相的含煤建造。"

【沿革】 创名后因大安组一名在河南早被使用，1979 年《华北地区区域地层表·山西省分册》曾改用高庙组；1974 年，宜昌地质矿产研究所张仁杰首先改用"小安组"。《山西下第三系》（杨国礼，1983）从之，但仅限于平陆盆地。本专著则通用于两个盆地。

【现在定义】 为三门峡-垣曲盆地平陆群上部的组级岩石地层单位。由两个岩性段组成：下段西滩段，主要为浅棕红色泥岩，下部夹褐黄色不等粒砂岩及层状石膏，上部夹泥晶白云岩，底部有厚度不等的砾岩；上段白水河段，主要为灰绿、紫红等杂色泥岩、泥质白云岩夹碳质泥岩、褐煤。下伏地层为坡底组，上覆地层为刘林河组，均呈整合接触。

【层型】 正层型为平陆县刘林河-过村-坝头剖面。见门里组条目。

西滩段　E_2x^x　（05－14－0051）

【创名及原始定义】　1979年王兴武等编写《华北地区区域地层表·山西省分册》时创建。当时称西滩组，为垣曲群第三个组。原始定义："上部紫红色泥岩与灰绿色、黄绿色泥岩夹数层薄至中厚层灰白、黄绿、灰绿色钙质石英长石砂岩。下部灰白、黄绿、锈黄色砂岩、含砾砂岩、砾岩夹多层紫红、棕红色泥岩，局部夹有灰黄色、灰绿色钙质泥岩和薄层白云质泥灰岩。"

【沿革】　这段地层实际上相当：李悦言、杨钟健（1937）垣曲系的上层，周明镇（1973）所称河堤组寨里段，《山西的下第三系》（杨国礼，1983）西滩组的三段，《山西省区域地质志》（山西省地矿局，1989）的河堤组西滩段。此次地层对比研究沿用西滩段，但纳入以平陆盆地命名的小安组。

【现在定义】　为三门峡、垣曲盆地平陆群小安组下部岩性段。岩性主要为浅棕红色泥岩；其底部有厚度不等的砾岩，下部夹褐黄色不等粒砂岩及层状石膏，上部夹泥晶白云岩。下伏地层为坡底组赵家岭段，上覆地层为同属小安组的白水河段，均呈整合接触。

【层型】　正层型为垣曲县河堤-板涧河-西滩剖面。剖面位置、测制者、测制时间见峪里段条目。

上覆地层：**小安组白水河段**　浅灰白、浅灰绿色泥灰岩

——————— 整　合 ———————

小安组　西滩段　　厚531.76 m

30. 浅紫红色泥岩夹浅灰绿色薄层泥岩　10.50 m
29. 浅灰黄色粉砂岩与浅棕红色泥岩互层，顶部夹浅灰白色薄层泥灰岩。含腹足类：*Gyraulus yuanchuensis*，*Australorbis*（*Pseudoammonius*）*huanghoensis*；介形类：*Eucyprtis* sp.　21.14 m
28. 浅紫红色泥岩，顶部有一薄层浅灰白色泥灰岩。含腹足类：*Anstralorbis*（*Pseudoammonius*）*huanghoensis*；介形类：*Cypris deltoides*，*Eucypris alveolata*　20.79 m
27. 浅灰黄色粉砂岩与紫红色泥岩互层，顶部夹薄层浅灰白色泥灰岩。含腹足类：*Gyraulus yuanchuensis*　13.02 m
26. 浅紫褐、浅灰绿色砂质泥岩和粉砂岩，下部夹一薄层泥灰岩。含腹足类：*Gyraulus yuanchuensis*，*Physa* sp.；轮藻类：*Grovesichara kielani*　44.00 m
25. 浅紫褐、浅灰绿、浅灰白色砂质泥岩夹薄层泥灰岩　12.19 m
24. 浅黄、浅灰白色厚层状长石砂岩　24.94 m
23. 浅灰白、浅灰黄色砂岩夹浅褐、浅棕红、浅灰绿色泥岩和砂质泥岩，顶部夹薄层浅灰白色泥灰岩。含腹足类：*Australorbis*（*Pseudoammonius*）*huanghoensis*，*Hippeutis luminosa*，*Sinoplanorbis sinesis*　35.00 m
22. 浅紫红色泥岩夹浅灰黄、浅灰白色细砂岩。含腹足类：*Australorbis* sp.　54.96 m
21. 浅灰白、浅锈黄色砂岩与含砾砂岩夹浅紫红色泥岩　36.94 m
20. 浅灰白色不等粒砂岩　24.00 m
19. 浅灰白色与浅锈黄色不等粒砂岩夹紫红色泥岩。李悦言（1937）在赵家岭村东相当于（21）—（19）层处采到哺乳类化石：*Hyaenodon yuanchuensis*，*Rhinotitan mongoliensis*，*Amynodon* sp.　27.32 m
18. 浅紫红色泥岩夹浅灰绿色与浅灰白色薄层粉砂岩　36.57 m

17. 浅灰白带浅锈黄色砂岩、含砾砂岩夹紫红色泥岩 28.10 m

16. 浅紫红与浅灰绿色泥岩夹薄层砂岩 27.84 m

15. 浅灰色不等粒杂砂岩，局部含小砾岩 10.05 m

14. 浅紫红色泥岩夹含钙质细粒薄层长石砂岩。含轮藻类：*Grambastichara* sp. *Grovesichara kielani*；介形类：*Candoniella* sp. 39.00 m

13. 浅灰白色砂岩、含砾砂岩夹紫红色泥岩 48.46 m

12. 浅紫红、灰褐色砾岩和砂砾岩 16.94 m

——————— 整　合 ———————

下伏地层：**坡底组赵家岭段**　花斑状泥岩

【地质特征及区域变化】　本段岩性特征表现为由河流冲积相砂岩、含砾砂岩，逐渐过渡到湖相泥岩、砂质泥岩。垣曲盆地，厚 531.8 m，富含哺乳类、腹足类、介形类、轮藻类化石。平陆盆地，厚近 300 m，含层状石膏。

白水河段　E_3x^b　（05－14－0051）

【创名及原始定义】　1965 年雷奕振首先命名，1973 年周明镇介绍。原称白水组，原始定义："一套沼泽相为主的多韵律灰绿色泥质细砂岩、蓝灰色泥岩、灰紫色泥灰岩与灰白色石灰岩互层，夹多层褐煤及少量石膏凸镜体。与下伏河堤组的灰白色松散砂岩层呈整合接触。顶部被中更新统黄土不整合覆盖。"

【沿革】　自雷奕振创名后多数研究者采纳了这一名称，但多数（包括介绍者周明镇）所称白水组，均限于创名者所指白水组的上段。此次地层对比研究，考虑此段地层以垣曲盆地白水河（水系名）一带发育最好，而附近并无"白水"地理名称，以及与平陆盆地的名称统一，故改称为白水河段，归小安组。

【现在定义】　为三门峡-垣曲盆地平陆群小安组上部岩性段。岩性主要为灰绿、紫红等杂色泥岩、泥质白云岩夹碳质泥岩、褐煤。下伏地层为同属小安组的西滩段，整合接触。上覆地层，在三门峡盆地为刘林河组，整合接触；在垣曲盆地，直接被晚新生界地层不整合覆盖。

【层型】　正层型为垣曲县白水河柳沟村剖面。该剖面位于垣曲县古城镇西北白水河柳沟村及向北一带（111°51′00″，35°08′00″）；山西省区测队孙万利、杨国礼、郭立卿、陈丹桂等 1968 年重测。

上覆地层：**保德组**　砾岩

~~~~~~~~~ 不整合 ~~~~~~~~~

小安组

白水河段　厚 378.68 m

57. 浅黄绿色粉砂岩与浅灰绿色泥岩，上部夹薄层碳质泥岩，顶部为黄褐色含白云质泥灰岩 16.45 m

56. 下部浅灰黄色泥灰岩，上部浅黄绿色泥岩夹浅灰白色凸镜状泥灰岩。含轮藻：*Obtusochara* sp.，*Grovesichara changzhouensis*，*Kabdochara* sp.，*Harrisichara* sp. 介形类：*Paracandona euplectella*，*Eucypris alveolata*，*E. autuensis*，*Cypris deltoidea* 20.91 m

55. 下部浅灰绿色细砂岩和粉砂岩，上部浅黄绿色泥岩夹薄层状灰岩 13.77 m

54. 浅黄绿色泥岩 20.40 m

53. 浅灰褐色泥岩与浅黄绿色泥质粉砂岩互层，中间夹薄层褐煤。含腹足类：*Bithynia*
~~~~~~~~~

(*Pseudommericia*)? *magnicirca*, *B*. (*P*.)? *buranensis*, *Physa* sp., *Sinoplanorbis sinensis*, *S. spiralis*, *Gyraulus yuanchuensis*, ? *Hippeutis luminosa*, *Australorbis* (*Pseudoammonius*) *huanghoensis*, *Palaeancylus depressus*, *Succinea* sp., *Valvata* sp. 以及孢粉 8.16 m

52. 浅灰白色泥灰岩 12.24 m

51. 浅灰褐色泥岩与浅黑色碳质泥岩，夹薄层褐煤。褐煤最厚约1.2 m，呈凸镜状或窝子状分布 5.12 m

50. 浅灰黄、浅灰褐色泥岩与浅灰白色灰岩互层，夹薄层褐煤。含腹足类：*Aplexa* sp., *Sinoplanorbis sinensis*, *Gyraulus* sp., ? *Hippeutis luminosa*, *Australorbis* (*Pseudoammonius*) *huanghoensis*, *Palaeancylus orientalis* 以及孢粉 18.64 m

49. 浅灰绿色泥岩夹粉砂岩 40.53 m

48. 浅灰绿色、黄绿色泥岩与浅灰白色泥灰岩互层，夹薄层碳质泥岩及褐煤。含轮藻类：*Obtusochara* sp., *Croftiella* sp., *Raskyaechara* sp.；腹足类：*Bithynia* (*Pseudoemmericia*)? *magnicirca*, *Australorbis* (*Pseudoammonius*) *huanghoensis*；介形类：*Cypris deltoidea* 47.59 m

47. 浅灰白色泥灰岩与浅黄褐色泥岩和粉砂岩互层。含轮藻：*Raskyaechara* sp.；腹足类：*Gyraulus* sp., *Valvata* sp.；介形类：*Paracandona euplectella*, *Cyclocypris* sp. 23.46 m

46. 浅灰绿色、灰黄色粉砂岩、细砂岩夹碳质泥岩，局部见褐煤。含腹足类：*Valvata* (*cincinna*) *gtshilis*, *Palaeancylus depressus*, ? *Hippeutis luminosa*, *Physa yuanchuensis*, *Gyraulus* sp. 11.96 m

45. 浅黄绿、灰黄色泥岩、粉砂质泥岩与浅灰绿色泥灰岩、褐煤、碳质泥岩互层，泥岩中含石膏晶粒。含腹足类：*Australorbis* (*Pseudoammonius*) *huanghoensis*, *Sinoplanorbis sinensis*, *Gyraulus yuanchuensis*, ? *Hippeutis luminosa*, *Valvata* sp.；轮藻：*Gyrogona* sp.；介形类：*Cypris deltoidea*, *Eucypris wutuensis*, *E. alveolata*, *Ilyocypris cornae*, *Limnocythere* sp. 16.33 m

44. 浅黄绿色泥岩夹薄层泥灰岩顶部为薄层褐煤。含腹足类：*Valvata* (*cincinna*) *fragilis*, *Palaeancylus elongagus*, *Sinoplanorbis spiralis*, *Gyraulus* sp., *Pseudamnicola* sp., *Kissoacea*；介形类：*Eucypris* (*wutuensis*) sp. 38.34 m

43. 下部浅灰白色泥灰岩，中部浅锈黄与浅灰绿色泥岩夹泥灰岩。顶部薄层状浅黄绿色粉砂岩含脉状石膏。含腹足类：*Gyraulus yuanchuensis* 13.79 m

42. 浅黄绿色粉砂岩、砂质泥岩夹浅黄、灰白色泥灰岩。含腹足类：*Bithynia* (*Pseudommericia*)? *buranensis*, *B*. (*P*.)? *parvobliqua*, *B*. (*P*.)? *magnicirca*, *Valvata* (*cincinna*) *fragilis*, ? *Hippeutis luminosa*, *Australorbis* (*Pseudoammonius*) *huanghoensis*；轮藻：*Grovesichara changzhouensis* 11.76 m

41. 浅灰绿、棕黄、灰黄色泥灰岩，上部夹薄层碳质泥岩。含腹足类：*Gyraulus yuanchuensis* 18.78 m

40. 下部浅灰白、浅锈黄色含砾长石石英砂岩，中上部为浅黄绿色泥岩夹薄层浅灰白色泥灰岩及褐煤 40.45 m

———— 整　合 ————

下伏地层：**小安组西滩段**　砂质泥岩

【地质特征及区域变化】　白水河段以湖泊沼泽相为特征，含哺乳类和丰富的腹足类、介形类、轮藻及孢粉化石。平陆盆地过村剖面厚134.9 m，岳家庄剖面厚203.5 m；垣曲盆地白水河一带为一套含煤建造，厚 378.7 m。

刘林河组　E_3l　（05－14－0053）

【创名及原始定义】　1972 年山西区测队进行 1：20 万三门峡幅区调时创建。创名地为平陆县三门乡西 2 km 的刘林河村。原始定义："一套多韵律的泥岩、砂质泥岩和砂砾岩。底部的泥灰岩和泥岩均含砂和小砾石。以底部的砂质泥岩夹砾岩与小安组地层整合接触。上部的砂砾岩夹砂质泥岩，与上覆的上新统砾岩为角度不整合接触。出露局限，仅在刘林河和马家店两地可见。"

【现在定义】　为三门峡-垣曲盆地平陆群顶部组级岩石地层单位。主要由浅红、棕红色砾岩、含砾砂岩与红色泥岩不等厚互层组成，夹灰绿、灰黑色泥岩、砂质泥岩、灰白色泥灰岩等。下伏地层为小安组，以底部砾岩底面划界，整合接触；上覆地层为上第三系或更新的松散堆积物不整合覆盖。

【层型】　正层型为平陆县刘林河-过村剖面（见门里组条目）。

【地质特征】　刘林河组仅发育在平陆盆地淹底—坡底以北的边山地带，以洪积砾岩夹少量泥岩为特征，含双壳类、介形类、轮藻及孢粉化石。因分布面积不大，所以厚度无大的变化。在刘林河一带厚 753.3 m，向东到畔沟一带厚 662 m。

繁峙（玄武岩）组　$E_{2-3}f$　（05－14－0054）

【创名及原始定义】　繁峙以北大片分布的玄武岩，1926 年王竹泉即已发现，并于山羊沟一带的粘土中采到植物化石；但直到 1979 年出版的《华北地区区域地层表·山西省分册》，才正式命名为繁峙（玄武岩）组。其原始定义为："繁峙玄武岩组，自南向北呈漫溢式喷发岩为主，其间有七个以上的喷发间断面，间断面普遍粘土化，呈现各种颜色，有时发育有半胶结砂岩和褐煤层。"

【沿革】　《华北地区区域地层表·山西省分册》(1979）将应县黄花岭一带的玄武岩，划归汉诺坝组。《山西的近期玄武岩》（吴雅颂、王兴武，1978），按玄武岩的地理分布，分别称为繁峙玄武岩、黄花岭玄武岩。

【现在定义】　指分布于山西省繁峙、山阴、应县（北纬 40°以南）一带，直接不整合覆盖于前寒武纪变质岩系之上，上新世红土之下，呈面状分布的玄武岩层。玄武岩表现了产状平缓、多风化间断面的特点。沿间断面具有不同颜色的风化粘土层，靠下部间断面夹有红、黄、白等色的含砾粘土层及褐煤层。

【层型】　正层型为繁峙县塔西沟-凤凰山-铁吉岭剖面。

繁峙县塔西沟-凤凰山-铁吉岭繁峙（玄武岩）组剖面（113°22′00″，39°17′00″）；由陈丹桂、吴雅颂、郝桂珍等 1964 年测制。

繁峙（玄武岩）组	总厚度 837.5 m
38. 灰色、灰黑色伊丁石化橄榄玄武岩	44.0 m
37. 灰色、灰黑色橄榄粗玄岩	140.6 m
36. 灰黑色花斑状气孔状细粒玄武岩	51.7 m
35. 灰黑色气孔状伊丁石化橄榄粗玄岩	35.0 m
34. 灰色气孔状粗玄岩	1.8 m

33. 灰色具褐色花斑状中—细粒玄武岩	17.1 m
32. 标志层 R_1：棕红色粘土及熔渣状玄武岩	1.5 m
——————— 间　断 ———————	
31. 灰黑色气孔状伊丁石化橄榄玄武岩	5.7 m
30. 灰色气孔状粗玄岩	18.3 m
29. 灰色气孔状伊丁石化橄榄粗玄岩	29.7 m
28. 灰黑色橄榄粗玄岩夹气孔状伊丁石化橄榄粗玄岩	27.1 m
27. 灰色气孔状伊丁石化橄榄粗玄岩	15.6 m
26. 灰色、灰黑色气孔疙瘩状伊丁石化橄榄玄武岩	30.6 m
25. 灰色、灰黑色疙瘩状玄武岩	13.5 m
24. 灰色具褐色花斑伊丁石化气孔状橄榄玄武岩	19.6 m
23. 标志层 R：红、桔黄色粘土	0.1 m
——————— 间　断 ———————	
22. 灰色气孔状伊丁石化橄榄粗玄岩或橄榄玄武岩	12.6 m
21. 灰色粗玄岩	4.4 m
20. 灰色气孔状玄武岩与气孔状粗玄岩	5.9 m
19. 灰色气孔状玄武岩与灰黑色橄榄粗玄岩互层	72.3 m
18. 灰色、灰黑色橄榄细粒玄武岩	23.2 m
17. 灰色、深灰色气孔状伊丁石化橄榄玄武岩	37.2 m
16. 灰黑色歪长石橄榄玄武岩	1.4 m
15. 标志层 Y：桔黄色粘土	1.4 m
——————— 间　断 ———————	
14. 灰黑色气孔状中—细粒玄武岩与斜长橄榄中—细粒玄武岩互层	37.5 m
13. 灰色杏仁状中—细粒玄武岩	25.5 m
12. 灰黑色橄榄中—细粒玄武岩	2.3 m
11. 标志层 W：灰白色粘土（含大量植物茎叶化石）	1.4 m
——————— 间　断 ———————	
10. 灰黑色中—细粒玄武岩	2.3 m
9. 灰色气孔斑状斜长玄武岩	5.0 m
8. 灰黑色疙瘩状中—细粒橄榄玄武岩夹中—细粒玄武岩	19.9 m
7. 灰黑色橄榄玄武岩夹杏仁状粗玄岩	49.7 m
6. 标志层 B：黑色粘土	0.1 m
——————— 间　断 ———————	
5. 灰黑色橄榄粗玄岩与灰色杏仁状粗玄岩互层	34.4 m
4. 紫灰色杏仁状斜长玻璃玄武岩	20.3 m
3. 灰色杏仁状粗玄岩与中—细粒玄武岩	11.5 m
2. 灰黑色橄榄粗玄岩	11.7 m
1. 标志层 T：顶部为褐煤，中部为粘土，下部为含砾粘土	4.7 m
～～～～～～ 不 整 合 ～～～～～～	

下伏地层：**太古代五台超群**　黑云角闪斜长片麻岩

【地质特征及区域变化】　繁峙玄武岩是以产状平缓的层状熔岩流为特征，总厚达 800 m 以上。在巨厚的玄武岩流中，有很多间断风化面和沉积夹层，其岩性多为各种不同颜色的粘土或砂岩，局部地段顶部夹褐煤。这些间断面色彩独特，地貌特征明显，是野外进行地层划分和对比的良好标志层。1∶20万区调中，在繁峙玄武岩组中划分出T、B_1、B_2、W、Y、R_0、R、R_1等8个间断面，并对具有一定分布范围和厚度较大的六个间断面进行了详细描述（山西区测队，1967）。熔岩流多以伊丁石化橄榄粗玄岩夹中细粒橄榄玄武岩为主。间断面之间玄武岩，顶部和底部为气孔状玄武岩，中部为致密状玄武岩。下伏粘土夹层，有烘烤现象。怀仁、山阴、应县三县间黄花岭一带的玄武岩，主要为灰、灰黑色橄榄玄武岩，应县境内双山一带出露厚度达94 m，玄武岩间也具间断风化面和红粘土层。

第二节　生物地层和年代地层划分

一、平陆群的生物地层和年代地层划分

平陆群的生物较丰富，主要有哺乳类、腹足类、介形类、孢粉、轮藻等。平陆群分布于垣曲盆地和平陆—三门峡两个盆地中。平陆盆地中早第三纪地层发育，比垣曲盆地齐全，故岩石地层单位选用平陆群，代表两个盆地的早第三纪地层，但生物地层，特别是哺乳类的丰富程度和研究程度，平陆盆地远不如垣曲盆地。对确定平陆群地层年代具主要意义的为哺乳动物，具一定意义的为腹足类、介形类、轮藻等。

（一）哺乳动物群——垣曲中华西安犀-中华石炭兽动物群

垣曲早第三纪地层中哺乳动物化石丰富，自1916年Anderson首次考察这里的下第三系以来，不少中外地层、古生物学家来这里进行地层调查和化石采集工作。来这里进行哺乳类采集研究并发表成果的先后还有：Zdansky（1930），杨钟健（1934、1937），李悦言（1937），王择义、胡长康（1963），周明镇（1973），雷奕振（1981）等，根据他们的论著，垣曲平陆群中已发现的哺乳类，计有28属、33种。完全可以称得上是一个哺乳动物群，本专著按主要产出层位、三个组中均含*Sianodon sinensis*和*Anthracokeryx sinensis*，而命名为垣曲中华西安犀-中华石炭兽动物群；并可划分为三个组合，按化石产出点命名为：河堤-任村、西滩、寨里组合。

1. 河堤-任村组合

产出于垣曲盆地的坡底组赵家岭段下部，含哺乳类16属17种，爬行类1属1种。以较原始的犀类（*Amynodon mongoliensis*，*Sianodon mienchiensis*，*Prohyracondon* cf. *meridionalis*等）、貘类（*Deperetella similis*，*D. depereti*）和石炭兽（*Anthracoserex ambiguns*，*Anthracokeryx sinensis*，*Anthracothema minima*）为主体，并含灵长类（*Hoanghonius stehlini*）、始爪兽（*Eomoropus mimimus*，*E. quadridentatus*）、钝齿河南中兽（*Honanodon hebetis*）、猪形兽（*Gobiohyus yuanchuensis*）和豫鼠（*Yuomys cdvioides*）等。周明镇（1973）认为这些化石所反映的时代比较明确，肯定属于晚始新世。

2. 西滩组合

产出于垣曲盆地的小安组西滩段中上部，含哺乳类7属7种。其种属大多是任村—河堤组合的共同成员，如*Sianodon sinensis*，*Anthracokeryx* cf. *sinensis*，*Amynodon mongoliensis*，*Caenolophus* sp.；新出现的为*Hyaenodon yuanchuensis*和*Rhinotilan mongoliensis*其时代仍属晚始新世。

3. 寨里组合

主要产出于垣曲盆地的小安组白水河段的底部。含哺乳类6属7种。其中一些仍为前两

组合共同成员，如 *Sianodon sinensis*，*Anthracokeryx sinensis*，*Huanghonius stekhlini*；新出现的为 *Cricetodon schaubi* 和 *Brachyodus hui*。雷奕振（1981）研究认为新出现的两种化石在地史上出现于渐新世；其它一些成员，也显示了某些进步性质，故该组合应属早渐新世。

另外，1982 年山西区调队杨国礼进行《山西的下第三系》总结时，在垣曲盆地的门里组上部，采到 *Coryphodon* cf. *dobuensis* 等，虽构不成哺乳动物组合，但此化石时代明确，属早始新世。

（二）其它门类生物组合及时代意义

1. 腹足类

平陆群含腹足类丰富，主要产于小安组，一般含 *Succinea*，*Valvata*，*Bithynia*，*Physa*，*Sinoplanorbis*，*Palaeancylus* 等属，时代为晚始新世—早渐新世；但门里组下部出现少量的 *Truncatella*（截螺），显示了其时代可能归属古新世。

2. 介形类

平陆群含介形类也较丰富。门里组下部含少量 *Crestocypridea* sp.，*Cypridea*（*Pseudocypridina*）sp. 显示了时代属古新世。门里组上部主要含 *Eucypris*；坡底组介形类主要产于赵家岭段，以 *Cyprinotus*，*Codona* 为主；小安组介形类丰富，主要产于白水河段，*Cyprinotus*，*Codona*，*Ilyocypris* 为主；刘林河组介形类，也以 *Cyprinotus*，*Codona*，*Ilyocypris* 为主，但种与下伏地层多不相同。这些介形类说明其时代属始新—渐新世。

3. 轮藻

主要赋存于小安组，主要有：*Grambastichara*，*Harrisichara*，*Raskyaechara Stephanochara* 等 10 属 12 种，时代属晚始新世—渐新世。刘林河组仅见一种：*Maedlerisphaera chinensis*，但它是渐新世重要分子，说明了刘林河组的时代属渐新世。

（三）平陆群及所属组、段的地质年代

生物是目前确定平陆群地层年代的唯一手段，从上述的生物组合，基本上可以确定：①门里组下部以其所含较原始的腹足类、介形类，时代属古新世；门里组上部以含 *Coryphidum dapuensis* 说明其时代属始新世早期；②坡底组赵家岭段及小安组西滩段，以丰富的哺乳类，说明其时代分别属始新世中期和晚期；③小安组白水河段以哺乳类 *Ictopidum* 与 *Crictodon* 的出现及一些种属呈现的进步属性，说明其时代属渐新世早期；④刘林河组以 *Medlerisphaera chinensis* 及介形类美星介、土星介的一些种属，说明其时代属渐新世，因层位在白水河段之上，故可归属于渐新世中期。

二、繁峙（玄武岩）组的地质年代

繁峙（玄武岩）组至今缺少大化石资料，仅有孢粉分析资料。宋之琛（1965）对繁峙玄武岩组的孢粉分析认为，其时代属渐新世中晚期。1979 年山西石油队张锡麒、山西区调队黄振宇，对应县黄花岭玄武岩（钻孔采样）夹层和繁峙县山羊沟玄武岩夹层的孢粉分析，认为可分别与华北坳陷沙河街组四—二段及一段相比。即认为它们的下部属晚始新世—渐新世，上部属渐新世。

繁峙玄武岩、黄花岭玄武岩的数个 K-Ar 同位素年龄资料（王慧芬，1988）为：38.45±0.71 Ma，39.90±0.65 Ma（繁峙），40.38±0.73 Ma，37.36±0.66 Ma，37.11±0.64 Ma 黄花岭）。反映了繁峙组玄武岩喷出的时间是始新世向渐新世过渡的时期。

第八章
晚新生代（晚第三纪—第四纪）

山西晚新生代地层极为发育，除太行山、吕梁山、中条山、恒山、五台山、云中山等主要山脉的中高山区为基岩裸露外，其余地区均不同程度地堆积了晚新生代的松散堆积物（图1-1）。由于所处地貌单元的差别，各地松散堆积物的组分、成因类型、沉积起始的早晚及其堆积厚度等，均有所不同。由于山西盆地中的晚第三纪地层与第四纪早更新世地层往往连续沉积，所以置于一起清理和在成果专著中一起论述。

吕梁山区及以西地区，属晋陕黄土高原的东部边缘，主要沉积了一套厚达百米的土状堆积；中部裂陷盆地则沉积了千米以上的河流相—湖相堆积；太行山中南段山间盆地内发育具有独立特色的淡水堆积，盛产哺乳动物及其它门类化石；而有些地区还有玄岩岩喷发。由于上述沉积物的差异，尽管山西晚新生代地层研究较早，在山西创立了不少地层单位名称，但存在的问题也就更多；有的基于所含古脊椎动物而划分和创名；有的基于古人类古文化遗址进行划分，有的基于古土壤、古气候、古地理……，进行划分、创名。此次清理，着重于岩石地层单位，但对生物地层、古文化层、古地磁极性时地层、年代地层也进行了论述。由于对盆地中心深部的堆积，如何进行岩石地层单位划分，目前尚无成熟的划分方案可供遵循和借鉴。所以，对比研究以地表出露地层为主。对盆地深部暂不作过多考虑。

第一节　岩石地层单位

一、黄土高原土状堆积

山西西部是黄土高原的一部分，黄土高原的土状堆积引人注目，早在19世纪后期，即有外国地质学家如Pumpelly，Richthofen，Willis等开始进行考察。20世纪初，Andersson在《中国北部之新生界》一书中，提出了中国黄土分为原生黄土、次生黄土的观点，并创立了马兰黄土这一名称。同时期Zdansky在保德县芦子沟村桑达沟测制了剖面，命名了芦子沟系（芦子沟砾岩）。1926—1930年Chardin、杨钟健调查研究了山西西部和陕西北部的新生界。先后测制了保德、静乐一带的含三趾马的红土地层剖面，认为芦子沟系（砾岩及其上的灰绿色泥灰岩层）为三趾马红土的底砾岩。他们将黄土分为马兰黄土及红色土，认为红色土是介于三趾马红土与马兰黄土之间的一套新地层。并把红色土划分为A、B、C三带，时代分别属于上新世、早更新世及中更新世。Chardin与杨钟健的研究为山西西部土状堆积物的划分奠定了基础，其后的地质工作者一直沿袭他们的划分，直到50年代末，其间特别是50年代，一些地质学家以Chardin及杨钟键研究过红土的典型地点，约定俗成地创用了“保德红土”、“静乐红土”等名称；并沿他们的调查路线的观察点，重新测制或新测制了不少土状堆积物的地层剖面；对A、B、C带红色土选择了更好的代表性剖面，进行了多方面的研究。1957年刘东生并提出了古黄土、老黄土（上、下部）、新黄土之称。1962年刘东生、张宗祜进一步将其先称的古黄土（相当红色土B带）、老黄土（相当红色土C带），命名为午城黄土和离石黄土（其所称新黄土即早已创名的马兰黄土）。随着1960年我国地质规范（草案）的颁布及贯彻，前述的保德红土、静乐红土、午城黄土、离石黄土、马兰黄土等，被有关的地质论著、区调报告、地质图件中，不约而同地以组相称。

此次地层对比研究认为：以往对山西西部（实际不仅是西部）黄土高原土状堆积物的划分是符合客观实际的，也是符合岩石地层划分和命名原则的。本专著并予以采用。至于称为组，还是仍以××黄土、××红土称之，本专著认为对于单一的岩石地层单位来说，完全可以通用，也可写作××（黄土）组、××（红土）组。至于“芦子沟系”，本专著认为其岩性组合及岩相与保德红土相差甚远，应单独建组，恢复“芦子沟”一名，称为芦子沟组。

芦子沟组　N_2l　(05-14-0063)

【创名及原始定义】　原称芦子沟砾岩或芦子沟系，1923年Zdansky创名。其原始定义是指：“在保德县芦子沟，三趾马红土之下，石炭系（C）砂、页岩之上的砾石、灰白色细砂岩、黄绿色泥灰质灰岩、灰质结核。含哺乳类碎骨片及犀牛趾骨碎块。”

【沿革】　创名后不久，Andersson（1923）在其《中国北部之新生界》一书中引用。但Chardin、杨钟健（1930）认为芦子沟系应属三趾马红土的底砾岩层，不予承认。所以芦子沟系一名，知名度远不如保德红土、静乐红土等。相当的地层，多被划归保德组、或作为保德红土底砾岩、或另选了组名。但芦子沟砾岩、芦子沟系在一些地质文献中也不时出现和被使用（如裴文中、周明镇、郑家坚，1962；山西省地层表编写组，1979）。此次地层对比研究，按岩石地层单位划分原则，恢复“芦子沟系”这一岩石地层单位，称为芦子沟组，作为“保德红土”之下或与它并列的一个下部以砂砾岩为主，上部包括灰绿色粘土层与泥灰岩的山间盆地河湖堆积的组级地层单位。

【现在定义】　为山西省山间盆地、沟谷中，红土堆积层之下的河湖相沉积层。包括上、下两段：下段为红、黄、褐灰等杂色砂砾层与粉砂、粘土亚粘土互层；上段为黄、灰白色砂层、细砂层与绿色、黑灰色粘土、亚粘土互层夹泥灰岩。上覆地层为保德组或静乐组红土（夹砾石层）平行不整合接触；下伏地层多为前新生代基岩地层，呈不整合接触。

【层型】　正层型为保德县芦子沟剖面（111°08′，39°01′；Zdansky 1923年测制）。但相距不远的路家沟剖面比创名剖面为好，可做为次层型。

保德县路家沟芦子沟组剖面：位于保德县腰庄乡路家沟（111°09′00″，39°01′00″）；1978年山西省区调队测制。

上覆地层：**保德（红土）组**　浅棕黄色粘土夹层灰白色团块状钙质结核

——————　平行不整合　——————

芦子沟组 厚 38.6 m

14. 棕黄色粘土、亚粘土及泥灰岩互层。自上而下，土质粘性变小，单层厚 1～0.25 m。泥灰岩坚硬、多孔，计有六层，单层厚 0.05～0.15 m 或 0.4 m 不等 4.0 m
13. 浅棕黄色粘土，夹二层 3～5cm 厚的锈黄色粘土。顶部水平层理发育 1.3 m
12. 灰白色泥灰岩与灰绿—黄绿色粘土互层 2.6 m
11. 浅棕黄色与褐黄色粘土。上部呈浅褐黄色，水平层理发育；顶部为一层厚 10 cm 的灰白—锈黄色砂质泥灰岩，呈凸镜状 6.2 m
10. 黄绿色粘土，具水平层理。顶部为一厚 10cm 的灰白色泥灰岩薄层，致密坚硬 0.6 m
9. 锈黄、棕红—浅棕红色粘土。底部夹灰白色钙质结核，厚 10～15 cm；含介形类化石 2.9 m
8. 灰白色泥灰岩与灰绿色及褐色粘土互层。泥灰岩致密、坚硬，共五层，单层厚 5～50 cm。粘土水平层理清晰，单层一般厚 40 cm。中下部含哺乳动物：*Plascaddar* sp.，*Chilotherium wimani*，*Hipparion plocodus*；*H. richthofeni*，*Gazella* sp. 4.8 m
7. 灰白色石灰岩。质较纯净，致密、坚硬。底部为灰绿色粘土，具水平层理 0.7 m
6. 灰绿、褐—褐红色粘土。质地细腻、致密 2.8 m
5. 灰白色泥灰岩与灰—灰紫色粘土互层，夹有锈黄色粉砂岩。泥灰岩有三层，单层厚 20cm，粘土层下薄上厚，水平层理清晰；底部为灰白色砂岩夹粗砂凸镜体。含介形类 2.6 m
4. 棕红色亚粘土，夹钙质结核及砂砾岩凸镜体 1.6 m
3. 浅棕黄色含砾泥灰岩夹棕红色亚粘土凸镜体。中上部为含砂砾泥灰岩；底部为含砾粗砂岩，钙质结核 1.4 m
2. 棕红色粘土夹棕黄色钙质结核。结核致密、坚硬；上部核径一般为 5～15 cm，个别达 30 cm 以上；中、下部者为 0.5～1 cm。底部粘土含砂砾，砾石成分为变质岩，局部胶结成岩，横向渐变为灰绿—灰黄色粘土。含爬行类：*Amyda* sp. 2.1 m
1. 砂砾石层夹砾砂层凸镜体。砾石成分以石英岩、片麻岩及石英砂岩为主，次为灰岩及燧石等，偶见铁铝岩、泥岩及泥砾；砾径多在 5 cm 以下，个别达 20 cm 以上；多呈滚圆—次圆状，分选较好。底部有一层石英质砂层，厚 50 cm，不稳定 5.0 m

~~~~~~~~~~ 不 整 合 ~~~~~~~~~~

下伏地层：**石盒子组** 紫红色泥岩

【地质特征及区域变化】 芦子沟组多发育在吕梁山区的小山间盆地内。由于各盆地互不连接，致使其岩性及厚度变化较大，厚度由十几米至上百米。如蒲县薛关剖面，岩性为棕褐色、紫褐色砂岩夹砂砾岩薄层，厚 30 m；向北到隰县前南峪、石楼沙堝等地，中上部为灰绿色粘土夹泥灰岩，下部为砂砾岩，含哺乳类，厚几十米至百米以上；临县国家岔剖面，为紫褐色粘土含大量钙质结核，产哺乳类化石，厚 12.8 m；河曲寺堝剖面，岩性为砂砾岩、砂层夹泥灰岩，厚 52 m；新绛杨家院剖面，为灰黄色砂砾层、砂层夹透镜状钙质砂岩，厚 55 m；霍州市南坛剖面，岩性为灰白色淡水灰岩与浅红（粉红）色粘土夹钙质结核，含哺乳动物化石，厚 13.4 m。

芦子沟组与上覆保德组并非绝对为上下层位关系，有些地段为棕红色粘土、砂质粘土夹河湖相砂砾层、砂层、灰绿色粘土或泥灰岩（如柳林县高家沟、隰县前南峪、桑梓等地），表现了二者的相变关系。

保德（红土）组 N_2b （05－14－0064）

【创名及原始定义】 保德红土、静乐红土是我国地质学界已沿用数十年的两个地层名称。
~~~~~~~~~~

但保德红土、静乐红土究竟为何人何时创名是一件难以查清的问题。此次地层对比研究，本专题组最后将二者的创立者定为 Chardin 与杨钟健，时间定为 1930 年。保德红土的原始定义应为："芦子沟系之上、静乐红土之下的红土层"。

【沿革】 1923 年，Zdansky 在保德芦子沟、冀家沟采到含较多三趾马在内的哺乳动物化石，他将下部砾岩、灰绿色粘土、泥灰岩等创名芦子沟系。之上的红土未按地理专名命名，而称为三趾马红土，同年被 Andersson 所引用。1926—1929 年间 Chardin 与杨钟健，也研究了保德一带的含三趾马的红土。但三趾马的红土并不等于保德红土。直到 1929 年他们在静乐县研究了贺丰村小红凹红粘土，将静乐一带的红土（也含三趾马）划分、归属于红色土 A 带，三趾马红土被区分为有上、下关系的两种红土后，保德红土独立地位才算建立。尽管二位学者当时并未以保德红土、静乐红土相称，但以后的研究者以他们先后发现研究过的剖面地点，将层位不同、特征有所不同的红土自然地、约定俗成地在一些论著中以保德红土、静乐红土相称。至于以后是哪位学者最先使用，并不是重要的。因为之后的使用者仅是为了使用、称呼方便而已，并无创名的愿望和意图。保德红土的原始定义从来无人明确过，对使用者来讲，往往有不同的理解。有的将下伏"芦子沟系"作为保德红土的底砾岩，而包括在内；有的甚至将保德一带含三趾马的红土（包括静乐红土）均称作保德红土；当然也有人，仅指静乐红土之下，"芦子沟系"之上的红土。至于保德组的含义，认识差距更大，甚至把它当作全部上新世早期沉积的总称。

【现在定义】 为山西山间盆地、沟谷中，黄土堆积之下，红土层的下部。岩性为棕红色粘土、亚粘土，其间常夹多层钙质结核及层数不等的砂砾层或砾岩层。其上覆地层为静乐组红土，或午城组、离石组黄土，不整合接触；下伏地层为芦子沟组砂砾石夹粘土，平行整合接触，或直接以不整合覆于前新生界的基岩地层之上。

【层型】 正层型为保德县冀家沟剖面。剖面位于保德县腰庄乡冀家沟（111°10′00″，39°01′00″）；1926 年 Chardin 与杨钟健测制。1962 年王挺梅等重测。

上覆地层：**静乐组** 钙质结核层。灰白色，坚硬，形状不规则

—————— 平行不整合 ——————

保德（红土）组	总厚度 28 m
11. 亚粘土。浅红色，块状构造，含铁锰物质	1.2 m
10. 钙质结核层。灰白色，实心，杂以亚粘土成分	0.9 m
9. 亚粘土。浅红棕色，质地坚硬，较纯净，常为片状剥落	2.5 m
8. 钙质结核。灰白色，成层状，中夹粘土粒	0.6 m
7. 亚粘土。淡红棕色具白色钙膜和褐色铁锰质斑点、结核，靠近底部有钙质结核	0.8 m
6. 亚粘土。淡红色，质地较坚硬，夹有零星远来的砾石及钙质结核，含脊椎动物化石	2.3 m
5. 砂砾层。上部为胶结好的砾石层，下部逐渐成为胶结不好的砾石层	4.0 m
4. 亚粘土。淡红棕色，质地均一，较坚实。常为片状脱落，具黑色铁锰质斑点	8.2 m
3. 亚粘土。浅棕红色，质地坚硬，中夹砾石凸镜体	5.0 m
2. 砾石	2.0 m
1. 亚粘土。岩性同（3 层）	0.5 m

~~~~~~~~ 不 整 合 ~~~~~~~~

下伏地层：**山西组** 砂页岩互层
~~~~~~~~

【地质特征】 保德红土与静乐红土虽然都称为红土，但二者有明显不同，前者色浅，往往呈棕红色；而后者色深，呈鲜红、暗红色。保德（红土）组在山西分布较广，但又多不连续。虽呈大面积成层分布，岩性较单一，但厚度变化大，又多夹层数不等的钙质结核和砾石层，特别是下部有时夹较多的砾石层。

【区域变化】 蒲县薛关剖面，岩性以棕红色粘土为主，下部夹砂砾凸镜体，厚 47 m。隰县下田庄剖面，岩性为棕红色粘土夹十多层钙质结核，厚 39.6 m。保德—河曲县一带岩性为棕红色粘土夹棕黄色钙质亚粘土和板状钙质结核层，富含哺乳动物化石，沉积厚度多在 20～30 m 之间；平陆县黄底河剖面，岩性下部灰黄色、灰褐色砾石（或砾岩），中上部为棕黄色亚粘土夹多层砂砾凸镜体和钙质结核（或钙质粘土），厚度达 248 m（下部砂砾石层可能划为芦子沟组较合适——笔者注）；霍州市安乐剖面，岩性为棕黄色亚粘土夹多层黄白色钙质结核和砂砾岩凸镜体，底部为砾岩层，产丰富的哺乳动物化石，厚 83.8 m。

保德组含丰富的古脊椎动物化石。

静乐（红土）组　N_2j　(05－14－0065)

【创名及原始定义】 1930 年 Chardin 与杨钟健创建于静乐县贺丰村小红凹。原始定义：黄土层之下的含三趾马红土的上部红土堆积。

【沿革】 在 Chardin 与杨钟健研究了静乐贺丰村红土剖面（当时称之为红色土 A 层）之后，静乐红土一名逐渐被一些地质学家所使用。1960 年之后，又逐渐称之为静乐组。

【现在定义】 为山西山间盆地和沟谷中，黄土堆积之下的红土层上部。主要岩性为深红色—褐红色粘土，内常夹星散状及层状分布的钙质结核；下部及底部有时含砂砾石、砂砾岩，呈凸镜体、夹层或底砾层。上覆地层多为黄土（午城组、离石组）或河湖相堆积（大沟组、木瓜组）。下伏地层为保德组红土或河湖相堆积（芦子沟组或小白组），多呈间断或平行不整合接触。下伏地层为河湖相的小白组时，也可呈连续沉积，甚至呈相变过渡。

【层型】 正层型为静乐县贺丰村剖面：位于静乐县段家寨乡贺丰村小红凹沟中(111°57′00″，38°27′00″)；1926 年杨钟健测制。

上覆地层：**离石（黄土）组**　淡红色土（棕红—棕黄色亚粘土），具近水平之结核层

——————— 平行不整合 ———————

静乐（红土）组　　厚 14 m

3. 深红色土（紫红色粘土）。产哺乳动物化石，组成“贺丰三趾马动物群”。具体有：*Hipparion houfenense*，*Gazella blacki*，*Antilospira licenti*，*Cervus* sp.，*Rhinoceros* gen. indet，*Elephas* sp.　　12 m

2. 砂砾岩。有圆而大之砾石（时而变为砾石层）　　2 m

～～～～～～ 不 整 合 ～～～～～～

下伏地层：**大同组**　砂岩

【地质特征及区域变化】 静乐红土全省分布很广，厚度一般不大，10～30 m 之间。岩性多以深红色粘土为主；其间夹葡萄状钙质结核，底界常以一层密集的钙质结核与保德组分开，局部地段时有底砾层存在。特殊地貌部位，薄者小于 5 m，厚者大于 30 m。如柳林县卫家洼剖面，岩性为深红色粘土与黄白色钙质结核呈不等厚互层。粘土中含零星钙质结核，厚 59.8 m；芮城县西候度剖面，岩性为棕褐色、棕红色富钙质粘土，下部为砂砾石层，底部以一层 2.9

m 厚的钙质结核与下伏保德组分界，厚 33.4 m；太谷县王公剖面，底部以一层褐红色亚粘土与钙质结核混杂与小白组分界，下部为棕黄色粉细砂层夹数层亚粘土和砂砾石凸镜体，上部为浅棕红色亚粘土与钙质结核呈不等厚互层，厚度 53.6 m。

午城（黄土）组 Qp¹w （05－14－0073）

【创名及原始定义】 1962 年刘东生、张宗祜正式创名午城黄土于隰县午城镇柳树沟。原始定义“红黄色，含有六层红色埋藏土和埋藏风化层，厚度 17.5 m。下伏上新世砂砾石层，与上覆离石黄土之间的剥蚀面不十分明显，但其顶部的埋藏土壤层有破碎和被剥蚀现象。”

【沿革】 午城黄土在创名后，迅速被地质学家所引用。因其早已被从黄土堆积中划分开来，称为“红色土 B 层”或“古黄土”、“石质黄土”等，命以地理专名统一认识，便于使用。在 1959 年之后，午城黄土也有称之为午城组，在论著中使用，可写作午城（黄土）组。

【现在定义】 午城黄土是指黄土塬、梁、峁上土状堆积的下部黄土层。岩性为：棕黄色、浅棕褐色亚砂土、亚粘土间夹多层棕红色古土壤及灰—灰白色、灰褐色钙质结核层。古土壤常以密集平行（3～4 条）排列成组（2～3）出现。其上平行不整合覆以离石组黄土，其下平行不整合覆于静乐组或保德组红土之上，或直接覆于基岩地层之上。

【层型】 正层型为隰县午城镇柳树沟剖面位于隰县午城镇东南的柳树沟（110°53′00″，36°29′00″）；1962 年刘东生、张宗祜测制。

上覆地层：**马兰（黄土）组** 浅灰黄色亚砂土，较均匀一致。含古脊椎动物：*Myospalax fontanieri*，*struthilithud* sp.（厚 10m）

——————— 平行不整合 ———————

离石组 厚 93.1 m

离石黄土上部

3. 灰黄—黄色亚粘土，含有 7 层埋藏土壤层。含古脊椎动物：*Myospalax fontanieri*，*O-chotonoides* sp. 51.1 m

——————— 平行不整合 ———————

离石黄土下部

2. 灰色—浅棕黄色亚粘土，含有 14 条红色发育较差的埋藏土和埋藏风化层。含古脊椎动物：*Megaloceros pachyostus*，*Myospalax tingi*，*M. chaoyatseni*，*Spirocerus peii*，*Equus wuchengensis* 42.0 m

午城（黄土）组 厚 17.5 m

1. 红黄色亚粘土，含有 6 层红色埋藏土和埋藏风化层。含古脊椎动物：*Hipparion*（*Pro-boscidipparion*）*sinensis*，*H. luliangensis*，*Nyctereutes sinensis*，*Hypolagus brachypus* 17.5 m

——————— 平行不整合 ———————

下伏地层：**保德组** 砾岩

【地质特征及区域变化】 午城组在吕梁山以西较发育，岩性主要以棕黄色亚砂土—亚粘土夹多层成组出现的古土壤条带和钙质结核层为特征，层位稳定，岩性变化不大；在局部地段，底部见有砂砾石凸镜体，砾石成分中时有下伏静乐红土的泥砾，球度极好，厚度变化一般 15～40 m 之间。临汾盆地的边山地带（如霍州市贾村、临汾北帝河），忻州市红崖一带，也有午城组分布；但其间古土壤、钙质结核的层数都不如吕梁山以西发育，沉积厚度也较薄

（10～23 m）。

离石（黄土）组　Qp^2l　（05－14－0074）

【创名及原始定义】　1962年刘东生、张宗祜正式创名离石黄土。其原始定义为“山西离石县之王家沟内陈家崖，离石黄土发育较好，过去名为老黄土，现称离石黄土。隰县午城镇柳树沟黄土剖面中，离石黄土分为上、下部，下部呈黄色—浅棕黄色。含14层红色发育较差的埋藏土和埋藏风化层；上部呈灰黄—黄色，含有7层埋藏土壤层。”

【沿革】　离石黄土创名后，和午城黄土一样迅速被地质学家所引用。也有称之为离石组者。

【现在定义】　为黄土塬、梁、峁上土状堆积的中上部黄土层。主要岩性为灰黄色—棕黄色亚砂土、亚粘土，间夹多层棕红色、淡红色古土壤条带及灰白色钙质结核或钙质结核层。其上多被马兰（黄土）组平行或斜披覆盖；其下平行不整合覆盖于午城（黄土）组之上，或较老的河湖相堆积之上。

【层型】　正层型为离石县王家沟内的陈家崖剖面，副层型为隰县午城柳树沟剖面。

离石县陈家崖离石组剖面：位于离石县以北的王家沟乡的陈家崖（111°12′00″，37°33′00″）；1955年王挺梅等测制，1981年山西区调队王兴武等重测（改称为赵家墕剖面，上部完全一致，下半部略有位移）。

上覆地层：**马兰组**　黄土状亚粘土

———————　平行不整合　———————

离石（黄土）组　　厚117.9 m

2. 离石黄土上部　浅棕黄色黄土状亚粘土。中等坚硬，性质均匀，大孔隙及垂直节理不明显，富含碳酸盐，有少量黑色铁锰质斑点；夹10层浅红棕色古土壤层，含有黑色铁锰质胶膜；底部由于钙质富集，而形成钙质结核　　81.3 m

1. 离石黄土下部　浅红棕色黄土状亚粘土。较为坚硬，性质不大均匀，含少量红色粘土球和钙质结核；夹8层红棕色古土壤层，特征同上　　36.6 m

———————　平行不整合　———————

下伏地层：**静乐组**　红色粘土

【地质特征及区域变化】　离石黄土遍及全省黄土丘陵地带，是黄土塬、梁、峁的主要组成部分，甚至可以认为离石黄土是黄土塬、梁、峁的骨架。它多出露于黄土冲沟的中、下部，垂直节理较发育，常形成陡峭的黄土冲沟、黄土柱、坍陷、落水洞等微地貌景观。其总的岩性特征是以棕黄色粉土质亚砂土—亚粘土夹多层棕红色古土壤（亚粘土）和钙质结核层，地貌上常为黄土陡壁，野外易于识别。含哺乳动物化石，同时也含孢粉等微体古生物化石。由于所处的地貌单元和局部地貌部位的差别，其岩性及厚度也不尽一致。个别地区，其底部或中部时有砂砾石层和砂层。

吕梁山区是本组发育最好，且研究程度较高的地区，根据地层中古土壤的层数及组合特征，可将本组分为上、下两部分。上部黄土母质以亚砂土为主，相对较疏松，古土壤色调深，多呈棕红—深棕红色，外观层次清楚，单层厚度较大（1～3 m），但总的层数较少。下部黄土母质以亚粘土为主，相对较致密、稍硬，古土壤色调较浅，外观不明显，如正层型附近的离石赵家墕剖面，总厚87.3 m，下部有13条古土壤，上部有6条古土壤；副层型隰县午城柳树沟剖面，总厚度为93.5 m，下部含14条古土壤，上部含7条古土壤。

山西其它山区也有离石（黄土）组的分布，但厚度偏小，一般10～50 m，古土壤层不超过10层。部分地区（如灵石静升、平遥婴溪、寿阳景尚等）中部夹砂砾石层，并依此也可将离石组分为上、下部。

马兰（黄土）组 Qp^3*m* （05-14-0075）

【创名、原始定义及沿革】 1926年Andersson创名，创名地点在北京西山斋堂。原指斋堂一带马兰阶地上的黄土状物质和砂砾石层。但这与以后一般地质学家所指的马兰黄土并非“同物”。后经一些地质学家对斋堂—马兰一带第四系调查后，将马兰黄土指定为马兰村北山坡上覆盖的黄土（赵希涛，1981）。不管原创名者所指为何，数十年来，绝大多数地质学家所称马兰黄土，系指黄土塬、梁、峁地形表层的黄土。当然，也有把河流阶地上部冲积成因的次生黄土称为马兰黄土者。

【现在定义】 为黄土塬、梁、峁上土状堆积顶部黄土层。岩性特征为：淡黄—灰黄色亚砂土，质纯、疏松、大孔隙、垂直节理发育；近顶部夹一层灰褐色黑垆土型古土壤，下部夹一层棕褐色古土壤；边坡地带底部有时夹砂砾石（呈凸镜体状、囊状、夹层状或底砾层）。其下平行不整合斜披覆盖于离石（黄土）组之上。

【层型】 正层型为北京西山斋堂马兰村北黄土剖面。隰县午城柳树沟剖面作为马兰（黄土）组在山西的次层型［见午城（黄土）组条目］。

【地质特征及区域变化】 马兰（黄土）组在山西分布极广，其岩性特征明显，粒度均匀，无论从纵向上，还是从横向上，其岩性变化都不大。隰县—柳林一带，一般可见1～2层浅棕红色（有时为灰褐色）古土壤，局部底部时有砂砾石凸镜体。石楼、蒲县，本组含哺乳动物化石，总厚度10～20 m；离石—静乐地区，一般厚度10 m左右，下部一般常见1～2层棕褐色古土壤，上部有时可见1～2层灰黑色黑垆土型古土壤，较发育地段厚30～40 m；临县—保德一带，岩性单一，局部发育有底砾层；保德、河曲等地含零星哺乳动物化石，一般厚度15～20 m；晋西北的平鲁—右玉等地，有时其间夹一层棕红色古土壤或灰褐色黑垆土型古土壤，一般厚度10～20 m，薄者仅5m左右。平陆、运城盆地，本组不太发育，底部有时可见不明显的1～2条古土壤条带，一般厚度5～20 m。临汾盆地，马兰黄土中有时夹1～3层古土壤，一般厚度10～20 m，小于5m者随处可见，大于25～30 m者也不乏其例。晋中盆地常于马兰黄土中见1～2层灰褐—灰黑色古土壤条带，局部时有底砾层；榆次长凝、盂县高庄等地发现少量哺乳动物化石，沉积厚度5～10 m；黄彩一带厚达25～30 m。忻州盆地，黄土中时见小钙质结核，下部或底部夹1～2层棕黄色古土壤，黄土中常可见驼鸟蛋化石碎片，厚度一般5～20 m。大同盆地，本组不发育，岩性较单一，个别地段底部可见一层棕黄色古土壤，厚2～10 m。浑源西柏林一带于黄土中见驼鸟蛋化石碎片多块。晋东南地区，黄土中时见钙质小结核，山前地带底部时夹砂砾石层及凸镜体，多具底砾层，屯留西尧和壶关南头，黄土中发现大角鹿和鹿科化石，厚度10～20 m，盆地边缘地带厚仅5m左右。

二、现代河流阶地堆积

由于第四纪中更新世以来的新构造运动，山西的现代河流，特别是黄河、汾河、漳河、滹沱河、桑干河等一、二级水系两侧，形成了不同时期的阶地堆积。以往第四纪古脊椎动物与古人类学家和考古工作者，从古文化层角度对这些阶地堆积进行了挖掘，发表了一系列文化遗址的发掘报告，其中附有文化遗址和文化层地层剖面。之后，第四纪地层工作者、区调工作者，就像称呼保德红土、静乐红土那样，自然地、约定俗成地，将这些含古文化层的河流阶地堆积层，以古文化层遗址名称相称，陆续出现了“丁村组”“匼河组”、“峙峪组”等沉积顺序、时代也按文化层确定的时代而定。但对它们的含义，使用者的理解，却不尽相同。相当多的使用者，将“丁村组”、“匼河组”、“峙峪组”局限于阶地堆积下部的砂层、砂砾石层，将上部的土状堆积物，按各自认识分别划归为离石黄土、马兰黄土等。

此次地层对比研究认为：(1) 以沉积地层学原理，将河流的二元结构堆积作为一个不可分割的整体考虑（作为阶地堆积的地层单元，应包括其上部的土状堆积，实际上各阶地上部的堆积，与黄土山区堆积的原生土状堆积并不相同，而属“次生黄土”)；(2) 经过野外检查核对进一步肯定了山西现代河流阶地堆积为匼河组、丁村组、峙峪组的由老到新序列。(3) 山西以往对Ⅰ级阶地和河漫滩阶地从未给加以地理名称，本专题组按林崇宇 1985 年研究资料，以有同位素年龄的代县选仁遗址剖面及附近地名滹沱河边的沱阳村，新命名了选仁组、沱阳组，分别代表山西Ⅰ级阶地堆积和河漫滩阶地堆积。

匼河组　Qp^2k　(05－14－0070)

【创名及原始定义】　1957 年黄万波最先发现匼河旧石器点，1960 年贾兰坡等进行了发掘和调查，1962 年出版了发掘报告——《匼河旧石器时代初期文化遗址》，创名了匼河遗址、匼河古文化层。原始定义：匼河（旧石器时代）遗址或匼河古文化层，是指“匼河 6054 地点位于中更新统红色土之下的桂黄色砾石层、浅褐色交错层及灰黄色细砂层，含旧石器和哺乳动物化石。不整合于下更新统淡褐色泥灰质粘土之上”。古脊椎动物学家根据所含动物群，其时代定为中更新世。

【沿革】　匼河发掘报告出版后，逐渐被地质论著引用，并称为匼河组，用以代表山西中更新统河流堆积。但反对者也大有人在，例如袁崇垣（1975）从地层、地貌分析，认为与丁村组为同期产物，同属Ⅲ级阶地堆积。但长期从事丁村旧石器文化层研究的王健、陶富海等（1994)，以丁村一带及附近地区对河流阶地堆积及之间关系的观察研究，认为匼河组为汾河、黄河Ⅳ级阶地的堆积，是侵蚀离石黄土下部红色土后的河流堆积，这也正是其上部河漫滩相土状堆积呈显红色的原因所在。此次清理，本专题组检查了匼河层型剖面、丁村剖面、万荣临河黄河阶地剖面，并观察了稷山、闻喜礼元镇—侯马间的河流阶地剖面后，支持王健、陶富海等的观点。进一步肯定了匼河组确系晋南一带发育的、比丁村组时代为早的、Ⅳ级河流阶地的堆积。其下切割组成黄土塬堆积的离石黄土（下部)。其上上覆或于内侧内叠了由丁村组组成的Ⅲ级阶地（前者如匼河剖面，后者如丁村一带剖面)。

【现在定义】　匼河组为山西省南部地区黄河及汾河Ⅳ级阶地堆积。二元结构清晰，由下部砂层、砂砾石层和上部略显层理的微红色亚砂土夹凸镜状砾石层组成。其下多叠覆于大沟组或木瓜组河流相堆积之上，其上被Ⅲ级阶地堆积——丁村组上覆或内叠，也可直接被Ⅱ级阶地堆积——峙峪组内叠。

【层型】　正层型为芮城县匼河剖面位于芮城县风陵渡镇匼河村东，匼河涧口（110°16′，34°40′)。1960 年贾兰坡等测制。

上覆地层：**丁村组**　砂类土及砂砾石层

——————　平行不整合　——————

匼河组 厚 28.5 m

4. 灰黄—浅棕黄色亚砂土。夹两层棕黄—浅棕红色亚粘土（单层厚 30～50 cm）和砂砾石凸镜体 22.5 m

3. 灰黄色细砂层。具斜层理 1.0 m

2. 浅褐色细砂层。疏松、质纯，具交错层理 4.0 m

1. 文化层，棕黄色砂砾石层。砾石成分为石英岩、花岗岩、片麻岩、燧石、硅质灰岩、石英砂岩和石灰岩等。稍胶结，分选性较差。含有旧石器并伴有动物化石。双壳类：对 *Lamtrolula antigua*；哺乳类 *Coelodonta* sp.，*Equns* sp.，*Megaceros* (*Sinomegaceros*) *pachyosteus*，*M. flabellatus*，*Bubalus* sp.，*Pseudaxis* sp.，*Palaeobxodon* cf. *namadicus*，*Stegodon zdanskyi*，*S.* cf. *orientalis* 1.0 m

——————— 平行不整合 ———————

下伏地层：**大沟组** 淡褐色泥灰质粘土层

【地质特征及区域变化】 现称匼河组不局限于含古文化层的砂、砂砾石层，也包括上部的土状堆积。以往仅局限于中条山西南端的风陵渡—首阳一带，此次对比研究，已可以认定在临汾以南一带的汾河两侧，直到黄河两侧广大地区，均有匼河组的分布。

丁村组 Qp^3d （05-14-0071）

【创名及原始定义】 起初称为丁村遗址或含旧石器时代的丁村文化层。1953—1954 年由裴文中、贾兰坡等发现并发掘，1958 年发表了《山西襄汾丁村旧石器时代遗址发掘报告》。原始定义为："丁村 54.100 地点土状堆积以下至三门系的硬砂岩层之上，20 m 厚的交错砂层和砾石层交互的堆积物。砂层之中还常夹有放大镜状的泥灰土层，在上部的砾石层中有大量的石器，在砂层中多有脊椎动物化石，在泥灰土层中多淡水介壳类化石"。当时发掘的主持人贾兰坡认为其时代为中更新世。1964 年裴文中在《中国的新生界》一书中，明确指出丁村组为晚更新世早期的河流相堆积。

【沿革】 自丁村遗址发掘后，丁村组一名广泛被引用；但大多仅指Ⅲ级阶地下部的砂、砂砾石层，上部土状堆积当作马兰组，认为马兰组与丁村组为上下关系。《山西省区域地质志》(1989)，首次正式将丁村组的内涵，包括了上部微红色的土状堆积（实为次生黄土）；并认为马兰黄土与丁村组为同期或部分同期异相的沉积。此次清理，即采纳《山西省区域地质志》的划分。

【现在定义】 丁村组为山西境内二、三级河流的Ⅲ级阶地堆积。二元结构明显，由下部砂砾石层和上部水平层理明显的粉砂、粉砂土等组成。该组多叠覆于较早的河湖相堆积——大沟组、木瓜组、匼河组等之上，或呈基座阶地直接坐落于基岩地层之上。Ⅲ级阶地顶部常覆以不厚的马兰（组）黄土，其内侧多内叠以Ⅱ级阶地堆积——峙峪组。

【层型】 正层型为襄汾县丁村剖面：位于襄汾县丁村村南 54.100 地点（111°26′00″，35°51′00″）；1954 年裴文中、贾兰坡等测制。

上覆地层：**马兰（黄土）组** 灰黄色亚砂土，大孔隙发育 7.7 m

———————— 整 合 ————————

丁村组 厚 20.0 m

8. 灰黄色亚砂土，夹两层浅棕红色亚粘土。含零星钙质结核 4.4 m

7. 灰色细砂层 1.0 m

6. 文化层：灰色含砾砂层，夹不稳定的砂砾石和灰绿色泥灰质亚砂土。砂呈中、粗粒，成分以石英、长石为主；砾石成分有灰岩、砂岩、火成岩等；砾径一般 0.5～5 cm，磨圆较好，具一定分选，交错层理发育。泥灰质亚砂土一般厚 0.5～1 m，有时呈凸镜状。该层发现“丁村人”化石及大量旧石器。含哺乳动物化石：*Bos primigenins*，*Bubalus* sp.，*Gazella* sp.，*Megaloceros* cf. *ordosianus*，*M.* sp.，*Coelodonta antiquitatis*，*Equus hemionus*，*E. priewalskyi*，*Ochotona* sp.，*Myospalax fontanieri*，*Ursus* sp.，*Vulpes* sp.，(?) *Castor*? sp.，Talpidae 6.2 m

5. 灰色含砾砂层。交错层理发育 2.4 m

4. 灰色砂层。含大量蚌科等软体动物：*Lamprotula polystictus*，*Lamprotula bazini*，*Modularia donglasiae*，*Cuneopsis maximus*，*Lepidodesma languilati*，*L. ponderosum*，*Solenaia carinata*，Corbiculaidae. 1.0 m

3. 灰色砂层与灰绿、褐红色泥灰质亚砂土和薄层粘土。底部亚砂土中含小砾石和许多小钙质结核。含鱼类：*Cyprinus carpio*，*Mylopharyngodon piceus*，*Ctenopharyngodon idellus*，*Pseudobarus fulpidraco*，*Parasilutus asotus* 3.2 m

2. 灰色含砾砂层，具交错层理。底部含砾较多 1.8 m

——————— 平行不整合 ———————

下伏地层：**大沟组** 灰色含砾砂岩

【地质特征及区域变化】 丁村组主要分布在汾河下游、Ⅲ级阶地的中上部，岩性为河流相灰色中—细砂层夹灰黄色亚砂土和含砾砂层。砂层交错层理发育，含丰富的软体动物化石，及一定数量的哺乳类化石，局部地段发现古人类遗骨及旧石器等。其中发育最好的地段为襄汾县丁村古文化遗址，以及侯马—稷山—河津—永济县蒲州一带。除上述地区外，在省内其它地方于马兰黄土之下，也发育了一些河流相亚砂土、砂层或砾石层。如保德县冀家沟剖面，马兰黄土之下有 2.7 m 的砂砾石层，砾石层顶面凹凸不平；介休洪山镇村西，下部为黄、黄绿色亚砂土、亚粘土，含钙量较高，并夹中粗砂层和砂质钙板，显水平层理，厚 14.5 m，顶部为一巨厚层状钙质层（有人称“泉华”），共厚 45.4 m；繁峙县沟西村，于马兰黄土之下，为一套河流相夹湖相地层，岩性为黄褐色—灰黄色砂、粉砂、砾石夹灰黄—灰绿色亚粘土，水平层理发育，含较多的软体动物化石，厚 11.5 m。

峙峪组 $Qp^3\hat{s}$ (05-14-0072)

【创名及原始定义】 在朔州市峙峪村北小泉沟沟口处发育一套Ⅱ级阶地的堆积，含古人类遗骨、大量石器和丰富的古脊椎动物化石，1963 年王择义、尤玉柱发现并进行了发掘；后经贾兰坡、盖培、尤玉柱研究，于 1972 年发表了《山西峙峪旧石器时代遗址发掘报告》，创名峙峪遗址、峙峪旧石器时代文化层。峙峪旧石器时代遗址原始定义是指：“小泉沟与峙峪河相汇的河口处的一个小丘，与邻近的许多小丘构成峙峪河Ⅱ级阶地的一部分，阶面高出河床 25～30 m，这个小丘面积约 1 000 m^2，由胶结较差的砂砾、砂、粉砂组成，为典型的河流堆积物。底部有二叠纪煤系地层出露”。峙峪文化层时代定为晚更新世。

【沿革】 1963 年王健等在沁水下川古文化遗址进行了发掘（相当河流Ⅱ级阶地），创立了下川古文化层。1978 年，吴雅颂、王兴武在大同盆地创立了西坪组一名，以此代表Ⅱ级阶地堆积。1979 年《华北地区区域地层表·山西省分册》在宁武小区，首先使用了峙峪组一名，（而在大同却使用了许家窑组）。1983 年《山西的晚新生代地层》除个别小区（运城小区）外，均使用了峙峪组一名，以此代表全省河流Ⅱ级阶地堆积，重新测制了峙峪剖面。从此峙峪组已基本定型，1989年《山西省区域地质志》继续沿用峙峪组一名，1985—1992年间，山西区调队在1∶5万区调图幅中，广泛使用了这一名称。

【现在定义】 是山西境内二、三级河流的Ⅱ级阶地堆积。二元结构明显，由下部砂砾石层和上部粉砂土、亚砂土、次生黄土等组成。顶部有时尚夹有牛轭湖相灰绿色、黑色粘土层。该组组成的Ⅱ级阶地多内叠于丁村组组成的Ⅲ级阶地内侧，或呈基座阶地坐落于更老的新生界堆积或基岩地层之上。

【层型】 正层型为朔州市峙峪组剖面：位于朔州市下团堡乡峙峪村（112°21′，39°24′）；1963年王择义、尤玉柱等测制。

峙峪组（未见顶） 厚30.5 m

5. 灰黄色砂类土（即“次生黄土”） 8.0 m

4. 灰黄、棕黄色砂类土与亚粘土。间夹棕黄—浅棕红色亚粘土和薄层状砂砾石 10.0 m

3. 灰、灰白色砂层，夹砂砾石凸镜体和薄层亚砂土及砂类土 9.0 m

2. 文化层：灰色、棕黄、棕褐色亚砂土与砂类土，夹灰黑色薄层富碳质砂类土（即“灰烬层”）、砂砾石薄层或凸镜体。产有古人类遗骨、大量石器和丰富的脊椎动物化石：*Struthio* sp.，*Cervus elaphus*，*Megaloceros ordosianus*，*Crocuta* sp.，*Guzella przewalskyi*，*G.* cf. *subgutturosa*，*Panthera tigris*，*Bubalus* cf. *wansijocki*，*Bos* sp.，?*Myospalax* sp.，*Equus przewalskyi*，*E. hemionus* 2.0 m

1. 灰色、棕褐色砂砾石层，夹砂层或砂类土凸镜体。砾石层稍有胶结，胶结物以泥质为主，钙质少量，不稳定；砾石成分以石英岩、砂岩为主，页岩为次，砾石多具棱角，砾径2～5 cm者居多，个别稍大 1.5 m

~~~~~~~~~~ 不 整 合 ~~~~~~~~~~

下伏地层：二叠系 砂岩夹页岩

【地质特征及区域变化】 峙峪剖面虽为层型剖面，又有化石佐证，但从其沉积相分析，它仅代表了河流上游的洪-冲洪积相，粒度较粗。而靠盆地中心部位的河流Ⅱ级阶地，则以中细砂与亚砂土、亚粘土互层出现，水平层理极清晰，充分显示出河流冲积的特点。这些堆积物在全省Ⅰ、Ⅱ级水系两侧均有发育。如吉县枣塬台剖面，下部为砂砾石层、砂层，具水平和斜交层理，上部为亚砂土、砂类土与亚粘土、砂层互层，顶部见灰烬和炭屑，含哺乳动物化石，厚37.6 m；沁水下川剖面，下部为砂砾层夹红色粘土层，上部为棕黄色粘土与微红色亚粘土互层，夹木炭碎屑，含石器和脊椎动物化石，厚30 m；屯留县西莲村剖面，岩性为棕黄、棕褐色亚粘土、亚砂土互层夹灰黑色淤泥质粘土，水平层理明显，含哺乳类、介形类化石，底部为中粗砂、含小泥砾和砾石，厚14.9 m；榆次绿豆湾剖面，为一套砂层与亚砂土呈不等厚互层堆积，下部砂层较多，含砂砾石及泥砾，上部以亚砂土夹薄层细砂为主，水平层理及交错层理发育，其间含螺化石及脊椎动物碎骨片，厚36.8 m；原平界河铺剖面，岩性以砂砾石层、砂层为主夹多层灰绿色亚砂土，含蚌壳、螺及介形类化石，上部以亚砂土（次生黄土）为主夹含砾粉砂土、夹层中水平层理清晰，厚30 m；大同县西坪剖面，为一套灰白、灰绿色亚粘土、亚砂土互层夹多层薄层泥灰岩，局部可见挠曲现象，顶部为1.5 m厚的次生黄土，总厚度大于10 m。
~~~~~~~~~~

选仁组　Qh*x*　（05－14－0076）

【创名及原始定义】　选仁组是在本次地层对比研究中由武铁山、郭立卿创建，以此作为全省河流Ⅰ级阶地堆积的岩石地层单位名称。其定义为："指山西省现代河流Ⅰ级阶地堆积。二元结构清晰，下部主要为灰黄、棕黄、锈黄色细砂、细砂土；上部为灰黄色粉细砂土夹泥炭、碳质淤泥层。该组叠覆于组成河流Ⅱ级阶地的峙峪组内侧。属全新世的堆积，^{14}C 测定年龄介于 2 300～12 000 年"。

【沿革】　对Ⅰ级阶地的研究并非刚刚开始，人们在对晚新生代地层开始研究时就已注意到了这部分堆积，只不过是没有对它进行命名。过去在 1∶20 万区调中，大部分图幅也没有将全新统作进一步划分，有的则将Ⅰ级阶地在地质图中表示以 Q_4^{1al}。1985 年 1∶5 万区调开展后，才逐步全面地将全新统作进一步划分，其中多以二分法将全新统称早期堆积和晚期堆积，早期为Ⅰ级阶地堆积，晚期为河漫滩与河床堆积。在 1∶5 万区调中有些图幅曾使用了汾河组，代表全新统。在此期间，也有一些人将全新统三分，即早全新世，中全新世和晚全新世。如 1985 年山西区调队林崇宇对五台山区和滹沱河谷地全新统进行了较详细的工作，提出早全新世（距今 12 000～7 500 年）、中全新世（距今 7 500～2 300 年），晚全新世（2 300 年至今）。测制了许多地层剖面，采集了同位素样品进行年龄测定。选仁古文化遗址剖面即是其中之一。本专著认为，Ⅰ级阶地在全省普遍发育，分布面广，出露面积大，应建立以地理专名命名的岩石地层单位。选仁古文化遗址剖面位于滹沱河南Ⅰ级阶地上，地层清楚，地貌特征明显，且有同位素年龄资料，故选择了选仁组（包括林崇宇的早全新统和中全新统）作为山西省现代河流Ⅰ级阶地堆积的正式岩石地层单位名称。

【现在定义】　同原始定义。

【层型】　正层型为代县选仁村剖面：位于代县选仁村东（113°02′00″，39°05′00″）；1984 年林崇宇测制。

上覆地层：**沱阳组**　灰褐、灰黄色粉细砂土，细砂、砂砾层（厚 0.4～1.4 m）

——————— 平行不整合 ———————

选仁组	厚＞5.65 m
5. 灰黄色粉砂土、亚砂土，顶部含有机质较多，中、下部粉砂含量增高，砂感较强。距地表 0.5 m 以下含大量青陶片；距地表 2 m 处见 2 m 长的灰烬层，^{14}C 年龄为（4 040±90）年，亚砂土中含哺乳类化石	3.25 m
4. 顶底各为 10～15cm 灰色细砂，中部为灰黄色粉砂土	0.5 m
3. 灰黄色亚砂土	0.2 m
2. 顶部和中部各为 15 cm 的黄色中粗砂，含土量较大，粒度上细下粗；下部和中上部为灰黄色粉砂土，底部有一层 1～3 cm 长的粘土线	0.7 m
1. 灰黄色粉砂土，砂感强，颗粒均匀	1.0 m

（未见底）

五台县台怀剖面，出露也较理想，可作为山区选仁组的次层型剖面位于五台县台怀镇南（113°36′00″，39°01′00″），1984 年林崇宇测制。

选仁组　　厚 3.1～11.8 m

4. 碳质淤泥层。最上一层碳质层1m厚，下面三层夹有条带状灰黄、锈黄色粉细砂土，每层碳质层厚0.2m。^{14}C 测定下层为3 930±90年，上层为2 845±80年　　0.4～1.8 m

3. 见卷曲结构的棕红色亚粘土夹黄棕色粉砂层　　0.2～1.5 m

2. 黄红色粉细砂土。含微红或黑褐色亚粘土和细砂团块　　1.0～5 m

1. 灰黄或黑灰色、淡灰色条带、条纹状或页片状细砂土夹细粒砂层　　1.5～3.5 m

——————— 平行不整合 ———————

下伏地层：**峙峪组**　砂质亚粘土及砂砾层

【地质特征及区域变化】　山西现代河流的Ⅰ级阶地堆积，也即新命名的选仁组，遍及全省各地河谷中；但以往对这部分地层的研究资料甚少，仅有林崇宇（1985）关于滹沱河谷及五台山区的一些典型剖面资料。代县崔家庄：下部岩性为黄棕、灰黄色细砂土夹红棕色条带状亚粘土，厚4.6 m；上部为黑褐色碳质淤泥层 ^{14}C 为2 410±80年。代县山羊坪：下部为灰黄、锈黄色夹灰绿色粉砂层，厚7.53 m；上部为泥炭夹细砂土，^{14}C 为3400±90年，厚0.3～0.5 m。五台县金阁寺：下部岩性为砂砾层，靠上部有一层灰黑色细砂层，^{14}C 为10 875±155年，厚6.2 m；上部为粉砂土，厚0.5 m。原平县观沟口仅出露上部的灰黑色含炭屑淤泥夹锈黄色粉砂质亚粘土，厚1.6 m，^{14}C 为4 845±95年，之上为0.8 m厚的锈黄色细砂，具交错层理。

沱阳组　Qh*t*　（05－14－0077）

【创名及原始定义】　沱阳组也是本次地层对比研究工作中武铁山、郭立卿创建，以此代表全省河流的现代河漫滩相和河床相堆积，其定义为："山西境内一、二级河流现代堆积，包括河漫滩相和河床相。河漫滩相岩性为粉细砂、亚砂土及砂砾石；河床相，山区为砾石、粗砂，平原区为粉细砂、淤泥质粘土、亚粘土。"

【沿革】　对这部分堆积物，前人未予更多的精力去研究，只在一些地质报告及地层柱状图表中以全新统冲积层，或次生黄土或现代河流、河漫滩堆积等，简单提及。大多是以全新统笼统称之。在进行1∶20万区调时，多数报告中都没有将全新统作进一步划分；近年开展了1∶5万区调工作，才逐步将全新统划分为早期和晚期，部分图幅曾使用过汾河组一名，以该组代表全新统堆积。

1985年林崇宇对五台山区和滹沱河谷地的全新统做了较细致的工作，测制了许多地层剖面，取得了同位素年龄资料，将全新统进行了三分（见选仁组条目）。此次地层清理按林崇宇（1985）资料，将组成河流Ⅰ级阶地的冲（洪）积（时代属早、中全新世）命名为选仁组，将河流的河漫滩及河床堆积（时代属晚全新世），命名为沱阳组。

【现在定义】　同原始定义

【层型】　正层型为代县选仁村剖面（见选仁组条目）。

三、晋东南山间盆地堆积

榆社—武乡—沁县一带，发育一套上新世—早更新世的河湖相堆积，地层层序清楚，分层明显，岩层倾斜，含丰富的哺乳类、鱼类、龟鳖类、昆虫及植物化石；下伏为前第三纪基岩，上部被"R红土"覆盖，均为不整合接触，这套淡水岩系就是榆社群。

对榆社群的研究，开始于1933年，德日进、杨钟健，先后在榆社的侯目（今更修村）和武乡张家湾等地，发现了一套河湖相岩系，认为下部黄色淡水岩系为蓬蒂期，上部砂层、粘土与泥灰岩为三门期。1935年桑志华、汤道平将这套堆积由下而上划分Ⅰ、Ⅱ、Ⅲ带；Ⅰ、Ⅱ带为蓬蒂期，Ⅲ带为维拉方期，他们称湖相岩系。1942年，德日进绘制了一条由榆社—武乡的信手剖面（位置大致在任家垴—楼则峪——笔者注），正式将上述那套河湖相岩系称为“榆社系”，并划分为李氏三趾马层、鱼龟层和真马层，分别对应桑氏的Ⅰ、Ⅱ、Ⅲ带。

1962年刘宪亭等研究了产自榆社系中的鱼类化石，认为化石时代为上新世。1964年裴文中等在《中国新生界》一书中将榆社系下、中、上三部分分别称为下榆社组、中榆社组、上榆社组，与桑志华的Ⅰ、Ⅱ、Ⅲ带对应；并认为下、中榆社组属上新世（N_2），上榆社组属更新世早期（Q_1）。1972—1975年王兴武、郭立卿等在1∶20万平遥幅区调中，系统测制了几条地层剖面，从岩相特征、岩性组合及动植物化石等方面综合分析，将原榆社组改称榆社群；自下而上新命名了任家垴组、张村组、楼则峪组，以此代替原下、中、上榆社组。同期喻正麒等在1∶20万沁源幅中新建立了虒亭组和北集组。1973年以来，北京大学王乃梁、曹家欣、崔之久等，对榆社王宁和武乡张村等地湖相层进行了观察，并探讨了榆社群沉积的古地理环境和古气候（曹家欣等，1980）。

榆社群及下属三个组，由于基本上是原先Ⅰ、Ⅱ、Ⅲ带和下、中、上榆社组的延续和发展，也就被多数地质工作者所接受。但也有部分研究者持有不同的见解。例如，1981年贾航将榆社群自下而上分为任家垴组、泥河寨组、张村组和海眼层，时代分别为中新世早期（N_1^1）中新世晚期（N_1^2），上新世（N_2）和早更新世（Q_1）。又如曹照垣等（1983）认为这套沉积属冰川堆积和冰水堆积，仍称榆社组，时代属早更新世。尽管如此，不同意见者毕竟是个别的，此次清理认为榆社群及所属三个组的划分，基本符合岩石地层单位划分命名原则，予以采用。

晋东南山间盆地中晚新生代堆积中，令人困惑的一个地层问题是大墙组，以前称R红土。榆社群从一开始研究，到划分为三个带，之后建立三个组，以其丰富的动物化石，确定沉积时代从上新世—下更新世，无法动摇。特别是新的古地磁极性时资料，亦无可争议地支持了这样的划分（见图8-1）。但榆社群之上覆盖的被德日进和杨钟健称之R（红色芦姆）红土，却极像时代属于上新世晚期的静乐红土。R红土一直未找到化石来证明其时代，德日进、杨钟健1933年（在侯目剖面上）定其为周口店期，在武乡张家湾剖面上称为老红土，时代定为三门期。但以后涉及到该区地层的地质论著，未注意到上述德日进和杨钟健在处理两地R红土时的差异，将R红土不加区分地一起定为中更新世或下更新世。喻正麒等于1∶20万沁源幅区调中创名大墙组称之（1976），尽管很多人怀疑R红土（即大墙组红土）岩性可与静乐红土对比，但由于其覆盖在榆社群之上，没有人敢于将其时代定为上新世。这样，使面积不大的榆社盆地与四周的晚新生代堆积在对比上产生了错位。四周发育的上新世静乐红土，榆社盆地没有；而榆社盆地中，早（或中）更新世发育有大墙组红土，四周地区却均不见踪影。

此次地层清理，本专题专门为此到野外进行了观察研究，发现：侯目（今称更修村）附近的R红土与武乡王宁、任家垴、张村沟一线的R红土岩性并不一致，前者色呈暗褐红色，稳定地出现于离石黄土底部，是离石黄土不可分割的一部分；而后者颜色呈鲜红色，分布在标高较高地带的低凹处，厚度变化大，分布不稳定，它的岩性才极像静乐红土；前者分布广泛，可盖在榆社群的任何层位上，后者局限分布于榆社武乡盆地东侧一线，它只不整合在任家垴组和张村组下部的地层之上。所以，按岩石地层单位，后者完全可以称为静乐组，但为了在学术问题上留有余地，方便不同观点的争论，大墙组暂予保留（但其含义要限定，不能扩大化），作为静乐组在榆社、武乡一带的同物异名。至于大墙组与张村组二者关系很可能属同期

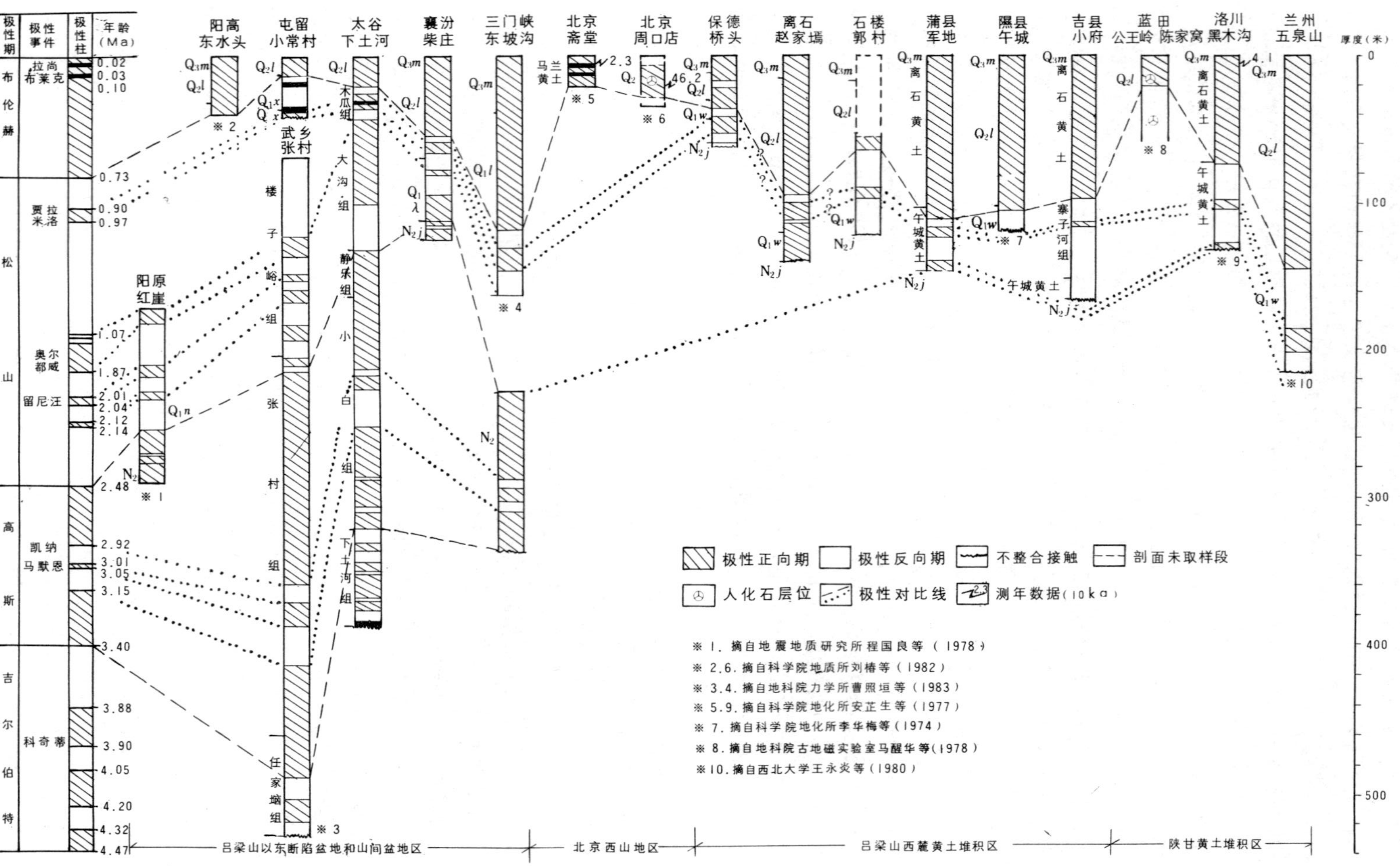

图 8-1　山西省晚新生代地层古地磁极性年代对比图

异相或大墙组为张村组顶部一部分的同期异相，晋中盆地已有这样的先例静乐组红土，在下土河东部高山上，明显以不整合覆于下土河组之上；向西到下土河沟口一带，整合地插于小白组与大沟组之间；到晋中盆地内部，则相变为湖相灰绿色粘土，不再见到红色粘土。

至于小常村组，其为覆于大墙组之上，伏于离石组之下的河流相堆积，按其所含动物群，可对比为匼河组，但考虑其古地磁极性时资料属早更新世，以及它可能向南东伏于长治盆地之下，相变为河湖相盆地堆积（不属于河流阶地堆积），仍保留小常村组一名，作为木瓜组的同物异名和长治盆地早更新世晚期河湖相的代表。

榆社群　NQ*YS*　(05－14－0057)

【创名及原始定义】　原称榆社系，1942 年德日进与杨钟健创名，原始含义为："榆社—武乡间基岩之上，土状堆积物之下倾斜的河湖相岩系，产丰富的哺乳动物化石和龟鳖类化石。"

【沿革】　榆社系命名后，尽管在组群级别称呼、内部划分与其它地层对比上有不同认识，但其所指地层内涵及上下界面，时代认识一直未变。自 1∶20 万平遥幅地质图称榆社群（山西区测队，1975）以来，广为采用。

【现在定义】　榆社、武乡、沁县、屯留一带。位于中生代基岩之上，大墙组红土或离石组、马兰组黄土之下的一套河湖相淡水沉积岩系。包括任家堖组、张村组、楼则峪组三个组。岩层向北西倾斜，由下部向上部倾角变缓。与下伏地层呈叠瓦式超覆的平行不整合接触；与上覆地层大墙组或离石组呈平行不整合。

【区域变化】　榆社群分布在北起榆社县更修—赵王村一带，南至屯留县中村附近，延长近百公里，宽约 20～30 km，地层发育较好地段为榆社县银郊、泥河一带，武乡县张村和沁县段柳等地。

任家堖组　N_2r　(05－14－0058)

【创名及原始定义】　任家堖组是榆社群下部的组级单位。1975 年王兴武、郭立卿创名。创名地为榆社县韩村乡任家堖村原始定义："任家堖组为一套卵砾石层，土黄色、紫色粗、细砂和紫色砂质粘土、粘土互层。卵砾石层，下部多而厚，上部少而薄；而砂层、砂质粘土、粘土等在上部增多变厚。与下伏基岩明显地呈角度不整合接触。"

【沿革】　本组自建立后，得到多数地质学者的认可，对其地质时代和地层划分界线无大的分歧，《华北地区区域地层表·山西省分册》（山西地层表编写组，1979），《山西的晚新生代地层》（王兴武等，1983），《山西省区域地质志》（山西省地矿局，1989）等专著中，均使用了任家堖组一名。本专著认为原地质界线划分正确，分层合理，且具代表性，故仍沿用任家堖组之称。

【现在定义】　为榆社、武乡一带榆社群下部的组级岩石地层单位。岩性为卵砾石层，土黄色、紫色粉细砂和紫色砂质粘土互层。卵砾石层下部多而厚，上部少而薄；砂层和粘土层，下部少且薄，上部多而厚。与下伏基岩呈不整合接触；与上覆张村组为整合或平行不整合接触，也可直接被大墙组、离石组等呈平行不整合覆于其上。

【层型】　正层型为榆社县任家堖-武乡县楼则峪榆社群剖面。位于榆社县任家堖—王宁铁路隧道-武乡县张村-楼则峪之间（112°53′00″，36°57′00″）；1973 年由王兴武、郭立卿等测制。

上覆地层：离石组　红褐色粘土。含小砾石、粗砂、铁锰质薄膜及铁锰小结核和零星钙质结核

~~~~~~~~~~ 不 整 合 ~~~~~~~~~~

榆社群

楼则峪组　厚 134.3 m

34. 土黄色砂与紫色粘土、亚粘土互层　38.0 m

33. 黄绿、灰绿、灰蓝色粘土，夹薄至中层泥灰岩。含孢粉　7.6 m

32. 紫色粘土与亚粘土。顶部夹厚 2m 的砂层　12.2 m

31. 灰白、灰绿色粘土夹薄层泥灰岩。含哺乳类：Rhinocenotidae；介形类：*Candoniella tonalnglyensis*，*Eucypris inflata*，*E.* aff. *inflata*，*Candona* sp.，*Ilyocypris manasensis* var. *cornae*，*I. bradyi*；*I.* sp.，*Cyprinotus* aff. *fomalis*，*C.* aff. *baturini*　8.5 m

30. 紫色亚粘土和粘土夹两层厚度分别为 0.5～1.0 m 土黄色细砂层　8.3 m

29. 灰绿、黄绿色粘土夹薄层泥灰岩，常相变为亚粘土和粉砂层。含介形类：*Eucypris concinna*，*E. concinna* var. *rotundata*；腹足类：*Gyraulus* sp.，*Succinea* sp.，*Vertiqo* sp.，*Discus* sp.，*Kaliella* sp.　3.1 m

28. 黄色细砂层　6.8 m

27. 土黄、灰白色厚层细砂层夹紫色薄层粘土、亚粘土及多层砂岩凸镜体（砂盘）。砂层具清晰斜层理，顶部有厚 1.6m 的灰绿色粘土夹薄层泥灰岩。含哺乳类：*Gazella* sp.；介形类：*Candoniella albicans*，*Ilyocypris* aff. *qibba*，*I. manasensis* var. *cornae*，*I. bradys*，*I.* sp.，*Cypris* aff. *subqiobs*，*Eucypris* sp.，*E. notailis*，*Caspiocypris* sp.；腹足类：*Succinea*? sp.　50.0 m

~~~~~~~~~~ 平行不整合 ~~~~~~~~~~

张村组　厚 257.8 m

26. 土黄、灰白色厚层细砂夹紫色粘土、亚粘土。底部紫色亚粘土，上部常相变为薄层紫色砂土与黄绿色粉细砂互层；顶部为灰绿、黄绿色粘土夹薄层泥灰岩　23.9 m

25. 灰白、灰绿、灰黑、黄绿色粘土（白垩土?）、粉砂土夹多层薄板状泥灰岩或砂质泥灰岩和油页岩、油砂（?）。含丰富的鱼类、昆虫、腹足类、植物叶、树干等化石。其中鱼类：*Cyprinus carpio*；*Xenocypris yushensis*，*Carassius auratus*；*Culter* cf. *mongolicus*，*Erythroculter* sp.，*Hemiculterella longicephalus*，*Leuciscus tchangi*，*Hypophthalmichthys molitrix*，*Pseudorasbora changtsunense*，*Mylopharyngodon piceus*，*Ctenopharyngodon idella*；*Parasilurus asotus*，*Siniperca wusiangensis*，*Ophicephalus argus*；介形类：*Eucypris concinna*，*Cypris sublibosa*，*Cyprideis littralis*；腹足类：*Hydrobiidae*，*Succinea* sp.，植叶和果实化石：Ulmaceae，*Ulmus*；Fagaceae，*Fagus*，*Castanea mollissima*，*Castanea*，*Quereus*，*Betulaceae*，*Carpinus*，*Acer*，*koelreuteria*，*Keteleeria*，Simarubaceae，*Paniculatoloim*，*Populus*　28.1 m

24. 黄绿、灰绿色亚粘土、粉细砂互层。含大量的腹足类及孢粉化石　6.4 m

23. 灰黄、土黄色厚层粉细砂夹紫色亚粘土和薄层粘土及砂岩凸镜体，顶部夹一层灰绿色粘土和薄层泥灰岩。含介形类化石：*Candoniella sunini*，*C. anceps* 5，*Candona sinuosa*　7.7 m

22. 灰白、黄白色粉细砂层夹三层紫色亚粘土和粘土。顶部为厚 2.4 m 粉细砂与灰绿色、黄绿、紫色亚粘土、粘土互层（皆为薄层状）。含微体化石：介形类：*Cyprinotus qiuxunaensis*，*C. espinicus*，*Ilyocypris manasensis* var. *cornae*，*I.* aff. *gibba*，*I. errabundis*，*Kassinina beliaeraskyi*，*Gyraulus* sp.　10.1 m

21. 土黄、灰黄色厚层粉细砂夹 10 多层薄层紫色粉砂土或亚粘土线（一般厚度为 0.5

cm)，含介形类化石：*Kassinina* sp.，*Ilyocypris manasensis* var. *cornae* 60.0 m

20. 灰白、灰绿、黄绿色粉砂土、粘土夹钙质砂岩和泥灰岩薄板 3.0 m

19. 土黄、灰白、紫色粉细砂层，顶部为1.5～2 m紫色粘土或亚粘土 6.5 m

18. 黄、紫色粉细砂层，含少量卵砾，夹几层砂岩凸镜体及紫色薄层粘土。顶部为厚2.2 m的灰黄绿色粘土、砂质粘土夹两层薄层泥灰岩（或砂质泥灰岩）。含介形类化石碎片 8.7 m

17. 暗紫色粘土。其底部与顶部均为灰绿—黄绿色薄层粘土夹泥灰岩薄板。含腹足类化石碎片 6.5 m

16. 褐色、土黄色粉细砂层，夹一层厚0.3 m的灰绿色亚粘土 6.3 m

15. 黄色、紫色细砂、粉砂土与紫色粘土、砂粘土及黄绿、灰绿色钙质粘土互层夹薄层泥灰岩。中部砂层中夹砂岩凸镜体，上部砂层中夹有钙质结核层 20.0 m

14. 灰、灰黑色厚层粘土与薄层粘土（似页岩），夹薄层泥灰岩、油页岩及油砂（?）厚2.6m的黄白色粉砂土与灰绿、灰色粘土互层夹薄层泥灰岩。含大量脊椎动物化石、鱼类、昆虫、植物叶、枝、干及微体和腹足类化石。哺乳类：Rhinocerotidae鱼类：*Cyprinus* sp.，Coeicidae，*Pseudorasbora changtsunensis*，昆虫类：*Obonata*，*Colaoptera* 植物（树叶、枝、树干及果实）：*Pinus*，*Ulmus*，Cupressaceae，Taqaceae 16.0 m

13. 黄色细砂层 3.6 m

12. 灰、黄绿、灰白色粘土与薄层粘土（似页岩）互层，夹多层薄层泥灰岩及油页岩（?）含腹足类、介形类及植物化石。其中植物：*Ulmus*，Cupressaccae 7.6 m

11. 黄色细砂层。顶部为厚0.7 m的紫色粘土 2.7 m

10. 下部为灰色、黄绿色砂土、亚粘土；上部为灰、灰白、黄色薄层粘土（似页岩）与泥灰岩互层，夹油页岩（?）。具小褶曲构造。含植物叶茎和腹足类化石 7.9 m

9. 黄色细砂层夹灰绿色粘土及薄层泥灰岩。顶部为厚1.5～2.0m的灰色、灰绿色含砾亚粘土 14.5 m

8. 黄、黄白、灰白色细粉砂层、亚粘土与砂砾石互层。顶部为亚粘土，底部为砂砾石 18.8 m

——————整　合——————

任家垴组 厚67.6 m

7. 紫色亚粘土和砂土夹黄白色细砂层，砂土中夹厚21～30 cm的砂砾石层 10.8 m

6. 砂砾石层夹黄色砂层和亚粘土及紫色粘土 10.9 m

5. 黄色粉细砂层夹紫色薄层亚粘土 6.0 m

4. 紫色粘土夹一层灰白、灰绿色粉砂土 5.2 m

3. 含漂石的砾石层夹黄色粗细砂。顶部为厚1.5 m灰黄色粉细砂 3.9 m

2. 紫色砂土、砂砾与块石（乱石层）互层 16.8 m

1. 紫色亚粘土，混杂块石、砾石、砂等。砾径大小不一，相差悬殊 14.0 m

~~~~~~不整合~~~~~~

下伏地层：**二马营组**　灰白、黄绿色长石砂岩

【地质特征及区域变化】　任家垴组主要发育在榆社盆地中，襄垣、屯留也有分布，岩性和厚度变化较大。如张村剖面，岩性以砂砾石层夹紫红色砂质粘土为主，上部砂层增多，厚67.6 m；泥河剖面，下部为砂砾石层，中上部为砂层与砂质粘土互层，厚162.4 m；沤泥洼剖面，底部为浅紫红色亚粘土，下部为巨砾石层，上部为砂层与砂质粘土夹砂砾岩透镜体，厚215.4 m；虒亭一带颗粒较细以砂质粘土、砂层为主，夹砾石层凸镜体，厚46.6 m；北集剖面为砂砾石、砂、亚砂土互层，厚70 m。本组含丰富的哺乳动物化石。
~~~~~~

张村组　$N_2\hat{z}$　(05-14-0059)

【创名及原始定义】　张村组是榆社群中部组级地层单位，1975年王兴武、郭立卿等创建。创名地为武乡县石北乡张村。原始定义："张村组为一套灰绿、灰黑、黄绿色粘土夹灰白色泥灰岩与黄色砂层、紫色粘土、砂质粘土，呈互层状。从浅色—深色形成数个旋回。底部常见砂砾石层或含砾砂层。与下伏任家垴组呈平行不整合接触。"

【沿革】　张村组建名后，许多研究者予以承认，并在有关论文中引用。1979—1989年，《华北地区区域地层表·山西省分册》、《山西的晚新生代地层》、《山西省区域地质志》均使用了张村组。本专著认为，张村组岩性特征明显，符合岩石地层建组原则，予以采用。

【现在定义】　为榆社、武乡一带，榆社群中部的组级地层单位。主要岩性为灰绿、灰黑、黄绿色粘土夹灰白色泥灰岩与黄色砂层、紫色粘土、砂质粘土互层。下部砂层多、局部含砾；上部灰绿、灰黑色粘土夹泥灰岩为主，并夹少量砂层。与下伏任家垴组、上覆楼则峪组均呈平行不整合接触；其上还可被大墙组或离石组呈平行不整合截切，覆于其上。

【层型】　正层型为榆社县任家垴—武乡县楼则峪剖面（见任家垴组条目）。

【地质特征及区域变化】　张村组以典型湖相灰绿层为特点，但在各地的发育程度和沉积厚度均不一致。如张村剖面，灰绿层段主要集中于王宁（地）段和张村（地）段两处，含丰富的鱼化石，厚257.8 m；泥河剖面，下部灰绿层多以薄层夹于砂层之中，较集中地段在中泥河—泥河掌之间，厚292.6 m；沤泥洼剖面灰绿层段集中在沤泥洼附近，厚127.2 m；虒亭剖面为砂岩、砂层夹泥灰岩，厚25.1 m；北集剖面为砂质粘土夹砂层、泥灰岩，厚78 m。

楼则峪组　Qp^1l　(05-14-0060)

【创名及原始定义】　楼则峪组是榆社群的最上一个组级单位，1975年王兴武、郭立卿等创名。创名地为武乡县石北乡楼则峪村原始定义："楼则峪组是指土黄、灰黄、锈黄色砂层夹紫色砂质粘土、粘土。底部多为土黄—灰黄色粗、细砂层，少含砾石，具斜交层理，并常夹层数不等的砂岩、砂砾石凸镜体（砂盘、钙质砂板）。中部和上部夹有几层薄层灰绿、黄绿、灰白色砂质粘土、粘土和泥灰岩。顶部常为灰黄—浅紫色砂层与粘土互层。"

【沿革】　楼则峪组创名后，得到部分人的赞同，如曹家欣等（1980）在探讨榆社—武乡一带的沉积环境时，同意上述划分意见。但也有持不同观点者，如贾航（1981）、黄宝玉等（1991），均认为楼则峪组与张村组为一连续沉积，都是上新世湖相堆积，并认为分布于云竹、河峪一带的海眼层才是真正早更新世的河流相沉积。1982年宗冠福、汤英俊、喻正麒等在屯留县中村乡西村，根据采集的古脊椎动物化石建立了西村组，时代定为早更新世。1983年《山西的晚新生代地层》在长治小区内引用了西村组，而1979—1989年《华北地区区域地层表·山西省分册》、《山西省区域地质志》都使用了楼则峪组，代表榆社一带的早更新世河湖相堆积。本专题组在研究分析了前人意见后认为，晋东南地区的早更新世时期沉积可能不仅仅只有楼则峪组，但这并不影响楼则峪组岩石地层单位的客观存在。

【现在定义】　为榆社、武乡、沁县一带，榆社群上部的组级地层单位。主要岩性为土黄、灰黄、锈黄色砂层夹紫色粘土、砂质粘土。底部多为黄色粗、细砂层，含砾石；中部夹灰绿、黄绿、灰白色薄层粘土和泥灰岩。与下伏地层张村组呈平行不整合接触，其上被离石组呈平行不整合覆于其上。

【层型】　正层型为榆社县任家垴—武乡县楼则峪榆社群剖面（见任家垴组条目）。

【地质特征】 楼则峪组分布于榆社—武乡盆地西侧的榆社云竹、武乡楼则峪、沁源漳源、屯留中村一带。岩性变化不大，主要为黄、锈黄、浅紫色砂层夹紫色粘土、亚粘土的河流相沉积。一般厚 20～100 m。

大墙组 N_2d (05－14－0061)

【创名及原始定义】 1976 年山西区测队喻正麒等于 1∶20 万沁源幅区调时创名。原始含义："大墙组分布于屯留、长子西部、沁县南部南仁、故县镇和襄垣县夏店、虒亭一带的低山丘陵地带，覆在前第四纪不同地层之上，普遍为一套鲜红色粘土，故有'晋东南红土'之称。厚 10～30 m"。大墙组建立于榆社—武乡盆地以南，按其层位当时一般都认为其相当榆社—武乡一带的 R 红土。如前所述，由于所谓 R 红土并不完全"同物"。此次地层对比研究仍保留大墙组这一岩石地层单位，但应严格限定其含义。

【现在定义】 为榆社、武乡、襄垣、屯留一带零星出露和分布的厚度不大的鲜红色粘土、粉砂质粘土层。其下以不整合覆盖在榆社群任家垴组、张村组不同层位上；其上又被离石组红色土平行不整合披覆。

【层型】 正层型为屯留县大墙村剖面（112°52′00″，36°24′00″），1975 年由喻正麒测制。

上覆地层：**离石组** 棕黄—灰黄色钙质结核层

——————— 平行不整合 ———————

大墙组 厚 30.3 m

3. 鲜红色粘土。顶面有灰绿色的次棱角状小砾石；上部渐变为棕红色亚粘土；下部夹一层厚约 2m 的棕黄色亚粘土 16.9 m

2. 褐黄色亚砂土—砂类土与鲜红色粘土互层。亚砂土—砂类土共三层，单层厚约 1 m，每层底部均有大结核和小砾石，结核直径 10～15 cm。小砾石成分为黄绿色砂岩与粘土，前者为棱角状，后者呈球状；砾径一般为 1～3 cm，大者可达 10 cm 5.4 m

1. 鲜红色粘土，结构致密，偶见砂、砾。具褐色铁锰质薄膜，上部增多，颜色较深，呈暗红色 8.0 m

~~~~~~~~~~ 不 整 合 ~~~~~~~~~~

下伏地层：**和尚沟组** 灰黄绿色砂岩夹泥岩

【地质特征及区域变化】 大墙组主要分布于榆社、武乡、屯留、长治、高平等地的低山丘陵区。分布标高为 950～1 200 m。岩性单一，以鲜红色粘土为主，其间夹棕黄、棕红色亚粘土条带，底部局部有砂砾石层存在。本组含化石极少，沉积厚度多在 10～30 m 之间。武乡县下庄剖面，红色粘土中含大量的铁锰质结核（核径 2～4 mm），厚 19.8 m；屯留大墙剖面，岩性为红黄相间的粘土，底部含小砾石和大钙质结核，厚 30.3 m；沁县北集剖面，该组底部为一厚 5～6 m 的砂层，具水平层理。

大墙组极少含化石，其时代因考虑到 R 红土与榆社群的关系，曾定为早更新世。但它完全可与山西广大地区分布的静乐组对比，时代应属上新世晚期。

小常村组 Qp^1x (05－14－0062)

【创名及原始定义】 1976 年山西区调队（喻正麒等）在 1∶20 万沁源幅区调时创建。原始定义："小常村组是指局限于长治盆地中，大部分被中、上更新统覆盖的一套冲积、湖积相
~~~~~~~~~~

堆积。不整合于…大墙组之上。岩性为灰绿、灰褐、紫红、灰白等杂色粘土、亚粘土，夹不连续的薄层泥灰岩及粉细砂层。”

【沿革】 小常村组仅局限于长治盆地内，含丰富的哺乳动物化石。建组后，因分布范围狭小，对地质界的影响不大；但也得到一些学者的默认和赞同。如曹家欣等（1981)、宗冠福、汤英俊等（1982)、山西区调队王兴武等（1983)、山西省地矿局（1989)，先后在一些著作中，都使用了这一名称。本专著认为，这套堆积是长治盆地内早更新世晚期河湖相沉积在地表的出露部分，又富含哺乳动物化石，可以建组，故仍沿用小常村组一名。

【现在定义】 为长治盆地中，于大墙组鲜红色粘土与离石组棕红色亚粘土之间发育的一套河湖相灰绿、灰褐、紫红等杂色粘土、亚粘土夹凸镜状泥灰岩和薄层粉细砂。与上覆、下伏地层均呈平行不整合。

【层型】 正层型为屯留县小常村剖面。位于屯留县余吾乡小常村西（112°48′00″, 36°20′00″);1974 年喻正麒等测制。

上覆地层：**离石组** 灰白、灰黄色砂层，中夹小砾石，下部及底部含铁锰质条带

——————— 平行不整合 ———————

小常村组 总厚度 24.9 m

11. 灰黄绿色亚粘土 2.0 m

10. 灰绿色粘土夹棕褐色亚粘土层，顶为一灰白色钙质结核层。含哺乳类：*Equus sanmeniensis*，*Myospalax* sp.? 3.0 m

9. 灰黄色钙质结核层，中夹黄绿色粘土 1.9 m

8. 褐黄色亚砂土。底面起伏不平，有的地方为凸镜体砂层 2.1 m

7. 浅紫色亚粘土，底部为断续呈层的结核，厚约 10cm 2.7 m

6. 锈黄色砂层。底部交错层理发育，中夹浅紫色粘土凸镜体。该层中部含哺乳类：*Trogontherium* sp.，*Myospalax tingi*，*Canis variabilis*，*Ursus thibetanus*，*Meles* cf. *leucurus*，*Felis teilhardi*，*Archidiskodon* sp.，*Equus sanmeniensis*，*Coelodonta antiquitatis*，*Sus lydekkeri*，? *Axis* sp.，*Gazella* sp.，*Bison* sp. 4.8 m

5. 浅紫色亚砂土夹钙质砂岩凸镜体。含软体动物化石 2.2 m

4. 锈黄色交错砂层。成分以长石、石英为主。含哺乳类：*Equus* sp. 2.6 m

3. 浅紫色亚砂土。具铁锰薄膜 1.3 m

2. 砂砾岩。钙质胶结，砾石成分主要是紫红色砂岩 1.4 m

1. 浅紫色含砾亚粘土。砾石为底部基岩碎屑 0.9 m

~~~~~~~~~~ 不 整 合 ~~~~~~~~~~

下伏地层：**刘家沟组** 黄绿色砂岩夹泥岩

【区域变化】 小常村剖面基本代表了本组在盆地边缘的岩性和厚度。向西、向北很快尖灭。往东南盆地中心，粒度变细，厚度增大，据钻孔资料，最厚可达 220 m。

四、山西中部汾渭裂陷盆地早中阶段河湖相堆积

山西中部晚新生代发育了呈雁行斜列，并呈若断若续的系列箕状裂陷盆地—三门峡盆地、运城盆地、临汾盆地、晋中盆地、忻定盆地、滹沱河盆地等。它们是汾渭裂陷的组成部分。从晚第三纪上新世开始—第四纪早更新世末，基本上都处于河湖相沉积环境，沉积了巨厚的河湖相堆积。对这些堆积，虽自本世纪初就开始了研究，提出和建立过诸如三门系、太谷层等
~~~~~~~~~~

地层单位。但直到90年代初，由于研究目的局限性，采用手段的有限性和被研究对象——地层出露的不完整性，一直未能建立起系统的地层划分。曾经建立和命名的，诸如三门系（Andersson，1923）、太谷层（Barbour，1931）、南坛组（黄万波，1974）、西侯度组（贾兰坡、王健，1978）、柴庄组（黄宝玉、郭书元，1991）等，有的是顶、底不清，有的涵义不清，有的内涵太大，有的代表性不强。看来它们均不足以作为山西中部汾渭裂陷盆地中本阶段河湖相堆积的岩石地层单位而予沿用。

通过此次地层对比研究，本专题组认为晋中盆地南缘太谷县的下土河—王公一带晚新生代早中阶段堆积，由于盆地边缘新构造断裂抬升而出露地表，厚度虽小于盆地中心，但地层发育齐全、完整、接触关系清楚，交通方便，有可与山西同时代堆积对比的标志，是研究这阶段堆积的理想地区。70年代以来，曹家欣等（1975）和张士亚等（1975）分别于王公和下土河两地进行了地层划分和研究，分别建立了可以相互对比的地层和命名系统（部分地层命名是一致的）。之后还采集有多门类化石，下土河剖面还进行过古地磁研究。因此本专题组，按命名时间的先后及地层的发育程度和具有的代表性，各取一部分地层名称，建立起了可以通用于整个山西中部汾渭裂陷盆地早中阶段河湖相堆积序列——下土河组、小白组(张士亚等于下土河剖面建立)、静乐组（早已建立的，可与山区连系的地层单位)、大沟组、木瓜组（曹家欣等于王公剖面建立)。盆地其它已有的地层名称，建议停止使用或作为同物异名而不再使用。划分沿革见表8-1。

下土河组　N_2x　(05-14-0066)

【创名及原始定义】　1975年山西石油队晋中组（张士亚等）在晋中盆地进行石油地质调查时以太谷县下土河创名。原始含义："晋中盆地晚新生代堆积的底部砾岩夹砂质泥岩。其主要为河流相沉积，以颜色红、岩性粗为特征，厚95 m。下部为一套巨砾岩，厚度变化大，中夹黄棕、红棕色砂质泥岩凸镜体；中、上部为红棕色砂质泥岩与灰黄色砂岩、砾岩互层。含较丰富的哺乳动物化石。该组不整合覆盖于中三叠统二马营组之上。"

【沿革】　对这套地层，1933年德日进、杨钟健将其划入三趾马层。1∶20万平遥幅，划归保德组（山西区调队，1975)。《华北地区区域地层表·山西省分册》(1979)，划为保德组第一段。《山西省区域地质志》(1989)，称为保德组下段。本专著将下土河组作为山西中部裂陷盆地中期阶段底部堆积的代表。

【现在定义】　为山西中部各新生代裂陷盆地边缘，松散堆积层的最底部组级岩石地层单位。下部为棕褐色砾石层夹灰紫色粘土、砂质粘土和薄层砂砾石层或其凸镜体；上部为棕黄、灰褐色砂层与棕黄、棕红、灰褐色亚粘土、粘土互层。以不整合覆盖于中生界砂岩之上；上覆地层为连续沉积的小白组或直接被静乐组红土、离石组及马兰组黄土平行不整合覆盖。

【层型】　正层型为太谷县下土河剖面：位于太谷县小白乡下土河梨树沟—杏黄沟(112°45′00″，37°25′00″)；1975年张士亚等测制。

上覆地层：**小白组**　黄色细砂层夹砾石层

——————整　合——————

下土河组	总厚度67.0 m
13. 红棕色亚粘土	15.0 m
12. 浅黄色粉、细砂层。含钙质结核	3.4 m

表 8-1 山西中部裂陷盆地晚新生代

本书		丁文江 安特生	杨钟健 裴文中	卞美年	刘东生等	裴文中 黄万波	贾福海	陕西石油队301分队	孙肇才	薛祥煦	1:20万运城，三门峡幅	《华北地区区域地层表·山西省分册》	山西的晚新生代地层	桑志华 德日进	王挺梅等	孙维汉	周明镇等	黄万波等
		1918 1923	1933	1934	1959	1959	1959	1976	1976	1979	1972	1979	1983	1927	1962	1964	1965	1974
年代地层	岩石地层	三门峡—渭河盆地	三门峡—渭河盆地	三门峡—渭河盆地	三门峡—渭河盆地	三门峡—渭河盆地	三门峡—渭河盆地	三门峡—渭河盆地	三门峡—渭河盆地	三门峡—渭河盆地	三门峡—渭河盆地	三门峡—渭河盆地	三门峡—渭河盆地	临汾盆地	临汾盆地	临汾盆地	临汾盆地	临汾盆地
第四系 下更新统	木瓜组	三门系 砂层	b 周口店期	上三门系 周口店期	Q_1 陕县系	泥河湾期 三门系	五层；三门系 Q_1	下更新统 三门组 黄三门	下更新统 上三门组 黄三门	下更新统 午城组 阳郭组 三门组	下更新统	下更新统 三门组 上段	下更新统 三门组 上段	Q_1—N_1 下系（S）	Q_1 泥河湾层	Q_1 午城黄土 上榆社组	Q_1 三门系	
	大沟组	倾斜粘土层	a 泥河湾期	下三门系 泥河湾期	三门系	静乐系	四层 三层	绿三门 张家坡组	下三门组 绿三门	游河组		下段	下段					
上第三系 上新统	静乐组				蓬蒂期	蓬蒂期	二层	上新统 兰田组	上新统 兰田组		上新统	上新统 羊山岭群	静乐组	N_2 P蓬蒂期红土淡水灰岩	R 三趾马红土层	N_2^2 中榆社组	N_2^2	N_2^2 兰田组
	小白组						一层	坝河组	坝河组				保德组			N_2^1 下榆社组	N_2^1 南坛组／红土	N_2^1 南坛组
	下土河组																	

岩石地层划分沿革表

资料	年代	地区	地层划分（自上而下）
1:20万汾阳幅区调	1975	临汾盆地	Q_1 河湖相堆积 N_2^2 静乐组 N_2^1 南坛组 N^1？ 中新统
1:20万临汾幅区调	1976	临汾盆地	Q_1 午城组\泥河湾组 N_2^2 静乐组 N_2^1 南坛组
1:20万侯马幅区调	1978	临汾盆地	下更新统 河湖相 上新统 上部 上新统 下部
《华北地区区域地层表·山西省分册》	1979	临汾盆地	Q_1 午城组 Q_1 三门组 N_2^2 静乐组 N_2^1 保德组
山西的晚新生代地层	1983	临汾盆地	Q_1^n 午城组\泥河湾组 Q_1^n 午城组\泥河湾组 N_2^2 静乐组 N_2^1 南坛组
Barbour（巴尔博）	1929 1931	晋中盆地	太谷层（或太谷系）／下三门系／泥河湾期
德日进 杨钟健	1933	晋中盆地	太谷层（或三门系）／泥河湾期（或三门系） 三趾马层／蓬蒂期顶部蓬蒂期
王挺梅等	1962	晋中盆地	Q_1 泥河湾层
1:20万汾阳平遥幅区调	1975	晋中盆地	下更新统 河流相砂层 N_2^2 静乐组 N_2^1 南坛组（保德组）
张士亚等	1975 1979	晋中盆地	Q 柳河组 N_2^d 大沟组 N_1^n 红崖组 N_1^x 小白组 N_1^x 下土河组
曹家欣等	1975 1980	晋中盆地	河流相沉积：木瓜组 大沟组 红崖组 南畔组 深凹组
王兴武 郭立卿	1979	晋中盆地	Q_2^1、Q_1^5 柳沟组（长凝组木瓜组） Q_1^4 大沟组 Q_1^3 红崖组 Q_1^2 楼则峪组 Q_1^1 张村组 N_2 任家垴组
1:20万榆次幅	1979	晋中盆地	Q_1 长凝组／泥河湾组 N_2^2 静乐组：二段、一段 N_2^1 保德组：二段、一段
《华北地区区域地层表·山西省分册》	1979	晋中盆地	Q_2^m 木瓜组 Q_1^n 泥河湾组 N_2^j 静乐组 N_2^b 保德组
《山西的晚新生代地层》	1983	晋中盆地	Q_1^n 泥河湾组；Q_1 河湖相层 N_1^j 静乐组：上段、下段；N_2 河湖相层 N_2^b 保德组：上段、下段；N_2 河湖相层、巨砾石层
《山西省区域地质志》	1989		Q_1 午城组／泥河湾组 N_2^j 静乐组：上段、下段 N_2^b 保德组：上段、下段

11. 红棕色亚粘土　　2.4 m
10. 黄色砂砾石层与细砂层　　4.3 m
9. 红棕色亚粘土。含钙质结核，夹砾石层　　8.6 m
8. 土黄色砂砾石层　　1.8 m
7. 红棕色亚粘土。含少量钙质结核　　1.8 m
6. 砾岩。砾石成分主要为砂岩；砾径一般为 0.5 cm，大者达 30 cm；分选差，磨圆不好　　1.8 m
5. 黄色细砂。含有砾石及钙质结核　　2.3 m
4. 红棕色亚粘土。夹有砾石层及钙质结核层　　7.1 m
3. 棕色、土黄色细砂层。夹有砾石及亚粘土凸镜体　　13.2 m
2. 棕褐色粉、细砂层，偶含细砾，顶部为棕色亚粘土　　3.3 m
1. 砾石层夹亚粘土凸镜体。厚度变化很大　　2.0 m

~~~~~~~~~~ 不 整 合 ~~~~~~~~~~

下伏地层：**二马营组**　灰绿色长石砂岩

【地质特征及区域变化】　下土河组，下部以洪积相砂砾石层为主，粒度由下而上由粗变细，即由巨砾—砾石—砂层；上部为棕红色砂质粘土与厚层状砂、砂砾石互层，粘土中常含钙质团块。本组含脊椎动物化石。沉积厚度：下土河剖面 67.0 m；王公剖面 39.7 m。

下土河组向下延伸至晋中盆地深部，曾被称为王吴组、城子组、胡村组（张士亚，1979），总厚度达到 400～955 m。在山西中部其它盆地中，下土河组也多深埋于地下深部，也可相变为芦子沟组。

小白组　N_2xb　（05－14－0067）

【创名及原始定义】　1975 年张士亚等在晋中进行石油地质调查时以太谷县小白村创名。其原始定义为："一套厚达 100m 的湖相沉积。下部为绿灰色、灰色泥岩、页岩与黄色砂岩互层夹薄层泥灰岩。页岩中含鱼、昆虫、软体动物、介形虫、植物及鸟羽化石；上部以棕灰、紫灰色泥岩为主，夹绿灰色泥岩、页岩、黄色砂岩，向上砂岩增多。与下伏下土河组呈间断接触，与上覆红崖组呈微角度不整合接触。"

【沿革】　这套地层，1933 年德日进、杨钟健将其划归三趾马层。1∶20 万平遥幅，划归保德组（山西区调队，1975）。《华北地区区域地层表·山西省分册》称为保德组第二、三段。《山西省区域地质志》（1989）称为保德组上段。本专著将小白组作为山西中部裂陷盆地早中阶段堆积层下部的一个以湖相灰绿色粘土为主的岩石地层单位。

【现在定义】　为山西中部各新生代裂陷盆地边缘松散堆积层下部，覆盖于下土河组之上的一套富含动植物化石的河湖相灰色、灰绿色粘土、亚粘土夹黄色细砂、砂砾石层等堆积。其上覆地层为静乐组红土，与下伏、上覆地层均为平行不整合。

【层型】　正层型为太谷县下土河剖面：位于太谷县小白乡下土河村杏黄沟中（112°45′00″，37°25′00″）；1975 年张士亚等测制。

上覆地层：**静乐组**　褐紫色砂岩及红色粘土

—————— 平行不整合 ——————

小白组　　总厚度 156.1 m

36. 灰黄—锈黄色砂层夹褐紫色粘土、亚粘土及砂岩凸镜体　　58.5 m
35—30. 灰绿、灰蓝色粘土，底部为灰黄色亚粘土　　12.0 m
~~~~~~~~~~

30—27. 黄色细砂，夹数层棕褐色亚粘土薄层、砾岩及砂岩凸镜体	28.2 m
26. 黄色细砂层夹砾岩	11.6 m
25. 灰—灰绿色粘土	1.2 m
24. 黄色含砾细砂层，夹薄层状灰褐色—灰绿色粘土及砾岩	12.7 m
23. 黄色细砂层与浅灰、灰绿色粘土互层。粘土中含碳质及菱铁矿结核	11.1 m
22. 灰色粘土。含鱼、昆虫、软体等动物及植物化石	1.2 m
21. 棕黄色细砂与灰—灰黄色粘土互层	4.5 m
20. 灰色粘土，含碳质及菱铁矿结核	0.7 m
19. 黄色细砂夹灰白色粘土层	1.7 m
18. 灰黄与深灰色粘土	1.3 m
17. 深灰色粘土	1.3 m
16. 褐黄色含砾细砂层，夹砾石层及粘土凸镜体	3.1 m
15. 褐灰色亚粘土	2.7 m
14. 黄色细砂层，夹薄层状砾石，含钙质结核	4.3 m

———————— 整　合 ————————

下伏地层：**下土河组**　红棕色亚粘土

【地质特征及区域变化】　小白组岩性正如定义中指出的，为一套由湖相灰色、灰绿色粘土、亚粘土夹黄色砂砾石层，但在纵向、横向上灰绿色粘土层、亚粘土层各占的比例多少是有变化的。沉积厚度也相差很大。下土河一带厚 156 m，王公一带厚仅 74 m，向下延深至晋中盆地地下深部称为西谷组和史家社组，厚度可达 700～1 000 m。

小白组在山西中部其它盆地中也多深埋于盆地深处，地表甚少出露。

大沟组　Qp^1*d*　（05－14－0068）

【创名及原始定义】　1973 年曹家欣创名于太谷县王公乡大沟村一带。其原始定义为："在红崖组之上覆盖一层厚 6 m 之桔黄色到桔红色细砂层，砂层之上为厚 12 m 之紫褐色条带状砂质粘土。这组地层分布在红崖以西的金子山—大沟一带和北田受车站以东地段。与上覆的中更新统的砂砾石层为不整合接触，有些地段直接被中更新统上部（离石黄土上部）所覆盖。"

【沿革】　从原始定义中可以看出，曹家欣所创名的大沟组是指静乐红土（曹称为红崖组）之上的一套河湖相堆积。这套地层除发育于王公、下土河一带外，也见于太谷盘道一带。1929—1933 年巴尔博、1933 年德日进、杨钟健进行过调查，采得哺乳类及鱼类化石，称其为太谷层或太谷系，时代定为早更新世（泥河湾期或三门期）。但由于命名于盘道一带的太谷层上、下接触关系不清晰，缺少可与其它地区对比的标志层，虽命名较早，知名度高，也不能作为这套地层的代表。《华北地区区域地层表·山西省分册》（1979）将这套地层列为泥河湾组。《山西省区域地质志》（1989）则称为静乐组二段。此次地层清理，选上、下地层接触关系清楚的大沟组，作为山西中部裂陷盆地早中阶段堆积层靠上部的河湖，相堆积的统一使用的岩石地层单位名称。

【现在定义】　为山西中部新生代裂陷盆地边缘，静乐组红土之上的一套河湖相地层。主要岩性为黄色砾石层与灰紫色粘土、砂质粘土互层，和灰绿色粘土及少量砾石层。与下伏静乐组红土呈不整合或平行不整合接触；其上平行不整合于木瓜组，或直接伏于离石组黄土之下。

【层型】 正层型为太谷县王公剖面：位于王公乡北深凹—大沟村—木瓜村（112°51′00″，37°44′00″），1973年曹家欣等测制，1976年山西区调队重测。

上覆地层：**木瓜组** 棕黄色中、细砂

——————— 平行不整合 ———————

大沟组	总厚度 64.1 m
32. 棕红、棕褐及浅灰绿色亚粘土夹一薄层棕黄色细砂	4.4 m
31. 浅褐色粘土和亚粘土夹棕黄色细砂。粘土呈厚层状，具灰绿—黄绿色条纹	25.3 m
30. 浅紫色粘土。质地纯、坚硬，带灰绿色斑点。含介形类化石	1.1 m
29. 浅紫灰色粘土、亚粘土，夹条纹状细砂层。底部为厚60cm的细砂层	6.7 m
28. 灰绿、灰黑色粘土，下部1.5 m为灰黑色。含介形类化石	2.3 m
27. 褐红、棕红及深红色粘土、亚粘土夹钙质结核。顶部为一层褐红色粘土，其下为一厚1 m的黄色亚粘土，下部夹一层厚2 m的中、细砂	21.1m
26. 灰黑色粘土。含介形类化石	3.2 m

——————— 平行不整合 ———————

下伏地层：**静乐组** 褐红色亚粘土。含长石砂粒及铁锰质薄膜，质地坚硬

【地质特征及区域变化】 大沟组在山西中部其它裂陷盆地中分布广泛，地表不时也有出露。临汾盆地的大沟组出露于襄汾县柴庄，以往多被对比为三门组（裴文中等、1959；周明镇等、1965；杨景春等，1979；山西省地层表编表组，1979）或泥河湾层（组）（王挺梅等、1962），黄宝玉、郭书元（1991）命名为柴庄组。柴庄一带的大沟组覆于典型的静乐组之上，厚达56 m。岩性为典型的河湖相夹多层灰绿色粘土层，含丰富的双壳类、腹足类、介形类化石。柴庄剖面作为大沟组在临汾盆地的次层型剖面。

三门峡一带也有大沟组的分布和出露，以往被称为“绿三门”，是三门系的一部分，厚90m，岩性为灰绿色、浅棕色粘土及砂质粘土夹砂层、砂砾石层。下伏地层为保德组红黄色砂质粘土夹砂砾石层，上覆地层被称为“黄三门”，即本专著所称的木瓜组。

木瓜组 Qp^1m （05-14-0069）

【创名及原始定义】 1973年曹家欣等在进行铁路工程地质调查时创名于太谷县王公、红崖一带，其原始定义为：“分布在北田受车站以西的木瓜沟及铁路路堑两侧，为河湖相黄色或棕黄色砂层与河漫滩相的淡紫色薄层粘土构成互层，不整合于大沟组之上。”

【沿革】 这套地层在晋中盆地南缘出露较广，但不同地区命名不同。向西南下土河一带出露的，张士亚等（1975）命名为柳沟组（沿柳沟测有剖面）；向北在榆次市长凝一带出露的，1∶20万榆次幅区调命名为长凝组（山西区调队，1979）；《华北地区区域地层表·山西省分册》（1979），采用木瓜组；《山西省区域地质志》则称为泥河湾组。此次地层对比研究，则选木瓜组作为山西中部裂陷盆地早中阶段河湖相堆积最上部的岩石地层单位的统称。

【现在定义】 山西中部新生代盆地边缘，平行不整合于大沟组之上的一套河流相灰黄色细砂，夹少量棕褐色亚粘土及薄板状泥灰岩，有时还夹砂砾石层凸镜体。下伏地层为大沟组，上覆地层为离石组，均呈平行不整合接触。

【层型】 正层型为太谷县深凹—木瓜剖面：位于王公乡北深凹—木瓜村（112°51′00″，

37°44′00″)；1973 年曹家欣测制，1976 年山西区调队重测。

上覆地层：**离石（黄土）组**

——————— 平行不整合 ———————

木瓜组 总厚度 142.1 m

42. 棕黄色含砾细砂，夹“砂姜”(含砂钙质结核) 4.0 m
41. 深棕黄色亚粘土夹两层薄板状砂岩。顶部一层棕褐色亚粘土，厚 40 cm 5.9 m
40. 深棕色（略带灰紫色）亚粘土，夹少量钙质砂岩凸镜体 5.3 m
39. 亚粘土夹棕黄色含砾粉细砂层。上部具零星砂姜；底部为一层灰白色钙质胶结 13.9 m
38. 棕黄色细砂，含零星砾石及少量“砂姜”，夹砂砾石或砂砾岩凸镜体。砾石主要为长石砂岩。砾径一般小于 10 cm，其散布者磨圆不好，多为次棱角状 13.2 m
37. 棕黄色亚粘土夹多层粉细砂。砂层呈条带状，一般厚 5～10 cm，含零星“砂姜” 20.1 m
36. 棕红色粘土。含较多的炭质黑点及白色钙质菌丝 2.5 m
35. 棕黄色细砂夹多层浅紫色亚粘土、砂岩薄板及“砂姜”。粘土不稳定，常相变为砂 36.9 m
34. 浅紫色粘土。质地坚硬，含大量白色钙质菌丝及少量碳质黑点 1.4 m
33. 棕黄色中、细砂。下部含一些小砾石，底部夹少量粘土条带及砂岩薄板 38.9 m

——————— 平行不整合 ———————

下伏地层：**大沟组** 棕红、棕褐及浅灰绿色亚粘土，夹一薄层棕黄色细砂

【地质特征】 木瓜组主要岩性为河流相黄色细砂层夹棕褐色亚粘土层及厚板状泥灰岩，是自山西中部裂陷盆地上新世以来，以湖相沉积为主的湖盆环境处于萎缩阶段（湖水变浅，河流经常出现）的产物。盆地中心分布尚广，但边缘部分保留和出露较零星，厚度不大。三门峡一带所称的“黄三门”，即应属木瓜组的同物异名。

五、山西中部裂陷盆地中心中晚阶段的河湖相堆积

山西中部各个裂陷盆地，由于所处的地质地理位置不同，到中晚阶段（中更新世以来），不同盆地中心部分的沉积有所不同。通过几十年，特别是 70 年代以来，大量的钻探工作得知：大同（桑干河）盆地中心部分，自地表 40 多米以下，直到 400 多米，为一套连续沉积的、以灰绿、灰、灰黑色粘土、粉砂质粘土、粉砂、细砂夹少量砂砾石的湖相为主的河湖相沉积，这套沉积物即早已于 1926 年由 Barbour 等创名的泥河湾组；而晋中盆地自地表以下 400 多米之内，基本上为一套以黄、浅灰黄色不同粒度砂、砂质粘土夹砾石组成的以河流相为主的河湖相沉积，这套沉积物于 1975 年由山西省石油队命名为汾河群。

以往，有的第四纪地质工作者按统一地层划分观念，将上述沉积物进一步划分为 Q_1、Q_2、Q_3……；也有的把所有的灰绿色湖相沉积物都定为下更新统泥河湾组。通过此次地层对比研究，本专著将泥河湾组和汾河组均作为岩石地层单位对待，他们的地质年代可以是跨时的。

泥河湾组 Qp*n* (05－14－0230)

【创名及原始定义】 1924 年 Barbour 于桑干河下游，河北省阳原县泥河湾创名。原始定义为：“桑干河盆地土洞子层之下的一套淡水湖相灰绿色、棕色沉积物，含大型的淡水双壳类，以及哺乳动物和保存较差的植物化石残迹，厚度 150 英尺，与三门系类似。”Barbour 等根据当时所采集的化石，时代定为早更新世。

【现在定义】 随着工作的深入，工作范围的扩大，泥河湾层中采得化石的增多，关于泥河湾组的含义、上下界线、时代成了“众说纷纭，莫衷一是”、无法统一的难题。但是从岩石地层划分角度来讲，这并不是难题，也不难取得统一。这次清理，本专题组认为泥河湾组是一个跨时的以灰绿色调为特征和主要以粘土岩组成的巨厚的湖相沉积。它的时代绝不只限于下更新统。尽管它跨了几个统，但由于其内无法按岩性做进一步再划分，只能作为一个岩石地层单位——泥河湾组称之。如果通过深入研究找到一些可作标志层的岩性，可考虑进一步划分岩性段。所以本专著对泥河湾组的现在定义厘定为：“大同盆地中心部位沉积的一套灰绿色粘土、砂质粘土及粉砂、细砂夹少量砾石层，顶板埋深40～60m，底板埋深400～540m。下伏地层为静乐组红色粘土，上覆地层为峙峪组灰黄色亚粘土、亚砂土，均为整合接触。”

【层型】 正层型剖面为河北省阳原县泥河湾剖面。山西省应县大黄巍钻孔柱状剖面和山阴县北盐池钻孔剖面可作为山西境内泥河湾组的次层型剖面。

山阴县北盐池钻孔柱状剖面：位于山阴县山阴城镇北盐池村(112°54′00″,39°27′00″)；1979年山西石油队施工编制。

泥河湾组 厚449.5 m

19.（未取芯） 31.5 m

18. 浅灰—浅褐灰色粘土，灰绿、绿灰色粉砂质粘土夹浅灰色粉砂层，上部含软体动物化石 19.5 m

17. 浅灰、浅褐灰、浅绿灰色粉砂、粉砂质粘土，粘土呈不等厚互层。含软体动物化石 30.5 m

16. 浅灰、浅灰绿、浅褐灰色粘土、粉砂质粘土、与粉、细砂层不等厚互层。含软体动物及介形类化石 33.5 m

15. 浅灰、浅灰绿、浅褐灰色粘土、粉砂质粘土与粉砂层、粉—细砂层呈不等厚互层。含软体动物化石 44.5 m

14. 浅褐灰、浅灰、浅灰绿色粘土与粉砂层、粉—细砂层呈不等厚互层。含软体动物化石 33.0 m

14—18层中含丰富的软体动物化石及微体化石。软体动物化石：*Radix iagotis*，*R. grabaui*，*Bithyria* sp.，*Semisulcospira formosa*，*Corbicula leana*；介形类：*Ilyocypris aspera*，*I. tuberculata*，*Cytherissa bogatschovi*，*C. lacustris*，*Cyprideis littoralis*，*Limnocythere uninoda*，*L. alveolata*，*L. sanct paticii*

13. 灰、褐灰、黄褐色粘土、粉砂质粘土与粉砂层互层夹灰质粘土。含软体动物化石 49.5 m

12. 浅灰、灰、褐灰、灰绿色粘土、粉砂质粘土与粉砂层呈不等厚互层。含软体动物化石 35.0 m

11. 浅灰、灰、浅褐灰、浅灰绿色粘土夹粉砂层及灰质粘土。含软体动物化石 59.0 m

11—13层含丰富的软体动物化石及微体化石。软体动物化石：*Radix grabaui*，*R.* cf. *teilhardi*，*Gyraulus sibiricus*，*G. compressus*；介形类：*Ilyocypris dunschanensis*，*I. tuberculata*，*Cyprinotus pingyaoensis*，*Limnocythere alveolata*，*L. mirabilis*

10. 浅褐、灰、灰绿色粘土、灰质粘土夹泥灰岩，底部为粉砂层。含介形类及软体动物化石 72.5 m

9. 棕褐、褐、棕红色粘土，夹泥灰岩及含砾砂质粘土，底部为中砂层。含少量软体动物化石 41.0 m

9—10层含丰富的软体动物化石及微体化石。软体动物化石：*Parafossarulus* sp.；*Cathalca* sp.，*Pisidium amnicum*；介形类化石：*Candoniella albicans*，*C. mirabilis*，

C. suzini, *Candona kirigixica*, *Limnocythere luculenta*

——————— 平行不整合 ———————

下伏地层：**静乐组** 红色粘土

【地质特征】 泥河湾组主要岩性为灰绿、灰白色粘土、粉砂质粘土与浅灰、灰褐、黄褐色粉砂质粘土呈不等厚互层。夹少量灰质粘土，含少量砾石等。本组含丰富的腹足类、双壳类、介形类、轮藻、孢粉等化石。沉积厚度一般在 350～400 m 之间，盆地边部厚度减少为 30～100 m，盆地中心可达 770 m。

1973—1976 年，贾兰坡、卫奇等发现并发掘了许家窑古文化遗址，王兴武等（1983）依此建立许家窑组。但其岩性特征与泥河湾组一致，本专著认为应为泥河湾组的一部分。

汾河组 Q*f* （05－14－0080）

【创名及原始定义】 1978 年张士亚等在晋中盆地进行石油普查工作时创建。原始定义为："晋中盆地中心部位，由地表向下约 400 m 岩性为浅灰黄、浅棕色砂质粘土及泥质粉砂层，粉、细砂层。由上而下粒度变粗，底部多为砂层、砂砾层、砾石层。"

【沿革】 此次地层清理将汾河群降群为组，代表山西中部裂陷盆地中心部位最上部的一套以灰黄色为主的河流相沉积。

【现在定义】 为山西中部裂陷盆地内，最上部以灰黄色调为主夹少量灰色的一套以河流相为主的河湖相沉积。岩性由砂质粘土、砂、砾石等组成。厚度 200～300 m，最厚达 450 m。

【层型】 正层型为太原市南郊洛阳村西钻孔剖面：位于太原市南郊刘家堡乡洛阳村与潇河之间（112°26′00″，37°38′00″）；1978 年山西石油队施工、编录。

汾河组　　总厚度 466.0 m

38. 浅土黄、浅褐黄色粘土质粉砂层夹紫红、浅褐黄色粉砂质粘土、粘土及细砂　20.0 m
37. 浅黄灰、灰黄色粉砂层夹粉砂质粘土层　10.0 m
36. 浅灰色细砂层夹黄色粘土及黑色泥炭。下部含炭化木化石　40.0 m
35. 浅灰色粉—细砂层夹黄色粉砂质粘土层　10.0 m
34. 浅灰色粉—中砂层　20.0 m
33. 浅灰色细—中砂层。松散　20.0 m
32. 浅灰、浅黄灰、浅灰黄色粉、细、中、粗砂层、含砾中砂层夹浅灰色粘土层。含腹足类　74.0 m
31. 浅灰色细砂层、含砾中砂层、砂砾层夹浅灰色粘土层，含腹足类、双壳类化石碎片　98.0 m
30. 浅灰、浅黄灰、浅灰黄色细、中砂层、含砾砂层、含砾中—粗砂层夹浅灰色粘土。含双壳类　88.0 m
29. 浅灰、浅灰黄色细砂层、含砾中砂层与浅灰色粘土层呈不等厚互层，底部为浅灰色细砾层。含双壳类、腹足类　86.0 m

———————— 整　合 ————————

下伏地层：**大沟组** 浅灰色细砂岩与泥岩互层

【区域变化】 汾河组在晋中盆地及忻州盆地、桑干河盆地均有分布。以晋中盆地最厚，150～450 m，忻定盆地厚 65～110 m，大同桑干河盆地较薄，小于 60 m。下伏地层，在晋中盆地为大沟组，在桑干河盆地为泥河湾组，均为连续沉积，整合接触。

六、山西晚新生代玄武岩

山西在新生代时期有多期玄武岩喷出，除第七章已叙述过的繁峙玄武岩、黄花岭玄武岩，尚有分布于右玉一带的玄武岩、大同北部镇川堡一带的玄武岩、天镇南部一带的玄武岩、平定—昔阳县界一带的玄武岩，左权东南部黄泽关一带的玄武岩，以及大同以东一带被称作大同火山群的玄武岩。除少数论著外，以往山西新生代玄武岩多按出现的地理位置分别予以命名，但这仅指地理分布，并无地层划分的含义。此次地层清理，考虑到各地玄武岩从岩性上难以发现明显的宏观性的差异，除以上下接触关系（因上覆下伏地层时代或层位相差甚远，这不是主要的）外，主要从玄武岩层的分布和产出状态，并与早已命名的（包括邻近地区）玄武岩对比，而进行划分和命名。以往所称的大同火山群，除呈火山颈相出现外，还有成岩流夹于地层中者，也应属岩石地层清理的对象。"大同"一名已被侏罗系含煤岩系大同组占用，而不能再用作玄武岩层的岩石地层单位名称。而且大同以东一带玄武岩，以往的大多数研究者，均认为可按产出部位（地域）、层位的不同，而区分为两部分；但又从未予以地理专名称谓，而笼统称之为大同火山群。此次清理则按岩石地层单位划分命名原则，分别命名为册田玄武岩和阁老山玄武岩，但因厚度薄又夹于其它岩石地层单位中，因此均未称为组，而作为给以地理专名的正式的、低于组级的岩石地层单位。

汉诺坝（玄武岩）组　N_1h　（05－14－0055）

【创名及原始定义】　1929年Barbour命名于河北省张家口的汉诺坝。原始定义："汉诺坝层包括（一）喷发岩及侵入岩层（二）不规则之岩颈、管脉、支脉、岩脉及其他小侵入体（三）扁豆形之炭质页岩，间含煤层。岩性大部为橄橄玄武岩，有时渐变为辉绿岩等。底层之接触有的覆于桑干片麻岩系之上，或与南天门系相接触。"

【沿革】　汉诺坝玄武岩在正式命名前曾称为"高原火山岩"（Pumpelly，1866），"蒙古玄武岩"（翁文灏，1919）、"蒙古高原玄武岩"（Andersson，1923）。孙健初（1934）最早将右玉、镇川堡一带玄武岩与汉诺坝玄武岩对比。《华北地区区域地层表·山西省分册》（1979）将右玉、镇川堡、黄花岭玄武岩，归属和称之为汉诺坝组。

【现在定义】　为分布于北纬40°线及以北的河北、内蒙、山西北缘广大地区，覆盖于上白垩统以及更古老地层之上，上新统红土之下，呈面状分布的玄武岩层。其间夹有灰绿、灰白、棕红色砂砾层、粘土层、碳质泥岩及褐煤层。

【层型】　正层型为河北省张北县汉淖坝村剖面。右玉县狼窝沟剖面可作为山西境内汉诺坝（玄武岩）组的次层型。

右玉县狼窝沟汉诺坝（玄武岩）组剖面：位于右玉县牛心堡乡狼窝沟村东（112°34′00″，40°06′00″）；山西区调队吴雅颂、王兴武等1977年测制。

汉诺坝（玄武岩）组	总厚度253.3 m
57. 灰色小气孔状橄橄玄武岩	8.0 m
56. 深灰色气孔状橄榄玄武岩	7.2 m
55. 灰色气孔—杏仁状橄榄玄武岩（风化面呈疙瘩状，以下类同）	3.3 m
54. 砖红色砂质粘土	0.8 m

——————　平行不整合　——————

53. 灰色气孔—杏仁状橄榄玄武岩	3.8 m
52. 深灰色致密块状橄榄玄武岩	2.8 m
51. 褐灰色气孔—杏仁状橄榄玄武岩	1.9 m
50. 灰黑色疙瘩状橄榄玄武岩	1.9 m
49. 灰色气孔—杏仁状橄榄玄武岩	3.3 m
48. 灰—灰黑色气孔—杏仁状拉斑玄武岩	1.4 m
47. 砖红色含砂砾粘土	2.4 m
——————— 平行不整合 ———————	
46. 深灰色气孔—杏仁状拉斑玄武岩	7.0 m
45. 深灰色致密块状拉斑玄武岩	3.0 m
44. 浅红色含砂砾粘土	1.1 m
——————— 平行不整合 ———————	
43. 灰色气孔—杏仁状拉斑玄武岩	3.3 m
42. 深灰色致密块状拉斑玄武岩	13.1 m
41. 黄绿色含砂砾粘土	6.8 m
——————— 平行不整合 ———————	
40. 深灰色致密块状皂石化橄榄玄武岩	4.4 m
39. 灰色气孔—杏仁状橄榄玄武岩	4.5 m
38. 砖红色含砂砾粘土	0.7 m
——————— 平行不整合 ———————	
37. 灰色气孔—杏仁状橄榄玄武岩	1.6 m
36. 深灰色致密块状橄榄玄武岩	2.3 m
35. 紫红色含砂砾粘土	0.6 m
——————— 平行不整合 ———————	
34. 灰紫色气孔—杏仁状拉斑玄武岩。杏仁体主要为沸石、次为方解石	6.7 m
33. 灰色—深灰色致密块状拉斑玄武岩	8.7 m
32. 灰黑色含砂砾粘土	1.7 m
——————— 平行不整合 ———————	
31. 灰色气孔—杏仁状橄榄玄武岩	7.2 m
30. 灰色—深灰色含皂石化橄榄玄武岩。上部呈气孔—杏仁状，下部为致密块状	21.8 m
29. 灰色气孔—杏仁状橄榄玄武岩	0.5 m
28. 紫红色含砾粘土（镜下定为“火山碎屑砾岩”）	0.8 m
——————— 平行不整合 ———————	
27. 灰色气孔—杏仁状皂石化橄榄玄武岩	2.3 m
26. 深灰色致密块状皂石化橄榄玄武岩	3.3 m
25. 紫红色含砂砾粘土	1.0 m
24. 灰色气孔—杏状状皂石化橄榄玄武岩	3.1 m
23. 深灰色致密块状皂石化橄榄玄武岩	2.9 m
22. 灰色气孔—杏仁状皂石化橄榄玄武岩	2.8 m
21. 紫红色含砂砾粘土	0.7 m
——————— 平行不整合 ———————	
20. 灰色气孔—杏仁状皂石化橄榄玄武岩	1.7 m
19. 紫红色含砂砾粘土	1.7 m
18. 灰色气孔—杏仁状皂石化橄榄玄武岩	3.1 m

17. 深灰—灰黑色致密块状皂石化橄榄玄武岩 3.8 m

16. 紫红色含砂砾粘土 0.1 m

——————— 平行不整合 ———————

15. 灰色气孔—杏仁状皂石化橄榄玄武岩 1.1 m

14. 深灰—灰黑色致密块状皂石化橄榄玄武岩 1.3 m

13. 紫红色含砂砾粘土 1.8 m

——————— 平行不整合 ———————

12. 灰紫色气孔—杏仁状橄榄玄武岩 1.1 m

11. 紫红色含砂砾粘土 3.3 m

——————— 平行不整合 ———————

10. 灰色气孔—杏仁状皂石化橄榄玄武岩 1.1 m

9. 深灰色致密块状皂石化橄榄玄武岩 8.1 m

8. 灰色气孔—杏仁状皂石化橄榄玄武岩 2.6 m

7. 深灰—灰黑色致密块状皂石化橄榄玄武岩 3.2 m

6. 灰色气孔—杏仁状皂石化橄榄玄武岩 4.3 m

5. 紫红色含砂砾粘土 1.1 m

——————— 平行不整合 ———————

4. 灰色气孔—杏仁状夹深灰色致密块状皂石化橄榄玄武岩 20.4 m

3. 深灰色致密块状皂石化橄榄玄武岩 34.0 m

2. 深灰色气孔—杏仁状皂石化橄榄玄武岩 9.9 m

1. 土黄色与黄褐色砂砾石及砂质粘土、粉砂土，顶部为黑色薄层炭质粘土和泥煤 0.9 m

~~~~~~~~ 不 整 合 ~~~~~~~~

下伏地层：**助马堡组** 紫红色、砖红色砂质泥岩夹薄层粉细砂岩

【地质特征及区域变化】 汉诺坝玄武岩呈面状分布，不整合于前新生界地层之上，岩性主要为层状的玄武岩流。分布于同一高度的山顶，其间夹多个沉积夹层，显示了玄武岩的多次喷发间断。堆积厚度以右玉一带较厚，最厚可达 253 m，可见十层以上风化间断面。镇川堡一带厚度 177 m，天镇大凹山一带厚 358 m。

雪花山（玄武岩）组 N_1x (05－14－0056)

【创名及原始定义】 1914 年丁文江等创名，创名时称雪花岩。原始定义为：“分布于直隶省井陉县雪花山，东定山及山西省平定州浮山、凤凰山等处的覆于挚州系灰岩、石炭系煤系之上的黄土和黄土之上间有古火山流出之石，称为雪花岩（Basalt，即玄武岩），因始见井陉县城西南之雪花山故名。”

【沿革】 山西区调队（孟令山等）1967 年完成的《1：20 万阳泉幅地质图及说明书》，将平定、昔阳一带玄武岩与相距不远的井陉雪花山玄武岩进行对比，上层即称为雪花山玄武岩，下层以当地地名称为浮山玄武岩；并指出井陉雪花山玄武岩的喷出口在山西平定县境内的东浮山。1979 年《山西的近期玄武岩》引用了上述成果。山西省地层表编写组（1979）称为昔阳组。

平定—昔阳一带玄武岩除呈火山锥、火山颈出现外，熔岩流多沿河谷呈长条状分布，可远至 10～20 km。被后期水流切割后，保存于河谷阶地松散堆积层的底部，这种特征与雪花山玄武岩相同。另外分布于左权县黄泽关一带玄武岩，亦具上述特征。从山西河北交界的羊角、
~~~~~~~~

黄泽关一带火山口喷出的火山岩，向东南沿河谷一直呈长条状延伸20 km，到达河北省武安县阳邑一带。因此，此次地层对比研究将具有这类特征的玄武岩，均划为同一岩石地层单位——雪花山（玄武岩）组。

【现在定义】 为分布于太行山区井陉、平定、昔阳和左权、武安一带山间及沟谷中挽近时期的玄武岩。玄武岩除呈火山锥、火山颈产出外，熔岩流多沿古河谷呈狭长条带状分布，并由于后期的河流切割，而保存于高阶地上松散堆积层的下部。玄武岩底部及喷发间断面夹有火山角砾岩及红色含砂、砾粘土。其下不整合于古生代、中元古代地层之上，其上被离石黄土覆盖。

【层型】 正层型剖面为河北省井陉县城关西南雪花山剖面。平定县岳家山剖面和左权县黄泽关剖面可作为山西境内雪花山（玄武岩）组的次层型剖面。

平定县岳家山雪花山（玄武岩）组剖面：位于平定县古贝乡岳家山（113°47′，37°53′）；1977年由孟令山测制。

上覆地层：**离石组** 棕红黄色亚粘土

——————— 平行不整合 ———————

雪花山（玄武岩）组	总厚度76.0 m
10. 灰黑色气孔状伊丁石化橄榄玄武岩	5.0 m
9. 灰色伊丁石化橄榄玄武岩。风化面上见新鲜的橄榄石斑晶，颗粒3～5 mm	8.0 m
8. 灰色伊丁石化橄榄玄武岩。岩石表面有灰白、灰色似雪花状团点	22.0 m
——————— 间　断 ———————	
7. 桔红色粘土	2.0 m
6. 桔红色粘土夹砾石。有的砾石具擦痕、压裂或弯曲	2.0 m
——————— 间　断 ———————	
5. 灰色致密状伊丁石化橄榄玄武岩	13.0 m
4. 灰紫色玄武质火山角砾岩	2.0 m
3. 灰色致密状伊丁石化橄榄玄武岩	15.0 m
——————— 间　断 ———————	
2. 紫红色粘土	2.0 m
1. 红色角砾粘土层	5.0 m

~~~~~~~~~~ 不 整 合 ~~~~~~~~~~

下伏地层：**马家沟组** 石灰岩

【地质特征及区域变化】 平定—昔阳一带，最厚近80 m，其中间和底部各有一层红粘土、砾石层；左权黄泽关一带厚度达207 m，未见红土砾石层。

册田玄武岩 *ctβ* （05-14-0078）

【定义】 册田玄武岩为本专题组在此次地层对比研究中新建立的一个低于组级的正式的岩石地层单位。定义为：原称大同（火山群）玄武岩的一部分，现指山西省大同市大同县（西坪镇）以东、沿桑干河河谷分布产出于峙峪组底部，覆于泥河湾组河湖相堆积之上的玄武质火山喷发岩流及火山碎屑岩层。其上覆岩层为土黄色含砾粉细砂、粉砂土等。与下伏泥河湾组为平行不整合接触。

【层型】 正层型为大同县册田水库北侧的余家寨剖面。位于大同县许堡乡余家寨
~~~~~~~~~~

(113°46′00″，39°59′00″)，1977 年由王兴武等测制。

峙峪组	总厚度 7.5 m
10. 土黄色含砾粉细砂土	0.5 m
9. 册田玄武岩—灰色、灰黑色气孔状夹致密块状橄榄玄武岩	3.0 m
8. 黄色—灰黄色粉砂土、砂质粘土夹“火山质砂砾”薄层。上部为厚 1 m 左右的浅桔黄色砂质粘土，其顶面受烘烤现象明显	4.0 m

——————— 平行不整合 ———————

下伏地层：**泥河湾组**　灰白、灰绿、土黄色粉砂土、细砂层、砂质粘土层，灰黑、灰绿色含砾砂层

【地质特征】　册田玄武岩除以火山锥呈串珠状有规律的出现外，也以分布面积有限的熔岩流呈面状分布于桑干河两岸。岩性以灰色、灰黑色致密状玄武岩为主，厚度 1—5 m 不等。册田水库以东最厚，达 16 m 之多。

关于册田玄武岩的分布、岩性、产出层位，在定义中已很明确，现在问题的关键是与下伏泥河湾组的接触关系，有待进一步研究；但这并不影响作为岩石地层单位的建立。册田玄武岩的地质时代一直没有定论，同位素年龄测定数据相差悬殊。册田玄武岩时代属晚更新世晚期早阶段可能性最大。

阎老山玄武岩　glβ　(05－14－0079)

【创名及定义】　阎老山玄武岩即典型的原大同火山群，由于大同一名不能再用于岩石地层单位，此次对比研究，本专题组新建阎老山玄武岩一名，以代表原大同火山群夹于黄土中的火山熔岩层。其定义为：原称大同玄武岩的一部分。现指山西省大同市大同县（西坪镇）以北一带分布，并夹于峙峪组上部的玄武质火山碎屑岩及火山岩流。上覆岩层为不厚的土黄色粉砂土，下伏岩层为土黄、灰白、灰绿含砂砾粘土、粉砂土、砂层夹砂砾等河流相堆积。

【层型】　正层型为大同县阎老山乡金山（西北）剖面。位于大同县阎老山乡金山西北坡(113°37′00″，40°07′00″)，1977 年王兴武等测制。

峙峪组	厚 27.7 m
10. 土黄色粉砂土	1.5 m
9. 阎老山玄武岩——灰黑色橄榄玄武岩	1.6 m
8. 土黄—浅桔黄色含砾砂质富钙粘土	2.7 m
7. 灰白色与灰绿色砂砾石层	0.6 m
6. 土黄色、灰白色含砾砂质粘土与粉砂土夹三层砂砾凸镜体	4.4 m
5. 灰色、灰白色砂层	1.1 m
4. 黄绿色细砂层夹砂砾岩凸镜体	1.8 m
3. 土黄—浅桔黄色砂质粘土与粉砂土	4.0 m
2. 黄绿色含砾砂层夹砂砾石层凸镜体	4.0 m

——————— 平行不整合 ———————

下伏地层：**离石组**　桔红色含砂质粘土（即“离石黄土”或称“红色土”）

【地质特征】　阎老山玄武岩主要分布于大同县（西坪镇）以北的阎老山、金山、黑山一带，以十多个不等的圆锥状孤山组成火山群地貌景观。岩性以熔岩为主构成锥状的小山包的

主体，山顶较低凹，四周为火山集块岩、火山角砾岩、火山弹组成数圈垣墙。多数可见有缺口，而成为马蹄状（马蹄山即由此得名）；另有狼窝山、阁老山也较典型。玄武岩可自火山锥由缺口向外溢流而夹于峙峪组地层之中，熔岩流（夹于地层中）的厚度各处不一，1～6 m。

第二节　生物地层、古文化（地）层和古地磁极性时地层

一、生物地层——晚新生代哺乳动物群

山西对晚新生代以哺乳动物群研究开展较早，自本世纪初开始到现在，国内外地质学家陆续地对山西晚新生代地层的哺乳动物及相伴生的生物进行了采集、发掘、研究，建立了15个著名的动物群，计有：保德冀家沟三趾马动物群（师丹斯基，1923），贺丰三趾马动物群（德日进、杨钟健，1930），榆社Ⅰ带、Ⅱ带、Ⅲ带动物群（桑志华、汤道平，1935），安乐三趾马动物群（童永生、黄万波、邱铸鼎，1975），午城组化石组合（刘东生、张宗祜，1962），离石组化石组合（刘东生、张宗祜，1962），马兰组化石组合（刘东生、张宗祜，1962），西侯度动物群（贾兰坡、王健，1978），匼河动物群（贾兰坡、王择义、王健，1962），丁村动物群（裴文中等，1959），峙峪动物群（贾兰坡、盖培、尤玉柱，1972），许家窑动物群（贾兰坡、卫奇、李超荣，1979）、西村动物群（宗冠福等，1982）。

通过此次清理，按岩石地层岩性的对比、产出空间关系对比、动物群本身生物属种对比、古地磁极性时对比、文化层石器对比等，可排列出这些动物群的上下及部分重叠的先后关系，如表8-2。

1. 上新世早期动物群

有榆社Ⅰ带动物群，保德冀家沟三趾马动物群，安乐动物群。重要的化石点还有：榆次市长凝，临县国家岔，太谷县下土河，霍州市南坛，石楼县下田庄等地。对研究年代具重要意义的哺乳动物化石为：*Hipparion richthofeni*，*H. platyodus*，*Gazella gaudryi*，*G. paotehensis*，*Chilotherium fenhoense*，*Chleuastochoerus stehlini* 等。

2. 上新世晚期动物群

有榆社Ⅱ带动物群，贺丰三趾马动物群。具时代意义的哺乳动物化石为：*Hipparion houfenense*，*Gazella blacki*，*Prosiphneus truncatus* 等。

3. 早更新世动物群

有榆社Ⅲ带动物群，午城化石组合，西村、西侯度动物群；其它化石点还有：石楼县曹家峪，屯留县小常村，霍州市贾村，太谷县下土河，榆次市长凝，寿阳县松塔，临猗县吴王、浪店，闻喜县卫家院，襄汾县柴庄等地。具时代意义的哺乳动物化石为：*Proboscihipparion sinense*，*Equus sanmeniensis*，*Axis shansius*，*Myospalax tingi*，*M. chaoyatseni*，*Bison palaeosinensis* 等。

4. 中更新世动物群

有匼河动物群，离石组化石组合；其它化石点还有：霍州市贾村，石楼县曹家峪，定襄县瓦札坪等地。具时代意义的哺乳动物化石为：*Megaloceros*(*Sinomegaceros*) *pachyosteus*，*Pseudaxis* sp.，*Gazella sinensis*，*Myospalax fontanieri* 等。

5. 晚更新世动物群

有丁村动物群，峙峪动物群，许家窑动物群；其它化石点还有：万荣县临河，河津县刘

村等地。具时代意义的哺乳动物化石为：*Equus hemionus*，*E. przewalskyi*，*Coelodonta antiquitatis* 等。

表 8－2　山西晚新生代哺乳动物群

动物群	主　要　化　石		
晚更新世动物群	丁村动物群：*Equus przewalskii*，*E. hemionus*，*Megaloceros* sp.，*M. ordosians*，*Myospalax fontanieri*	“马兰组”化石组合：*Myospalax fontanieri*	峙峪动物群：*Equus przewalskii*，*E. hemionus*，*Coelodonta antiquitatis*，*Megaloceros ordosianus*，*Gazella przewaskii*，*G. subgutturosa* 许家窑动物群：*Equus przgwalskii*，*E. hemionus*，*Megaloceros ordosianus*，*Spiracgrus peii*，*S. hsuchiayaocys Gazella subgutturosa*，*Procapra picticaudata*
中更新世动物群	匼河动物群：*Megaloceros pachyosteus*，*M. flabeuatus*，*Pseudaxis* sp.，*Stegodon zdanskyi*，*S. orientalis*	“离石组”化石组合：*Megaloceros pachyosteus*，*Equus wuchengensis*，*Spiroceros peii*，*Myospalax fontanieri*，*M. tingi*，*M. chaoyatseni*，*Ochotonides* sp.	
早更新世动物群	榆社Ⅲ带动物群：*Proboscihipparion sinense*，*Equus sanmeniensis*，*E. huanghoensis*，*Palaeoloxodon namadicus Palacoloxodon tokunagai*，*Spiroceros wongi*，*Lynx shansius*，*Megantercon nihowanensis*，*Myospalax trassacrti*，*M. tingi*，*Telis peii*	“午城组”化石组合：*Hipparion sinensis*，*Sus lydekkeri Nyctereutes sinensis*，*Hypolagus brachypus*， 西侯度动物群：*Equus sanmeniensis*，*Proboscihipparion sinensis*，*Elaphurus chinneiensis Leptobos crassus*，*Axis shansius*	西村动物群：*Proboscihipparion sinensis*，*Gazella sinensis*，*G.* cf. *blacki*，*Cervus elegans*，*Stegodon* cf. *chiai*，*Mimomys* cf. *banchiaonicus*
上新世晚期动物群	榆社Ⅱ带动物群：*Hipparion houfenense*，*Anancus arverensis yinjuoensis*，*Mammut borsoni shanxiensis*，*Stegodon zdanskyi*，*Pentalophodon yusheensis*，*Antilospira licenti*	贺风三趾马动物群：*Hipparion houfenense*，*Gazella biacki*，*Antilospina licenti*	
上新世早期动物群	榆社Ⅰ带动物群：*Machairodus tingi*，*M. palanderi*，*Pentalophodon sinensis*，*Prosiphneus murinus*，*Stegodon licenti*，*Gazella gaudryi*，*Eostyiocerus blainvillei*，*Cervavitus novorssine*，*Hipparion richthofeni*	冀家沟三趾马动物群：*Hipparion richthofeni*，*H. plocodus*，*H. ptychodus*，*Chilotherium anderssoni*，*C. wimani*，*Tetralophodon exoletes*，*Gazella gaudryi*，*G. paotenensis*	安乐三趾马动物群：*Hipparion* cf. *houfenense*，*Huanghosherium anlungensis*，*Chilotherium fenhoensis*，*Ictitherium wongii*，*Procaprcolus rutimeyeri*

二、古人类文化（地）层

人类的出现表明已进入了第四纪时期，人类在社会活动中不可避免的要留下遗物或遗迹，对于这方面的研究，无疑为确定第四纪的下限和第四纪的划分，具重要意义。古人类遗址文化层的划分，实际也是地层划分的一种，故也是地层多重划分对比、研究的内容之一，根据其中文化（主要反映在石器的性质和先进程度）的分期，也是岩石地层单位年代属性确定的一种方法和考虑因素。目前山西境内经过专门发掘研究，并已被肯定的文化遗址，有西侯度、匼河、丁村、许家窑、峙峪、下川、鹅毛口等七处。其中六处文化遗址都经过专业部门的发掘、研究，并分别发表了遗址发掘报告，鹅毛口文化遗址也有专门报导。

1. 山西省古人类遗址文化层划分

古人类和古脊椎动物学家及考古学家将山西古文化层划分如表 8-3。

表 8-3　山西省古人类遗址——古文化层

地质时代		更新世				全新世		
		早	中	晚		早	中	晚
文化时代		旧石器时代				新石器时代		
		初期		中期	后期	早	中	晚
遗址		西侯度遗址	匼河遗址	丁村遗址	下川遗址	鹅毛口遗址		
				许家窑遗址	峙峪遗址			
地点				襄汾县丁村南汾河边	沁水县下川村附近	怀仁县鹅毛口		
				阳高县许家窑村南	朔县峙峪村北沟			
发现年代		1960	1959	1953	1963	1978		
				1954、1976	1963			
发掘年代		1961—1962	1960	1974	1970			
				1976—1977	1973			
主要发掘研究者		贾兰坡 王择义 王　健	贾兰坡 王择义 王　健	裴文中、贾兰坡	贾兰坡、王健	尤玉柱等		
				卫奇、贾兰坡	贾兰坡、尤玉柱、王择义			
古人类遗骨				“丁村人”牙齿、顶骨				
				“许家窑人”牙齿、上颌骨、顶骨、枕骨	“峙峪人”枕骨			
古文化层特征	名称	西侯度文化	匼河文化	丁村文化	下川文化	鹅毛口文化		
				许家窑文化	峙峪文化			
	遗址	石器 骨器 烧骨	石器、烧骨	各类石器	各类石器、“灰烬层”	石器半成品		
				各类石器、骨器、角器、石球	各类石器、骨器、装饰品、“灰烬层”			
	性质	属石片文化系统	以石片、石器为主	基本属大型石器，以尖状器为主	细、中、小石器	石器制造厂		
				几乎都为细小石器	以小石器为主 打制技术比较先进			
	文化层岩性	河湖相砂层夹凸镜状砾石层砾岩	河流相砂砾石层	河湖相含砾砂层	浅红色、灰褐色亚粘土			
				河湖相含富钙砂质结构的黄绿、灰褐色粘土	冲洪积相灰黄、灰褐色亚砂土、砾砂层			
	距今年代（ka）	1800± （古地磁法）		≥120（古地磁法） 70±（氨基酸法）	20±（^{14}C 法）	10±		
				40±（^{14}C 法） 100±（铀系法）	28±（^{14}C 法）			
地貌部位		中条山西南端向黄河倾斜的黄土丘陵地带	黄河Ⅲ级阶地基座	汾河Ⅲ级阶地	黄河支流Ⅰ级阶地	山前洪积扇		
				桑干河支流Ⅰ级阶地基座	桑干河支流Ⅰ级阶地			
岩石地层单位		木瓜组	匼河组	丁村组	峙峪组	选仁组		

西侯度遗址和匼河遗址属旧石器早期，丁村遗址和许家窑遗址属旧石器中期，峙峪遗址、下川遗址属旧石器晚期。鹅毛口遗址属新石器早期。

2. 文化层特征及对岩石地层单位年代确定的意义

西侯度古文化层位于芮城县中条山西南端丘陵地带，岩石地层单位的木瓜组河湖相砂砾石层中。石器属石片文化系统，显示了文化的原始古老性质。有的地质学家怀疑其所产出的地层时代偏新，但其文化性质决定了其时代应属早更新世。这与古地磁极性时测定及哺乳动物群确定的时代也一致。

匼河古文化层位于芮城县中条山西南端黄河Ⅲ级阶地的基座，微红色土之下的砂砾石层中。含匼河文化层的匼河组，一些第四纪地质学家，按其所处的Ⅲ级阶地，一直怀疑其应与丁村组相当；但匼河文化层的石器性质（以石片、石器为主）及所含动物群，确定了其时代为中更新世。此次清理，本专题组到匼河遗址及附近进行考察、追索，确认匼河组虽位于Ⅲ级阶地的下部，但它是Ⅲ级阶地基座的组成部分，而不属Ⅲ级阶地的本身堆积，所以其时代老于丁村组无误。

丁村古文化层位于襄汾县南汾河Ⅲ级河流阶地的河湖相含砾砂层中，由于含石器的文化层之上覆有夹微红色的两层古土壤的灰黄色砂土。一些第四纪地质学家认为丁村组属中更新世（贾兰坡，1955；王挺梅，1962；刘东生，1964）；但文化层的先进性（以尖状器为主的大型石器）及其中哺乳动物，认定其应属晚更新世早期（裴文中，1959，1964；周明镇，1965）。新近获得的古地磁极性时测定结果（王健、陶富海、王益人，1994），支持了丁村组属晚更新世早期的认识。发生于0.12Ma的布莱克事件，位在紧靠丁村文化层之上的微红色砂层。目前国际上对晚更新世与中更新世无统一时限的情况下，丁村文化层的距今0.12Ma或略大于0.12Ma的年龄值，即作为中、晚更新世的分界年龄是合适的。（第四纪以人类的出现为界，那么更新世内的次级时限就应以人类活动遗迹文化层来划分。）

峙峪古文化层位于朔州市峙峪，桑干河支流Ⅱ级阶地下部的冲洪积相灰黄、灰褐色亚砂土、砂砾层中。从哺乳动物群分析，峙峪动物群与丁村动物群无特别明显的差异，但两个文化层却显示了明显的差异。峙峪古文化层具有打制技术比较先进的细石器，说明其时代要比丁村文化层新。这也与同位素年龄测定结果相一致。

三、古地磁极性时地层

岩石剩余磁性的正负极性变化，不受岩性、岩相、气候、古地理环境等因素的影响，而具有全球一致性；因此，利用地层极性变化来划分、对比地层，特别是对晚新生代地层成为一种新兴的、具重要意义的手段。这种地层的极性变化被称为极性时。

山西境内已有十多个晚新生代地层剖面做了古地磁极性测定，山西区调队喻正麒在参加《山西的晚新生代地层》总结时，将这些结果与邻近山西的晚新生代地层的极性地层资料，编制了山西的晚新生代地层剖面古地磁极性年代对比图（图8-1）。这对山西晚新生代地层的划分对比很有意义。

通过此次清理，本专著认为陕西洛川黑木沟剖面极性柱和北京斋堂，可作为华北黄土序列下更新世—晚更新世地层极性地层的正层型；而山西太谷下土河剖面的极性柱和榆社县张村剖面极性柱，可以作为山西上新世—早更新世河湖相地层序列的极性地层的正层型、副层型。另外，蒲县军地剖面极性柱可作为下更新世—晚更新世黄土序列极性地层在山西境内的次层型。

1. 太谷下土河（剖面）极性地层层型

由山西区调队1980年取样，由地科院力学所测定。该极性柱与考克斯极性年表对比极佳，与传统的按岩石地层、生物地层划分的认识完全吻合。

吉尔伯特极性时　正好与岩石地层单位下土河组相吻合，其中几个正向极性亚时反映明显，说明下土河组的年龄时限为3.40～4.47 Ma，属上新世早期。

高斯极性时　正好与岩石地层单位小白组和静乐组相吻合，其中马默恩、凯纳反向极性亚时反映明显。说明小白组、静乐组的同位素年龄时限为2.48～3.40 Ma。小白组属上新世晚期早中阶段；静乐组处于高斯正向极性时的顶部，属上新世晚期末。

松山极性时　正好与岩石地层单位大沟组、木瓜组相吻合。其中奥尔都威、贾拉米格正向极性亚时反映明显，奥尔都威顶界正与大沟组与木瓜组的分界相吻合。这说明大沟组的年龄时限为1.87～2.48 Ma，属下更新世早期，木瓜组年龄时限为0.73～1.87 Ma，属下更新世晚期。这样的划分，与传统的、以哺乳动物划分，以含贺丰三趾马动物群的静乐组为上新统顶部，完全一致；这也就决定了本专著的第四纪与晚第三纪时限采用2.48 Ma。大沟组曾由于其中含一些较古老的哺乳类分子（如平齿三趾马），而被部分地质学家划归静乐组二段；看来，这些分子作为孑遗分子处理，或像贺丰三趾马一样一直生活到下更新世也是完全可能的。

2. 榆社张村（剖面）极性地层副层型

该极性柱，由地质科学院力学研究所曹照垣等，于1980年前后采样测定。

与考克斯极性年表对比，也极佳。与传统的按岩石地层、生物地层划分认识基本一致，并解决了一些长期争论的问题。

吉尔伯特极性时、高斯极性时、松山极性时，分别与山西区调队将榆社群三分为任家垴组、张村组、楼则峪组基本吻合，分界线极为接近。任家垴组的下限约为4Ma，略低于下土河组。楼则峪组属于早更新世得到证实。消除了一些地质学家按其被R红土不整合覆盖，可能属上新世的怀疑。经本专题组实地检查，发现前人所称的R红土，并不完全一致。现厘定为大墙组的红土，从未不整合在楼则峪组之上。

3. 蒲县军地剖面极性地层

该层型由山西区调队1：20万区调总结时喻正麒采样，由地科院力学研究所测定。

军地黄土剖面黄土较发育，共厚146 m。午城黄土厚43.3 m，离石黄土厚96.1 m，马兰黄土厚6.6 m。所测出的极性柱，优于相距不远的午城剖面所测的极性柱，可与陕西洛川黑木沟极性柱相媲美，所以可作为山西黄土序列的次层型。

军地剖面黄土所测出的极性柱，上部112 m均为正性，之下除120 m附近与底部出现正向，其余均为反向。与考克斯极性柱对比，上部正为布容正向极性时，下部为松山反向极性时；两个正向极性亚时，正好相当贾拉米洛和奥尔杜威。布容正向极性时与松山反向极性时的变换部位与离石黄土与午城黄土的分界线仅差7 m左右。

军地剖面极性地层次层型，再次证明了离石黄土的时代属中更新世，年龄下限为0.73 Ma左右，午城黄土属下更新世晚期，开始沉积的时间可推至1.67 Ma年前。

4. 屯留小常村、吉县小府等极性柱及其在地层划分对比中的意义

山西其它一些剖面古地磁采样所获得的极性柱，对处理解决某些地层划分对比难题起了关键性的作用。

小常村组为一套伏于离石黄土之下的河流相为主的地层。所采到的动物化石，哺乳动物学家最初定为早更新世晚期，之后又改为中更新世早期。按岩石地层可对比为匼河组，也可对比为木瓜组；但极性时测定该地层主要为反向，其中还显示两个短暂的正性亚时，说明了小常村组不可能属中更新世，而属早更新世晚期，应与木瓜组对比，年龄时限大约1.00～0.73 Ma。

“寨子河组”为隰县一带位于离石黄土与午城黄土之间一套厚40m左右的河湖相堆积，其时代属中更新世与匼河组对比？还是为下更新世午城黄土的同时异相堆积？吉县小府“寨子河组”极性时测定几乎全部为反向，其中短暂的正向是贾拉米格正向亚时，说明了这套河湖相沉积为早更新世晚期。因此，“寨子河组”是午城（黄土）组的同期异相，应作为木瓜组的同物异名处理。

第三节　年代地层

一、山西晚新生代地层多重划分对比和山西新生代地质年表

很多的地层学家对各时代的地层制定了地质年代表。但晚新生代地质年代表，还存在很多不确定性。因为在第四纪划分的很多问题上还缺少共识。例如，第四系的下限划在何处，以何为标准，同位素年龄时限是多少？更新世内部如何划分，我国传统的早、中、晚更新世如何划分，分界线时限各是多少？即使是一张完善的地质年代表，也总须注意多种学科的最新成果，而反复修订。

山西的晚新生代地层在华北以至全国具重要意义。命名很早的保德红土、静乐红土、午城黄土、离石黄土、丁村组、榆社群等一直是全国晚新生代地层划分对比的标准。通过此次清理，本专题组认为：山西晚新生代地层剖面出露齐全，接触关系清楚，研究程度高。上述的以岩性为基础的岩石地层单位划分，与古生物地层单位——哺乳动物群，古地磁地层划分——极性时，考古地层划分——古文化层，显示了很多的可对比性和划分上的一致性。一些剖面及依此进行的划分，可作为建立我国地质年代表的层型。本专著以上述几种地层划分，编制的《山西晚新生代地层多重地层划分对比暨地质年表》（表8-4），可作为此次地层清理的成果，也是山西晚新生代岩石地层单位年代属性确定的依据和说明。

二、玄武岩的地质时代

山西晚新生代的几个玄武岩（组），在分布、产出地质特征等方面，有明显的不同，分别划归不同的岩石地层单位。但由于依据上覆、下伏地层，及目前已发现的生物，尚难确定其年代属性。对它们时代属性，只能依据层型所定的时代来确定。

汉诺坝（玄武岩）组根据河北省张家口汉诺坝玄武岩、内蒙古岱海玄武岩所含化石，时代定为中新世—上新世（河北省地矿局，1989），而已有同位素年龄值为20～26 Ma（王慧芬等，1988），故本专著定其年代为中新世初期。

雪花山玄武岩在河北正层型剖面上所采的腹足类，几经研究亦未能肯定其时代（王竹泉、1930，李云通等、1980）。根据左权黄泽关玄武岩流延伸至河北阳邑一带的玄武岩，同位素年龄9.58 Ma、11.85 Ma（王慧芬等，1988），本专著定其年代为中新世晚期。

册田玄武岩、阁老山玄武岩，所测同位素年龄值均偏大，而且相差悬殊，无法利用，本专著主要根据产出于峙峪组底部和上部，确定其年代为晚更新世晚期（早阶段和晚阶段）。

表 8-4　山西省晚新生代地层多重划分对比暨地质年表

岩石地层			古地磁极性时 时	亚时	同位素年龄时限（Ma）	年代地层 统		系	生物地层 哺乳动物群		古人类遗址 文化层	
马兰黄土	汾河组	沱阳组	布容	拉尚布莱克		上全新统	全新统	第四系				
					0.004							
马兰黄土	汾河组	选仁组	布容	拉尚布莱克		下中全新统	全新统	第四系				
					0.012							
马兰黄土	汾河组	峙峪组	布容	拉尚布莱克		上更新统 上	更新统	第四系		峙峪动物群	下川古文化层	峙峪古文化层
					0.12							
马兰黄土	泥河湾组	丁村组	布容	拉尚布莱克		上更新统 下	更新统	第四系	马兰组合	丁村动物群	丁村古文化层	许家窑古文化层
					0.14							
离石黄土	泥河湾组	河组	布容			中更新统	更新统	第四系	离石组合	匼河动物群	匼河古文化层	
					0.73							
午城黄土	泥河湾组	木瓜组 / 小常村组（榆社群）	松山	贾拉米格；奥尔杜威		下更新统 上部	更新统	第四系	午城组合	西侯渡动物群；榆社Ⅲ带动物群；小常村动物群	西侯渡古文化层	
					1.87							
午城黄土	泥河湾组	大沟组 / 楼则峪组（榆社群）	松山			下更新统 下部	更新统	第四系	午城组合	西侯渡动物群；榆社Ⅲ带动物群；西村动物群		
					2.48							
静乐红土组	小白组	大墙组（榆社群）	高斯	凯纳；马默恩		上上新统	上新统	上第三系	贺丰三趾马动物群	榆社Ⅱ带动物群		
保德红土	小白组	张村组（榆社群）	高斯	凯纳；马默恩		下上新统	上新统	上第三系	冀家沟三趾马动物群	安乐三趾马动物群；榆社Ⅱ带动物群		
					3.40							
保德红土 / 芦子沟组	下土河组	任家垴组（榆社群）	吉尔伯特	科奇蒂	3.8	下上新统	上新统	上第三系	冀家沟三趾马动物群	安乐三趾马动物群；榆社Ⅰ带动物群		
			吉尔伯特	努尼瓦克	3.9							
			吉尔伯特	西杜亚尔	4.05							
			吉尔伯特	斯瓦拉	4.20							

第九章
结　语

一、山西地层在华北以至全国地层研究中具重要地位

通过此次地层对比研究，本专著编著者认为，由于山西在地质、地理上所处的特殊位置，在华北以至全国地层的划分研究中具有重要的地位。研究好山西地层，无论在发展基础地质理论、矿产普查勘探及其他有关的国民经济领域的生产实践中都具重要的意义。

1. 山西地处华北地层大区的中央，又是一个相对隆起的、遭受强烈切割的多山地区，所以发育齐全的各时代地层均能比较均匀地出露于山西各地，而且残坡积和植被覆盖少，地层出露良好，成为研究华北地层的理想区域。

2. 正由于有以上的良好条件，所以山西地层研究起步较早，研究程度相对较高，不少断代例如早前寒武纪、晚古生代、中生代三叠纪、晚新生代等的岩石地层单位的层型剖面在山西境内。早古生代正层型虽在山东与河北，但山西早古生代地层剖面的典型性并不亚于山东、河北。

3. 也由于有以上的特殊条件，山西还是华北很多地层的衔接点，因此也是很多地层问题解决的关键和环节所在。通过对山西地层的研究，华北的很多地层问题将一目了然，一些地层难题将迎刃而解。例如，蓟县型上前寒武系与豫西（含小秦岭）型上前寒武系的关系，通过山西这一过渡地区的联系，明显地看出了蓟县上前寒武系缺少顶、底，而豫西缺少中腰，蓟县型加豫西型才是我国完整的上前寒武系。又如，由于华北大平原的掩盖，山东寒武系岩石地层层型剖面与河北唐山奥陶系岩石地层层型剖面出现了衔接问题；通过山西自南而北的一系列剖面对比，将是解决此问题的最佳途径。再如各断代地层格架的建立，一些穿时岩石地层单位的确证，燕辽型侏罗系、白垩系与陕北型侏罗系、白垩系的衔接关系，都需从山西这块地方去解决。

4. 令地质学家“头痛”的早前寒武纪地层问题，恐怕也还是需从山西的恒山—五台山（包括与山西接界的太行山北段）着手。恒山—五台山区的早前寒武系发育完整，出露好，地层连续，不同变质程度的地层同时存在，各种性质的断裂、不同期次的褶皱、不同成因岩体（包括混合岩化）的并存，可以说是世界上难得的博物馆式的前寒武系出露区，也可说是解决我国以至全球前寒武系重大问题的锁钥所在。

5. 山西新生界成因类型多，有箕状断陷盆地河湖相堆积、河谷阶地堆积、黄土高原的土状堆积，所以山西也是华北新生界研究划分对比的不可多得的典型。

6. 地层研究对矿产等国民经济领域的实践意义，在第一章中已有阐述，其重要性不言而喻。难怪石油地质界的有识之士，不论研究华北油田，还是研究陕北油田时，都首先到山西来进行与地层有关的各项研究。

二、山西地层多重划分对比研究成果

此次对以岩石地层单位清理为中心和重点的山西地层的多重划分对比研究，其成果可概括为以下几点。

1. 超要求清理了山西全部地层（太古宙—第四纪）在百多年来的研究、划分中累积出现和使用过的数以百计的地层单位，最后选用了230个建议使用的岩石地层单位（其中早前寒武纪103个，晚前寒武纪34个，早古生代11个，晚古生代—中生代三叠纪20个，侏罗纪、白垩纪25个，老第三纪和晚新生代37个；按级别分则为群、超群级29个，组级160个，段级41个）。并建立了岩石地层单位综合序列表。清理出建议停止使用（本省创名的）岩石地层单位191个。（注：尚有一批低级别的，如阶、层等岩石地层单位，既未建议停止使用，也未选用，以后可在低级别的地区性地层划分中使用）。为了避免增加地层名称，在清理过程中尽量少创新名，此次建议使用的230个岩石地层单位中，属于新创名的10个，其中组级的仅3个［东水沟（岩）组、选仁组、沱阳组］，段级的7个（童子崖段、宝峰寨段、狐子沟段、义牒河段、永和段、册田玄武岩、阁老山玄武岩）。

通过岩石地层单位的清理，明确了其含义，便于今后的区调、地质普查勘探等各个领域统一使用，这将有利于摆脱以往年代、岩石统一地层划分概念下的地层单位含义混乱的状况。

2. 将现代化高科技技术引入地学领域，既是一种新的尝试，也是时代的需要。此次地层清理过程中，初步建立了山西地层数据库。完成了山西省岩石地层单位清理工作的全部数据卡片的入库任务。共完成山西省选用的岩石地层单位卡片230套，剖面536条（详见附录1）。

3. 在已有资料的基础上，有区别地不同程度地清理了山西的生物地层单位，前寒武纪的同位素年龄资料，晚新生界磁性时地层划分、第四系古人类文化层划分，进而清理了各断代的年代地层划分和探讨了各岩石地层单位的地质年代属性。

3.1. 完全按现代地层学的理论建立山西石炭—二叠系以䗴、牙形刺、古植物为标准的生物地层单位。䗴划分为五带（两个顶峰带、两个共存延限带、一个组合带）、六亚带（四个顶峰亚带、一个共存延限亚带、一个组合亚带）。牙形刺划分为四带（一个顶峰带，三个组合带）、二（组合）亚带。古植物划分为六个带（两个顶峰带、两个共存延限带、二个组合带）。并以上述生物带为依据，将山西月门沟群、石盒子组、石千峰群、孙家沟组与国内外对比，与国际石炭、二叠纪地层划分接轨。年代地层对比为从 Moscovian 阶—Tartarian 阶。二叠系底界划在 *Pseudoschwagrina* 带的底界，即 Asselian 阶与 Gzhelian 阶之间。并阐述了月门沟群两个组的穿时性。

3.2. 在以芮城水峪剖面、繁峙憨山剖面为层型的基础上，将山西寒武纪清理划分为以三叶虫为标准的20个生物带。并以此将山西寒武系划分为三统八个阶。对奥陶纪也清理了所含生物组合、探讨了岩石地层的年代属性。并进行了早古生代岩石地层、生物地层、年代地层三者间的对比，指出了马家沟组以下各岩石地层单位的穿时特征。

3.3. 清理了山西前寒武纪叠层石组合和同位素测年资料（384个年龄值），通过探讨建立了供考虑的早前寒武纪同位素地质年表，探讨了与国内外早前寒武纪地层对比，进而论述了山西前寒武纪年代地层划分及岩石地层单位时代属性。同时提出了对我国前寒武系进行年代地层划分的建议。

3.4. 对山西中生代的生物地层进行了清理，包括三叠纪的古植物、双壳类动物、叶肢介，侏罗纪、白垩纪的植物、双壳类、爬行类等，并以此论述了中生代各岩石地层单位的年代属性。

3.5. 对山西新生代重点清理了哺乳动物生物地层组合（老第三纪三个组合，晚新生代五个组合），古人类文化层和古地磁极性时地层划分，确立了极性时正层型、副层型。进行探讨了山西晚新生代地层的年代属性，确定了山西第四系下限为2.48 Ma。通过野外实地考察和室内研究，决了长期争论的几个晚新生代地层的对比的关键问题，明确了匼河组位于丁村组之下，大墙组与静乐组完全可以对比。

三、存在的主要问题

此次地层对比研究，以清理岩石地层单位为基础和重点，同时进行了生物地层和年代地层为主要内容的多重划分和对比，取得了如上所述的显著成果。但由于多方面的主客观原因，（如时间、人力、财力的不足）性和有限性，参加者对地层多重划分认识差异和理解程度上的不一致性，参加者对一些涉及地层划分新理论的理解和掌握的不一致性，参加者在地层研究实践上的、地理上的、地层断代方面的、学科方面的局限性；以及由于清理牵涉到相邻很多省，而产生的决策上的集体协商一致性、和地层统一划分认识上的阶段性、反复性等因素）难免产生这样或那样的问题。有些问题，本专著，虽明知不合理，但也由于上述多方面因素的影响，而无能为力。例如：地层清理成果中一些岩石地层单位的划分、命名、级别确定等，是妥协性的一种处理结果，目前只好服从。在今后的实践中检验一个阶段后，也许在华北大区进行的清理和总结中，得到改变。

以下简要地指出本专著在山西省岩石地层单位划分等方面存在的主要问题，以便读者了解，和在今后的实践中检验、评述、改进和修正。

1. 本专著按早前寒武纪断代执笔者（徐朝雷）的观点，认为阜平群中的浅粒岩、斜长片麻岩为侵入体，而将阜平群称为阜平（岩）群，同意龙泉关一带的片麻岩为韧性剪切作用形成的糜棱岩，并否定平山桑园口不整合面，认为是顺韧性断层侵入的侵入体与下伏地层的接触界面。实际上，这些都是值得商榷的。阜平群中的浅粒岩、斜长片麻岩，虽遭受不同程度地局部重熔，而于野外可以看到长英质岩石“相互穿插”现象，但不能把所有浅粒岩、斜长片麻岩，均当作侵入体。一些重熔程度很低的部分，地层的特性仍有较多保留。所以今后在基础地质研究及1∶5万区调中，应从理论和实践上解决阜平群的重熔问题，解决岩浆侵入体、不同程度重熔岩体与地层的区分和地质填图。对于桑园口不整合，也有不同认识，例如：张寿广等（1981）认为桑园口不整合是存在的。即使沿不整合面，后期发生韧性剪切和岩脉贯入，并不能否定不整合的存在。五台龙泉关一带韧性剪切带的确存在，但也应回答：被韧性剪切的地质体属性，是那个地层单位的地层，或是何种岩体被剪切；解决宽阔韧性剪切带的1∶5万地质填图。

2. 板峪口（岩）组的层位归属问题。如属于滹沱超群，其形成机制是怎样的，并未得到令人信服的答案。

3. 店房台（岩）组、牛还（岩）组的层位归属，专著中是不肯定的。

4. 提高地层划分精度和增加地层单位名称，是一对矛盾的两个方面。应尽量减少地层单位和名称，但不能为了减少地层单位和名称，而降低岩石地层单位的划分精度和深度。目前的一些地层划分是不同意见经过争论达不成一致意见后，通过相互妥协迁就，而得出的一种处理方案。有的是上级（如华北七省领导组）硬性规定的。如：太行山的常州沟组厚度很大，范家峧段与寺堖段之间存在不整合，一个组内出现不整合是显然不合适的。马家沟组六分，掩盖了马家沟组演化的旋回性，实际上，马家沟升级称为群，划分三组八段更为合理。

5. 华北大区在讨论上古生代一三叠纪岩石地层单位划分时，曾决定"石盒子"升群，"延长"也恢复称群。但后来由于一些省强调本省特殊性，进一步划分的组无法在各省使用，而改变决议，"石盒子"、"延长"均改称组。但实际通过华北大区之后的研究对比，"石盒子"、"延长"升级为群，进一步划分为几个组，在全区是完全可行的。

6. 阳高县郭家坡附近的含煤地层，对比划归义县组（羊投崖段）有些勉强，很可能应是层位更偏上，与辽西的阜新组对比，可能更为恰当。

四、对今后山西地层工作的几点建议

针对此次地层清理发现的山西地层研究划分中存在的问题和不足，本专著对今后地层工作提几点建议如下。

1. 建立地层数据库是具长远意义的现代化工程，但此次清理，进行过野外检查的剖面毕竟是少数，清理后每个地层单位输入数据的剖面仅1—7个，这仅是几十年来已测剖面的零头。做一个全省性的柱状对比图也是远远不够的。鉴于参加此次地层清理的时间有限，人员有限、水平参差不齐，已输入库的剖面，质量也可能还存在不少问题。所以建议此次清理后，地层数据库建立应作为一项长期工作延续下去。对区调中早已测制的和新测的剖面，其它单位测制的（公开发表的）剖面，经严格审查、修订后，均应不断地输入库中。近期内应抓紧在五六十年代参加工作人员即将退休之前，组织一些有经验的老区调工作者，审定尽可能多的老剖面入库。

2. 此次清理，专题组本准备对已有的地层地球化学资料进行整理，但发现1：20万区调中的微量元素分析均为光谱半定量分析，现在整理已意义不大；而现在正进行的1：5万区调，有的图幅野外取了样，因经费问题，未送或分析项目未按《1：5万区调总则》进行，各图幅已进行的有限几个样品分析的元素也不尽一致，以致最后无法进行清理。所以建议，今后在经费有限的情况下，再进行微量元素取样分析时，全省应该统一一下分析的元素，最少分析哪几个，第二档次应增加哪几个…。

3. 今后地层剖面测制、研究中应强调地层基本层序的研究，这是提高地层研究精度、合理划分地层、抓住地层组、段实质的多快好省的方法和手段。是最基本、最实际的基础工作，比上层建筑——地层格架的分析更重要，而更实际。

4. 前寒武纪地层研究中注意宣传、吸取各种观点，互相补充、渗透，综合思考进行，反对一种倾向掩盖另一种倾向，以偏概全，片面强调某种观点。不轻易否定1：20万区调中的一些成果。

5. 不固步自封，向煤田地层地质工作者、石油地层地质工作者…学习。清理中发现煤田、石油部门的地质工作者所测制的一些地层剖面，往往超过区调队测制剖面的精度和深度。

6. 结合建典工作立项，在旅游区建立一些高精度、深层次、多重划分的、综合内容的层型、次层型地质剖面。集地层剖面考察、地质旅游与一般旅游于一体。例如在五台山区的台怀寺庙群附近及沿台山河谷、佛光寺附近及南北向河谷，建立五台超群剖面；五台县南禅寺一带，河边村附近的纹山—大关山，建立滹沱超群层型剖面；在永济县五老峰风景区，建立中条山区的汝阳群及龙家园组次层型剖面；在左权、黎城拟建的“太行山世界文化艺术雕像群”开发区，建立太行山的长城纪正层型、次层型剖面；在北岳恒山风景区悬空寺金龙口、介休绵山风景区，分别建立寒武、奥陶纪次层型剖面；在太原晋祠、天龙寺风景区建立石炭、二叠纪正层型剖面；在临汾地区的蒲县东岳庙名胜地附近—隰县小西天名胜地-吉县的黄河壶口风景区，建立石千峰群、二马营组、延长组次层型剖面，第四系午城黄土、离石黄土正层型、次层型剖面；在大同云岗石窟风景区，沿十里河河谷建立侏罗系大同组、云岗组正层型剖面，在宁武天池附近建立天池河组剖面，……。

本专著是此次地层对比研究——山西地层多重划分对比研究的成果，是先后参加此项工作的专题组全体成员及参与人员，在全国、华北大区、山西省地矿局地层多重划分对比研究项目领导组、项目办公室和山西区调队各级领导、各科室、各分队的领导和支持下取得的；在工作过程中，还得到了华北各省区调队地层清理专题组，山西省地矿局 211 队、212 队、213 队、214 队的各个区调分队的配合与支持；工作中还得到大同矿务局地质处刘世斌、田士静、侯吉祥，山西文管局丁村工作站陶富海，地矿部第九石油普查大队冯全武，中国煤田地质总局尚冠雄、汪曾荫等的协助。在此谨向以上所有单位和个人表示衷心的感谢。

主要参考文献

安芷生、王俊达、李华梅，1977，洛川黄土剖面的古地磁研究。地球化学，(2)。

白瑾，1986，五台山区早前寒武纪地质。天津：天津科技出版社。

白瑾，1976，中条山前寒武纪地层及其对比简述的初步补记。中条山科技，第1期。

白瑾，1959，中条山前寒武纪地层及其对比简述。第一届全国地层会议文件。

白瑾、武铁山等，1964，对五台山区滹沱群重新划分的初步意见。地质科技。

白瑾等，1982，初论五台群的构造演变。构造地质论丛，2，北京：地质出版社。

北京大学地质地理系，1975，太焦线太谷红崖及武乡张村地区新生代地质。见华北地区第三系第四系分界与第四系划分专题会议文件汇编。

卞美年，1934，黄河下游河谷之新生代沉积。中国地质学会志，第13卷。

常朝辉，李广荣，1987，山西陵川附城石炭系剖面沉积相分析。见中国石炭二叠纪地层及地质学术会议论文集。北京：科学出版社。

曹家欣，1959，大同盆地东南部的新构造运动与火山活动。中国第四纪研究，2 (2)。

曹家欣等，1980，山西太谷榆社武乡一带晚新生代地层与沉积环境的初步研究。中国第四纪地质研究，5 (1)。

曹照垣等，1983，试论中国第四纪下限问题。地质学报，(1)。

程宝洲，1992，山西晚古生代沉积环境与聚煤规律。太原：山西科学技术出版社。

陈汉青等，1993，太原西山上古生界多重地层划分。山西地质，8 (1)。

陈平，1981，孟家窑膨润土矿地质特征与找矿方向。五台山地质，81 (2)。

陈旭，盛金章，1965，中国石炭纪䗴类化石带。见中国石炭系论文选集。北京：科学出版社。

程国良，1978，“泥河湾”的古地磁初步研究。地质科学，(3)。

德日进，1942，华北上新世和早更新世之新啮齿类动物。

德日进、杨钟健，1930，山西西部与陕西北部蓬蒂纪后黄土期前之地层观察。地质专报，甲种，第8号。

德日进、杨钟健，1933，山西东南部之新生代后期地层。中国地质学会志，第12卷。

地质部地质研究所前寒武纪研究队，1959，山西五台山寒武系和滹沱系的关系问题。地质论评，19 (1)。

丁文江、梭尔格、王锡宾，1914，调查正太铁路附近地质矿务报告书。农商公报，1 (1-2)。

董枝明，1980，中国的恐龙动物及其层位。地层学杂志，4 (4)。

杜宽平，1958，对太原西山月门沟煤系的新见。地质评论，18 (2)。

杜宽平、沈玉蔚，1959，太原西山上古生代地层划分。地质科学，7期。

杜汝霖，1984，赵家庄组的建立及太行-五台山区滹沱群与长城系的关系。河北地质学院学报，1984年1期。

范嗣同，1991，恒山杂岩的年代学及Nd同位素演化。见中国北方前寒武纪地质年代学讨论会论文摘要。

冯增昭等，1990，华北地台早古生代岩相古地理。北京：地质出版社。

房田植雄，1938，山西省大同煤田东北部调查报告。

高振西、熊永先、高平，1934，中国北部震旦纪地层。中国地质学会会志，第13卷。

顾知微，1979，论中国非海相中生代地层及鲟鳃类化石的分布与发展。见国际交流地质学术论文集 (4)。北京：地质出版社。

关保德、耿午辰、戎治权、杜慧英，1988，河南东秦岭北坡中—上元古界。郑州：河南科学技术出版社。

韩云生，1982，论“泥河湾层”。地层学杂志，6 (2)。

郝诒纯等，1982，论中国非海相白垩系的划分及侏罗—白垩系的分界。地质学报，56 (3)。

河北省天津市区域地层表编写组，1979，华北地区区域地层表·河北省·天津市分册。北京：地质出版社。

胡希濂、张嘉琦，1959，太原西山及其邻区的太原统和山西统地层。见全国地层会议山西现场会议文件汇编。

胡学智，1992，五台山区五台群层序的新厘定。山西地质，7 (4)。

华北煤田勘探局143队，1959，山西省宁武煤田三叠系地层划分意见。见全国地层会议山西现场会议文件汇编。

华北区奥陶系专题会议，1975，华北区奥陶系专题会议纪要。见华北区奥陶系专题会议论文汇编。

黄宝玉，郭书元等，1991，山西中南部晚新生代地层和古生物群。北京：科学出版社。

黄万波等，1974，山西霍县上新统。古脊椎动物与古人类，12（1）。
冀树楷，1966，山西一富铜矿的构造控制条件。地质论评，24（2）。
贾兰坡，1955，山西襄汾丁村人类化石及旧石器发掘简报。科学通报，55（1）。
贾兰坡、盖培、尤玉柱，1972，山西峙峪旧石器时代遗址发掘报告。考古学报，第1期。
贾兰坡、王健，1978，西侯度—山西更新世早期古文化遗址。北京：文物出版社。
贾兰坡、王择义、王健，1962，匼河—山西西南部旧石器时代初期文化遗址。北京：科学出版社。
贾兰坡、卫奇，1976，阳高县许家窑旧石器时代文化遗址。考古学报，第2期。
贾兰坡、卫奇、李超荣，1979，许家窑旧石器时代文化遗址1976年发掘报告。古脊椎动物与古人类，17（4）。
亢建中，1987，山西省洪洞县茹去一带沉积地层中鱼化石的发现及其意义。山西煤田地质，（5）。
梁英芳，齐允荣，1988，山西前长城纪变质作用。山西地质，3（4）。
赖才根，1982，中国的奥陶系。中国地层（5）。北京：地质出版社。
雷奕振，1981，垣曲盆地下第三系的划分及有关生物地层问题的讨论。中国地质科学院宜昌地质矿产研究所所刊，地层古生物专号。
李华梅、安芷生、王俊达，1974，午城黄土剖面古地磁研究的初步结果。地球化学，第2期。
李江海、钱祥麟，1991，太行山北段龙泉关剪切带研究。山西地质，6（1）。
李江海、钱祥麟，1994，恒山早前寒武纪地壳演化。太原：山西科学技术出版社。
李树勋、冀树楷、田永清等，1986，五台山区变质沉积铁矿地质。长春：吉林科技出版社。
李四光，1939，中国地质学。正风出版社。
李四光，1927，中国北部之䗴科。古生物志乙种第四号第一册。中国地质调查所印行。
李四光，1928，古生代以后大陆上海水进退的规程。中国地质学会会志，7（1）。
李四光，1931，中国海中纺缍状有孔虫之种类及分布。中国地质学会会志，第10卷。
李四光、赵亚曾，1926，中国北部古生代含煤系之分层及其关系（英文）。中国地质学会会志，5（2）。
李星学，1955，大同煤田之云岗统及其植物化石。古生物学报，3（1）。
李星学，1963，华北月门沟群植物化石。中国古生物志总号第148号新甲种第6号。北京：科学出版社。
李星学，1964，中国晚古生代陆相地层。见全国地层会议学术报告汇编。北京：科学出版社。
李星学，1965，华北晚古生代植物群的发育层序。见中国石炭系论文选集。北京：科学出版社。
李星学，1964，晚古生代植物组合顺序。见第五届国际石炭纪会议论文集。第二卷。
李星学，1980，华夏植物研究的新进展。见国际交流地质学术论文集（4）地层古生物。北京：地质出版社。
李星学、盛金章，1956，太原西山的月门沟系并论太原统与山西统的上下界问题。地质学报，36（2）。
李裕民，1964，太行山中段“头泉组”地质时代讨论。地质评论，23（5）。
李悦言、杨钟健，1937，山西垣曲盆地新生代地质。地质评论，2（4）。
李云通、李子舜，1980，河北井陉“雪花山组”的腹足类化石及其地层意义。地质学报，54（4）。
林崇宇，1985，五台山区及滹沱谷地全新世地层划分和环境演变。山西地质科技，第4期。
刘椿等，1982，大同地区晚新生代玄武岩群的古地磁学研究。中国科学，13（9）。
刘东生，1964，第四纪地质问题。北京：科学出版社。
刘东生、张宗祜，1962，中国的黄土。地质学报，42（1）。
刘东生等，1964，黄河中游黄土。北京：科学出版社。
刘敦一、R. W. 佩吉、W. 康普斯顿，1984，太行山—五台山前寒武纪变质岩系同位素地质年代学研究。中国地质科学院院报，8期。
刘鸿允、董育垲、应思淮，1957，太原西山上古生代含煤地层研究。科学通报，（11）。
刘淑文，1982，山西刘家沟组首次发现叶肢介化石。地质学报，56（3）。
刘宪亭、苏德造，1962，山西榆社盆地上新世鱼类。古脊椎动物与古人类，6（1）。
卢衍豪，1962，中国的寒武系。北京：科学出版社。
卢衍豪，1963，中国寒武纪地层的新材料。地质学报，43（2）。
卢衍豪、董南庭，1952，山东寒武纪标准剖面新观察。地质学报，32（3）。
马醒华等，1978，蓝田人的古地磁测定。古脊椎动物与古人类，16（4）。
马杏垣，1959，秦岭地轴北侧震旦系。北京：地质学院学报，（5）。

马杏垣，1957，关于河南嵩山区的前寒武纪地层划分及其对比问题。地质学报，37（1）。
马杏垣，1957，五台山区地质构造基本特征。北京：地质出版社。
马杏垣等，1956，五台山区的震旦系及河北山西北部震旦纪古地理。地质学报，36（3）。
马杏垣等，1979，华北地台基底构造。地质学报，53（1）。
煤炭科学院地质勘探分院、山西省煤田地勘公司，1987，太原西山含煤地层沉积环境。北京：煤炭工业出版社。
孟令山、孙埃宝，1982，浑源群地层层序及划分方案。五台山地质，82（2）。
苗淑娟等，1983，山西浑源早白垩世孢粉组合新见。中国地质科学院天津地矿研究所所刊，第8号。
潘随贤、徐惠龙、程保洲，1987，太原西山煤田石炭二叠纪含煤层的划分及邻区的地层对比。煤炭科学技术，6期，（增刊）。
潘钟祥，1936，陕北古期中生代植物化石。中国古生物化石，中国古生物志，甲种4号2册。
庞其清，1985，华北地区古生物图册·微体分册。北京：地质出版社。
裴文中、周明镇、郑家坚，1960，中国的新生界。北京：科学出版社。
裴文中等，1959，山西襄汾县丁村旧石器时代遗址发掘报告。中国科学院古脊椎动物研究所甲种专刊，第2号。
裴宗诚，1959，晋东南石千峰统—延长统地层介绍及石千峰统时代的商榷。见全国地层会议山西现场会议文件汇编。
乔秀夫等，1983，山西中部小两岭火山岩铷-锶同位素年龄测定。中国地质科学院报，第5号。
乔秀夫等，1985，晋南西阳河群同位素年代学研究及其地质意义。地质学报，59（3）。
邱树玉、刘洪福，1982，小秦岭地区晚前寒武纪的叠层石及其地层意义。西北大学学报。前寒武纪地质专辑。
全国地层委员会，1962，中国的前寒武系。见全国地层会议学术报告汇编。北京：科学出版社。
全国地层委员会，1964，中国的三叠系。见全国地层会议学术报告汇编。北京：科学出版社。
任富根，1961，太行山平山、正定、盂县地区前寒武纪变质岩系现场会议报导。地质学报，14（2）。
桑志华、德日进，1927，山西河南间第三纪末及第四纪地层研究。中国地质学会志，第6卷。
桑志华、汤道平，1935，山西中部上新统湖积层。中国地质学会志，第14卷。
山西矿业学院、大同矿务局，1991，大同侏罗纪含煤地层沉积环境与聚煤特征。北京：科学出版社。
山西煤勘公司114队、中国科学院南京地质古生物研究所，1986，晋东南地区晚古生代含煤地层和古生物群。南京：南京大学出版社。
山西省地层表编写组（武铁山主编），1979，华北地区区域地层表·山西省分册（一）。北京：地质出版社。
山西省地层表编写组（武铁山主编），1979，华北地区区域地层表·山西省分册（二）。北京：地质出版社。
山西省地矿局（武铁山主编），1989，山西省区域地质志。北京：地质出版社。
山西省地质局212队，1974，西安里地区矽卡岩型铁矿控矿地质因素的初步认识。见华北富铁矿工作经验交流会议地质资料汇编。北京：地质出版社。
山西省地质局213队，1974，塔儿山—二峰山地区矽卡岩型铁（铜）矿床地质特征。见华北富铁矿工作经验交流会议地质资料汇编。北京：地质出版社。
山西省地质局215队，1974，吕梁山某地区铁矿。山西地质科技，74．1。
山西省地质厅（王植等），1960，山西省矿产志（上册）。
山西石油队晋中组，1975，太谷下土河、盘道地区新生代地层划分对比初步意见。华北地区第三系第四系分界与第四系划分专题会议文件汇编。
陕西石油队301分队，1976，汾渭盆地及其邻区第四系底界的划分与对比。陕西石油普查通讯，第2期。
沈其韩、崔永德，1960，山西临县汉高砂岩组的时代问题。地质部地质科学院资料。
沈其韩，1959，岚县小组第一阶段野外地质小结。
沈锡昌，1959，汉高砂岩及霍山砂岩的时代问题。见献给第一届全国地层会议，第二辑，北京地质学院科学技术委员会。
盛金章，1958，太子河流域本溪统的䗴科，中国古生物志总号第143号新乙种第7号。北京：科学出版社。
师丹斯基，1923，山西保德县三趾马层。地质汇报，甲种，第5号。
斯行健，1963，中国中生代植物。中国各门类化石，中国植物化石。第二册，北京：科学出版社。
斯行健，1956，陕北延长层植物群的对比及其地质时代。古生物学报，4（1）。
斯行键，1933，中国中生代植物。中国古生物志甲种四号，1册。
斯行健、周志炎，1962，中国中生代陆相地层。北京：科学出版社。

宋之琛，1959，山西垣曲垣曲系上部的孢粉组合。古生物学报，7（5）。
宋之琛等，1965，孢子花粉分析。北京：科学出版社。
孙艾玲，1963，中国的肯氏兽类。中国古生物志新丙种，第17号。
孙艾玲，1980，华北地区二叠系、三叠系陆生四足类的性质及其时代探讨。古脊椎动物及古人类，18（2）。
孙大中，1990，前长城纪地质年代学问题的探讨。地球化学，1988（1）。
孙大中，1991，中条山前寒武纪地质年代学、年代构造格架和年代地壳模式的研究。地质学报，65（3）。
孙大中，石世民，1959，山西省中条山前寒武纪地层及构造。地质学报39（3）。
孙海田，1990，中条山地区前寒武纪地层同位素年龄及其意义。中国区域地质，90（3）。
孙健初，1928，山西古老岩系观察。中国地质学会会志（英文），1（7）。
孙枢，1982，豫陕中晚古生代沉积（2）。地质科学，82（1）。
孙维汉，1964，山西汾河中游新生代地层剖面。地质论评，22（6）。
孙肇才，1976，渭河地区第四系下界问题。陕 甘宁石油普查通讯，第2期。
谭应佳，1959，五台山太行山区太古代地层。北京地质学院学报，献给第一届全国地层会议，第1辑。
陶铨，1985，中条山区前寒武纪地层的时代。天津地质矿产研究所所刊，第12期。
藤本治义，1946，山西省阳泉炭田地质。日本地质学杂志，52卷，613—615号。
田永清，1991，五台山—恒山绿岩带地质及金的成矿作用。太原：山西科技出版社。
童永生、黄万波、邱铸鼎，1975，山西霍县安乐三趾马动物群。古脊椎动物与古人类，13（1）。
余汶，1965，山西垣曲群上部淡水腹足类化石的新材料。古生物学报，13（1）。
万世禄、丁惠，1984，太原西山石炭纪牙形刺初步研究。地质评论，30（5）。
万世禄、丁惠、赵松银等，1983，华北中晚石炭世牙形石生物地层。煤炭学报，第2期。
王柏林、萧素珍、张志存等，1984，山西山西组的对比、划分、化石群和地层时代。科学通报，29（3）。
王鸿祯，1956，中国之震旦系及其世界之对比。地质学报，36（4）。
王鸿祯、李光岑，1990，国际地层时代对比表。北京：地质出版社。
王慧芬，1988，中国东部新生代火山岩K-Ar年代学及其地质意义。中国区域地质，90（2）。
王健、陶富海、王益人，1994，丁村旧石器时代遗址群调查、发掘简报。文物季刊，94（3）。
王立新等，1978，山西沁水盆地早三叠世肋木属的发现及其地层意义。古生物学报，17（2）。
王启超、武铁山、徐朝雷等，1980，太行-五台区震旦亚界及其与滹沱超群的关系。中国震旦亚界，天津：天津科学技术出版社。
王仁民，1991，恒山灰色片麻岩和高压麻粒岩包体及其地质意义。岩石学报，（4）。
王汝铮，1992，千枚岩Sm/Nd同位素体系叠加变形区同位素数据解释。山西地质，92（3）。
王汝铮，1989，五台群底界及其年龄研究。见第四届全国同位素年代学。同位素地球化学学术讨论会论文（摘要）汇编。
王绍鑫、张进林，1993，五台山地区寒武纪地层及三叶虫动物群。山西地质，8（1），8（2）。
王守义，1981，晋西北的早白垩世砾石层及其成因之探讨。地质论评，27（1）。
王思恩、刘淑文、牛占武，1985，甲介目，华北古生物图册（二）·中生代分册。北京：地质出版社。
王挺梅，1962，黄河中游第四纪地质调查报告。北京：科学出版社。
王同和，1992，华北克拉通中腰纬向构造带的特征及演化。山西地质，7（3）。
王兴武、郭立卿，1979，山西省晚新生代地层研究的几个问题及其划分对比探讨。山西区测，第2期。
王兴武、郭立卿，1981，对山西省晚新生代地层划分对比问题的几点商榷。山西区测，1981第1期。
王永焱，1980，根据古地磁资料探讨陕西渭北高原黄土分层问题。地质论评，26（2）。
王永焱，1976，黄土与第四纪地质。西安：陕西人民出版社。
王曰伦，1955，中国震旦纪冰碛层及其对地层划分的意义。地质学报，35（4）。
王曰伦，1963，中国北部震旦系和寒武系分界问题。地质学报，43（2）。
王曰伦，1951，五台山五台纪地层新见。地质学报，32（4）。
王曰伦，1960，全国震旦系对比线索。地质论评，20（5）。
王曰伦、王景尊，1930，正太铁路沿线地质矿产。国立北平研究院地质研究所，地质汇报，15号。
王择义、胡长康，1963，山西垣曲白水村渐新世哺乳动物化石地点。古脊椎动物与古人类，7（4）。

王植，1957，有关马杏垣近著“关于河南嵩山区前寒武纪……问题和“五台山区构造特征”的一些意见。地质评论，17（4）。
王植，闻广，1957，中条山式斑岩铜矿。地质学报，37（4）。
王志浩，1991，中国石炭—二叠系界线地层的牙形刺——兼论石炭—二叠系界线。古生物学报，30（1）。
王竹泉，潘钟祥，1933，陕北油田地质。地质汇报，第20号。
王竹泉，1930，河北井陉雪花山玄武岩及砂土层之研究。地质汇报，第15号。
王自强，1987，华北石千峰群下部晚二叠世植物化石。天津地质矿产研究所所刊，第15号，北京：地质出版社。
王自强，1989，华北月门沟群植物化石研究新进展。山西地质，4（3）。
王自强，1985，植物界，华北古生物图册（二）·中生代分册。北京：地质出版社。
王自强等，1989，华北石千峰群早三叠世早期植物化石。山西地质，4（1）。
王自强，1990，华北二马营组底部一个新植物组合。山西地质，5（4）。
王自强等，1990，华北石千峰群早三叠纪晚期植物化石。山西地质，5（2）。
吴洪飞，1990，山西省广灵式铁矿碎屑岩中遗迹化石的发现及其地质意义。中国区域地层，90（2）。
吴洪飞，1990，山西的杨庄组。山西地质，6（1）。
武铁山，1975，论“霍山砂岩”的时代隶属。山西区测，（6）。
武铁山，1982，豫西（型）震旦地层的对比、统一划分和时代问题。中国区域地质，1号。
武铁山，1985，太行山南段长城系的层位及划分。见前寒武纪地质，滹沱系与长城系论文集，第2号。
武铁山，1992，山西岩浆岩期次划分及同位素年龄时限。山西地质，7（3）。
伍家善，1986，五台山区滹沱群基性熔岩中锆石U/Pb年龄。地质论评，（2）。
夏国英，张志存，1985，原生动物门，华北地区古生物图册（一）·古生物分册。北京：地质出版社。
项礼文，1981，中国的寒武系，中国地层（4）。北京：地质出版社。
萧素珍，1985，植物界，华北地区古生物图册（一）古生物分册。北京：地质出版社。
萧素珍，1985，山西二叠系地层特征及其变化规律。中国区域地质，14期。
徐朝雷，1986，山西省五台系层系的重新厘定和对比。地学杂志，10（2）。
徐朝雷，1980，中条山同善天窗前震旦系的问题。山西地质科技，三期。
徐朝雷，1985，山西吕梁山区太古宙地层的重新划分与对比。河北地质学院学报，1985第3期。
徐朝雷，1980，五台山区五台群层序和构造研究的新进展。山西区测。
徐朝雷，1991，关于五台群上下限年龄的讨论。地球化学，91（4）。
薛祥煦，1979，陕西渭南游河三门组与蓝田组间的一个新层位——游河组。见1979年第三届全国第四纪学术会议论文集。北京：科学出版社。
杨杰，1936，山西省五台山地质略述。中国地质学会会志，15（2）。
杨杰，1936，山西五台山地质之检讨。国立北平研究院院务汇报，7（3）。
杨景春，1979，关于“丁村组”的几个问题。地层学杂志，3（3）。
杨振升等，1982，五台群的解体与台怀运动的建立。构造地质论丛，第二集。北京：地质出版社。
杨钟健，1963，山西中国肯氏兽动物群。古脊椎动物与古人类，7（4）。
杨钟健，1958，首次在山西发现的恐龙化石。古脊椎动物学报，2（4）。
杨钟健，1959，山西武乡中国肯氏兽动物群的新分布和它在地层上意义的前景。
杨钟健，裴文中，1933，洛阳至西安一带的新生代地质。中国地质学会会志，第13卷。
尹赞勋，1976，大同火山的时代。文物，第2期。
于菁珊，1985，双壳纲，华北古生物图册（二）·中生代分册。北京：地质出版社。
袁崇垣，1975，对丁村组、匼河组时代及其关系的讨论。见华北地区第三系第四系分界与第四系划分专题，会议文件汇编。
袁国屏，1986，五台山区“五台群板峪口组”归属问题。山西地质，1986。1（2）。
张伯声，1958，中条山的前寒武系及其大地构造发展。西北大学学报，（2）。
张尔道，1965，关于担山石群。见蓟县震旦系现场学术讨论会论文汇编。
张尔道，1965，中条山中条群大理岩问题。见蓟县震旦系现场学术讨论会论文汇编。
张富生，1981，对山西岚县地区吕梁群地层层序的商榷。地质学杂志，5（2）。

张嘉琦，1959，山西省霍山砂岩的对比及其时代。地质评论，19（11）。
张良瑾等，1964，太行山西麓左权、昔阳及平定地区震旦系划分及其与蓟县地区的对比（摘要）。蓟县震旦系现场学术讨论会论文汇编。
张仁杰，1974，河南下第三系的初步研究。中国地质科技情报，1974。
张士亚，1979，晋中断陷的晚新生代地层。山西地质科技，第1期。
张士亚，1980，山西晋中盆地晚新生代地层划分及对比。见石油地质文集，地层古生物（4），北京：科学出版社。
张守信，1980，论华北断块几个穿时的地层单位，《华北断块区的形成与发展》。北京：科学出版社。
张守信，1992，理论地层学。北京：科学出版社。
张文堂，1955，对我国北方上古生代地层的一些认识。地质学报，35（4）。
张文堂，1980，山西中条山寒武纪地层及三叶虫动物群。中国科学院南京地质古生物研究所集刊，16号。北京：科学出版社。
张文堂，1962，中国的奥陶系。见全国地层会议学术报告汇编。北京：科学出版社。
张文堂、陈丕基、沈炎彬，1976，中国的叶肢介化石（中国各门类化石）。北京：科学出版社。
张席褆，1936，中国中生代地层概要。地质评论，1（2）。
张志存，1983，太原西山上石炭统的䗴类分带。地层学杂志，7（4）。
张志存，1990，太原西山晚石炭世䗴类的再研究。微体古生物学报，7（2）。
赵松银，1981，山西沁水盆地晚石炭世的一些牙形石。天津地质矿产研究所所刊，第4号。
赵松银等，1984，牙形石，华北地区古生物图册（三）·微体古生物分册。北京：地质出版社。
赵希涛等，1981，北京斋堂雁翅地区的黄土。地质科学，1981年1期。
赵一阳，1958，太原西山石炭纪及二叠纪地层的初步商榷。地质学报，38（3）。
赵宗溥，1954，中国前寒武系地层问题。地质学报，34（2）。
中国第四纪研究委员会，1959，三门峡第四纪地质会议文集。北京：科学出版社。
中国科学院山西地层队（刘鸿允等），1959，山西的石炭纪、二叠纪、三叠纪地层。见全国地层会议山西现场会议文件汇编。
中国科学院地质研究所，1956，中国区域地层表（补编）。
中国地质科学院地质研究所，1980，陕甘宁盆地中生代地层古生物。北京：地质出版社。
中条山铜矿编写组，1978，中条山铜矿地质。北京：地质出版社。
钟富道，1978，震旦地质年表下限的再讨论。见中国前寒武纪叠层石与地质年代讨论会论文汇编。
周昆叔等，1982，初谈大同火山群的分期。科学通报，27（4）。
周明镇、黄万波等，1965，晋西南晚新生代地层剖面的观察。古脊椎动物与古人类，9（3）。
周明镇、李传夔、张玉萍，1973，河南、山西晚始新世哺乳类化石地点与化石层位。古脊椎动物与古人类，11（2）。
周正，1973，中条山铜矿赋存条件的初步认识，铁铜矿产专辑。北京：地质出版社。
周正，1975，中条山涑水杂岩与上覆地层不整合肯定的重要意义。华北前寒武纪地层专题会议地质资料汇编，（内刊）。
朱士兴、柴东浩、皇甫泽民等，1975，试论山西中条山地区前寒武纪地质地层。见华北前寒武纪地层专题会议地质资料汇编。
朱士兴、徐朝雷、高建平，1987，五台山及其邻区的早元古代叠层石。中国地质科学院天津地质矿产研究所所刊，第17号。
朱士兴等，1985，从太行山区叠层石论滹沱群的时代问题归属问题。见前寒武纪地质第2号，滹沱群长城系总结论文集。北京：地质出版社。
宗冠福，1981，山西屯留小常村更新世哺乳动物化石。古脊椎动物与古人类，19（12）。
宗冠福、汤英俊、喻正麒等，1982，山西屯留西村早更新世地层。古脊椎动物与古人类，20（3）。
德日进，1934，The base of the Palaeozoic in Shansi metamorphism and cycles.，Bull. Geol. Soc. China，XⅢ。
李四光，1939，The Geology of China，XV＋528，London.
李四光（李仲揆），1922，Outlines of the Geology of China. 中国科学社论文专刊，1卷。
森田日子次，1944，大同煤田之研究。
森田日子次，1945，蒙疆·大同北部炭田二叠纪怀仁统汇就。日本地质学杂志，51卷605号。
山根新次，1924，An Outline of Stratigraphy of Northern China.，Japanese Journal of Geology and Geography，Ⅲ

山根新次，支那地史。岩波讲座（Ⅱ）地史学。
山根新次，1924，山西省辽县附近の古期古生层。日本：地学杂志，33。
王竹泉，1922，A. Study of the Postcarboniferous Formation in Shansi。中国地质学会会志，1。
翁文灏、Grabau，A. W.，1923，Carboniferous Formation of China。中国科学社论文专刊。Vol. 2
翁文灏、Grabau，A. W.，1925，Carboniferous Formation of China。Congr. Creol. Internat.，Comp. Rend.，session，Belgigue. fasc，2。
Andersson，J. G.，1923，Essays on the Cenozoic of Northern China，Geol. Surv. China，Series A. No 3.
Barbour，G. B，1931，The Taiku deposits and the problem of Pleistocene climates.，Bull，Geol. Soc. China，71—104.
Barbour，G. B，1924，张家口一带地质观察，中国地质学会会志，3（2）。
Grabau，A. W. 1923，Cretaceous Mollusca form North China，地质汇报，第5号第2册。
Halle，T. G. 1927，山西中部古生代植物化石。中国古生物志甲种2号，1册。
Norin E.，1922，山西太原地层详考。中央地质调查所地质汇报，4号。
Norin E.，1924，The Lithological character of the Permian Sediment of the Angara series in Centrical Shansi，N. China. Geol，Foren，Stockholm Forh Bd 46，H1—2
Frank A. Herald，F. G. clapp，W. L. 1915，陕北地质图（1:100万）。
Norin E.，1924，An Algonkian Continental Sedimentary Formation in W. Shansi. Bull. Soc. China. Vol Ⅱ.
Pumpelly，R.，1866，Geological researches in China，Mongolia，and Japan，Smithsonian contrib to，knowledge，202，Washington.
Richthofen，F.，1882，China，Vol. 2，Berlin.
Stockman，Fet Mathieu，F. F.，1941，Contribution be la stratigraphie ef de la Tectonigue du Jurassigue a couches，de houille la Chine Septentrionalc，Mus. Roy Hist. Nat. Belgiegu.
Wills，B. Blackwelder，E. Sargen，H，1907，Reaserch in China，vol. 1，pt. 1 chapter，6.
Young，C. C.，1937，An Early Tertiary Vertebrata Fauna from Yuanchu. Bull. Geol. Soc. China，17（3—4）.
Young，C. C.（杨钟健），1934，A Review of the Early Tertiary Formation of China. Bull. Geol. Soc. China. Vol. 13.
Zdansky，O.，1930，Die Alttertiaren Saugetiere Chinas Nebst Stratigarphischen Bemerkungen. Palaeont.，Sinica，6（2）.

地质图说明书及区测（调）报告

北京地质学院山西实习大队，1961，1:20万静乐幅、离石幅地质报告。
河北省地质局区测大队，1969，1:20万天镇幅地质图说明书。
贡凤文，1978，山西的寒武系，山西省1:20万断代地层总结。山西省地矿局区调队。
贡凤文等，1984，山西省灵丘、广灵一带中、上元古界。
顾守礼，1979，山西的奥陶系，山西省1:20万断代地层总结。山西省地矿局区调队。
河北省地质局区测大队（王启超，陈伯延等），1966，1:20万阜平幅地质图说明书。
河北省地质局区测大队（王启超，陈伯延等），1969，1:20万广灵幅地质图说明书。
河北省地质局区测大队，1968，1:20万高邑幅地质图说明书。
河南省地质局区测队（关保德等），1964，1:20万洛阳幅区测报告。
内蒙古地质局区测队，1973，1:20万凉城幅区测报告（地质部分）。
山西地质局区测队，1969，1:20万大同幅地质图说明书。
山西区调队、科研队、测绘队（齐允荣主编），1974，山西省地质图说明书（1:50万）。
山西省地矿局区调队，1979，1:20万榆次幅区域地质调查报告（地质部分）。
山西省地矿局区调队，1979，1:20万平鲁幅区域地质调查报告（地质部分）。
山西省地矿局区调队，1978，1:20万侯马幅、韩城幅区域地质调查报告（地质部分）。
山西省地矿局区调队，1980，1:20万柳林幅、紫金山幅区域地质调查报告（地质部分）。
山西省地质局区调队（杨斌全等），1972，1:20万运城、三门峡幅地质图说明书。

山西省地质局区调队，1965，1:20万阳泉幅地质图说明书。

山西省地质局区调队，1975，1:20万汾阳幅、平遥幅区域地质调查报告（地质部分）。

山西省地质局区调队，1976，1:20万临汾幅、沁源幅区域地质调查报告（地质部分）。

山西省地质局区调队（王柏林、王立新等），1971，1:20万浑源幅地质图说明书。

山西省地质局区调队，1972，1:20万忻县幅、原平幅地质图说明书。

山西省地质局区调队，1972，1:20万左权幅、长治幅地质图说明书。

山西省地质局区调队（武铁山，徐朝雷，张居星等），1967，1:20万平型关幅地质图说明书。

山西省地质局区调队，1977，1:20万晋城幅、陵川幅区域地质调查报告（地质部分）。

山西省地质局区调队（张瑞成，檀依洛等），1965，1:20万盂县幅区域地质调查报告（地质部分）。

山西省地质局区调队（武铁山、徐朝雷等），1972，1:20万离石幅地质图说明书。

山西省地质局区调队（武铁山，徐朝雷等），1972，1:20万静乐幅地质图说明书。

王柏林、张志存，1983，山西的石炭系，山西省1:20万断代地层总结。山西省地矿局区调队。

王立新，1983，山西的三叠系，山西省1:20万断代地层总结。山西省地矿局区调队。

王守义，1984，山西的侏罗系及白垩系，山西省1:20万断代地层总结。山西省地矿局区调队。

王兴武等，1983，山西的晚新生代地层，山西省1:20万断代地层总结。山西省地矿局区调队。

王竹泉，1926，1:100万太原榆林幅地质图说明书。

吴雅颂、王兴武，1978，山西的近期玄武岩，山西省1:20万断代地层总结。山西省地矿局区调队。

武铁山，1979，山西的震旦系，山西省1:20万断代地层总结。山西省地矿局区调队。

武铁山、萧素珍、王守义，1988，山西省沉积地层的岩石地层单位划分。山西省地矿局区调队。

武铁山、吕华荣、李忠和，1984，山西省前寒武纪花岗岩，山西省1:20万断代地层总结。山西省地矿局区调队。

萧素珍、靳俊奎，1982，山西的二叠系，山西省1:20万断代地层总结。山西省地矿局区调队。

徐朝雷，1978，山西的滹沱系，山西省1:20万断代地层总结。山西省地矿局区调队。

徐朝雷，1986，山西省五台系，山西省1:20万断代地层总结。山西省地矿局区调队。

杨国礼，1983，山西的下第三系，山西省1:20万断代地层总结。山西省地矿局区调队。

周宝和，1983，山西省基性侵入岩。山西省1:20万区调岩浆岩总结。山西省地矿局区调队。

附录1 山西省地层数据库的建库情况及功能介绍

地层数据库的研制和建库工作是随地矿部“八五”期间设立《全国地层多重划分对比研究》项目同时开展的，其指导思想和研究内容与全国地层清理工作的有关文件要求基本一致，建立地层数据库的目的就是要为全国区域地质调查和基础地质研究工作服务，巩固地层清理的成果，避免今后使用地层单位的混乱现象。使我国地层研究和管理走向科学化、信息化，并与国际地层学研究工作接轨。

省级地层数据库是地矿部专项地勘科技项目（编号：DZ1992-01）《全国地层数据库》的一个重要组成部分，它既是全国地层数据库的一个基本子库，同时又是一个独立、完整的省级地层数据库。

省级数据库按照全国地层数据库的统一要求，以岩石地层单位为基本单元建库，以全国地层清理项目办统一制定的五张地层剖面数据卡片为数据采集源。其数据采集、数据库信息管理、检索及查询软件是以《全国地层数据库》项目组提供的软件和标准进行的。有关全国地层数据库的情况，请参见《全国地层数据库》专题报告。

一、地层数据库的建库情况

1. 组织管理

负责建立本省地层数据库的单位：山西省地矿局区调队。

使用的机型：Conpaq 486/33i 主机、Star CR3240 打印机。

本省地层数据库建库人员名单：方立鹤、孙春娟。

本省地层数据库数据卡片拟编、审核、校对人员：武铁山、徐朝雷、吴洪飞、郭立卿、李瑞生、郝锦华、刘沛会等。

2. 工作过程

卡片录入工作始于1994年2月至1994年10月，按计划完成了第一阶段的任务，将地层清理的原始数据卡片全部输入数据库。1995年，再次进行了检查和修改。

3. 完成录入工作量

建议使用的岩石地层单位卡片（卡Ⅰ、Ⅱ、Ⅲ、Ⅴ）230套

其中：群级29个；组级160个（新建2个）；段级41个（新建3个）。

各断代（纪）地层单位数：

早前寒武纪：103个；晚前寒武纪：34个；寒武—奥陶纪：11个；石炭—三叠纪：20个；侏罗—白垩纪：25个；早第三纪—第四纪：37个。

岩石地层单位剖面536条（其中：174条正层型；7条副层型；5条选层型；2条新层型；346条参考剖面）。

建议停止使用的岩石地层单位卡片191套（卡Ⅰ、Ⅳ、Ⅴ）

全部数据占用外存空间约5兆，分放5张1.2M 软盘（5.25inch）

二、地层数据库功能介绍

地层数据库主要由三部分组成。(1) 数据采集系统：包括对原始数据的录入、编辑、查错及地层信息检索、数据库字典查询、文献检索、地层单位数据文件管理等功能；(2) 数据处理系统：包括地层卡片的输出、地层数据库各类信息的查询检索及汇总制表、岩石地层单位的监控等功能；(3) 扩充部分接口，为地层数据库以后的进一步开发留有接口。

1. 系统运行环境

(1) DOS 版本 软件支撑环境：DOS 3.30以上；Microsoft C 6.0；PTDOS 2.0；

FoxPro 2.0

硬件运行环境：286以上主机；VGA 显示器；LQ-1600K 或其它24针打印机

(2)Windows 版本　软件支撑环境：Windows 3.1；Borland C++ 3.1；中文之星 1.2Foxpro for Windows 2.5；MS-DOS 5.0以上

硬件运行环境：386、486主机（内存≥4M，硬盘≥100M)；VGA 显示器 LQ-1600K 或其它24针打印机

2. 数据采集模块功能

(1) 选择“省份”、“地层单位”

(2) 地层单位数据录入情况查询

(3) 卡片Ⅰ数据录入与修改（可选择按编号、创名时间、汉语拼音等顺序）

(4) 卡片Ⅱ数据录入与修改

(5) 卡片Ⅲ数据录入与修改

(6) 卡片Ⅳ剖面信息数据录入与修改

(7) 卡片Ⅳ剖面文字描述数据录入与修改

(8) 卡片Ⅳ柱状图数据录入与修改

(9) 卡片Ⅳ化石数据录入与修改

(10) 卡片Ⅳ分布特征数据录入与修改

(11) 卡片Ⅳ数据检查整理

(12) 卡片Ⅴ数据录入与修改

(13) 地层单位数据文件备份

(14) 地层单位数据文件入库

(15) 地层单位数据文件转换

(16) 省级库数据检索

(17) 数据库字典查询

(18) 省级文献库查询与修改

3. 卡片输出模块功能

(1) 选择省份

(2) 选择输出的地层单位

(3) 卡片封面输出

(4) 卡片Ⅰ输出：屏幕或打印机输出卡片

(5) 卡片Ⅱ输出（图形）

(6) 卡片Ⅲ柱状对比图输出（图形）

(7) 卡片Ⅲ岩石地层单位分布图输出

可选择绘制地名级别：(在地理底图上标出地名）1—省会；2—地市以上；3—县级以上。

可选择绘制图框类型：1—经纬框（地理底图上加画经纬框)；2—方框（地理底图上只画图框)；3—不加框（地理底图上不画图框)。

图中各剖面的分布位置采用不同的符号表示其层型：三角形代表参考剖面、方形代表新层型剖面、方形中央的“+”代表正层型、“—”代表副层型、“X”代表选层型。

(8) 卡片Ⅳ剖面文字描述表格输出

(9) 卡片Ⅳ剖面图输出（图形）

(10) 卡片Ⅴ输出

4. 地层信息检索模块功能

4.1　检索条件（一级）

(1) 选择省份——选择检索的区域范围

(2) 选择大区——选择检索的区域范围

(3) 选择经纬度——选择检索的区域范围

(4) 选择断代［纪］——选择检索的时间范围

(5) 地质年代数码转换—地质年代数据进行数码转换，是进行时间范围检索的必要条件

(6) 输出方式选择 1—显示方式：将检索结果显示在屏幕上；2—打印方式：将检索结果在打印机上输出；3—文件方式：将检索结果表格文件以用户给定的文件名记盘。

(7) 输出栏目选择 1—地层单位表格；2—地层剖面表格；3—文献表格

选择以上表格的输出栏目，依使用者的要求挑选所需的制表栏目序号，及每页的行数。

4. 2. 地层单位信息检索（二级检索条件）

(1) 所有地层单位：检索出满足选定时间和区域条件的地层单位

(2) 正式地层单位：检索出满足选定时间和区域条件的正式地层单位

(3) 仃止使用地层单位：检索出满足选定时间和区域条件的停止使用地层单位

(4) 地层单位名称：检索出与指定地层单位名称相同的地层单位

(5) 地层单位名称（拼音）：检索出与指定拼音相同的地层单位

(6) 地层单位编号：检索出与指定地层单位编号相同的地层单位

(7) 地层单位代号：检索出与指定地层单位代号相同的地层单位

(8) 同物异名：检索出与指定名称相同的同物异名地层单位

(9) 同名异物：检索出与指定名称相同的同名异物地层单位

(10) 同物异名/同名异物：检索出有同物异名或同名异物的地层单位

(11) 输出剖面分布图：输出当前检索内容的地层单位的剖面分布图

4. 3. 剖面信息检索（二级检索条件）

(1) 所有剖面：检索出满足选定时间和区域条件的地层剖面

(2) 所有正层型：检索出满足选定时间和区域条件的正层型

(3) 所有副层型：检索出满足选定时间和区域条件的副层型

(4) 所有选层型：检索出满足选定时间和区域条件的选层型

(5) 所有新层型：检索出满足选定时间和区域条件的新层型

(6) 所有次层型：检索出满足选定时间和区域条件的次层型

(7) 剖面名称：检索出与指定剖面名称相同的地层剖面

(8) 剖面编号：检索出与指定剖面编号相同的地层剖面

(9) 剖面化石名称（中文）：检索剖面上化石分类的中文名称

(10) 剖面其它信息：检索剖面图上已录入的下列信息：

化石（拉丁文）：检索指定化石名称所在的剖面

生物地层带：检索指定生物地层带所在的剖面

颜　　色：检索含有指定颜色的剖面

磁 极 性：检索含有磁极性内容的所有剖面

化学特征：检索含有化学特征内容的所有剖面

矿　　物：检索含有矿物内容的所有剖面

矿　　产：检索含有矿产内容的所有剖面

变 质 相：检索含有变质相内容的所有剖面

（注意：不对文字描述的内容进行检索）

(11) 某地层单位正层型：检索出指定地层单位的正层型

(12) 输出剖面分布图：输出当前检索内容的剖面分布图

4. 4. 参考文献目录检索（二级检索条件）

(1) 作者：按指定作者检索文献目录

(2) 时间：按指定发表时间检索文献目录

(3) 书名（论文题目）：按指定书名检索文献目录

(4) 作者＋时间：按指定作者及发表时间检索文献目录

(5) 断代［纪］：按选定的地质年代范围，检索有关地层单位所涉及的文献目录

(6) 某地层单位文献：按地层单位检索文献目录

(7) 文献引用情况：指定某一文献所在的省码及文献库的记录号，检索该文献在本省的引用情况（创名或引用）

5. 地层单位监控模块功能

对新建地层单位进行命名监控

(1) 同名的监控：检索出与指定地层单位名称相同的地层单位

(2) 同音的监控：检索出与指定地层单位名称（拼音）相同的地层单位

(3) 同编号的监控：检索出与指定地层单位名称相同的地层单位

(4) 同代号的监控：检索出与指定地层单位名称相同的地层单位

(5) 有效性的监控：检索出与新建地层单位的经纬度邻近的剖面，供科研人员对比研究。

三、地层数据库的维护与功能扩充

1. 数据库的维护

省级数据库是全国地层数据库的基础，随着地质工作的深入，必须对地层数据库进行扩充与维护，并及时与全国库进行信息交流，以保证省库与全国库的数据一致性。

今后负责管理维护地层数据库的单位：山西省地矿局区调队。

2. 功能扩充

地层数据库的建立，是逐步实现地层学研究和地层单位划分的建立、命名、定义、修订及停用等管理的规范化、现代化。有待开发的功能。

扩大花纹库：鉴于目前GB花纹图形不全，不能反映各种岩性特征。例如，我省早前寒武系地层中大量出露的斜长角闪岩，花纹库中竟没有，以致无法真实地反映其在地层柱中的特征。又如黑云斜长片麻岩，也属这种情况。所以，应该增加GB花纹图形库。或者配备相应软件，使各省可以根据各自的具体特点，增加图形，使之能满足本省地层岩性的需要。

附录Ⅱ　山西省采用的岩石地层单位

序号	岩石地层单位名称		卡片编号	代号	地质年代	创　名　人	创建时间	所在省	在本书页数
	英文	汉　文							
1	Aojiatan Fm.	奥家滩（岩）组	14-0228	Ar_1a	Ar_2	北京地质学院山西实习大队	1960	山西	56
2	Baicaoping Fm	白草坪组	14-0118	Ch_2bc	Pt_2	韩影山、阎廉泉	1952	河南	106
3	Bailongshan Fm	白龙山组	14-0155	Pt_1b	Pt_1	北京地质学院山西实习大队	1961	山西	69
4	Baishuihe Mem	白水河段	14-0052	E_3x^b	E_3	雷奕振（周明镇）	1965（1973）	山西	269
5	Banyukou Fm.	板峪口（岩）组	14-0217	Pt_1/Ar_3b	Pt_1/Ar_3	王启超、陈伯延	1966	河北	48
6	Baode Fm	保德组	14-0064	N_2b	N_2	Chardin、杨钟健	1930	山西	278
7	Baofengzhai Mem	宝峰寨段**	14-0098	Ch_3g^b	Pt_2	武铁山	1993	山西	129
8	Baizhiyan Fm	柏枝岩组	14-0195	Ar_3b	Ar_3	晋北铁矿队（杨振升、李树勋、冀树楷等）	1980（1982）	山西	17
9	Beidajian Fm	北大尖组	14-0117	Ch_2bd	Pt_2	韩影山、阎廉泉	1952	河南	108
10	Beidaxing Fm	北大兴组	14-0134	Pt_1b	Pt_1^2	白瑾、武铁山	1964	山西	42
11	Beiliangshang Mem	北梁上段*	14-0026	J_2t^b	J_2	王守义	1988	山西	234
12	Bizigou Fm	篦子沟组	14-0171	Pt_1b	Pt_1	白瑾	1959	山西	80
13	Caohuan Mem	曹虎庵段*	14-0042	JKy^c	J_3-K_1	王守义	1988	山西	251
14	Cetian Basalt	册田玄武岩**	14-0078	$ct\beta^c$	Q_3	武铁山	1994	山西	309
15	Chafanzi Mem	茶坊子段	14-0100	$Ch_3g^{\hat{c}}$	Pt_2	杨开庆（全国地层委员会）	1952（1964）	山西	127
16	Chahushan Mem	茶壶山段*	14-0108	$Ch_2\hat{c}^{\hat{c}}$	Pt_2	武铁山	1988	山西	120
17	Changshushan Fm.	长树山（岩）组	14-0226	$Ar_2\hat{c}$	Ar_2	武铁山、徐朝雷	1967	山西	57
18	Changzhougou Fm	常州沟组	14-0105	$Ch_2\hat{c}$	Pt_2	蓟县震旦系现场学术讨论会	1964（1965）	天津	117
19	Chaomidian Fm	炒米店组	14-0086	$\in O\hat{c}$	$\in_3$—O_1	Willis，Blackwelder	1907	山西	153
20	Chengdaogou Fm	程道沟组	14-0154	$Pt_1\hat{c}$	Pt_1	北京地质学院山西实习大队	1961	山西	69
21	Chenjiashan Fm	陈家山组	14-0167	$Pt_1\hat{c}j$	Pt_1	张尔道	1961（1965）	山西	83
22	Chijianling Fm.	赤坚岭（岩）组	14-0206	$Ar_3\hat{c}$	Ar_3	沈其韩	1959	山西	63
23	Chuanlinggou Fm	串岭沟组	14-0104	$Ch_2\hat{c}l$	Pt_2	高振西、熊永先、高平	1934	天津	122
24	Cuizhuang Fm	崔庄组	14-0116	$Ch_2\hat{c}$	Pt_2	韩影山、阎廉泉	1952	河南	110
25	Dabeigou Fm	大北沟组	14-0037	J_3d	J_3—K_1	河北地矿局第二区调队	1975	河北	245
26	Dagou Fm	大沟组	14-0068	$Q_p{}^1d$	Q_p^1	曹家欣	1973	山西	301
27	Daguanshan Fm	大关山组	14-0136	Pt_1d	Pt_1^2	白瑾、苏泳军等	1964	山西	40

注：创名人栏（　）内为介绍人，创建时间栏（　）内为介绍时间；

* 此次地层对比研究前已创名和使用，但尚未在公开刊物上发表，而拟建议使用的；

** 此次地层对比研究中新创的。

序号	岩石地层单位名称		卡片编号	代号	地质年代	创名人	创建时间	所在省	在本书页数
	英文	汉文							
28	Dagushi Fm	大古石组	14-0124	Ch_1d	Pt_2	关保德等	1964	河南	98
29	Dahe Fm	大河组*	14-0110	Ch_2d	Pt_2	武铁山	1988	山西	116
30	Dahongyu Fm	大红峪组	14-0101	Ch_2d	Pt_2	高振西、熊永先、高平	1934	天津	123
31	Daligou Fm	大梨沟组*	14-0176	Ar/Pt*d*	Ar/Pt	山西地矿局214队	1993	山西	88
32	Danshanshi Gr	担山石群	14-0162	Pt_1D	Pt_1^3	马杏垣（孙大中）	1957 (1959)	山西	84
33	Daqiang Fm	大墙组	14-0061	N_2d	N_2	喻正麒等	1976	山西	295
34	Datong Fm	大同组	14-0022	J_2d	J_2	张席禔	1936	山西	227
35	Dianfangtai Fm.	店房台（岩）组*	14-0220	Ar*d*	Ar	赵祯祥、赵华等	1991	山西	49
36	Dingcun Fm	丁村组	14-0071	Qp^3d	Qp^3	裴文中等	1958	山西	284
37	Diaowangshan Fm	雕王山组	14-0128	Pt_1d	Pt_1^3	白瑾、武铁山	1964	山西	47
38	Dongshuigou Fm.	东水沟（岩）组**	14-0205	Ar_3d	Ar_3	徐朝雷	1984	山西	62
39	Dongye Gr	东冶群	14-0132	Pt_1D	Pt_1^2	Willis	1907	山西	40
40	Doucun Gr	豆村群	14-0141	Pt_1D	Pt_1^1	Willis	1907	山西	31
41	Dujiagou Fm	杜家沟组	14-0201	Ar_3d	Ar_3	武铁山等	1967	山西	62
42	Ermaying Fm	二马营组	14-0015	T_2e	T_2	刘鸿允等	1959	山西	197
43	Fanjiajiao Mem	范家峧段*	14-0107	$Ch_2\hat{c}^f$	Pt_2	武铁山等	1988	山西	120
44	Fanzhi（Basalt）Fm	繁峙（玄武岩）组	14-0054	$E_{2-3}f$	E_{2-3}	王竹泉	1926 (1979)	山西	271
45	Fenhe Fm	汾河组	14-0080	Qf	Q	张士亚等	1978	山西	305
46	Fuping Gr.	阜平（岩）群	14-0220	Ar_2F	Ar_2	杨杰	1936	河北	11
47	Gaofan Gr.	高繁群	14-0183	Ar_3G	Ar_3	砂河会议	1981	山西	24
48	Gaoyuzhuang Fm	高于庄组	14-0096	Ch_3g	Pt_2	高振西、熊永先、高平	1934	山西	127
49	Gedacun Mem	圪瘩村变火山岩段*	14-0180	*gd*	Ar/Pt_1	徐朝雷	1980	山西	88
50	Gelaoshan Basalt	阁老山玄武岩**	14-0079	glβ	Q_3	武铁山	1994	山西	310
51	Guojiazhai Fm	郭家寨群	14-0127	Pt_1GJ	Pt_1	白瑾、武铁山	1964	山西	45
52	Guquanshan Fm	谷泉山组	14-0145	Pt_1g	Pt_1	武铁山、徐朝雷	1967	山西	31
53	Gushan Fm	崮山组	14-0087	$\in_3g$	$\in_{3-1}$	Willis. Blackwelder	1907	山东	151
54	Hangaoshan Gr	汉高山群	14-0125	Ch_1H	Ch_1	Norin	1924	山西	137
55	Hannouba (Basalt) Fm	汉诺坝（玄武岩）组	14-0055	N_1h	N_1	Barbau（巴尔博）	1929	河北	306

序号	岩石地层单位名称		卡片编号	代号	地质年代	创名人	创建时间	所在省	在本书页数
	英文	汉文							
56	Hebiancun Fm	河边村组	14-0138	Pt_1h	Pt_1^2	白瑾等	1964	山西	38
57	Heichashan Gr	黑茶山群	14-0152	Pt_1H	Pt_1^3	沈其韩	1959	山西	70
58	Heishanbei Fm	黑山背组	14-0129	Pt_1^3h	Pt_1^3	白瑾、武铁山	1964	山西	46
59	Heiyazhai Fm.	黑崖寨（岩）组	14-0227	Ar_2hy	Ar_2	武铁山	1967	山西	57
60	Hejiawan Fm	贺家湾组	14-0223	Ar_2h	Ar_2	徐朝雷、徐有华	1985	山西	53
61	Henglingguan Gr	横岭关群	14-0214	Ar_3H	Ar_3	马杏垣	1957	山西	74
62	Heshanggou Fm	和尚沟组	14-0014	T_1h	T_1	刘鸿允等	1957	山西	194
63	Hongmenyan Fm	鸿门岩组	14-0189	Ar_3h	Ar_3	武铁山、张居星	1967	山西	20
64	Hongqiang Men	红墙段	14-0025	J_2t^h	J_2	王守义	1985	山西	234
65	Hongshitou Fm.	红石头（岩）组*	14-0131	$Pt_1h\hat{s}$	Pt_1^3	徐朝雷，靳永久	1993	山西	48
66	Houshancun Fm	后山村组	14-0213	Ar_3h	Ar_3	徐致信等	1983	山西	76
67	Huacheling Fm	滑车岭组	14-0191	$Ar_3h\hat{c}$	Ar_3	刘德佑	1980	山西	23
68	Huaketou Mem	化客头段	14-0007	$P\hat{s}^h$	P_2	武铁山、萧素珍等	1988	山西	185
69	Huayincun Fm	槐荫村组	14-0135	Pt_1hy	P_1	白瑾、苏泳军等	1964	山西	41
70	Huoshan (Sandstone) Fm	霍山（砂岩）组	14-0083	$\in h$	$\in_1—\in_3$	山根新次	1924	山西	146
71	Hutian Mem	湖田段	14-0002	CPt^h	$C_2—P_1$	关士聪、张文堂等*	1952	山东	179
72	Hutuo Supergr	滹沱超群	14-0126	Pt_1HT	Pt_1	Richthofen	1874	山西	26
73	Huzigou Mem	狐子沟段**	14-0097	Ch_3g^h	Pt_2	武铁山	1993	山西	130
74	Jianancun Fm	建安村组	14-0137	Pt_1j	Pt_1^2	白瑾、苏泳军等	1963	山西	39
75	Jiangdaogou Fm	绛道沟组	14-0177	Ar/Ptj	Ar/Pt	徐朝雷	1980	山西	87
76	Jiangxian Supergr	绛县超群	14-0207	Ar_3JX	Ar_3	白瑾	1962	山西	71
77	Jidanping Fm	鸡蛋坪组	14-0122	Chj	Pt_2	关保德等	1964	山西	100
78	Jiehekou Gr	界河口群	14-0222	Ar_2J	Ar_2	北京地质学院山西实习大队	1960	山西	52
79	Jiepailiang Fm	界牌梁组	14-0174	Pt_1j	Pt_1	白瑾	1959	山西	79
80	Jingangku Fm	金岗库组	14-0199	Ar_3j	Ar_3	武铁山、张居星	1967	山西	13
81	Jingle Fm	静乐（红土）组	14-0065	N_2j	N_2	Chardin、杨钟健	1930	山西	279
82	Jinzhouying Fm	近周营组	14-0202	Ar_3j	Ar_3	北京地质学院山西实习大队	1960	山西	61
83	Jiulongshan Fm	九龙山组	14-0027	J_2j	J_2	叶良辅等	1920	北京	237
84	Kehe Fm	匼河组	14-0070	Qp^2k	Qp^2	贾兰坡等	1962	山西	283

序号	岩石地层单位名称		卡片编号	代号	地质年代	创名人	创建时间	所在省	在本书页数
	英文	汉文							
85	Kuantan Fm	宽滩组	14-0151	Pt_1k	Pt_1	胡学智等	1989	山西	30
86	Lanhe Gr	岚河群	14-0157	Pt_1L	Pt_1	武铁山、徐朝雷等	1967	山西	63
87	Laotangou Fm	老潭沟组	14-0192	Ar_3lt	Ar_3	王启超、陈伯延	1965	山西	21
88	Liangjiaocun Fm	两角村组	14-0160	Pt_1l	Pt_1	沈其韩	1959	山西	65
89	Liangjiashan Fm	亮甲山组	14-0084	O_1l	O_1	叶良辅、刘季辰	1919	河北	156
90	Libagou Mem	篱笆沟变火山岩段*	14-0179	lb	Ar_3/Pt_1	徐朝雷	1980	山西	87
91	Lishi (loess) Fm	离石（黄土）组	14-0074	Qp^2l	Qp^2	刘东生、张宗祜	1962	山西	281
92	Liudingsi Gr	刘定寺群	14-0186	Pt_1L	Pt_1^2	孙健初	1928	山西	35
93	Liujiagou Fm	刘家沟组	14-0013	T_1l	T_1	刘鸿允等	1959	山西	192
94	Liulinhe Fm	刘林河组	14-0053	E_3l	E_3	山西省区测队	1972	山西	271
95	Longjiayuan Fm	龙家园组	14-0113	Jxl	Pt_2	秦岭区测队	1959	陕西	112
96	Longyu Fm	龙峪组	14-0173	Pt_1ly	Pt_1	孙大中	1959	山西	79
97	Louzeyu Fm	楼则峪组	14-0060	Qp^1l	Qp^1	王兴武、郭立卿等	1975	山西	294
98	Luanshicun Fm	乱石村组	14-0158	$Pt_1l\hat{s}$	Pt_1	北京地质学院山西实习大队	1961	山西	67
99	Lujiaomiao Fm	鹿角庙组	14-0150	Pt_1l	Pt_1	胡学智等	1989	山西	30
100	Luliang Gr	吕梁群	14-0200	Ar_3L	Ar_3	北京地质学院山西实习大队	1961	山西	58
101	Luonan Gr	洛南群	14-0112	JxL	Pt_2	武铁山	1979	陕西	112
102	Luoquan Fm	罗圈组	14-0111	Z_2l	Pt_3	刘长安、林蔚兴	1961	河南	113
103	Luotuobozi Mem	骆驼脖子段	14-0006	P_s^1	P_1	Norin	1922	山西	184
104	Luotuofeng Fm	驼驼峰组	14-0209	Ar_3l	Ar_3	余致信等	1983	山西	78
105	Luoyukou Fm	洛峪口组	14-0115	Ch_2l	Pt_2	韩影山、阎廉泉	1952	河南	111
106	Luzigou Fm	芦子沟组	14-0063	N_2l	N_2	Zdansky	1923	山西	276
107	Luzuitou Fm	芦咀头组	14-0190	Ar_3lz	Ar_3	武铁山、张居星	1967	山西	19
108	Majiagou Fm	马家沟组	14-0081	$O_{1-2}m$	O_{1-2}	Grabau	1922	河北	158
109	Majiahe Fm	马家河组	14-0121	Ch_1m	Pt_2	关保德等	1964	山西	101
110	Malan (loess) Fm	马兰（黄土）组	14-0075	Qp^3m	Q_p^3	Andersson	1923	北京	282
111	Mantou Fm	馒头组	14-0089	$\in m$	$\in_{1-2}$	Willis、Blackwelder	1907	山东	147
112	Mazishan Fm	麻子山组	14-0193	Ar_3m	Ar_3	胡学智、赵瑞根	1989	山西	21
113	Mengliangyao Mem	孟良窑变火山岩段*	14-0178	ml	Ar_3/Pt_1	徐朝雷	1980	山西	89

序号	岩石地层单位名称		卡片编号	代号	地质年代	创名人	创建时间	所在省	在本书页数
	英文	汉文							
114	Menli Fm	门里组	14-0046	$E_{1-2}m$	E_{1-2}	山西省区测队	1972	山西	261
115	Mohe Fm	磨河组	14-0184	Ar_3m	Ar_3	沈亦为等	1984	山西	26
116	Mugua Fm	木瓜组	14-0069	Q_p^1m	Q_p^1	曹家欣	1973	山西	302
117	Mushanling Fm	木山岭组	14-0147	Pt_1m	Pt_1^1	武铁山、徐朝雷	1967	山西	29
118	Nandaxian Fm	南大贤组	14-0142	Pt_1^1n	Pt_1	武铁山、徐朝雷	1967	山西	34
119	Nanjing Mem	南井段*	14-0103	Ch_3d^n	Pt_2	武铁山	1988	山西	124
120	Nantai Gr	南台群	14-0146	Pt_1N	Pt_1	Willis	1904	山西	26
121	Nihewan Fm	泥河湾组	14-0230	Qpn	Qp	Barbour	1924	河北	303
122	Niuhuan Fm.	牛还（岩）组	14-0218	Arn	Ar	王柏林、王立新	1967	山西	50
123	Pandaoling Fm	盘道岭组	14-0144	Pt_1p	Pt_1^1	武铁山，徐朝雷	1967	山西	33
124	Peijiazhuang Fm	裴家庄组	14-0203	Ar_3p	Ar_3	武铁山、徐朝雷等	1967	山西	60
125	Pengtougou Mem	彭头沟段	14-0031	J_3t^p	J_3	孟令山	1981	山西	241
126	Pingdingshan Mem	平顶山段	14-0010	$P\hat{s}^p$	P_2	中南地质局平顶山勘探队	1956	河南	188
127	Pinglu Gr	平陆群	14-0045	EP	E	三门峡勘探总队	1959	山西	261
128	Pingtouling Fm	平头岭组	14-0216	Ar_3p	Ar_3	白瑾等	1961	山西	74
129	Podi Fm	坡底组	14-0047	E_2p	E_2	山西省区测队	1972	山西	265
130	Qiangfengling Mem	抢风岭段	14-0033	$J_3\hat{z}^q$	J_3	王竹泉	1926	山西	244
131	Qianmazong Fm	前马宗组	14-0161	Pt_1qm	Pt_1	武铁山、徐朝雷等	1967	山西	64
132	Qingshicun Fm	青石村组	14-0140	Pt_1q	Pt_1	白瑾	1964	山西	35
133	Qingyanggou Fm.	青杨沟（岩）组	14-0187	Ar/Ptq	Ar/Pt	武铁山、徐朝雷	1972	山西	70
134	Qingyangshuwan Fm	青杨树湾组	14-0156	Pt_1qy	Pt_1	北京地质学院山西实习大队	1961	山西	67
135	Renjianao Fm	任家垴组	14-0058	N_2r	N_2	王兴武、郭立卿	1975	山西	291
136	Ruqu Fm	茹去组	14-0229	J_3r	J_3	武铁山	1979	山西	235
137	Ruyang Gr	汝阳群	14-0114	Ch_2R	Pt_2	金守文	1976	河南	103
138	Sanshanzi Fm	三山子组	14-0082	$\in Os$	$\in_3—O_1$	谢家荣	1932	江苏	156
139	Shajinhe Fm	沙金河组	14-0163	$Pt_1\hat{s}$	Pt_1	朱士兴、柴东浩、皇甫泽民	1975	山西	86
140	Shanxi Fm	山西组	14-0004	$CP\hat{s}$	$C_2—P_1$	Willis、Blackwelder	1907	山西	176
141	Shenxiannao Fm	神仙垴组	14-0143	$Pt_1\hat{s}x$	Pt_1	武铁山、徐朝雷	1967	山西	33
142	Shenyan Mem	神岩段*	14-0009	$P\hat{s}^s$	P_2	武铁山、萧素珍等	1988	山西	188

序号	岩石地层单位名称		卡片编号	代号	地质年代	创名人	创建时间	所在省	在本书页数
	英文	汉文							
143	Shihezi Fm	石盒子组	14-0005	$P\hat{s}$	P_{1-2}	Norin	1922	山西	180
144	Shiqianfeng Gr	石千峰群	14-0011	$PT\hat{S}$	P_2^2—T_1	Norin	1922	山西	189
145	Shiqiangzi Mem	石墙子段*	14-0036	J_3d^s	JK	王守义	1988	山西	248
146	Shiyaoao Fm	石窑凹组	14-0159	$Pt_1\hat{s}$	Pt_1	武铁山、徐朝雷等	1967	山西	65
147	Shiyu Fm	峙峪组	14-0072	$Qp^3\hat{s}$	Qp^3	贾兰坡等	1972	山西	285
148	Shizui Gr	石咀群	14-0194	$Ar_3\hat{S}$	Ar_3	Willis	1907	山西	13
149	Shouyangshan Fm	寿阳山组	14-0148	$Pt_1\hat{s}$	Pt_1^1	武铁山、徐朝雷	1967	山西	29
150	Shuiyingou Mem	水银沟变火山岩段*	14-0181	sy	Ar_3/Pt_1	徐朝雷	1980	山西	88
151	Shujinggou Fm	竖井沟组	14-0211	$Ar_3\hat{s}$	Ar_3	余致信等	1983	山西	77
152	Sijizhuang Fm	四集庄组	14-0149	Pt_1s	Pt_1^1	武铁山、徐朝雷	1967	山西	27
153	Sinao Mem	寺堖段*	14-0106	$Ch_2\hat{c}^s$	Pt_2	武铁山等	1988	山西	121
154	Songjiashan Gr	宋家山群	14-0175	Ar/PtS	Ar/Pt	杨斌全等	1972	山西	86
155	Sunjiagou Fm	孙家沟组	14-0012	P_2s	P_2^2	刘鸿允等	1959	山西	191
156	Taihuai Gr	台怀群	14-0188	Ar_3T	Ar_3	杨杰	1936	山西	19
157	Taiyuan Fm	太原组	14-0003	CPt	C_2—P_1	翁文灏、Grabau	1922	山西	170
158	Taozhang Mem	套掌段*	14-0102	Ch_3d^t	Pt_2	武铁山	1988	山西	124
159	Tianchihe Fm	天池河组	14-0024	J_2t	J_2	武铁山等	1979	山西	234
160	Tianlongsi Mem	天龙寺段	14-0008	$P\hat{s}^t$	P_2	山西省地矿局212地质队	1991	山西	186
161	Tianpengnao Fm	天蓬堖组	14-0133	Pt_1t	Pt_1^2	徐朝雷、武铁山	1967	山西	44
162	Tiaojishan Fm	髫髻山组	14-0028	J_2t	J_2	叶良辅等	1920	北京	238
163	Tongao Fm	铜凹组	14-0215	Ar_3t	Ar_3	山西地矿局214队	1984	山西	74
164	Tongkuangyu Gr	铜矿峪群	14-0208	Ar_3Tk	Ar_3	马杏垣	1957	山西	75
165	Tongziya Mem	童子崖段**	14-0099	Ch_3g^t	Pt_2	武铁山	1993	山西	129
166	Tuchengzi Fm	土城子组	14-0029	J_3t	J_3	林朝棨	1942	辽宁	239
167	Tuoyang Fm	沱阳组*	14-0077	Qht	Q_h	武铁山、郭立卿	1994	山西	288
168	Wanghu Fm	望狐组*	14-0093	Qnw	Pt_3	武铁山	1979	山西	135
169	Wangjiagou Mem	王家沟段	14-0041	JKy^w	J_3-K_1	王守义	1988	山西	250
170	Wenshan Fm	纹山组	14-0139	Pt_1w	Pt_1^2	白瑾等	1964	山西	36
171	Wenxi Fm	文溪组	14-0197	Ar_3w	Ar_3	武铁山、张居星等	1967	山西	16

序号	岩石地层单位名称		卡片编号	代号	地质年代	创名人	创建时间	所在省	在本书页数
	英文	汉文							
172	Wenyu Fm	温峪组	14-0169	Pt_1w	Pt_1	冀树楷	1966	山西	82
173	Wucheng (loess) Fm	午城（黄土）组	14-0073	Qp^1w	Qp^1	刘东生、张宗祜	1962	山西	280
174	Wujiaping Fm	武家坪组	14-0168	Pt_1wj	Pt_1	朱士兴、柴东浩、皇甫泽民	1975	山西	83
175	Wumishan Fm	雾迷山组	14-0094	Jxw	Pt_2	高振西、熊永先、高平	1934	天津	132
176	Wutai Supergr	五台超群	14-0182	Ar_3WT	Ar_3	Richthofen	1882	山西	13
177	Xiangyangcun Mem	向阳村段*	14-0034	J_3z^x	J_3	王守义	1988	山西	245
178	Xiaoan Fm	小安组	14-0050	$E_{2-3}x$	E_{2-3}	山西区测队	1972	河南	267
179	Xiaobai Fm	小白组	14-0067	N_2xb	N_2	张士亚等	1975	山西	300
180	Xiaochangcun Fm	小常村组	14-0062	Qp^1x	Qp^1	喻正麒等	1976	山西	295
181	Xiatuhe Fm	下土河组	14-0066	N_2x	N_2	张士亚等	1975	山西	297
182	Xifengshan Fm	西峰山组	14-0164	Pt_1x	Pt_1	朱士兴、柴东浩、皇甫泽名	1975	山西	85
183	Xiheli Fm	西河里组	14-0130	Pt_1x	Pt_1^3	武铁山、徐朝雷	1967	山西	45
184	Xijinggou Fm	西井沟组	14-0210	Ar_3x	Ar_3	余致信等	1983	山西	77
185	Xinji Fm	辛集组	14-0091	$\in_1x$	$\in_1$	河南省地质局地质研究所	1962	河南	144
186	Xinzhuang Fm	辛庄组	14-0196	Ar_3x	Ar_3	胡学智等	1989	山西	17
187	Xionger Gr	熊耳群	14-0120	Ch_1X	Pt_1	秦岭区测大队	1959	河南	97
188	Xitan Mem	西滩段	14-0051	E_2x^x	E_2	山西省地层表编写组（王兴武）	1979	山西	268
189	Xuanren Fm	选仁组	14-0076	Qhx	Q_h	武铁山、郭立卿	1994	山西	287
190	Xuehuashan (Basalt) Fm	雪花山（玄武岩）组	14-0056	N_1x	N_1^3	丁文江等	1914	河北	308
191	Xushan Fm	许山组	14-0123	Ch_1x	Pt_2	关保德等	1964	河南	99
192	Yanchang Fm	延长组	14-0016	$T_{2-3}y$	T_{2-3}	王竹泉、潘钟祥	1933	陕西	201
193	Yangpingshang Fm	阳坪上组*	14-0224	Ar_2yp	Ar_2	张振福、米广尧	1992	山西	53
194	Yangtouya Mem	羊投崖段	14-0039	JKy^y	J_3-K_1	王守义	1988	山西	250
195	Yangzhuang Fm	杨庄组	14-0095	Jxy	Pt_2	高振西、熊永先、高平	1934	天津	131
196	Yejishan Gr	野鸡山群	14-0153	Pt_1Y	Pt_1	北京地质学院山西实习大队	1961	山西	67
197	Yeli Fm	冶里组	14-0085	O_1y	O_1	Grabau	1922	河北	154
198	Yexigou Mem	野西沟段*	14-0035	J_3d^y	JK	王守义	1988	山西	247
199	Yidiehe Mem	义牒河段**	14-0018	T_2y^{yd}	T_2	武铁山	1988	山西	205
200	Yixian Fm	义县组	14-0038	JKy	J_3-K_1	室井渡	1940	辽宁	248

序号	岩石地层单位名称		卡片编号	代号	地质年代	创名人	创建时间	所在省	在本书页数
	英文	汉文							
201	Yongdingzhuang Fm	永定庄组	14-0021	J_1y	J_1	山西省地层表编写组	1979	山西	224
202	Yonghe Mem	永和段**	14-0019	T_3y^{yh}	T_3	武铁山、萧素珍等	1988	山西	205
203	Yongping Men	永平段	14-0020	T_3y^{yp}	T_3	王竹泉、潘钟祥	1933	陕西	205
204	Yuanjiacun Fm	袁家村组	14-0204	Ar_3y	Ar_3	沈其韩	1959	山西	59
205	Yuantoushan Fm	圆头山组	14-0212	Ar_3yt	Ar_3	余致信等	1983	山西	77
206	Yuanziping Fm	园子坪组	14-0225	Ar_2y	Ar_2	徐朝雷、徐有华	1985	山西	53
207	Yudi Mem	峪底段*	14-0017	T_2y^y	T_2	武铁山、萧素珍等	1988	山西	201
208	Yuemengou Gr	月门沟群	14-0001	CPY	C_2—P_1	Norin	1922	山西	170
209	Yujiashan Fm	余家山组	14-0170	Pt_1yj	Pt_1	白瑾	1959	山西	81
210	Yuli Mem	峪里段	14-0048	E_2p^y	E_2	雷奕振	1965	山西	266
211	Yulinping Fm	榆林坪（岩）组	14-0219	Ar_2y	Ar_2	张瑞成等	1964	山西	12
212	Yuncailing Fm	云彩岭组	14-0092	Qny	Pt_3	吴洪飞	1990	山西	135
213	Yungang Fm	云岗组	14-0023	J_2y	J_2	森田日子次	1944	山西	231
214	Yunmengshan Fm	云梦山组	14-0119	Ch_2y	Pt_2	韩影山、阎廉泉	1952	河南	103
215	Yushe Gr	榆社群	14-0057	NQYS	N_2-Q_1	德日进	1942	山西	291
216	Yuyuanxia Fm	余元下组	14-0172	Pt_1y	Pt_1	马杏垣等	1957	山西	80
217	Zhangcun Fm	张村组	14-0059	$N_2\hat{z}$	N_2	王兴武、郭立卿等	1975	山西	294
218	Zhangjiakou Fm	张家口组	14-0032	$J_3\hat{z}$	J_3	Pumelly	1866	河北	243
219	Zhangxia Fm	张夏组	14-0088	$\in_2\hat{z}$	$\in_2$	Willis、Blackwelder	1907	山东	149
220	Zhangxianbao Fm	张仙堡组	14-0185	$Ar_3\hat{z}$	Ar_3	沈亦为等	1984	山西	24
221	Zhaobai Mem	招柏段*	14-0030	$J_3t^{\hat{z}}$	J_3	王守义等	1988	山西	240
222	Zhaojialing Mem	赵家岭段	14-0049	$E_2p^{\hat{z}}$	E_2	王兴武	1979	山西	266
223	Zhaojiazhuang Fm	赵家庄组	14-0109	$Ch_2\hat{z}$	Pt_2	杜汝霖	1977	河北	116
224	Zhongloupo Mem	钟楼坡段	14-0040	$JKy^{\hat{z}}$	J_3-K_1	王守义	1988	山西	250
225	Zhongtiao Gr	中条群	14-0166	$Pt_1\hat{Z}$	Pt_1	王植等	1956 (1957)	山西	78
226	Zhoujiagou Fm	周家沟组	14-0165	$Pt_1\hat{z}$	Pt_1	孙大中	1959	山西	84
227	Zhuangwang Fm	庄旺组	14-0198	$Ar_3\hat{z}$	Ar_3	武铁山、张居星	1967	山西	15
228	Zhumabao Fm	助马堡组	14-0044	$K_2\hat{z}$	K_2	内蒙古区测队	1973	山西	252
229	Zhushadong Fm	朱砂洞组	14-0090	$\in_1\hat{z}$	$\in_1$	冯景兰、张伯声	1952	河南	145
230	Zuoyun Fm	左云组	14-0043	K_1z	K_1	森田日子次	1944	山西	251

附录Ⅲ　山西省不采用的地层名称　　附录Ⅲ-1

序号	地层单位名称		卡片编号	地质年代	创名人	创建时间	不采用理由
	英文	汉文					
1	Baidouguo Bed	白斗沟层	14-0372	T_1	裴宗诚（华北石油勘查处）	1959	和尚沟组的同物异名
2	Baitouan Serries	白头庵系（层）	14-0287	Pt_1	杨杰	1936	系东冶群、刘定寺群不同的岩层综合体
3	Baiyunsi Series	白云寺系	14-0285	Pt_1	孙健初	1928	系豆村群、刘定寺群部分地层的组合
4	Bangou Fm	半沟组	14-0357	C_2	刘鸿允、应思淮	1957	依据时代划出的属本溪统上部的组。属年代地层单位范畴
5	Baoshi Mem	宝石段	14-0267	Ar_2	晋北铁矿队	1986	大部为侵入成因的片麻岩，少量地层残体属文溪组
6	Beichagou Fm	北岔沟组	14-0361	P_1	赵一阳	1958	实为七里沟砂岩—北岔沟砂岩底的一段地层
7	Beiji Fm	北集组	14-0411	N_2	山西区调队（喻正麒等）	1976	广义的北集组大致相当张村组和楼则峪组；狭义的北集组大致相当楼则峪组
8	Beipo Fm	背坡组	14-0345	Pt_2	武铁山	1988	赵家庄组的同物异名
9	Beizhuang Fm	北庄组	14-0295	Ar_3	杨斌全、雍永源	1972	解州测区填图表明，本组绝大部分属侵入成因片麻岩体，含少量地层包体
10	Binglingou Fm	冰淋沟组	14-0248	Ar	武铁山、王立新	1967	恒山地区1:5万填图查明，本组实系侵入成因片麻岩与金岗库组组成
11	Cailing Fm	蔡岭组	14-0299	Ar_3	杨斌全、雍永源	1972	解州测区填图表明，本组绝大部分属侵入成因片麻岩体，仅含少量地层包体
12	Caodi Mem	草地段	14-0263	Ar_3	雍永源、沈亦为	1982	属鸿门岩组的一部分，因野外不易从鸿门岩组中划分开而取消
13	Ceshi Bed	测石层	14-0366	P	藤本治义	1946	相当 Norin 在太原西山创名的石盒子组
14	Chaizhuang Fm	柴庄组	14-0401	Qp_1	黄宝玉，郭书元	1991	现统称为木瓜组。是木瓜组的同物异名
15	Changning Fm	长凝组	14-0417	QP_1	山西区调队（孙炳亮、郭立卿等）	1979	现统称为木瓜组。是木瓜组的同物异名
16	Chantang Fm	禅堂组	14-0280	Ar_3	胡学智、赵瑞根	1989	与庄旺组基本岩性(浅色岩系)不同，可能为鸿门岩组地层
17	Chashang Gr	岔上群	14-0335	Pt_1	沈其韩	1959	它属于包括了岚河群、野鸡山群不同的综合体
18	Chechang Mem	车厂段	14-0244	Ar_3	武铁山、张居星	1967	1:5万填图查明，车厂段全为侵入成因片麻岩体
19	Chenjiazhuang Fm	陈家庄组	14-0374	T_{1+2}	中国科学院山西地层队（刘鸿允等）	1959	属生物地层划分
20	Cuicun Fm	崔村组	14-0410	N_2	山西区调队（喻正麒等）	1976	相当张村组或其一部分

序号	地层单位名称		卡片编号	地质年代	创名人	创建时间	不采用理由
	英文	汉文					
21	Dacaoping Fm	大草坪组	14-0268	Ar_3	白瑾、徐朝雷	1982	五台山现场讨论会决定，统一包括在柏枝岩组内，1989年填图认识到它是滹沱超群产物
22	Daguandong Fm	大关洞组	14-0290	Pt_1	白瑾	1964	与大关山组为同一地层单位
23	Datonggou Fm	大同沟组	14-0273	Ar_3	李树勋等	1986	相当高繁群张仙堡组底部石英岩
24	Daxigou Mem	大西沟段	14-0253	Ar	王柏林、王立新	1971	1:5万柏家庄幅、王庄堡幅填图查明，全属侵入成因片麻岩体
25	Dayang Series	大阳系	14-0356	C	Richthofen	1882	大阳系创名时涵义甚为模糊，大致相当于现今太原组下部，早已无人使用
26	Diantou Fm	店头组	14-0309	Pt_1	冀树楷	1966	为余家山组的 部分地层
27	Dianzishang Fm	店子上组	14-0325	Ar_3	徐朝雷，徐有华	1985	基本涵义与重新厘定的奥家滩(岩)组一致
28	Diaowojutong Serirs	刁窝咀统	14-0384	J_2	房田植雄	1938	1944年森田日子次将这部分地层称为云岗统，未再使用刁窝咀统
29	Diliucheng Serirs	滴流澄统	14-0234	Ar	谭应佳	1959	划分太粗，包括了不同时代不同层位的很多地层
30	Dongdayao Fm	东大窑组	14-0363	P_1	王钟堂，杜宽平，沈五蔚	1959	该区太原组上部地层
31	Dongfengshan Subgr	东峰山亚群	14-0320	Pt_1	山西省地质局214地质队	1975	马村亚群不能成立，故该群也不能成立
32	Donggou Fm	洞沟组	14-0300	Ar_3	杨斌全、雍永源	1972	解州测区填图表明，本组绝大部分属侵入成因片麻岩体，含少量地层包体
33	Dongwan Fm	东湾组	14-0249	Ar	武铁山，王立新	1987	恒山地区1:5万填图查明，本组主要由侵入成因片麻岩及部分庄旺组、金岗库组组成
34	Dongyetou Gr	东冶头群	14-0346	Pt_2	武铁山	1988	相当清理后的常州沟组寺塥段、串岭沟组、大红峪组。因寺塥段未单独建组，无法使用
35	Dongzhuang Supracrustal rocks	董庄表壳岩	14-0282	Ar_2	王仁民	1991	岩性太杂，不能成为岩石地层单位；未能肯定与金岗库组的不整合关系
36	Fanshi Gr	繁峙群	14-0264	Ar_2	杨振声等	1982	这套地层是五台(超)群的组成部分，不能作为与其并列的地层单位
37	Fengboyu Quartzite	风伯峪石英岩	14-0339	Pt_2	张伯声	1958	相当云梦山组、白草坪组、北大尖组
38	Fengzishan Fm	凤子山组	14-0336	Pt_1	武铁山、徐朝雷	1979	重新划分后，相当于前马宗组的一部分
39	Ganhegou Fm	干河沟组	14-0386	J_3	王守义	1988	为张家口组抢风岭段的同物异名
40	Gaoshan Series	高山系	14-0379	J	Mathieu	1941	大同组的同物异名

序号	地层单位名称		卡片编号	地质年代	创 名 人	创建时间	不采用理由
	.英 文	汉 文					
41	Gengxiu Fm	更修组	14-0402	Qp_1	黄宝玉，郭书元	1991	下部为张村组的一部分。上部为楼则峪组的一部分或相当木瓜组
42	Guaner Fm	官儿组	14-0251	Ar	王柏林，王立新	1971	主要为侵入成因片麻岩体
43	Guangling Fm	广灵组	14-0349	Qn	山西区调队	1994	根据命名时间仍应采用云彩岭组
44	Guanshang Bed	关上层	14-0371	T_1	裴宗诚（华北石油勘查处）	1959	刘家沟组的同物异名
45	Guanwangpu Fm	官王铺组	14-0382	J_2	孟令山，孙埃宝	1981	华北区现统一称为髫髻山组。为髫髻山组的同物异名
46	Guojiajie(dolomite)Fm	郭家节（白云岩）组	14-0355	∈	武铁山	1988	相当于馒头组第二段
47	Hedi Fm	河堤组	14-0395	E_2^2	周明镇	1973	属生物地层划分。相当岩石地层单位的坡底组和小安组西滩段
48	Heidouya Mem	黑豆崖段	14-0245	Ar_3	武铁山，张居星	1967	基本岩性及组合与金岗库组一致，1980年砂河会议决定采用金岗库组，而不用黑豆崖组
49	Heifeng Fm	黑峰组	14-0378	J_2	山西区测队（王立新）	1975	沁水盆地北部的云岗组，为云岗组的同物异名
50	Hengjian Fm	横尖组	14-0334	Ar_3	武铁山，徐朝雷	1972	主要是侵入成因片麻岩体，及变基性岩脉构成，地层在其中成残留体
51	Hongsi Fm	洪寺组	14-0269	Ar_3	白瑾等	1986	高凡群张仙堡组底部石英岩
52	Hongya Fm	红崖组	14-0414	N_2^2	曹家欣等	1975	统称静乐组，是静乐组的同物异名
53	Houduigou Fm	后兑沟组	14-0383	J_2	山西区调队（李营辉）	1994	根据岩石组合及上覆下伏地层应属九龙山组，不应另新建组
54	Houmazong Fm	后马宗组	14-0337	Pt_1	武铁山，徐朝雷	1979	主体部分与两角村大理岩一致，下部属前马宗组
55	Huairen Series	怀仁统	14-0377	$P-J_1$	森田日子次	1944	包括了以不整合分开的相当现今的石盒子组（P）和永定庄组（J1）两套地层
56	Huangluguan Series	黄箓观统	14-0365	J_1	房田植雄	1938	1944年森田日子次将这套地层划归怀仁统，也即现称的永定庄组
57	Huangyatao Fm	黄崖涛组	14-0293	Pt_1	刘德佑	1986	相当于滹沱超群南台群地层
58	Hunyuan beds (series)	浑源层（群、统）	14-0388	J_3-K_1	Grabu	1923	原指浑源西北白垩系地层，后经森田日子次等以讹传讹，指大同、浑源一带火山-沉积
59	Huping Fm	虎坪组	14-0301	Ar_3	徐朝雷	1980	本组在1∶5万同善幅填图中查明，主要为侵入成因之片麻岩体，地层呈残留体出现
60	Husong Bed	胡松层	14-0367	$P_2^2-T_1$	王竹泉	1922	相当石盒子组上部（神岩段、平顶山段）和石千峰群

序号	地层单位名称		卡片编号	地质年代	创名人	创建时间	不采用理由
	英文	汉文					
61	Huyu Fm	胡峪组	14-0250	Ar	武铁山	1967	恒山地区1∶5万填图查明，系侵入成因片麻岩夹少量庄旺组、金岗库组残体构成
62	Jiangcun Fm	蒋村组	14-0288	Pt_1	张瑞成，刘德佑	1965	相当于四集庄组，属同物异名
63	Jinci Fm	晋祠组	14-0360	C_2	刘鸿允、董育垲、应思淮	1957	岩石地层单位太原组的一部分。其底部砂岩即一般所称晋祠砂岩
64	Jishi Bed	冀氏层	14-0370	P_2	裴宗诚（华北石油勘查处）	1959	孙家沟组的同物异名
65	Jiugaoshan Fm	旧高山组	14-0381	J_3	王守义	1988	相当华北区统称的张家口组的抢风岭段
66	Kouquan Series	口泉统	14-0354	∈	森田日子次	1944	相当张夏组、崮山组、炒米店组、冶里组、亮甲山组之井层
67	Kouquanzhen Series	口泉镇统	14-0364	C-P	房田植雄	1938	相当 Norin 于太原西山创名的月门沟群
68	Kuantanggou Series	宽塘沟系	14-0286	Pt_1	孙健初	1928	豆村群和南台群部分岩层的组合
69	Leijiawan Fm	雷家湾组	14-0240	Ar3	王启超	1966	雷家湾村为来湾村之误。而来湾村并不在雷家湾组所指岩性上。故以滑车岭组代替
70	Liugou Fm	柳沟组	14-0415	Q_1	山西省地质局石油普查勘探队晋中组	1975	现统称木瓜组，是木瓜组的同物异名。直接下伏地层为大沟组
71	Liushishan Fm	六石山组	14-0258	Ar_3	胡恭华，朱道尊	1982	新1∶5万填图表明，六石山组一部分与文溪组相当，一部分为庄旺组，其余属侵入的片麻岩体
72	Liuzhuangye Schist	刘庄冶片岩	14-0307	Ar_3	马杏垣	1957	刘庄冶片岩在1959年全国地层会议决议中，统一用篦子沟组取代
73	Longhuahe Gr	龙华河群	14-0235	Ar	张瑞成	1965	包括了几套地层
74	Longquanguan gneiss (Bed)	龙泉关片麻岩（层）	14-0233	Ar	杨杰	1936	主要岩性为侵入成因的各类片麻岩体，仅夹少量地层残体
75	Loufangdi Mem	楼房底段	14-0266	Ar_3	晋北铁矿队	1986	与庄旺组同义，按优先命名原则而废弃
76	Lower Yuanqu Series	下垣曲系	14-0392	E	杨钟健	1934	不符岩石地层单位命名原则。相当现平陆群坡底组和小安组西滩段
77	Lower Sanmen Series	下三门系	14-0398	QP_1	卞美年	1934	不符合岩石地层命名规定，相当现统称的大沟组
78	Lower Yushe Fm	下榆社组	14-0406	N_2	裴文中，周明镇，郑家坚	1964	现统一称为任家垴组

序号	地层单位名称		卡片编号	地质年代	创名人	创建时间	不采用理由
	英文	汉文					
79	Lower shihhotse series	下石盒子系（组）	14-0420	P	Norin	1922	不符岩石地层命名规定
80	Luweigou Fm	芦苇沟组	14-0302	Ar_3	徐朝雷	1980	本组地层上下皆为片麻岩体，自身成侵入体中残留体，不宜建组
81	Luziwa Fm	芦子洼组	14-0385	K	山西省地层表编写组	1979	相当中庄铺群下部，也即华北区统称的义县组下部
82	Macun Subgr（Fm）	马村亚群（组）	14-0315	Pt_1	张尔道	1965	为担山石群与陈家山片岩、大理岩的构造叠覆体
83	Madigou Fm	麻地沟组	14-0289	Pt_1	白瑾	1964	因构造等原因造成青石村组、纹山组、河边村组及建安村组叠合层
84	Madiping Fm	麻地坪组	14-0390	J_3	孟令山，孙埃宝	1981	向阳村段的同物异名。王守义1984年将麻地坪组用于中庄铺群底部，实为大北沟组野西沟段
85	Madou Bed	马斗层	14-0376	T_2	王竹泉	1922	二马营组的同物异名
86	Maguozhai Fm	马国寨组	14-0323	Ar_3	武铁山，徐朝雷	1972	片麻岩属侵入成因，上段地层相当厘定后的黑崖寨岩组和奥家滩岩组
87	Majiamiao Fm	马家庙组	14-0296	Ar_3	杨斌全、雍永源	1972	中条山解州测区填图表明，本组绝大部分属侵入成因片麻岩体，含少量地层包体
88	Majiashan Quartzite	马家山石英岩	14-0318	Pt_1	石世民	1959	相当于西峰山组
89	Majiayao Marble	马家窑大理岩	14-0308	Ar_3	马杏垣	1957	马家窑大理岩与余元下大理岩属同一层位；而刘庄治片岩之上大理岩，为余家山大理岩
90	Matoushan Fm	马头山组	14-0387	J_2	王守义	1988	为张家口组向阳村段的同物异名
91	Mengjialing Marbie Mem	孟家岭大理岩段	14-0313	Pt_1	朱士兴	1975	它是温峪组中的大理岩夹层
92	Middle Yushe Fm	中榆社组	14-0407	N_2	裴文中、周明镇、郑家坚	1964	现统一称为张村组
93	Muge Fm	木格组	14-0243	Ar_3	武铁山，张居星	1967	该组下部属片麻岩侵入体，上部黑豆崖段即金岗库组
94	Nangou Fm	南沟组	14-0328	Ar_3	武铁山，徐朝雷	1972	与新厘定的长树山岩组含义一致而废弃
95	Nanliangshan Fm	南梁山组	14-0375	T_{1+2}	中国科学院山西地层队刘鸿允等	1959	属生物地层划分
96	Nanpan Fm	南畔组	14-0413	N_2^1	曹家欣等	1975	相当小白组的上部地层
97	Nantan Fm	南坛组	14-0405	N_2^1	周明镇	1965	可与芦子沟组对比，属芦子沟组的同物异名

序号	地层单位名称		卡片编号	地质年代	创名人	创建时间	不采用理由
	英文	汉文					
98	Nantianmen Quartzite	南天门石英岩	14-0304	Ar_3	马杏垣	1957	主要指1959年地层会议统称的界牌梁石英岩（组）
99	Nanxiaozhuang Fm	南小庄组	14-0311	Pt_1	柴东浩等	1975	温峪组与担山石群成断层接触后，误建的地层单位
100	Nanyugou Fm	南峪沟组	14-0362	P_1	赵一阳	1958	山西组的同物异名
101	Nianzigou Fm	碾子沟组	14-0247	Ar	武铁山，王立新	1967	恒山地区1:5万填图查明，本组实为侵入成因片麻岩和金岗库组组成
102	Nianzigou Gneiss	碾子沟片麻岩	14-0321	Ar_3	北京地质学院山西实习大队	1960	均为混合岩化侵入成因片麻岩体，偶含地层残体
103	Ningjiawan Fm	宁家湾组	14-0332	Ar_3	武铁山，徐朝雷	1972	山西省地质志将宁家湾组中段划归青杨沟岩组，上段属侵入成因片麻岩体而失去意义
104	Pangjiazhuang Gneiss	庞家庄片麻岩	14-0294	Ar_3	张伯声	1958	相当于涞水杂岩的一部分，属侵入成因片麻岩
105	Pangoujian Fm	畔沟涧组	14-0404	E_3^1	山西省地层表编写组	1979	经王兴武编写《山西晚新生代地层》时追索，其实为平陆群刘林河组
106	Paoquanchang Fm	跑泉厂组	14-0236	Ar	武铁山、雍永源	1967	该“地层”实系各种侵入成因的片麻岩，仅含少量地层残体
107	Pingding Series	平定统	14-0359	C_2	小贯义男	1952	年代地层单位，大致相当年代地层单位的本溪统。(平定石灰岩仍可使用)
108	Pushang Fm	铺上组	14-0242	Ar_3	武铁山，张居星	1967	原所属文溪段与芦咀头段，分别在1980年，1989年上升成组，铺上组已没有意义
109	Qianling Quartzite	前岭石英岩	14-0306	Ar_3	马杏垣	1957	全国地层会议讨论通过，统称界牌梁组
110	Qianzhuangwang Suprcrustal rocks	前庄旺表壳岩	14-0283	Ar_3	王仁民	1991	该套地层特征与店房台岩组一致
111	Qifengshan Fm	七峰山组	14-0352	$\in$	植田房雄	1938	创名后很少使用，相当张夏组—炒米店组
112	Qingshuihe Gr	清水河群	14-0319	Pt_1	山西省地质局214地质队	1975	马村亚群不能成立，故该群也不能成立
113	Qinquan Bed	芹泉层	14-0368	P_2-T_1	藤本治义	1943	命名后很少有人使用，实际相当石千峰群下部的孙家沟组
114	Qugupo Mem	曲古坡段	14-0281	Ar_3	雍永源	1982	曲古坡段是鸿门岩组主体地层，与草地段难以划分而取消
115	Ruanshan Mem	阮山段	14-0256	Ar_3	武铁山	1979	1:5万填图查明，系变花岗岩体

序号	地层单位名称		卡片编号	地质年代	创名人	创建时间	不采用理由
	英文	汉文					
116	Ruicheng Gr	芮城群	14-0343	Pt_2	朱士兴，柴东浩，皇甫泽民	1975	实际即汝阳群和上覆龙家园组，无必要另起新名
117	Sanggan gneiss	桑干片麻岩	14-0231	Ar	Richthofen	1882	所指片麻岩较泛，包括侵入成因的片麻岩及所有属太古代的表壳岩及部分五台超群地层
118	Sanmer Series（Fm.）	三门系（组）	14-0397	QP_1	丁文江	1919	涵义太宽，已分解为大沟组、木瓜组
119	Shangyuan Subgr	上苑亚群	14-0270	Ar_3	徐朝雷	1980	1981年五台山协调会议决定，这套岩系一律称高繁（亚）群
120	Shangyupo Schist	上玉坡片岩	14-0305	Ar_3	马杏垣	1957	大致与铜矿峪群西井沟组变基性火山岩相当
121	Shaotangou Fm	烧碳沟组	14-0324	Ar_3	武铁山，徐朝雷	1972	主要岩石为侵入成因片麻岩
122	Shenwa Fm	深凹组	14-0412	N_2^1	曹家欣等	1975	相当小白组的下部地层
123	Shetangcun Fm	社堂村组	14-0333	Ar_3	武铁山，徐朝雷	1972	该组主要属侵入成因片麻岩和变基性岩脉构成，其中残留少量地层
124	Shifo Mem	石佛段	14-0237	Ar_3	武铁山，徐朝雷	1967	1980年五台山早前寒武纪专题研究中，野外工作查明系经区域变质的花岗闪长岩侵入岩体
125	Shiting Fm	虎亭组	14-0409	N_2^1	山西区调队（喻正麒等）	1976	统称为任家垴组。是任家垴组的同物异名
126	Shuiyou Fm	水幽组	14-0344	Pt_2	朱士兴、柴东浩、皇甫泽民	1975	相当早已命名的云梦山组、白草坪组、北大尖组
127	Shuoxian Series	朔县统	14-0350	O	森田日子次	1944	大致相当马家沟组，是马家沟组的同物异名
128	Songlincun（quarzite）Fm	松林村（石英岩）组	14-0348	Pt_2	武铁山	1988	是常州沟组寺垴段延伸的产物
129	Taigu Series（Fm.）	太谷系（组）	14-0416	N_2-Q_1	Barbour，G. B.	1931	太谷盘道一带晚新生代地层发育不全，致使对太谷系的层位及内涵认识不一，故不宜推广使用
130	Taipinggou Mem	太平沟段	14-0260	Ar_3	雍永源	1982	与文溪组、柏枝岩组相当，属同物异名
131	Taishan Subgr	台山亚群	14-0265	Ar_3	晋北铁矿队	1986	标准地名上无台山之地名，实为台怀，老乡俗称台山。故仍用台怀（亚）群
132	Taizidi Fm	台子底组	14-0246	Ar	武铁山，王立新	1967	恒山地区1:5万地质填图查明，本组主要由侵入成因片麻岩组成
133	Tanghui Fm	唐回组	14-0312	Pt_1	杨斌全，雍永源	1972	属温峪组地层

序号	地层单位名称		卡片编号	地质年代	创名人	创建时间	不采用理由
	英文	汉文					
134	Tanshang Fm	滩上组	14-0276	Ar_3	徐朝雷	1980	1981年五台山协调会议决定，一致同意使用高繁群
135	Tiaoqing Mem	铁磬段	14-0275	Ar_3	李树勋	1986	与现鸿门岩组含义一致，本组定名晚而予以废除
136	Tongshanzhen Volcanic rick	同善镇火山岩	14-0342	Pt_2	孙大中、石世民	1959	为熊耳群、西阳河群的同物异名
137	Tulou Fm	吐楼组	14-0279	Ar_3	胡学智、赵瑞根	1989	与厘定后的老潭沟组含义一致
138	Tuoshigou Fm	驮石沟组	14-0259	Ar	胡恭华、朱道尊	1982	新1:5万填图表明，驮石沟组基本上与金岗库组相当（除去侵入的片麻岩体外）
139	Upper Yuanqu Series	上垣曲系	14-0393	E	杨钟健	1934	不符岩石地层命名原则。相当现平陆群小安组白水河段
140	Upper Sanmen Series	上三门系	14-0399	Qp_1	卞美年	1934	不符合岩石地层命名规定，相当现统称的木瓜组
141	Upper Yushe Fm	上榆社组	14-0408	Op_1	裴文中、周明镇郑家坚	1964	现统一称为楼则峪组
142	Uuppe shihhotse series	上石盒子系（组）	14-0421	P	Norin	1922	不符岩石地层命名规定
143	Wali Fm	凹里组	14-0396	E^{1-2}	杨国礼（山西区调队）	1983	为门里组在垣曲盆地的同物异名
144	Wangguanyu (Shaie) Bed	王官峪（板状页岩）层	14-0340	Pt_2	张伯声	1958	崔庄组同物异名
145	Weichiao Fm	苇池凹组	14-0347	Pt_2	武铁山	1988	串岭沟组的同物异名。因恢复使用串岭组而停用
146	Weijiachi Fm	卫家池组	14-0298	Ar_3	杨斌全、雍永源	1972	解州测区填图表明，本组绝大部分属侵入成因片麻岩体，仅含少量地层包体
147	Wenbiyan Mem	文笔岩段	14-0255	Ar_3	武铁山	1979	70年代以来文笔岩一带绿片岩称柏枝岩组
148	Wujiaping Fm	吴家坪组	14-0314	Pt_1	周正	1967	吴家坪组与南方吴家坪组异物同名，而予废除；石英岩改称武家坪组，上部片岩称陈家山组
149	Xiachuan Fm	下川组	14-0261	Qp	王兴武等	1978	山西河流Ⅰ级阶地堆积统称峙峪组。下川组属峙峪组的同物异名
150	Xiaoling Fm	小岭组	14-0297	Ar	杨斌全、雍永源	1972	中条山解州区填图表明，本组绝大部分属侵入成因片麻岩体，含少量地层包体
151	Xiaoshetou Fm	小蛇头组	14-0322	Ar_2	武铁山、徐朝雷	1972	片麻岩侵入成因，上段地层相当于厘定后的黑崖寨岩组

序号	地层单位名称		卡片编号	地质年代	创名人	创建时间	不采用理由
	英文	汉文					
152	Xiaotaogou Conalomerate, quartzite, en	小桃沟砾岩、石英岩段	14-0316	Pt_1	张尔道	1965	即周家沟组砾岩
153	Xiaoyi Fm	孝义组	14-0358	C_2	萧素珍	1988	华北地区统称湖田段，为湖田段的同物异名
154	Xiaozhuang Schist-Marble Men	小庄片岩、大理岩段	14-0317	Pt_1	张尔道	1965	是陈家山组的断层重现
155	Xiaxian Gr	夏县群	14-0310	Pt_1	《中条山铜矿地质》编写组	1978	与下伏地层并无角度不整合关系，故仍应归属中条群
156	Xichafang Men	西茶房段	14-0252	Ar	王柏林，王立新	1971	1:5万后子口幅填图查明，该剖面岩石全属侵入成因片麻岩体
157	Xihoudu Fm	西侯渡组	14-0400	Q_1	贾兰坡，王健	1978	经整理统称为大沟组
158	Xihui Fm	西会组	14-0272	Ar_3	白瑾，徐朝雷等	1982	是高繁群张仙堡组中—上部地层和磨河组地层之综合体
159	Xiluozhen Bed	西洛镇层	14-0369	T_2	藤本治义	1943	命名后很少有人使用，上界不清，实际相当石千峰群中部刘家沟组、及以上至二马营组地层
160	Xinbeishan Series	新北山系	14-0380	J	Mathieu	1941	相当云岗组、天池河组（大同煤田）地层
161	Xinbeishan Series	新河峪组	14-0257	Ar_3	胡恭华，朱道尊	1982	大部分侵入成因的岩体，一部分地层属金岗库组，少量属庄旺组
162	Xinigou Supracrustal rocks	西泥沟表壳岩	14-0284	Ar_3	王仁民	1991	无任何意义
163	Xinsheke Fm	新舍窠组	14-0327	Pt_1	张振福，米广尧	1992	向斜两翼岩性基本一致，其差异不仅向斜两翼存在，同一翼亦有此变化。无必要建新组
164	Xinzhuanggou Bed	辛庄沟层	14-0373	T_{1+2}	裴宗诚（华北石油勘查处）	1959	二马营组的同物异名
165	Xiping Fm	西坪组	14-0419	Qp_3	吴雅颂，王兴武	1978	山西河流Ⅱ级阶地堆积统称峙峪组。西坪组属峙峪组的同物异名
166	Xishancun Fm	西山村组	14-0292	Pt_1	白瑾	1964	这两组名（西河里与西山村）同在1964年命名，故用正层型剖面所在地名
167	Xitai Series	西台系	14-0232	Ar_3	B. Willis	1907	包括了以不整合分开的五台群和滹沱超群两套地层中不同层位地层，故不能成立
168	Xiyanghe Gr	西阳河群	14-0341	Pt_2	河南省区测队	1964	熊耳群的同物异名，华北地区统一用熊耳群
169	Xizhou limestone	擎舟石灰岩	14-0351	∈-O	Blackwelder	1907	划分粗略，相当现今馒头组以上的全部∈—O地层

序号	地层单位名称		卡片编号	地质年代	创名人	创建时间	不采用理由
	英文	汉文					
170	Xuanfenggou Fm	旋风沟组	14-0303	Ar_3	徐朝雷	1980	1:5万同善幅填图查明，本组主要由侵入成因片麻岩体组成，地层仅呈残体保留
171	Xuanquanliang Men	选全梁段	14-0277	Ar_3	徐朝雷	1980	该火山岩经复查位于高繁群之下，不能成立
172	Xujiayao Fm	许家窑组	14-0418	Qp_3	山西地层表编写组（王兴武等）	1976	实为泥河湾组的一部分（上部）
173	Xuncao Men	训草段	14-0254	Ar	王柏林，王立新	1971	1:5万王庄堡幅填图查明，该剖面区段全为侵入成因片麻岩体
174	Yangbaoyu Men	杨柏峪段	14-0238	Ar_3	武铁山	1967	1981年五台山协调会议决定以庄旺组替代杨柏峪段
175	Yangpodao Men	阳坡道段	14-0262	Ar_3	雍永源，沈亦为	1982	与柏枝岩组同义
176	Yangshanling Gr	羊山岭群	14-0403	N_2	山西省地层表编写组	1979	保德组的同物异名
177	Yangtigou Fm	羊蹄沟组	14-0274	Ar_3	白瑾等	1986	重新划分而失去羊蹄沟组的意义
178	Yaochicun Fm	瑶池村组	14-0291	Pt_1	武铁山，徐朝雷	1967	将其三个段仍恢复成原来三个组，瑶池村组失去意义
179	Yaokouqian Fm	鹞口前组	14-0278	Ar_3	沈亦为，赵祯祥	1987	根据示顶构造，这套绿片岩位于高繁群之下，而非高繁群最高层位地层，故不能成立
180	Yaozifan Series	窑子坊统	14-0353	∈	植田房雄	1938	创名后极少使用，相当现今馒头组
181	Yezhugou Fm	野猪沟组	14-0329	Ar_3	武铁山	1972	与如今厘定的长树山岩组基本一致
182	Yinjiahui Fm	殷家会组	14-0271	Ar_3	白瑾，徐朝雷	1982	为张仙堡组底部石英岩
183	Yuanqu Series	垣曲系	14-0391	E	杨钟健	1934	垣曲系不如平陆群发育齐全，故统一用平陆群。垣曲系属平陆群在垣曲盆地的同物异名
184	Yupisi Fm	榆皮寺组	14-0330	Ar_2	武铁山	1972	相当新建的贺家湾组、阳坪上组
185	Yushuwan Fm	榆树湾组	14-0241	Ar	武铁山	1967	该“地层”实系各种侵入成因的片麻岩，仅含少量地层残体
186	Zashagou Fm	杂砂沟组	14-0326	Ar_3	徐朝雷，徐有华	1985	与重新厘定的黑崖寨（岩）组含义一样
187	Zhaili Mem	寨里段	14-0394	E_2	周明镇	1973	属生物地层划分。相当小安组西滩段

序号	地层单位名称		卡片编号	地质年代	创名人	创建时间	不采用理由
	英文	汉文					
188	Zhaishangcun Quartzite	寨上村石英岩	14-0338	Pt_1	Norin	1024	与黑茶山群同物异名
189	Zhenhuayu Fm	振华峪组	14-0239	Ar_3	王启超	1966	1:5万银厂测区区调查明，振华峪组是石咀群金岗库组和庄旺组综合体
190	Zhongzhuangpu Gr	中庄铺群	14-0389	J-K	王守义	1988	华北区统一以义县组相称，成为义县组的同物异名